普通高等教育"十一五"国家级规划教材

大学物理教程

（第四版）

（上册）

主　编　贾瑞皋　刘　冰

副主编　展凯云　袁顺东　徐志杰

　　　　张立红　董梅峰　田翠锋　王　萍

科学出版社

北　京

内 容 简 介

　　本书是普通高等教育"十一五"国家级规划教材,是参照教育部高等学校非物理类专业物理基础课程教学指导分委员会新制定的《非物理类理工学科大学物理课程教学基本要求》(正式报告稿)修订的;确保了新教学基本要求中的全部核心内容(A类内容),选择了相当数量的扩展内容(B类内容)和关于高新技术及学科前沿发展的内容. 本次修订在保持第三版特点的基础上,突出科学理论的逻辑体系;注重培养学生科学的思维方法,注重学生掌握课程内容的结构体系,注重培养学生分析问题、解决问题的能力. 本书按节安排习题,便于学生自学. 本书解决了一些大学物理教材中以前没有解决和没有解决好的问题.

　　本书分上、下两册,上册包括力学、振动和波动　波动光学、热物理学,下册包括电磁学和量子物理. 本书可作为理工科非物理类专业大学物理课程的教材或参考书,也可用作其他相关专业的教材,还可作为成人教育或远程教育师生及中学教师的参考书.

图书在版编目(CIP)数据

　　大学物理教程. 上册/贾瑞皋,刘冰主编. —4 版. —北京:科学出版社,
2017.6

　　普通高等教育"十一五"国家级规划教材
　　ISBN 978-7-03-053766-9

　　Ⅰ.①大… Ⅱ.①贾…②刘… Ⅲ.①物理学-高等学校-教材 Ⅳ.①O4

　　中国版本图书馆 CIP 数据核字(2017)第 138733 号

责任编辑:窦京涛 / 责任校对:邹慧卿
责任印制:赵　博 / 封面设计:华路天然工作室

科 学 出 版 社 出版
北京东黄城根北街 16 号
邮政编码:100717
http://www.sciencep.com

保定市中画美凯印刷有限公司印刷
科学出版社发行　各地新华书店经销

*

1994 年 1 月石油大学出版社第一版
1998 年 12 月石油大学出版社第二版
2009 年 1 月第　三　版　　开本:787×1092　1/16
2017 年 6 月第　四　版　　印张:27 1/2
2024 年 8 月第十九次印刷　　字数:652 000

定价:45.00 元
(如有印装质量问题,我社负责调换)

第四版前言

大学物理课程教学应该达到以下四个层面的要求：

（1）使学生掌握物理知识，打好物理基础，培养建立科学的世界观.

（2）使学生理解理论的结构体系，各知识点的来龙去脉，以及各部分理论之间的联系和地位.

（3）引导学生了解理论的科学逻辑体系，建立理论的方法和步骤，理解理论的功能和验证.

不同科学理论的研究对象和研究内容不同，但是科学理论的逻辑体系是相同的，即根据研究系统（对象）的特点和研究内容，定义描述系统特征的基本概念（状态量等）；提出几条基本假设；在基本假设的基础上，应用推理和演绎的方法，推导系统运动状态变化时，状态量的变化遵守的规律（重要定理）.基本概念、基本假设、基本定理构成科学理论的基本框架.理论和实践的一致是理论正确性的证明.理论对已有经验规律的解释功能和对未知事实的预言功能体现理论的真理性.了解科学理论的逻辑体系，不仅使学习变得更轻松，掌握理论更扎实，理解理论更准确，使学习过程事半功倍，而且掌握科学理论的逻辑体系也是优秀科学技术人员基本的素质.

（4）培养学生的科学素质，激发学生的创新意识和学习创新思路，应用创新实例，演示创新方法，使学生敢于创新，学会创新，善于创新.

第四版更明确地贯彻上述教学理念，每章都以"本章的结构体系"为开篇.这对于学生掌握本章知识和理论体系起到事半功倍的作用，有利于学生体会理论建立的方法思路.用对教学内容的创新和改革实例，展示创新思路和创新方法，有利于学生创新能力的培养.

第四版除在教学理念上的改变外，内容上的主要改革介绍如下.

经典动力学部分进行重大修改，主要表现在：

1）突出经典动力学的理论结构体系

从基本概念、基本假设、基本定理、理论的应用出发讲授经典动力学理论.

2）内容体系

经典动力学的内容体系为：质点动力学——经典动力学理论的基础；质点系动力学——质点动力学的扩展；刚体动力学和刚体组动力学——质点系动力学在两个特殊的质点系中的应用.本书圆满解决了"作圆周运动的质点角动量定义的唯一性"问题，使得这样的内容体系非常自然和谐.

3）解题的思路

理论是解决"系统运动状态变化时，状态量变化遵守的规律"的，因此，选定描述系统运动状态的状态量，列出状态量变化遵守规律的方程式，求解相应方程式，从而使问题得解.

例如，质点动力学问题的求解.描述质点运动状态的状态量可以有：①运动学状态量，

②动量,③动能,④角动量. 这些状态量的变化遵守的规律分别是:①牛顿运动定律,②动量定理,③动能定理,④角动量定理. 因此,原则上讲,质点动力学的习题有且仅有 4 种解题思路,即

(1) 用运动学状态量描述质点的运动状态,应用牛顿运动定律求解.

(2) 用动量描述质点的运动状态,应用动量定理求解.

(3) 用动能描述质点的运动状态,应用动能定理求解.

(4) 用角动量描述质点的运动状态,应用角动量定理求解.

质点系动力学、刚体动力学、刚体组动力学的习题可以用同样的思路寻找解题方法. 要提高解题能力,需要准确理解基本概念,扎实掌握基本理论. 这样,做习题和掌握理论就能很好地相互促进,达到事半功倍的效果,求解习题也就变得简单.

4) 按节安排习题

第四版在每节后安排习题,这方便教师布置习题,也方便学生自学,节省时间,增强学生做习题的积极性.

5) 解决了一些其他教材没有解决和没有解决好的问题

(1) 把定轴转动刚体的角动量与质点系的角动量统一起来.

几乎所有大学物理教材都写了定轴转动刚体是一个特殊的质点系,但是,定轴转动刚体角动量的定义又与质点系的角动量无关,又定义了"刚体对转轴的角动量". 实际上,定义对转轴的角动量既不合理,也没必要. 这个问题的原因是没能搞清楚"圆周运动质点角动量定义的唯一性". 本书圆满解决了这个问题.

(2) 推导出了静电平衡过程的特征时间.

大学物理教材在讲述静电平衡时,大多说明只研究静电平衡后的电场和电荷分布,不涉及达到静电平衡前、由不平衡到平衡的过程的弛豫时间. 本书推导出,在上述过程中,导体中电荷密度随时间变化的关系 $\rho = \rho_0 e^{-\frac{\gamma}{\varepsilon}t}$,由此得到的特征时间 $\tau = \frac{\gamma}{\varepsilon}$,这一结论与其他理论结果是协调的. 由此可以说明在高频情况下,导体和电介质并没有严格的界限,金属对于 X 射线也是透明的,X 射线可以作为金属探伤的手段.

(3) 给出位移电流密度中 $\partial \boldsymbol{P}/\partial t$ 的意义,其本质是极化电荷的运动产生的极化电流密度.

(4) 提出电势参考点的选取原则和最佳参考点的选取方法.

关于静电场电势参考点的选取问题以前曾在《大学物理》杂志上进行了长期广泛的讨论,众说纷纭,莫衷一是. 本书提出电势参考点的选取原则并论述了最佳参考点的选取方法.

(5) 阐述应用对称性原理求解静电场和恒定磁场的方法.

在所有大学物理教材中都有应用对称性分析和高斯定理、安培环路定理求解电场、磁场的内容,但这些对称性分析实际上分别应用了库仑定律或毕-萨定律与叠加原理的结论,没有应用对称性原理. 本书给出应用对称性原理和高斯定理、安培环路定理求解电场、磁场的方法. 可明确看出,对称性原理把问题解决到什么程度,高斯定理和安培环路定理分别解决了哪些问题,使学生对对称性原理有更深刻的理解.

（6）没必要定义"磁通量的方向".

很多大学物理教材在讲述法拉第电磁感应定律和楞次定律时,引入"磁通量的方向".通量是标量,没必要定义"通量的方向".矢量穿过曲面有两种不同的方式,规定了面积的法线后,就可以区别"正面"和"反面".通量大于零,表示矢量由反面穿进,从正面穿出.通量小于零,表示矢量由正面穿进,从反面穿出,没有必要定义通量的方向.

（7）"规律"和"定律"是不同的概念.

规律是事物运动过程中固有的、本质的、必然的、稳定的联系.规律是客观的.定律是规律的表示,是主观的、人为的.发现规律是创造,正确、准确地表示规律也是创造.本书通过碰撞系数的"选取"、熵增加原理、法拉第电磁感应定律公式等具体知识点阐述寻找规律表示的思路、原则、方法,培养学生分析问题、解决问题的能力.

除上述问题外还有其他问题,例如,潮汐现象中引潮力的分析方法,变化磁场的高斯定理等,也都提出了作者新的观点.

《大学物理教程(第四版)》由中国石油大学(华东)贾瑞皋教授、刘冰副教授担任主编,负责制定本书修改的指导思想,以及全书的统稿、定稿等工作.各章具体分工如下:贾瑞皋编写第1～4章,徐志杰编写第5章,展凯云编写第6章,袁顺东编写第10章,张立红编写第11章,刘冰编写第12～17章,董梅峰编写第19章;山西大同大学的王萍编写第7和第18章,山西大同大学的田翠锋编写第8章和第9章,山西大同大学的孙祝编写第20章和第21章.贾瑞皋编写和选配了第1～4章和第17～21章各节习题,董梅峰编写和选配了第5～16章各节习题.

在本书修订过程中参考了大量兄弟院校的教材,以及其他书籍和文献,也参考了互联网上的内容,在此对相关作者致以深深的感谢.在此还要感谢在前三版的编写中付出艰辛劳动的同事.

由于编者学识有限,书中疏漏和不当之处在所难免,恳请读者和同行专家给予批评指正.

贾瑞皋

2016 年 12 月

第三版前言

《大学物理教程(第三版)》是在第二版的基础上,参照《非物理类理工学科大学物理课程教学基本要求》(正式报告稿)修订的.本书确保了新教学基本要求中的全部核心内容(A类内容),选择了相当数量的扩展内容(B类内容)和关于高新技术及学科前沿发展的内容.

《大学物理教程(第三版)》的突出特点是:

1. 建立了大学物理力学部分的新体系

动力学按质点动力学、质点系动力学、特殊质点系——定轴转动刚体的体系编写.每章从定义描述系统运动状态的动力学量着手,根据牛顿运动定律,研究系统运动状态变化时状态量的变化遵守的规律,并且这种指导思想贯穿于全书.实际上,根据所研究系统的特点和研究目的,恰当地定义描述系统状态的物理量——状态量,研究系统状态变化时状态量的变化遵守的规律,这正是物理学的主要研究任务和主要目的.以这样的体系编写大学物理教材,有利于培养学生的科学思维和科学方法.这种体系既有利于学生掌握理论知识,又有利于学生掌握理论体系,还能使学生体会建立理论体系的基本方法和思路.这种体系,逻辑上严谨、简洁,方法上简单、明了,学生学起来容易,便于自学.

2. 综合素质培养与教学内容相结合

新"教学基本要求"明确指出:"在大学物理课程的各个教学环节中都应在传授知识的同时,注重学生分析问题和解决问题能力的培养,注重学生探索精神和创新意识的培养,努力实现学生知识、能力、素质的协调发展."本书在综合素质培养与教学内容相结合方面作了很大努力,取得一些成果.现举几例.通过角动量参考点的选取原则分析定义状态量的原则.通过牛顿碰撞定律中恢复系数的定义分析其他一类现象的归纳、综合、统一的原则、思想和方法.通过法拉第电磁感应定律公式中负号存在的相对性和必要性分析,阐述自然规律的表示方法的建立和不同方法的选用原则.通过玻尔兹曼熵公式阐述寻找自然规律的数学表示的原则、思路和方法.通过库仑定律阐述测量的本质.通过与实际结合的例题培养应用知识解决实际问题的能力.上述实例既是基本教学内容,其本身又是一种创新,用创新实例可以更有效地激发学生的创新意识,培养学生的创新思路和创新能力.

结合具体教学内容,适当介绍原有理论的局限性,甚至是危机,介绍科学家是怎样分析、提炼、形成科学问题和提出科学问题,进一步创造理论的.分析假设的必要性、合理性及其物理意义.培养学生分析问题、提出问题、解决问题的能力.注重理论联系实际,介绍历史上物理学原理的初创式开发应用,产生当时的高新技术的事例,培养学生的应用创新意识和能力.

3. 解决了一些以前没有解决和没有解决好的问题

(1)把定轴转动刚体的角动量与质点系的角动量统一起来.定轴转动刚体是质点系,

可以类似地、像定义刚体的转动动能那样,定义其角动量. 它是特殊的质点系,特殊在动量概念不适用,其角动量的参考点只能选在转轴上,且只能用质点系角动量的一个分量作为其角动量.

(2) 推导出了静电平衡过程的特征时间. 本书推导出了由不平衡到平衡过程中,导体内电荷密度随时间变化的关系 $\rho=\rho_0 e^{-\frac{\gamma}{\varepsilon}t}$,由此得到的特征时间 $\tau=\dfrac{\gamma}{\varepsilon}$,这一结论与其他理论结果是协调的.

(3) 给出了位移电流密度中 $\partial \boldsymbol{P}/\partial t$ 项的意义,其本质是极化电荷的运动产生的极化电流密度.

(4) 提出了电势参考点的选取原则和最佳参考点的选取方法.

(5) 阐述了应用对称性原理分析静电场和恒定磁场分布特征的方法. 由此可以明确看出,对称性原理把问题解决到什么程度,高斯定理和安培环路定理分别解决了哪些问题. 可以使读者较深刻地理解对称性原理并与力学部分的“对称性和守恒定律”的内容相结合,对对称性原理有更深刻的理解.

(6) 不必要引入磁通量的方向. 在讲述法拉第电磁感应定律和楞次定律时,不再引入磁通量的方向. 不引入磁通量的方向能更简单地说明问题,所以引入磁通量的方向不是必要的.

除上述问题外还有其他问题,例如,潮汐现象中引潮力的分析方法,静电场、恒定磁场的能量密度的推导方法,变化磁场的高斯定理等,也都提出了作者新的观点.

4. 本书采用科技论文通常的写法,不采用第一人称的写法,有利于培养读者撰写科技论文的能力

与本书同时出版的还有《大学物理教程(第三版)电子教案》,教师可在此基础上方便地进行修改,以便形成各具特色的教案;《大学物理教程(第三版)习题解答》,以便教师参考. 以后还将出版《大学物理教程(第三版)学习指导》供读者参考.

参加本书修订工作的有:李元成教授,提供了第 1～4 章的初稿;徐军副教授,提供了第 6 章的初稿;张军副教授,提供了第 8、9 章的初稿;范建中副教授,提供了第 7 章、第 13 章的初稿;其余部分和全书的统稿、定稿工作由贾瑞皋教授完成. 王小明、郑海霞修订了部分章的习题. 张立红、郑海霞、赵培河等老师为本书的出版做了大量有成效的工作.

在本书修订过程中参考了大量兄弟院校的教材、其他书籍和文献,也参考了互联网上的内容,在此对相关作者致以深深的感谢. 编者还要感谢在前两版次付出艰辛劳动的同事:第一版:任兰亭(主编),贾瑞皋(副主编),李文瀚,朱广荣,李靖顺,宋吉华,严炽培,丁有瑚;第二版:任兰亭(主编),贾瑞皋(副主编),朱广荣,张欣,丁有瑚.

感谢中国石油大学(华东)和科学出版社在本书出版过程中给予的大力支持.

由于编者学识有限,书中错误和不当之处在所难免,恳请读者和同行专家批评指正.

贾瑞皋

2008 年 7 月

目　　录

第三篇　热 物 理 学

第一篇 力 学

力学的研究对象

力学（mechanics）的研究对象是机械运动.机械运动是宏观物体之间,或物体内各部分之间相对位置随时间的变化.经典力学研究的是在弱引力场中宏观物体的低速运动.通常把经典力学分为运动学（kinematics）、动力学（dynamics）和静力学（statics）.运动学只研究运动描述的方法和规律,不涉及引起运动和改变运动的原因.动力学研究物体的运动和物体之间相互作用的联系的规律.静力学研究物体在相互作用下的平衡问题.

学习物理学一般从力学开始,因为力学讨论的现象多是日常可见的,每个人多少都有这方面的经验.力学也是最早发展起来的物理学分支.

天文学的发展

近代科学的诞生是从天文学上突破和开始的.波兰天文学家哥白尼（Nicolaus Copernicus,1473～1543）通过观察发现,应用托勒密（C. Ptolemy）的地心模型计算的结果和观察的结果有时差别较大.地心说对太阳和 5 颗行星运动的描述非常繁琐和复杂.哥白尼赞成毕达哥拉斯学派宇宙是和谐的,可以用简单数学关系表达宇宙规律的基本思想.同时,哥白尼也受到柏拉图哲学思想的影响,提出了日心说.1543 年 4 月,在他病逝前夕出版了他的划时代的杰作《天体运行论》.《天体运行论》的出版,常被认为是近代科学诞生的标志.

德国天文学家开普勒（Johannes Kepler,1571～1630）接受了丹麦天文学家第谷提供的大量天文观测资料,经过观察和研究,在 1609 年出版的《新天文学》一书中提出两个定律.

（1）椭圆定律:每个行星的轨道是一个椭圆,太阳位于一个焦点上.

（2）等面积定律:在太阳与行星间作一条直线,此直线在行星运动时于相等的时间内扫过相等的面积.

1619 年,开普勒出版了《世界的和谐》一书.书中发表了关于行星运动的第三定律.

（3）和谐定律:行星运动周期 T 的平方正比于行星与太阳平均距离 R 的三次方,记为 $T^2 = kR^3$.

从开普勒起,天文学才真正成为一门精确的科学,成为近代科学的开路先锋.开普勒已认识到,他的定律强烈地暗示了太阳对行星有一种吸引力.这为牛顿经典力学的建立提供了基础.

伽利略（Galileo Galilei,1564～1642）用自制的望远镜观察到了一系列天文现象.其中,最重要的是发现了木星的四颗卫星,以事实验斥了亚里士多德的教义——宇宙只有一个中心,同时维护了哥白尼的论点——除太阳外,宇宙还有其他吸引中心.1610 年,伽利略出版了他的《星的使者》一书,使他一举成名.他把太阳的像投射到纸上,发现了太阳的黑子,从它的运动估算出太阳的自转周期约为 27 天(现在认为太阳相对地球的自转周期是 27.275 天).1613 年,伽利略出版了《论太阳黑子的信》,明确支持哥白尼的日心说,并要为哥白尼的模型建立一种"力学"的数学描述.1632 年,伽利略出版了名为《对两大世界体系的对话》的书.由于隐蔽地支持了哥白尼的日心说,宗教法庭于 1633 年 4 月 12 日判他终身监禁(实际是软禁在他的寓所里),并把他的《对两大世界体系的对话》一书从印刷厂里取走,与哥白尼和开普勒的书一起,被列为禁书,直到 1835 年.300 多年后,1979 年 11 月 11 日,新罗马教皇保罗二世才公开承认教会当年的判决是错误的,为伽利略正式恢复了名誉.

经典力学的诞生

2000 多年前,古希腊伟大的思想家亚里士多德主张地心说.他把运动分为自然运动和受迫运动,认为力是维持运动的原因,没有外力,运动就会停止.10～12 世纪,经过基督教学者们的努力,将亚里士多德的学说与基督教义结合起来,成为基督教福音的一部分.从此,谁反对亚里士多德的观点就是反对基督教.

第一个用观察和实验决定性地驳倒亚里士多德观点的是被称为"近代科学之父"的伽利略.他提出加速度的概念,认真考察了自由落体运动,得到位移和时间的平方成正比,重力加速度与重量无关的结论.他根据斜面实验,并应用理想实验的方法推论出惯性定律.伽利略的其他贡献还很多.爱因斯坦曾说过:"伽利略的发现以及他所用的科学推理的方法是人类思想史上最伟大的成就之一,而且标志着物理学的真正开端."[①]

牛顿(Isaac Newton,1642～1727)18 岁进入剑桥大学三一学院学习,起初,他想学数学,精于数学和光学的巴罗(I. Barrow)教授鼓励他主要学物理,并且悉心培养.在巴罗教授的指导下,牛顿广泛阅读数学、物理、天文学和哲学等方面的书籍.牛顿在光的色散等方面有很多贡献,但他最专注的研究课题始终是力学.为了研究力学的需要,他发明了微积分.

1687 年,他把 20 多年的研究成果总结成一本名为《自然哲学的数学原理》的书.牛顿把伽利略发现的惯性定律作为第一定律.牛顿发现了第二定律和第三定律.他将第二定律、第三定律和开普勒第三定律结合起来,发现了万有引力定律,从而形成了经典力学的基础,完成了近代科学发展的第一次大综合.18 世纪以后,又经过欧拉(Euler)、拉格朗日(Lagrange)、哈密顿(Hamilton)等科学家的工作,使力学成为一门理论严密、系统完整的科学.

牛顿在科学研究上取得的巨大成就和他自觉运用科学的思维方法是分不开的.牛顿的科学思维方法是他贡献给人类的宝贵精神财富.牛顿在科学方法上的重大贡献之一,是把一般认为互相排斥的归纳法和演绎法结合起来,形成了从特殊(的现象)到一般(的规律,如自然界的力),再从一般回到特殊的研究方法.在《自然哲学的数学原理》第三篇一开始,提出了 4 条"哲学中的推理法则",用现在惯用的文字表示,这 4 条法则可理解为:简单性原理、因果性原理、统一性原理和真理性原理.

---

① 　爱因斯坦,英费尔德. 物理学的进化. 上海:上海科学出版社,1962.

　　简单性原理：牛顿说过，"真理是在简单性中发现的."爱因斯坦在《物理学的进化》一书的末尾写道，"如果不相信我们的理论结构能够领悟客观实在，如果不相信我们世界的内在和谐性，那就不会有任何科学. 这种信仰是，而且永远是一切科学创造的根本动机."

　　因果性原理：实际上是决定论，或因果决定论. 但是在微观领域人们必须放弃决定论，而把概率性看成是基本规律.

　　统一性原理：统一性原理是承认物质世界具有共同的物质性. 牛顿把天上的行星和地上的物体的运动都统一到他的力学三定律和万有引力定律之下，这是统一性原理的具体表现. 正如爱因斯坦所说："从那些看来与直接可见的真理十分不同的复杂现象中认识到它们的统一性，那是一种壮丽的感觉."

　　真理性原理：应该承认从实验现象通过归纳分析得出的结论是真实的或接近真实的，即承认客观真理的存在. 以后可能会出现新的现象，通过进一步归纳分析可使结论变得更准确，或出现例外情况而对原来的结论作出修正，使相对真理逐步接近绝对真理. 真理性原理可以理解为，绝对真理是存在的，但只能逐步接近.

　　牛顿善于继承前人的成果，奋发好学，勤于思考. 有人问牛顿是怎样发现万有引力定律的，他的回答是："靠不停的思考."牛顿对自己的巨大成就有清醒的认识. 他谦虚谨慎，有自知之明，对真理的追求永无止境. 他在给物理学家胡克的信中写道："如果说我比其他人看得远一点的话，那是因为我站在巨人的肩上."他在临终遗言中写道："我不知世人将如何看待我，但是在我看来，我不过像一个在海滨玩耍的孩子，为时而发现一块比平常光滑的石子或美丽的贝壳而感到高兴；但那浩瀚的真理之海洋，却还在我面前未曾发现呢."

牛顿力学的局限性

　　牛顿的《自然哲学的数学原理》从一些基本概念和几个运动定律出发，使人们对自然界的了解有了前所未有的扩展和统一. 牛顿的自然哲学思想也被人们所接受，它的影响甚至超过了牛顿的物理学和天文学. 19 世纪的最后 20 年中，由于生产力的发展，人类实践范围的扩大，科学家发现了一些牛顿物理学不能解释的新现象，这些新的现象促使科学家寻找和发现新的规律，建立新的理论. 20 世纪初，爱因斯坦先后创立了狭义相对论和广义相对论. 一大批科学家共同创立了量子力学. 在相对论和量子力学的基础上产生了像半导体物理、半导体技术、量子化学和相对论量子力学等一大批新兴学科. 科学的发展，使人们对自然界的认识更加深刻，更加广泛. 科学的发展，促进了新技术的发明和应用，大大促进了生产力的发展和人类文明的提高.

第一章　质点运动学

质点运动学的任务是研究机械运动的描述方法.

机械运动的定义:一个物体相对另一个物体位置的变化."另一个物体"就是参考系. 由机械运动的定义可以看出:要谈运动,首先应指明参考系,没有参考系不能谈运动. 为了便于定量地描述运动,可以在参考系上建一个坐标系. 坐标系的原点是参考系的抽象. 要描述"位置的变化"首先要确定位置的表示方法. 质点的运动,是质点位置对坐标系原点的位置的变化. 质点位置随时间变化的函数称为运动方程,所以运动方程是运动学的核心. 运动方程如何表示运动学信息和特点,如何求运动方程就成为运动学的两类问题.

在运动学中,参考系的选择是人为的或任意的. 在不同参考系中同一质点的运动描述是不同的. 同一质点的运动在不同参考系中的描述(如位移、速度等)之间的关系称为相对运动.

§1.1　空间和时间

一、绝对空间和绝对时间

从机械运动的定义可以看出,空间和时间是运动的两个要素. 人类对空间和时间的认识起源于对物体的结构和运动的观察. 物体在结构上有左右、前后、上下(即四方上下)之分. 牛顿在《自然哲学的数学原理》中对绝对空间、绝对时间作了概括性的描述:"绝对空间,就其本性来说,与任何外在的情况无关,始终保持着相似和不变."其含义是,空间是客观的,与物质、物质的运动无关,空间的测量是绝对的."绝对的、纯粹的、数学的时间,就其本性来说,均匀的流逝而与外在的情况无关."绝对时空观认为时间的存在是绝对的,与物质、物质的运动无关,时间的测量是绝对的. 现代科学认为,空间是物质和物质运动的广延性,时间是物质运动的持续性. 时间和空间与物质和物质的运动相联系,时间和空间的测量是相对的. 经典力学应用的是绝对时空观的概念.

二、空间的测量

空间的测量,本质上是几何长度的测量. 长度的测量是待测物体与长度基准比较的过程.

1889 年第一届国际计量大会通过:将保存在法国的国际计量局中 0℃时铂铱合金棒上两条刻线间的距离定义为 1 米. 这是长度的实物基准. 物理学家更愿意用自然基准代替实物基准,1 米的定义经过三次变化,1983 年 10 月,第 17 届国际计量大会通过:1 米等于光在真空中 1/299 792 458 秒的时间间隔内运行路程的长度. 米用符号 m 表示. 这个定义利用了国际物理与化学常量委员会基本物理常量任务组 1973 年发布的真空中光速的最佳值(这个值至 1998 年没变化).

　　目前量度的空间范围,从宇宙范围的尺度 10^{26} m(2×10^{10} l. y.,光年)到微观粒子尺度 10^{-15} m. 物理理论指出,空间长度的下限是普朗克长度:10^{-35} m. 小于普朗克长度时,现在的空间概念就不再适用了. 表 1-1 列出了一些典型物理现象的空间尺度.

三、时间的测量

　　时间的观念起源于由物体运动形成的事物演化中状态出现的先后顺序性. 任何运动规律已知的物理过程原则上都可以用来规定为时间的基准.1956 年国际计量大会定义秒为:1 秒是回归年的 1/31 556 925.974 7. 所谓回归年是指太阳相继两次通过春分点的时间间隔.1967 年第十三届国际计量大会决定采用铯原子钟作为新的时间计量基准:1 秒等于铯 133 基态两个超精细能级之间跃迁相对应的辐射周期的 9 192 631 770 倍. 用符号 s 表示秒. 近年来,不少科学家建议按射电脉冲星辐射来校正时间基准.

　　现代的标准宇宙模型认为,宇宙起源于 137 亿年前的一次大爆炸. 宇宙的年龄用秒来计大约是 10^{18} s. 已知的微观粒子的最短寿命是 10^{-24} s,极限时间是普朗克时间 10^{-43} s,小于普朗克时间的时间间隔,现在的时间概念就不适用了. 表 1-1 列出了一些典型物理现象的时空尺度.

表 1-1　一些典型物理现象的时空尺度

典型的物理现象	空间尺度/m	典型的物理现象	时间尺度/s
已观测的宇宙范围	$\sim 10^{26}$	宇宙年龄	10^{18}
星系团半径	10^{24}	太阳年龄	1.4×10^{17}
星系间的距离	$\sim 2 \times 10^{22}$	原始人	$\sim 10^{13}$
银河系的半径	7.6×10^{20}	人的平均寿命	10^{9}
太阳到最近恒星的距离	4×10^{16}	地球公转(一年)	3.2×10^{7}
太阳到冥王星的距离	10^{12}	地球自转(一天)	8.6×10^{4}
日地距离	1.5×10^{11}	太阳光到地球的传播时间	5×10^{2}
地球半径	10^{6}	人的心脏跳动周期	1
无线电中波波长	10^{3}	中频声波周期	10^{-3}
小孩的高度	1	中频无线电波周期	10^{-6}
尘埃	10^{-3}	π^{+}介子的平均寿命	10^{-9}
人类红细胞直径	10^{-6}	原子振动周期	10^{-12}
细菌的线度	10^{-9}	光穿越原子的时间	10^{-18}
原子的线度	10^{-10}	核振动周期	10^{-21}
原子核的线度	10^{-15}	光穿越核的时间	10^{-24}
普朗克长度	10^{-35}	普朗克时间	10^{-43}

习　　题

　　1. 说说国际单位制中基本量时间的单位秒(s)的定义及其演变.

　　2. 说说国际单位制中基本量长度的单位米(m)的定义及其演变.

§1.2　质点运动的描述

一、质点

宏观物体的大小形状是千差万别的. 在机械运动中,其大小和形状可能发生变化. 如果在所研究的问题中,物体的大小和形状及其变化对物体运动的影响很小,可以忽略不计,则可以不考虑物体的大小和形状,把物体看成一个具有物体质量的几何点. 这样的点称为质点(mass point). 例如,牛顿在研究和探索万有引力规律时首先证明了太阳系中所有的星球都可以看作是位于其球心处的质点.

在物理学中,根据研究对象和所研究问题的性质,正确分析影响所研究问题的各种因素,突出主要因素,忽略次要因素,把研究对象和问题简化,这就是建立理想模型. 质点就是一个理想模型. 应该注意,在建立理想模型时,要分析模型的合理性.

二、参考系和坐标系

质点相对其他物体(或彼此不作相对运动的物体群)位置的变化称为质点的机械运动(简称运动). 这些在研究运动时作为参考的物体称为参考系.

研究质点的运动可以选择不同的参考系. 同一质点的运动,在不同参考系中看来,其运动形式是不同的. 例如,在匀速直线前进的火车中从一定高度由静止释放的小球的运动,在火车参考系中看来,小球作自由落体运动,其轨迹是直线;而在地面参考系中看来,小球作平抛运动,其轨迹是抛物线. 物体的运动形式随参考系的不同而不同,这一事实称为运动的相对性. 所以,在描述质点的运动时,指明参考系是必要的. 在研究运动学问题时,根据需要和方便,参考系可以任意选取. 但在研究动力学问题时,由于有些动力学规律(如牛顿三定律)只在某些特殊参考系(惯性系)中成立,所以参考系的选取要特别慎重.

为了定量地描述质点相对参考系的位置,需要在参考系上建立适当的坐标系,把质点相对参考系的运动用质点相对坐标原点的运动表示. 建立何种坐标系,原则上是任意的. 同一运动在不同坐标系中描述,繁简程度不同,通常以对运动的描述最简单者为最佳选择. 实际上,坐标系是参考系的数学抽象. 所以,在讨论一般运动学问题时,可以只说明坐标系是如何建立的,而不具体说明它所参照的物体.

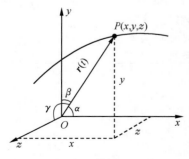

图 1-1　质点位置的坐标和位矢

三、质点位置的描述方法

能够确定空间一点位置的一个或一组有序数量都是质点位置的描述方法. 常用的描述质点位置的方法有以下几种.

1. 坐标法

设某时刻 t 质点的位置在空间 P 点处. 在参考系上建一个坐标系,例如,直角坐标系 $Oxyz$,如图 1-1 所示.

则质点的位置可以用一组坐标(x,y,z)表示. 用坐标表示质点位置的方法称为坐标法.

　　质点在一个平面上的位置可以用建立在该平面上的二维坐标系的两个坐标表示. 例如,在平面直角坐标系中质点位置的坐标是(x,y). 如果质点的位置在一条直线上,则在该直线上建立一个坐标轴,例如 Ox 轴,质点的位置可以用一个坐标 x 表示.

　　根据质点运动的不同特点,可以选用不同的坐标系,例如,直角坐标系、平面极坐标系、球坐标系、圆柱坐标系等. 在不同坐标系中,表示质点位置的一组坐标的数量也不同.

　　2. 位置矢量法

　　设质点某时刻 t 的位置在 P 点,在参考系上任取一个固定点 O,由 O 点向 P 点作一矢量 $\boldsymbol{r}$,如图 1-1 所示. 矢量 $\boldsymbol{r}$ 可以表示质点的位置. 由参考系上的固定点 O 指向质点位置的矢量称为质点相对 O 点的位置矢量,简称位矢. 用位置矢量表示质点位置的方法称为位置矢量法. 位置矢量法的特点是,只在参考系上选择一个固定的参考点,并不涉及具体的坐标系. 位置矢量描述与坐标系无关,因此利于作一般性定义陈述和理论推导. 但在定量计算时常常还需要根据具体问题的特点,选择适当的坐标系.

　　若以位矢 $\boldsymbol{r}$ 的起点 O 点为原点建立直角坐标系 $Oxyz$,则 P 点的直角坐标(x,y,z)就是位置矢量 $\boldsymbol{r}$ 在坐标轴 Ox、Oy、Oz 上的投影,用 $\boldsymbol{i}$、$\boldsymbol{j}$、$\boldsymbol{k}$ 分别表示沿坐标轴 Ox、Oy、Oz 正方向的单位矢量,则在直角坐标系中,位置矢量表示为

$$\boldsymbol{r} = x\boldsymbol{i} + y\boldsymbol{i} + z\boldsymbol{k} \tag{1-1}$$

位置矢量的大小(P 点离开 O 点的距离)为

$$r = |\boldsymbol{r}| = \sqrt{x^2 + y^2 + z^2} \tag{1-2}$$

位矢的方向(P 点相对 O 点的方位)可由方向余弦来确定

$$\cos\alpha = \frac{x}{r}, \quad \cos\beta = \frac{y}{r}, \quad \cos\gamma = \frac{z}{r} \tag{1-3}$$

式中 α、β、γ 分别是 $\boldsymbol{r}$ 与 Ox、Oy、Oz 轴方向之间的夹角,它们满足以下关系:

$$\cos^2\alpha + \cos^2\beta + \cos^2\gamma = 1$$

故三个角 α、β、γ 只有两个是独立的.

　　3. 自然坐标法

　　当质点相对参考系的运动轨迹是已知曲线时,例如,在地面上运动的火车,可以先在曲线上任取一点 O,规定从 O 点起,沿曲线的某一个方向测量得到的曲线的长度 s 用正值表示,沿另一方向测量得到的长度 s 用负值表示,这样建立的系统称为自然坐标系,O 点称为自然坐标系的原点,s 称为自然坐标,如图 1-2 所示. 自然坐标 s 可以表示质点的位置. 这种描述质点位置的方法称为自然坐标法.

图 1-2　自然坐标系

根据质点运动的具体特点,还可以采取其他描述质点位置的方法.

四、运动方程

质点相对参考系运动时,质点的位置随时间 t 变化,表示质点位置的坐标、位置矢量等是时间 t 的单值函数.质点的位置随时间变化的函数,称为质点的运动方程.

用直角坐标 (x,y,z) 表示质点的位置时,三个坐标随时间 t 变化的函数关系式

$$\left.\begin{array}{l} x = x(t) \\ y = y(t) \\ z = z(t) \end{array}\right\} \tag{1-4}$$

是用直角坐标表示的运动方程.用位置矢量 $\boldsymbol{r}$ 表示质点的位置时,位置矢量 $\boldsymbol{r}$ 随时间 t 变化的函数关系式

$$\boldsymbol{r} = \boldsymbol{r}(t) = x(t)\boldsymbol{i} + y(t)\boldsymbol{j} + z(t)\boldsymbol{k} \tag{1-5}$$

是用位置矢量表示的运动方程.自然坐标与时间的函数关系式

$$s = s(t) \tag{1-6}$$

是用自然坐标表示的运动方程.对应一种描述质点位置的方法,可以建立一种相应的运动方程.

质点的运动方程包含了质点的全部运动学信息.由运动方程可以确定质点在任意时刻的位置、质点的轨迹方程、质点在任意一段时间内的路程等.此外,由质点的运动方程还可以确定质点速度和加速度与时间之间的关系等.

例题 1 一质点的运动方程是 $x = R\cos\omega t$,$y = R\sin\omega t$,其中 R 和 ω 是正值常量.求(1)任意时刻质点的位置矢量;(2)质点的轨迹方程;(3)从 $t=0$ 到任意时刻 t 质点的始末位置对坐标原点 O 的张角 θ;(4)从 $t=0$ 到任意时刻 t 质点运动的路程.

解 (1)质点任意时刻的位置矢量为

$$\boldsymbol{R} = x\boldsymbol{i} + y\boldsymbol{j} = R\cos\omega t\,\boldsymbol{i} + R\sin\omega t\,\boldsymbol{j}$$

(2)由运动方程

$$x = R\cos\omega t$$
$$y = R\sin\omega t$$

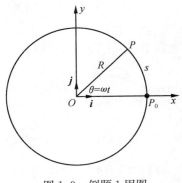

图 1-3 例题 1 用图

把上两式两边平方后相加,可消去参数 t,得到质点的轨迹方程

$$x^2 + y^2 = R^2$$

这是一个圆心在原点,半径为 R 的圆的方程,如图 1-3 所示.

(3)由运动方程可知,$t=0$ 时质点的位置 P_0 点的坐标为 $(R,0)$.由图 1-3 可知,任意时刻 t 质点位置 P 点的坐标为

$$x = R\cos\theta$$
$$y = R\sin\theta$$

与运动方程相比较可得到

$$\theta = \omega t \tag{1-7}$$

由此可以看出,由于质点作圆周运动,以 O 点为顶点,以 Ox 为一边的角 θ 的另一边与圆周的交点是唯一的,即 θ 能唯一地确定圆周上的一个点的位置. 所以,一般地讲,$\theta = \theta(t)$ 可以作为作圆周运动的质点的运动方程. 所以本例题中 $\theta = \omega t$ 也是该质点的运动方程. 这种方法也称为圆周运动的角量描述.

（4）质点从 $t=0$ 到任意时刻 t 质点运动的路程 s 是弧长 $\overset{\frown}{P_0 P}$. 所以

$$s = R\omega t$$

由于质点作半径为 R 的圆周运动,轨迹已知,若取 P_0 点为起点,沿圆周向逆时针方向测量的圆弧的长度 s 为正,反之为负. 弧长 s 是时间 t 的函数,且 s 能唯一确定质点的位置. 所以

$$s = s(t) \tag{1-8}$$

可作为圆周运动质点的运动方程. 这种方法也称为圆周运动的线量描述.

习　　题

1. 一质点在平面上运动,已知质点的运动方程为 $\boldsymbol{r} = at^2\boldsymbol{i} + bt^2\boldsymbol{j}$,其中 a、b 为常数,则该质点作（　　）.
(A) 匀速直线运动 　　　　　　　　　　(B) 变速直线运动
(C) 抛物线运动 　　　　　　　　　　　(D) 一般曲线运动

2. 质点的运动方程是

$$x = v_0 t, \quad y = \frac{1}{2}gt^2$$

式中 v_0 和 g 是常量. 求质点的轨迹方程.

3. 一质点在平面 xOy 内运动,运动方程为 $x = 2t, y = 19 - 2t^2$ (SI). (1)求质点的运动轨道;(2)求 $t=1\text{s}$ 和 $t=2\text{s}$ 时刻质点的位置矢量;(3)在什么时刻,质点离原点最近? 最近距离为多大?

4. 质点的运动方程为 $x = A\sin\omega t, y = B\cos\omega t$,其中 A、B、ω 为正常数,试证明质点的轨道为一椭圆.

§1.3　位移　速度　加速度

一、位移矢量

质点在空间运动过程中,其位置随时间变化. 设 t_1 时刻质点的位置在 A 点,位置矢量是 $\boldsymbol{r}_1$,t_2 时刻质点的位置在 B 点,位置矢量是 $\boldsymbol{r}_2$,如图 1-4 所示. 则质点在 $\Delta t = t_2 - t_1$ 这段时间内的位置矢量的变化为

$$\Delta \boldsymbol{r} = \boldsymbol{r}_2 - \boldsymbol{r}_1 \tag{1-9}$$

$\Delta \boldsymbol{r}$ 称为位移矢量（displacement vector）,简称位移.

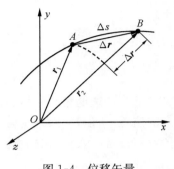

图 1-4　位移矢量

在直角坐标系中,位移矢量

$$\Delta \boldsymbol{r} = (x_2 - x_1)\boldsymbol{i} + (y_2 - y_1)\boldsymbol{j} + (z_2 - z_1)\boldsymbol{k}$$
$$= \Delta x\boldsymbol{i} + \Delta y\boldsymbol{i} + \Delta z\boldsymbol{k} \qquad (1\text{-}10)$$

位移矢量的大小

$$|\Delta \boldsymbol{r}| = \sqrt{\Delta x^2 + \Delta y^2 + \Delta z^2}$$

位移矢量的方向可以用方向余弦表示,即

$$\cos\alpha = \frac{\Delta x}{|\Delta \boldsymbol{r}|}, \quad \cos\beta = \frac{\Delta y}{|\Delta \boldsymbol{r}|}, \quad \cos\gamma = \frac{\Delta z}{|\Delta \boldsymbol{r}|}$$

应该注意:位移矢量表示质点位置的改变或变化,并不是质点经历的轨迹. 轨迹的长度 Δs 称为路程. 位移的模 $|\Delta \boldsymbol{r}|$ 称为位移的大小. 由图 1-4 清楚地看出 $|\Delta \boldsymbol{r}| \neq \Delta s$. t_1 和 t_2 时刻质点位置矢量的大小分别为 r_1 和 r_2,在 Δt 时间内质点位置矢量大小的变化为

$$\Delta r = r_2 - r_1$$

由图 1-4 可以看出 $|\Delta \boldsymbol{r}| \neq \Delta r$.

二、速度矢量

设质点在 t 时刻的位置在 A 点,位置矢量是 $\boldsymbol{r}$,在 t 时刻以后 Δt 时间内质点的位移为 $\Delta \boldsymbol{r}$,定义:质点在 Δt 这段时间内的平均速度为

$$\bar{\boldsymbol{v}} = \frac{\Delta \boldsymbol{r}}{\Delta t} \qquad (1\text{-}11)$$

平均速度是矢量. 大小等于 $|\Delta \boldsymbol{r}|$ 与 Δt 的比值,方向沿 $\Delta \boldsymbol{r}$ 的方向.

式(1-11)中,当 Δt 趋于零时,平均速度的极限称为 t 时刻的瞬时速度,简称速度,即

$$\boldsymbol{v} = \lim_{\Delta t \to 0} \frac{\Delta \boldsymbol{r}}{\Delta t} = \frac{\mathrm{d}\boldsymbol{r}}{\mathrm{d}t} \qquad (1\text{-}12)$$

速度是位置矢量 $\boldsymbol{r}$ 对时间的导数,速度是矢量,是表示某时刻(或某位置)质点运动的快慢和方向的物理量. 其方向是 $\Delta t \to 0$ 时位移 $\Delta \boldsymbol{r}$ 的极限方向. $\Delta \boldsymbol{r}$ 的极限方向(即速度 $\boldsymbol{v}$ 的方向)与轨迹上该点的切线方向一致,并指向质点前进的一侧.

在直角坐标系中,速度为

$$\boldsymbol{v} = \frac{\mathrm{d}\boldsymbol{r}}{\mathrm{d}t} = \frac{\mathrm{d}x}{\mathrm{d}t}\boldsymbol{i} + \frac{\mathrm{d}y}{\mathrm{d}t}\boldsymbol{j} + \frac{\mathrm{d}z}{\mathrm{d}t}\boldsymbol{k} = v_x\boldsymbol{i} + v_y\boldsymbol{j} + v_z\boldsymbol{k} \qquad (1\text{-}13)$$

式中 v_x、v_y、v_z 是速度沿三个坐标轴的分量. 速度的大小

$$v = |\boldsymbol{v}| = \sqrt{v_x^2 + v_y^2 + v_z^2} = \sqrt{\left(\frac{\mathrm{d}x}{\mathrm{d}t}\right)^2 + \left(\frac{\mathrm{d}y}{\mathrm{d}t}\right)^2 + \left(\frac{\mathrm{d}z}{\mathrm{d}t}\right)^2}$$

速度的方向也可以用方向余弦表示,即

$$\cos\alpha = \frac{v_x}{v}, \quad \cos\beta = \frac{v_y}{v}, \quad \cos\gamma = \frac{v_z}{v}$$

在图 1-5 中,路程 Δs 与 Δt 的比值,称为质点在 Δt 时间内的平均速率,即

$$\bar{v} = \frac{\Delta s}{\Delta t}$$

平均速率在 Δt 趋于零时的极限称为瞬时速率,即

$$v = \lim_{\Delta t \to 0} \frac{\Delta s}{\Delta t} = \frac{\mathrm{d}s}{\mathrm{d}t} \tag{1-14}$$

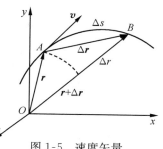

图 1-5　速度矢量

瞬时速率是路程对时间的导数. 由于当 Δt 趋于零时,$\Delta s = |\Delta \boldsymbol{v}|$,所以速率

$$v = \lim_{\Delta t \to 0} \frac{|\Delta \boldsymbol{r}|}{\Delta t} = \left|\frac{\mathrm{d}\boldsymbol{r}}{\mathrm{d}t}\right| = |\boldsymbol{v}|$$

上式说明:瞬时速率等于速度的大小,速率是质点单位时间走过的路程.

应该注意:速度的大小 $v = \left|\dfrac{\mathrm{d}\boldsymbol{r}}{\mathrm{d}t}\right|$,$v \neq \left|\dfrac{\mathrm{d}r}{\mathrm{d}t}\right|$,$\dfrac{\mathrm{d}r}{\mathrm{d}t}$ 是位置矢量 $\boldsymbol{r}$ 的模 $|\boldsymbol{r}| = r$ 对时间的导数,r 是质点到原点的距离. $\dfrac{\mathrm{d}r}{\mathrm{d}t}$ 是速度的径向分量.

一般情况下,速度是随时间变化的,速度可以是时间的函数,即 $\boldsymbol{v} = \boldsymbol{v}(t)$. 质点的速度随时间变化,称质点作变速运动.若质点的速度 $\boldsymbol{v}$ 是常矢量,称质点作匀速直线运动.

三、加速度矢量

质点运动时,在不同时刻(位置)的速度一般不同,如图 1-6 所示.设质点在 t 时刻的速度为 $\boldsymbol{v}$,在 $t+\Delta t$ 时刻,速度为 $\boldsymbol{v}'$,在时间 Δt 内质点速度的增量

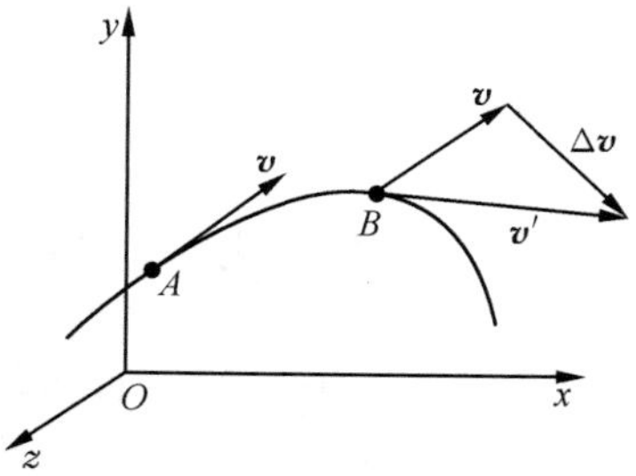

$$\Delta \boldsymbol{v} = \boldsymbol{v}' - \boldsymbol{v}$$

与平均速度的定义类似,质点的平均加速度定义为

$$\bar{\boldsymbol{a}} = \frac{\Delta \boldsymbol{v}}{\Delta t} \tag{1-15}$$

图 1-6　速度的变化

瞬时加速度矢量简称加速度(acceleration),其定义为:质点在某时刻(或某位置处)的瞬时加速度等于当时间 Δt 趋于零时平均加速度的极限,即

$$\boldsymbol{a} = \lim_{\Delta t \to 0} \frac{\Delta \boldsymbol{v}}{\Delta t} = \frac{\mathrm{d}\boldsymbol{v}}{\mathrm{d}t} = \frac{\mathrm{d}^2 \boldsymbol{r}}{\mathrm{d}t^2} \tag{1-16}$$

由式(1-16)可以看出,加速度是某时刻质点速度对时间的导数,或者说,单位时间内速度的变化.从数学上看,加速度是速度对时间的一阶导数,是位置矢量(运动方程)对时间的二阶导数.在直角坐标系中,加速度的三个分量是

$$a_x = \frac{\mathrm{d}v_x}{\mathrm{d}t} = \frac{\mathrm{d}^2 x}{\mathrm{d}t^2}, \quad a_y = \frac{\mathrm{d}v_y}{\mathrm{d}t} = \frac{\mathrm{d}^2 y}{\mathrm{d}t^2}, \quad a_z = \frac{\mathrm{d}v_z}{\mathrm{d}t} = \frac{\mathrm{d}^2 z}{\mathrm{d}t^2} \tag{1-17}$$

加速度常写为

$$a = a_x \boldsymbol{i} + a_y \boldsymbol{j} + a_z \boldsymbol{k}$$

加速度的大小

$$a = \sqrt{a_x^2 + a_y^2 + a_z^2}$$

加速度的方向也可以用它的方向余弦表示,即

$$\cos\alpha = \frac{a_x}{a}, \quad \cos\beta = \frac{a_y}{a}, \quad \cos\gamma = \frac{a_z}{a}$$

　　加速度的方向就是当 Δt 趋于零时,速度的增量 $\Delta \boldsymbol{v}$ 的极限方向. 由图 1-6 可以看出, $\Delta \boldsymbol{v}$ 的方向和 $\Delta \boldsymbol{v}$ 的极限方向与 $\boldsymbol{v}$ 的方向一般是不相同的. 所以加速度的方向与速度的方向一般是不相同的. 例如,作直线运动的质点,当其速率增加时,加速度与速度方向相同;当其速率减小时,加速度与速度方向相反. 作曲线运动的质点,例如行星在其椭圆轨道上运动,如图 1-7 所示. 当质点的速率增加时,加速度与速度之间的夹角是锐角;当质点的速率减小时,加速度与速度的夹角是钝角. 在斜抛运动中,质点速度的大小和方向时刻在改变,但加速度的大小和方向恒定不变.

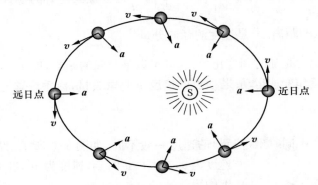

图 1-7　行星运动中的速度和加速度

　　加速度 $\boldsymbol{a}$ 是恒矢量的运动称为匀加速运动,加速度 $\boldsymbol{a}$ 随时间(或位置)变化的运动称为变加速运动.

　　例题 1　已知质点的运动方程是 $\boldsymbol{r} = R\cos\omega t\,\boldsymbol{i} + R\sin\omega t\,\boldsymbol{j}$,式中 R、ω 都是正值常量. 求质点的速度方程和加速度方程,速度和加速度的大小,并讨论它们的方向.

　　解　质点的速度方程

$$\boldsymbol{v} = \frac{\mathrm{d}\boldsymbol{r}}{\mathrm{d}t} = -\omega R\sin\omega t\,\boldsymbol{i} + \omega R\cos\omega t\,\boldsymbol{j}$$

速度的大小

$$v = \sqrt{v_x^2 + v_y^2} = \sqrt{(\omega R\sin\omega t)^2 + (\omega R\cos\omega t)^2} = R\omega$$

质点的加速度方程

$$\boldsymbol{a} = \frac{\mathrm{d}\boldsymbol{v}}{\mathrm{d}t} = -\omega^2 R\cos\omega t\,\boldsymbol{i} - \omega^2 R\sin\omega t\,\boldsymbol{j} = -\omega^2 \boldsymbol{r}$$

加速度的大小

$$a = \sqrt{a_x^2 + a_y^2} + \sqrt{(\omega^2 R\cos\omega t)^2 + (\omega^2 R\sin\omega t)^2} = R\omega^2$$

由 $\boldsymbol{r}$、$\boldsymbol{v}$ 和 $\boldsymbol{a}$ 的表达式可得到

$$\boldsymbol{v} \cdot \boldsymbol{r} = (-\omega R\sin\omega t\boldsymbol{i} + \omega R\cos\omega t\boldsymbol{j}) \cdot (R\cos\omega t\boldsymbol{i} + R\sin\omega t\boldsymbol{j}) = 0$$

$$\boldsymbol{v} \cdot \boldsymbol{a} = (-\omega R\sin\omega t\boldsymbol{i} + \omega R\cos\omega t\boldsymbol{j}) \cdot (-\omega^2 R\cos\omega t\boldsymbol{i} - \omega^2 R\sin\omega t\boldsymbol{j}) = 0$$

由上面可以看出:质点作匀速率圆周运动.质点的速度沿圆的切线方向,加速度沿半径指向圆心;速度和加速度互相垂直.

习　题

1. 一小球沿斜面向上运动,其运动方程为 $s = 5 + 4t - t^2$(SI),则小球运动到最高点的时刻是(　　).
(A) $t = 4$s　　　　(B) $t = 2$s　　　　(C) $t = 8$s　　　　(D) $t = 5$s

2. 质点 P 在一条直线上运动,其坐标 x 与时间 t 有如下关系:$x = A\sin\omega t$(SI)(A 为常数),求
(1) 任意时刻 t 质点的加速度 a(2) 质点速度为零的时刻 t(3) 质点的速度与加速度反向的时间.

3. 一质点的运动方程为 $x = 6t - t^2$(SI),求质点在 t 由 0 至 4s 的时间间隔内,质点的位移和路程.

4. 一质点在 Oy 轴上运动,其运动方程为 $y = 4t^2 - 2t^3$,求质点返回原点时的速度和加速度.

5. 质点在 xOy 平面上运动,其运动方程为 $x = 2t$,$y = 19 - 2t^2$,求质点位置矢量与速度矢量恰好垂直的时刻.

6. 质点沿 x 轴作直线运动,其运动方程为 $x = 4t - 2t^2$. 求:(1)0～2s 内质点的位移和平均速度.(2) 第2s 末的瞬时速度和瞬时加速度.(3)0～2s 内的路程.

7. 质点的运动学方程为 $x = A\sin\omega t$,$y = B\cos\omega t$,其中 A、B、ω 为正常数,质点的轨道为一椭圆.试证明质点的加速度矢量恒指向椭圆的中心.

8. 如图所示,A,B 两物体由一长为 l 的刚性细杆相连,A,B 两物体可在直角形光滑轨道上滑行.如物体 B 以恒定的速率 v 向左滑行,当 $\alpha = 60°$ 时,物体 B 的速度为多少?

9. 如图所示,路灯距离地面高度为 H,行人身高为 h,如果人以匀速 v 背向路灯行走,求人头的影子移动的速度(　　).

(A) $\dfrac{H-h}{H}v$　　　　　　　　　　　　(B) $\dfrac{H}{H-h}v$

(C) $\dfrac{h}{H}v$　　　　　　　　　　　　　(D) $\dfrac{H}{h}v$

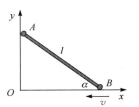

习题 8 图

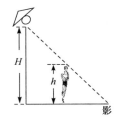

习题 9 图

§1.4 变 速 运 动

由上节可以看出,若已知质点的运动方程,根据速度和加速度的定义,用求导数的方法可以求出速度方程和加速度方程;消去参数 t 可得到质点的轨迹方程;已知质点的运动方程求质点的速度、加速度等问题常称为运动学第一类问题.运动学的第二类问题是由加速度和初始条件求速度方程和运动方程的问题.求解运动学第二类问题要用积分的方法.

求运动方程的一般方法

设在某参考系中,质点的加速度是 $\boldsymbol{a}=\boldsymbol{a}(t)$,某时刻,例如 $t=0$ 时刻质点速度是 $\boldsymbol{v}_0$,位置矢量是 $\boldsymbol{r}_0$. 由加速度的定义 $\boldsymbol{a}=\mathrm{d}\boldsymbol{v}/\mathrm{d}t$,可得

$$\mathrm{d}\boldsymbol{v} = \boldsymbol{a}\,\mathrm{d}t$$

对上式两边积分,并应用初始条件

$$\int_{\boldsymbol{v}_0}^{\boldsymbol{v}} \mathrm{d}\boldsymbol{v} = \int_0^t \boldsymbol{a}\,(t)\,\mathrm{d}t$$

所以

$$\boldsymbol{v} = \boldsymbol{v}_0 + \int_0^t \boldsymbol{a}\,(t)\,\mathrm{d}t \tag{1-18}$$

由速度的定义式 $\boldsymbol{v}=\dfrac{\mathrm{d}\boldsymbol{r}}{\mathrm{d}t}$,可得

$$\mathrm{d}\boldsymbol{r} = \boldsymbol{v}\,(t)\,\mathrm{d}t$$

对上式两边积分,并应用初始条件

$$\int_{\boldsymbol{r}_0}^{\boldsymbol{r}} \mathrm{d}\boldsymbol{r} = \int_0^t \boldsymbol{v}\,(t)\,\mathrm{d}t$$

所以

$$\boldsymbol{r} = \boldsymbol{r}_0 + \int_0^t \boldsymbol{v}\,(t)\,\mathrm{d}t \tag{1-19}$$

作出式(1-18)中的积分可得到速度方程,作出式(1-19)中的积分可得到运动方程.

在实际问题中,常常利用式(1-18)和(1-19)的分量式. 在直角坐标系中

$$\left.\begin{aligned}
v_x &= v_{0x} + \int_0^t a_x\,\mathrm{d}t \\
v_y &= v_{0y} + \int_0^t a_y\,\mathrm{d}t \\
v_z &= v_{0z} + \int_0^t a_z\,\mathrm{d}t
\end{aligned}\right\} \tag{1-20}$$

$$x = x_0 + \int_0^t v_x \mathrm{d}t$$
$$y = y_0 + \int_0^t v_y \mathrm{d}t$$
$$z = z_0 + \int_0^t v_z \mathrm{d}t$$

$$(1\text{-}21)$$

式(1-20)和(1-21)说明,质点的运动可以分解为沿三个坐标轴的分运动;沿三个坐标轴的运动的合运动就是质点的实际运动.

若加速度 $\boldsymbol{a}$ 是恒量,称为匀加速运动.式(1-20)和式(1-21)可写为

$$v_x = v_{0x} + a_x t$$
$$v_y = v_{0y} + a_y t$$
$$v_z = v_{0z} + a_z t$$

$$(1\text{-}22)$$

$$x = x_0 + v_{0x}t + \frac{1}{2}a_x t^2$$
$$y = y_0 + v_{0y}t + \frac{1}{2}a_y t^2$$
$$z = z_0 + v_{0z}t + \frac{1}{2}a_z t^2$$

$$(1\text{-}23)$$

如果质点在一个平面上运动或在一条直线上运动,式(1-20)、式(1-22)和式(1-21)、式(1-23)分别只有两个或一个方程.

例题 1 有人在阳台上高出地面 10m 处以仰角 $\theta = 30°$ 和速率 $v_0 = 20\text{m/s}$ 向空地上投出一石子.试问石子投出后何时着地? 在何处着地? 着地时速度的大小和方向各如何?

解 以投出点为原点,建如图 1-8 所示的坐标系.石子的加速度 $a_y = -g$,应用式(1-23),有

$$x = v_0 \cos\theta \cdot t$$
$$y = v_0 \sin\theta \cdot t - \frac{1}{2}gt^2$$

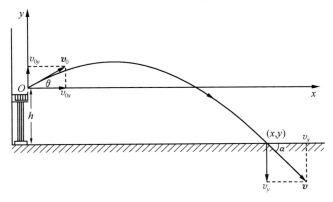

图 1-8 例题 1 用图

设(x,y)表示石子着地点坐标,则$y=-h=-10\mathrm{m}$是石子着地的数学表示.将此值和v_0, θ的数值一并代入第二式得

$$-10 = 20 \times \frac{1}{2} \times t - \frac{1}{2} \times 9.8 \times t^2$$

解此方程,可得$t=2.78\mathrm{s}$和$t=-0.74\mathrm{s}$.取正数解,即得石子在出手后$2.78\mathrm{s}$着地.

　　着地点离投射点的水平距离为

$$x = v_0\cos\theta \cdot t = 20 \times \cos30° \times 2.78 = 48.1(\mathrm{m})$$

应用式(1-22)得

$$v_x = v_0\cos\theta = 20 \times \cos30° = 17.3(\mathrm{m/s})$$
$$v_y = v_0\sin\theta - gt = 20\sin30° - 9.8 \times 2.78 = -17.2(\mathrm{m/s})$$

着地时石子速度的大小为

$$v = \sqrt{v_x^2 + v_y^2} = \sqrt{17.3^2 + 17.2^2} = 24.4(\mathrm{m/s})$$

此速度和水平面的夹角

$$\alpha = \arctan\frac{v_y}{v_x} = \arctan\frac{-17.2}{17.3} = -44.8°$$

　　作为抛体运动的一个特例,令抛射角$\theta=90°$,得到竖直上抛运动.这是一个匀加速直线运动,若取竖直向上为Oy轴,则它在任意时刻的速度和位置可以分别用式(1-22)中的第二式和式(1-23)中的第二式求得,于是有

$$v_y = v_0 - gt$$
$$y = y_0 + v_0t - \frac{1}{2}gt^2$$

　　例题 2　一质点沿x轴正向运动,其加速度与位置的关系为$a=3+2x$.若在$x=0$处,其速度$v_0=5\mathrm{m/s}$,求质点运动到$x=3\mathrm{m}$处时所具有的速度v.

　　解　已知$a=3+2x$,由加速度的定义式得

$$\frac{\mathrm{d}v}{\mathrm{d}t} = a = 3 + 2x$$

作变换

$$\frac{\mathrm{d}v}{\mathrm{d}t} = \frac{\mathrm{d}v}{\mathrm{d}x} \cdot \frac{\mathrm{d}x}{\mathrm{d}t} = \frac{v\mathrm{d}v}{\mathrm{d}x} = 3 + 2x$$

分离变量得

$$v\mathrm{d}v = (3+2x)\mathrm{d}x$$

根据初始条件作定积分

$$\int_5^v v\mathrm{d}v = \int_0^3 (3+2x)\mathrm{d}x$$

可得

$$v = 7.81 \mathrm{m/s}$$

例题 3 以初速度 v_0 由地面竖直向上抛出一个质量为 m 的小球,若上抛小球受到与其瞬时速率成正比的空气阻力,小球能升达的最大高度是多大?

解 选取竖直向上为 Oy 轴的正方向,坐标原点在抛点处.设空气阻力 $f = -kv$,v 为小球上升运动的瞬时速率,k 是阻力系数.此时小球的加速度为

$$a = -g - \frac{k}{m}v$$

即

$$\frac{\mathrm{d}v}{\mathrm{d}t} = -\frac{k}{m}\left(v + \frac{mg}{k}\right)$$

作变换

$$\frac{\mathrm{d}v}{\mathrm{d}t} = \frac{\mathrm{d}v}{\mathrm{d}y} \cdot \frac{\mathrm{d}y}{\mathrm{d}t} = v\frac{\mathrm{d}v}{\mathrm{d}y}$$

把 $\dfrac{\mathrm{d}v}{\mathrm{d}t} = -\dfrac{k}{m}\left(v + \dfrac{mg}{k}\right)$ 代入上式并分离变量得

$$\frac{m}{k}\left(1 - \frac{mg/k}{v + mg/k}\right)\mathrm{d}v = -\mathrm{d}y$$

考虑初始条件:$y = 0$ 时 $v = v_0$,作定积分

$$\int_{v_0}^{v} \frac{m}{k}\left(1 - \frac{mg/k}{v + mg/k}\right)\mathrm{d}v = -\int_0^y \mathrm{d}y$$

可得

$$y = \frac{m}{k}(v_0 - v) - \frac{m^2 g}{k^2}\ln\frac{v_0 + mg/k}{v + mg/k}$$

当小球达到最大高度 H 时,$v = 0$,于是

$$H = \frac{m}{k}v_0 - \frac{m^2 g}{k^2}\ln\left(1 + \frac{kv_0}{mg}\right)$$

习 题

1. 一个质点沿 Ox 直线运动,$t = 0$ 时刻质点在 $x_0 = 10\mathrm{m}$ 处,速度为 $v_0 = 10\mathrm{m/s}$,质点的加速度为 $a = 8 - 2t\,(\mathrm{m/s^2})$,求质点的速度方程和运动方程,并求 $t = 3\mathrm{s}$ 时刻质点的位置坐标和速度.

2. 一质点沿直线运动,其速度为 $v = v_0 \mathrm{e}^{-kt}$(式中 k、v_0 为常量).当 $t = 0$ 时,质点位于坐标原点,求此质点的加速度方程和运动方程.

3. 一物体沿 x 轴运动,其加速度与位置的关系为 $a = 2 + 6x$.物体在 $x = 0$ 处的速度为 $10\mathrm{m/s}$,求物体的速度与位置的关系.

4. 一质点在平面内运动,其加速度 $\boldsymbol{a} = a_x\boldsymbol{i} + a_y\boldsymbol{j}$,且 a_x,a_y 为常量.(1)求 $\boldsymbol{v}$-t 和 $\boldsymbol{r}$-t 的表达式;(2)证

明质点的轨迹为一抛物线. $t=0$ 时, $r=r_0$, $v=v_0$.

5. 在重力和空气阻力的作用下,某物体下落的加速度为 $a=g-Bv$, g 为重力加速度, B 为与物体的质量、形状及介质有关的常数. 设 $t=0$ 时物体的初速度为零.(1)试求物体的速度随时间变化的关系式;(2)当加速度为零时的速度(称为收尾速度)值为多大?

6. 一质点由静止开始作直线运动,初始加速度为 a,此后随 t 均匀增加,经时间 τ 后,加速度变为 $2a$,经 2τ 后,加速度变为 $3a$,……求经时间 $n\tau$ 后,该质点的加速度和所走过的距离.

7. 一物体悬挂于弹簧上沿竖直方向作谐振动,其加速度 $a=-ky$, k 为常数, y 是离开平衡位置的坐标值. 设 y_0 处物体的速度为 v_0,试求速度 v 与 y 的函数关系.

8. 一艘正以速率 v_0 匀速行驶的舰艇,在发动机关闭之后匀减速行驶. 其加速度的大小与速度的平方成正比,即 $a=-kv^2$, k 为正常数. 试求舰艇在关闭发动机后行驶了 x 距离时速度的大小.

§1.5　圆周运动和平面曲线运动

　　质点的运动轨迹是圆的运动称为圆周运动. 圆周运动是质点运动的重要特例. 定轴转动刚体上所有质点都作圆周运动.

一、圆周运动的描述

1. 圆周运动的角量描述和线量描述

　　设质点作以点 O 为圆心,半径为 R、沿逆时针方向的圆周运动. 某时刻 t 质点位于圆周上点 P,如图 1-9 所示. 为了表示质点在圆周上的位置及位置的变化,可以由圆心 O 任意画一条射线,该射线交圆周于 P_0 点. 作质点的位置与圆心的连线,设连线与射线之间的夹角为 θ. 若质点作逆时针运动, θ 取正值,若质点作顺时针运动, θ 取负值. 则角 θ 确定时能够唯一确定质点在圆周上的位置. 当质点在圆周上运动时, θ 随时间变化, θ 称为角位置. 用角位置表示质点位置的方法称为角量描述. 用角量描述的圆周运动的运动方程是

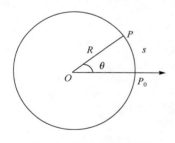

图 1-9　圆周运动的角量
描述和线量描述

$$\theta=\theta(t) \tag{1-24}$$

　　点 P 与点 P_0 之间的弧长为 s(质点运动的路程),若质点作逆时针运动, s 取正值,若质点作顺时针运动, s 取负值. s 能够唯一确定质点在圆周上的位置. 当质点在圆周上运动时, s 随时间变化. 用弧长表示质点位置的方法称为线量描述. 用线量描述的圆周运动的运动方程是

$$s=s(t) \tag{1-25}$$

2. 角量和线量

　　设 $t=0$ 时刻质点位于圆周上点 A(图 1-10). 经 Δt 时间,即 $t=\Delta t$ 时刻质点位于圆周上点 B. 在 Δt 时间内角位置的变化 $\Delta\theta$ 称为角位移. $\Delta\theta$ 与 Δt 的比值称为平均角速度,即

$$\bar{\omega}=\frac{\Delta\theta}{\Delta t}$$

平均角速度在 Δt 趋于零时的极限称为瞬时角速度,简称角速度,即

$$\omega=\lim_{\Delta t\to 0}\frac{\Delta\theta}{\Delta t}=\frac{\mathrm{d}\theta}{\mathrm{d}t} \qquad (1\text{-}26)$$

与此类似,平均角加速度定义为

$$\bar{\beta}=\frac{\Delta\omega}{\Delta t}$$

角加速度定义为

$$\beta=\lim_{\Delta t\to 0}\frac{\Delta\omega}{\Delta t}=\frac{\mathrm{d}\omega}{\mathrm{d}t} \qquad (1\text{-}27)$$

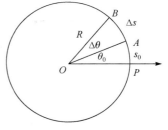

图 1-10　圆周运动的角量和线量

把式(1-26)代入式(1-27)得到角加速度

$$\beta=\frac{\mathrm{d}^2\theta}{\mathrm{d}t^2} \qquad (1\text{-}28)$$

在 Δt 时间内弧长的变化为 Δs(质点运动的路程),Δs 与 Δt 的比值称为平均速率,即

$$\bar{v}=\frac{\Delta s}{\Delta t}$$

平均速率在 Δt 趋于零时的极限称为瞬时速率,简称速率,即

$$v=\lim_{\Delta t\to 0}\frac{\Delta s}{\Delta t}=\frac{\mathrm{d}s}{\mathrm{d}t} \qquad (1\text{-}29)$$

二、圆周运动的加速度

以质点的轨迹上任意点为原点,一根坐标轴沿轨迹的切线方向,并指向速度方向,其单位矢量用 e_t 表示.另一根坐标轴沿该点轨迹的法线方向,并指向轨迹凹的一侧,其单位矢量用 e_n 表示.对于圆周运动,e_n 指向圆心.这样的坐标系称为自然坐标系.设 t 时刻质点位于圆周上点 A,速度为 v.经 Δt 时间,即 $t+\Delta t$ 时刻质点位于圆周上点 B,速度为 v'.为了方便,把 v 平移到点 B.显然 $\angle CBE=\angle AOB=\Delta\theta$.在 Δt 时间内质点速度的变化为 $\Delta v=v'-v$,如图 1-11 所示.在 BE 上取一点 D,使 BD 的长等于速度 v 的大小(BC 的长).画出矢量 $\overrightarrow{CD}$ 和 $\overrightarrow{DE}$,令 $\overrightarrow{CD}=\Delta v_n$,$\overrightarrow{DE}=\Delta v_t$.可以看出,$\Delta v=\Delta v_t+\Delta v_n$,则 t 时刻质点的加速度

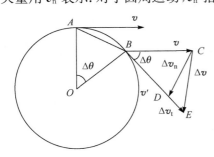

图 1-11　圆周运动的加速度

$$a=\lim_{\Delta t\to 0}\frac{\Delta v}{\Delta t}=\lim_{\Delta t\to 0}\frac{\Delta v_t}{\Delta t}+\lim_{\Delta t\to 0}\frac{\Delta v_n}{\Delta t}$$

令加速度的两个分量为

$$a_t=\lim_{\Delta t\to 0}\frac{\Delta v_t}{\Delta t},\quad a_n=\lim_{\Delta t\to 0}\frac{\Delta v_n}{\Delta t}$$

1. 切向加速度

加速度的分量 $a_t=\lim_{\Delta t\to 0}\dfrac{\Delta v_t}{\Delta t}$ 的方向就是 Δv_t 的极限方向.由图 1-11 可以看出 Δv_t 的

方向与质点速度的方向相同,即沿切线方向. 所以, $\boldsymbol{a}_{t} = \lim\limits_{\Delta t \to 0} \dfrac{\Delta \boldsymbol{v}_t}{\Delta t}$ 称为切向加速度. 由图 1-11 可以看出 $\Delta \boldsymbol{v}_t$ 的大小 $|\Delta \boldsymbol{v}_t| = |\boldsymbol{v}'| - |\boldsymbol{v}| = \Delta v$,所以,切向加速度的大小

$$a_{t} = \lim_{\Delta t \to 0} \frac{|\Delta \boldsymbol{v}_t|}{\Delta t} = \lim_{\Delta t \to 0} \frac{\Delta v}{\Delta t} = \frac{\mathrm{d}v}{\mathrm{d}t}$$

切向加速度

$$\boldsymbol{a}_{t} = \frac{\mathrm{d}v}{\mathrm{d}t}\boldsymbol{e}_{t} \tag{1-30}$$

2. 法向加速度

加速度的分量 $\boldsymbol{a}_{n} = \lim\limits_{\Delta t \to 0} \dfrac{\Delta \boldsymbol{v}_n}{\Delta t}$ 的方向就是 $\Delta \boldsymbol{v}_n$ 的极限方向. 由图 1-11 可看出,当 $\Delta t \to 0$ 时,$\Delta \theta \to 0$,弦长 AB 等于弧长 Δs. 在等腰三角形 BCD 中,底角趋于直角,即 $\Delta \boldsymbol{v}_n$ 的极限方向与速度 $\boldsymbol{v}$ 垂直且指向圆心. 所以,加速度的分量 $\boldsymbol{a}_{n} = \lim\limits_{\Delta t \to 0} \dfrac{\Delta \boldsymbol{v}_n}{\Delta t}$ 称为向心加速度或法向加速度.

在等腰三角形 BCD 和等腰三角形 AOB 中,由于顶角相等,两三角形相似,其对应边成比例,即 $\dfrac{v}{R} = \dfrac{\Delta v_n}{AB} = \dfrac{\Delta v_n}{\Delta s}$,所以

$$\Delta v_{n} = \frac{v}{R}\Delta s$$

向心加速度的大小

$$a_{n} = \lim_{\Delta t \to 0} \frac{\Delta v_n}{\Delta t} = \lim_{\Delta t \to 0} \frac{v}{R}\frac{\Delta s}{\Delta t} = \frac{v^2}{R}$$

法向加速度

$$\boldsymbol{a}_{n} = \frac{v^2}{R}\boldsymbol{e}_{n} \tag{1-31}$$

圆周运动的加速度

$$\boldsymbol{a} = \boldsymbol{a}_{t} + \boldsymbol{a}_{n} = a_{t}\boldsymbol{e}_{t} + a_{n}\boldsymbol{e}_{n} = \frac{\mathrm{d}v}{\mathrm{d}t}\boldsymbol{e}_{t} + \frac{v^2}{R}\boldsymbol{e}_{n} \tag{1-32}$$

三、线量与角量的关系

由弧长与它所对的圆心角的关系 $\mathrm{d}s = R\mathrm{d}\theta$,两边都除以 $\mathrm{d}t$ 可以得到

$$v = R\omega \tag{1-33}$$

把上式代入 $a_{t} = \dfrac{\mathrm{d}v}{\mathrm{d}t}$ 和 $a_{n} = \dfrac{v^2}{R}$ 可以得到

$$a_{t} = R\beta \tag{1-34}$$

$$a_{n} = R\omega^2 \tag{1-35}$$

上面三式称为线量与角量的关系.

四、圆周运动的两类问题

质点的圆周运动也有两类问题,一类是已知运动方程($\theta = \theta(t)$或$s = s(t)$)求质点的速度($\omega = \omega(t)$或$v = v(t)$),加速度(β或a_t)或其他运动信息. 二是已知加速度(β或a_t)和初始条件求速度方程($\omega = \omega(t)$或$v = v(t)$)或运动方程($\theta = \theta(t)$或$s = s(t)$),或进一步利用所求方程求运动信息.

例题 1　一质点作半径为$R = 1.0$m的圆周运动,其运动方程为$\theta = 2t^3 + 3t$,其中θ以rad计,t以s计. 试求:(1)$t = 2$s时质点的角位置、角速度和角加速度.(2)$t = 2$s时质点的切向加速度、法向加速度和加速度.

解　(1)由角速度和角加速度的定义,得

$$\omega = \frac{\mathrm{d}\theta}{\mathrm{d}t} = 6t^2 + 3$$

$$\beta = \frac{\mathrm{d}\omega}{\mathrm{d}t} = 12t$$

以$t = 2$s代入运动方程、角速度和角加速度方程,可得

$$\theta = 2t^3 + 3t = 2 \times 2^3 + 3 \times 2 = 22(\mathrm{rad})$$

$$\omega = 6t^2 + 3 = 6 \times 2^2 + 3 = 27(\mathrm{rad/s})$$

$$\beta = 12t = 12 \times 2 = 24(\mathrm{rad/s^2})$$

(2)根据线量与角量的关系,可得

$$a_t = R\beta = 1.0 \times 12t = 12t$$

$$a_n = R\omega^2 = 1.0 \times (6t^2 + 3)^2$$

当$t = 2$s时

$$a_t = 12 \times 2 = 24(\mathrm{m/s^2})$$

$$a_n = 1.0 \times (6 \times 2^2 + 3)^2 = 1.0 \times 27^2 \approx 729(\mathrm{m/s^2})$$

加速度

$$\boldsymbol{a} = a_t \boldsymbol{e}_t + a_n \boldsymbol{e}_n = 12t\boldsymbol{e}_t + (6t^2 + 3)\boldsymbol{e}_n$$

当$t = 2$s时

$$\boldsymbol{a} = 12 \times 2\boldsymbol{e}_t + (6 \times 2^2 + 3)^2\boldsymbol{e}_n = 24\boldsymbol{e}_t + 729\boldsymbol{e}_n(\mathrm{m/s^2})$$

加速度的大小

$$a = \sqrt{a_t^2 + a_n^2} = \sqrt{24^2 + 729^2} \approx 729(\mathrm{m/s^2})$$

设加速度与法向加速度的夹角为α,则

$$\tan\alpha = \frac{a_t}{a_n} = \frac{24}{729} = 0.0329, \quad \alpha = 1.9°$$

表示加速度的方向时最好用画图方式说明加速度与法向或切向之间的夹角的大小.

例题 2　半径为R的飞轮边沿上一点的路程与时间的关系为$s = v_0 t - \frac{1}{2}bt^2$,式中$v_0$和$b$都是正值常量. 求(1)该点的加速度方程.(2)$t$为何值时法向加速度与切向加速度相等.

解　(1)质点的速率方程

$$v = \frac{\mathrm{d}s}{\mathrm{d}t} = v_0 - bt$$

质点的切向加速度

$$a_t = \frac{\mathrm{d}v}{\mathrm{d}t} = -b$$

质点的法向加速度

$$a_n = \frac{v^2}{R} = \frac{(v_0 - bt)^2}{R}$$

质点的加速度方程为

$$\boldsymbol{a} = a_n \boldsymbol{e}_n + a_t \boldsymbol{e}_t = \frac{(v_0 - bt)^2}{R} \boldsymbol{e}_n - b \boldsymbol{e}_t$$

注意:加速度的大小

$$a = \sqrt{a_n^2 + a_t^2} = \sqrt{\left(\frac{(v_0 - bt)^2}{R}\right)^2 + (-b)^2} = \frac{1}{R}\sqrt{R^2 b^2 + (v_0 - bt)^4}$$

(2) 令 $\frac{(v_0 - bt^2)^2}{R} = b$,得到

$$v_0 - bt^2 = \sqrt{Rb}$$

由此解得到

$$t = \sqrt{\frac{v_0 - \sqrt{Rb}}{b}}$$

例题 3　设质点作圆周运动的角加速度 β 是恒量,$t=0$ 时质点的角位置为 θ_0,角速度为 ω_0. 试求质点的(1)角速度方程,(2)运动方程,(3)角速度与角位置的关系.

解　(1) 由角加速度 $\beta = \frac{\mathrm{d}\omega}{\mathrm{d}t}$ 可得到

$$\mathrm{d}\omega = \beta \mathrm{d}t$$

应用初始条件,对上式两边积分

$$\int_{\omega_0}^{\omega} \mathrm{d}\omega = \int_0^t \beta \mathrm{d}t$$

可以得到角速度方程

$$\omega = \omega_0 + \beta t$$

(2) 由角速度 $\omega = \frac{\mathrm{d}\theta}{\mathrm{d}t}$ 可得到

$$\mathrm{d}\theta = \omega \mathrm{d}t$$

应用初始条件,对上式两边积分

$$\int_{\theta_0}^{\theta} \mathrm{d}\theta = \int_0^t \omega \mathrm{d}t = \int_0^t (\omega_0 + \beta t) \mathrm{d}t$$

可以得到运动方程

$$\theta = \theta_0 + \omega_0 t + \frac{1}{2}\beta t^2$$

（3）由角加速度 $\beta = \dfrac{\mathrm{d}\omega}{\mathrm{d}t}$ 可得到

$$\beta = \frac{\mathrm{d}\omega}{\mathrm{d}t}\frac{\mathrm{d}\theta}{\mathrm{d}\theta} = \omega\,\frac{\mathrm{d}\omega}{\mathrm{d}\theta}$$

应用初始条件，对上式两边积分

$$\int_{\omega_0}^{\omega} \omega\,\mathrm{d}\omega = \int_{\theta_0}^{\theta}\beta\,\mathrm{d}\theta = \beta\int_{\theta_0}^{\theta}\mathrm{d}\theta$$

可以得到角速度与角位置的关系

$$\omega^2 - \omega_0^2 = 2\beta(\theta - \theta_0)$$

例题 4 质点沿半径为 R 的圆轨道运动，初速度为 v_0，加速度与速度方向的夹角恒定，如图 1-12 所示. 求速度的大小与时间的关系.

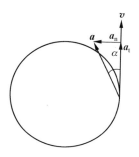

解 设加速度与速度 $\boldsymbol{v}$ 方向的夹角为 α，则 $\tan\alpha = \dfrac{a_\mathrm{n}}{a_\mathrm{t}}$，即

$$a_\mathrm{t} = \frac{\mathrm{d}v}{\mathrm{d}t} = \frac{a_\mathrm{n}}{\tan\alpha} = \frac{v^2}{R\tan\alpha}$$

分离变量得

$$\frac{\mathrm{d}v}{v^2} = \frac{\mathrm{d}t}{R\tan\alpha}$$

图 1-12　例题 4 用图

应用初始条件，对上式两边积分

$$\int_{v_0}^{v}\frac{\mathrm{d}v}{v^2} = \int_{0}^{t}\frac{\mathrm{d}t}{R\tan\alpha}$$

$$\frac{1}{v_0} - \frac{1}{v} = \frac{t}{R\tan\alpha}$$

整理可得

$$v = \frac{v_0 R\tan\alpha}{R\tan\alpha - v_0 t}$$

例题 5 一艘海关缉私船停在某海港，忽然收到情报：在海港正西方向 12.5km 处，一艘走私船以 12.5km/h 的速率逃跑，由于雾大，逃离方向不明. 海关缉私船的速率是 48.5km/h，海关人员怎样才能保证逮住这艘走私船？ 逮住这艘走私船最多需要多长时间？

解 分析及求解：

（1）海关人员不能排除走私船向正东方向逃离的可能性，也不能确定走私船一定向正东方向逃离. 所以，海关人员应该首先等候 1h. 如果走私船果真向正东方向逃离，1h后，走私船自投罗网. 若不等候或等候时间不到 1h（走私船到达的时间），走私船将有可能漏网.

（2）假设走私船逃跑的方向和正东方向成 Φ 角.

由于只知道走私船相对其初始位置 P 点的径向速度是 12.5km/h，所以，用以 P 点为极点，向东为极轴的极坐标比较简单. 海关人员保证能逮住走私船的条件是：在以后的某个时刻,缉私船和走私船的坐标(r,φ)相同.

走私船的运动方程是

$$\begin{cases} r=12.5t \\ \varphi=\Phi \end{cases}$$

如果缉私船运动方程的径向分量也是 $r=12.5t$,设横向分量为 $\varphi=\varphi(t)$,当 $\varphi=\Phi$ 时,缉私船和走私船的坐标相同,走私船就被逮住了,即缉私船能够追捕走私船的条件是:必须保证其速度的径向分量始终是 12.5km/h.

计算缉捕时间:

建如图 1-13 所示的极坐标.缉私船速度的横向分量为

$$v_\varphi=\sqrt{v^2-v_r^2}=\sqrt{48.5^2-12.5^2}=46.86(\text{m/s})$$

由于 $v_\varphi=r\omega$,所以,缉私船的角速度

$$\omega=\frac{\mathrm{d}\varphi}{\mathrm{d}t}=\frac{v_\varphi}{r}=\frac{46.86}{12.5t}=\frac{3.75}{t}$$

从而得到

$$\mathrm{d}\varphi=\frac{3.75}{t}\mathrm{d}t$$

对上式两边积分,即 $\int_0^\varphi \mathrm{d}\varphi=\int_1^t \frac{3.75}{t}\mathrm{d}t$,从而得到

$$\varphi=3.75\ln t$$

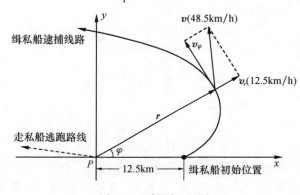

图 1-13　例题 5 用图

由此得到

$$t=\mathrm{e}^{\varphi/3.75}$$

由于走私船逃跑的方向与极轴之间的夹角 $\Phi<2\pi$. 所以

$$t<\mathrm{e}^{2\pi/3.75}=5.34\text{h}$$

上式说明,只要按上述缉捕方案,在得到情报后 5.34h 内保证能逮住走私船.

例题 6　一飞轮以速率 $n=1500$ 转/分(r/min)转动,受到制动而均匀地减速,经 $t=$ 50s 后静止.

(1)求角加速度 β 和从制动开始到静止,飞轮的转数 N 为多少?

(2)求制动开始 $t=25$s 时飞轮的角速度 ω?

（3）设飞轮的半径 $R=1\mathrm{m}$，求 $t=25\mathrm{s}$ 时，飞轮边缘上一点的速度、切向加速度和法向加速度.

解　（1）由匀变速圆周运动基本公式 $\omega=\omega_0+\beta t$，得

$$\beta=\frac{\omega-\omega_0}{t}=\frac{0-2\pi\times\dfrac{1500}{60}}{50}=-\pi=-3.14(\mathrm{rad/s^2})$$

从开始制动到静止，飞轮的角位移 $\Delta\theta$ 及转数 N 分别为

$$\Delta\theta=\theta-\theta_0=\omega_0 t+\frac{1}{2}\beta t^2$$

$$=50\pi\times50+\left(-\frac{1}{2}\pi\times50^2\right)$$

$$=1250\pi(\mathrm{rad})$$

$$N=\frac{1250\pi}{2\pi}=625(\text{转})$$

（2）$t=25\mathrm{s}$ 时，飞轮的角速度为

$$\omega=\omega_0+\beta t$$

$$=2\pi\times\frac{1500}{60}-\pi\times25$$

$$=25\pi(\mathrm{rad/s})$$

（3）$t=25\mathrm{s}$ 时，飞轮边缘上一点的速度为

$$v=\omega R=25\pi\times1=25\pi(\mathrm{m/s})$$

相应的 a_{t} 和 a_{n} 为

$$a_{\mathrm{t}}=\beta R=-1\times\pi=-3.14(\mathrm{m/s^2})$$

$$a_{\mathrm{n}}=R\omega^2=1\times(25\pi)^2=6.16\times10^3(\mathrm{m/s^2})$$

五、角速度矢量

一般情况下，角速度 $\boldsymbol{\omega}$ 定义为矢量. 质点作圆周运动时，规定角速度矢量的方向由右手螺旋法则确定，即右手四指沿质点运动方向弯曲时，大拇指指的方向规定为角速度 $\boldsymbol{\omega}$ 的方向. 以过圆心与圆所在平面垂直的直线（称为圆的轴线）为 z 轴，在轴线上任取一点 O 为原点，建立如图 1-14 所示的直角坐标系. 设 t 时刻质点位置在 P 点，对参考点 O 的位矢为 $\boldsymbol{r}$，角速度矢量为 $\boldsymbol{\omega}$，速度矢量为 $\boldsymbol{v}$，可以证明

$$\boldsymbol{v}=\boldsymbol{\omega}\times\boldsymbol{r} \qquad (1\text{-}36)$$

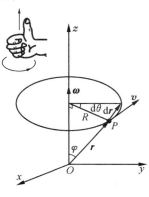

图 1-14　角速度矢量

六、平面曲线运动

如果质点的轨迹是平面内的一条曲线，称质点作平面曲线运动. 如果曲线已知，在轨迹上任取一点 O 作为原点，原点一侧（如与速度方向相同的一侧）曲线的长度 s 用正值表示，另一侧 s 用负值表示. 则质点任意时刻 t 的位置可以用 s 表示. 所以，质点的运动方

程为

$$s = s(t) \tag{1-37}$$

质点作轨迹曲线一定的平面曲线运动时,质点在任意点的运动可以看做是质点作曲线在该点的曲率圆上的圆周运动.圆的半径就是在该点轨迹曲线的曲率圆的半径.用自然坐标系,质点的速度

$$\boldsymbol{v} = \frac{\mathrm{d}s}{\mathrm{d}t}\boldsymbol{e}_\mathrm{t} \tag{1-38}$$

质点的切向加速度、法向加速度和加速度可以分别表示为

$$\boldsymbol{a}_\mathrm{t} = \frac{\mathrm{d}v}{\mathrm{d}t}\boldsymbol{e}_\mathrm{t} \tag{1-39}$$

$$\boldsymbol{a}_\mathrm{n} = \frac{v^2}{R}\boldsymbol{e}_\mathrm{n} \tag{1-40}$$

$$\boldsymbol{a} = \boldsymbol{a}_\mathrm{t} + \boldsymbol{a}_\mathrm{n} = a_t\boldsymbol{e}_t + a_n\boldsymbol{e}_n = \frac{\mathrm{d}v}{\mathrm{d}t}\boldsymbol{e}_\mathrm{t} + \frac{v^2}{R}\boldsymbol{e}_\mathrm{n} \tag{1-41}$$

习　题

1. 一粒子沿抛物线轨道 $y = x^2$ 运动,且知 $v_x = 3\mathrm{m/s}$.试求粒子在 $x = \frac{2}{3}\mathrm{m}$ 处的速度和加速度.

2. 一质点沿半径为 0.10m 的圆周运动,其角位置 $\theta = 2 + 4t^3$.(1)在 $t = 2\mathrm{s}$ 时,它的法向加速度和切向加速度各是多少?(2)切向加速度的大小恰是总加速度大小的一半时,θ 值为多少?(3)何时切向加速度与法向加速度大小相等?

3. 一质点沿半径 $R = 1\mathrm{m}$ 的圆周运动,已知走过的弧长 s 和时间 t 的关系为 $s = 2 + 2t^2$,那么当总加速度 a 恰好与半径成 45°角时,质点所经过的路程 s 为多少米.

4. 一颗子弹以水平初速度 v_0 射出,作平抛运动.忽略空气阻力,子弹在任一时刻 t 的切向加速度 $a_t = ?$法向加速度 $a_n = ?$

5. 火车在曲率半径 $R = 400\mathrm{m}$ 的圆弧轨道上行驶.已知火车的切向加速度 $a_t = 0.2\mathrm{m/s^2}$,求火车的瞬时速率为 10m/s 时的法向加速度和加速度.

6. 为了转播电视而发射的地球同步卫星在赤道上空的圆轨道上运动,周期等于地球的自转周期 $T = 24\mathrm{h}$.求卫星离开地面的高度和卫星的速率(距地球中心 r 处的重力加速度 $a = g\left(\dfrac{R_\mathrm{e}}{r}\right)^2$,$R_\mathrm{e}$ 是地球的半径).

7. 若登月舱在登上月球之前绕月球以半径 $r = \dfrac{1}{3}R_\mathrm{e}$($R_\mathrm{e}$ 为地球半径)作圆周运动,并且已知这时月球对登月舱的引力加速度 $a = \dfrac{1}{12}g$.试计算登月舱的速率和飞行一周所需要的时间.

8. 如图所示,一卷扬机自静止开始作匀加速运动,绞索上一点起初在 A 处经 3s 到达鼓轮的 B 处,然后作圆周运动.已知 $AB = 0.45\mathrm{m}$,鼓轮半径 $R = 0.5\mathrm{m}$,求该点经过点 C 时,其速度和加速度的大小和方向.

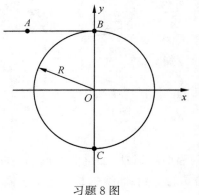

习题 8 图

9. 在一个转动的齿轮上,一个齿尖 P 沿半径为 R 的圆周运动,其路程随时间的变化规律为 $s = v_0 t + \frac{1}{2}bt^2$,其中 v_0 和 b 都是正常量.求 t 时刻齿尖 P 的速度及加速度的大小.

10. 一物体作斜抛运动,抛射角为 α,初速度为 v_0,轨迹为一抛物线如图所示.试分别求抛物线顶点 A 及下落点 B 处的曲率半径.

11. 一物体作如图所示的抛体运动,测得轨道的点 A 处,速度的大小为 v,其方向与水平线的夹角为 $30°$,求点 A 的切向加速度和该处的曲率半径.

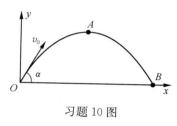
习题 10 图

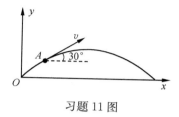
习题 11 图

12. 一火炮在原点处以仰角 $\theta_1 = 30°$、初速 $v_{10} = 100\text{m/s}$ 发射一枚炮弹.另有一门位于 $x_0 = 60\text{m}$ 处的火炮同时以初速 $v_{20} = 80\text{m/s}$ 发射另一枚炮弹,问其仰角 θ_2 为何值时,可望能与第一枚炮弹在空中相碰?相碰时间和位置如何(忽略空气阻力的影响)?

§1.6　相 对 运 动

前面的问题是在选定的参考系中讨论的.在讨论运动学问题时,对参考系的选取没有特殊的要求,常以使物体运动的描述简单、方便为选取原则(这与动力学不同).同一物体的运动可以在不同参考系中描述,同一物体的运动在不同参考系中的描述是不相同的.相对运动研究的是:同一质点在不同参考系中的位置矢量、速度和加速度等物理量之间的关系的规律.成语"刻舟求剑"中描述的故事,就是因为违反了相对运动的规律而造成错误的.

一、位置矢量变换

若两个参考系分别为 S 系和 S' 系.设 S' 系相对 S 系运动.设在两个参考系中的各点分别安放有完全相同并且同步的时钟,而且当 $t = t' = 0$ 时两个参考系完全重合,如图 1-15 所示.

根据绝对时空观可知,在以后的任意时刻,两个参考系中的时钟总是同步的,即总有

$$t = t' \tag{1-42}$$

设质点在某时刻运动到空间 P 点处.该质点在 S 系中位置矢量为 $\boldsymbol{r}$,在 S' 系中的位置矢量为 $\boldsymbol{r'}$,S' 系的原点在 S 系的位置矢量为 $\boldsymbol{R}$.由图 1-15 容易看出,它们有如下关系:

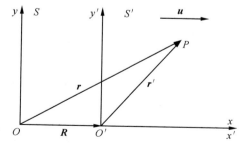
图 1-15　相对运动的研究

$$\boldsymbol{r} = \boldsymbol{r'} + \boldsymbol{R} \tag{1-43a}$$

显然如果 S' 系沿 S 系的 Ox 轴的正方向以匀速 u 运动,则

$$R = ut = ut'$$ (1-44)

质点在 S 系中的位置坐标(x,y,z)与时间坐标 t 和在 S' 系中的位置坐标(x',y',z')与时间坐标 t' 之间有如下关系:

$$\left.\begin{array}{c} r' = r - ut \\ t' = t \end{array}\right\} \quad 或 \quad \left.\begin{array}{c} r = r' + ut' \\ t = t' \end{array}\right\}$$ (1-45a)

也可以写成

$$\left.\begin{array}{c} x' = x - ut \\ y' = y \\ z' = z \\ t' = t \end{array}\right\} \quad 或 \quad \left.\begin{array}{c} x = x' + ut' \\ y = y' \\ z = z' \\ t = t' \end{array}\right\}$$ (1-45b)

式(1-45)称为伽利略(坐标)变换式(Galilean transformation).

二、速度变换和加速度变换

将式(1-43a)对时间求导数,可得到

$$\frac{\mathrm{d}r}{\mathrm{d}t} = \frac{\mathrm{d}r'}{\mathrm{d}t} + u\frac{\mathrm{d}t'}{\mathrm{d}t}$$

考虑到 $t=t'$,上式可变为

$$\frac{\mathrm{d}r}{\mathrm{d}t} = \frac{\mathrm{d}r'}{\mathrm{d}t'} + u$$ (1-46)

上式中$\frac{\mathrm{d}r}{\mathrm{d}t}$、$\frac{\mathrm{d}r'}{\mathrm{d}t'}$分别是质点相对于 S 系和 S' 系的速度.所以,式(1-46)为

$$v = v' + u$$ (1-47a)

式(1-47a)称为速度变换式,或速度叠加原理.

将式(1-47a)对时间求导数,并考虑到 $t=t'$,可得到

$$a = a' + a_{S'S}$$ (1-48a)

$a_{S'S} = \frac{\mathrm{d}u}{\mathrm{d}t}$ 是 S' 系相对于 S 系的加速度,式(1-48a)称为加速度变换式.

当 S' 系相对于 S 系匀速运动时,即$\frac{\mathrm{d}u}{\mathrm{d}t} = a_{S'S} = 0$,式(1-48a)变为

$$a = a'$$ (1-49)

式(1-49)说明,同一质点在两个相对作匀速直线运动的参考系中,质点的加速度相同,即在相对作匀速直线运动的各参考系中,质点的加速度是绝对的.

为了便于记忆,质点的位矢变换式、速度变换式和加速度变换式可以分别写为

$$r_{PS} = r_{PS'} + r_{S'S}$$ (1-43b)

$$\boldsymbol{v}_{PS} = \boldsymbol{v}_{PS'} + \boldsymbol{v}_{S'S} \tag{1-47b}$$

$$\boldsymbol{a}_{PS} = \boldsymbol{a}_{PS'} + \boldsymbol{a}_{S'S} \tag{1-48b}$$

注意脚标的规律.

例题 1　在湖面上以 3m/s 的速率向正东行驶的 A 船上看到 B 船以 4m/s 的速率由北面驶近 A 船. 求在湖岸上看,B 船的速度如何?

解　方法 1

取湖岸为 S 参考系,建由西向东为 Ox 轴、由南向北为 Oy 轴的直角坐标系;取 A 船为 S' 参考系,建由西向东为 $O'x'$ 轴、由南向北为 $O'y'$ 轴的坐标系,如图 1-16(a)所示.

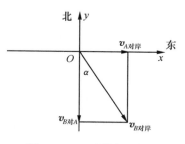

图 1-16(a)　例题 1 用图

速度变换式

$$\boldsymbol{v}_{B对岸} = \boldsymbol{v}_{B对A} + \boldsymbol{v}_{A对岸}$$

由题意知

$$\boldsymbol{v}_{B对A} = \boldsymbol{v}_{B对S'} = -4\boldsymbol{j}, \quad \boldsymbol{v}_{A对岸} = \boldsymbol{v}_{A对S} = 3\boldsymbol{i}$$

由速度叠加原理

$$\boldsymbol{v}_{B对岸} = -4\boldsymbol{j} + 3\boldsymbol{i} = 3\boldsymbol{i} - 4\boldsymbol{j}$$

B 船对湖岸速度的大小

$$\boldsymbol{v}_{B对岸} = \sqrt{3^2 + (-4)^2} = 5(\text{m/s})$$

B 船速度的方向:南偏东 α,$\alpha = \arctan\dfrac{3}{4} = 36.9°$.

图 1-16(b)　例题 1
用图

方法 2　图解法

由速度变换公式 $\boldsymbol{v}_{B对岸} = \boldsymbol{v}_{B对A} + \boldsymbol{v}_{A对岸}$ 可作如图 1-16(b)所示的矢量图. 解直角三角形可得

$$v_{B对岸} = \sqrt{v_{B对A}^2 + v_{A对岸}^2} = \sqrt{4^2 + 3^2} = 5(\text{m/s})$$

设 $\boldsymbol{v}_{B对岸}$ 与正南之间的夹角为 α,则

$$\alpha = \arctan\frac{3}{4} = 36.9°$$

例题 2　倾角 $\theta = 30°$ 的劈形物体放在水平地面上. 当斜面上的物体沿斜面下滑时,劈形物体以加速度为 4m/s² 向右运动. 又知道木块相对斜面的加速度为 6m/s²,求木块相对地面的加速度.

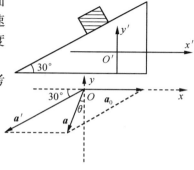

图 1-17　例题 2 用图

解　选地面为 S 系,劈形物体为 S' 系. 在两参考系上建如图 1-17 所示的坐标系.

$$\boldsymbol{a}_{物对S} = \boldsymbol{a}_{物对S'} + \boldsymbol{a}_{S'对S}$$

木块相对 S' 系的加速度为

$$\boldsymbol{a}_{物对S'} = -6\cos30°\boldsymbol{i} - 6\sin30°\boldsymbol{j} = -3\sqrt{3}\boldsymbol{i} - 3\boldsymbol{j}$$

S' 系相对 S 系的加速度为

$$\boldsymbol{a}_{S'对S} = 4\boldsymbol{i}$$

根据加速度叠加原理,木块对地面的加速度为

$$\boldsymbol{a}_{物对S} = \boldsymbol{a}_{物对S'} + \boldsymbol{a}_{S'对S} = (-3\sqrt{3}\boldsymbol{i} - 3\boldsymbol{j}) + 4\boldsymbol{i}$$
$$= (4 - 3\sqrt{3})\boldsymbol{i} - 3\boldsymbol{j} \approx -1.2\boldsymbol{i} - 3\boldsymbol{j}$$

加速度的大小

$$a = \sqrt{a_x^2 + a_y^2} = \sqrt{(-1.2)^2 + (-3)^2} = 3.2(\text{m/s}^2)$$

加速度与 y 轴负方向之间的夹角

$$\theta = \arctan\frac{a_x}{a_y} = \arctan\frac{1.2}{3} = \arctan 0.4 = 21.8°$$

例题 3　飞行员从罗盘上看到,飞机头指向正东,空气流速表的读数是 215km/s. 地面报告,此时是正南风,风速 65km/s.(1)求飞机相对地面的速度.(2)如果飞行员朝正东飞行,机头应指向什么方位?

解　(1)以由西向东为 Ox 轴,由南向北为 Oy 轴,建如图 1-18(a)所示的坐标系. 空气流速表的读数是空气相对飞机的速度,方向和机身平行,向正西. 根据速度叠加原理,飞机相对地面的速度

$$\boldsymbol{v}_{机对地} = \boldsymbol{v}_{机对风} + \boldsymbol{v}_{风对地} = 215\boldsymbol{i} + 65\boldsymbol{j}$$

其大小

$$v = \sqrt{215^2 + 65^2} = 224.6(\text{km/h})$$

方向

$$\alpha = \arctan\frac{65}{215} = 16.8°$$

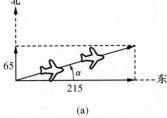
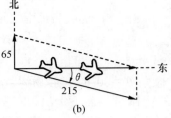

图 1-18　例题 3 用图

(2)由 $\boldsymbol{v}_{机对地} = \boldsymbol{v}_{机对风} + \boldsymbol{v}_{风对地}$,若要飞机相对地朝正东飞,它相对于地的速度必须有向南的速度分量,大小为 65km/s. 所以机头应指向东偏南 θ 角度,如图 1-18(b)所示.

$$\theta = \arcsin\frac{65}{215} = 17.6°$$

实际航速

$$v = \sqrt{215^2 - 65^2} = 205(\text{km/h})$$

习　题

1. 百货商场的手扶电梯把一个静止站立在电梯上的人送上楼需要 60s,此人沿静止电梯步行上楼需要 180s. 问此人沿运动电梯步行上楼需要多长时间?

2. 江水由西向东流,水对岸的流速为 v_1,江宽为 b,要想使快艇在 t 秒内,由南向北洪渡过江,到达对岸,试求快艇对水的航速 v_2(包括大小和方向).

3. 某人以 4km/h 的速度向东前进时,感觉风从正北吹来,若速率增加一倍,又觉得风从东北吹来。试求风相对于地面的速度?

4. 河宽为 d,靠河岸处水流速度变为零,从岸边到中流,河水的流速与离开岸的距离成正比地增大,到中流处为 v_0. 某人以相对水流不变的速率 v 垂直水流方向驶船渡河,求船在达到中流之前的轨迹方程.

5. 如图所示,一航空母舰正以 17m/s 的速度向东行驶,一架直升飞机准备降落在舰的甲板上,海上有 12m/s 的北风吹着. 若舰上的海员看到直升飞机以 5m/s 的速度垂直下降,求直升飞机相对海水及相对空气的速度?

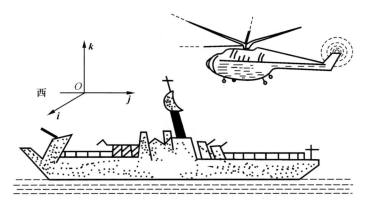

习题 5 图

6. 升降机以加速度 a 上升时,一螺钉从它的天花板上脱落. 如升降机的天花板与其底面的距离为 H,求:(1)螺钉从天花板落到底面所需的时间;(2)螺钉相对升降机外固定柱子的下落距离(设螺钉离开天花板时的速率为 v_0).

本 章 小 结

时间和空间的概念.

机械运动:一个物体(质点)相对另一个物体(坐标系原点)的位置的变化.

参考系:没有参考系不能谈运动. 坐标系是参考系的数学抽象.

1. 描述运动的主要物理量及其关系

位置矢量 $r=r(t)$,　速度 $v=\dfrac{\mathrm{d}r}{\mathrm{d}t}$,　加速度 $a=\dfrac{\mathrm{d}v}{\mathrm{d}t}=\dfrac{\mathrm{d}^2 r}{\mathrm{d}t^2}$

位置矢量 $r=r_0+\displaystyle\int_{t_0}^t v(t)\mathrm{d}t$,　速度 $v=v_0+\displaystyle\int_{t_0}^t a(t)\mathrm{d}t$,　加速度 $a(t)$

2. 特例

(1) 匀变速直线运动

$$x = x_0 + v_0 t + \frac{1}{2} at^2, \quad v = v_0 + at, \quad v^2 - v_0^2 = 2a(x - x_0)$$

(2) 抛体运动

$$x = x_0 + v_0 t \cos\theta, \quad v_x = v_0 \cos\theta$$

$$y = y_0 + v_0 t \sin\theta - \frac{1}{2} gt^2, \quad v_y = v_0 \sin\theta - gt$$

(3) 圆周运动

$$\theta = \theta(t), \quad \omega = \frac{d\theta}{dt}, \quad \beta = \frac{d\omega}{dt} = \frac{d^2\theta}{dt^2}, \quad s = s(t), \quad v = \frac{ds}{dt}$$

$$a_t = \frac{dv}{dt} = \frac{d^2 s}{dt^2}, \quad ds = R d\theta, \quad v = R\omega, \quad a_n = \frac{v^2}{R}, \quad a_t = \frac{dv}{dt}$$

(4) 平面曲线运动选择合适的坐标系,应用运动的分解.

直角坐标系　　$a_x = \dfrac{dv_x}{dt} = \dfrac{d^2 x}{dt^2}, \quad a_y = \dfrac{dv_y}{dt} = \dfrac{d^2 y}{dt^2}$

自然坐标系　　$a_n = \dfrac{v^2}{\rho}, \quad a_t = \dfrac{dv}{dt}$

3. 相对运动

$$\boldsymbol{r}_{物对S} = \boldsymbol{r}_{物对S'} + \boldsymbol{r}_{S'对S}, \quad \boldsymbol{v}_{物对S} = \boldsymbol{v}_{物对S'} + \boldsymbol{v}_{S'对S}, \quad \boldsymbol{a}_{物对S} = \boldsymbol{a}_{物对S'} + \boldsymbol{a}_{S'对S}$$

第二章　质点动力学

一、理论的科学逻辑结构体系

　　理论的科学逻辑体系是:①根据研究系统的特点和研究内容,定义描述系统性质或特征的状态量(定义基本概念).②提出少量几个基本假设(定律或原理).③在基本假设基础上,应用演绎或推导的方法,得到系统状态变化时,状态量的变化遵守的规律(基本定理).这就是理论的基本框架和体系.④理论的验证:把理论应用于实际,理论结果和实验结果的一致性是理论正确性的验证.牛顿力学的结构体系也是如此.

　　科学理论有两个最大的功能:解释功能和预言功能.简单地说,解释就是能对已有的经验规律,对所讨论的现象提供更为深入和精确的理解.预言就是从理论逻辑地推导出未知事实的结论,这些事实或者已经存在但不为人们所知,或者尚未存在,但应该和能够在将来产生.

　　质点动力学是研究质点的动力学特征和规律的学科.定义了描述质点动力学特征的三个状态量:质点的动量、角动量和动能.提出质点动力学的三个基本假设:牛顿三定律.应用三条基本假设推导出质点运动状态变化时,三个状态量的变化遵守的规律:质点的动量定理、角动量定理和动能定理.基本概念、基本假设、基本定理构成了理论体系的基本框架.牛顿还提出了万有引力定律,与牛顿运动定律一起,成为解决行星运动等问题的理论基础.

　　1781 年 3 月 3 日,英国天文学家威廉·赫歇耳发现天王星以后,世界上一些天文学家根据牛顿引力理论计算天王星轨道时,发现计算的结果总与实际观测位置不符合.这就引起人们思索:是牛顿理论有问题,还是另外有一个天体的引力施加在天王星上?1845年,年仅 26 岁的英国剑桥大学青年教师亚当斯,通过计算研究认为在天王星轨道外还有一颗大行星,正是这颗未知大行星的引力,才使理论计算和实际观测的位置不符合,他并且计算预报了这颗未知大行星在天空中的位置.然而,他的预报没有引起有关天文学家的重视.同样,1845 年夏季,法国天文工作者勒威耶,也独立地通过计算预报了天王星轨道外这颗未知大行星在天空中的位置.德国柏林天文台台长伽勒,根据勒威耶的预报位置,于 1846 年 9 月 23 日果然发现了这颗大行星.其位置与勒威耶预报的位置仅差 $52'$,与亚当斯预报的位置仅差 $2°27'$.这颗大行星被命名为海王星.科学家们都认为,海王星的发现首先是这两位青年人的功绩,当然也肯定了伽勒的观测成果.海王星的发现是牛顿力学预言功能的最好体现.

二、理论的应用

　　质点动力学,并不是指问题只涉及一个质点,而是把单个质点作为研究对象(或系统),一个一个地分析问题中所涉及的各个质点.求解动力学问题的原则和方法是:选择研究对象,确定描述其状态的物理量,分析它所受的力,判断在运动过程中物理量的变化所遵守的力学规律,用方程式表示这些规律,求解这些方程式即可.本章处理质点(研究对象)动力学问题,质点的运动遵守牛顿运动定律、动量定理、角动量定理和动能定理,所以,质点动力学问题有且仅有 4 种不同的求解方法.用不同方法求解同一问题,繁简程度不同,多数情况下,用动量定理、角动量定理和动能定理求解比用牛顿运动定律求解简单些.因为牛顿运动定律对质点描述得最细致,三个定理揭示的是状态量的变化(或始末状态的状态量)与过程量(冲量、角冲量、功)的关系,只要过程量比较容易计算,求解就比较简单.熟练求解动力学问题是本章的重点和难点.

三、学习建议

学习大学物理,或学习其他课程,既要掌握课程知识,也要掌握课程的结构体系和思想方法.如果只掌握了课程知识,会应用这些知识解题,考试成绩也不错,这也不能说学好了这门课程,只能说达到了课程学习的最低要求.在上述要求基础上,掌握了课程内容的结构体系,熟悉各知识点在课程结构体系中的地位和作用,掌握课程理论体系各部分之间的逻辑联系,课程学习就达到了比较好的程度.如果又能理解课程内容中包含的科学思想方法,建立课程理论的思想和方法,通过课程学习,提高了发现问题、解决问题的能力,激发了探索意识,提高了创新能力,课程学习就达到了很好的水平.

物理公式数学形式的变化可能带来物理意义上的重大变化.例如,由 $F=\dfrac{\mathrm{d}p}{\mathrm{d}t}$ 变成 $F\mathrm{d}t=$
$\mathrm{d}p\left(M=\dfrac{\mathrm{d}L}{\mathrm{d}t}\text{变成}M\mathrm{d}t=\mathrm{d}L\right)$ 是简单的数学形式的变化,但是,它们的物理意义却有重大差别.前者表示的是瞬时关系,后者表示的是一段时间或过程中的关系.前者称为牛顿第二定律的表达式,后者是动量定理的微分形式.另外,公式形式变化时,任何条件的改变,都可能改变公式的适用范围.类似的情况以后很多,应特别注意.

§2.1　牛顿运动定律

一、牛顿第一定律

牛顿第一定律:任何物体都保持静止或匀速直线运动的状态,直到其他物体所作用的力迫使它改变这种状态为止.

牛顿第一定律指明任一物体在未受到外力(受到所有外力的合力为零)时,将保持静止或匀速直线运动的状态,物体保持这种运动状态的特性称为惯性.所以牛顿第一定律又称为惯性定律.

同时牛顿第一定律也确定了力的含义.物体所受的力是外界对该物体所施加的一种作用,使物体改变静止或匀速直线运动的状态,也就是使物体获得加速度.力是物体运动状态变化的原因.

第一定律定义了一种参考系,在这个参考系中观察,一个不受外力作用的质点将保持静止或匀速直线运动状态不变.这样的参考系称为惯性参考系,简称为惯性系.实验表明:

在一个参考系中,只要有一个质点符合惯性定律,则其他质点都符合惯性定律. 实验表明,日心参考系是足够精确的惯性系;固定在地面上的参考系可以看作是近似程度相当好的惯性系.

质点处于静止或匀速直线运动状态,称为质点处于平衡状态. 不受任何外力作用的质点是不存在的. 观察表明,作用于质点上所有力的合力为零时,质点处于平衡状态,在实际应用中,牛顿第一定律可表述为:质点所受所有力的合力为零是质点处于平衡状态的必要且充分条件.

二、质量

牛顿第一定律指出,质点都具有保持其运动状态不变的特性——惯性. 如何量度质点惯性的大小? 为此引入质量的概念.

考察如图 2-1 所示的实验. 在光滑的水平桌面上放置两个物体 A 和 B,在它们中间放一个被压缩的轻弹簧,开始时都处于静止状态. 当弹簧松开后,两物体就改变原来的静止状态而获得速度,沿相反的方向被弹开. 测得当两物体与弹簧脱离时的速率分别为 v_A 和 v_B. 多次实验结果表明,不论弹簧的性质和压缩程度如何变化,只要物体 A 和 B 不变,测得的速率 v_A 和 v_B 的比值就保持不变. 若更换两个物体 C 和 D 做实验,则测得两速率 v_C 和 v_D 的比值也保持为一个常数. 这说明,被压缩弹簧弹开的两物体分离速率之比与外部条件(如弹簧的性质和压缩程度)无关,只取决于两个物体本身的某种属性.

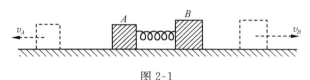

图 2-1

被同一弹簧弹开的两物体,其速率 v_A 和 v_B 一般不相同. 可以推测,获得较大速率的物体,改变其运动状态较易,也就是说它的惯性较小,而获得较小速率的物体,改变其运动状态较难,即惯性较大. 若引用质量 m 来定量地描述物体惯性的大小,且惯性愈大的物体,其质量也愈大,那么,根据上述实验,就可以确定物体的质量与所获得的速率成反比,即

$$\frac{m_A}{m_B} = \frac{v_B}{v_A} \tag{2-1}$$

上式确定了两物体质量的比值. 若选取 B 的质量为质量的基准值,记为 m_0,A 的质量记为 m,则

$$m = \frac{v_B}{v_A} m_0 \tag{2-2}$$

式(2-2)就是任一物体质量的定义式. 这样定义的质量称为惯性质量.

在国际单位制中,规定质量为基本量. 质量的基准叫千克(kg). 1889 年,第一届国际计量大会决定,1kg 质量的实物基准是一个特制的、直径为 39mm 的铂圆柱体,称为千克原器,保存在法国巴黎国际计量局中.其他物体的质量都是与它相比较而得到的.为了比较方便起见,许多国家都有它的精确的复制品.

长度和时间的计量都用自然基准代替了实物基准.有人预料,将来也会用多少个某种原子的总质量(自然基准)为 1kg 代替现在的千克原器(实物基准).但是,现在质量量度的精度超过测量给定质量中所含原子数目所能达到的精度,所以仍然采用实物基准.

三、动量

研究质点动力学问题首先要解决如何度量质点运动的量的问题.质点的运动状态随时间变化,因此,需要定义一个与质量和速度有关的状态量来表示任意时刻质点运动的量.定义质点的质量 m 与速度 v 的乘积为质点的动量,即

$$p = mv \tag{2-3}$$

动量是矢量,其方向与速度相同.在直角坐标系中,动量的分量式为

$$p_x = mv_x, \quad p_y = mv_y, \quad p_z = mv_z \tag{2-4}$$

动量是描述质点动力学特征的状态量,动量是导出量,其单位由定义式及质量和速度的单位决定.在国际单位制(SI)中,动量的单位是千克·米/秒(kg·m/s).

四、牛顿第二定律

牛顿第二定律可表述为:一个质点的动量对时间的变化率等于质点所受的合力 F,其方向与所受合力的方向相同,其数学表达式为

$$F = \frac{dp}{dt} = \frac{d(mv)}{dt} \tag{2-5}$$

当质量 m 被视为恒量时,上式可以写成

$$F = ma \tag{2-6}$$

牛顿第二定律是质点动力学的基本方程.它给出了质点运动状态的变化与所受合外力的定量关系,是经典力学的核心.

牛顿第二定律给出了力的定义.力是一个导出量,其单位由式(2-5)或(2-6)和其他各量的单位确定.在 SI 中,力的单位是 kg·m/s²,称为牛顿(N).

牛顿第二定律是力的瞬时作用规律,表示质点所受的合外力与动量变化率之间的瞬时关系,力和动量变化率同时存在、同时变化、同时消失.

牛顿第二定律的数学表示式是矢量式.在实际应用时,常把式中各矢量沿选定的坐标轴进行分解.质量 m 被视为恒量时,在直角坐标系中,牛顿第二定律的分量式为

$$F_x = ma_x = m\frac{d^2x}{dt^2}$$
$$F_y = ma_y = m\frac{d^2y}{dt^2} \tag{2-7}$$
$$F_z = ma_z = m\frac{d^2z}{dt^2}$$

在自然坐标系中为

$$F_t = ma_t = m\frac{\mathrm{d}v}{\mathrm{d}t}$$

$$F_n = ma_n = m\frac{v^2}{R}$$

(2-8)

牛顿第二定律只适用于惯性系.

五、牛顿第三定律

牛顿第三定律也称为作用和反作用定律,牛顿第三定律可表述为:当质点 A 对质点 B 有作用力 $\boldsymbol{F}$ 时,质点 B 同时对质点 A 有作用力 $\boldsymbol{F}'$,力 $\boldsymbol{F}$ 和 $\boldsymbol{F}'$ 总是大小相等、方向相反且在同一条直线上. 其数学表达式为

$$\boldsymbol{F} = -\boldsymbol{F}'$$

(2-9)

牛顿第三定律指出,物体之间的作用是相互的,或者说力总是成对出现的. 作用力和反作用力是性质相同的力;作用力和反作用力同时存在、同时消失;作用力和反作用总是大小相等、方向相反、分别作用在不同的物体上. 由此看出,力是有主的,即有施力者. 所以在分析力时需要明确一个力的施力者和受力者.

作用力和反作用力大小相等方向相反,是以力的传递时间为零作为前提的. 如果力的传递需要一定的时间,力的传递速度为有限值,作用力和反作用力就不一定相等. 在一般力学问题中,质点的运动速度不太大,即使力的传递速度是有限的,由于传递速度远大于质点的运动速度,所以牛顿第三定律总是成立的.

所有的物理学规律都有自己的适用条件和适用范围. 牛顿运动定律也不例外,牛顿运动定律的适用条件是:

(1)牛顿运动定律只适用于惯性系.

(2)牛顿运动定律只适用于质点的运动速度远小于光速的情况. 当质点的速度接近光速时,必须应用相对论力学处理.

(3)牛顿运动定律一般仅适用于宏观物体的宏观运动. 微观粒子的微观运动,要用量子力学处理.

从大量实践和实验中总结归纳出来的基本规律,常称为原理、公理、基本假设或定律,它们虽不一定能由实验直接验证. 但由它们导出的定理都与实践或实验符合. 因此,人们公认这些基本规律是正确的,并以此为基础,研究其他有关问题或建立新的学科,从实践或实验中经过总结和归纳,提出假设. 这是科学方法的一部分.

六、常见的几种力

1. 万有引力 重力

宇宙万物,小到微观粒子,大到天体星系,任何质量不为零的物体与物体之间都有相互吸引的力,这种力称为万有引力.

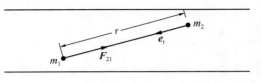

图 2-2

设两个质量分别为 m_1 和 m_2 的质点,其间距为 r,如图 2-2 所示. 实践表明,它们之间相互作用的万有引力 F 与两质点的质量的乘积 m_1m_2 成正比,与它们之间的距离 r 的平方成反比,方向在两质点的连线上,这个结论称为万有引力定律[①],其数学表达式为

$$F=G\frac{m_1m_2}{r^2} \tag{2-10}$$

其中 G 称为引力常量. 其数值和单位与质量、距离和力的单位有关,并由实验确定. 2004 年,*Physics Letters B* 发表的数据为

$$G = 6.6742(10)\times10^{-11}\,\mathrm{m^3/(kg\cdot s^2)}$$

通常取 $G=6.67\times10^{-11}\,\mathrm{m^3/(kg\cdot s^2)}$ 即可.

万有引力定律也可以写成矢量形式. 质点 m_2 对质点 m_1 作用的万有引力 $\boldsymbol{F}_{21}$ 可写成

$$\boldsymbol{F}_{21}=-G\frac{m_1m_2}{r^2}\boldsymbol{e}_\mathrm{r} \tag{2-11}$$

其中 $\boldsymbol{e}_\mathrm{r}$ 是由质点 m_2 指向质点 m_1 方向上的单位矢量. 负号表示 $\boldsymbol{F}_{21}$ 的方向与 $\boldsymbol{e}_\mathrm{r}$ 的方向相反.

由式(2-10)可以看出,两个普通物体之间的万有引力是非常小的,通常可以忽略不计.

设地球的质量为 M,当不考虑地球自转的影响时,地球对质量为 m 的物体的引力大小为

$$F=G\frac{Mm}{r^2}$$

其中 $G\dfrac{M}{r^2}$ 称为引力加速度. 在地球表面附近(物体到地面的距离远小于地球的半径 R)物体受到地球的万有引力称为重力. 质量为 m 的物体受到的重力的大小为

$$W=G\frac{Mm}{R^2}=mg \tag{2-12}$$

方向沿地球半径指向地心. 式中 M 是地球的质量,$M=5.977\times10^{24}\,\mathrm{kg}$,$R$ 是地球半径,$R=6.378\,140\times10^6\,\mathrm{m}$. 从而可以计算出 $g=9.806\,\mathrm{m/s^2}$. 通常取重力加速度 $g=9.8\,\mathrm{m/s^2}$.

重力的本质是地球对物体的引力. 所以不论物体处于静止还是运动状态,都要受到重力的作用. 因此,在分析处于地球表面附近的物体所受的力时,必须考虑物体所受的重力.

———————————

① 牛顿首先用微积分的方法证明了质量均匀分布或球对称分布的两个球体之间的引力等于质量分别集中于各自球心处的两个点(质点)之间的引力.

2. 弹性力

弹性力是物体在外力作用下发生形变时,物体内部产生的企图恢复原来形状的力. 弹性力作用于直接接触的物体之间,大小由物体的性质和形变决定. 在力学中,常见的弹性力有三种形式.

1) 弹簧力

弹簧在物体施加的外力作用下发生形变,如图 2-3 所示. 同时弹簧反抗形变而对物体施加一个力,这个力称为弹簧力. 设弹簧处于原长状态时物体的位置为 O 点,以 O 点为原点,沿弹簧伸长方向为 x 轴的正方向. 当物体的位置坐标(物体的位移)为 x 时,弹簧作用于物体上的弹簧力为 F. 实验证明,当弹簧的形变不太大时,弹簧力

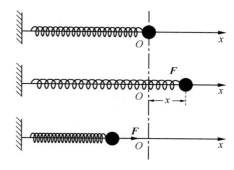

图 2-3　弹簧力

$$F = -kx \qquad (2-13)$$

式中 k 称为弹簧的劲度系数,负号表示弹簧力的方向与物体相对原点 O 的位移的方向相反. 在 SI 中,k 的单位是 N/m.

2) 张力

如图 2-4 所示,当绳索受到拉伸时,绳中某点两边各段都对另一段产生作用力,如 T 和 T',T 和 T' 称为张力. T 和 T' 是一对作用力和反作用力. 它们大小相等,方向相反,分别作用在两段绳索的端点上,张力也是弹性性质的力.

设绳索不可伸长,单位长度的质量为 λ,在绳索中任取一个长为 Δl 的小段. 设作用于该小段两端上的张力分别为 T_1 和 T_2,绳索的加速度为 a,如图 2-5 所示. 则 Δl 两端的张力之差

$$\Delta T = T_2 - T_1 = \Delta l \lambda a \qquad (2-14)$$

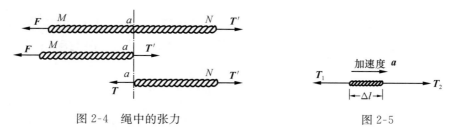

图 2-4　绳中的张力　　　　　　　　　图 2-5

由式(2-14)可知,当绳索质量可以忽略不计时,即 $\lambda = 0$,$T_1 = T_2$. 绳索中各点的张力都相等,等于绳索两端受到的外力 F.

3) 压力或支撑力

理想光滑桌面对其上物体的支撑力和物体对桌面的压力也是由于形变而产生的,都是弹性力,它们是一对作用力和反作用力. 一般地说,压力和支撑力的作用线通过两物体的接触点并垂直过接触点的公切面. 所以,常把压力和支撑力称为法向力.

3. 摩擦力

当两个相互接触的物体作相对运动或有相对运动的趋势时,在接触面上产生的阻碍它们相对运动的力,称为摩擦力.按照相互接触的物体是否发生相对运动,可将摩擦力区分为滑动摩擦力和静摩擦力.

当相互接触的物体在外力 F 作用下只有相对运动的趋势没有相对运动时,产生静摩擦力 f_s,如图 2-6 所示.当外力 F 增大时,静摩擦力 f_s 也增大,当外力增大到某一数值时,物体 A 开始滑动,这时的静摩擦力称为最大静摩擦力.

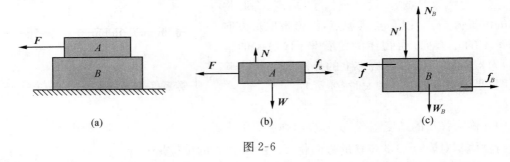

图 2-6

当物体间有相对滑动时,两物体间的摩擦力 f 称为滑动摩擦力.摩擦力与物体的材料、表面情况和正压力 N 的大小有关,滑动摩擦力一般还和相对运动速度的大小有关.当物体开始相对滑动时,滑动摩擦随速度的增大而减小.相对速度继续增大,滑动摩擦力可能随之增加.

实验表明,当两物体确定后,最大静摩擦力和滑动摩擦力与正压力成正比,即

$$f_s = \mu_s N, \quad f = \mu N \tag{2-15}$$

式中 μ_s 和 μ 分别称为最大静摩擦系数和滑动摩擦系数.

七、牛顿运动定律的应用

应用牛顿运动定律求解的问题大体上可以分为两类:一类是已知力求运动;另一类是已知一些力和运动求另一些力.当然在实际问题中常常同时包含两类问题.在各类问题中,正确地分析物体(质点)所受的力是解决问题的关键.

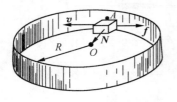

图 2-7　例题 1 用图

例题 1　光滑的桌面上放置一固定的圆环带,半径为 R.一物体贴着环带内侧运动,如图 2-7 所示.物体与环带间的滑动摩擦系数为 μ.设 $t=0$ 时,物体经点 A,其速度为 v_0.求 t 时刻物体的速率及从点 A 开始所经过的路程.

解　物体的受力:环带对它的弹力 N,方向指向圆心;摩擦力 f,方向与物体的运动方向相反,大小为

$$f = \mu N \tag{1}$$

另外,在竖直方向受重力和水平桌面施给物体的支撑力,二者互相平衡,与运动无关.(本题目属于已知力和初始条件求运动的类型.)

设物体的质量为 m ,由牛顿第二定律可得物体运动的切向和法向方程分别为

$$-f = ma_t \tag{2}$$
$$N = mv^2/R \tag{3}$$

联立(1)、(2)、(3)式,解得

$$a_t = -\mu v^2/R$$

即

$$\frac{\mathrm{d}v}{\mathrm{d}t} = -\frac{\mu v^2}{R}$$

(问题已变成已知加速度和初始条件求速度方程和运动方程的运动学第二类问题.)

分离变量作定积分,并考虑到初始条件: $t=0$ 时 $v=v_0$,则有

$$\int_{v_0}^{v} -\frac{\mathrm{d}v}{v^2} = \int_0^t \frac{\mu}{R}\mathrm{d}t$$

即

$$v = \frac{v_0}{1 + \dfrac{\mu v_0 t}{R}}$$

将上式对时间积分,并利用初始条件 $t=0$ 时, $s=0$ 得

$$s = \frac{R}{\mu}\ln\left(1 + \frac{\mu}{R}v_0 t\right)$$

为什么摩擦力不能使物体很快静止呢?物体在运动过程中所受的摩擦力是不是恒定的?请读者考虑.

例题 2 一个小球在黏滞性液体中下沉,已知小球的质量为 m ,液体对小球的浮力为 **F** ,阻力为 $f = -kv$. 若 $t=0$,小球的速率为 v_0 ,试求小球在黏滞性液体中下沉的速率随时间 t 的变化规律.

解 小球受三个力作用:重力 $m\boldsymbol{g}$,浮力 **F** ,摩擦阻力 $\boldsymbol{f}$,其方向如图 2-8 所示.(本题目属于已知力和初始条件求运动的类型.)取地面为参考系, y 轴正方向向下.根据牛顿第二定律,小球的动力学方程为

$$mg - F - kv = m\frac{\mathrm{d}v}{\mathrm{d}t}$$

(问题已变成已知加速度和初始条件求速度方程和运动方程的运动学第二类问题.)

分离变量,得

$$\frac{m\mathrm{d}v}{mg - F - kv} = \mathrm{d}t$$

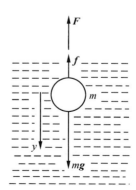

图 2-8 小球在黏滞性液体中的沉降

作定积分,并考虑初始条件:$t=0$ 时 $v=v_0$,则有

$$\int_{v_0}^{v} \frac{m\mathrm{d}v}{mg-F-kv} = \int_0^t \mathrm{d}t$$

可得

$$\ln \frac{mg-F-kv}{mg-F-kv_0} = -\frac{k}{m}t$$

故有

$$v = \frac{mg-F}{k} - \frac{1}{k}(mg-F-kv_0)\mathrm{e}^{-\frac{k}{m}t}$$

由上式可知,小球的沉降速率随 t 按指数规律递增,在 $t\to\infty$ 时,速率变为

$$v_\infty = \frac{mg-F}{k} = 常量$$

v_∞ 称为极限速率,也是小球沉降的最大速率.

如果取 $t=0$ 时小球的位置为 $y=0$,再对速度方程积分,可得小球的运动方程

$$y = \frac{mg-F}{k} + \frac{m}{k^2}(mg-F-kv_0)(\mathrm{e}^{-\frac{k}{m}t}-1)$$

例题 3　质量为 M 的楔 B,置于光滑水平面上,质量为 m 的物体 A 沿楔的光滑斜面自由下滑,如图 2-9(a)所示.试求楔相对地面的加速度和物体 A 相对楔的加速度以及 A、B 之间的作用力.

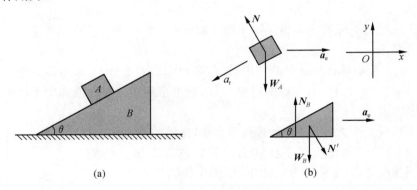

$$(a)\qquad\qquad\qquad\qquad (b)$$

图 2-9　例题 3 用图

解　分别选 A、B 为研究对象,A、B 受力见图 2-9(b).图中 a_r 为 A 相对 B 的加速度,a_e 为 B 相对地面的加速度.根据牛顿第二定律并应用两个相互作平动的参考系间的加速度变换定理:

对 A:沿 x 方向有　　　　$-N\sin\theta = m(-a_r\cos\theta + a_e)$

沿 y 方向有　　　　$N\cos\theta - mg = m(-a_r\sin\theta)$

对 B:沿 x 方向有　　　　$N'\sin\theta = Ma_e$

沿 y 方向有　　　　$N_B - Mg - N'\cos\theta = 0$

解以上方程组,并注意到 A、B 之间的相互作用力 $N=N'$ 可得

$$a_e = \frac{m\cos\theta\sin\theta}{M+m\sin^2\theta}g$$

$$a_r = \frac{(M+m)\sin\theta}{M+m\sin^2\theta}g$$

$$N = \frac{mMg\cos\theta}{M+m\sin^2\theta}$$

物体 A 相对地面的加速度

$$a_{Ax} = -a_r\cos\theta + a_e = -\frac{M\cos\theta\sin\theta}{M+m\sin^2\theta}g$$

$$a_{Ay} = -a_r\sin\theta = -\frac{(M+m)\sin^2\theta}{M+m\sin^2\theta}g$$

$$\boldsymbol{a}_A = -\frac{M\cos\theta\sin\theta}{M+m\sin^2\theta}g\boldsymbol{i} - \frac{(M+m)\sin^2\theta}{M+m\sin^2\theta}g\boldsymbol{j}$$

例题 4 不计空气阻力和其他作用力,竖直上抛物体的初速 v_0 最小应取多大,才不再返回地球?

解 取被抛物体为研究对象,物体运动过程中只受万有引力作用. 取地心为原点,竖直向上为 r 轴,物体运动的初始条件是:$t=0$ 时,$r_0=R$,速度是 v_0,如图 2-10 所示. 略去地球的公转与自转的影响,则物体在离地心 r 处的万有引力为

$$F = -G\frac{Mm}{r^2} = -m\cdot G\frac{M}{R^2}\cdot\frac{R^2}{r^2} = -mg\frac{R^2}{r^2}$$

由牛顿第二定律

$$F = ma = -mg\frac{R^2}{r^2}$$

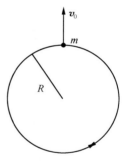

图 2-10 例题 4 用图

所以,物体运动的加速度

$$a = \frac{\mathrm{d}v}{\mathrm{d}t} = \frac{\mathrm{d}r}{\mathrm{d}t}\cdot\frac{\mathrm{d}v}{\mathrm{d}r} = v\frac{\mathrm{d}v}{\mathrm{d}r} = -g\frac{R^2}{r^2}$$

问题变成已知加速度和初始条件求速度方程的问题.

分离变量后积分,并考虑到初始条件,则有

$$\int_{v_0}^{v} v\,\mathrm{d}v = \int_{R}^{r} -g\frac{R^2}{r^2}\,\mathrm{d}r$$

即

$$\frac{1}{2}v^2 - \frac{1}{2}v_0^2 = g\frac{R^2}{r} - gR$$

解得

$$v = \sqrt{v_0^2 - 2Rg + \frac{2gR^2}{r}}$$

由上式可知,上抛物体的速度随 r 的增大而减小.若使物体不返回地面,则 r 不管取多大的值, v 都不能小于零.而当 $r \to \infty$ 时, v 不小于零的条件是

$$v_0^2 \geqslant 2Rg$$

所以,使上抛物体不返回地面的最小初速度为

$$v_0 = \sqrt{2Rg} = \sqrt{2 \times 6.4 \times 10^6 \times 9.8} = 11.2 \times 10^3 (\text{m/s})$$

这个临界速度叫做第二宇宙速度,或逃逸速度.只要发射速度等于或大于此值,物体就会脱离地球而进入太阳系.还应指出的是,在导出此式时没考虑空气阻力.若以如此之大的速度发射,由于空气阻力的作用可将物体烧毁,所以实际上都是采用多级火箭发射宇宙飞船,先使它以较低的速度在大气层中上升,并在上升过程中不断加速,到空气稀薄的外层空间后,再将飞船加速到第二宇宙速度.

由上面的例题可以看出,在已知初始条件的情况下,常常根据牛顿运动定律求出加速度后,题目变成已知加速度和初始条件求速度方程和运动方程的运动学第二类问题.另一类问题是列出几个质点(物体)的牛顿运动定律方程的方程组,解方程组求出未知的力,不管是哪种类型的问题,解题步骤一般是:选对象、看运动、分析力、建坐标和列方程.

习　　题

1. 质量为 m 的子弹以速率 v_0 水平射入沙土中,设子弹所受阻力与速度反向,大小与速度成正比,比例系数为 k,忽略子弹的重力,求:(1)子弹射入沙土后,速度大小随时间的变化关系;(2)子弹射入沙土的最大深度.

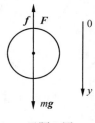

2. 质量为 m 的小球,在水中受到的浮力为 F,当它从静止开始沉降时,受到水的黏滞阻力为 $f = kv (k$ 为常数).若从沉降开始计时,试证明小球在水中竖直沉降的速率 v 与时间的关系为 $v = \dfrac{mg-F}{k}\left(1 - \mathrm{e}^{-\frac{kt}{m}}\right)$.

3. 一人造地球卫星质量 $m = 1327\text{kg}$,在离地面 $h = 1.85 \times 10^6 \text{m}$ 的高空中环绕地球作匀速率圆周运动.求:(1)卫星所受向心力 f 的大小;(2)卫星的速率 v;(3)卫星的转动周期 T.

习题 2 图

4. 试求赤道上方的地球同步卫星距地面的高度.

5. 两个质量都是 m 的星球,保持在同一圆形轨道上运行,轨道圆心位置上及轨道附近都没有其他星球.已知轨道半径为 R,求:(1)每个星球所受到的合力;(2)每个星球的运行周期.

6. 一种围绕地球运行的空间站设计成一个环状密封圆筒(像一个充气的自行车胎),环中心的半径是 1.8km.如果想在环内产生大小等于 g 的人造重力加速度,则环应绕它的轴以多大的速度旋转?这人造重力方向如何?

7. 如图所示,一半径为 R 的半球形碗,内表面光滑,碗口向上固定于桌面上.一质量为 m 的小球正以角速度 ω 沿碗的内表面在水平面上作匀速率圆周运动.求小球的运动水平面距离碗底的高度.

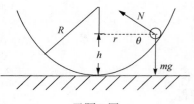

习题 7 图

8. 一重物 m 用绳悬起,如图所示,绳的另一端系在天花板上,绳长 $l = 0.5\text{m}$.重物经推动后,在一水平面内作匀速率圆周运动,转速 $n = 1\text{r/s}$.这种装置叫做圆锥摆.求这时绳和竖直方向所成的角度.

9. 如图所示,长为 l 的轻绳,一端系质量为 m 的小球,另一端系于定点 O,开始时小球处于最低位置,若使小球获得如图所示的初速 v_0,小球将在铅直平面内作圆周运动. 要使小球能在竖直平面内作完整的圆周运动,v_0 至少要多大? 求小球能在竖直平面内作完整的圆周运动时,在任意位置的速率及绳的张力.

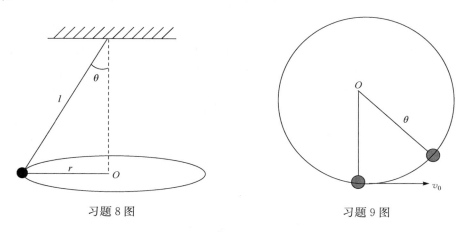

习题 8 图　　　　　　　　习题 9 图

10. 假使地球自转速度加快到能使赤道上的物体处于失重状态,一昼夜的时间有多长?

11. 一斜面,倾角为 α,底边 AB 长为 $l=2.1\text{m}$,质量为 m 的物体从斜面顶端由静止开始向下滑动,斜面的摩擦系数为 $\mu=0.14$. 试问,当 α 为何值时,物体在斜面上下滑的时间最短? 其数值为多少?

12. 光滑的水平面上放置一半径为 R 的固定圆环,物体紧贴环的内侧作圆周运动,其摩擦因数为 μ. 开始时物体的速率为 v_0,求:(1)t 时刻物体的速率;(2)当物体速率从 v_0 减少到 $\dfrac{1}{2}v_0$ 时,物体所经历的时间及经过的路程.

§2.2　动量　角动量

一、动量定理

牛顿第二定律指出,在外力作用下,质点的运动状态发生变化时,质点所受的合外力等于质点动量对时间的变化率,这是瞬时关系. 通常力持续地作用在质点上一段时间,可以想到,必定使质点的动量发生变化,并且时间越长,变化越大. 由牛顿第二定律

$$\boldsymbol{F} = \frac{\mathrm{d}\boldsymbol{p}}{\mathrm{d}t}$$

改变上式的形式

$$\boldsymbol{F}\mathrm{d}t = \mathrm{d}\boldsymbol{p} \tag{2-16}$$

式中 $\boldsymbol{F}\mathrm{d}t$ 表示力 $\boldsymbol{F}$ 在微小时间 $\mathrm{d}t$ 内的积累,称为力 $\boldsymbol{F}$ 的冲量. $\mathrm{d}\boldsymbol{p}$ 是质点动量的增量,是力对时间的积累产生的效果,对于一段有限时间

$$\int_{t_1}^{t_2} \boldsymbol{F}\mathrm{d}t = \int_{\boldsymbol{p}_1}^{\boldsymbol{p}_2} \mathrm{d}\boldsymbol{p} = \boldsymbol{p}_2 - \boldsymbol{p}_1 \tag{2-17}$$

式中 $\int_{t_1}^{t_2} \boldsymbol{F} \mathrm{d}t = \boldsymbol{I}$ 是力 $\boldsymbol{F}$ 在 t_1 到 t_2 这一段时间内的冲量. $\boldsymbol{p}_2 - \boldsymbol{p}_1$ 是在 t_1 到 t_2 这段时间内质点动量的增量(或变化). 式(2-16)和式(2-17)表明, 在一定时间内, 合外力作用在质点上的冲量, 等于在该时间内质点动量的增量, 这一结论称为质点的动量定理.

力 $\boldsymbol{F}$ 可以是时间 t 的函数, 冲量 $\mathrm{d}\boldsymbol{I} = \boldsymbol{F}(t)\mathrm{d}t$, $\boldsymbol{I} = \int_{t_1}^{t_2} \boldsymbol{F}(t)\mathrm{d}t$. 冲量是矢量, 冲量是力对时间的积累, 是过程量. 动量是描述质点特征的动力学状态量. 动量定理给出的是过程量与状态量的变化之间的关系. 冲量的方向与动量增量(末态动量与初态动量之差)的方向相同. 要求合力对质点作用的冲量, 无须了解质点每一时刻的运动情况, 只须知道质点始末时刻的动量即可. 所以动量定理常可使解决问题的过程得以简化.

动量定理是矢量式, 在具体坐标系中, 可写出其分量式. 例如, 在直角坐标系中, 式(2-16)和式(2-17)的分量式为

$$\mathrm{d}I_x = F_x(t)\mathrm{d}t = \mathrm{d}p_x$$
$$\mathrm{d}I_y = F_y(t)\mathrm{d}t = \mathrm{d}p_y \tag{2-18}$$
$$\mathrm{d}I_z = F_z(t)\mathrm{d}t = \mathrm{d}p_z$$

和

$$I_x = \int_{t_1}^{t_2} F_x(t)\mathrm{d}t = p_{2x} - p_{1x}$$
$$I_y = \int_{t_1}^{t_2} F_y(t)\mathrm{d}t = p_{2y} - p_{1y} \tag{2-19}$$
$$I_z = \int_{t_1}^{t_2} F_z(t)\mathrm{d}t = p_{2z} - p_{1z}$$

在低速运动情况下, 质点的质量是恒量, 动量定理可写为

$$\mathrm{d}\boldsymbol{I} = \boldsymbol{F}(t)\mathrm{d}t = m\mathrm{d}\boldsymbol{v} \tag{2-20}$$

$$\boldsymbol{I} = \int_{t_1}^{t_2} \boldsymbol{F}(t)\mathrm{d}t = m\boldsymbol{v}_2 - m\boldsymbol{v}_1 \tag{2-21}$$

当质点的速度接近光速时, 质点的质量随速度的不同而不同, 式(2-20)和式(2-21)不再成立, 但式(2-16)和式(2-17)仍然成立.

由上面可以看出, 由于牛顿运动定律只适用于惯性参考系, 动量定理也只适用于惯性参考系.

在打击、碰撞等实际问题中, 物体相互作用时间很短, 作用力的变化很快, 常用动量定理估计作用力对时间的平均值.

$$\overline{\boldsymbol{F}}(t) = \frac{\int_{t_1}^{t_2} \boldsymbol{F}(t)\mathrm{d}t}{t_2 - t_1} = \frac{\boldsymbol{p}_2 - \boldsymbol{p}_1}{t_2 - t_1} \tag{2-22}$$

二、角动量

在运动学中,用位置矢量 r 和速度 v 表示质点的运动状态. 在动力学中,用位置矢量 r 和动量 p 表示质点的运动状态. 以后会看到,在研究刚体转动问题时,用动量作为描述转动物体运动的状态量是不合适的. 因此,只用动量描述机械运动是不够的.

在惯性参考系中,某时刻质点相对固定点 O 的位置矢量为 r,动量为 p,如图 2-11 所示,定义质点对参考点 O 的角动量(也称为动量矩)为

$$L=r\times p \tag{2-23}$$

根据矢量积的规定,角动量的大小

$$L=rp\sin\theta=mvr\sin\theta \tag{2-24}$$

式中 θ 是动量 p 和位矢 r 之间的夹角. L 的方向由右手螺旋法则确定,如图 2-11 所示.

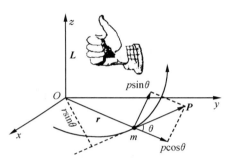

需要注意的是:质点的角动量是相对于某一参考点而言的. 尽管在同一参考系中某一质点的动量 p 是确定的,但对不同参考点的位置矢量 r 不相同,故角动量 L(包括大小和方向)可能不同. 因此,在说明一个质点的角动量时,必须指明是对哪一个参考点的.

图 2-11　质点的角动量

在直角坐标系中

$$L=r\times p=\begin{vmatrix} i & j & k \\ x & y & z \\ p_x & p_y & p_z \end{vmatrix}=(yp_z-zp_y)i+(zp_x-xp_z)j+(xp_y-yp_x)k \tag{2-25}$$

角动量的三个分量是

$$\left.\begin{array}{l} L_x=yp_z-zp_y \\ L_y=zp_x-xp_z \\ L_z=xp_y-yp_x \end{array}\right\} \tag{2-26}$$

式中 x、y、z 是质点的坐标.

在 SI 中,角动量的单位为千克米二次方每秒($\text{kg} \cdot \text{m}^2/\text{s}$).

1. 定义状态量的原则

状态量是描述系统运动状态的物理量. 根据状态量的职责可以得到,要使定义的状态量有用,状态量必须满足如下条件:当系统的运动状态确定时,状态量有唯一确定值,当运动状态不变时,状态量也不变;对于不同的运动状态,状态量有不同的值,并且运动状态变化时状态量的变化遵守确定的规律. 只有满足这样条件的状态量才可能是有用的.

2. 作圆周运动质点的角动量

如图 2-12 所示,一质量为 m、动量为 p 的质点绕圆心 O 作半径为 r 的圆周运动,由于

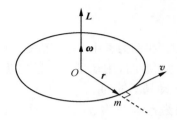

图 2-12　质点作圆周运动
时的角动量

p 始终与 r 垂直,故质点对圆心 O 的角动量的大小为 $L=rp$,L 的方向垂直于圆平面,与角速度 ω 的方向一致. 考虑到 $p=mv=mr\omega$,则有 $L=mrv=mr^2\omega$,角动量的矢量式为

$$\boldsymbol{L}=mr^2\boldsymbol{\omega} \tag{2-27}$$

当质点作直线运动时,质点的速度 v 确定,动量 $p=mv$ 就确定. 当质点作以定点为圆心,半径为 r 的圆周运动时,质点的角速度 ω 确定,角动量 $L=mr^2\omega$ 就确定. 速度 v 和角速度 ω 称为运动学状态量,动量 $p=mv$ 和角动量 $L=mr^2\omega$ 称为动力学状态量. 它们符合定义状态量的原则.

3. 作直线运动质点的角动量

如图 2-13 所示,质量为 m、速度 v 的质点作直线运动,某时刻质点运动到图示的位置,动量为 p. 下面讨论参考点的选取的任意性和限制.

(1) 取图中点 O 为参考点. 则质点相对点 O 的角动量为

$$\boldsymbol{L}=\boldsymbol{r}\times\boldsymbol{p}$$

角动量的大小

$$L=rp\sin\theta=mvr\sin\theta=mvd \tag{2-28}$$

角动量的方向垂直纸面向里. 式中 $d=r\sin\theta$,是参考点到轨迹的距离.

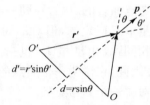

图 2-13　参考点的位置不同

由式(2-28)可知,当质点作匀速直线运动时,质点的角动量是恒矢量. 当质点作变速直线运动时,质点角动量的方向不变,大小随速度的变化而变化.

(2) 取图中点 O' 为参考点,则质点相对点 O' 的角动量为

$$\boldsymbol{L}'=\boldsymbol{r}'\times\boldsymbol{p}$$

角动量的大小

$$L'=r'p\sin\theta'=mvr'\sin\theta'=mvd'$$

角动量的方向垂直纸面向外. 式中 $d'=r'\sin\theta'$,是参考点 O' 到轨迹直线的距离.

(3) 若把参考点取在轨迹直线上,质点相对参考点的位置矢量与动量的方向同向平行或反向平行,它们之间的夹角为 0 或 π,所以,质点的角动量

$$\boldsymbol{L}=0$$

由此可以看出,质点的运动状态不论如何变化,质点的角动量总是等于零,即质点的运动状态变化时,描述质点运动状态的角动量却总是零,这不符合定义状态量的原则,使得角动量失去了作为状态量的资格. 所以,对于作直线运动的质点,角动量的参考点可以选轨迹外的任意点,不能选在轨迹直线上. 由此可以看出,定义质点的角动量时,参考点的选取有一定的任意性;由于定义状态量要遵守一定的原则,参考点的选取也受到一定的限制. 或者说,参考点选取得不合适,会使定义的角动量失去作为状态量的资格.

三、质点的角动量定理

将质点的角动量对时间求导数,得

$$\frac{\mathrm{d}\boldsymbol{L}}{\mathrm{d}t}=\frac{\mathrm{d}}{\mathrm{d}t}(\boldsymbol{r}\times\boldsymbol{p})=\frac{\mathrm{d}\boldsymbol{r}}{\mathrm{d}t}\times\boldsymbol{p}+\boldsymbol{r}\times\frac{\mathrm{d}\boldsymbol{p}}{\mathrm{d}t}=\boldsymbol{v}\times\boldsymbol{p}+\boldsymbol{r}\times\boldsymbol{F}$$

由于上式中的 $\boldsymbol{v}\times\boldsymbol{p}=0$,则有

$$\frac{\mathrm{d}\boldsymbol{L}}{\mathrm{d}t}=\boldsymbol{r}\times\boldsymbol{F} \tag{2-29}$$

式(2-29)表明,质点角动量的时间变化率等于矢量积 $\boldsymbol{r}\times\boldsymbol{F}$. 由 $\boldsymbol{F}=\dfrac{\mathrm{d}\boldsymbol{p}}{\mathrm{d}t}$ 的重要性,可以看出式(2-29)的重要性,因此把矢量积 $\boldsymbol{r}\times\boldsymbol{F}$ 定义为作用于质点上的合外力的力矩,记为 $\boldsymbol{M}$,即

$$\boldsymbol{M}=\boldsymbol{r}\times\boldsymbol{F} \tag{2-30}$$

力矩的大小为

$$M=Fr\sin\theta$$

力矩的方向由右手螺旋法则确定,如图 2-14 所示. 在 SI 中,$\boldsymbol{M}$ 的单位为牛顿米(N·m).

式(2-29)中,$\boldsymbol{F}$ 是作用于质点上的合外力,合外力矩

$$\boldsymbol{M}=\boldsymbol{r}\times\boldsymbol{F}=\boldsymbol{r}\times(\boldsymbol{F}_1+\boldsymbol{F}_2+\cdots+\boldsymbol{F}_n)=\boldsymbol{r}\times\boldsymbol{F}_1+\boldsymbol{r}\times\boldsymbol{F}_2+\cdots+\boldsymbol{r}\times\boldsymbol{F}_n$$

即

$$\boldsymbol{M}=\sum_{i=1}^{n}\boldsymbol{M}_i \tag{2-31}$$

上式说明,作用于一个质点上的合外力矩等于各分力力矩的矢量和.

式(2-29)可写为

$$\boldsymbol{M}=\frac{\mathrm{d}\boldsymbol{L}}{\mathrm{d}t} \tag{2-32}$$

上式表明:质点所受的合外力矩等于它的角动量的时间变化率. 这一结论称为质点的角动量定理.

改变式(2-32)的形式

$$\boldsymbol{M}\mathrm{d}t=\mathrm{d}\boldsymbol{L} \tag{2-33}$$

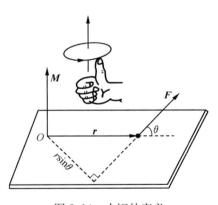

图 2-14　力矩的定义

如果合外力矩持续地作用于质点上一段有限时间,则

$$\int_{t_1}^{t_2}\boldsymbol{M}\mathrm{d}t=\int_{L_1}^{L_2}\mathrm{d}\boldsymbol{L}=\boldsymbol{L}_2-\boldsymbol{L}_1$$

或

$$\int_{t_1}^{t_2}\boldsymbol{M}\mathrm{d}t=\Delta\boldsymbol{L} \tag{2-34}$$

式中积分 $\int_{t_1}^{t_2}\boldsymbol{M}\mathrm{d}t$ 表示在 t_1 到 t_2 时间内作用于质点上的合外力矩对时间的积累,称为力矩的角冲量或冲量矩,$\Delta\boldsymbol{L}=\boldsymbol{L}_2-\boldsymbol{L}_1$ 是质点在 t_1 到 t_2 时间内角动量的增量,是力矩对时间

的积累产生的效果.式(2-33)和式(2-34)表明,质点角动量的增量等于其所受到的角冲量.这一结论称为质点的角动量定理.

四、质点的角动量守恒定律

若质点所受的合外力矩 $\boldsymbol{M}=0$,则有 $\dfrac{\mathrm{d}\boldsymbol{L}}{\mathrm{d}t}=0$.所以,当质点在一段时间内所受的合外力矩 $\boldsymbol{M}=0$ 时,则

$$\boldsymbol{L}=恒矢量 \qquad\qquad (2\text{-}35)$$

这表明:若对某一参考点,质点所受的合外力矩为零,则此质点对该参考点的角动量将保持不变.这一结论叫做质点的角动量守恒定律.

应当注意,由于 $\boldsymbol{M}=\boldsymbol{r}\times\boldsymbol{F}$,$\boldsymbol{M}=0$ 既可能是质点所受的外力 $\boldsymbol{F}$ 为零;也可能是外力并不为零,但 $\boldsymbol{r}=0$,或 $\boldsymbol{F}$ 总是与质点的径矢 $\boldsymbol{r}$ 平行或反向平行.

如果一个力的方向总是指向某一点,这样的力叫做有心力,该点称为力心.有心力对于力心的力矩为零,故只受有心力作用的质点,对于力心的角动量是恒矢量.

若忽略行星间的相互作用,行星受太阳的万有引力是有心力,所以行星对太阳中心的角动量守恒.氢原子中原子核对电子的库仑力是有心力,故电子对原子核的角动量守恒.

例题 1 利用角动量守恒定律证明有关行星运动的开普勒第二定律:行星相对太阳的径矢在单位时间内扫过的面积(面积速度)是常量,行星的轨道是平面轨道.

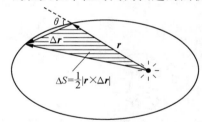

图 2-15 行星绕太阳的运行

解 如图 2-15 所示,行星在太阳引力作用下沿椭圆形轨道运动.在时间间隔 Δt 内,行星径矢 $\boldsymbol{r}$ 扫过的面积为 ΔS,ΔS 可近似认为等于图 2-15 中所示的阴影三角形的面积,即

$$\Delta S=\frac{1}{2}\,|\,\boldsymbol{r}\times\Delta\boldsymbol{r}\,|$$

故面积速度

$$\frac{\mathrm{d}S}{\mathrm{d}t}=\lim_{\Delta t\to 0}\frac{\Delta S}{\Delta t}=\lim_{\Delta t\to 0}\frac{1}{2}\frac{|\,\boldsymbol{r}\times\Delta\boldsymbol{r}\,|}{\Delta t}=\frac{1}{2}\times\left|\,\boldsymbol{r}\times\frac{\mathrm{d}\boldsymbol{r}}{\mathrm{d}t}\,\right|$$

$$=\frac{1}{2}\,|\,\boldsymbol{r}\times\boldsymbol{v}\,|=\frac{1}{2m}\,|\,\boldsymbol{r}\times m\boldsymbol{v}\,|=\frac{L}{2m}$$

由于行星只受有心力(万有引力)作用,所以行星对太阳的角动量守恒,即 $\boldsymbol{L}=$ 恒矢量,所以面积速度 $\dfrac{\mathrm{d}S}{\mathrm{d}t}=$ 常量,由于 $\boldsymbol{L}$ 是恒矢量,即 $\boldsymbol{L}$ 的方向不变,所以行星的轨道必定是平面轨道.开普勒第二定律得证.

例题 2 我国在 1971 年发射的科学实验卫星在以地心为焦点的椭圆轨道上运行.已知卫星近地点的高度 $h_1=226\text{km}$,远地点的高度为 $h_2=1826\text{km}$,卫星经过近地点时的速率为 $v_1=8.13\text{km/s}$,试求卫星通过远地点时的速率和卫星运行周期(地球半径 $R=6.378\times 10^3\text{km}$).

解　卫星轨道如图 2-16 所示. 由于卫星所受地球引力为有心力, 所以卫星对地球中心的角动量守恒. 若坐标原点取在地心, 则卫星在轨道的近地点时, 位矢的大小为

$$r_1 = R + h_1 = 6378 + 226 = 6.604 \times 10^3 (\text{km})$$

在远地点时, 位矢的大小为

$$r_2 = R + h_2 = 6378 + 1826 = 8.204 \times 10^3 (\text{km})$$

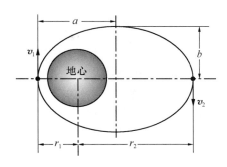

图 2-16　卫星绕地球的运行轨道

设卫星在远地点时的速率为 v_2, 且近地点和远地点处的速度与该处的位矢垂直, 故由角动量守恒定律可得

$$r_1 m v_1 = r_2 m v_2$$

故有

$$v_2 = \frac{r_1}{r_2} v_1 = \frac{6.604 \times 10^3}{8.204 \times 10^3} \times 8.13 \approx 6.54 (\text{km/s})$$

设椭圆轨道的面积为 S, 卫星的面积速度为 $\mathrm{d}S/\mathrm{d}t$, 则卫星的运动周期

$$T = \frac{S}{\mathrm{d}S/\mathrm{d}t} = \frac{\pi a b}{r_1 v_1 / 2} = \frac{2\pi a b}{r_1 v_1}$$

式中, a、b 分别为椭圆轨道的长半轴和短半轴. 由图 2-16 可知, a、b 的值分别为

$$a = \frac{r_1 + r_2}{2}, \qquad b = \sqrt{a^2 - (a - r_1)^2} = \sqrt{r_1 r_2}$$

代入上式可得

$$T = \frac{\pi (r_1 + r_2)}{v_1} \sqrt{\frac{r_2}{r_1}} = \frac{\pi (6.604 + 8.204) \times 10^3}{8.13} \sqrt{\frac{8.204}{6.604}} \approx 6.37 \times 10^3 (\text{s})$$

习　题

1. $F = 30 + 4t$ 的力作用在质量为 10kg 的物体上, 求: (1)在开始 2s 内, 此力的冲量是多少? (2)要使冲量等于 300N·s, 此力作用的时间为多少? (3)若物体的初速度为 10m/s, 方向与 F 相同, 在 $t = 6.86$s 时, 此物体的速度是多少?

2. 一根线密度为 λ 的均匀柔软链条, 上端被人用手提住, 下端恰好碰到桌面. 现将手突然松开, 链条下落, 设每节链环落到桌面上之后就静止在桌面上, 求链条下落距离 s 时对桌面的瞬时作用力.

3. 水力采煤是利用高压水枪喷出的强力水柱冲击煤层. 设水柱直径为 $D = 30$mm, 水速 $v = 56$m/s, 水柱垂直射到煤层表面上, 冲击煤层后速度变为零. 求水柱对煤层的平均冲力.

4. 质量为 m 的质点, 以不变速率 v 沿图示等边三角形 ABC 的水平光滑轨道运动. 求质点越过角 A 时, 轨道作用于质点冲量的大小.

5. 质量为 m 的质点在 xOy 平面内运动, 其运动方程 $\boldsymbol{r} = a\cos\omega t \boldsymbol{i} + b\sin\omega t \boldsymbol{j}$, 试求: (1)质点的动量; (2)从 $t = 0$ 到 $t = \dfrac{2\pi}{\omega}$ 这段时间内质点受到的合力的冲量;

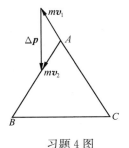

习题 4 图

(3)在上述时间内,质点的动量是否守恒? 为什么?

6. 将一空盒放在台秤盘上,并将台秤的读数调节到零,然后从高出盒底 h 处将石子以每秒 n 个的速率连续注入盒中,每一石子的质量为 m. 假定石子与盒子的碰撞是完全非弹性的,试求石子开始落入盒后 t 秒时,台秤的读数.

7. 一质点的运动轨迹如图所示. 已知质点的质量为 20g,在 A、B 两位置处的速率都是 20m/s,v_A 与 x 轴成 45°角,v_B 与 y 轴垂直,求质点由 A 点运动到 B 点这段时间内,作用在质点上外力的总冲量.

8. 若直升机上升的螺旋桨由两个对称的叶片组成,每一叶片的质量 $m=136$kg,长 $l=3.66$m. 当它的转速 $n=320$r/min 时,求两个叶片根部的张力(设叶片是均匀薄片).

9. 如图所示,一质量为 0.05kg、速率为 10m/s 的钢球,以与钢板法线成 45°角的方向撞击在钢板上,并以相同的速率和角度弹回来,设球与钢板的碰撞时间为 0.05s. 求在此碰撞时间内钢板所受到的平均冲力.

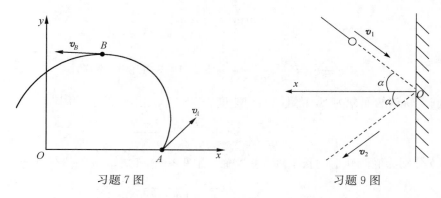

习题 7 图　　　　　　　　　　　　　　习题 9 图

10. 一质量为 10kg 的质点在力 $F=(120\text{N/s})t+40\text{N}$ 的作用下,沿 x 轴作直线运动. 在 $t=0$ 时,质点位于 $x=5.0$m 处,其速度 $v_0=6.0$m/s. 求质点在任意时刻的速度和位置(用动量定理求解).

11. 轻型飞机连同驾驶员总质量为 1.0×10^3kg. 飞机以 55.0m/s 的速率在水平跑道上着陆后,驾驶员开始制动,若阻力与时间成正比,比例系数 $a=5.0\times10^2$N/s,求(1)10s 后飞机的速率;(2)飞机着陆后 10s 内滑行的距离(用动量定理求解).

12. 质量为 m 的质点,当它处在 $\boldsymbol{r}=-2\boldsymbol{i}+4\boldsymbol{j}+6\boldsymbol{k}$ 的位置时,速度 $\boldsymbol{v}=5\boldsymbol{i}+4\boldsymbol{j}+6\boldsymbol{k}$,试求其对原点的角动量.

13. 一质量为 $m=2200$kg 的汽车以 $v=60$km/h 的速率沿一平直公路行驶. 求汽车对公路一侧距公路为 $d=50$m 的一点的角动量是多大? 对公路上任一点的角动量又是多大?

14. 某人造地球卫星的质量为 $m=1802$kg,在离地面 2100km 的高空沿圆形轨道运行. 试求卫星对地心的角动量(地球半径 $R_\text{地}=6.40\times10^6$m).

15. 若将月球轨道视为圆周,其转动周期为 27.3d,求月球对地球中心的角动量及面积速度($m_\text{月}=7.35\times10^{22}$kg,轨道半径 $R=3.84\times10^8$m).

16. 氢原子中的电子以角速度 $\omega=4.13\times10^6$rad/s 在半径 $r=5.3\times10^{-10}$m 的圆形轨道上绕质子转动. 试求电子的轨道角动量,并以普朗克常数 h 表示之($h=6.63\times10^{-34}$J·s).

17. 海王星的轨道运动可看成是匀速率圆周运动,轨道半径约为 $R=5\times10^9$km,绕太阳运行的周期为 $T=165$ 年. 海王星的质量约为 $m=1.0\times10^{26}$kg,试计算海王星对太阳中心的角动量的大小.

18. 如图所示,一半径为 R 的光滑圆环置于竖直平面内,有一质量为 m 的小球穿在圆环上,并可在圆环上滑动,小球开始时静止于圆环上的点 A,然后从点 A 开始滑下,设小球与圆环间的摩擦略去不计,求小球滑到点 B 时对环心 O 的角动量和角速度.

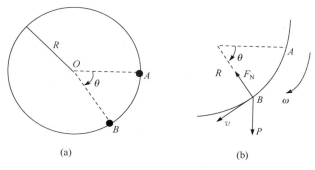

(a)　　　　　　(b)

习题 18 图

19. 如图所示,一质量为 m 的小球被系在轻绳的一端,以角速度 ω_0 在光滑水平面上作半径为 r_0 的圆周运动.若绳的另一端穿过中心小孔后受一铅直向下的拉力,使小球作圆周运动的半径变为 $\frac{r_0}{2}$,试求:
(1) 小球此时的速率;(2) 拉力在此过程中所做的功.

20. 一质量为 m 的质点,系在细绳的一端,绳的另一端固定在平面上.此质点在粗糙水平面上作半径为 r 的圆周运动.设质点的最初速率是 v_0,当它运动一周时,其速率为 $v_0/2$.求:(1)滑动摩擦因数;(2)在静止以前质点运动了多少圈?

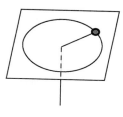

习题 19 图

21. 我国第一颗人造卫星绕地球沿椭圆轨道运动,地球的中心 O 为该轨道的一个焦点,如图所示.已知地球的平均半径 $R=6378\text{km}$,人造卫星距地面最近距离 $l_1=439\text{km}$,最远距离 $l_2=2384\text{km}$.若人造卫星在近地点 A_1 的速度 $v_1=8.10\text{km/s}$,求人造卫星在远地点 A_2 的速度.

22. 如图所示,一质量为 1.0kg 的小球系在长为 1.0m 的细绳下端,绳的上端固定在天花板上.起初把绳子放在与竖直线成 $30°$ 角处,然后放手使小球沿圆弧下落,求绳与竖直线成 $10°$ 角时,小球的速率.

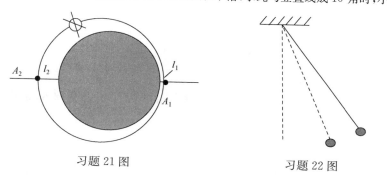

习题 21 图　　　　　习题 22 图

§2.3 动　能

力持续地作用在质点上,力对时间的积累等于质点动量的增量.在力的持续作用下,质点的空间位置发生了移动.力对空间的积累也必将改变质点的运动状态.力对空间的积累与质点运动状态的变化有什么关系呢?

一、功

设质量为 m 的质点沿某一路径 L 由 a 点运动到 b 点. 某时刻 t 质点位于点 M, 所受的合外力为 $\boldsymbol{F}$, 在 t 到 $t+\mathrm{d}t$ 时间内, 质点的位移为 $\mathrm{d}\boldsymbol{r}$, 如图 2-17所示. 在这微小过程中, 力 $\boldsymbol{F}$ 与位移 $\mathrm{d}\boldsymbol{r}$ 的点乘积定义为力 $\boldsymbol{F}$ 对质点做的元功, 即

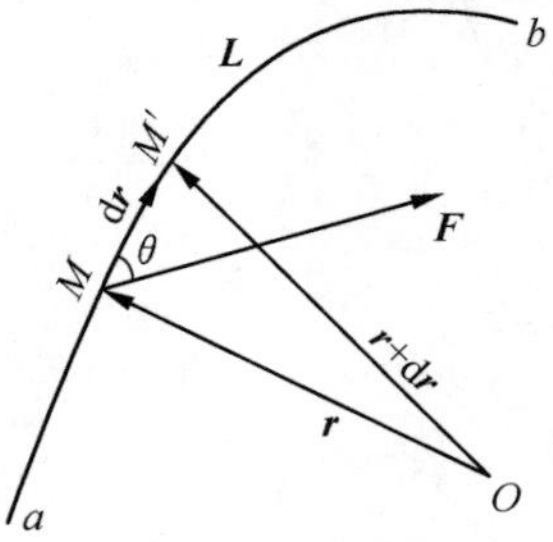

$$\mathrm{d}A = \boldsymbol{F} \cdot \mathrm{d}\boldsymbol{r} \tag{2-36}$$

位移 $\mathrm{d}\boldsymbol{r}$ 的大小等于轨迹上的弧长 $\mathrm{d}S$, $\mathrm{d}\boldsymbol{r}$ 的方向沿过点 M 的轨迹的切线方向, 即沿质点在点 M 的速度 $\boldsymbol{v}$ 的方向, 所以式 (2-36)可写为

图 2-17　力所做的元功

$$\mathrm{d}A = \boldsymbol{F} \cdot \mathrm{d}\boldsymbol{r} = F\cos\theta \mathrm{d}S = F_{\mathrm{t}} \mathrm{d}S \tag{2-37}$$

式中 θ 为力 $\boldsymbol{F}$ 和位移 $\mathrm{d}\boldsymbol{r}$ 之间的夹角, $\mathrm{d}S$ 为弧长, F_{t} 是力 $\boldsymbol{F}$ 沿切线方向的分量.

在由 a 到 b 的有限过程中, 力 $\boldsymbol{F}$ 对质点做的功等于在各微小过程中所做功的代数和, 即

$$A = \int_{a(L)}^{b} \boldsymbol{F} \cdot \mathrm{d}\boldsymbol{r} \tag{2-38}$$

有限过程力 $\boldsymbol{F}$ 对质点做的功等于力 $\boldsymbol{F}$ 沿质点路径 L 的第二类线积分.

由功的定义可知, 功是力对空间的积累, 功是一个标量, 功既和力有关, 也和质点运动的路径有关. 所以, 功和冲量类似, 是过程量.

式(2-36)和式(2-38)中, $\boldsymbol{F}$ 是作用于质点的合力, 若质点受 n 个力 $\boldsymbol{F}_1, \boldsymbol{F}_2, \cdots, \boldsymbol{F}_n$ 作用, 则合力的功

$$A = \int_L \boldsymbol{F} \cdot \mathrm{d}\boldsymbol{r} = \int_L (\boldsymbol{F}_1 + \boldsymbol{F}_2 + \cdots + \boldsymbol{F}_n) \cdot \mathrm{d}\boldsymbol{r}$$

$$= \int_L \boldsymbol{F}_1 \cdot \mathrm{d}\boldsymbol{r} + \int_L \boldsymbol{F}_2 \cdot \mathrm{d}\boldsymbol{r} + \cdots + \int_L \boldsymbol{F}_n \cdot \mathrm{d}\boldsymbol{r} = A_1 + A_2 + \cdots + A_n$$

即合力的功等于各分力功的代数和.

在不同坐标系中, 式(2-38)可以写成不同的形式, 在直角坐标系中, 式(2-38)可以写成

$$A = \int_{a(L)}^{b} \boldsymbol{F} \cdot \mathrm{d}\boldsymbol{r} = \int_{a(L)}^{b} (\boldsymbol{F}_x \mathrm{d}x + \boldsymbol{F}_y \mathrm{d}y + \boldsymbol{F}_z \mathrm{d}z) \tag{2-39}$$

由于功是力沿路径的第二类线积分, 功的数值与曲线路径的方向有关, 沿同一路径不同方向的积分数值相差一个负号.

如果作用于质点上的力是恒力, 并且质点沿直线作方向不变的运动, 则

$$A = \int_L \boldsymbol{F} \cdot \mathrm{d}\boldsymbol{r} = \int_L F\cos\theta \mathrm{d}r = F\cos\theta \int_L \mathrm{d}r = F\cos\theta \Delta S$$

在 SI 中, 功的单位是焦耳(J), $1\mathrm{J} = 1\mathrm{N} \cdot \mathrm{m}$.

二、功率

功对时间的变化率称为功率. 功率常用符号 P 表示,即

$$P = \frac{\mathrm{d}A}{\mathrm{d}t} = \frac{\boldsymbol{F} \cdot \mathrm{d}\boldsymbol{r}}{\mathrm{d}t} = \boldsymbol{F} \cdot \boldsymbol{v} \tag{2-40}$$

功率是表示做功快慢的物理量,功率是导出量,功率的单位是瓦特,用符号 W 表示. $1\mathrm{W} = 1\mathrm{J/s}$.

三、质点的动能定理

质量为 m 的质点在合力 $\boldsymbol{F}$ 的作用下,沿曲线轨迹由 a 点运动到 b 点,设质点在 a 点和 b 点的速率分别为 v_1 和 v_2,由式(2-37)可知,合力 $\boldsymbol{F}$ 的元功为

$$\mathrm{d}A = \boldsymbol{F} \cdot \mathrm{d}\boldsymbol{r} = F_{\mathrm{t}}\mathrm{d}S$$

式中 F_{t} 是合力的切向分量. 由牛顿运动定律

$$F_{\mathrm{t}} = ma_{\mathrm{t}} = m\frac{\mathrm{d}v}{\mathrm{d}t}$$

所以

$$\mathrm{d}A = m\frac{\mathrm{d}v}{\mathrm{d}t}\mathrm{d}S = mv\mathrm{d}v = \mathrm{d}\left(\frac{1}{2}mv^2\right) \tag{2-41a}$$

在质点由 a 运动到 b 点的过程中,合外力做的功

$$A = \int_{a(L)}^{b} \boldsymbol{F} \cdot \mathrm{d}\boldsymbol{r} = \int_{v_1}^{v_2} \mathrm{d}\left(\frac{1}{2}mv^2\right) = \frac{1}{2}mv_2^2 - \frac{1}{2}mv_1^2 \tag{2-41b}$$

式(2-41b)中, $\frac{1}{2}mv_2^2$ 和 $\frac{1}{2}mv_1^2$ 分别是末态和初态的状态量. 式(2-41)表明,合外力对质点做功的结果使状态量 $\frac{1}{2}mv^2$ 产生增量. 对照动量定理,容易看出上述两式的重要性. 所以,定义 $\frac{1}{2}mv^2$ 为质点的动能. 式(2-41)表明,合外力对质点所做的功,等于质点动能的增量. 这个结论称为质点的动能定理.

功是力对空间的积累,产生的效果是使质点的动能产生变化. 反过来讲,功是质点动能变化的量度. 功是过程量,动能定理给出了另一种(与动量定理相比较)过程量与状态量的变化之间的关系. 如果质点的初始状态(动能)已知,任意时刻相对初始时刻质点动能的增量等于合外力做的功. 不必考虑质点速度变化的具体细节,若功比较容易求出,应用动能定理解题相对比较简单.

由于推导过程中应用了牛顿运动定律,牛顿运动定律只适用于惯性系,所以,动能定理也只适用于惯性系.

例题 1 质量为 m、线长为 l 的单摆,可绕点 O 在竖直平面内摆动,如图 2-18 所示. 初始时刻摆线被拉至水平,然后自由放下,求:摆线与水平线成 θ 角时,摆球对点 O 的角动量.

分析　取(小球)质点为研究对象,质点运动过程中运动学状态量的变化遵守牛顿运动定律,所以用牛顿运动定律可求解.

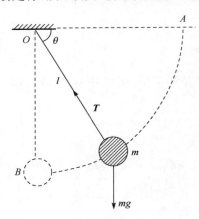

图 2-18　角动量原理用于摆的运动

质点的运动状态可以用动量、角动量和动能描述,质点运动过程中动量、角动量和动能的变化分别遵守动量定理、角动量定理和动能定理. 所以,可以分别根据动量定理、角动量定理和动能定理求解.

质点受重力 mg 和线的拉力 T,如图 2-18 所示.

方法 1　用运动学状态量描述运动状态,根据牛顿运动定律求解.

质点切向的牛顿运动定律

$$mg\cos\theta = m\frac{\mathrm{d}v}{\mathrm{d}t}$$

$$mg\cos\theta = ml\frac{\mathrm{d}\omega}{\mathrm{d}t} = ml\frac{\mathrm{d}\omega}{\mathrm{d}\theta}\frac{\mathrm{d}\theta}{\mathrm{d}t} = ml\omega\frac{\mathrm{d}\omega}{\mathrm{d}\theta}$$

所以

$$\omega\,\mathrm{d}\omega = \frac{g}{l}\cos\theta\mathrm{d}\theta, \quad \int_0^\omega \omega\,\mathrm{d}\omega = \int_0^\theta \frac{g}{l}\cos\theta\mathrm{d}\theta$$

即

$$\frac{1}{2}\omega^2 = \frac{g}{l}\sin\theta, \quad \omega = \sqrt{\frac{2g}{l}\sin\theta}$$

摆线与水平线成 θ 角时球对点 O 的角动量

$$L = ml^2\omega = \sqrt{2m^2 l^3 g\sin\theta}$$

方法 2　用动量表示运动状态,根据动量定理求解.

动量沿圆周的切线方向,合力的切向分量为 $mg\cos\theta$,故动量定理的数学形式为

$$mg\cos\theta\mathrm{d}t = \mathrm{d}(mv) = m\mathrm{d}v$$

上式可变为

$$mg\cos\theta = m\frac{\mathrm{d}v}{\mathrm{d}t}$$

上式与方法 1 中的"质点切向的牛顿运动定律"的数学形式相同,以下解题过程也相同,不再赘述.

方法 3　用角动量描述质点的状态,根据角动量定理求解.

摆线的拉力 T 对点 O 的力矩为零,重力对点 O 产生力矩,其大小为

$$M = mgl\cos\theta$$

重力矩 M 的方向垂直纸面向里,质点角动量的方向垂直纸面向里,由角动量定理

$$\frac{\mathrm{d}L}{\mathrm{d}t} = mgl\cos\theta$$

上式可变为

$$\frac{\mathrm{d}L}{\mathrm{d}t} = \frac{\mathrm{d}\theta}{\mathrm{d}t}\frac{\mathrm{d}L}{\mathrm{d}\theta} = \frac{\omega\mathrm{d}L}{\mathrm{d}\theta} = \frac{L\mathrm{d}L}{ml^2\mathrm{d}\theta} = mgl\cos\theta$$

分离变量,上式可写为

$$LdL=m^2gl^3\cos\theta d\theta$$

应用初始条件,作定积分

$$\int_0^L LdL = \int_0^\theta m^2 gl^3\cos\theta d\theta$$

摆线与水平线成 θ 角时球对点 O 的角动量

$$L=\sqrt{2m^2gl^3\sin\theta}$$

方法 4　用动能描述质点的运动状态,根据动能定理求解.

质点受外力是绳的拉力和重力,摆动过程中只有重力做功,动能的变化遵守动能定理,即

$$mgl\sin\theta=\frac{1}{2}mv^2-0$$

所以

$$v=\sqrt{2gl\sin\theta}$$

小球的角动量

$$L=mvl=ml\sqrt{2gl\sin\theta}=\sqrt{2m^2gl^3\sin\theta}$$

由上面的例题可以看出,质点动力学的问题的解题方法可归纳为:分析所受力,选择状态量,判定其规律,列相应方程.

方法 5(此方法应属质点系)　取小球和地球为研究系统,用机械能描述系统的运动状态. 由于重力是保守内力,张力不做功,所以系统运动过程中机械能守恒. 可根据机械能守恒定律求解.

取初始位置为重力势能的零点,初始位置机械能等于零. 设摆过 θ 角时小球的速度为 v,机械能守恒的表达式为

$$\frac{1}{2}mv^2-mgl\sin\theta=0$$

所以

$$v=\sqrt{2gl\sin\theta}$$

小球的角动量

$$L=mlv=\sqrt{2m^2gl^3\sin\theta}$$

四、保守力

首先讨论几种常见力的功.

1. 弹簧力的功

如图 2-19 所示,设原长为 L_0,劲度系数为 k 的轻弹簧一端固定在 O 点,另一端系一质量为 m 的质点. 质点由位置 A 沿任意路径运动到位置 B. 质点在微小位移 dl 中,弹簧力 F 的元功为

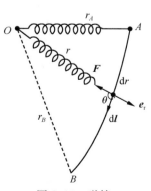

图 2-19　弹簧

$$dA = \boldsymbol{F} \cdot d\boldsymbol{l}$$

设弹簧作用于质点上的力 $\boldsymbol{F}$ 服从胡克定律,即

$$\boldsymbol{F} = -k(r - L_0)\boldsymbol{e}_r$$

式中 r 为质点离开 O 点的距离. 弹簧力的元功为

$$dA = -k(r - L_0)\boldsymbol{e}_r \cdot d\boldsymbol{l} = -k(r - L_0)dr \tag{2-42}$$

所以,质点由 A 点到 B 点的过程中弹簧力的功为

$$A = \int_{r_A}^{r_B} -k(r - L_0)dr = -\frac{1}{2}k[(r_B - L_0)^2 - (r_A - L_0)^2]$$

$$= \frac{1}{2}k[(r_A - L_0)^2 - (r_B - L_0)^2] = \frac{1}{2}k\Delta r_1^2 - \frac{1}{2}k\Delta r_2^2 \tag{2-43}$$

式中 r_A 和 r_B 分别为质点在初位置和末位置离开 O 点的距离,$\Delta r_1 = r_A - L_0$ 和 $\Delta r_2 = r_B - L_0$ 分别表示质点在初位置 A 和末位置 B 时弹簧的形变量. 所以,弹簧力所做的功等于弹簧的劲度系数乘以质点初、末位置时弹簧形变量平方之差的一半.

式(2-43)表明:弹簧力做功只与初、末位置有关,而与质点的具体路径无关. 弹簧的形变量增加时($|\Delta r_2| > |\Delta r_1|$),弹簧力做负功,反之,弹簧的形变量减小时($|\Delta r_1| > |\Delta r_2|$),即在弹簧恢复原长的过程中,弹簧力做正功.

如果弹簧的形变比较大,超过其弹性范围,弹性回复力 F 与形变量 x 不再呈线性关系. 如果回复力 F 随形变的关系用

$$F = -kx - \alpha x^2$$

表示,请读者计算弹性力的功.

2. 重力的功

在地面附近的重力场中,质量为 m 的质点由初始位置 $P_1(x_1, y_1, z_1)$ 沿任意路径运动到末位置 $P_2(x_2, y_2, z_2)$,为了计算在此过程中重力的功. 建立如图 2-20 所示的坐标系.

作用于质点上的重力

$$\boldsymbol{F} = -mg\boldsymbol{k}$$

位移 $d\boldsymbol{l} = dx\boldsymbol{i} + dy\boldsymbol{j} + dz\boldsymbol{k}$. 重力在位移 $d\boldsymbol{l}$ 过程中做的元功

$$dA = \boldsymbol{F} \cdot d\boldsymbol{l} = (-mg\boldsymbol{k}) \cdot (dx\boldsymbol{i} + dy\boldsymbol{j} + dz\boldsymbol{k})$$
$$= -mg\,dz$$

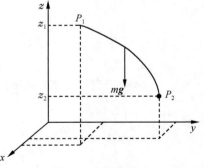

图 2-20　重力的功

由 P_1 到 P_2 重力在有限过程中做的功

$$A = \int_{P_1}^{P_2} dA = \int_{z_1}^{z_2} -mg\,dz = mg(z_1 - z_2) \tag{2-44}$$

所以,重力沿任意路所做的功等于重力乘以始末位置的高度差,即重力的功等于重力乘以质点下降的竖直高度.

式(2-44)表明:重力的功只与始末位置有关,与具体路径无关. 质点下降时重力做正功,质点上升时重力做负功.

3. 万有引力的功

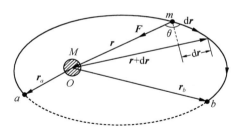

有一质量为 m 的质点位于质量为 M 的质点的引力场中,沿任意路径由 a 点运动到 b 点,如图 2-21 所示.

若 M 远大于 m,可认为质点 M 静止,取质点 M 为参考系,可视为惯性系,取质点 M 的位置为原点 O,m 在某时刻的位矢为 r,万有引力 F 与位移 dr 之间的夹角为 θ,则元功为

图 2-21 万有引力的功

$$dA = F \cdot dr = G_0 \frac{Mm}{r^2}\cos\theta \mid dr \mid$$

由图可知

$$\mid dr \mid \cos\theta = -\mid dr \mid \cos(\pi - \theta) = - dr$$

所以

$$dA = -G_0 \frac{Mm}{r^2}dr$$

质点由 a 点至 b 点万有引力所做的功为

$$A = \int_a^b dA = \int_{r_z}^{r_b} -G_0 \frac{Mm}{r^2}dr = -G_0 mM\left(\frac{1}{r_a} - \frac{1}{r_b}\right) \tag{2-45}$$

由图 2-21 容易看出,如果沿图中虚线进行计算,上述计算过程仍然适用. 所以,万有引力的功只与始末位置有关,与具体的路径无关.

4. 摩擦力的功

一质量为 m 的质点,在固定的粗糙水平面上由初始位置 P_1 沿某一路径 L_1 运动到末位置 P_2,路径长度为 s,如图 2-22 所示. 由于摩擦力的方向总是与速度 v 的方向相反. 所以元功

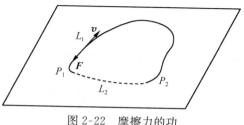

图 2-22 摩擦力的功

$$dA = F \cdot dl = -Fds = -\mu mg\, ds$$

质点由 P_1 点沿 L_1 运动到 P_2 点的过程中,摩擦所做的功为

$$A = \int_{P_1(L_1)}^{P_2} dA = \int_{P_1(L_1)}^{P_2} -\mu mg\, ds = -\mu mgs \tag{2-46}$$

式中 s 为路径 L_1 的长度. 式(2-46)表明,摩擦力的功不仅与始、末位置有关,而且与具体

的路径有关. 容易看出, 若质点由 P_1 沿路径 L_2 运动到 P_2 点, 摩擦力做的功为

$$A' = -\mu m g s'$$

5. 保守力

弹簧力、重力和万有引力的功只与始末位置有关, 而与具体的路径无关, 摩擦力的功不仅与始末位置有关而且还与具体的路径有关. 根据做功是否与具体路径有关, 可以把力分为两类. 做功只与始末位置有关, 而与具体路径无关的力称为保守力. 做功不仅与始末位置有关, 而且与具体路径有关的力称为非保守力. 弹簧力、重力、万有引力都是保守力, 摩擦力是非保守力. 液体和气体中黏滞力、冲力和爆炸力等也是非保守力.

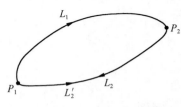

图 2-23　保守力沿闭合路径的功

设力 $\boldsymbol{F}$ 是保守力, L 是空间中任意一个闭合路径, 如图 2-23 所示. 则力 $\boldsymbol{F}$ 沿 L 一周所做的功为

$$A = \oint_L \boldsymbol{F} \cdot \mathrm{d}\boldsymbol{l}$$

在闭合路径 L 上任取两点 P_1 和 P_2, 则 P_1 和 P_2 把 L 分成两部分, 分别称为路径 L_1 和 L_2, 并设由 P_1 经 L_2 到 P_2 的有向路径为 L_2', 如图 2-23 所示. 由保守力做功的特点可知, 力 $\boldsymbol{F}$ 沿 L_1 和 L_2' 由 P_1 点到 P_2 点所做的功相等, 即

$$\int_{P_1(L_1)}^{P_2} \boldsymbol{F} \cdot \mathrm{d}\boldsymbol{l} = \int_{P_1(L_2')}^{P_2} \boldsymbol{F} \cdot \mathrm{d}\boldsymbol{l} \tag{2-47}$$

根据第二类线积分的特点, 矢量沿同一路径不同方向的第二类线积分, 即沿图中 L_2' 和 L_2 的第二类线积分, 其数值差一个负号.

$$\int_{P_1(L_2')}^{P_2} \boldsymbol{F} \cdot \mathrm{d}\boldsymbol{l} = -\int_{P_2(L_2)}^{P_1} \boldsymbol{F} \cdot \mathrm{d}\boldsymbol{l}$$

把上式代入式(2-47)可得

$$\int_{P_1(L_1)}^{P_2} \boldsymbol{F} \cdot \mathrm{d}\boldsymbol{l} = -\int_{P_2(L_2)}^{P_1} \boldsymbol{F} \cdot \mathrm{d}\boldsymbol{l}$$

从而

$$\int_{P_1(L_1)}^{P_2} \boldsymbol{F} \cdot \mathrm{d}\boldsymbol{l} + \int_{P_2(L_2)}^{P_1} \boldsymbol{F} \cdot \mathrm{d}\boldsymbol{l} = 0$$

所以

$$\oint_L \boldsymbol{F} \cdot \mathrm{d}\boldsymbol{l} = 0 \tag{2-48}$$

式(2-48)表明, 保守力沿任意闭合路径一周所做的功为零. 如果一个力沿任意闭合路径一周所做的功为零, 可以证明, 这个力做功只与始末位置有关, 与具体路径无关, 即这个力必定是保守力. 所以, 做功只与始末位置有关, 与具体路径无关, 和沿任意闭合路径一周所做的功为零, 两者是完全等价的.

习　　题

1. 质量为 $m=0.5\mathrm{kg}$ 的质点, 在 xOy 坐标平面内运动, 其运动学方程为 $x=4t$, $y=1.5t^2$ (SI), 求从 $t=1\mathrm{s}$ 到 $t=4\mathrm{s}$ 这段时间内, 外力对质点做的功.

2. 一汽车的速度 $v_0 = 36\text{km/h}$,驶至一斜率为 0.010 的斜坡时,关闭油门.设车与路面间的摩擦阻力为车重 G 的 0.05 倍,问汽车能冲上斜坡多远?

3. 如图所示,一个质量 $m = 2\text{kg}$ 的物体从静止开始,沿四分之一的圆周从 A 滑到 B,已知圆的半径 $R = 4\text{m}$,设物体在 B 处的速度 $v = 6\text{m/s}$,求在下滑过程中,摩擦力所做的功.

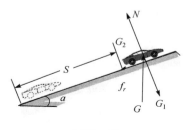

习题 2 图

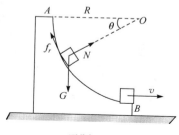

习题 3 图

4. 如图所示,以质量为 m 的小球由足够高的 H 处沿光滑轨道由静止开始滑入环形轨道,则小球在环最低点时环对它的作用力与小球在环最高点时环对它的作用力之差是多少.

5. 如图所示,在水平光滑平面上有一轻弹簧,一端固定,另一端系一质量为 m 的滑块.弹簧原长为 L_0,劲度系数为 k.当 $t = 0$ 时,弹簧长度为 L_0.滑块得一水平速度 v_0,方向与弹簧轴线垂直,t 时刻弹簧长度为 L.求 t 时刻滑块的速度 v 的大小和方向(用 θ 角表示).

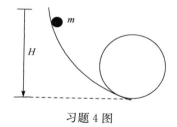

习题 4 图

习题 5 图

6. 质量为 m 的质点开始处于静止状态,在外力 $\boldsymbol{F}$ 的作用下沿直线运动.已知 $F = F_0 \sin\dfrac{2\pi t}{T}$,方向与直线平行.求:(1)在 0 到 $T/2$ 时间内,力 $\boldsymbol{F}$ 冲量的大小;(2)0 到 $T/2$ 时间内,力 $\boldsymbol{F}$ 所做的总功.

7. 角动量为 L,质量为 m 的人造地球卫星,在半径为 r 的圆形轨道上运行,试求其动能.

8. 设地球的质量为 M,万有引力恒量为 G_0,一质量为 m 的宇宙飞船返回地球时,可认为它是在地球引力场中运动(此时飞船的发动机已关闭).求它从距地心 R_1 下降到 R_2 处所增加的动能.

9. 如图所示,一质点在重力作用下,在半径为 R 的光滑球面上的一点 A 由静止开始下滑,在 B 点离开球面.证明:A、B 两点的高度差等于 A 点和球心高度差的 1/3.

10. 物体由静止出发作直线运动,质量为 m,受力 $F = bt$,b 为常量,求在 T 秒内,此力所做的功.

11. 如图所示,一质量为 M 具有半球形凹陷面的物体静止在光滑的水平桌面上,凹陷球面的半径为 R,表面也光滑.今在凹陷面的上缘 B 处放置一质量为 m 的小球,释放后,小球下滑,当小球下滑至最低处 A 时,求物体对小球的作用力?

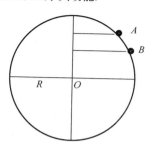

习题 9 图

12. 如图所示,有一质量略去不计的轻弹簧,其一端系在铅直位置 P,另一端系一质量为 m 小球,小球穿过圆环并在圆环上作摩擦可略去不计的运动,设开始时小球静止于点 A,弹簧处于自然状态,其长

度为圆环的半径 R,当小球运动到圆环的底端点 B 时,小球对圆环没有压力,求此弹簧的劲度系数.

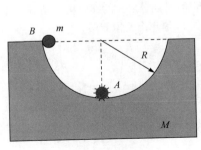

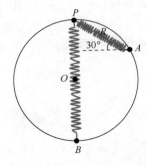

习题 11 图　　　　　　　　　习题 12 图

13. 最初处于静止的质点受到外力的作用,该力的冲量为 4.00kg·m/s. 在同一时间间隔内,该力所做的功为 2.00J,问该质点的质量为多少?

§2.4　非惯性系中的力学问题

在讨论运动学问题时,只要讨论问题方便,参考系的选择是可以任意的. 如图 1-15 所示,设 S' 系相对 S 系速度为 u,则同一质点在 S 系中的速度 v 和在 S' 系中的速度 v' 之间的关系由式(1-47a)表示,即

$$v = v' + u$$

加速度之间的关系由式(1-48)表示,即

$$a = a' + a_{S'S} \tag{2-49}$$

式中 $a_{S'S}$ 是 S' 系相对 S 系的加速度,即

$$a_{S'S} = \frac{\mathrm{d}u}{\mathrm{d}t}$$

S' 系相对 S 系作匀速直线运动或静止时,$a_{S'S} = 0$,则 $a = a'$.

一、非惯性系　惯性力

设 S 系是惯性参考系,质量为 m 的质点受的合力为 F,则质点的运动遵守牛顿第二定律,即

$$F = ma$$

由于力 F 只与质点和施力物体之间的相对位置有关,相对位置与参考系无关. 所以,力与参考系无关,即在 S' 系中观察质点受的合力是 $F' = F$. 质点的质量与参考系无关,在 S' 系中质点的质量 $m' = m$,如果 S' 系相对 S 系的加速度 $a_{S'S} = 0$,即 $a' = a$,则

$$F' = m'a'$$

仍然成立. 这说明,相对惯性系作匀速直线运动或静止的参考系是惯性参考系. 牛顿运动定律仍然成立.

如果 S' 系相对 S 系的加速度 $a_{S'S} \neq 0$,由式(2-49)可知,在 S' 系中质点的加速度是 $a' = a - a_{S'S}$. 则

$$m'\boldsymbol{a}' = m'(\boldsymbol{a} - \boldsymbol{a}_{S'S}) = m'\boldsymbol{a} - m'\boldsymbol{a}_{S'S} = m\boldsymbol{a} - m\boldsymbol{a}_{S'S}$$

注意到 $\boldsymbol{F} = m\boldsymbol{a}$ 和 $\boldsymbol{F}' = \boldsymbol{F}$，上式可变为

$$\boldsymbol{F}' - m\boldsymbol{a}_{S'S} = m\boldsymbol{a}' \tag{2-50}$$

上式说明，在 S' 系中，牛顿第二定律（$\boldsymbol{F}' = m\boldsymbol{a}'$）不再成立. 相对惯性系作加速运动的参考系不是惯性系. S' 系称为非惯性参考系，简称非惯性系.

令 $\boldsymbol{F}_惯 = -m\boldsymbol{a}_{S'S}$，式(2-50)也可以写成

$$\boldsymbol{F} + \boldsymbol{F}_惯 = m\boldsymbol{a}' \tag{2-51}$$

$\boldsymbol{F}_惯$ 称为惯性力. 惯性力的大小等于质点的质量与非惯性系相对于惯性系的加速度的乘积，方向与非惯性系相对惯性系的加速度的方向相反. 式(2-51)说明，在非惯性系中，质点受的实际力 $\boldsymbol{F}$ 与惯性力 $\boldsymbol{F}_惯 = -m\boldsymbol{a}_{S'S}$ 的矢量和等于质点的质量与质点在非惯性系中加速度的乘积. 所以式(2-51)给出了一种在非惯性系中形式上运用牛顿运动定律处理质点动力学问题的方法.

注意，惯性力 $\boldsymbol{F}_惯 = -m\boldsymbol{a}_{S'S}$ 不是实际的力，是为了在非惯性系中能形式上运用牛顿运动定律处理质点动力学问题，而人为假想的力. 实际力既有受力物体，又有施力物体，惯性力只有受力物体，没有施力物体. 惯性力也不遵守牛顿第三定律，即惯性力没有反作用力. 在非惯性系中，惯性力的作用和效果有些情况下是很明显的.

1. 作直线运动的加速参考系中的动力学

首先讨论作直线运动的加速参考系. 如图 2-24 所示，在以恒定加速度 $\boldsymbol{a}$ 直线前进的车厢中，用绳子悬挂一物体. 在地面上的惯性参考系中观察，物体受绳的拉力 $\boldsymbol{T}$ 和重力 $m\boldsymbol{g}$. 绳中张力 $\boldsymbol{T}$ 的竖直分力与物体所受的重力 $m\boldsymbol{g}$ 平衡，张力 $\boldsymbol{T}$ 的水平分力使物体产生加速度 $\boldsymbol{a}$，因而牛顿定律成立.

若在车厢中的参考系（非惯性系）内观察，物体虽受张力和重力的合力不为零，却静止不动，并无加速度，显然牛顿定律不成立. 这时如果在物体上加上一个由该参考系的加速度所决定的惯性力 $\boldsymbol{F}_惯 = -m\boldsymbol{a}$，它正好与绳中张力 $\boldsymbol{T}$ 的水平分量相平衡，车厢参考系内物体的运动形式上又"符合"牛顿定律了.

再来观察在加速运动车厢中，放在光滑桌面上的小球（图 2-25）. 开始时，车厢与小球均静止. 若使车厢以加速度 $\boldsymbol{a}$ 作直线运动，在地面惯性参考系内的观察者看到，小球在水

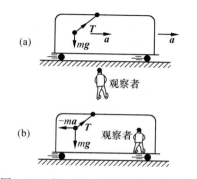

图 2-24　加速运动车厢中悬挂的物体

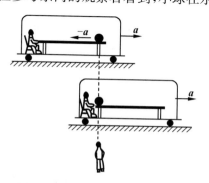

图 2-25　加速运动车厢中的小球

平方向上不受任何力,车厢运动后,小球仍保持原来的位置静止不动.而在车厢参考系中的观察者看来,小球在水平方向上虽不受力,却以加速度 $-a$ 向后运动,所以牛顿定律在车厢参考系内不成立.若在小球上加上一个惯性力 $F_{惯}=-ma$,车厢中小球的运动形式上又"符合"牛顿定律了.

　　由以上讨论可知,在相对于惯性系以加速度 a 运动的非惯性系中,牛顿定律不成立.若仍要用牛顿定律来解决非惯性系中的力学问题,必须在所研究的物体上附加一个由非惯性系的加速度 a 所决定的惯性力 $F_{惯}=-ma$,其中 m 是所研究的物体的质量.这样,在非惯性系中也可以形式上应用牛顿第二定律求解动力学问题.

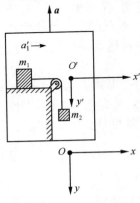

图 2-26　例题 1 用图

　　例题 1　如图 2-26 所示,升降机内的物体 $m_1=1\text{kg}$,$m_2=2\text{kg}$,用跨过定滑轮的轻软细绳联系起来,升降机以加速度 $a=g/2=4.9\text{m/s}^2$ 上升,求:

　　(1) 升降机内观察者看到这两物体的加速度.

　　(2) 升降机外地面上的观察者看到两物体的加速度(忽略滑轮质量和一切摩擦力).

　　解　(1) 取升降机为参考系,升降机是作直线加速运动的非惯性系.在此参考系中利用牛顿定律讨论问题,必须人为附加惯性力.设绳中的张力为 T,建如图所示的坐标系.物体 m_1 只沿 $O'x'$ 方向运动,其动力学方程为

$$T=m_1 a_1'$$

物体 m_2 只沿 $O'y'$ 方向运动,其动力学方程为

$$m_2 g+F_{惯}-T=m_2 a_2'$$

假设连接两物体的轻绳不可伸长,则

$$a_1'=a_2'=a'$$
$$F_{惯}=m_2 a$$

式中 a_1'、a_2'、a' 为物体 m_1 和 m_2 相对升降机的加速度的大小.由以上各式解得

$$a'=\frac{m_2}{m_1+m_2}(g+a)=\frac{2}{1+2}\left(g+\frac{1}{2}g\right)=g$$

　　(2) 在地面参考系中建如图所示的坐标系.物体 m_1 受的重力 $m\boldsymbol{g}$ 沿 y 轴正方向,支持力 N 沿 y 轴负方向,绳的拉力 $\boldsymbol{T}$ 沿 x 轴正方向.其动力学方程为

$$x \text{ 方向}: T=m_1 a_{1x} \tag{1}$$
$$y \text{ 方向}: m_1 g-N=m_1 a_{1y}=m_1 a \tag{2}$$

物体 m_2 受重力 $m_2 g$ 沿 y 轴正方向,绳的张力 $\boldsymbol{T}$ 沿 y 轴负方向,沿 x 轴方向无运动.其动力学方程为

$$m_2 g-T=m_2 a_{2y} \tag{3}$$

根据相对运动,m_2 相对地的加速度 a_{2y} 等于 m_2 相对升降机的加速度 a_{2y}' 与升降机相对地加速度 $-a$ 的叠加,即

$$a_{2y}=a_{2y}'-a$$

同样可以得到 m_1 相对升降机的加速度的 x 分量 a'_{1x} 等于它相对地的加速度的 x 分量,即

$$a'_{1x} = a_{1x}$$

由于轻绳不可伸长,则

$$a'_{1x} = a'_{2y}$$

所以,在数值上有

$$a'_{2y} = a_{1x}$$

从而得到

$$a_{2y} = a_{1x} - a \tag{4}$$

由(1)、(3)、(4)式可解出

$$a_{1x} = g$$
$$a_{2y} = \frac{1}{2}g$$

由(2)式知 $a_{1y} = -a = \frac{1}{2}g$,所以 m_1 对地面参考系的加速度为

$$\boldsymbol{a}_1 = g\boldsymbol{i} - \frac{1}{2}g\boldsymbol{j}$$

其大小为

$$a_1 = \sqrt{g^2 + \frac{1}{4}g^2} = \frac{\sqrt{5}}{2}g$$

上面的例题表明:在涉及非惯性系的问题中,只要加上附加的惯性力,在非惯性系中列动力学方程时比较方便. 因为这样可以避免加速度的叠加. 如果需要求惯性系中的加速度等物理量,可以根据相对运动的结论求解. 例如在上题中,在求出 m_1 和 m_2 相对升降机的加速度 $a' = g$ 后,由相对运动可求出它们相对地面参考系的加速度.

m_2 相对地面参考系的加速度

$$\boldsymbol{a}_{2地} = \boldsymbol{a}_{2机} + \boldsymbol{a}_{机地}$$

式中 $\boldsymbol{a}_{2地}$、$\boldsymbol{a}_{2机}$ 和 $\boldsymbol{a}_{机地}$ 分别是 m_2 相对地面参考系、升降机和升降机相对地的加速度,它们都沿 y 轴正方向,所以

$$a_{2地} = a' - a_{机地} = g - \frac{1}{2}g = \frac{g}{2}$$

m_1 相对地面参考系的加速度

$$\boldsymbol{a}_{1地} = \boldsymbol{a}_{1机} + \boldsymbol{a}_{机地}$$

式中 $\boldsymbol{a}_{1机} = a'_1\boldsymbol{i} = g\boldsymbol{i}$,$\boldsymbol{a}_{机地} = -\frac{1}{2}g\boldsymbol{j}$,所以

$$\boldsymbol{a}_{1地} = g\boldsymbol{i} - \frac{1}{2}g\boldsymbol{j}$$

其大小

$$a_{1地} = \sqrt{g^2 + \left(\frac{1}{2}g\right)^2} = \frac{\sqrt{5}}{2}g$$

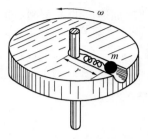

图 2-27 转动平台

2. 匀角速度转动参考系

相对于惯性系转动的参考系,称为转动参考系.图 2-27 所示的以匀角速度 ω 转动的平台就是一个转动参考系.转动参考系是非惯性系.

由于固定于转动参考系上的坐标轴的方向是随时间改变的,而且转动参考系中的不同点具有不同的速度和加速度,所以在转动参考系中引入惯性力比较复杂.故在这里只考虑匀角速度转动的参考系,且只讨论物体相对于该转动参考系静止的情况.

图 2-27 所示的平台以角速度 ω 转动时,弹簧被拉长了.在地面上参考系(惯性系)中观察,小球随平台一起作圆周运动,其向心加速度为 $a = \omega^2 r$,弹簧对小球施加的拉力 $F = m\omega^2 r$,作为向心力,牛顿第二定律成立.若在转动参考系中观察,小球是静止的;小球受的合力是弹簧加的拉力 $F \neq 0$.牛顿运动定律在转动参考系中不成立.为了在转动参考系中应用牛顿第二定律解释这一现象,可以引入惯性力.小球除受指向转轴的弹簧的拉力外,给小球一个附加的、由转轴向外的惯性力 $\boldsymbol{F}_惯 = -m\boldsymbol{a}$,结果使小球静止.这样,牛顿运动定律在转动参考系中形式上成立.由于这个虚拟力 $\boldsymbol{F}_惯$ 是为了在转动参考系中形式上应用牛顿运动定律所附加的,其方向与向心加速度的方向相反,因此常称它为**惯性离心力**.

惯性力是为了在非惯性性中形式上应用牛顿运动定律求解力学问题而附加的.但是惯性力产生的作用是实际存在的.正因为如此,对一个已知质量的物体,根据它所受惯性力的大小,可以推断它所在参考系的加速度.这正是加速度计的基本原理.图 2-28

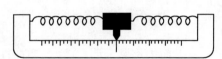

图 2-28 加速度计示意图

是导弹和舰艇的惯性导航系统中安装的加速度计示意图.在一些实际情况中,也能感受到惯性力的存在.例如坐在汽车中的乘客在汽车急转弯时会向道路的外侧倾倒,是由于人受到了惯性离心力的作用.

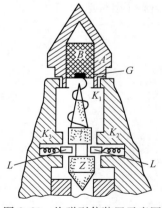

图 2-29 炮弹引信装置示意图
A—弹壳;B—火药;G—雷管;
Z—击针;K_1、K_2、K_3—弹簧;L—离心子

惯性力在技术上有着广泛的应用.炮弹上的惯性引信装置就是应用惯性力的例子.图 2-29 是炮弹惯性引信的示意图.当炮弹静止时,击针座 Z 被弹簧 K_1 顶住,故击针 Z 不会撞击雷管 G 而引爆.为了安全起见,击针座上还安装了离心保险装置.离心子 L 受弹簧 K_2、K_3 的作用将击针 Z 卡住,即使在搬动中炮弹受到撞击,击针 Z 也不会移动而引起自爆.当炮弹发射后,由于炮弹的旋转,离心子 L 受惯性离心力的作用压缩弹簧 K_2、K_3,L 与 Z 脱离接触,解除保险.当炮弹击中目标时,弹体受目标的阻力有一向后的加速度,于是击针座就受一向前的惯性力,急剧压缩弹簧 K_1,使击针与雷管相撞,引起炮弹爆炸.

例题 2 旋转液体表面形状问题.

如图 2-30(a)所示,在一个半径为 R 的圆柱形容器中盛有某种液体. 当液体和容器一起绕轴线以匀角速 ω 旋转时,求液面中央最低点与边缘最高点的高度差.

解 以旋转容器为参考系,建立固定于容器上的坐标系,如图 2-30(b)所示. 在液体表面任一点 (x,y) 处取一小质元 dm. 在此非惯性系观察,dm 受的重力的大小为 $G=dmg$,液体对它的正压力 N 及惯性离心力的大小为 $F_惯=dm\omega^2 x$,$F_惯$ 沿径向向外.

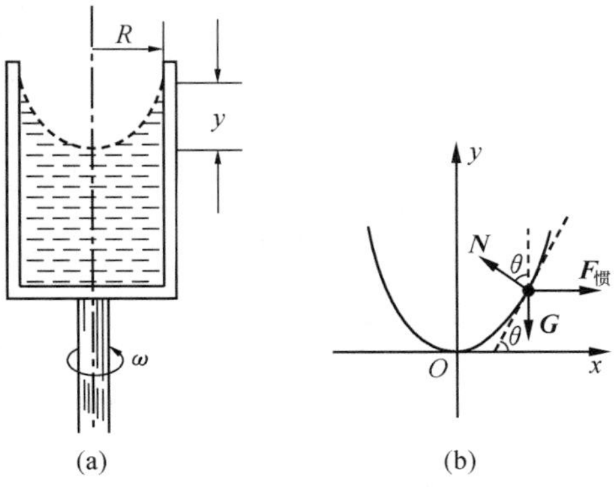

由于在此非惯性系中观察,质元 dm 处于静止状态,因此

$$G+N+F_惯=0$$

即

图 2-30 旋转液面的形状

$$-N\sin\theta+dm\omega^2 x=0$$
$$N\cos\theta-dmg=0$$

由此解得

$$\tan\theta=\frac{\omega^2}{g}x$$

$\tan\theta=\dfrac{dy}{dx}$ 为液面曲线上的 dm 处的斜率,代入上式并作积分,得

$$\int_0^y dy=\int_0^x \frac{\omega^2}{g}x\,dx$$

即

$$y=\frac{\omega^2}{2g}x^2$$

由上式可知,液面与 xy 坐标平面的交线是一条抛物线,液面是一个旋转抛物面. 容器边缘处,$x=R$,故所求液面的高度差

$$H=\frac{\omega^2}{2g}R^2$$

*二、地球自转对物体重量的影响

对于在地面上发生的力学现象,一般是以地面作为参考系,并且认为地面参考系为惯性参考系. 实际上由于地球的公转和自转,严格地说,地面参考系是一个非惯性系. 当精确地研究地面上发生的力学现象时,就必须考虑惯性力的影响. 由于地球公转运动引起的惯性力只是地球自转引起的惯性力的约 1/10,所以一般只考虑地球自转运动对物体产生的惯性力.

通常把地球对其表面附近物体的万有引力叫做重力. 考虑到地球的自转,将地球视为一个匀角速转动的非惯性系,还应该考虑由于地球自转而产生的惯性离心力.实际上重力指的就是地球的万有引力与惯性离心力的合力.

明确了重力的意义之后,就可以讨论重力随地球纬度的变化规律了.

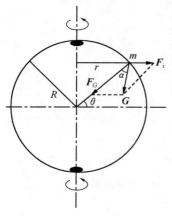

图 2-31　地球自转对物体
重力的影响

如图 2-31 所示,一质量为 m 的物体,静止于纬度为 θ 的地面上.设地球的半径为 R,由于地球的自转,物体绕地球自转轴作半径为 $r=R\cos\theta$ 的圆周运动,其向心加速度

$$a_n = \frac{v^2}{r} = \frac{(2\pi r/T)^2}{r} = \frac{4\pi^2 R}{T^2}\cos\theta$$

式中 T 为地球的自转周期.因此,在地面参考系中,物体受到的惯性离心力的大小为

$$F_i = ma_n = \frac{4\pi^2 R}{T^2}m\cos\theta$$

设地球对物体的万有引力为 F_G,则有

$$F_G = k\frac{Mm}{R^2}$$

式中 M 为地球的质量.由此得物体的重力为

$$\boldsymbol{G} = \boldsymbol{F}_G + \boldsymbol{F}_i = \boldsymbol{F}_G + (-m\boldsymbol{a}_n)$$

G、F_G、F_i 三者的矢量关系如图 2-31 所示.实际上重力 $\boldsymbol{G}$ 并不指向地心,但偏离的角度 α 很小,通常认为重力指向地心.将 $\boldsymbol{F}_i$ 分解为垂直地面的分量 F_{i1} 和平行地面的分量 F_{i2},则 $F_{i1}=F_i\cos\theta$,重力 G 可近似为

$$G \approx F_G - ma_n\cos\theta = m\left(\frac{kM}{R^2} - a_n\cos\theta\right)$$

令

$$g_0 = \frac{kM}{R^2}, \quad a_{n\max} = \frac{4\pi^2 R}{T^2}$$

则在纬度 θ 处的地面上,$a_n = a_{n\max}\cos\theta$,而该处质量为 m 的物体的重力的大小为

$$G = m(g_0 - a_{n\max}\cos^2\theta)$$

由此可知,重力随着物体所在处的纬度的增大而增大.当物体位于南北两极时,$\theta = \frac{\pi}{2}$,$a_n = 0$,$F_i = 0$,重力 $G = mg_0$;而在地球的其他位置,重力 $G < mg_0$;在赤道处,$a_n = a_{n\max}$,G 与 mg_0 相差最大.

*三、科里奥利力

物体相对于匀速转动的参考系运动时,物体除受到与位置有关的、沿径向的惯性离心力作用外,还受到与速度有关的、沿横向的另一种惯性力,称为**科里奥利力**.

如图 2-32 所示,在以 O' 为轴、以匀角速度 ω 转动的圆盘中,质量为 m 的质点,以恒定

的速度 v_r 沿圆盘的半径运动. 在转动参考系 S' 中形式上应用牛顿运动定律判断可知,质点所受合力必定为零. 设某时刻 $t=0$ 时,质点到轴 O' 的距离为 r. 质点所受的惯性离心力为 $m\omega^2 r$,方向沿半径向外,因此必有一个方向沿半径指向 O' 的真实力作用于质点上(假设为弹簧力),两者平衡. 在 Δt 时刻,质点运动的距离 $\Delta r = v_r \Delta t$.

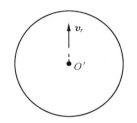 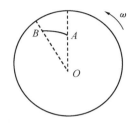

(a) 转动圆盘参考系上质点的运动　　　　　(b) 地面参考系上质点的运动

图 2-32　不同参考系中质点的运动

在地面参考系 S 中,质点除具有径向速度 v_r 外,还有横向速度 $v_\theta = \omega r$,且 v_θ 不断增加. 所以在惯性参考系中质点必有一个横向的加速度,受一个真实横向力,在转动参考系中质点受合力为零,由此可以判定:在转动参考系中除应附加沿径向的惯性离心力外,还应附加一个沿横向的惯性力,由图 2-32 可以判定,这个横向的惯性力应指向 v_r 的右方. 这个惯性力称为科里奥利力.

图 2-33 中 OA 和 OB 分别表示在惯性系中质点在 $t=0$ 和 $t=\Delta t$ 时刻的位置. 显然 $\Delta\theta = \omega\Delta t$. $t=0$ 时刻,质点的径向速度的大小为 v_r,横向速度的大小为 ωr,$t=\Delta t$ 时刻,质点的径向速度大小为 v_r,横向速度大小为 $\omega(r+\Delta r)$. 它们的方向如图 2-33 所示. 在 Δt 时间内,质点横向速度变化的大小为

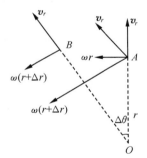

$$\Delta v_\theta = [\omega(r+\Delta r)\cos\Delta\theta + v_r\sin\Delta\theta] - \omega r$$

由于 $\Delta\theta$ 微小,令

$$\cos\Delta\theta = 1, \quad \sin\Delta\theta = \Delta\theta$$

上式变为

图 2-33　惯性系中质点
速度的变化

$$\Delta v_\theta = \omega\Delta r + v_r\Delta\theta$$

横向加速度的大小

$$a_\theta = \omega\frac{\Delta r}{\Delta t} + v_r\frac{\Delta\theta}{\Delta t} = 2\omega v_r$$

质点受的真实横向力为

$$F_\theta = 2m\omega v_r$$

在转动参考系 S' 中,为使质点的运动形式上满足牛顿运动定律,必须附加横向惯性力——科里奥利力,所以科里奥利力的大小

$$F_C = -2m\omega v_r \tag{2-52}$$

在普遍情况,若转动参考系 S' 的角速度为 $\boldsymbol{\omega}$,质点在转动参考系中某时刻相对于转轴上任取的参考点 O 的位置矢量为 $\boldsymbol{r}$,如图 2-34 所示,则质点相对惯性参考系(随转动参考系一起运动)的切向速度 $\boldsymbol{v}_\theta$ 为

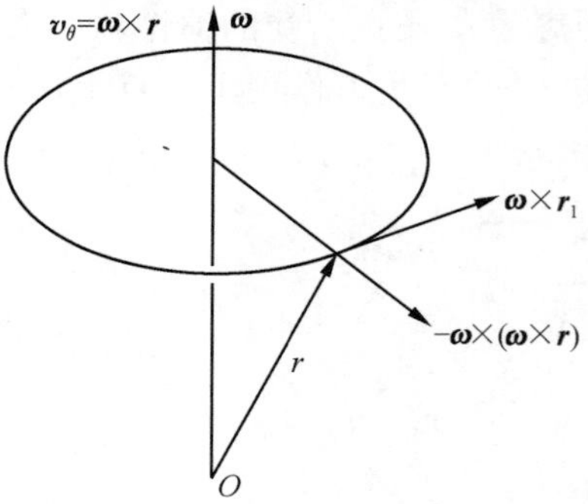

图 2-34　质点转动的切向速度

$$\boldsymbol{v}_\theta = \boldsymbol{\omega} \times \boldsymbol{r}$$

质点的向心加速度为

$$\boldsymbol{a}_n = \boldsymbol{\omega} \times (\boldsymbol{\omega} \times \boldsymbol{r})$$

若质点相对转动参考系的速度为 $\boldsymbol{v}'$,则质点相对惯性系的速度为

$$\boldsymbol{v} = \boldsymbol{v}' + \boldsymbol{\omega} \times \boldsymbol{r} \tag{2-52}$$

若质点相对转动参考系的加速度为 $\boldsymbol{a}'$,则质点相对惯性系的加速度为

$$\boldsymbol{a} = \boldsymbol{a}' + 2\boldsymbol{\omega} \times \boldsymbol{v}' + \boldsymbol{\omega} \times (\boldsymbol{\omega} \times \boldsymbol{r}) \tag{2-53}$$

在惯性系中牛顿第二定律的数学形式为

$$m\boldsymbol{a} = \boldsymbol{F}_合 = m\boldsymbol{a}' + 2m(\boldsymbol{\omega} \times \boldsymbol{v}') + m[\boldsymbol{\omega} \times (\boldsymbol{\omega} \times \boldsymbol{r})] \tag{2-54}$$

所以,在转动参考系中

$$\boldsymbol{F}'_合 = m\boldsymbol{a}' = \boldsymbol{F}_合 - 2m(\boldsymbol{\omega} \times \boldsymbol{v}') - m[\boldsymbol{\omega} \times (\boldsymbol{\omega} \times \boldsymbol{r})] \tag{2-55}$$

式中 $\boldsymbol{F}_合$ 是质点受的真实力的合力,$-m[\boldsymbol{\omega} \times (\boldsymbol{\omega} \times \boldsymbol{r})]$ 是惯性离心力,$-2m(\boldsymbol{\omega} \times \boldsymbol{v}')$ 是科里奥利力.

应用相对运动的知识容易推出式(2-52)和式(2-54),请有兴趣的读者自己完成.

地球是一个转动参考系(忽略地球的公转),地球自转的角速度 $\boldsymbol{\omega}$ 的方向是沿自转轴由南极指向北极,即从北极上方向下看,地球是逆时针转动的. 因此,在地球上运动的物体都会受到科里奥利力的作用. 由于地球自转的角速度 $\omega = \dfrac{2\pi}{24 \times 3600} \approx 7.3 \times 10^{-5}\,\mathrm{rad/s}$,这个数字很小,一般科里奥利力可以忽略不计. 在要求精密的计算中,应考虑科里奥利力的影响. 例如,火炮的远程射击、洲际弹道导弹和人造地球卫星的轨道计算,都应考虑科里奥利力的影响. 北半球河流对右岸的冲刷甚于左岸,是科里奥利力长期作用的结果. 北半球的旋风大多数是逆时针旋转,南半球大多数是顺时针旋转. 这优先的旋转方向是科里奥利力的作用. 浴盆中排出水时出现的逆时针转动的旋涡也是科里奥利的影响. 下面简单讨论两个典型事实.

1. 傅科摆

1851 年法国科学家傅科在巴黎伟人祠大圆屋顶下公开演示的单摆实验称为傅科摆实验. 他把质量为 28kg 的摆球悬挂在 67m 的铁丝下,作成单摆,这个单摆的周期约 17s,以悬挂点正下方那一点为圆心围上了半径 3m 左右的一圈围栏,随着单摆不停地摆动,可以看到摆动平面沿顺时针方向转动. 每摆动一次摆动球在围栏处移 3mm,摆动平面每小时转过 11°多,大约 32 小时转动一周,傅科摆实验证明了地球在转动.

摆动平面为什么会转动呢? 考虑一种特殊情况,如果在北极做傅科摆实验. 在惯性系

中傅科摆的摆动面是不会转动的. 但是, 地球每 24h 逆时针转一周, 对于站在地球上与地球一起转动的观察者, 将看到摆动面沿顺时针方向每 24h 转一周.

如果不是在北极做实验, 而是纬度为 θ 的北半球某地做实验. 摆动面转一周的时间要长一些, 如图 2-35 所示, 设摆球的振幅为 r, 当摆球静止于 A 点时, 把摆球沿南北方向推开, 摆球开始振动. 设地球的半径为 R, 以 A 点为圆心, 作半径为 r 的圆. 圆的最北端离地球自转轴距离比较近, 相对惯性系的线速度比较小, 圆的最南端离地球自转轴的距离比较远, 相对惯性系的线速度比较大, A 点到地球自转轴的距离为 $r\cos\theta$. 圆的最南端和最北端离地球自转轴的距离分别为 $R\cos\theta + r\sin\theta$ 和 $R\cos\theta - r\sin\theta$. 圆心 A、圆上最南端和最北端相对惯性系的线速度分别为

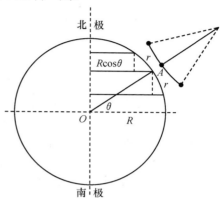

图 2-35 傅科摆

$$v_A = \omega R\cos\theta$$
$$v_N = \omega R\cos\theta - \omega r\sin\theta$$
$$v_S = \omega R\cos\theta + \omega r\sin\theta$$

式中 ω 是地球自转的角速度, v_N 和 v_S 与 v_A 的差都是

$$\Delta v = \omega r\sin\theta$$

如果假设圆上各点的 Δv 都相等, 则圆相对惯性系转一周的时间为

$$T(\theta) = \frac{2\pi r}{\omega r\sin\theta} = \frac{2\pi}{\omega\sin\theta}$$

由于 $\omega = \dfrac{2\pi}{24\ \text{小时}}$, 所以

$$T(\theta) = \frac{24}{\sin\theta}\ \text{小时}$$

对于和地球一起转动的观察者看到的是摆动面的转动, 摆动面转动一周的时间是

$$T(\theta) = \frac{24}{\sin\theta}\ \text{小时} \tag{2-56}$$

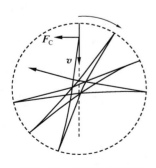

图 2-36 傅科摆的轨迹

在赤道上, $\theta = 0$, $T(0)$ 为无穷大, 表明赤道上摆动面不转动. 在北极 $\theta = \dfrac{\pi}{2}$, $T\left(\dfrac{\pi}{2}\right) = 24$ 小时, 与前面分析结果相同. 在北京, $\theta = 40°$, $T(40°) \approx 37.34$ 小时. 在巴黎 $\theta = 48°51'$, $T(48°51') \approx 31.9$ 小时.

图 2-36 是北半球傅科摆摆动平面转动的示意图, 关于傅科摆运动方程的详细数学处理请参考一般的理论力学教科书.

2. 落体偏东

物体从高处 A 点由静止自由下落,只要它具有了速度,它就要受科里奥利力

$$\boldsymbol{F}_C = -\,2m\boldsymbol{\omega} \times \boldsymbol{v} \tag{2-57}$$

其大小为

$$F_C = 2m\omega v \sin(90° + \theta) = 2mv\cos\theta$$

质点的速度 v 在地轴和 AO 确定的平面 AON 内,O 是地球中心,N 是地球的北极,如图 2-37(a)所示,由式(2-57)可知,科里奥利力 $\boldsymbol{F}_C$ 垂直平面 AON,结合图 2-37(a)可以看出,$\boldsymbol{F}_C$ 指向当地的东方. 在铅垂线 AB 和当地向东的方向组成的平面内建如图 2-37(b)所示的坐标系,质点在任意时刻 t(开始下落时取 $t=0$)的速度不完全是铅直向下的,但向东的速度很小,可取质点铅直下落的速度作为近似值

$$v = gt \tag{2-58}$$

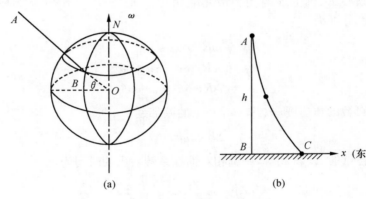

(a)　　　　　　　　　(b)

图 2-37　落体偏东

质点的"动力学方程"在 x 方向的分量式为

$$m\frac{\mathrm{d}^2 x}{\mathrm{d}t^2} = 2m\omega v\cos\theta \tag{2-59}$$

式中 θ 是当地的纬度. 把式(2-58)代入式(2-59)得到

$$\frac{\mathrm{d}^2 x}{\mathrm{d}t^2} = 2\omega g\cos\theta t \tag{2-60}$$

考虑到 $t=0$ 时,$\dfrac{\mathrm{d}x}{\mathrm{d}t}=0$,$x=0$,对上式积分两次得到

$$x = \frac{1}{3}\omega g t^3 \cos\theta \tag{2-61}$$

若物体下落的高度为 h,则有 $t=(2h/g)^{\frac{1}{2}}$,把这一结论代入式(2-61)可得

$$x = \frac{2\sqrt{2}}{3\sqrt{g}}\omega\cos\theta h^{\frac{3}{2}} \tag{2-62}$$

取 $\omega = \dfrac{2\pi}{24 \times 3600} \approx 7 \times 10^{-5}\,\mathrm{s}^{-1}$，则落体偏东的数值

$$x = 2 \times 10^{-5} h^{\frac{3}{2}} \cos\theta$$

例如,在纬度 45° 处从 50m 高处落下,偏东的数值约为 5mm,在赤道处偏东的数值最大,约为 7mm,可见落体偏东效应很小.

习　题

1. 一质量为 60kg 的人,站在电梯中的磅秤上,当电梯以 0.5m/s² 的加速度匀加速上升时,磅秤上指示的读数是多少? 试用惯性力的方法求解.

2. 如图所示的三棱柱以加速度 a 沿水平面向左运动.它的斜面是光滑的,若质量为 m 的物体恰能静止于斜面上,求物体对三棱柱的压力.

3. 动力摆可用来测定车辆的加速度,在如图所示的车辆内,一根质量可略去不计的细棒,其一端固定在车辆的顶端,另一端系一小球,当列车以加速度 a 行驶时,细杆偏离竖直线成 α 角,试求加速度 a 与摆角 α 间的关系.

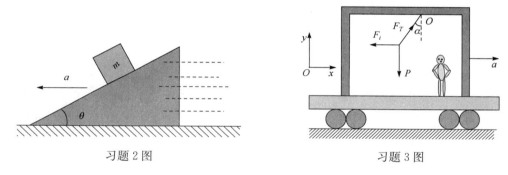

习题 2 图　　　　　　　　　　　　　　　习题 3 图

4. 质量为 M 的滑块,倾角为 60°,斜边长为 L,如图所示,滑块在光滑水平面上.斜面顶端有一质量为 m 的光滑小球由静止开始自由下滑,求小球滑到底端所需要的时间.

5. 一个水平的木制圆盘绕其中心竖直轴匀速转动.在盘上离中心 $r = 20\mathrm{cm}$ 处放一小铁块,如果铁块与木板间的静摩擦系数 $\mu = 0.4$,求圆盘转速增大到多少时,铁块开始在圆盘上移动?

6. 在天花板比地板高出 2.0m 的实验火车的车厢里,悬挂着长为 1.0m 的细线,细线下端连着一个小球,火车缓慢加速且加速度逐渐增加.问:

(1) 若加速度达到 10m/s²,细线恰好被拉断,则细线能承受的最大拉力为小球重量的多少倍?

(2) 若从细线被拉断的时刻起,火车的加速度保持不变,则小球落地点与悬挂点之间的水平距离是多少?

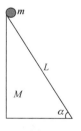

习题 4 图

本 章 小 结

一、牛顿运动定律

(1) 牛顿第一定律;(2) 牛顿第二定律,$\boldsymbol{F} = \dfrac{\mathrm{d}\boldsymbol{p}}{\mathrm{d}t}$;(3) 牛顿第三定律,$\boldsymbol{F}_{12} = -\boldsymbol{F}_{21}$

二、万有引力定律

$$\boldsymbol{F}_{12} = -G\frac{m_1 m_2}{r^2}\boldsymbol{e}_{12}$$

三、描述质点运动状态的动力学量及其变化规律

1. 动量

动量的定义 $\boldsymbol{p} = m\boldsymbol{v}$

动量定理 $\boldsymbol{F} = \dfrac{\mathrm{d}\boldsymbol{p}}{\mathrm{d}t}$, $\boldsymbol{F}\mathrm{d}t = \mathrm{d}\boldsymbol{p}$, $\boldsymbol{I} = \displaystyle\int_{t_1}^{t_2}\boldsymbol{F}\mathrm{d}t = \boldsymbol{p}_2 - \boldsymbol{p}_1$

2. 角动量

角动量的定义 $\boldsymbol{L} = \boldsymbol{r}\times\boldsymbol{p} = \boldsymbol{r}\times m\boldsymbol{v}$

角动量定理 $\boldsymbol{M} = \dfrac{\mathrm{d}\boldsymbol{L}}{\mathrm{d}t}$,   力矩 $\boldsymbol{M} = \boldsymbol{r}\times\boldsymbol{F}$

$$\boldsymbol{M}\mathrm{d}t = \mathrm{d}\boldsymbol{L},\quad \int_{t_1}^{t_2}\boldsymbol{M}\mathrm{d}t = \boldsymbol{L}_2 - \boldsymbol{L}_1$$

角动量守恒定律:$\boldsymbol{M} = 0$ 时,$\boldsymbol{L} =$ 恒量.
注意:参考点的限制和状态量的条件.

3. 动能

动能的定义 $E_k = \dfrac{1}{2}mv^2$

功 $\mathrm{d}A = \boldsymbol{F}\cdot\mathrm{d}\boldsymbol{r}$, $A = \displaystyle\int_{r_1}^{r_2}\boldsymbol{F}\cdot\mathrm{d}\boldsymbol{r}$

动能定理 $\mathrm{d}A = \mathrm{d}\left(\dfrac{1}{2}mv^2\right)$, $A = \dfrac{1}{2}mv_2^2 - \dfrac{1}{2}mv_1^2$

四、非惯性系   惯性力

惯性系:能够使牛顿第一定律成立的参考系. 实验证明,日心参考系是足够精确的惯性系.

非惯性系:相对惯性系有加速度的参考系.

1. 作匀加速直线运动的参考系

惯性力 $\boldsymbol{F}' = -m\boldsymbol{a}$

2. 作匀角速度转动的参考系

(1) 静止物体,惯性离心力 $\boldsymbol{F}' = -m\boldsymbol{a}_n$

(2) 运动物体,惯性离心力 $\boldsymbol{F}' = -m\boldsymbol{a}_n$,科里奥利力 $\boldsymbol{F}_C = 2m\boldsymbol{v}\times\boldsymbol{\omega}$

第三章　质点系动力学

一、理论体系及研究思路

　　研究对象是质点系,研究内容是质点的动力学规律.研究思路:定义描述质点系运动状态的状态量,推导出质点系的运动状态变化时,状态量的变化遵守的规律.

　　已经有的理论基础:牛顿运动定律和万有引力定律,质点的动量定理,质点的角动量定理和质点的动能定理.

　　1. 质点系和质心

　　(1) 质点系的定义:质点系 $= \sum\limits_{i=1}^{n}$ 质点$_i$. 两个或两个以上的质点组成的系统称为质点系.把 n 个质点加起来的总和就是质点系.质点系的特点:所有内力的矢量和等于零;所有内力矩的矢量和等于零;所有内力的功的代数和不一定等于零.

　　(2) 给质点系选一个代表——质心.

　　选取原则

$$r_c = \frac{\sum\limits_{i=1}^{n} m_i r_i}{m}, \quad r_c = \frac{\int r \mathrm{d}m}{m}$$

式中 $m = \sum\limits_{i=1}^{n} m_i$. 质心是一个空间点的位置.质心也是一个质点,其质量等于质点系的总质量.写出各质点的牛顿运动定律的方程式,**按照质点系的定义方式**,把这些方程式相加,可得到质心运动定理.质心还是一个参考系.

　　之所以按上述原则选取质心,是因为这样选的质心有很好的性质.

　　2. 定义描述质点系动力学特征的状态量

　　按照质点系的定义方式定义描述质点系动力学特征的状态量.质点系的动量:$p = \sum\limits_{i=1}^{n} p_i$. 质点系的角动量:$L = \sum\limits_{i=1}^{n} L_i$. 质点系的动能:$E_k = \sum\limits_{i=1}^{n} E_{ki} = \sum\limits_{i=1}^{n} \frac{1}{2} m_i v_i^2$.

定义质点系的势能和机械能.

　　3. 推导质点系的动力学规律

　　按照质点系的定义方式推导质点系的运动状态变化时状态量变化遵守的规律:质点系的动量定理、质点系的角动量定理、质点系的动能定理.把势能和机械能的概念应用于质点系的动能定理,质点系的动能定理变为功能原理.在动量定理、角动量定理和功能原理的基础上容易得到三个守恒定律.

二、理论的应用

学习过本章内容后,动力学问题可以有灵活的解题思路和方法.

如果逐个分析各个质点可以用质点动力学的理论求解. 如果同时分析几个质点组成的质点系的运动可以用质点系动力学的理论求解. 质点系有不同的选取方法.

把问题涉及的运动过程分成几个阶段,在各个阶段中选择质点或质点系作为研究对象. 选择不同的状态量描述研究对象,分析其受力、力矩及其做功特点,判断在该阶段状态量的变化遵守的规律,列出状态量的变化遵守规律的方程式,求解这些方程组成的方程组,问题即可求解. 有时会出现方程个数少于未知数个数的情况,这时要补充必要的关联方程.

解题时,在各个阶段恰当地选择系统和状态量会使解题过程更简单.

正确、顺利地用数学方法表示运动状态或所求量等常常是解题难点.

三、自然规律描述方法的选择

客观规律是事物运动过程中固有的、本质的、必然的、稳定的联系. 定律是客观规律的描述方法,方法都是人为的,规律的描述(定律)是人为的. 任何一种能反映规律本质的描述都是正确的描述方法. 不同描述具有不同的优点,或从不同的侧面反映客观规律. 反映规律的本质更深刻的描述方法是更好的描述方法.

碰撞是一类物理现象,其规律是客观的. 牛顿碰撞定律是碰撞现象的客观规律的一种描述方法. 碰撞定律的核心是恢复系数的定义. 恢复系数定义为

$$e = \frac{v_2 - v_1}{v_{10} - v_{20}}$$

即碰撞质点的分离速度与接近速度的比. 按照"反映规律的本质更深刻的描述方法是更好的描述方法"的选取原则,上述定义恢复系数的方法并不是最好的. 通过定义"恢复系数"的原则和各种可能定义,及其优缺点的分析,体现了科学研究的思想方法. 这种思想方法是优秀科学理论工作者和优秀工程技术工作者必须具备的.

§3.1　质　　心

一、内力　外力

设由 n 个质点组成的系统称为质点系. 设各质点的质量分别为 $m_1, m_2, \cdots, m_i, \cdots,$

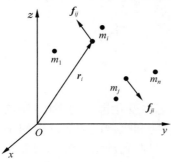

图 3-1　质点系

m_n,位置矢量分别为 $r_1, r_2, \cdots, r_i, \cdots, r_n$,如图 3-1 所示. 系统内各质点受到系统外质点或物体的作用力称为外力. 系统内各质点之间的相互作用力称为内力. 设系统内第 i 个质点受到第 j 个质点的作用力为 f_{ij},根据牛顿第三定律,第 j 个质点必定受到第 i 个质点的作用力 f_{ji},并且 $f_{ij} = -f_{ji}$,即

$$f_{ij} + f_{ji} = 0$$

由于内力总是这样成对出现的,且每一对内力的矢

量和为零,所以,质点系内各质点之间相互作用力的矢量和为零,即

$$\sum_{i \neq j} \boldsymbol{f}_{ij} = 0 \tag{3-1}$$

应该注意:质点系中任意一个质点,例如,第 i 个质点受的系统内其他质点作用力的矢量和不一定为零,即

$$\boldsymbol{f}_{ij} = \sum_{\substack{j \\ j \neq i}} \boldsymbol{f}_{ij}$$

不一定为零.

质点系内各质点受的外力 $\boldsymbol{F}_i$ 的矢量和称为质点系受的合外力,即

$$\boldsymbol{F} = \sum_{i=1}^{N} \boldsymbol{F}_i \tag{3-2}$$

二、质心

对于上述质点系,根据各质点的位置和质量按下式可以确定一个点的位置矢量

$$\boldsymbol{r}_c = \frac{\sum\limits_i m_i \boldsymbol{r}_i}{\sum\limits_i m_i} = \frac{\sum\limits_i m_i \boldsymbol{r}_i}{m} \tag{3-3a}$$

这个点称为系统的质心. $\boldsymbol{r}_c$ 称为质心的位置矢量. 式中 $m = \sum\limits_i^n m_i$ 是系统的总质量. 由式(3-3a) 可以看出,质心的位置矢量是系统各质点的位置矢量以其质量为权重的加权平均值,即质心是质点系的"质量中心".

质心的位矢的表达式(3-3a)可以写成分量形式,在直角坐标系中有

$$x_c = \frac{\sum\limits_i^n m_i x_i}{m}$$

$$y_c = \frac{\sum\limits_i^n m_i y_i}{m} \tag{3-4a}$$

$$z_c = \frac{\sum\limits_i^n m_i z_i}{m}$$

对于质量连续分布的物体,式(3-3a)和式(3-4a)应变为积分

$$\boldsymbol{r}_c = \frac{\int \boldsymbol{r} \rho \, dV}{\int \rho \, dV} \tag{3-3b}$$

和

$$x_c = \frac{\int x \rho \, dV}{\int \rho \, dV}, \quad y_c = \frac{\int y \rho \, dV}{\int \rho \, dV}, \quad z_c = \frac{\int z \rho \, dV}{\int \rho \, dV} \tag{3-4b}$$

应该注意：质心相对于质点系各质点的位置与坐标原点的选取无关．对于对称的物体，其质心在几何对称中心．

式(3-3a)可写为

$$m\boldsymbol{r}_c = \sum_i m_i \boldsymbol{r}_i$$

上式两边对时间 t 求导数得

$$m\frac{\mathrm{d}\boldsymbol{r}_c}{\mathrm{d}t} = \sum_i m_i \frac{\mathrm{d}\boldsymbol{r}_i}{\mathrm{d}t}$$

即

$$m\boldsymbol{v}_c = \sum_i m_i \boldsymbol{v}_i \tag{3-5}$$

式(3-5)中 $\sum_i m_i \boldsymbol{v}_i$ 是质点系中各质点的动量的矢量和，称为质点系的动量．式(3-5)表明，如果把质心作为一个质点，其质量等于质点系的总质量（这个质点仍称为质心），则质心的动量 $\boldsymbol{p}=m\boldsymbol{v}_c$ 等于质点系的动量，即

$$\boldsymbol{p}_c = \sum_i \boldsymbol{p}_i = \sum_i m_i \boldsymbol{v}_i \tag{3-6}$$

可见，按上述定义质心，质心的质量等于质点系的总质量，质心的动量等于质点系的动量，所以质心可以作为质点系的代表．

在不同参考系中，每个质点的动量以及质点系的动量是不同的．设质点系中第 i 个质点在 S 系中的位置矢量为 $\boldsymbol{r}_i$，在 S' 系中的位置矢量为 $\boldsymbol{r}_i'$，S' 系在 S 系中的位置矢量为 $\boldsymbol{r}_{S'S}$．由相对运动的结论有

$$\boldsymbol{r}_i = \boldsymbol{r}_i' + \boldsymbol{r}_{S'S}$$

上式两边对时间 t 求导数得

$$\frac{\mathrm{d}\boldsymbol{r}_i}{\mathrm{d}t} = \frac{\mathrm{d}\boldsymbol{r}_i'}{\mathrm{d}t} + \frac{\mathrm{d}\boldsymbol{r}_{S'S}}{\mathrm{d}t}$$

即

$$\boldsymbol{v}_i = \boldsymbol{v}_i' + \boldsymbol{v}_{S'S} \tag{3-7}$$

若 S' 系就是质心参考系，则上式是

$$\boldsymbol{v}_i = \boldsymbol{v}_i' + \boldsymbol{v}_c \tag{3-8}$$

上式两边都乘以第 i 个质点的质量 m_i，得

$$m_i\boldsymbol{v}_i = m_i\boldsymbol{v}_i' + m_i\boldsymbol{v}_c$$

上式对质点系中每个质点都适用，把质点系中每个质点对应的上式相加，即

$$\sum_i m_i\boldsymbol{v}_i = \sum_i m_i\boldsymbol{v}_i' + \sum_i m_i\boldsymbol{v}_c = \sum_i m_i\boldsymbol{v}_i' + m\boldsymbol{v}_c$$

考虑到式(3-5)，所以

$$\sum_i m_i \boldsymbol{v}'_i = 0 \tag{3-9}$$

式(3-9)表明,质点系相对质心参考系的总动量为零,或者说,质心参考系是质点系的零动量参考系,也称为动量中心系.

例题　地球的质量 $M_E = 5.98 \times 10^{24}\,\text{kg}$,半径是 $R_E = 6.37 \times 10^6\,\text{m}$,月球的质量 $M_M = 7.35 \times 10^{22}\,\text{kg}$,半径 $R_M = 1.74 \times 10^6\,\text{m}$. 地月中心的距离 $d = 3.84 \times 10^8\,\text{m}$. 求地月系统的质心的位置.

解　把地球和月球都当成质点,取地球中心为原点,地月中心连线为 x 轴. 设质心到地球中心的距离为 x,由式(3-4a)

$$x = \frac{M_E \times 0 + M_M d}{M_E + M_M} = \frac{7.35 \times 10^{22} \times 3.84 \times 10^8}{5.98 \times 10^{24} + 7.35 \times 10^{22}} \approx 4.67 \times 10^6\,(\text{m})$$

$$\frac{x}{R_E} = \frac{4.67 \times 10^6}{6.37 \times 10^6} = 0.73 \approx \frac{3}{4}$$

地月系统的质心在地球内,距地心 $4.67 \times 10^6\,\text{m}$,约为 $\frac{3}{4}$ 个地球半径处.

三、质心运动定理

在惯性系中,设质点系中第 i 个质点所受的外力为 $\boldsymbol{F}_i$,所受内力的矢量和为 $\boldsymbol{f}_i$,$\boldsymbol{f}_i = \sum\limits_{\substack{j \\ i \neq j}} \boldsymbol{f}_{ij}$,第 i 个质点的牛顿运动定律为

$$\boldsymbol{F}_i + \boldsymbol{f}_i = m_i \frac{\mathrm{d}^2 \boldsymbol{r}_i}{\mathrm{d}t^2}$$

上式对质点系中每个质点都适用,对上式求和

$$\sum \boldsymbol{F}_i + \sum \boldsymbol{f}_i = \sum \left(m_i \frac{\mathrm{d}^2 \boldsymbol{r}_i}{\mathrm{d}t^2} \right) = \frac{\mathrm{d}^2}{\mathrm{d}t^2} \left(\sum m_i \boldsymbol{r}_i \right) = m \frac{\mathrm{d}^2}{\mathrm{d}t} \left[\frac{\sum m_i \boldsymbol{r}_i}{m} \right]$$

考虑到内力的矢量和 $\sum \boldsymbol{f}_i = 0$,$\dfrac{\sum m_i \boldsymbol{r}_i}{m} = \boldsymbol{r}_c$,则

$$\sum \boldsymbol{F}_i = \boldsymbol{F} = m \frac{\mathrm{d}^2 \boldsymbol{r}_c}{\mathrm{d}t^2} = m \boldsymbol{a}_c \tag{3-10}$$

式中 $\boldsymbol{a}_c = \dfrac{\mathrm{d}^2 \boldsymbol{r}_c}{\mathrm{d}t^2}$ 是质心的加速度. 上式称为质心运动定理.

上式表明,把质点系中各质点受到的外力平移到质心上. 质心的运动与在 $F_外$ 作用下质量为系统总质量 m 的质点的运动相同. 也就是说,质心在动力学上是整个质点系的代表. 刚体、柔体或者是爆炸以后形成的碎片都可以取为质点系,质心运动定理都成立. 内力对质心的运动不起作用. 在很多实际问题中,要研究清楚系统中每一个质点的运动常常是不必要或不可能的,只要研究清楚质心的运动规律,对系统的运动就有了确定的或大致的了解. 由此可知引入质心概念的必要性.

质心运动定理表明,在惯性系中,当合外力为零时,质心的加速度为零,此时质心参考系是惯性参考系,否则质心参考系是非惯性系.这时在质心参考系求解动力学问题时,要附加惯性力.

习　　题

1. 求半圆形的均匀薄板的质心.

2. 水分子的结构如图所示,两个氢原子与氧原子的中心距离都是 0.958Å,它们与氧原子中心的连线的夹角为 $105°$,求水分子的质心.

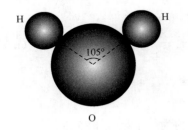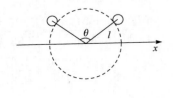

习题 2 图

3. 三个质点组成的系统,其中 $m_1 = 4\text{kg}$,坐标为 $(1,3)$;$m_2 = 8\text{kg}$,坐标为 $(4,1)$;$m_3 = 4\text{kg}$,坐标为 $(-2,2)$(SI).设它们分别受力 $F_1 = 14\text{N}$,沿 x 方向;$F_2 = 16\text{N}$,沿 y 方向;$F_3 = 6\text{N}$,沿负 x 方向.质点间无相互作用力,求:(1)开始时质心的坐标;(2)质心的加速度.

4. 如图所示,浮吊的质量 $M = 20\text{t}$,从岸上吊起 $m = 2\text{t}$ 的重物后,再将吊杆与竖直方向的夹角 θ 由 $60°$ 转到 $30°$,设杆长 $l = 8\text{m}$,水的阻力与杆重略而不计,求浮吊在水平方向上移动的距离.

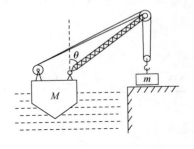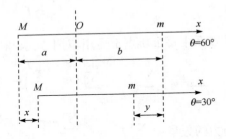

习题 4 图

5. 质量为 m_1 和 m_2 的两个穿冰刀的小孩,如图所示,在光滑水平冰面上用绳彼此拉对方.开始时静止,相距为 l.问他们将在何处相遇?

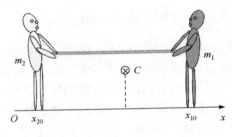

习题 5 图

6. 求腰长为 a 的等腰直角三角形均匀薄板的质心位置.

7. 质量为 $m_1 = 50\text{kg}$ 的人站在一条质量为 $m_2 = 350\text{kg}$, 长为 $L = 5.6\text{m}$ 的船头, 开始时船静止. 忽略水的阻力, 试求当人走到船尾时船移动的距离.

8. 两个质点 P 与 Q 最初相距 1.0m, 都处于静止状态, P 的质量为 0.1kg, 而 Q 的质量为 0.3kg, P 与 Q 以 $1.0 \times 10^{-2}\text{N}$ 的恒力相互吸引.

(1) 假设没有外力作用于该系统上, 试描述系统质心的运动.

(2) 在距离质点 P 的最初位置多远处, 两质点将相互碰撞?

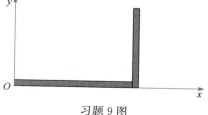

9. 如图所示, 长为 63cm 的均匀细棒, 弯成直角形状, 一段长为 36cm, 另一段长为 27cm, 试求它质心的位置.

习题 9 图

§3.2　动量守恒定律

一、质点系的动力学方程

在如图 3-1 所示的质点系中, 设第 i 个质点受到的内力的矢量和为 $\boldsymbol{f}_i$, 所受的外力为 $\boldsymbol{F}_i$, 则第 i 个质点的动力学方程为

$$\boldsymbol{F}_i + \boldsymbol{f}_i = \frac{\mathrm{d}\boldsymbol{p}_i}{\mathrm{d}t} \tag{3-11}$$

列出质点系中各质点类似上式的动力学方程, 并把各方程相加, 即对式(3-11)求和

$$\sum \boldsymbol{F}_i + \sum \boldsymbol{f}_i = \sum \left(\frac{\mathrm{d}\boldsymbol{p}_i}{\mathrm{d}t}\right) = \frac{\mathrm{d}}{\mathrm{d}t}\left(\sum \boldsymbol{p}_i\right)$$

式中 $\boldsymbol{F} = \sum \boldsymbol{F}_i$ 是系统所受的合外力, $\sum \boldsymbol{f}_i = 0$, $\boldsymbol{p} = \sum \boldsymbol{p}_i$ 是质点系的动量, 则上式可写成

$$\boldsymbol{F} = \frac{\mathrm{d}\boldsymbol{p}}{\mathrm{d}t} \tag{3-12}$$

式(3-12)称为质点系的动力学方程. 它表明, 质点系所受的合外力, 等于质点系动量的时间变化率. 内力对质点系的动量没有影响.

由式(3-11)和式(3-12)可以看出, 内力可以改变质点系中各个质点的动量. 例如, 把静止的炸弹取为一个系统, 火药的爆炸是内力, 炸弹爆炸时, 内力改变了各质点的动量. 但是爆炸力对所有质点的动量改变(或增量)的总和为零.

二、质点系的动量定理

将式(3-12)改写成

$$\boldsymbol{F}\mathrm{d}t = \mathrm{d}\boldsymbol{p} \tag{3-13}$$

令式中 $\mathrm{d}\boldsymbol{I} = \boldsymbol{F}\mathrm{d}t$, 称为合外力 $\boldsymbol{F}$ 在 $\mathrm{d}t$ 时间内的冲量, $\mathrm{d}\boldsymbol{p}$ 是质点系的动量在 $\mathrm{d}t$ 时间内的增

量. 如果合外力在有限时间 $\Delta t = t_2 - t_1$ 内,持续地作用在质点系上,则

$$\int_{t_1}^{t_2} \boldsymbol{F} \mathrm{d}t = \int_{\boldsymbol{p}_1}^{\boldsymbol{p}_2} \mathrm{d}\boldsymbol{p}$$

即

$$\boldsymbol{I} = \int_{t_1}^{t_2} \boldsymbol{F} \mathrm{d}t = \boldsymbol{p}_2 - \boldsymbol{p}_1 = \Delta \boldsymbol{p} \qquad (3\text{-}14)$$

式中 $\boldsymbol{I} = \int_{t_1}^{t_2} \boldsymbol{F} \mathrm{d}t$ 称为合外力在时间 $\Delta t = t_2 - t_1$ 内的冲量. 式(3-13) 和式(3-14) 分别称为质点系动量定理的微分形式和积分形式. 它们表明,质点系所受合外力的冲量等于质点系动量的增量. 这个结论称为质点系的动量定理. 质点系的动量定理给出了合外力对时间的积累与它产生的效果之间的关系.

三、动量守恒定律

由质点系的动力学方程

$$\boldsymbol{F} = \frac{\mathrm{d}\boldsymbol{p}}{\mathrm{d}t}$$

可以得到,当 $\boldsymbol{F} = 0$ 时

$$\boldsymbol{p} = \sum_i \boldsymbol{p}_i = 恒量 \qquad (3\text{-}15)$$

式(3-15)表明,当质点系所受的合外力等于零时,质点系的动量保持不变. 这个结论称为动量守恒定律.

应该注意:

(1) 当合外力 $\boldsymbol{F} = 0$ 时,质点系的动量保持不变. 但是,由于质点系内各质点之间的相互作用,各质点的动量可以随时间变化,但总动量不变. 或者说,内力的作用是在保持系统总动量不变的条件下,系统内各质点的动量重新分配.

(2) 动量和力都是矢量,动量守恒条件和结论的表达式是矢量式. 它在直角坐标系中的三个分量式为

$$当 F_x = 0 时, \quad p_x = \sum_i p_{xi} = 恒量$$

$$当 F_y = 0 时, \quad p_y = \sum_i p_{yi} = 恒量$$

$$当 F_z = 0 时, \quad p_z = \sum_i p_{zi} = 恒量$$

当 $\boldsymbol{F} \neq 0$ 时,系统的动量 $\boldsymbol{p} = \sum_i \boldsymbol{p}_i \neq$ 恒量. 但是,合力的某一个分量等于零时,系统的动量沿该方向的分量守恒.

(3) 动量守恒条件是合外力 $\boldsymbol{F} = 0$,但是,在系统相互作用的过程中,当系统相互作用的内力远大于外力时,并且过程非常短,外力的冲量非常小,系统动量的变化就非常小,如果可以忽略,动量近似守恒. 例如,碰撞过程、打击过程、爆炸过程可以应用动量守恒定律,

求出近似结果.

（4）动量守恒定律是由牛顿运动定律推导来的,动量守恒定律只适用于惯性系.

（5）尽管动量守恒定律是由牛顿运动定律推导来的,近代物理的大量实验证明,在原子核等微观领域,牛顿运动定律不再适用,但是动量守恒定律仍然适用.

例题 1 人在跳跃时都本能地弯曲关节,以减轻与地面的撞击力.设想有人双腿绷直地从高处跳向地面,试讨论将会发生什么情况?

解 假定人的质量为 M,从高 h 处跳向地面,并假定他在与地面碰撞期间,其重心下移了一个距离 s.碰撞的平均力为

$$\overline{F} = \frac{Mv_0}{t}$$

式中 t 为碰撞时间,v_0 是人落地时的速率.假定他与地面接触后匀减速地趋于静止,则碰撞时间 t 由 $v_0 = 2s/t$ 给出,即

$$t = \frac{2s}{v_0}$$

所以平均冲力为

$$\overline{F} = \frac{Mv_0^2}{2s}$$

而

$$v_0^2 = 2gh$$

所以

$$\overline{F} = Mg\,\frac{h}{s}$$

如果人的双腿绷直跳向地面,则他的重心在碰撞过程中不会下移太大.设人从 2m 高处跳下,重心下移 1cm,则冲力可达其体重 Mg 的 200 倍.设人的体重为 70kg,此时平均冲力

$$\overline{F} = 70 \times 9.8 \times 200 = 1.37 \times 10^5 (\text{N})$$

此时可能发生骨折.那么骨折出现在哪里的可能性最大呢? 如果在人体内作一系列的水平面,则在不同的水平面以上的质量随高度而减小,故脚上受力最大.这样,折断的将是踝骨,而绝不是颈部.

当然,没有人会做这种鲁莽的刚性跳跃.当人们撞击地面时,都会本能地弯曲关节,使之得到缓冲,若重心降了 50cm,则冲力只有所计算的 1/50,因而就没有骨折的危险了.

例题 2 质量为 M、仰角为 α 的炮车发射了一枚质量为 m 的炮弹.炮弹出口时相对炮车的速率为 u_0,如图 3-2 所示.若不计地面摩擦,求

（1）炮弹出口时炮车的速率;

（2）发射炮弹过程中炮车移动的距离(炮膛长为 L).

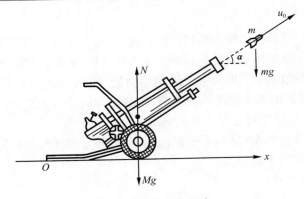

图 3-2　炮车的反冲

解　(1) 选取炮车与炮弹为系统,受外力为重力和地面支持力.由于这些力都沿竖直方向,水平方向上的合外力为零.在水平面内取水平方向为 x 轴,因此,系统动量的 x 分量守恒.

设炮弹出口时相对地面的水平分速度为 v_x,炮身的反冲速度为 v'_x,对地面参考系,则有

$$Mv'_x + mv_x = 0 \tag{1}$$

由速度叠加原理可得

$$\boldsymbol{v}_{弹对地} = \boldsymbol{v}_{弹对炮} + \boldsymbol{v}_{炮对地}$$

上式在 x 方向的分量为

$$v_x = u_0 \cos\alpha + v'_x \tag{2}$$

将式(2)代入式(1),得

$$Mv'_x + m(u_0 \cos\alpha + v'_x) = 0$$

由此可解得

$$v'_x = -\frac{m}{M+m}u_0\cos\alpha$$

式中负号表明炮车速度的方向沿 x 轴负向,即发射炮弹时,炮身因反冲后退.

(2) 若以 $u(t)$ 表示炮弹发射过程中任一时刻炮弹相对炮车的速率,则该时刻炮车的速率应为

$$v'_x(t) = -\frac{m}{M+m}u(t)\cos\alpha$$

设炮弹在炮膛内运动的时间为 t_1,在 t_1 内炮车沿水平路面的位移应为

$$s = \int_0^{t_1} v'_x(t)\,\mathrm{d}t = -\frac{m}{M+m}\int_0^{t_1}u(t)\cos\alpha\,\mathrm{d}t = -\frac{m}{M+m}L\cos\alpha$$

负号表示炮车沿 x 轴负方向后退.

例题 3 如图 3-3 所示,一辆装煤车以 $v=3\mathrm{m/s}$ 的速率从煤斗下面通过,每秒钟落入车厢的煤为 $\Delta m=500\mathrm{kg}$. 如果使车厢的速率保持不变,应用多大的牵引力拉车厢?(车厢与钢轨间的摩擦力忽略不计.)

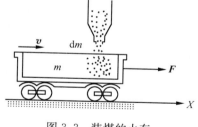

图 3-3 装煤的火车

解 以 m 表示在时刻 t 煤车和已经落进煤车的煤的总质量,此后 $\mathrm{d}t$ 时间内又有质量为 $\mathrm{d}m$ 的煤落入车厢. 取 m 和 $\mathrm{d}m$ 为研究的系统(质点系),则这一系统在时刻 t 的水平总动量为

$$mv + \mathrm{d}m \cdot 0 = mv$$

在时刻 $t+\mathrm{d}t$ 的水平总动量为

$$mv + \mathrm{d}mv = (m+\mathrm{d}m)v$$

在 $\mathrm{d}t$ 时间内水平总动量的增量为

$$\mathrm{d}p = (m+\mathrm{d}m)v - mv = \mathrm{d}mv$$

此系统所受的水平外力为牵引力 F,由动量定理,有

$$F\mathrm{d}t = \mathrm{d}p = \mathrm{d}mv$$

由此得

$$F = \frac{\mathrm{d}m}{\mathrm{d}t}v$$

将 $\dfrac{\mathrm{d}m}{\mathrm{d}t}=500\mathrm{kg/s}$,$v=3\mathrm{m/s}$ 值代入得

$$F = 500\mathrm{kg/s} \times 3\mathrm{m/s} = 1.5 \times 10^3\,\mathrm{N}$$

例题 4 水平光滑铁轨上有一车,长度为 l,质量为 m_2,车的一端有一人(包括旱冰鞋)质量为 m_1,人和车静止不动. 当人从车的一端滑到另一端时,人、车相对地面各移动了多少距离?

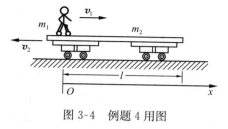

图 3-4 例题 4 用图

解 方法 1 以人、车为系统,在水平方向不受外力作用,所以,系统水平方向的动量守恒. 建立如图 3-4 所示的坐标系,v_1、$-v_2$ 分别表示人和车相对于地的速度,

$$m_1 v_1 - m_2 v_2 = 0 \quad \text{或} \quad v_2 = \frac{m_1}{m_2}v_1$$

人相对车的速度

$$u = v_1 + v_2 = \frac{m_1 + m_2}{m_2}v_1$$

设人在时间 t 内从车的一端滑到另一端,则有

$$l = \int_0^t u\,\mathrm{d}t = \int_0^t \frac{m_1 + m_2}{m_2} v_1\,\mathrm{d}t = \frac{m_1 + m_2}{m_2} \int_0^t v_1\,\mathrm{d}t$$

在这段时间内,人相对于地面的位移是 $x_1 = \int_0^t v_1\,\mathrm{d}t$,即

$$x_1 = \frac{m_2}{m_1 + m_2} l$$

小车相对地面的位移是

$$x_2 = -l + x_1 = -\frac{m_1}{m_1 + m_2} l$$

方法 2　由于系统受合力为零,初始时刻系统静止,根据质心运动定理,在系统运动过程中,质心静止不动.

设初始时刻车的质心坐标为 x_{20},则系统质心的位置坐标为

$$\frac{m_1 \times 0 + m_2 x_{20}}{m_1 + m_2} = \frac{m_2 x_{20}}{m_1 + m_2}$$

设当人相对车滑动 l 时,车的质心坐标为 x_2,车对地的位移为 $x_2 - x_{20}$,则人相对地面位移(也是坐标)为 $l + x_2 - x_{20}$,系统的质心坐标为

$$\frac{m_1(l + x_2 - x_{20}) + m_2 x_2}{m_1 + m_2}$$

因质心静止不动,所以

$$\frac{m_1(l + x_2 - x_{20}) + m_2 x_2}{m_1 + m_2} = \frac{m_2 x_{20}}{m_1 + m_2}$$

即

$$m_1(l + x_2 - x_{20}) + m_2 x_2 = m_2 x_{20}, \quad (m_1 + m_2)(x_2 - x_{20}) = -m_1 l$$

由此可得车对地移动的距离为

$$x_2 - x_{20} = -\frac{m_1 l}{m_1 + m_2} \quad (\text{负号表示向左移动})$$

人相对地面移动的距离为

$$l + x_2 - x_{20} = l - \frac{m_1 l}{m_1 + m_2} = \frac{m_2 l}{m_1 + m_2}$$

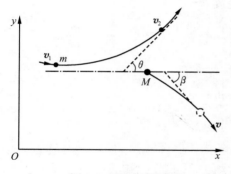

图 3-5　粒子的散射

例题 5　一 α 粒子被一静止的氧原子核散射的过程如图 3-5 所示.实验测出 α 粒子被散射后沿着与入射方向成 $\theta = 72°$ 角的方向运动,而氧原子核沿与 α 粒子入射方向成 $\beta = 41°$ 角的方向反冲,求散射前后 α 粒子的速率比.

解　选取 α 粒子和氧原子核为质点系统.由于散射仅有内力作用,系统的动量守恒.设 α 粒子的质量为 m,散射前后的速率分别为 v_1 和 v_2;氧核的质量为 M,散射前静止,散射后的速率为 v.建立如

图所示的坐标系,根据动量守恒的分量式可得

$$x \text{ 方向：} \quad mv_2\cos\theta + Mv\cos\beta = mv_1$$
$$y \text{ 方向：} \quad mv_2\sin\theta - Mv\sin\beta = 0$$

联立求解可得

$$v_1 = v_2\cos\theta + \frac{v_2\sin\theta}{\sin\beta}\cos\beta = \frac{v_2}{\sin\beta}\sin(\theta+\beta)$$

故有

$$\frac{v_2}{v_1} = \frac{\sin\beta}{\sin(\theta+\beta)} = \frac{\sin41°}{\sin(72°+41°)} = 0.71$$

* 火箭的发射

有质量流动的质点系,如例题 3 所示的用漏斗加料的货车,采煤用的水枪,从斜坡上滚下的质量越来越大的雪球等属于有质量流动的变质量系统问题. 火箭的发射是典型的变质量系统的动力学问题. 求解变质量系统的动力学问题,可应用在一段微小时间 dt 内质点系的动量定理,从而得到系统的动力学方程后,再进行求解.

火箭是一种利用燃料燃烧后喷出的气体产生反冲推力的发动机. 它自带燃料和助燃剂,因而可以在宇宙空间任何地方飞行. 火箭炮和各种各样的导弹都是由火箭发动机提供动力的. 空间技术的发展更是以火箭技术为基础的. 各种人造地球卫星、宇宙飞船和空间探测器都是靠火箭送上天的.

把火箭体和燃料作为研究的系统,如图 3-6 所示. 设作用于该系统上的外力为 $\boldsymbol{F}$,它应与其动量的变化率 $\dfrac{d\boldsymbol{p}}{dt}$ 相等. 设时刻 t 的系统如图 3-6(a)所示. t 到 $t+dt$ 时间内,消耗了质量为 dm 的燃料和助燃剂,形成的气体以相对火箭的速度 u 排出. 排气速率 u 取决于燃料的性质、发动机的节流器等,与火箭的速度无关.

图 3-6(b)为系统在时刻 $t+dt$ 的情况. 由于系统是由 dm 加上火箭其他部分的质量 M 组成的,故其总质量为 $M+dm$. 设火箭在时刻 t 的速度为 $\boldsymbol{v}(t)$,而在 $t+dt$ 时刻的速度为 $\boldsymbol{v}+d\boldsymbol{v}$,则系统的初动量为

$$\boldsymbol{p}(t) = (M+dm)\boldsymbol{v}$$

末动量为

$$\boldsymbol{p}(t+dt) = M(\boldsymbol{v}+d\boldsymbol{v}) + dm(\boldsymbol{v}+d\boldsymbol{v}+\boldsymbol{u})$$

式中的速度都是相对地面惯性系而言的. $\boldsymbol{u}$ 的正方向与 $\boldsymbol{v}$ 的正方向取为一致,在绝大多数的火箭运行中,$\boldsymbol{u}$ 的方向与 $\boldsymbol{v}$ 的方向相反,是负值.

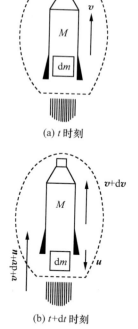

(a) t 时刻

(b) $t+dt$ 时刻

图 3-6　火箭的飞行原理

在 Δt 时间内系统动量的增量为

$$\mathrm{d}\boldsymbol{p} = \boldsymbol{p}(t+\mathrm{d}t) - \boldsymbol{p}(t) = M\mathrm{d}\boldsymbol{v} + \mathrm{d}m\boldsymbol{u} + \mathrm{d}m\mathrm{d}\boldsymbol{v}$$

略去了二阶无穷小量 $\mathrm{d}m\mathrm{d}\boldsymbol{v}$,故有

$$\frac{\mathrm{d}\boldsymbol{p}}{\mathrm{d}t} = M\frac{\mathrm{d}\boldsymbol{v}}{\mathrm{d}t} + \boldsymbol{u}\frac{\mathrm{d}m}{\mathrm{d}t} \tag{3-16}$$

式中 $\dfrac{\mathrm{d}m}{\mathrm{d}t}$ 是单位时间排出气体的质量. 由于这个质量来自火箭,则有

$$\frac{\mathrm{d}m}{\mathrm{d}t} = -\frac{\mathrm{d}M}{\mathrm{d}t}$$

把它代入式(3-16),并注意到外力等于 $\dfrac{\mathrm{d}\boldsymbol{p}}{\mathrm{d}t}$,于是便得到火箭运动的基本方程.

$$\boldsymbol{F} = M\frac{\mathrm{d}\boldsymbol{v}}{\mathrm{d}t} = \boldsymbol{u}\frac{\mathrm{d}M}{\mathrm{d}t} \tag{3-17}$$

根据式(3-17),可分别讨论引力场中火箭的运动和自由空间中火箭的运动情况.

若火箭在地球的引力场中飞行,系统所受的引力 $\boldsymbol{F} = M\boldsymbol{g}$,则式(3-17)变为

$$M\boldsymbol{g} = M\frac{\mathrm{d}\boldsymbol{v}}{\mathrm{d}t} - \boldsymbol{u}\frac{\mathrm{d}M}{\mathrm{d}t} \tag{3-18}$$

设时刻 t_0 火箭的质量为 M_0,速度为 $\boldsymbol{v}_0$,时刻 t 火箭的质量为 M,速度为 $\boldsymbol{v}$. 对上式作定积分,可得

$$\boldsymbol{v} = \boldsymbol{v}_0 + \boldsymbol{u}\ln\left(\frac{M}{M_0}\right) + \boldsymbol{g}(t-t_0) \tag{3-19}$$

若火箭由地面起飞,取 $t_0 = 0$,$\boldsymbol{v}_0 = 0$,并取速度向上为正,将式(3-19)写为标量式,则有

$$v = -u\ln\left(\frac{M}{M_0}\right) - gt \tag{3-20}$$

由上式可知,要使火箭得到较大的速度,应尽力促使燃料快速燃烧,燃烧时间愈短,则速度愈大. 这就是为什么在发射大型火箭时能够观察到那种壮观景象的原因.

若火箭飞行在无外力作用的自由空间,则 $\boldsymbol{F} = 0$,由式(3-17)可得

$$M\frac{\mathrm{d}\boldsymbol{v}}{\mathrm{d}t} = \boldsymbol{u}\frac{\mathrm{d}M}{\mathrm{d}t}$$

或

$$\mathrm{d}\boldsymbol{v} = \frac{\boldsymbol{u}}{M}\mathrm{d}M \tag{3-21}$$

设时刻 t_0 火箭的质量为 M_0,速度为 $\boldsymbol{v}_0$,时刻 t 火箭的质量为 M,速度为 $\boldsymbol{v}$,对上式作定积分

$$\int_{v_0}^{v} \mathrm{d}\boldsymbol{v} = \int_{M_0}^{M} \frac{\boldsymbol{u}}{M}\mathrm{d}M$$

可得

$$\boldsymbol{v} = \boldsymbol{v}_0 - \boldsymbol{u}\ln\left(\frac{M_0}{M}\right) \tag{3-22}$$

若取 $\boldsymbol{v}_0 = 0$,速度向上的方向为正,将式(3-22)写成标量式,可得火箭的末速为

$$v = u\ln\left(\frac{M_0}{M}\right) \tag{3-23}$$

上式称为齐奥科夫斯基公式,它表明,自由空间飞行火箭的末速与燃料燃烧的情况无关. 影响末速的重要因素是排气速率 $\boldsymbol{u}$,初始质量与最后质量的比值. 这就与引力场中的情况 完全不同了.

下面讨论喷射气体对火箭体推动力的影响. 如果以喷出的气体 $\mathrm{d}m$ 为系统,它在时间 $\mathrm{d}t$ 内的动量变化率为

$$\frac{\mathrm{d}\boldsymbol{p}}{\mathrm{d}t} = \frac{\mathrm{d}m[(\boldsymbol{v}+\boldsymbol{u})-\boldsymbol{v}]}{\mathrm{d}t} = \boldsymbol{u}\frac{\mathrm{d}m}{\mathrm{d}t}$$

这就是喷射气体受到的外力,即喷出气体受火箭体的推力. 再由牛顿第三定律,可得喷射 气体对火箭体的推力 $\boldsymbol{F}$ 与此力大小相等、方向相反,即

$$\boldsymbol{F} = -\boldsymbol{u}\frac{\mathrm{d}m}{\mathrm{d}t} \tag{3-24}$$

此式表明,火箭发动机的推动力与喷射气体的速度 $\boldsymbol{u}$ 方向相反,大小与燃料的燃烧速率 $\left(\dfrac{\mathrm{d}m}{\mathrm{d}t}\right)$ 以及喷射气体的相对速率 $\boldsymbol{u}$ 成正比.

只有一个发动机的火箭叫单级火箭. 为了把人造 卫星、宇宙飞船等航天器送上天,单级火箭的能力有 限,难以完成任务. 为此,人们制造了由若干单级火箭 串联形成的多级火箭(图 3-7). 发射时,第一级火箭点 火,火箭立即开始加速上升. 第一级燃料燃烧完后,这 一级就自动脱落,以便增大此后火箭的质量变比 $\dfrac{M_0}{M}$.

然后第二级点火,火箭继续加速上升……这样一级一级 地使火箭的有效载荷——航天器加速而最后达到所需 要的速度. 设各级火箭工作时的相对喷气速率为 u_1, $u_2,\cdots,u_n$,质量变比分别为 $N_1,N_2,\cdots,N_n$,由式(3-23) 可得多级火箭燃烧之后,航天器最终获得的速率为

$$\begin{aligned} v &= v_1 + v_2 + \cdots + v_n \\ &= u_1\ln N_1 + u_2\ln N_2 + \cdots + u_n\ln N_n \end{aligned}$$

图 3-7 搭载神舟七号飞船的 长征二号 F 火箭发射升空

由于技术上的原因,多级火箭一般设计成三级.例如,美国发射"阿波罗"登月飞船的"土星五号"火箭,末速的理论值为 28km/s.

我国是火箭的故乡,南宋时就发明了"起火",明代又发明了"多箭头"的火箭及二级火箭.目前,我国的火箭技术已达世界先进水平.2008 年 9 月 25 日 21 时 10 分,搭载着我国将进行太空行走的航天员乘坐的神舟七号飞船的长征二号 F 型运载火箭发射升空.长征二号 F 火箭全长 58.3m,起飞重量 479.8t.可把飞船送入 200~450km 的近地轨道.

例题 6　一火箭的初始质量为 m_0,末质量为 m,$m_0/m=5$,燃料耗尽时间为 70s.每秒喷射气体的质量为 m_0 的百分之一,喷气相对火箭的速率为 2500m/s.求

（1）火箭由地面开始发射时的加速度；

（2）燃料耗尽后速度的大小.

解　（1）$u=2500\text{m/s}$,　$\dfrac{\mathrm{d}m}{\mathrm{d}t}=0.01m_0$

由式(3-18)可得火箭开始发射时的加速度

$$a=\frac{\mathrm{d}v}{\mathrm{d}t}=\frac{u}{m_0}\frac{\mathrm{d}m}{\mathrm{d}t}-g=\frac{2500}{m_0}\times0.01m_0-9.8=15.2(\text{m/s}^2)$$

（2）已知 $m_0/m=5$,　$v_0=0$,　$t=70\text{s}$.由式(3-20)可得燃料耗尽时的末速为

$$v=u\ln\left(\frac{m_0}{m}\right)-gt=2500\times\ln5-9.8\times70=3338(\text{m/s})$$

习　　题

1. 质量为 M 的平板车,在水平地面上无摩擦地运动.若有 N 个人,质量均为 m,站在车上.开始时车以速度 v_0 向右运动,后来人相对于车以速度 u 向左快跑.试证明:(1)N 个人一同跳离车以后,车速为

$$v=v_0+\frac{Nmu}{M+Nm}$$

（2）车上 N 个人均以相对于车的速度 u 向左相继跳离,N 个人均跳离后,车速为

$$v'=v_0+\frac{mu}{M+Nm}+\frac{mu}{M+(N-1)m}+\cdots+\frac{mu}{M+m}$$

2. 一球追上一质量等于它的 2 倍、速率等于它的 1/7 的另一个球,发生正碰,它们的恢复系数为 3/4.证明在碰撞后,该球的速度为零.

3. 质量为 m 的人在质量为 M、长为 L 的平板车上从一端走到另一端,求平板车在水平地面上运动的距离.设平板车与地面之间的摩擦可忽略不计.

4. 虽然一个细微粒子撞击一个巨大物体上的力是局部而短暂的脉冲,但大量粒子撞击在物体上产生的平均效果是个均匀而持续的压力.为了简化问题,假设粒子流中每个粒子的速度都与物体的界面(壁)垂直,并且速率也相同,皆为 v,每个粒子的质量为 m,数密度(单位体积内的粒子数)为 n.求下列两种情况下壁面受到的压强:

（1）粒子陷入壁面；

（2）粒子完全弹回.

5. 质量为 70kg 的渔民站在质量为 130kg 的船上,人、船都静止.若渔民在船上向船头走了 4m 后停止,试问:以岸为参考系,渔民和船各走了多远.

6. 三只质量均为 M 的小船以相同的速率 v 鱼贯而行,中间那只船上以水平速度 u(相对于船)把两个质量均为 m 的物体抛到前后两只船上. 求此后三只船的速率.

7. 初始质量为 M_0 的火箭,在地面附近空间以相对于火箭的速率 u 垂直向下喷射高温气体,每秒钟消耗的燃料量 $|\mathrm{d}m/\mathrm{d}t|$ 为常量 C. 设初速度为零,试求火箭上升速度与时间的函数关系.

8. 质量为 m 的铁块静止在质量为 m_0 的劈尖上,劈尖本身静止在水平桌面上,劈尖与水平桌面之间的夹角为 α,设所有接触面都是光滑的. 当铁块位于高出桌面 h 处时,这个铁块劈尖系统由静止开始运动. 当铁块落到桌面时,劈尖的速度有多大?

9. 两只质量均为 M 的冰船,静止放在光滑的冰面上. 一个质量为 m 的人自第一只船跳入第二只船,并且立即自第二只船跳回到第一只船. 设所有的运动都在同一条直线上,求两船最后的速度比.

§3.3　角动量守恒定律

一、质点系的角动量

质点系中各质点对同一参考点的角动量的矢量和称为质点系的角动量. 如图 3-1 所示的质点系,设某时刻各质点的动量分别为 $\boldsymbol{p}_1,\boldsymbol{p}_2,\cdots,\boldsymbol{p}_i,\cdots,\boldsymbol{p}_n$,则第 i 个质点的角动量

$$\boldsymbol{L}_i = \boldsymbol{r}_i \times \boldsymbol{p}_i$$

则质点系的角动量为

$$\boldsymbol{L} = \sum \boldsymbol{L}_i = \sum_i (\boldsymbol{r}_i \times \boldsymbol{p}_i) \tag{3-25}$$

应该注意:不同质点对不同参考点的角动量不能直接相加,所以,在讨论质点系的角动量时,质点系的角动量和各质点的角动量的参考点必须是同一点.

二、质点系的角动量定理

质点系中第 i 个质点所受的外力为 $\boldsymbol{F}_i$,所受内力为 $\boldsymbol{f}_i$,由质点的角动量定理,则

$$\frac{\mathrm{d}\boldsymbol{L}_i}{\mathrm{d}t} = \boldsymbol{r}_i \times (\boldsymbol{F}_i + \boldsymbol{f}_i) = \boldsymbol{r}_i \times \boldsymbol{F}_i + \boldsymbol{r}_i \times \boldsymbol{f}_i$$

写出质点系中各质点的角动量定理的表达式并相加可得

$$\sum \frac{\mathrm{d}\boldsymbol{L}_i}{\mathrm{d}t} = \sum (\boldsymbol{r}_i \times \boldsymbol{F}_i) + \sum (\boldsymbol{r}_i \times \boldsymbol{f}_i)$$

由于

$$\sum \frac{\mathrm{d}\boldsymbol{L}_i}{\mathrm{d}t} = \frac{\mathrm{d}}{\mathrm{d}t} \left(\sum \boldsymbol{L}_i \right) = \frac{\mathrm{d}\boldsymbol{L}}{\mathrm{d}t}$$

所以

$$\frac{\mathrm{d}\boldsymbol{L}}{\mathrm{d}t} = \sum (\boldsymbol{r}_i \times \boldsymbol{F}_i) + \sum (\boldsymbol{r}_i \times \boldsymbol{f}_i) \tag{3-26}$$

为了简化式(3-26),首先讨论一对作用力和反作用力的力矩的矢量和. 设第 i 个质点与第 j 个质点之间的相互作用力分别为 $\boldsymbol{f}_{ij}$ 和 $\boldsymbol{f}_{ji}$. 两质点相对参考点 O 的位置矢量分别

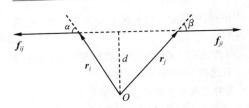

图 3-8 　一对作用力和反作用力的力矩

为 r_i 和 r_j,如图 3-8 所示. f_{ij} 和 f_{ji} 对参考点 O 的力矩分别为 $r_i \times f_{ij}$ 和 $r_j \times f_{ji}$. 由图可看出两力矩的方向相反.

两力矩的大小

$$|r_i \times f_{ij}| = f_{ij}r_i\sin\alpha = f_{ij}d$$
$$|r_i \times f_{ji}| = f_{ji}r_j\sin\beta = f_{ji}d$$

由于 $f_{ij} = f_{ji}$,所以,两力矩的大小相等. 由上述讨论可以得到:一对作用力和反作用力对同一参考点的力矩的矢量和为零.

式(3-26)中,$\sum(r_i \times f_i)$ 是质点系中各质点之间相互作用的内力对同一参考点的力矩的矢量和,内力是成对出现的,所以

$$\sum(r_i \times f_i) = 0$$

式(3-26)中,$\sum(r_i \times F_i)$ 是质点系中各质点所受外力的力矩的矢量和,称为质点系所受的合外力矩,用 M 表示,即

$$M = \sum(r_i \times F_i) \tag{3-27}$$

则式(3-26)可写为

$$M = \frac{dL}{dt} \tag{3-28}$$

式(3-28)表明,质点系所受的合外力矩等于质点系角动量的时间变化率. 这一结论称为质点系的角动量定理.

把式(3-28)改写成

$$Mdt = dL \tag{3-29}$$

式中 Mdt 是合外力矩在 dt 时间内的积累,称为合外力矩的冲量矩或角冲量,用 dI 表示,即 $dI = Mdt$. dL 是冲量矩产生的效果,是质点系角动量的增量. 式(3-29)表明合外力矩持续作用的冲量矩与产生的效果之间的关系.

如果合外力矩由时刻 t_1 持续地作用到时刻 t_2,则

$$I = \int_{t_1}^{t_2} Mdt = \int_{L_1}^{L_2} dL = L_2 - L_1 = \Delta L \tag{3-30}$$

式(3-30)表明:持续作用在质点系的合外力矩的冲量矩,等于质点系角动量的增量. 这一结论也称为质点系的角动量定理. 为了加以区别,把式(3-28)和式(3-29)称为质点系的角动量定理的微分形式,式(3-30)称为角动量定理的积分形式.

式(3-28)是一个矢量方程,在直角坐标系中其分量形式为

$$M_x = \frac{dL_x}{dt}, \quad M_y = \frac{dL_y}{dt}, \quad M_z = \frac{dL_z}{dt} \tag{3-31}$$

同样,式(3-29)和式(3-30)也可以写成分量形式.

三、角动量守恒定律

对于一个质点的情况,当质点所受合力矩为零时,质点的角动量守恒. 对于质点系,由式(3-28)可知,当质点系所受合外力矩为零时,即当

$$M = 0$$

时

$$L = 恒矢量 \tag{3-32}$$

上式表明:当质点系所受合外力矩为零时,质点系的角动量守恒. 这一结论称为质点系的角动量守恒定律.

由角动量定理和角动量守恒定律可知,质点系的角动量的改变只与质点系所受的合外力矩有关,与内力的力矩无关. 内力矩的作用是改变系统内各质点的角动量,或者说内力矩是系统内各质点之间角动量交换或传递的原因. 合外力矩是改变系统总角动量的原因.

质点系中的质点不一定都作平面运动,即使都作平面运动的各质点的轨道也不一定都在同一个平面内. 所以,一般质点系的角动量不能用标量表示,角动量定理一般不能写成标量的形式. 以后会发现,定轴转动刚体的角动量和角动量定理可以用标量表示.

角动量守恒的条件是 $M = \sum M_i = 0$. 合外力矩等于零可以分为三种情况.

(1) 质点系中各质点不受外力,即 $F_i = 0$,这样的质点系称为孤立系统.

(2) 质点系中各质点受的外力都通过参考点,所以各质点受的外力对参考点的力矩都为零,合外力矩必定等于零.

(3) 各质点受的外力对参考点的力矩不为零,但它们的矢量和为零.

应该注意:质点系受的合外力为零,合外力矩不一定为零,所以质点系的角动量不一定守恒. 因此要注意角动量守恒的条件和动量守恒的条件是不同的.

角动量守恒定律的表达式也是矢量式,在直角坐标系中,沿坐标轴的分量式为

当 $M_x = \sum M_{ix} = 0$ 时,　$L_x = \sum L_{ix} = 恒量$

当 $M_y = \sum M_{iy} = 0$ 时,　$L_y = \sum L_{iy} = 恒量$

当 $M_z = \sum M_{iz} = 0$ 时,　$L_z = \sum L_{iz} = 恒量$

如果质点系受的合外力矩不为零,但合外力矩在某一方向上的分量等于零,质点系的角动量在该方向的分量守恒.

质点系的角动量定理和角动量守恒定律,只有在惯性系中才成立. 在非惯性系中,只要附加惯性力,牛顿运动定律可以形式上成立,动量定理也可以形式上成立. 同样在非惯性中,只要附加惯性力的力矩,角动量定理也可以形式上成立.

*四、质心参考系中的角动量定理

设图 3-1 所示的质点系的质心为 C,相对参考系 S 的原点 O 质心的位置矢量

$$r_c = \frac{\sum m_i r_i}{m}$$

设第 i 个质点相对质心 C 的位置矢量(在质心参考系中的位置矢量)为 r_i'. 根据位置矢量变换关系有

$$r_i = r_i' + r_c$$

质点相对 S 系的速度 v_i、质点在质心参考系中的速度 v_i' 和质心在 S 系中的速度 v_c 之间有

$$v_i = v_i' + v_c$$

质点系对 O 点的角动量

$$L = \sum (r_i \times m_i v_i) = \sum m_i[(r_i' + r_c) \times (v_i' + v_c)]$$
$$= \sum m_i r_i' \times v_i' + \sum m_i r_i' \times v_c + r_c \times \sum m_i v_i' + r_c \times m v_c$$

式中

$$\sum m_i r_i' \times v_c = m \frac{\sum m_i r_i'}{m} \times v_c$$

$\dfrac{\sum m_i r_i'}{m}$ 是质点系的质心在质心参考系中的位置矢量,显然为零. 所以 $\sum m_i r_i' \times v_c = 0$. $\sum m_i v_i'$ 是质点系在质心参考系中的总动量. 质心参考系是质点系的零动量参考系. 所以, $r_c \times \sum m_i v_i' = 0$. $\sum m_i r_i' \times v_i'$ 是质点系在质心参考系中的角动量,用 L_c 表示,即 $L_c = \sum m_i r_i' \times v_i'$, $r_c \times m v_c$ 是质心在 S 系中的角动量. 所以

$$L = L_c + r_c \times m v_c \tag{3-33}$$

上式表明:质点系对参考点 O 的角动量等于质点系对质心的角动量与质心对参考点 O 的角动量的矢量和. 例如,O 点选在太阳中心,地球的角动量等于地球绕其质心自转的角动量与地球作为质点绕太阳公转的角动量(轨道角动量)之和. 在原子中电子的角动量等于电子的自旋角动量与轨道角动量之和.

合外力矩

$$M = \sum r_i \times F_i = \sum[(r_i' + r_c) \times F_i]$$
$$= \sum (r_i' \times F_i) + \sum (r_c \times F_i)$$
$$= \sum (r_i' \times F_i) + r_c \times F$$

式中 $F = \sum F_i$ 是质点系所受外力的矢量和. $\sum (r_i' \times F_i)$ 是外力对质心 C 的力矩,用 M_c 表示,即

$$M_c = \sum (r_i' \times F_i) \tag{3-34}$$

合外力矩可写为

$$M = M_c + r_c \times F \tag{3-35}$$

式(3-33)等号两边对时间求导数

$$\frac{\mathrm{d}\boldsymbol{L}}{\mathrm{d}t} = \frac{\mathrm{d}\boldsymbol{L}_\mathrm{c}}{\mathrm{d}t} + \frac{\mathrm{d}\boldsymbol{r}_\mathrm{c}}{\mathrm{d}t} \times m\boldsymbol{v}_\mathrm{c} + \boldsymbol{r}_\mathrm{c} \times m\frac{\mathrm{d}\boldsymbol{v}_\mathrm{c}}{\mathrm{d}t}$$

式中 $\dfrac{\mathrm{d}\boldsymbol{r}_\mathrm{c}}{\mathrm{d}t} = \boldsymbol{v}_\mathrm{c}$，所以 $\dfrac{\mathrm{d}\boldsymbol{r}_\mathrm{c}}{\mathrm{d}t} \times m\boldsymbol{v}_\mathrm{c} = 0$. $\dfrac{\mathrm{d}\boldsymbol{v}_\mathrm{c}}{\mathrm{d}t} = \boldsymbol{a}_\mathrm{c}$ 是质心的加速度，设 S 系是惯性系，由质心运动定理，故

$$\boldsymbol{r}_\mathrm{c} \times m\frac{\mathrm{d}\boldsymbol{v}_\mathrm{c}}{\mathrm{d}t} = \boldsymbol{r}_\mathrm{c} \times m\boldsymbol{a}_\mathrm{c} = \boldsymbol{r}_\mathrm{c} \times \boldsymbol{F}$$

所以

$$\frac{\mathrm{d}\boldsymbol{L}}{\mathrm{d}t} = \frac{\mathrm{d}\boldsymbol{L}_\mathrm{c}}{\mathrm{d}t} + \boldsymbol{r}_\mathrm{c} \times \boldsymbol{F} \tag{3-36}$$

根据质点系的角动量定理

$$\boldsymbol{M} = \frac{\mathrm{d}\boldsymbol{L}}{\mathrm{d}t}$$

把式(3-35)和式(3-36)代入上式得到

$$\boldsymbol{M}_\mathrm{c} = \frac{\mathrm{d}\boldsymbol{L}_\mathrm{c}}{\mathrm{d}t} \tag{3-37}$$

上式表明：质点系中各质点受的外力对质心的力矩的矢量和等于质点系对质心的角动量的时间变化率. 这一结论称为质心参考系中的角动量定理.

可以看出，在推导质心系中的角动量定理时，对质心的运动没有任何限制. 质心参考系中的角动量定理式(3-37)与惯性系中质点系的角动量定理式(3-28)在形式上是一样的. 式(3-28)只适用于惯性系，质心参考系不一定是惯性系，但角动量定理仍然是适用的，即不论质心参考系是不是惯性系，在质心参考系中应用角动量定理时，不需要附加惯性力的力矩. 这是质心参考系的又一特点. 与惯性系中的情况类似，也可以推导出质心系中角动量定理的积分形式. 当质点系所受合外力矩为零时(注意应该是对质心的合外力矩为零)，质点系相对质心系的角动量守恒.

例题 1　如图 3-9 所示，一绳跨过定滑轮，有两个质量相等的人 A 和 B 位于同一高度，各由绳子的一端同时开始爬绳. 若绳与滑轮的质量不计，并忽略轴上的摩擦，他们哪个先到顶点？

解　把两个人、绳和滑轮作为系统，他们都在同一竖直平面内运动. 以点 O 为参考点，取垂直纸面向外的角动量、力矩为正值. 系统所受外力为 $m_1\boldsymbol{g}$、$m_2\boldsymbol{g}$ 和 $\boldsymbol{N}$. 设任一时刻 t，A 的速率为 v_1，对点 O 的角动量的大小为 L_1，B 的速率为 v_2，对点 O 的角动量的大小为 L_2，由角动量定理可得

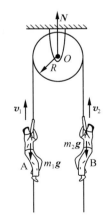

$$Rm_1g - Rm_2g = \frac{\mathrm{d}}{\mathrm{d}t}(L_2 - L_1) = \frac{\mathrm{d}}{\mathrm{d}t}(Rm_2v_2 - Rm_1v_1)$$

即

$$(m_1 - m_2)g = m_2\frac{\mathrm{d}v_2}{\mathrm{d}t} - m_1\frac{\mathrm{d}v_1}{\mathrm{d}t}$$

图 3-9　两人攀绳

由题设条件 $m_1=m_2$，可得

$$\frac{\mathrm{d}v_2}{\mathrm{d}t}=\frac{\mathrm{d}v_1}{\mathrm{d}t}$$

即

$$a_1=a_2$$

结果表明，不论两个人如何用力，任一时刻两个人相对地面的加速度都相等. 若两个人的初始运动状态相同，最后必同时到达顶点.

　　此题也可用角动量守恒定律求解. 由 $m_1=m_2$ 可知，系统所受外力矩之和为零，所以系统的角动量守恒. 若两个人由静止状态开始攀绳，系统初角动量为零，则任一时刻系统的角动量也应为零，故

$$Rmv_2-Rmv_1=0$$

可解得

$$v_2=v_1$$

即任一时刻，两个人相对地面的速度都相同，它们将同时到达顶点.

　　请读者分析，若其中一个人抓住绳子根本不爬，结果如何？ 若两个人的质量不相等，结果又如何？

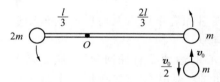

图 3-10　例题 2 用图

　　例题 2　如图 3-10 所示，静止在水平光滑桌面上长为 l 的轻质细杆(质量忽略不计)两端分别固定质量为 m 和 $2m$ 的小球，系统可绕距质量为 $2m$ 的小球 $l/3$ 处的 O 点在水平面桌面上转动. 今有一质量为 m 的小球以水平速度 v_0 沿和细杆垂直方向与质量为 m 的小球作对心碰撞，碰撞后以 $v_0/2$ 的速度返回，求碰后细杆获得的角速度.

　　解　取三个小球和细杆组成的系统，O 点为参考点，各质点受的重力和桌面的支持力大小相等方向相反，对 O 点的力矩的矢量和为零. O 点对细杆的作用力对 O 点的力矩为零. 系统所受的合外力矩为零，所以，系统的角动量守恒.

　　设碰撞后细杆获得的角速度为 ω，则

$$m\cdot v_0\cdot\frac{2l}{3}=m\left(\frac{2l}{3}\right)^2\omega+2m\left(\frac{l}{3}\right)^2\omega-m\cdot\frac{v_0}{2}\cdot\frac{2l}{3}$$

$$mv_0l=\frac{2}{3}ml^2\omega$$

所以

$$\omega=\frac{3v_0}{2l}$$

习　题

　　1. 有两个质量都等于 50kg 的滑冰运动员，沿着相距 1.5m 的两条平行线相向运动，速率皆为 10m/s. 当两人相距为 1.5m 时，恰好伸直手臂相互握住手. 求：(1)两人握住手以后绕中心旋转的角速度；(2)若

两人通过弯曲手臂而靠近到相距为 1.0m,角速度变为多大?

2. 如图所示,一根轴沿 x 轴安装在轴承 A 和 B 上,并以匀角速 ω 旋转着. 轴上装有长为 $2d$ 的轻棒,其两端各有质量为 m 的小球,棒与轴的夹角为 θ. 若以棒处在 xOy 平面内的时间开始计时,则图中所示时刻为 t 的情况:

(1) 两小球组成的系统对原点 O 的角动量;

(2) 求 $\mathrm{d}\boldsymbol{L}/\mathrm{d}t$ 的表达式,并解释其含义;

(3) 若 $\theta=90°$,则结论如何?

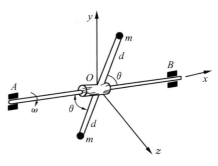

习题 2 图

3. 有两个质量都是 m 的质点,由长度为 a 的一根轻质硬杆连接在一起. 在自由空间两者的质心静止,但轻杆以角速度 ω 绕质心转动. 杆上的一个质点与第三个质量也是 m 的质点发生碰撞,结果粘在一起. (1) 碰撞前一瞬间三个质点的质心在哪里? (2) 碰撞前一瞬间,这三个质点对它们的质心的总角动量多大? (3) 碰撞后,整个系统绕质心转动的角速度多大?

4. 质量为 m 的小球 A、B 用长为 $4a$ 的柔软轻细线相连,以同样的速度 v 沿与细线垂直的方向在光滑水平面上运动,线处于伸直状态. 在运动过程中,线上与小球 A 距离为 a 的一点与固定在水平面上的竖直、光滑细钉相遇,如图所示. 设在以后的运动中两小球不相遇,试求:

(1) 小球 A 与钉子的最大距离;(2) 线中的最小张力.

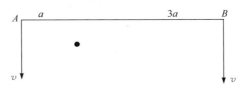

习题 4 图

5. 水平光滑桌面上有一轻质细杆,细杆可绕着过中心 O 点的竖直轴无摩擦的转动. 有 4 个质量相同的小球,其中两个分别固定在细杆的两端 A_1、A_2 处,另外两个穿在细杆上可沿杆无摩擦自由滑动,它们的初始位置分别在 OA_1、OA_2 的中点. 今使系统在极短的时间内获得绕 O 轴的转动角速度,而后让其自由运动,可动小球将沿杆向固定小球撞去,试求运动小球相对细杆的初始径向加速度与最后和固定小球碰撞前的瞬间径向加速度的比值.

6. 质量可忽略、长为 $2l$ 的跷跷板对称地架在高为 $h<l$ 的固定水平轴上,可无摩擦地转动. 开始时板的左端着地,上面静坐着质量为 m_1 的少年,板的右端静坐着质量为 $m_2(<m_1)$ 的另一名少年,如图所示. 而后,左端少年用脚蹬地,使两名少年都获得在图平面上顺时针方向的角速度 ω_0,试用质点系的角动量定理确定 ω_0 至少为多大时,方可使右端少年着地.

习题 6 图

7. 质量为 m_0 以速率 v_0 运动的粒子,碰到一个质量为 $2m_0$ 的静止粒子. 结果,质量为 m_0 的粒子偏转了 $45°$,并具有末速率 $\dfrac{v_0}{2}$,求质量为 $2m_0$ 的粒子偏转后的速率和方向.

§3.4　机械能守恒定律

一、势能

1. 势能的定义

力是物体与物体之间的相互作用. 任何力都涉及施力物体和受力物体. 质点动力学只侧重于受力物体运动状态的变化与所受力之间的关系，或者在假定施力物体不动（施力物体为惯性参考系）情况下，受力物体的运动规律.

由于两个质点之间相互作用的保守力做的功与具体路径无关，只取决于它们的始末相对位置. 所以，对于这两个质点组成的系统，必定存在着一个由它们的相对位置决定的函数，这个函数对应于始末位置的差值等于由初始位置沿任意路径移动到末位置保守力做的功. 这个由系统相对位置决定的函数称为系统的势能函数，简称势能（也叫位能）. 以 E_p 表示势能，即

$$E_p = E_p(\boldsymbol{r})$$

用 E_{pA} 和 E_{pB} 表示初位置 A 和末位置 B 系统的势能. 则它们与由初位置 A 到末位置 B 保守力做的功 A_{AB} 的关系为

$$A_{AB} = E_{pA} - E_{pB} = -\Delta E_p$$

也可写成

$$\int_A^B \boldsymbol{F} \cdot \mathrm{d}\boldsymbol{l} = E_{pA} - E_{pB} = -\Delta E_p \tag{3-38}$$

式(3-38)称为势能的定义式. 式中

$$\boldsymbol{F} \cdot \mathrm{d}\boldsymbol{l} = -\mathrm{d}E_p \tag{3-39}$$

是保守力的元功与势能的关系.

势能的定义式表明，系统由初始相对位置改变到末态相对位置过程中，保守力的功等于系统势能的减小.

上述是两个质点组成的系统的势能的定义，对于多质点的系统，只要各质点之间的相互作用力都是保守力，也是适用的.

由式(3-38)可以看出，势能的定义本质上是势能差的定义. 或者说，势能只有相对的意义，要确定某一种相对位置时的势能，必须选定某一相对位置为参考. 而规定参考位置时的势能为零，通常称参考位置为势能零点. 在式(3-38)中若选位置 B 为势能零点，则位置 A 的势能为

$$E_{pA} = \int_A^B \boldsymbol{F} \cdot \mathrm{d}\boldsymbol{l} \tag{3-40}$$

式(3-40)表明，系统某一位置时的势能等于从这一位置变化到势能零点过程中保守力所做的功. 势能零点原则上是可以任意选取的，势能零点的选取不同，由式(3-40)可知，同一位置的势能的数值是不同的. 根据保守力做功的特点，A、C 两位置的势能差

$$E_{pA} - E_{pC} = \int_A^B \boldsymbol{F} \cdot \mathrm{d}\boldsymbol{l} - \int_C^B \boldsymbol{F} \cdot \mathrm{d}\boldsymbol{l} = \int_A^B \boldsymbol{F} \cdot \mathrm{d}\boldsymbol{l} + \int_B^C \boldsymbol{F} \cdot \mathrm{d}\boldsymbol{l}$$

所以

$$E_{pA} - E_{pC} = \int_A^C \boldsymbol{F} \cdot \mathrm{d}\boldsymbol{l} \tag{3-41}$$

式(3-41)表明,任意两位置的势能差与参考点的选取无关.

势能是由于系统内各质点之间具有相互作用的保守力而拥有的. 所以,势能是属于系统的. 但是在通常情况下为了叙述方便,常把系统省去,说成是物体的势能.

2. 几种常见的势能

(1) 引力势能

万有引力是保守力. 与万有引力对应的势能称为万有引力势能. 常简称为引力势能.

设两个质量分别为 M 和 m 的质点,它们之间的距离为 r 时(如图 2-21 所示),相互作用的万有引力为

$$\boldsymbol{F} = -G_0 \frac{Mm}{r^2} \boldsymbol{e}_r$$

取它们相距无穷远时($r \to \infty$)为势能零点,由式(3-40)可知,引力势能为

$$E_p = \int_r^\infty -G_0 \frac{Mm}{r^2} \boldsymbol{e}_r \cdot \mathrm{d}\boldsymbol{r} = -\int_r^\infty G_0 \frac{Mm}{r^2} \mathrm{d}r$$

所以

$$E_p = -G \frac{Mm}{r} \tag{3-42}$$

注意:由于保守力做功只与始末位置有关,与具体路径无关,上述积分时选择了沿矢径方向 $\boldsymbol{e}_r$ 的积分路径.

(2) 重力势能

地球表面的重力是保守力,所以质点处于地球表面附近时,具有重力势能. 设质点的质量为 m,处于 $M(x,y,z)$,如图 3-11 所示. 取坐标系的轴 Oz 的正方向铅直向上,xOy 平面内的一点 $M_0(x_0,y_0,0)$ 为零势能的参考点,则质点在点 M 的重力势能就等于把质点从

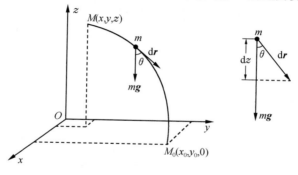

图 3-11 重力势能的计算

点 M 移动到点 M_0 的过程中重力所做的功,即

$$E_\mathrm{p} = \int_M^{M_0} m\boldsymbol{g} \cdot \mathrm{d}\boldsymbol{r} = \int_M^{M_0} (-mg\boldsymbol{k}) \cdot (\mathrm{d}x\boldsymbol{i} + \mathrm{d}y\boldsymbol{j} + \mathrm{d}z\boldsymbol{k}) = \int_z^0 -mg\,\mathrm{d}z = mgz$$

$$(3\text{-}43)$$

重力势能由质点位置与参考点位置的高度差所确定.

（3）弹簧力势能

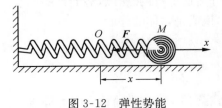

图 3-12　弹性势能

弹簧力是保守力,设弹簧的劲度系数为 k,取弹簧处于原长时势能为零,自由端的位置为原点 O,建立如图 3-12 所示的坐标系,由式（3-40）可知,弹簧形变量为 x 的势能为

$$E_\mathrm{p} = \int_0^x -kx\,\mathrm{d}x = \frac{1}{2}kx^2$$

3. 保守力和势能梯度

由式（3-39） $\boldsymbol{F} \cdot \mathrm{d}\boldsymbol{l} = -\mathrm{d}E_\mathrm{p}$ 知,当质点沿某一给定路径 L 移动位移 $\mathrm{d}\boldsymbol{l} = \boldsymbol{e}_l\mathrm{d}l$ 过程中,保守力做的功为

$$\boldsymbol{F} \cdot \mathrm{d}\boldsymbol{l} = F\cos\theta\,\mathrm{d}l = F_l\mathrm{d}l = -\mathrm{d}E_\mathrm{p}$$

式中 θ 是沿位移 $\mathrm{d}\boldsymbol{l}$ 方向的单位矢量 $\boldsymbol{e}_l$ 与力 $\boldsymbol{F}$ 之间的夹角,F_l 是力 $\boldsymbol{F}$ 在 $\boldsymbol{e}_l$ 方向的分量. 所以

$$F_l = -\frac{\mathrm{d}E}{\mathrm{d}l} \qquad (3\text{-}44)$$

上式说明,保守力沿给定方向 $\boldsymbol{e}_l$ 的分量 F_l 等于势能沿该方向的空间变化率 $\dfrac{\mathrm{d}E_\mathrm{p}}{\mathrm{d}l}$ 的负值.

对于万有引力势能,取 $\boldsymbol{e}_l$ 为从一个质点指向另一质点的径矢 $\boldsymbol{e}_r$ 方向. 引力沿 $\boldsymbol{e}_r$ 方向的分量为

$$F_r = -\frac{\mathrm{d}}{\mathrm{d}r}\left(-G\frac{Mm}{r}\right) = -G\frac{Mm}{r^2}$$

这就是万有引力公式.

一般情况下,势能是空间位置的函数,在直角坐标系中,势能 E_p 是直角坐标 (x,y,z) 的函数,在式（3-44）中 $\boldsymbol{e}_l$ 的方向可依次取 x,y 和 z 轴的方向. 从而得到

$$F_x = -\frac{\partial E_\mathrm{p}}{\partial x}, \quad F_y = -\frac{\partial E_\mathrm{p}}{\partial y}, \quad F_z = -\frac{\partial E_\mathrm{p}}{\partial z} \qquad (3\text{-}45)$$

这样保守力就可以表示为

$$\boldsymbol{F} = F_x\boldsymbol{i} + F_y\boldsymbol{j} + F_z\boldsymbol{k} = -\left(\frac{\partial E_\mathrm{p}}{\partial x}\boldsymbol{i} + \frac{\partial E_\mathrm{p}}{\partial y}\boldsymbol{j} + \frac{\partial E_\mathrm{p}}{\partial z}\boldsymbol{k}\right) \qquad (3\text{-}46)$$

上式括号中的量称为势能的梯度矢量,常记为 $\mathrm{grad}E_\mathrm{p}$ 或 ∇E_p,这样式（3-46）可简写为

$$\boldsymbol{F} = -\nabla E_p \tag{3-47}$$

上式说明,质点在某点所受的保守力等于该点势能梯度的负值.式(3-47)是由势能函数求保守力的一般公式.

例题 一个在平面 xOy 内运动的质点,所受的作用力为 $\boldsymbol{F} = xy^2\boldsymbol{i} + x^2y\boldsymbol{j}$. 试判断此力是否是保守力.

解 要判断一个力是否是保守力,可以应用保守力的定义,即看它是否满足式(3-37),但作环路积分一般比较复杂.根据保守力与势能函数之间的微分关系式(3-45),可以得到判断一个力是否是保守力的简单方法.

若 $F(x,y)$ 是保守力,则必然存在着一个势能函数 $E_p(x,y)$,根据式(3-45),必有

$$F_x = -\frac{\partial E_p}{\partial x}, \quad F_y = -\frac{\partial E_p}{\partial y}$$

将上两式分别对 y 和 x 求导数,得

$$\frac{\partial F_x}{\partial y} = -\frac{\partial^2 E_p}{\partial y \partial x}, \quad \frac{\partial F_y}{\partial x} = -\frac{\partial^2 E_p}{\partial x \partial y}$$

即有

$$\frac{\partial F_x}{\partial y} = \frac{\partial F_y}{\partial x}$$

反之,如力 $\boldsymbol{F}$ 满足上式,力 $\boldsymbol{F}$ 必定是保守力.

由于 $\boldsymbol{F} = xy^2\boldsymbol{i} + x^2y\boldsymbol{j}$,所以

$$\frac{\partial F_x}{\partial y} = 2xy, \quad \frac{\partial F_y}{\partial x} = 2xy$$

因此,$\boldsymbol{F}$ 是保守力.

二、质点系的动能定理

设质点系由 n 个质点组成,某时刻,其中第 i 个质点所受的力中有质点系以外的质点的作用力——外力,和质点系内其他质点对它的作用力——内力.在此后的一个微小过程中,应用质点的动能定理,即由式(2-42)知

$$\mathrm{d}A_i = \mathrm{d}\left(\frac{1}{2}m_i v_i^2\right)$$

式中 $\mathrm{d}\left(\frac{1}{2}m_i v_i^2\right)$ 是第 i 个质点动能的增量. $\mathrm{d}A_i$ 是作用于第 i 个质点上的合力的元功,既包括外力的元功 $\mathrm{d}A_{i外}$,也包括内力的元功 $\mathrm{d}A_{i内}$,所以

$$\mathrm{d}A_{i外} + \mathrm{d}A_{i内} = \mathrm{d}\left(\frac{1}{2}m_i v_i^2\right) \tag{3-48}$$

列出质点系中各质点的动能定理的微分形式,并把它们的对应项相加,即对式(3-48)求和得到

$$\sum \mathrm{d}A_{i外} + \sum \mathrm{d}A_{i内} = \sum \mathrm{d}\left(\frac{1}{2}m_i v_i^2\right)$$

式中 $\sum \mathrm{d}A_{i外}$ 是质点系受的外力在微小过程中做功的代数和，令 $\sum \mathrm{d}A_{i外} = \mathrm{d}A_{外}$，$\sum \mathrm{d}A_{i内}$ 是质点系受的内力在微小过程中做功的代数和，令 $\sum \mathrm{d}A_{i内} = \mathrm{d}A_{内}$，$\sum \mathrm{d}\left(\frac{1}{2}m_i v_i^2\right)$ 是质点系在微小过程中动能的变化，令 $\sum \mathrm{d}\left(\frac{1}{2}m_i v_i^2\right) = \mathrm{d}E_k$. 上式可写成

$$\mathrm{d}A_{外} + \mathrm{d}A_{内} = \mathrm{d}E_k \tag{3-49}$$

式(3-49)称为质点系动能定理的微分形式.

对于一个有限过程，对上式两边积分得到

$$A_{外} + A_{内} = E_{k2} - E_{k1} = \Delta E_k \tag{3-50}$$

式(3-49)和式(3-50)表明：作用于质点系的外力做的功与质点系中各质点相互作用的内力做功的代数和，在数值上等于质点系动能的增量. 这一结论称为质点系的动能定理.

质点系中各质点相互作用的内力总是成对出现的，并且每一对作用力和反作用力都满足牛顿第三定律. 每一对内力的矢量和等于零，系统中所有内力的矢量和等于零. 所以，系统的内力不改变质点系的总动量. 每一对内力对同一参考点的力矩的矢量和等于零，质点系中所有内力对同一参考点的力矩的矢量和等于零，所以系统的内力矩不改变质点系的总角动量. 但是，一对作用力和反作用力做功的代数和不一定为零. 所以，内力的功可以改变系统的总动能. 如图 2-1 所示，作用于两物体上的弹簧力是内力，弹簧把两物体推开，它的动能都增加了. 这是内力做功的结果. 另外，炸弹爆炸，自带动力的机械的工作，都是内力做功的例子. 所以，应用质点系的动能定理分析力学问题时，既要考虑外力的功，又要考虑内力的功，因为外力的功和内力的功都能改变系统的动能.

三、质点系的功能原理

质点系内各质点相互作用的内力可以分为保守内力和非保守内力. 内力的元功的代数和 $\mathrm{d}A_{内}$ 等于保守内力的元功的代数和 $\mathrm{d}A_{保}$ 与非保守内力的元功的代数和 $\mathrm{d}A_{非保}$ 的和，即 $\mathrm{d}A_{内} = \mathrm{d}A_{保} + \mathrm{d}A_{非保}$. 所以，质点系动能定理的微分形式可以写成

$$\mathrm{d}A_{外} + \mathrm{d}A_{保} + \mathrm{d}A_{非保} = \mathrm{d}E_k$$

因为保守力做功的代数和等于系统势能的减小，即 $\mathrm{d}A_{保} = -\mathrm{d}E_p$. 因此上式可以写成

$$\mathrm{d}A_{非保} + \mathrm{d}A_{非保} = \mathrm{d}E_k + \mathrm{d}E_p = \mathrm{d}E \tag{3-51}$$

式(3-51)中，$\mathrm{d}E = \mathrm{d}E_k + \mathrm{d}E_p$，$E = E_k + E_p$，称为系统的机械能，$\mathrm{d}E$ 是系统在微小过程中机械能的变化.

对于任一有限过程，把式(3-51)中各项积分得

$$A_{外} + A_{非保} = E_2 - E_1 = (E_{k2} + E_{p2}) - (E_{k1} + E_{p1}) \tag{3-52}$$

式(3-52)表明：在任意过程中，外力所做的功与非保守内力所做功的代数和，在数值上等于质点系机械能的增量. 这一结论称为质点系的功能原理. 式(3-51)和式(3-52)分别称为质点系功能原理的微分形式和积分形式.

四、机械能守恒定律

由式(3-51)可知，若

$$\mathrm{d}A_{外} + \mathrm{d}A_{非保} = 0$$

则

$$E = 恒量 \tag{3-53}$$

其物理意义是:在有限过程的任意微小过程中,作用于质点系的外力的元功与非保守内力的元功的代数和总是为零,则质点系的机械能保持不变.这一结论称为质点系的机械能守恒定律.

应该注意:机械能守恒的条件是

$$\mathrm{d}A_外 + \mathrm{d}A_{非保} = 0$$

有一种重要的情况是,质点系在运动过程中只有保守力做功.显然,在任意微小过程中外力的元功和非保守内力的元功都为零(或可以忽略不计),所以系统的机械能守恒.机械能守恒定律是对质点系而言的,实际问题中机械能是否守恒还与所选取的系统有关.机械能守恒是指在一个有限过程中,系统的机械能保持不变,或在有限过程中任意两个状态的机械能相等.机械能守恒定律只适用于惯性系.

*五、质心参考系中的功能关系

1. 柯尼希定理

由于质点的速度与参考系的选取有关,在不考虑相对论效应的情况下,质点的质量与参考系的选取无关,所以质点的动能与参考系的选取有关,质点系的动能与参考系的选取有关.现在讨论任意参考系 S 中质点系的动能 E_k 与质心参考系 C 中质点系的动能 E_{ck} 之间的关系.

设质点系中第 i 个质点相对 S 系的速度为 $\boldsymbol{v}_i$,相对质心参考系的速度为 $\boldsymbol{v}_i'$,质心相对 S 系的速度为 $\boldsymbol{v}_c$,则

$$\boldsymbol{v}_i = \boldsymbol{v}_i' + \boldsymbol{v}_c$$

质点系相对 S 系的动能

$$E_k = \sum_i \frac{1}{2} m_i \boldsymbol{v}_i^2 = \sum_i \frac{1}{2} m_i (\boldsymbol{v}_i' + \boldsymbol{v}_c)^2 = \sum_i \frac{1}{2} m_i \boldsymbol{v}_i'^2 + \sum_i \frac{1}{2} m_i \boldsymbol{v}_c^2 + \sum_i m_i \boldsymbol{v}_i' \cdot \boldsymbol{v}_c$$

式中 $\sum_i \frac{1}{2} m_i \boldsymbol{v}_i'^2 = E_{ck}$ 是质点系相对质心系的动能,称为相对动能. $\sum_i \frac{1}{2} m_i \boldsymbol{v}_c^2 = E_c = \frac{1}{2} \left(\sum_i m_i \right) \boldsymbol{v}_c^2 = \frac{1}{2} m \boldsymbol{v}_c^2$ 称为质心的动能或轨道动能.由于质心参考系是零动量参考系,所以质点系相对质心参考系的动量 $\sum_i m_i \boldsymbol{v}_i' = 0$.所以,上式在等号后边第三项为零.因此,上式可写为

$$E_k = E_{ck} + E_c \tag{3-54}$$

此式表明:质点系在非质心参考系中的动能等于质点系相对质心系的动能与质心动能之和.这一结论称为柯尼希定理.

2. 质心参考系中的功能关系

为简单起见,设质点系中各质点之间的相互作用力都是保守力. 这样的系统称为保守系统. 设质点系中第 i 个质点受到的外力为 $\boldsymbol{F}_i$,受到的系统内第 j 个质点的作用力为 $\boldsymbol{f}_{ij}$,根据质点的动能定理

$$\boldsymbol{F}_i \cdot \mathrm{d}\boldsymbol{r}_i + \sum_{j \neq i} \boldsymbol{f}_{ij} \cdot \mathrm{d}\boldsymbol{r}_i = \mathrm{d}E_{\mathrm{k}i} = \mathrm{d}\left(\frac{1}{2}m_i v_i^2\right) \tag{3-55}$$

式中 $\mathrm{d}\boldsymbol{r}_i$ 是第 i 个质点相对惯性系的位移,$\boldsymbol{F}_i \cdot \mathrm{d}\boldsymbol{r}_i = \mathrm{d}A_{\text{外}}$ 是外力的元功,$\displaystyle\sum_{j \neq i} \boldsymbol{f}_{ij} = \boldsymbol{f}_i$ 是第 i 个质点受到的内力的合力,$\displaystyle\sum_{j \neq i} \boldsymbol{f}_{ij} \cdot \mathrm{d}\boldsymbol{r}_i = \mathrm{d}A_{\text{内}}$,是内力的元功(注意内力的元功不一定为零). $E_{\mathrm{k}i} = \dfrac{1}{2}m_i v_i^2$ 是第 i 个质点相对惯性系的动能. 对质点系中各质点的动能定理的表达式求和,可得

$$\sum_i \boldsymbol{F}_i \cdot \mathrm{d}\boldsymbol{r}_i + \sum_i \boldsymbol{f}_i \cdot \mathrm{d}\boldsymbol{r}_i = \sum_i \mathrm{d}\left(\frac{1}{2}m_i v_i^2\right) = \mathrm{d}\left(\sum_i \frac{1}{2}m_i v_i^2\right)$$

以 $\boldsymbol{r}_{\mathrm{c}}$ 和 $\boldsymbol{v}_{\mathrm{c}}$ 表示质心在惯性系中的位置矢量和速度. $\boldsymbol{r}_i'$ 和 $\boldsymbol{v}_i'$ 表示第 i 个质点在质心参考系中的位置矢量和速度. 根据相对运动的矢量叠加原理,有

$$\boldsymbol{r}_i = \boldsymbol{r}_i' + \boldsymbol{r}_{\mathrm{c}}, \quad \boldsymbol{v}_i = \boldsymbol{v}_i' + \boldsymbol{v}_{\mathrm{c}}$$

把上述关系代入上式,并应用柯尼希定理得

$$\begin{aligned}
&\sum_i \boldsymbol{F}_i \cdot \mathrm{d}\boldsymbol{r}_i' + \sum_i \boldsymbol{F}_i \cdot \mathrm{d}\boldsymbol{r}_{\mathrm{c}} + \sum_i \boldsymbol{f}_i \cdot \mathrm{d}\boldsymbol{r}_i' + \sum_i \boldsymbol{f}_i \cdot \mathrm{d}\boldsymbol{r}_{\mathrm{c}} \\
&= \mathrm{d}\left(\sum_i \frac{1}{2}m_i v_i'^2\right) + \mathrm{d}\left(\sum_i \frac{1}{2}m_i v_{\mathrm{c}}^2\right)
\end{aligned} \tag{3-56}$$

式中 $\displaystyle\sum_i \frac{1}{2}m_i v_{\mathrm{c}}^2 = \frac{1}{2}\left(\sum_i m_i\right)v_{\mathrm{c}}^2$ 是质心的动能,$\mathrm{d}\left(\displaystyle\sum_i \frac{1}{2}m_i v_{\mathrm{c}}^2\right) = \mathrm{d}E_{\mathrm{c}}$ 是质心动能的增量. $\displaystyle\sum_i \boldsymbol{F}_i \cdot \mathrm{d}\boldsymbol{r}_{\mathrm{c}} = \left(\sum_i \boldsymbol{F}_i\right) \cdot \mathrm{d}\boldsymbol{r}_{\mathrm{c}} = \boldsymbol{F} \cdot \mathrm{d}\boldsymbol{r}_{\mathrm{c}}$,是合外力对质心做的元功,它等于质心动能的增量,即 $\displaystyle\sum_i \boldsymbol{F}_i \cdot \mathrm{d}\boldsymbol{r}_{\mathrm{c}} = \mathrm{d}\left(\sum_i \frac{1}{2}m_i v_{\mathrm{c}}^2\right)$. 实际上,$\displaystyle\sum_i \boldsymbol{f}_i \cdot \mathrm{d}\boldsymbol{r}_{\mathrm{c}} = \left(\sum \boldsymbol{f}_i\right) \cdot \mathrm{d}\boldsymbol{r}_{\mathrm{c}} = 0$. 这是因为,质点系内力的矢量和等于零,即 $\displaystyle\sum_i \boldsymbol{f}_i = 0$. $\displaystyle\sum_i \boldsymbol{f}_i \cdot \mathrm{d}\boldsymbol{r}_i'$ 是质点系中各质点之间相互作用保守内力的元功,它等于质心参考系中势能的减小,即

$$\sum_i \boldsymbol{f}_i \cdot \mathrm{d}\boldsymbol{r}_i' = -\mathrm{d}E_{\mathrm{p}}'$$

$\displaystyle\sum_i \boldsymbol{F}_i \cdot \mathrm{d}\boldsymbol{r}_i' = \mathrm{d}A_{\text{外}}'$,是作用在质点系的外力在质心参考系中的元功. 所以,式(3-56)可以写成

$$\mathrm{d}A_{\text{外}}' = \mathrm{d}E_{\mathrm{k}}' + \mathrm{d}E_{\mathrm{p}}' = \mathrm{d}E' \tag{3-57}$$

式中

$$E' = E_{\mathrm{k}}' + E_{\mathrm{p}}' \tag{3-58}$$

称为质点系的内能. 对于保守系统的有限过程,对式(3-57)两边积分可得

$$A'_外 = \Delta E'_k + \Delta E'_p = \Delta E'$$

(3-59)

式(3-57)和式(3-59)说明:对于保守系统,在质心参考系中,外力对系统的元功等于系统内能的增量. 这一结论称为质心参考系中的功能关系. 此结论和质心参考系是否为惯性系无关. 这又显示了质心和质心参考系的特点.

内能是质点系相对于其质心系的动能与势能的总和(内能),在热学中有重要应用.

六、能量守恒定律

不受外界作用的系统称为孤立系统(或封闭系统).

对于一个孤立系统,如果除了保守力外,还有非保守力做功,该系统的机械能就要发生变化. 如当摩擦力做功时,孤立系统的机械能就会减少. 大量事实证明,当孤立系统的机械能减少或增加时,必然伴随有等值的其他形式的能量(如热能、电磁能、化学能……)的增加或减少. 就是说能量不能消失,也不能创生,它只能从一种形式转换为另一种形式. 或者说,一个孤立系统经历任何变化时,该系统的所有能量的总和是不改变的,它只能从一种形式变化为另一种形式或从系统内的一个物体传递给另一个物体. 这就是普遍的能量守恒与转换定律. 它是自然界最具普遍性的定律之一,适用于任何变化过程(物理的、化学的和生物的等),迄今为止,无一例外. 由此表明,能量是各种运动形态共同的运动量度,而能量的转换与守恒,正反映了各种不同物质的运动形态在一定条件下可以互相转化,且能量是守恒的. 普遍的能量守恒与转换定律的意义远远超出了机械能守恒的范围.

例题 1　用一个轻弹簧把一个金属盘悬挂起来(图 3-13),这时弹簧伸长了 $l_1 = 10\text{cm}$. 一个质量和盘相同的泥球,从高于盘 $h = 30\text{cm}$ 处由静止下落到盘上. 求此盘向下运动的最大距离 l_2.

解　本题所描述的运动可分为三个过程.

首先是泥球自由下落过程. 它落到盘上的速度为

$$v = \sqrt{2gh}$$

接着是泥球和盘的碰撞过程. 把盘和泥球看作一个系统,因二者之间的冲力远大于它们所受的外力(包括弹簧的拉力和重力),而且作用时间很短,所以可以认为系统的动量守恒. 设泥球与盘的质量都是 m,它们碰撞后刚黏合在一起时的共同速度为 V,按图写出沿 y 方向的动量守恒的分量式,可得

$$mv = (m+m)V$$

由此得

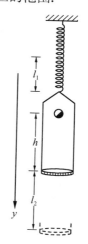

图 3-13　例题 1 用图

$$V = \frac{v}{2} = \sqrt{gh/2}$$

最后是泥球和盘共同下降的过程. 选弹簧、泥球和盘以及地球为系统. 重力和弹簧力都是保守内力. 在此过程中只有保守内力做功,所以系统的机械能守恒. 以弹簧无伸长时

为弹性势能的零点,以盘的最低位置为重力势能零点,考虑到系统向下运动到最大距离时动能为零,则系统初末状态的机械能相等,即

$$\frac{1}{2}(2m)V^2 + (2m)gl_2 + \frac{1}{2}kl_1^2 = \frac{1}{2}k(l_1+l_2)^2$$

此式中弹簧的劲度系数可以通过最初盘的平衡状态求出,结果是

$$k = mg/l_1$$

将此值以及 $V^2 = gh/2$ 和 $l_1 = 10\mathrm{cm}$ 代入上式,化简后可得

$$l_2^2 - 20l_2 - 300 = 0$$

解此方程得

$$l_2 = 30 \text{ 或 } l_2 = -10$$

取前一正数解,即得盘向下运动的最大距离为 $l_2 = 30\mathrm{cm}$.

例题 2　如图 3-14 所示,两个带理想弹簧缓冲器的小车 A 和 B,质量分别为 m_1 和 m_2,B 不动,A 以速度 $\boldsymbol{v}_0$ 与 B 相碰,如已知两车的缓冲弹簧的劲度系数分别为 k_1 和 k_2,在不计摩擦的情况下,求两车相对静止时,其间的作用力为多大?(弹簧的质量略而不计)

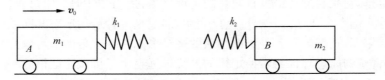

图 3-14　例题 2 用图

解　两小车碰撞为弹性碰撞,在碰撞过程中当两小车相对静止时达到共同速度 v,以两小车和弹簧为系统.在碰撞过程中系统不受外力,相互作用的内力——弹簧力是保守力.所以系统的动量守恒,机械能守恒.

$$m_1v_0 = (m_1+m_2)v \tag{1}$$

$$\frac{1}{2}m_1v_0^2 = \frac{1}{2}(m_1+m_2)v^2 + \frac{1}{2}k_1x_1^2 + \frac{1}{2}k_2x_2^2 \tag{2}$$

设相对静止时两弹簧分别压缩 x_1 和 x_2,因作用力与反作用力相等,即

$$k_1x_1 = k_2x_2 \tag{3}$$

由式(1)、(2)和(3)可解出

$$x_1 = \sqrt{\frac{k_2m_1m_2}{k_1(k_1+k_2)(m_1+m_2)}}\,v_0$$

相对静止时两小车之间的相互作用力

$$f = k_1x_1 = \sqrt{\frac{k_1k_2m_1m_2}{(k_1+k_2)(m_1+m_2)}}\,v_0$$

例题 3　地球可视为半径 $R=6400$km 的球体,一颗人造地球卫星在地面上空 $h=800$km 的圆形轨道上,以 7.5km/s 的速率绕地球做圆周运动. 在卫星的外侧发生一次爆炸,其冲量不影响卫星的切向速度 $v_\mathrm{t}=7.5$km/s,但却给卫星一个指向进地心的径向速度 $v_\mathrm{n}=0.2$km/s,如图 3-15 所示. 求这次爆炸后使卫星轨道的最低点和最高点位于地面上空多少公里?

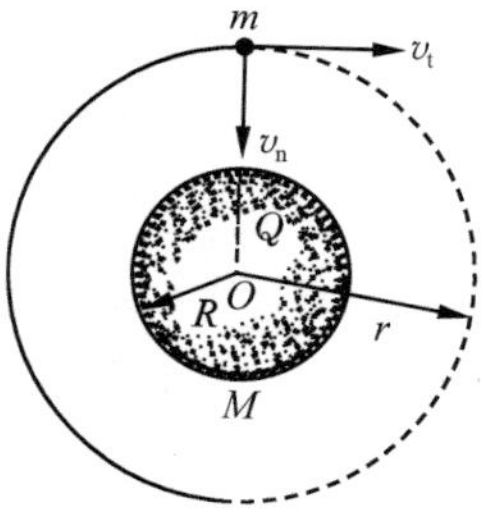

图 3-15　例题 3 用图

解　由于爆炸力指向地心. 卫星受的地球对它的万有引力指向地心. 所以爆炸过程中及爆炸前后,卫星对地心的角动量守恒,即卫星在轨道的最高点与最低点时与爆炸前的角动量相等. 则

$$L = mv_\mathrm{t}r = mv_1 r_1 \tag{1}$$
$$L = mv_\mathrm{t}r = mv_2 r_2 \tag{2}$$

式中 v_1、v_2 分别为近地点和远地点卫星的速度,r_1、r_2 分别为近地点和远地点到地心的距离. $v_1 \perp r_1$,$v_2 \perp r_2$. r 是爆炸前卫星作圆周运动的半径.

爆炸后,卫星只受万有引力作用. 万有引力是保守力,所以卫星、地球系统机械能守恒,故有

$$\frac{1}{2}mv_\mathrm{t}^2 + \frac{1}{2}mv_\mathrm{n}^2 - \frac{G_0 Mm}{r} = \frac{1}{2}mv_1^2 - \frac{G_0 Mm}{r_1} \tag{3}$$

$$\frac{1}{2}mv_\mathrm{t}^2 + \frac{1}{2}mv_\mathrm{n}^2 - \frac{G_0 Mm}{r} = \frac{1}{2}mv_2^2 - \frac{G_0 Mm}{r_2} \tag{4}$$

由牛顿运动定律可知

$$\frac{G_0 Mm}{r^2} = \frac{mv_\mathrm{t}^2}{r}$$

即

$$G_0 M = v_\mathrm{t}^2 r \tag{5}$$

将式(1)~(5)联立,可解得

$$r_2 = \frac{v_\mathrm{t} r}{v_\mathrm{t} - v_\mathrm{n}} = 7397\mathrm{km}, \quad r_1 = \frac{v_\mathrm{t} r}{v_\mathrm{t} + v_\mathrm{n}} = 7013\mathrm{km}$$

所以,远地点距离地面的高度

$$h_2 = r_2 - R = 997\mathrm{km}$$

近地点距离地面的高度

$$h_1 = r_1 - R = 613\mathrm{km}$$

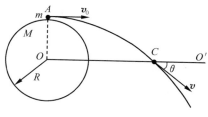

图 3-16　例题 4 用图

例题 4　质量为 m 的小球 A,以速度 v_0 沿质量为 M、半径为 R 的地球表面切向水平向右飞出,如图 3-16 所示. 地轴 OO' 与 v_0 平行,小球 A 的运动轨道与轴 OO' 相交于点 C,$OC=3R$. 若不考虑地球自转和空气阻力,求小球 A 在点 C 的速度与 OO' 轴之间的夹角 θ.

解 取地球与小球 A 为系统,在运动过程中,系统只受保守内力——万有引力作用,系统的机械能守恒. 所以小球在 C 点时的机械能与初始时刻相等,即

$$\frac{1}{2}mv_0^2 - \frac{GMm}{R} = \frac{1}{2}mv^2 - \frac{GMm}{3R}$$

由于万有引力是有心力,所以小球对地心 O 的角动量守恒,即

$$Rmv_0 = 3Rmv\sin\theta$$

由上两式联立,可解得

$$\sin\theta = \frac{v_0}{3}\sqrt{\frac{3R}{3Rv_0^2 - 4GM}}v_0$$

$$\theta = \arcsin\left[\frac{v_0}{3}\sqrt{\frac{3R}{3Rv_0^2 - 4GM}}v_0\right]$$

例题 5 要使物体脱离地球的引力范围,求从地面发射该物体的速度最小值为多大?

解 设物体的质量为 m,选物体和地球为研究系统. 如忽略空气阻力,系统在运动过程中,只有保守力——万有引力做功,所以系统的机械能守恒. 以 v_0 表示物体离开地面时的速度,以 v 表示物体到地心 O 的距离为 r 时的速度. 选取无限远处为万有引力势能的零点,由机械能守恒定律得到

$$\frac{1}{2}mv_0^2 + \left(-G\frac{Mm}{R}\right) = \frac{1}{2}mv^2 + \left(-G\frac{Mm}{r}\right)$$

式中 G 为万有引力常量,M、m 分别为地球和被发射物体的质量,R 为地球的半径. 上式两边约去 m,得

$$v_0^2 - 2gR = v^2 - \frac{2GM}{r}$$

式中 $g = \dfrac{GM}{R^2}$,"物体脱离地球的引力范围"的数学表示是

$$\text{当 } r \rightarrow \infty \text{ 时,} \quad v \geqslant 0$$

所以要使物体脱离地球的引力范围,必须满足

$$v_0^2 - 2gR \geqslant 0$$

由此可得发射该物体的最小速度为

$$v = \sqrt{2Rg} = \sqrt{2 \times 6.4 \times 10^6 \times 9.8} = 1.12 \times 10^4 \,(\text{m/s})$$

地球半径 $R = 6.4 \times 10^6$ m. 上述速度称为第二宇宙速度或称为脱离地球的逃逸速度.

同理,可求得逃逸任一天体的速度为 $\sqrt{2G_0M/R}$. 其中 M 为该天体的质量,R 为天体半径. 如果某一天体的密度非常大(即 M 非常大,而 R 又非常小),那么脱离该天体的逃逸速度就非常大,如逃逸速度接近光速大小,则从这天体上发射的光线仍将被天体吸

引而不得逃逸,这样人们就不能观察到该天体所发射的光,而且一切物体经过该天体时都将被它的引力所吸引,这样的天体称为"黑洞".黑洞现已成为科学上一个有待深入研究的课题.

习　题

1. 已知某人造卫星的近地点高度为 h_1,远地点高度为 h_2,地球的半径为 R_e. 试求卫星在近地点和远地点处的速率.

2. 质量同为 m 的两个小球系于一条轻弹簧的两端后,放在光滑水平桌面上,弹簧处于自由长度状态,长为 a,它的劲度系数为 k. 今使两小球同时受水平冲量作用,各获得与连线垂直的、等值反向的初速度 v_0. 若在以后运动过程中弹簧可达到的长度为 $b=2a$,试求两小球的初速度 v_0.

3. 两劲度系数分别为 k 和 $2k$ 的弹簧串联起来,如图所示. 下面挂重量为 P 的物体,则两弹簧均被拉长,具有相应的弹性势能 E_{pA} 和 E_{pB},求 E_{pA} 和 E_{pB} 的关系.

4. 角动量为 L,质量为 m 的人造地球卫星,在半径为 r 的圆形轨道上运行,试求卫星的动能、地球和卫星系统的势能和总能量.

5. 一质量为 m_1 与另一质量为 m_2 的质点间有万有引力作用. 试求使两质点间的距离由 x_1 增加到 $x=x_1+d$ 时需要做的功.

6. 设两粒子之间的相互作用力为排斥力,其变化规律为 $f=k/r^3$,k 为常数. 若取无穷远处为零势能参考位置,试求两粒子相距为 r 时的势能.

7. 一个质子在一个大原子核附近的势能曲线如图所示. 若在 $r=r_0$ 处释放质子,问:(1)在离开大原子核很远的地方,质子的速率为多大?(2)如果在 $r=2r_0$ 处释放质子呢?

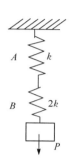

习题 3 图

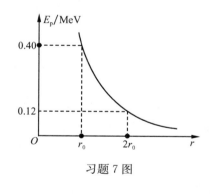

习题 7 图

8. 两核子之间的相互作用势能,在某种准确程度上可以用汤川势 $E_p(r)=-E_0\left(\dfrac{r_0}{r}\right)e^{-r/r_0}$ 来表示,式中 E_0 约为 50MeV,r_0 约为 1.5×10^{-15} m.(1)试求两个核子之间的相互作用力 F 与它们之间距离 r 的函数关系;(2)求 $r=r_0$ 时相互作用力的值;(3)求 $r=2r_0$,$r=5r_0$,$r=10r_0$ 时作用力的值,并通过比较解释什么是短程力.

由以上的计算结果知,当 r 增大时,F 值迅速减小,即 F 只在 r 比较小的范围内(数量级均为 10^{-14} m)有明显作用,这种力就叫做短程力.

9. 一质量为 m 的中子与一质量为 m' 的原子核作完全弹性碰撞,如果中子的初始动能为 E_0,试证明在碰撞过程中中子动能损失的最大值是 $\dfrac{4mm'E_0}{(m+m')^2}$.

10. 质量分别为 m_1 和 m_2 的粒子相距 l,开始时均处于静止状态,其间仅有万有引力相互作用. 问:
(1)假设 m_1 固定不动,m_2 将经过多长时间与 m_1 相碰.
(2)假设 m_1 也可动,两者将经过多长时间相碰.

§3.5 碰 撞

两物体在相互接触(或接近)中发生强烈相互作用,并使其运动状态急剧变化的过程称为碰撞. 碰撞非常普遍,例如,击球、打桩、锻压、天体的碰撞等. 碰撞过程的时间非常短,相互作用的内力非常大,作用于系统上的外力都相对很小,在碰撞过程中外力作用于系统的冲量可以忽略不计. 所以可以认为,在碰撞过程中系统的动量是守恒的.

在碰撞过程中,内力可能做功. 内力的功可以改变系统的动能. 所以,按照碰撞前后系统的总动能是否发生变化,可以把碰撞分为两类:一类是碰撞前后系统的总动能相等的碰撞称为完全弹性碰撞. 例如,钢球之间的碰撞可以看作完全弹性碰撞. 原子、原子核与微观粒子之间的碰撞是严格的完全弹性碰撞. 另一类是碰撞后系统的总动能减小的碰撞,称为非完全弹性碰撞. 或者说,在非完全弹性碰撞过程中有动能转变成非机械能形式的能量. 由此看来,完全弹性碰撞过程中,前半程两物体的形变逐渐增加,动能转变成与形变对应的弹性势能,后半程形变恢复,弹性势能转变为系统的动能. 系统之间相互作用的内力是保守力,在整个碰撞过程中系统的机械能不变. 在非完全弹性碰撞中有一种特例,就是两个物体在碰撞后合为一体,形变完全不能恢复,这种碰撞称为完全非弹性碰撞.

一、完全弹性碰撞

设两个质量分别为 m_1、m_2 的小球,碰撞前两球的速度分别为 v_{10}、v_{20},碰撞后两球的速度分别为 v_1、v_2. 根据动量守恒定律

$$m_1\boldsymbol{v}_1 + m_2\boldsymbol{v}_2 = m_1\boldsymbol{v}_{10} + m_2\boldsymbol{v}_{20} \tag{3-60}$$

在完全弹性碰撞中,碰撞前后系统的动能相等,即

$$\frac{1}{2}m_1 v_1^2 + \frac{1}{2}m_2 v_2^2 = \frac{1}{2}m_1 v_{10}^2 + \frac{1}{2}m_2 v_{20}^2 \tag{3-61}$$

式(3-60)和式(3-61)表示了完全弹性碰撞的基本特点,是处理完全弹性碰撞问题的基本方程.

应该注意:式(3-60)是矢量式,根据碰撞前两球速度的方向与两球球心的连线是否在同一条直线上,可以把碰撞分为两类:碰撞前后两球的速度的方向都与两球球心的连线在同一条直线上,这样的碰撞称为对心碰撞或正碰撞. 碰撞前后两球的速度方向与两球球心的连线不在同一条直线上,这样的碰撞称为非对心碰撞,或斜碰撞. 本节只研究对心碰撞.

如图 3-17 所示,两个小球在光滑水平面桌面上作对心式完全弹性碰撞. 由于两小球的速度都沿同一条直线,取 m_1 的速度 v_{10} 的方向为正方向,式(3-60)可写成标量式

$$m_1 v_{10} + m_2 v_{20} = m_1 v_1 + m_2 v_2 \tag{3-62}$$

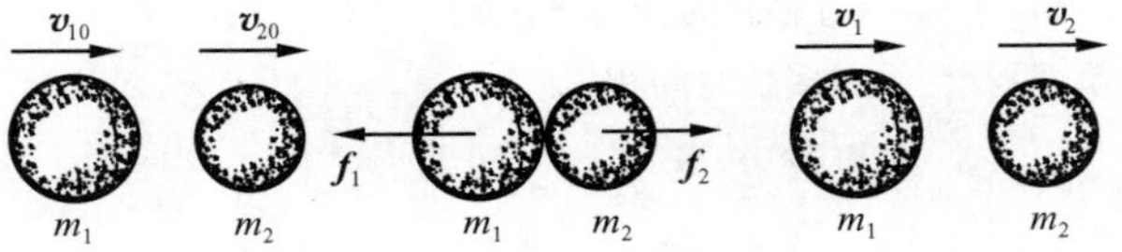

图 3-17　两球的对心碰撞

由式(3-61)和式(3-62)可解得

$$v_1 = \frac{m_1 - m_2}{m_1 + m_2} v_{10} + \frac{2m_2}{m_1 + m_2} v_{20} \tag{3-63}$$

$$v_2 = \frac{2m_1}{m_1 + m_2} v_{10} + \frac{m_2 - m_1}{m_1 + m_2} v_{20} \tag{3-64}$$

由式(3-63)和式(3-64)可得几种特殊情况:

(1) 当 $m_1 = m_2$ 时, $v_1 = v_{20}$, $v_2 = v_{10}$,即碰撞使两小球交换速度.若碰撞前 m_2 静止,即 $v_{20} = 0$,则碰撞后 $v_1 = 0$, $v_2 = v_{10}$.也就是 m_1 去碰撞静止的 m_2,碰撞后, m_1 突然静止, m_2 以 m_1 的原有速度前进, m_1 的动能传给了 m_2.

(2) 当 $m_1 \ll m_2$,且 $v_{20} = 0$ 时,由式(3-63)和式(3-64)可得 $v_1 \approx -v_{10}$, $v_2 \approx 0$.这说明,一个质量很小的球去碰一个质量很大的静止球,结果质量小的球以原来的速率弹回,而大球仍几乎保持静止.乒乓球与铅球的碰撞即是如此.容器中气体分子与器壁的碰撞是完全弹性碰撞.碰撞后分子被原速弹回.

(3) 当 $m_1 \gg m_2$,且 $v_{20} = 0$ 时,由式(3-63)和式(3-64)可得 $v_1 \approx v_{10}$, $v_2 \approx 2v_{10}$.这说明,一个质量很大的球去碰一个质量很小的静止球时,结果质量大的球的速度几乎不变,而质量小的球以 2 倍于质量大的球的速度前进.

二、完全非弹性碰撞

质量为 m_1 和 m_2 的小球,碰撞前的速度分别为 v_{10}、v_{20},经对心碰撞后结合为一体,设它们的共同速度为 v,根据动量守恒定律,有

$$(m_1 + m_2)v = m_1 v_{10} + m_2 v_{20}$$

所以

$$v = \frac{m_1 v_{10} + m_2 v_{20}}{m_1 + m_2} \tag{3-65}$$

碰撞过程中动能的损失为

$$\begin{aligned}
\Delta E_k &= \frac{1}{2} m_1 v_{10}^2 + \frac{1}{2} m_2 v_{20}^2 - \frac{1}{2}(m_1 + m_2)\left(\frac{m_1 v_{10} + m_2 v_{20}}{m_1 + m_2}\right)^2 \\
&= \frac{1}{2} \frac{m_1 m_2}{m_1 + m_2}(v_{10} - v_{20})^2
\end{aligned} \tag{3-66}$$

三、恢复系数

前面已经分析,碰撞过程都遵守动量守恒定律,即式(3-60)总是成立.在对心碰撞中,可写成式(3-62).在非完全弹性碰撞中,碰撞前后系统的动能不再相等,要求出碰撞后两球速度 v_1 和 v_2,还需要一个方程式.这个方程式取决于两球的弹性.牛顿总结了大量实验结果,提出:在一维对心碰撞中,碰撞后两球的分离速度($v_2 - v_1$)与碰撞前两球的接近速度($v_{10} - v_{20}$)成正比,比值由两球的材料决定,即

$$e = \frac{v_2 - v_1}{v_{10} - v_{20}} \tag{3-67}$$

通常称 e 为恢复系数.

联立解式(3-62)和式(3-67),可得

$$v_1 = v_{10} - \frac{(1+e)m_2(v_{10}-v_{20})}{m_1+m_2} \tag{3-68}$$

$$v_2 = v_{20} + \frac{(1+e)m_1(v_{10}-v_{20})}{m_1+m_2} \tag{3-69}$$

令 $e=1$,得到完全弹性碰撞情形下碰撞后的速度公式,即式(3-63)和式(3-64).令 $e=0$,得到完全非弹性碰撞情形下碰撞后的速度公式,即式(3-65).由式(3-68)和(3-69)可求得碰撞过程中系统的动能损失为

$$\begin{aligned}\Delta E_k &= \left(\frac{1}{2}m_1v_{10}^2 + \frac{1}{2}m_2v_{20}^2\right) - \left(\frac{1}{2}m_1v_1^2 + \frac{1}{2}m_2v_2^2\right)\\ &= \frac{(1-e^2)m_1m_2(v_{10}-v_{20})^2}{2(m_1+m_2)}\end{aligned} \tag{3-70}$$

上式表明,动能损失与碰撞前两物体的接近速度的平方成正比,并与恢复系数 e 有关.当 $e=1$ 时,$\Delta E_k=0$,为完全弹性碰撞;当 $e=0$ 时,$\Delta E_k=\dfrac{m_1m_2(v_{10}-v_{20})^2}{2(m_1+m_2)}$,为完全非弹性碰撞;对于一般的非完全弹性碰撞,$0<e<1$. e 值用实验的方法测定(表 3-1).

表 3-1　几种材料的恢复系数

材　料	玻璃与玻璃	铝与铝	铁与铅	钢与软木
e 值	0.93	0.20	0.12	0.55

四、恢复系数的其他定义和一类现象的规律的表示方法

客观规律是事物运动过程中固有的、本质的、必然的、稳定的联系.定律是客观规律的表示方法.定律是人为的.任何一种能反映规律本质的描述都是正确的表示方法.不同表示具有不同的优点,或从不同的侧面反映客观规律.反映规律的本质更深刻的表示方法是更好的表示方法.碰撞是一类物理现象,其规律是客观的.牛顿碰撞定律是碰撞现象的规律的一种表示方法,其核心是恢复系数的定义.牛顿用恢复系数把碰撞这一类现象统一了起来.

1."恢复系数"的其他定义

各种不同质小球(质点)的对心碰撞过程中,两质点组成的系统的动量守恒,非完全弹性碰撞后系统的动能减小.不同材质的小球,碰撞后总动能减小的量不同.因此可以直接根据动能减小量的多少表示碰撞的特性,即可以用系统动能的减少量 $\Delta E=E_0-E$ 与碰撞前的动能 $E_0=\dfrac{1}{2}m_1v_{10}^2 + \dfrac{1}{2}m_2v_{20}^2$ 的比值表示碰撞的特性,所以,"恢复系数"(姑且仍然称为恢复系数)可以定义为

$$e_1 = \frac{\Delta E}{E_0} = \frac{E_0 - E}{E_0} = 1 - \frac{m_1 v_1^2 + m_2 v_2^2}{m_1 v_{10}^2 + m_2 v_{20}^2} \tag{3-71}$$

式中 $E = \frac{1}{2} m_1 v_1^2 + \frac{1}{2} m_2 v_2^2$ 是碰撞后系统的动能. 当然也可以把碰撞后系统的动能 E 与碰撞前的动能 E_0 的比定义为恢复系数,即

$$e_2 = \frac{E}{E_0} = \frac{m_1 v_1^2 + m_2 v_2^2}{m_1 v_{10}^2 + m_2 v_{20}^2} \tag{3-72}$$

根据柯尼希定理:质点系的动能等于各质点相对质心的动能(相对动能)与质心动能的总和. 设两质点组成的质点系的质心的动能为 E_c,所以

$$E = E_c + E_{相对}$$

碰撞过程中系统的动量守恒,质心的速度不变,质心的动能 E_c 也不变,损失的是相对动能 $E_{相对}$. 所以,恢复系数也可以根据相对动能损失的比例进行定义. 例如可以定义为系统损失的相对动能 $\Delta E_{相对} = E_{相对0} - E_{相对}$ 与碰撞前的相对动能 $E_{相对0}$ 的比值,即

$$e_3 = \frac{\Delta E_{相对}}{E_{相对0}} \tag{3-73}$$

容易想到,也可以把碰撞后系统的相对动能 $E_{相对}$ 与碰撞前系统的相对动能 $E_{相对0}$ 的比定义为恢复系数,即

$$e_4 = \frac{E_{相对}}{E_{相对0}} \tag{3-74}$$

对于两个沿同一直线运动的(小球)质点的对心碰撞,设两质点碰撞前相对参考系 S 的速度分别为 v_{10} 和 v_{20},相对质心参考系的速度分别为 v'_{10} 和 v'_{20};碰撞后两质点相对 S 系的速度分别为 v_1 和 v_2,相对质心参考系的速度分别为 v'_1 和 v'_2. 碰撞后两质点的分离速度(相对速度)为

$$u = v_2 - v_1$$

由于相对速度与参考系无关,碰撞后两质点的分离速度也可写为

$$u = v'_2 - v'_1$$

由于质心参考系是零动量参考系,即

$$m_1 v'_1 + m_2 v'_2 = 0$$

由上面两式可解得

$$v'_1 = \frac{m_2 u}{m_1 + m_2}$$

$$v'_2 = -\frac{m_1 u}{m_1 + m_2}$$

碰撞后质点系的相对动能为

$$E_{相对} = \frac{1}{2} m_1 v'^2_1 + \frac{1}{2} m_2 v'^2_2 = \frac{1}{2} m_1 \left(\frac{m_2 u}{m_1 + m_2}\right)^2 + \frac{1}{2} m_2 \left(\frac{m_1 u}{m_1 + m_2}\right)^2$$

$$= \frac{1}{2}\left[\frac{m_1 m_2^2}{(m_1+m_2)^2}+\frac{m_1^2 m_2}{(m_1+m_2)^2}\right]u^2 = \frac{1}{2}\frac{m_1 m_2}{m_1+m_2}u^2 = \frac{1}{2}\mu u^2 \tag{3-75}$$

式中 $\mu=\dfrac{m_1 m_2}{m_1+m_2}$，称为两质点的折合质量.

碰撞前两质点的接近速度（相对速度）为

$$u_0 = v_{10} - v_{20}$$

由于相对速度与参考系无关，碰撞前两质点的接近速度（相对速度）也可写为

$$u_0 = v'_{10} - v'_{20}$$

在质心参考系中有

$$m_1 v'_{10} + m_2 v'_{20} = 0$$

碰撞前质点系的相对动能

$$E_{相对0} = \frac{1}{2}\mu u_0^2$$

把 $E_{相对} = \dfrac{1}{2}\mu u^2$ 和 $E_{相对0} = \dfrac{1}{2}\mu u_0^2$ 代入式（3-73）和式（3-74）

$$e_3 = \frac{\Delta E_{相对}}{E_{相对0}} = 1 - \frac{E_{相对}}{E_{相对0}} = 1 - \frac{(v_1-v_2)^2}{(v_{10}-v_{20})^2} \tag{3-76}$$

$$e_4 = \frac{E_{相对}}{E_{相对0}} = \frac{(v_2-v_1)^2}{(v_{10}-v_{20})^2} \tag{3-77}$$

容易想到，e、e_1、e_2、e_3 和 e_4 的倒数也可以作为"恢复系数"的定义.这样看来，"恢复系数"可以有多种不同的定义，各种定义从不同的侧面反映了碰撞的特征，并把不同性质的碰撞概括和统一起来.

2. 定义"恢复系数"的原则

从理论上看，对于对心碰撞，碰撞定律要解决的问题是：已知在同一直线上运动的两个质点的质量 m_1、m_2 和速度 v_{10}、v_{20}，如何确定碰撞后两物体的速度 v_1、v_2 的问题.由于各种碰撞过程的共同特点是系统的动量守恒，由此可以得到一个方程

$$m_1 v_{10} + m_2 v_{20} = m_1 v_1 + m_2 v_2$$

要确定 v_1、v_2，还需要一个方程.这个方程应该是动量守恒的以外的其他碰撞特征的表示.不同物质小球的碰撞特征不同，这个特征与小球碰撞过程中发生形变的恢复程度，即与物质的弹性有关.因此，需要找到，或者定义一个能够表示不同物质小球碰撞时的弹性特征的性质参数，用这个参数把各种碰撞概括和统一起来.显然这个参数的定义中必须包含两物体碰撞后的速度 v_1、v_2，并且独立于动量守恒方程.如果能够定义多个这样的参数，可以根据其他条件比较它们的优缺点，从而选择一种定义方法.至于定义的参数叫什么名字并不重要，可分析其物理意义后命名（以上仍称为"恢复系数"）.我们不知道牛顿当初是如何想的，但从科学思想方法的角度可以作如下简要分析.

描述质点运动的物理量有速度、动量和动能.碰撞前后两小球的速度、动量和动能发生了变化，不同物质小球的碰撞速度、动量和动能的变化不同.依据速度的变化可以定义参数

$$e = \frac{v_2 - v_1}{v_{10} - v_{20}}$$

这是牛顿定义的恢复系数. 依据动能的变化可以定义上面所述的 e_1、e_2、e_3 和 e_4 以及它们的倒数.

3. 不同恢复系数的比较

牛顿定义的恢复系数具有简单、便于测量的特点. 取值范围是, 完全弹性碰撞, $e=1$; 完全非弹性碰撞, $e=0$; 非完全弹性碰撞, $0<e<1$, 取值范围非常美观. 材料的弹性越强, 碰撞过程的前一阶段发生的形变在后一阶段恢复越充分, 这样定义的恢复系数 e 越大. 完全弹性碰撞, 形变完全恢复, $e=1$; 完全非弹性碰撞, 形变完全不能恢复, $e=0$. 这种取值范围既美观也符合通常习惯, 但 e 没能明确表示出碰撞过程中损失的是相对动能这一本质. 而 $e' = \frac{1}{e}$ 的取值范围是, 完全弹性碰撞, $e'=1$; 完全非弹性碰撞, $e'=\infty$; 非完全弹性碰撞, $1<e'<\infty$. 材料的弹性越大, 形变恢复越充分, 但 e' 越小. e' 显然不可再称为"恢复系数". e' 是材料的一个性质参数, 性质参数用无穷大表示也不符合通常习惯.

碰撞过程中有动能损耗, 用动能损耗的比例表征材料的弹性是合适的. 但是, 在 e_1 和 e_2 中包含 m_1、m_2. 这说明, e_1、e_2 不能表示材料的性质. 所以不能用作恢复系数.

$e_3 = \frac{\Delta E_{相对}}{E_{相对0}} = 1 - \frac{(v_1 - v_2)^2}{(v_{10} - v_{20})^2}$ 的取值范围是, 完全弹性碰撞, $e_3=0$, 完全非弹性碰撞和非完全弹性碰撞都是 $0<e_3<1$, 且材料的弹性越强, 形变恢复越充分, e_3 越小, e_3 可称为 (相对动能) 损耗系数.

$e_4 = \frac{E_{相对2}}{E_{相对1}} = \frac{(v_2 - v_1)^2}{(v_{10} - v_{20})^2}$, 从形式上看, $e_4 = e^2$, 由此看出, e_4 具有 e 的一切优点, 不仅如此, e_4 比 e 更深刻地反映了碰撞的特征: 在完全非弹性碰撞和非完全弹性碰撞过程中损失的是相对动能. 所以, 从上述观点看来, 按 $e_4 = \frac{E_{相对2}}{E_{相对1}} = \frac{(v_2 - v_1)^2}{(v_{10} - v_{20})^2}$ 定义的恢复系数比按 $e = \frac{v_2 - v_1}{v_{10} - v_{20}}$ 定义的恢复系数更好.

其他各种"倒数"式定义的优缺点的分析比较不再赘述.

4. 结论

牛顿碰撞定律实际上是用恢复系数 $e = \frac{v_2 - v_1}{v_{10} - v_{20}}$ 把碰撞这一类现象归纳和统一起来的理论. 实际上, 对实验或观测得到的各种现象进行归纳和统一的关键是找出这些现象之间的本质区别和内在联系, 最好能用数学的语言把这种区别和联系表示出来, 从而建立一类现象的基本定律. 任何一种能够把区别和联系正确表示出来的方法, 都是好的表示方法. 反映现象的本质更深刻、表达形式更简洁的方法则是更好的表示方法.

5. 敢于挑战,学会创新

爱因斯坦曾经说过,"因为我对权威的轻蔑,所以命运惩罚我,使我自己竟也成了权威."青年学生应该敢于向权威挑战,学会向权威挑战.法国著名的哲学家和数学家笛卡儿是二元论世界观和怀疑论的代表人物,他提出"要想追求真理,我们必须在一生中尽可能地把所有的事物都来怀疑一遍",甚至"我们还要怀疑我们一向认为最确定的其他事物,甚至于要怀疑数学的解证,以及我们一向认为不证自明的那些原理."笛卡儿是对牛顿的思想产生过较大影响的人.本书写"恢复系数的其他定义和一类现象的规律的表示方法"的目的是想通过这个实例培养学生敢于怀疑权威,敢于创新,学会创新的思路和方法.这是优秀科学理论工作者和优秀工程技术工作者应具备的科学素质.写"恢复系数的其他定义和一类现象的规律的表示方法"的目的不是要鼓吹把牛顿定义的恢复系数 $e = \dfrac{v_{10} - v_{20}}{v_2 - v_1}$ 改为 $e = \dfrac{(v_{10} - v_{20})^2}{(v_2 - v_1)^2}$. 因为定义 $e = \dfrac{v_{10} - v_{20}}{v_2 - v_1}$ 能使碰撞问题得到圆满解决,并且这一方法已经使用了很长时间,要想改变它要涉及的问题太多.但是,如果你在以后的工作中遇到类似的问题,就可以应用类似的方法找到解决问题的可行方法,比较各个可行方法的优劣,确定最好的方法.

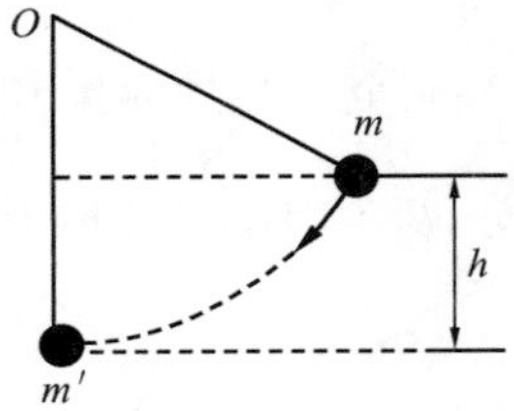

图 3-18   例题 1 用图

例题 1   质量分别为 m 和 m' 的两个小球,系于等长线上,构成连于同一悬挂点的单摆,如图 3-18 所示.将 m 拉至高 h 处,由静止释放.在下列情况下,求两球上升的高度.(1)碰撞是完全弹性的;(2)碰撞是完全非弹性的.

解   (1)碰撞前小球 m 的速度 $v_0 = \sqrt{2gh}$,由于碰撞是完全弹性的,所以满足动量守恒,并且碰撞前后动能相等.设两小球碰撞后的速度分别为 v 和 v',则有

$$mv + m'v' = mv_0 = m\sqrt{2gh}$$

$$\frac{1}{2}mv^2 + \frac{1}{2}m'v'^2 = \frac{1}{2}mv_0^2 = mgh$$

可解得

$$v = \frac{m - m'}{m + m'}\sqrt{2gh}$$

$$v' = \frac{2m}{m + m'}\sqrt{2gh}$$

设碰撞后 m 和 m' 上升的高度分别为 H 和 H',则有

$$\frac{1}{2}mv^2 = mgH, \quad \frac{1}{2}m'v'^2 = m'gH'$$

由此可得

$$H = \left(\frac{m-m'}{m+m'}\right)^2 h, \quad H' = \left(\frac{2m}{m+m'}\right)^2 h$$

（2）完全非弹性碰撞,设两球的共同速度为 u,由动量守恒定律可得

$$(m+m')u = mv_0 = m\sqrt{2gh}$$

所以

$$u = \frac{m}{m+m'}\sqrt{2gh}$$

二球上升的高度为

$$H = \frac{u^2}{2g} = \left(\frac{m}{m+m'}\right)^2 h$$

例题 2　热中子被静止氦核散射. 已知氦核的质量为 M,热中子的质量为 m,且 $M/m = 4$,散射可视为完全弹性碰撞. 已知中子的散射角 $\theta = 111°$,如图 3-19 所示. 求中子在散射过程中损失了多少能量?

解　设中子被散射前的速度为 v_{10},散射后中子和氦核的速度分别为 v_1 和 v_2,φ 为 v_2 与 v_{10} 间的夹角,由动量守恒和机械能守恒定律可得

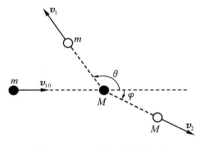

图 3-19　中子被氦核散射

$$mv_{10} = mv_1\cos\theta + 4mv_2\cos\varphi$$
$$mv_1\sin\theta - 4mv_2\sin\varphi = 0$$
$$\frac{1}{2}mv_{10}^2 = \frac{1}{2}mv_1^2 + \frac{4}{2}mv_2^2$$

化简得

$$4v_2\cos\varphi = v_{10} - v_1\cos\theta$$
$$4v_2\sin\varphi = v_1\sin\theta$$
$$4v_2^2 = v_{10}^2 - v_1^2$$

以上三式联立,解得

$$v_1 = 0.706v_{10}$$

散射后与散射前中子动能之比为

$$\frac{E_k}{E_{k0}} = \frac{v_1^2}{v_{10}^2} = 0.706^2 \approx 0.50$$

所以动能约损失了 50%.

习　　题

1. 求证:两个小球在一维弹性碰撞过程中,最大弹性形变势能为

$$E_{pmax} = \frac{m_1 m_2}{2(m_1+m_2)}(v_{10} - v_{20})^2$$

式中 m_1、m_2 是小球的质量,v_{10}、v_{20} 是碰撞前小球的速率.

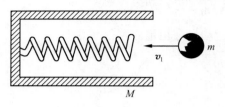

习题 2 图

2. 如图所示,将质量为 m 的球,以速率 v_1 射入最初静止于光滑平面上的质量为 M 的弹簧枪内,使弹簧达到最大压缩点,这时球体和弹簧枪以相同的速度运动. 假设在所有的接触中无能量损耗,试问球的初动能有多大部分储存于弹簧中?

3. 在核反应堆中,石墨被用作快速中子的减速剂,裂变产生的快中子的质量为 1 个原子质量单位(记作 $1u$),石墨原子质量为 $12u$. 若中子与石墨原子作弹性碰撞,试计算:(1)碰撞后中子的速率.(2)碰撞过程中中子的能量损失多少? 设碰撞前中子的动能为 E_0.

4. 一个炮弹竖直向上发射,初速度为 v_0,发射后经时间 t 在空中自动爆炸,假设爆炸后分成质量相同的 A、B、C 三块碎片. 其中 A 块的速度为零,B、C 两块的速度大小相同,且 B 块速度方向与水平成 α 角,求 B、C 两块的速度(大小和方向).

5. 质量为 7.2×10^{-23} kg,速度为 6.0×10^6 m/s 的粒子 A,与另一个质量为其一半的静止粒子 B 碰撞,假定碰撞是完全弹性碰撞,碰撞后粒子 A 的速度为 5.0×10^6 m/s,求:(1)粒子 B 的速率与偏转角;(2)粒子 A 的偏转角.

6. 地面上竖直安放着一个劲度系数为 k 的弹簧,其顶端连接一个静止的、质量为 m' 的物体,有一质量为 m 的物体,从距离顶端为 h 处自由落下,与质量为 m' 的物体作完全非弹性碰撞. 求证弹簧对地面的最大压力为 $F_{\max} = (m+m')g + mg\sqrt{1 + \dfrac{2kh}{(m+m')g}}$.

7. 一个球从高为 h 处自由落下,落在地板上,设球与地板碰撞的恢复系数为 e. 试证:(1)该球停止回跳经过的时间为 $t = \dfrac{1+e}{1-e}\sqrt{\dfrac{2h}{g}}$;(2)在上述时间内,球经过的路程是 $s = \dfrac{1+e^2}{1-e^2}h$.

8. 一升降电梯以 1.5m/s 的速度匀速上升,一静止于地面上的观察者自某点将球自由释放,释放处比电梯的地板高 6.4m,球和地板之间的恢复系数是 0.5. 求球第一次回跳的最高点与释放处的距离.

9. 一个质量为 m 的铁块静止于质量为 m_0 的劈尖上,劈尖静止在水平桌面上. 劈尖与桌面之间的夹角为 α,设所有的接触面都是光滑的. 当铁块位于劈尖上、高出桌面 h 时,这个铁块劈尖系统由静止开始运动. 当铁块落到桌面上时,劈尖的速度有多大?

10. 在图示的系统中,两个摆球并列悬挂,其中摆球 A 的质量为 $m_1 = 0.4$kg,摆球 B 的质量为 $m_2 = 0.5$kg,摆线竖直时,球 A 与球 B 刚好接触. 现将 A 拉过 $\theta_1 = 40°$ 后释放,当它与 B 碰撞后恰好静止. 求:(1)当 B 再次与 A 碰撞后,A 能摆升的最高位置 θ_2;(2)碰撞的恢复系数.

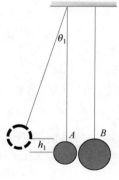

习题 10 图

11. 大小相同,质量分别为 m 和 $2m$ 的四个球(如图所示)静止在光滑水平面上,使左边的质量为 $2m$ 的球以速度 v 与第二个球作弹性碰撞. 求各球的最终速度.

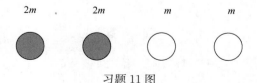

$2m$　　　$2m$　　　m　　　m

习题 11 图

12. 如图所示,弹簧的一端与质量为 m_2 的物体连接,另一端与质量可忽略的挡板连接,它们静止在光滑的水平桌面上,弹簧的劲度系数为 k. 今有一质量为 m_1,速度为 v_0 的物体向弹簧运动并与挡板发生正碰撞. 求弹簧被压缩的最大长度.

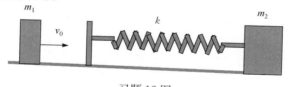

习题 12 图

13. 在《自然哲学的数学原理》一书中,牛顿提到,他在一组碰撞试验中发现,某种材料的两个物体分离时的相对速度是它们接近时的 5/9. 假设原先不动的物体的质量为 m_0,另一物体的质量为 $2m_0$,以速度 v_0 与前者相碰,求两物体的末速度.

*§3.6　潮　汐

“昼涨称潮,夜涨称汐”. 潮汐主要是月球对海水的引力造成的,太阳的引力对潮汐也有一定作用. 潮汐现象的特点是每昼夜有两次高潮,而不是一次. 对应的是覆盖地球的海面上同时有两个凸起的部分. 在理想的情况下,它们应分别在离月球最近的地方和离月球最远的地方. 潮汐现象中有两个问题容易引起困惑:离月球最近的地方月球的引力最大,海水凸起是容易理解的,离月球最远的地方引力最小,海水为什么凸起?

潮汐是万有引力造成的现象,由万有引力定律

$$F = G\frac{Mm}{r^2}$$

容易得到太阳和月球对地球上同一质量为 m 的海水粒的引力之比为

$$\frac{M_s r_m^2}{M_m r_s^2} = \frac{1.99 \times 10^{30} \times (3.84 \times 10^8)^2}{7.36 \times 10^{22} \times (1.50 \times 10^{11})^2} \approx 177$$

式中 M_s 和 M_m 分别是太阳和月球的质量,r_s 和 r_m 分别是地心到太阳和月球中心的距离. 上述结果表明太阳对海水的引力比月球对海水的引力大得多,为什么实际上对潮汐起主要作用的是月球的引力呢?

一、引潮力

为了便于理解上述两个问题,先想一想吹气球的情况. 气球被吹圆以后,球上任一面元受到的向外的力和向内的力相等而达到平衡. 再向气球内充气,气球内向外的压力均匀增加,因形变而产生的由外向内的弹力也增加,气球仍然是球形,并不产生凸起. 由此可以得到结论:各处均匀向外或向内的力的大小对弹性球的形状不产生影响. 如果在球面上某处的面积上附加一个向外的拉力,该处就会失去平衡而向外凸出. 如果在球面上某处向内的力减小,该处也会失去平衡而向外凸出. 凸出后将达到新的平衡. 例如,用手捏住球上一点用力向外拉时,该处球面向外凸出来. 这类似于离月球最近处的凸起. 如果把一个连在抽气机上的漏斗扣在球上,当抽气机抽气后,可看到球面上被漏斗扣住的部分也向外凸出来. 这类似于离月球最远处的凸起. 这说明:在球面上形成凸起的不是向外的或向内的力的大小,而是作用在球面上的力的不均匀性. 力的不均匀性越大的地方,凸出的高度越高.

在§3.1中计算过,地月系统的质心在其中心连线上、在离地心约$\frac{3}{4}R_e$(R_e是地球的半径)的地方. 如果不考虑太阳和其他行星对它们的作用,地月系统的质心参考系是一个惯性系. 地球自转造成的惯性离心力计算在海水的视重当中,因此可以忽略地球的自转. 所以地球整体相对质心参考系的运动是平动,如图3-20所示. 地球上不同点绕不同的圆心作半径相同的圆周运动,各点的加速度a_c相等,且总是平行于地球和月球中心的连线. 对于地心处的、质量为m的质点,月球作用于它的万有引力与惯性离心力ma_c相等,都是$ma_c=\frac{GM_m m}{r_m^2}$. 地心参考系是一个非惯性系,覆盖地球表面的海水在月球引力和惯性离心力的作用下达到平衡.

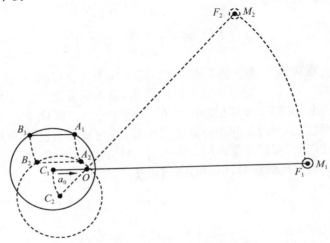

图 3-20　不考虑地球自转时地球绕地月质心的转动

对地球上同一地点的海水粒,太阳的引力比月球的引力大,由于太阳到地球的距离远大于月球到地球的距离,所以,太阳对地球上不同地方的海水粒的引力的不均匀性小. 月球的引力尽管较小,但到地球的距离近,对地球上不同地点的引力的差别大. 所以,月球的引力比太阳的引力对潮汐的影响大.

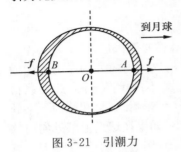

图 3-21　引潮力

如图3-21所示,地球上离月球最近的A点,受月球的引力比惯性力大,合力f与引力方向相同. 合力f相当于气球上被手捏住向外拉的力. 合力f使A点产生凸起. 离月球最远的B点,受月球的引力比惯性力小,合力$-f$与引力方向相反. 合力$-f$相当于气球上被漏斗扣住地方的中心处由内向外的压力. 合力$-f$使B点产生凸起. 所以,离月球最近的地方和离月球最远的地方都出现海水的凸起. 由上述分析可知,引潮力是月球引力与惯性离心力的差值.

二、引潮力的分布

下面进行定量分析. 在上面的分析中,实际上给出了两种计算引潮力的依据:①引潮力等于万有引力与惯性力之差. ②引潮力是月球对不同位置处的海水的引力的不同、或万有引力的变化造成的.

方法 1　根据引潮力等于万有引力与惯性力的合力计算.

如图 3-21 所示,在 A 点处,月球的万有引力比惯性力 $ma_c = \dfrac{GM_m m}{r_m^2}$ 大,合力的方向与万有引力的方向相同. 大小为

$$f = \frac{GM_m m}{(r_m - R_e)^2} - \frac{GM_m m}{r_m^2} = \frac{GM_m m}{r_m^2}\left[\left(1 - \frac{R_e}{r_m}\right)^{-2} - 1\right]$$

由于 $\dfrac{R_e}{r_m} \ll 1 (r_m \approx 60 R_e)$,应用 $(1-x)^{-2} = 1 + 2x + 3x^2 + 4x^3 + \cdots$,并取到 1 次项可得到

$$f = \frac{2GM_m m R_e}{r_m^3} \tag{3-78}$$

在 B 点处,月球的万有引力比惯性力 $ma_c = \dfrac{GM_m m}{r_m^2}$ 小,合力的方向与万有引力的方向相反. 数值为

$$f = \frac{GM_m m}{(r_m + R_e)^2} - \frac{GM_m m}{r_m^2} = -\frac{GM_m m}{r_m^2}\left[1 - \left(1 + \frac{R_e}{r_m}\right)^{-2}\right]$$

应用 $(1+x)^{-2} = 1 - 2x + 3x^2 - 4x^3 + \cdots$,并取到 1 次项可得到

$$f = -\frac{2GM_m m R_e}{r_m^3} \tag{3-79}$$

由上述分析可知,在离月球最近的 A 点处和最远的 B 点处应各有一个凸起.

现在考虑海面上的任意位置处 P 点的一粒海水,如图 3-22 所示,设 C 是地球的中心,地球的半径是 R_e,M 是月球. 地球上任意一点 P 的坐标为 (x, y). 其中 $x = R_e \cos\theta$, $y = R_e \sin\theta$,用类似上面的计算,可得到引潮力在 x 方向的分量约为

$$f_x = \frac{2GM_m m}{r_m^3}x = \frac{2GM_m m R_e}{r_m^3}\cos\theta \tag{3-80}$$

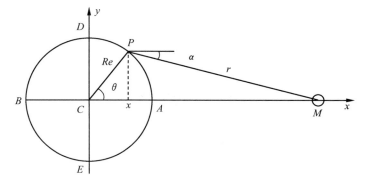

图 3-22　任意点 P 处的引潮力

当 $\theta=0$ 时,上式变为式(3-78),是离月球最近的 A 点处的引潮力,当 $\theta=\pi$ 时,上式变为式(3-79),是离月球最远的 B 点处的引潮力. P 点处引潮力的 y 分量为

$$f_y=-\frac{GM_\mathrm{m}mR_\mathrm{e}}{r^2}\sin\alpha$$

实际上, $r\approx r_\mathrm{m}$, α 很小, $\sin\alpha=\dfrac{y}{r}\approx\dfrac{R_\mathrm{e}}{r_\mathrm{m}}\sin\theta$,所以,引潮力的 y 分量为

$$f_y=-\frac{GM_\mathrm{m}mR_\mathrm{e}}{r_\mathrm{m}^3}\sin\theta \tag{3-81}$$

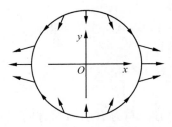

图 3-23 引潮力在地表的分布

在 $\theta=\dfrac{\pi}{2}$ 的 D 点和 E 点 f_y 是 A 点和 B 点引潮力的一半.不同位置处引潮力的分布如图 3-23所示.

方法 2 引潮力是月球对不同位置处的海水的万有引力的变化.

如图 3-22 所示,设 C 是地球的中心,地球的半径是 R_e , M 是月球.地球上任意一点 P 的坐标为 (x,y) .则 P 点处质量为 m 的水粒受到月球的万有引力为

$$F=GM_\mathrm{m}m\,\frac{1}{y^2+(r_\mathrm{m}-x)^2}$$

在地心参考系中,沿 Cx 轴的分量

$$F_x=F\cos\alpha=GM_\mathrm{m}m\,\frac{r_\mathrm{m}-x}{\left[y^2+(r_\mathrm{m}-x)^2\right]^{3/2}}$$

上式两边取对 x 的偏微分得到

$$\Delta F_x=GM_\mathrm{m}m\,\frac{2(r_\mathrm{m}-x)^2}{\left[y^2+(r_\mathrm{m}-x)^2\right]^{5/2}}\Delta x$$

由于 $y\ll r_\mathrm{m}$, $x\ll r_\mathrm{m}$,相对于地球中心 C , P 点在 Cx 轴上的变化量 Δx 是 x ,所以,上式可近似写为

$$\Delta F_x=f_x=\frac{2GM_\mathrm{m}m}{r_\mathrm{m}^3}x=\frac{2GM_\mathrm{m}mR_\mathrm{e}}{r_\mathrm{m}^3}\cos\theta$$

上式与式(3-80)相同.

对于图 3-22 中的 A 点和 B 点分别有, $\cos\theta=1$ 和 $\cos\theta=-1$,由此可得到, A 点和 B 点的引潮力分别为

$$f=\frac{2GM_\mathrm{m}mR_\mathrm{e}}{r_\mathrm{m}^2}$$

$$-f=-\frac{2GM_\mathrm{m}mR_\mathrm{e}}{r_\mathrm{m}^2}$$

上面两式与式(3-78)和式(3-79)相同.

万有引力的 y 分量

$$F_y = -F\sin\theta = -GM_\mathrm{m}m\frac{y}{\left[y^2+(r_m-x)^2\right]^{3/2}}$$

考虑到 $y\ll r_\mathrm{m}, x\ll r_\mathrm{m}$，由上式可得到引潮力的 y 分量为

$$f_y = -\frac{GM_\mathrm{m}mR_\mathrm{e}}{r_\mathrm{m}^3}\sin\theta$$

上式与式(3-81)相同.

上述计算表明，两种方法计算的结果是相同的.

三、潮汐的高度

在地心参考系中，引潮力把水粒由图 3-22 中的 D 点移动到 A 所做的功，等于水粒重力势能的增量 mgh，其中 g 为地球上的重力加速度，h 为 A 点潮汐的高度. 利用式(3-80)和式(3-81)，可得引潮力的元功

$$\mathrm{d}A = f_x\mathrm{d}x + f_y\mathrm{d}y = \frac{GM_\mathrm{m}m}{r_\mathrm{m}^3}(2x\mathrm{d}x - y\mathrm{d}y)$$

由 D 点到 A 点引潮力做的功

$$A = \frac{GM_\mathrm{m}m}{r_\mathrm{m}^3}\left[\int_0^{R_\mathrm{e}}2x\mathrm{d}x - \int_{R_\mathrm{e}}^0 y\mathrm{d}y\right] = \frac{3GM_\mathrm{m}mR_\mathrm{e}^2}{2r_\mathrm{m}^3}$$

所以

$$\frac{3GM_\mathrm{m}mR_\mathrm{e}^2}{2r_\mathrm{m}^3} = mgh$$

由此可得潮汐高度

$$h = \frac{3GM_\mathrm{m}R_\mathrm{e}^2}{2r_\mathrm{m}^3 g} \tag{3-82}$$

式中各量的数值为

$$G = 6.67\times10^{-11}\mathrm{m^3/(kg\cdot s^2)}, \quad M_\mathrm{m} = 7.34\times10^{22}\mathrm{kg}$$
$$r_\mathrm{m} = 3.84\times10^8\mathrm{m}, \quad R_\mathrm{e} = 6.37\times10^6\mathrm{m}, \quad g = 9.80\mathrm{m/s^2}$$

把这些数据代入式(3-82)中可得

$$h \approx 0.54\mathrm{m}$$

上述结果与许多地方的潮汐高度的实际值相差很大. 例如，每年农历 8 月 18 日的钱塘江大潮可高达数米. 其原因主要是钱塘江入海口的杭州湾呈喇叭形，口大肚小. 另外在江口有巨大的拦门沙坎，前潮受阻，后潮急推，所以形成壮观的涌潮现象.

四、太阳的作用

式(3-80)和式(3-81)也适用于太阳产生的引潮力. 太阳产生的引潮力

$$f_{sx} = \frac{2GM_\mathrm{s}mR_\mathrm{e}}{r_\mathrm{s}^3}\cos\theta \tag{3-83}$$

$$f_{sy} = -\frac{GM_s m R_e}{r_s^3}\sin\theta \qquad (3\text{-}84)$$

应用上述结论，容易得到月球和太阳产生的最大引潮力的比值为

$$\frac{f_m}{f_s} = \frac{M_m/r_m^3}{M_s/r_s^3} = \frac{M_m r_s^3}{M_s r_m^3}$$

式中 M_m 和 M_s 分别是月球和太阳的质量. r_m 和 r_s 分别是月球和太阳到地心的距离. $M_s = 1.99 \times 10^{30}\,\mathrm{kg}, r_s = 1.50 \times 10^{11}\,\mathrm{m}$，把月球和太阳的有关数据代入上式可得

$$\frac{f_m}{f_s} \approx 2.2$$

由此看出，月球产生的引潮力大约是太阳产生引潮力的 2.2 倍.

　　实际的引潮力是月球和太阳产生引潮力的线性叠加.

　　太阳引起的潮常称为太阳潮. 月球引起的潮常称为太阴潮. 由式（3-82）可知太阳潮的高度为

$$h_s = 0.25\mathrm{m}$$

　　由于地球、月球和太阳三者的相对位置不同，还会出现大潮和小潮. 在朔日（新月）和望日（满月），月球、地球和太阳几乎在同一条直线上，如图 3-24(a) 所示，太阳潮和太阴潮凸起在同一位置，两者高度相加，形成大潮. 在上弦月和下弦月时，月球和太阳相对地球的方位垂直，如图 3-24(b) 所示，太阳潮把太阴潮抵消一部分，形成小潮. 一个月内，大潮和小潮各出现两次.

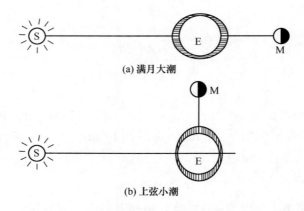

(a) 满月大潮

(b) 上弦小潮

图 3-24　大潮和小潮

五、其他影响

　　前面讲到潮汐两个凸起的位置分别在离月球最近的点 A 和最远的点 B，如图 3-21 所示. 由于地球在自转，周期是 24 小时，而月球绕地球的转动周期是一个月. 在月球上看来，凸起的位置几乎保持不动. 设在地球固体表面上某点某时刻恰为水面凸起，在地球自转一周的时间内，该点水深要经过两次极大值和两次极小值. 所以，水的凸起相对地球是

向西运动的. 由于海床的摩擦力矩的作用,而被地球拖着向东,凸起会偏离正对月球的位置,月球对两端凸起的引力不同形成一个相反的力矩,两者平衡时,海水两端凸起的位置更接近图 3-25 所示的情况.

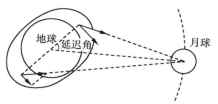

图 3-25　太阳潮对地球自转的制动作用

海水对海床的摩擦力矩和月球对两凸起引力不同形成的力矩的作用慢慢地减缓地球的自转. 据计算,经过一个世纪,每天大约延长 0.001s. 现代地学根据珊瑚和牡蛎化石的生长线数判断,3 亿多年前地球上一年有 400 天左右,而现在只有 365.25 天了.

引潮力是引力场的高阶效应. 潮汐是其对地球上海水作用产生的现象. 在天文上有许多伴星围绕主星运动,若伴星轨道半径小到某一临界值,它就会被主星的引潮力撕成碎片. 1993 年 3 月休梅克-列维 9 号彗星(SL9)绕过木星时与木星的距离进入临界值而被撕成碎片. 1994 年 7 月 16 日第一块碎片撞击木星. 到 7 月 22 日相继观察到有 18 块碎片撞击木星. 彗星撞击地球的可能性不能说没有. 据地质学研究,6500 万年前造成地球上物种大规模灭绝的原因,可能是彗星的撞击.

*§3.7　对称性与守恒定律

一、什么是对称性

自然界和人类都很喜欢对称性.

自然界中的对称现象是随处可见的. 植物的叶子几乎都有左右对称的形状,花朵的美丽与轴对称和左右对称是分不开的,动物的形体几乎都是左右对称的,雪花有多种对称性,分子或原子的对称排列是晶体微观结构的普遍规律.

建筑中的对称性给人以美感. 故宫中的每座宫殿都是以中线为界左右对称的,整个建筑群也基本上是以南北中心线为界按东西对称分布的. 天坛的祈年殿对于竖直中心线具有严格的轴对称性. 在现代建筑、文学和绘画中也有许多对称的实例. 图 3-26 中给出几个对称的典型实例.

雪花

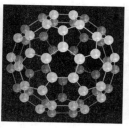
纳米碳管　　　　　足球烯

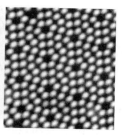
STM获得的硅晶体
表面原子排列

图 3-26　对称性实例

在数学和物理学中,对称性已具有十分广泛的含义.为了介绍对称性的普遍定义,先引入一些概念.首先是系统,讨论的对象称为系统.其次是状态,对系统的描述称为状态.同一系统可以处在不同的状态.系统从一个状态到另一个状态的过程称为变换或操作.系统所处的各个状态可以是等价的,也可以是不等价的.

1951年,德国数学家魏尔(H. Weyl)提出了关于对称性的普遍的、严格的定义:"如果一个操作使系统从一个状态变到另一个与之等价的状态,或者说系统在此操作下不变,称这个系统对这一操作是对称的.这个操作叫做这个系统的一个对称操作.

由于"变换"或"操作"方式的不同,可以有各种不同的对称性.最常见的对称操作是时空操作,相应的对称性称为时空对称性.空间操作有平移、转动、镜像反射、空间反演和标度变换(尺度的放大或缩小)等.时间操作有时间平移和时间反演等.伽利略变换是一种时空联合操作.除时空操作外,物理学中还涉及许多其他的对称操作,如全同粒子置换、规范变换和正反粒子共轭变换等.除此之外,还可以有几种不同类型变换的复合变换,有兴趣的读者可参看《费曼物理学讲义》.

在物理学中存在着两类不同性质的对称性:一类是某个系统或某件具体事物的对称性;另一类是物理规律的对称性.物理规律的对称性是指经过一定的操作后,物理规律的形式保持不变.因此,物理规律的对称性又叫做不变性.两个质点组成的系统具有轴对称性,属于第一类;牛顿定律具有伽利略变换下的不变性,属于第二类.

二、物理定律的对称性

物理学也研究几何对称性,例如,晶体结构的各种对称性等,但更重要的是研究物理定律的对称性,即物理定律在某种操作下的不变性.这些操作包括时间平移、空间平移、空间转动、空间镜像、惯性系坐标变换等.

物理定律的时间平移不变性:在同宇宙演化相比短得多的有限时间中,物理定律在任何时间平移操作后的某时刻,物理定律的形式都不会改变.例如,一个实验只要不改变实验的条件和所使用的仪器,不管是今天做还是明天去做,都应得到相同的结果,这称为物理定律的时间平移不变性或者称为物理定律对时间的均匀性.

物理定律的空间平移不变性:在宇宙空间的有限范围内,物理定律在空间任何位置都相同.也就是说,不管在地球的某处,还是在遥远的星系中的某处,物理定律都具有相同的形式,这一性质称为物理定律的空间平移不变性,即对物理定律而言,空间具有均匀性.

物理定律的空间转动不变性:物理定律在空间所有方向上都相同,不管将物理实验仪器在空间如何转向,只要实验条件相同,就应得到相同的实验结果.这一性质称为物理定律的空间转动不变性,或者说对物理定律而言,空间为各向同性.

物理定律的镜像不变性:镜像也是一种变换,它与平移和转动不同.那么,物理定律在镜像变换下又会如何呢?著名物理学家费曼曾引用一个例子说明这个问题,即假定一只钟,放在镜子前面,镜子中会出现一只与原钟左右对调过来的一只钟.若能实际制造出同镜中的钟完全相同的一只钟,即原来钟中有一个右旋螺钉,就在相应位置上安装一个左旋螺钉,原钟发条向某个方向卷紧,就以相反方向卷紧发条等.这样就有了两只实际存在的互为镜像的钟.如果两个钟同样卷紧发条,事实证明,这两只钟将以相同的速率走动,即遵从相同的力学规律. 若制造两个互为镜像的电动机, 则这两个电动机也遵循相同的电磁学定律. 可见, 物理定律在镜像变换下具有不变性, 或者说对物理定律而言, 空间是左右对称的.

物理定律的惯性系变换不变性: 按照相对性原理, 当从一个惯性系变换到另一个惯性系中时, 物理定律保持不变. 这表明对物理定律来说, 相互作匀速直线运动的惯性系是完全对称的, 这种性质是对时空均匀性和空间各向同性的一个补充.

在低速情形下, 牛顿运动定律在伽利略变换下保持不变性, 但在高速情形下, 应用洛伦兹变换时, 牛顿运动定律的形式不变性不再成立, 故须将它改造为相对论力学定律.

以上简述了物理定律的某些对称性, 这些对称性都可以用一种否定形式来表述. 就是说人们不可能通过物理实验来确定所处的时间的绝对值、所在空间的绝对位置和空间的绝对方向, 也不可能确定绝对的左和绝对的右. 在某参考系内所做的物理实验也不可能确定该参考系在空间的绝对速度. 物理定律的对称性归根到底反映了时空的特性.

三、诺特定理

物理定律在一定变换下的不变性, 与守恒定律有着密切的关系. 1918 年建立的诺特 (E. Noether) 定理指出: 如果运动规律在某一不明显依赖于时间的变换下具有不变性, 必然相应地存在一个守恒定律. 简而言之, 对应于每一种对称性都有一条守恒定律. 这个定理首先是在经典物理学中给出的, 后来经过推广, 在量子力学范围内也能够成立.

诺特定理的重要意义在于它把运动规律在某一变换下的不变性直接与守恒定律的存在联系了起来, 而且如果运动定律对某一变换群中所有的变换都不变, 则守恒定律的数目与变换群中变换的数目相同. 物理学在探索新的领域中的未知规律时, 常常首先是从实验上发现一些守恒定律, 再通过对称性和守恒定律的联系来认识未知规律应具有哪些对称性.

如果运动规律的某一对称性并不严格成立, 而有所破缺, 那么它所相应的守恒量将变为近似守恒量, 其不守恒部分所占的比例将随破缺所占的比例而定. 正是由于这种性质, 物理学家可以根据实际观测到的近似守恒程度, 反过来推测基本运动规律可能采取的形式.

对称性原理和守恒定律是跨越物理学各个领域的普遍法则, 因此在涉及一些具体的定律之前, 往往可能根据对称性原理和守恒定律作出一些定性判断, 得到一些有用的信息. 这些法则不仅不会与已知领域里的具体定律相悖, 还能指导人们去探索未知的领域. 当代的理论物理学家, 特别是粒子物理学家, 正在运用对称性法则以及与之相应的守恒定律去寻求物质结构更深层次的奥秘.

四、时空对称性与三大守恒定律

时空对称性与动量、角动量和能量三大守恒定律的内在联系.

如果整个体系沿空间某方向 (如 x 轴) 平移一个任意大小的距离后它的力学性质不变, 则称这个体系对该方向具有空间平移不变性或空间平移对称性, 也就是说, 具有空间均匀性. 假定体系由两个相互作用着的粒子组成, 而且只限于在具有平移对称性的 x 轴上运动, 可以导出, 两个粒子体系的动量沿 x 轴方向和 $p_1 + p_2$ 不随时间改变, 这就是动量守恒定律.

空间的各向同性导致角动量守恒. 如果体系在绕任意轴转动一个任意角度后它的力学性质不变, 则称这个体系具有转动不变性或转动对称性, 也就是说, 具有空间各向同性.

由此可以导出,系统的角动量守恒.

　　时间的均匀性导致能量守恒.如果系统的力学性质与计算时间的起点(t_0 时刻)无关,则称这个系统具有时间平移不变性或时间均匀性.由此可以导出系统的总能量是守恒的.

　　总之,运动规律对空间原点选择的平移不变性决定了动量守恒;运动规律对空间转动的不变性决定了角动量守恒;运动规律对时间原点选择的不变性决定了能量守恒.随着物理学的发展,人们认识的内部对称性越来越多,相应的守恒量也越来越多.除了动量、角动量和能量之外,还有电荷、轻子数、重子数、同位旋和宇称等都是所谓守恒量.

本 章 小 结

一、质心

1. 质心的定义　　$r_c = \dfrac{\sum m_i r_i}{m}$,其中 $m = \sum m_i$,$r_c = \dfrac{\int_V r\rho \,dV}{\int_V \rho \,dV}$

2. 描述质心运动状态的力学量及其变化规律

(1) 质心的速度 $v_c = \dfrac{dr_c}{dt}$;质心的加速度 $a_c = \dfrac{dv_c}{dt}$;质心的动量 $p_c = mv_c$

(2) 质心运动定理　　$F_{外} = \sum F_{外i} = \dfrac{dp_c}{dt} = ma_c$

(3) 质心的角动量　　$L_c = r_c \times mv_c$

(4) 质心的动能　　$E_c = \dfrac{1}{2}mv_c^2$

3. 质心的特点

(1) 质心的动量等于质点系的动量,即 $p_c = mv_c = \sum m_i v_i$.

质点系相对 S 系的动量等于质心相对 S 系的动量与质点系相对质心参考系的动量(实际上等于零)的矢量和,即 $p = p_c + \sum m_i v_{i相对c}$,但 $\sum m_i v_{i相对c} = 0$.

(2) 质点系相对 O 点的角动量等于质心相对 O 点的角动量与质点系相对质心的角动量的矢量和,即 $L_O = L_c + L_{相对c}$,　　$L_{相对c} = \sum r_{i相对c} \times m_i v_{i相对c}$.

注意:质心参考系不一定是惯性系,但是,在质心参考系中,质点系的角动量定理形式上仍然成立,即 $M_{外相对c} = \dfrac{dL_{相对c}}{dt}$,$M_{外相对c} = \sum r_{i相对c} \times F_{i外}$.

(3) 质点系相对于非质心系的动能等于质心的动能(平动动能)与质点系相对质心的动能(相对动能)之和,即 $E_k = E_{相对c} + E_c$.

二、描述质点系运动状态的动力学量及其变化规律

1. 动量

质点系的动量的定义　　$p = \sum p_i = \sum m_i v_i$

质点系的动力学方程　　$\boldsymbol{F}_外 = \dfrac{\mathrm{d}\boldsymbol{p}}{\mathrm{d}t}$

动量定理　　$\boldsymbol{F}_外\mathrm{d}t = \mathrm{d}\boldsymbol{p}$，　$\boldsymbol{I} = \displaystyle\int_{t_1}^{t_2} \boldsymbol{F}_外\,\mathrm{d}t = \boldsymbol{p}_2 - \boldsymbol{p}_1$

动量守恒定律　　$\boldsymbol{F}_外 = 0$ 时，　$\boldsymbol{p} = \sum m_i\boldsymbol{v}_i =$ 恒量

2. 角动量

质点系的角动量的定义　　$\boldsymbol{L} = \sum \boldsymbol{L}_i = \sum \boldsymbol{r}_i \times m_i\boldsymbol{v}_i$

质点系的角动量定理　　$\boldsymbol{M}_外 = \dfrac{\mathrm{d}\boldsymbol{L}}{\mathrm{d}t}$，合外力矩 $\boldsymbol{M}_外 = \sum \boldsymbol{r}_i \times \boldsymbol{F}_i$

$$\boldsymbol{M}_外\,\mathrm{d}t = \mathrm{d}\boldsymbol{L}，\quad \int_{t_1}^{t_2} \boldsymbol{M}_外\,\mathrm{d}t = \boldsymbol{L}_2 - \boldsymbol{L}_1$$

质点系的角动量守恒定律　　$\boldsymbol{M}_外 = 0$ 时，　$\boldsymbol{L} =$ 恒量

3. 能量

质点系的动能的定义　　$E_k = \sum E_{ki} = \sum \dfrac{1}{2} m_i v_i^2$

质点系的动能定理　　$\mathrm{d}A_外 + \mathrm{d}A_内 = \mathrm{d}E_k$，$A_外 + A_内 = \Delta E_k = E_{k2} - E_{k1}$

质点系的势能的定义　　$E_p = \sum E_{pi}$，注意：同一种势能应对应同一参考点.

机械能的定义　　$E = E_k + E_p$

功能原理　　$\mathrm{d}E = \mathrm{d}A_外 + \mathrm{d}A_{非保}$，$\Delta E = E_2 - E_1 = A_外 + A_{非保}$

机械能守恒定律　　$\mathrm{d}A_外 + \mathrm{d}A_{非保} = 0$ 时，　$E = E_k + E_p =$ 恒量

三、碰撞定律（两体对心碰撞）

1. 牛顿碰撞定律

动量守恒　　$m_1 v_1 + m_2 v_2 = m_1 v_{10} + m_2 v_{20}$

2. 恢复系数　$e = \dfrac{v_1 - v_2}{v_{10} - v_{20}}$

3. 动能　$E_k = E_c + E_{相对}$，　$E_{相对} = \dfrac{1}{2}\mu u^2$，其中 μ 是折合质量 $\mu = \dfrac{m_1 m_2}{m_1 + m_2}$

恢复系数的其他定义和一类现象的规律的表示方法.

四、潮汐现象

地月系统的质心参考系是惯性系，地心参考系是非惯性系.

引潮力：月球（太阳）引力与惯性离心力之差.

第四章　刚体力学基础

　　刚体力学研究的对象是定轴转动刚体及刚体组,内容包括定轴转动刚体运动学和动力学规律.

　　刚体和刚体组是特殊的质点系;刚体和刚体组动力学是质点系动力学的具体应用.

一、定轴转动刚体运动学

　　定轴转动刚体的运动特点为:刚体上所有质点都绕同一固定轴线(转轴)作圆周运动.在同一时间内,所有质点的角位移都相同,所有质点作圆周运动的角速度 ω、角加速度 β 都相同.不同质点做圆周运动的半径 r(到轴线的距离)不同、速率不同.所以,用角量描述定轴转动比较方便.应用角量和线量的关系可得到刚体运动的线量描述.

二、定轴转动刚体动力学

　　定轴转动刚体是由绕同一固定轴线作圆周运动且相对位置不发生变化的质点组成的质点系.

　　1. 描述定轴转动刚体动力学特征的状态量

　　根据定义状态量的原则,描述定轴转动刚体动力学特征的状态量有如下特点:①定轴转动刚体不定义动量的概念.②定轴转动刚体的角动量是质点系的角动量沿转轴方向的分量.③定轴转动刚体的转动动能与质点系的动能相同.

　　2. 运动状态变化时状态量的变化遵守的规律

　　根据定轴转动刚体的角动量、转动动能和普通质点系的角动量、动能的关系,定轴转动刚体的角动量变化遵守的规律和普通质点系角动量的一个分量遵守的规律相同;定轴转动刚体的转动动能变化遵守的规律与普通质点系的动能遵守的规律相同. 由于刚体上各质点之间的相对位置不发生变化,内力矩不做功.

三、定轴转动刚体组动力学

　　转轴在同一直线上的几个刚体和一些质点组成的系统称为刚体组.

　　刚体组是绕同一固定轴线作圆周运动的质点和其他质点,且相对位置可以改变的质点组成的质点系.刚体组的角动量是质点系的角动量沿转轴方向的分量的和,刚体组的动能、机械能的定义与普通质点系的动能、机械能的定义完全相同.角动量变化遵守的规律和普通质点系角动量的一个分量遵守的规律相同;刚体组的动能、机械能变化遵守的规律与普通质点系的动能、机械能遵守的规律相同.由于刚体组不同的组元之间的相对位置可以变化,内力矩做功的代数和可能不为零.

§4.1　刚体运动学

一、刚体模型

实验表明,任何物体在受到外力作用或其他外界作用时,都会发生不同程度的形变,火车在铁路和桥面上行驶时,铁轨、桥面和桥墩会发生形变.压电晶体在外电场作用下会发生伸缩形变等.在很多情况下,这种形变是非常微小的.在所研究的问题中,如果外力使物体发生的形变对结果的影响只是次要因素,以致忽略形变不影响对问题的研究,可以认为,在外力作用下物体的大小、形状不变.把在外力作用下,大小和形状保持不变的物体称为刚体.物体都是由大量质点(称为质元)组成,因此刚体又可以定义:在外力作用下,各质元之间的相对位置(或距离)保持不变的物体.

刚体是实际物体的一种抽象,是一种理想的力学模型.一个物体能否视为刚体,要根据所研究的问题确定.例如,在研究飞轮的转动时,可以将飞轮视为刚体;如果研究高速转动条件下飞轮内部的应力分布,就必须研究它的形变,因为应力与形变有关.

二、刚体的运动

刚体的运动形式是多种多样的,但是基本的运动形式是平动和转动.

1. 平动

若刚体在运动过程中,其上任意两点的连线始终保持原来的方向不变(平行),这种运动称为平动,如图4-1所示.例如,抽油杆、升降电梯、活塞等物体的运动都是平动.显然,刚体平动时,在同一时间间隔内,刚体中所有质点的位移都是相同的;任何时刻,各个质点的速度、加速度也都是相同的.所以刚体内任意一个质点的运动,都可以代表整个刚体的运动.平动刚体可以当作质点,质点力学的规律完全适用于刚体的平动.

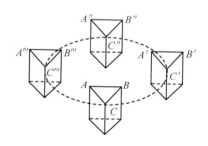

图 4-1　刚体的平动

2. 转动

在运动中,刚体上各个质点都绕同一直线做圆周运动,这样的运动称为刚体的转动,这一直线称为转轴.

1) 定轴转动

转轴在空间的位置固定不动的转动,称为刚体的定轴转动.定轴转动是刚体转动的最简单形式.

如图 4-2 所示,刚体作定轴转动时,其中任一质点都在过该点与转轴 AA' 垂直的平面内作圆周运动,这种平面称为转动平面.在转动平面内选取如图 4-2 所示的坐标系,Ox 为参考方向.在刚体转动时,质点 P 在转动平面内做圆周运动.刚体上不同质点绕同一转轴一般在不同的转动平面内做半径不同的圆周运动.本章主要研究刚体的定轴转动.

2）平面运动

如图 4-3 所示，车轮沿直线的滚动可视为车轮轴在垂直轴方向的平动和绕车轮轴的转动的叠加.任意质点的轨迹是一条平面曲线——旋轮线.刚体的平面运动也称为滚动.

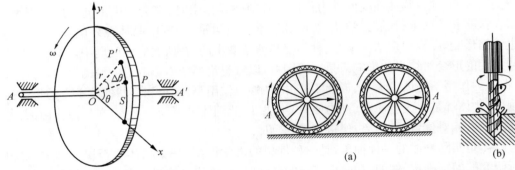

图 4-2　刚体的定轴转动　　　　图 4-3　刚体的运动可视为平动和转动的叠加

与滚动类似的是钻头的运动.钻头的运动可视为沿钻头转轴方向的平动与绕钻头轴线转动的叠加.钻头上各质点的轨迹都是螺旋线.

3）旋进

刚体一方面绕自身对称轴自转，同时该对称轴又绕另一根轴转动，对称轴扫过的是一个圆锥面或平面，这样的运动称为旋进，也称为进动，如图 4-4(a)所示.旋进在工程上常称为陀螺的回转效应.在此原理基础上制成的回转仪在船轮、飞机、导弹和卫星等的导航系统中有重要应用.

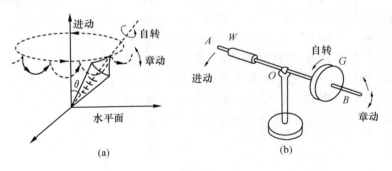

图 4-4

4）章动

在旋进中自转轴扫过的是圆锥面，自转轴上一点的轨迹是一个圆.如果图 4-4(a)中的 θ 随时间变化，自转轴上一点的轨迹如图 4-4 中(a)所示，这样的运动称为章动.

刚体的一般运动可以比上述更加复杂，但一般可以分解为平动与转动的叠加.由上述可以看出，把一个实际物体抽象成质点和抽象成刚体，其运动形式的复杂程度相差是巨大的，研究问题的繁简程度相差也是巨大的.因此，根据研究具体的问题建立合适的理想模型，对取得研究的成功是非常重要的.

三、刚体定轴转动的角量描述

取刚体内的任一质点 P(图 4-2),设时刻 t,OP 与 Ox 之间的夹角为 θ,θ 称为质点 P 的角位置.经时间 Δt,OP 转过角度 $\Delta\theta$,$\Delta\theta$ 称为质点 P 在时间 Δt 内对转轴 AA' 的角位移.则质点 P 在时间 Δt 内的平均角速度

$$\bar{\omega} = \frac{\Delta\theta}{\Delta t}$$

质点 P 在时刻 t 的角速度为

$$\omega = \lim_{\Delta t \to 0} \frac{\Delta\theta}{\Delta t} = \frac{\mathrm{d}\theta}{\mathrm{d}t} \tag{4-1}$$

角加速度为

$$\beta = \frac{\mathrm{d}\omega}{\mathrm{d}t} \tag{4-2}$$

由于刚体作定轴转动,由图 4-2 可以看出,刚体上所有质点在同一段时间内的角位移都相等.由此可以得到,刚体上所有质点的角速度都相等,所有质点的角加速度都相等.因此,以后不再区分质点的还是刚体的角位移、角速度和角加速度.

定轴转动刚体的角速度、角加速度是矢量,它们只有沿转轴的两个可能的方向.如果把沿一个方向的量规定为正,则沿相反方向的量可用负值表示,因此,为了简单,常用标量表示角速度和角加速度.

刚体作定轴匀速率转动时,角速度 $\omega=$ 恒量,角加速度 $\beta=0$.刚体作定轴变速率转动时,ω 是个变量,β 可能是变量也可能是恒量.当 β 是恒量时,刚体作匀变角速转动,其角量之间的关系为

$$\omega = \omega_0 + \beta t$$

$$\Delta\theta = \theta - \theta_0 = \omega_0 t + \frac{1}{2}\beta t^2$$

$$\omega^2 = \omega_0^2 + 2\beta(\theta - \theta_0)$$

式中 ω_0 为初角速度,θ_0 为初角位置.

刚体作定轴转动时,其上各质点的角位移 $\Delta\theta$、角速度 ω 和角加速度 β 都相等.而刚体上不同质点所经历的路程 Δs、线速率 v 和加速度 a 一般是不相等的.设质点 P 到转轴的距离为 r(图 4-2),可得角量与线量间的关系为

$$\Delta s = r\Delta\theta$$

$$v = r\omega$$

$$a_t = r\beta, \quad a_n = r\omega^2$$

$$a = r\sqrt{\beta^2 + \omega^4}$$

线速度 v 与角速度 $\boldsymbol{\omega}$ 之间的矢量关系为

$$\boldsymbol{v} = \boldsymbol{\omega} \times \boldsymbol{r}$$

例题 1　一半径为 $R=0.1\text{m}$ 的砂轮作定轴转动,其角位置随时间 t 的变化关系为 $\theta=(2+4t^3)\text{rad}$,式中 t 以 s 计. 试求:

(1) 在 $t=2\text{s}$ 时,砂轮边缘上一质点的法向加速度和切向加速度的大小.

(2) 当角 θ 为多大时,该质点的加速度与半径成 45°角?

解　(1)
$$\omega = \frac{\text{d}\theta}{\text{d}t} = 12t^2$$

$$\beta = \frac{\text{d}\omega}{\text{d}t} = 24t$$

当 $t=2\text{s}$ 时,$\omega=48\text{rad/s}$,$\beta=48\text{rad/s}^2$. 所以,此时砂轮边缘上质点的法向加速度和切向加速度分别为

$$a_n = R\omega^2 = 0.1 \times 48^2 = 230.4(\text{m/s}^2)$$
$$a_t = R\beta = 0.1 \times 48 = 4.8(\text{m/s}^2)$$

(2)
$$a_n = R\omega^2 = 14.4t^4$$
$$a_t = R\beta = 2.4t$$

当质点的加速度与砂轮半径成 45°角时,有

$$\tan 45° = \frac{a_t}{a_n} = 1$$

所以

$$14.4t^4 = 2.4t$$

解得

$$t = 0.55\text{s}$$

此时砂轮所转过的角度

$$\theta = 2 + 4t^3 = 2 + 4 \times (0.55)^3 = 2.67(\text{rad})$$

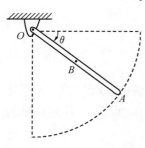

图 4-5　细棒的下摆运动

例题 2　如图 4-5 所示,一匀质细棒可绕过其端点 O 在竖直平面内自由转动. 当细棒与水平线成角 θ 时,其角加速度 $\beta = \frac{3g}{2L}\cos\theta$,$L$ 为棒长. 求细棒由水平位置的静止状态运动到 $\theta = \frac{\pi}{3}$ 时,

(1) 细棒的角速度 ω 为多大?

(2) 此时端点 A 及中心点 B 线速度的大小.

解　(1) 棒绕 O 点的转动是变角加速度运动. 由

$$\beta = \frac{\text{d}\omega}{\text{d}t} = \frac{3g}{2L}\cos\theta$$

得

$$\beta = \frac{\text{d}\theta}{\text{d}t} \cdot \frac{\text{d}\omega}{\text{d}\theta} = \omega\frac{\text{d}\omega}{\text{d}\theta} = \frac{3g}{2L}\cos\theta$$

分离变量得到

$$\omega \, d\omega = \frac{3g}{2L}\cos\theta \, d\theta$$

根据初始条件作定积分

$$\int_0^\omega \omega \, d\omega = \int_0^{\frac{\pi}{3}} \frac{3g}{2L}\cos\theta \, d\theta$$

得到,当 $\theta = \frac{\pi}{3}$ 时

$$\omega^2 = \frac{3g}{L}\sin\frac{\pi}{3} = \frac{3\sqrt{3}g}{2L}$$

即

$$\omega = \sqrt{3\sqrt{3}g/2L}$$

（2）由角速度和线速度的关系 $v = \omega r$,可求得端点 A 和中心点 B 的线速度的大小分别为

$$v_A = \omega L = \sqrt{\frac{3\sqrt{3}gL}{2}}$$

$$v_B = \omega \frac{L}{2} = \sqrt{\frac{3\sqrt{3}gL}{8}}$$

习　题

1. 半径为 30cm 的飞轮,从静止开始以 0.5rad/s² 的匀角加速度转动,求飞轮边缘上一点在飞轮转过 240°时的切向加速度和法向加速度.

2. 一飞轮的半径为 2m,用一条一端系有重物的绳子绕在飞轮上,飞轮可绕水平轴转动,飞轮与绳子无相对滑动. 当重物下落时可使飞轮旋转起来. 若重物下落的距离由方程 $x = at^2$ 给出,其中 $a = 2.0$m/s². 试求飞轮在 t 时刻的角速度和角加速度.

3. 一飞轮从静止开始加速,在 6s 内其角速度均匀地增加到 200rad/min,然后以这个速度匀速旋转一段时间,再予以制动,其角速度均匀减小. 又过了 5s 后,飞轮停止转动. 若该飞轮总共转了 100 转,求共运转了多长时间?

4. 历史上用旋转齿轮法测量光速的原理如下:用一束光通过匀速旋转的齿轮边缘的齿孔 A,到达远处的镜面反射后又回到齿轮上. 设齿轮的半径为 5cm,边缘上的齿孔数为 500 个,齿轮的转速使反射光恰好通过与 A 相邻的齿孔 B.（1）若测得这时齿轮的角速度为 600r/s,齿轮到反射镜的距离为 500m,那么测得的光速是多大?（2）齿轮边缘上一点的线速度和加速度是多大?

5. 刚体上一点随刚体绕定轴转动.已知该点转过的距离 s 与时间 t 的关系为 $s = \frac{a_0}{6\tau}t^3 + \frac{a_0}{2}t^2$. 求证它的切向加速度每经过时间 τ 均匀增加 a_0.

§4.2 定轴转动刚体动力学

定轴转动刚体是特殊的质点系,是各质点间的相对位置不发生变化的、作以固定转轴为共同轴线的、做圆周运动的质点组成的质点系.

一、定轴转动刚体不定义动量的概念

如果像质点系那样,把刚体上各质点(质元)的动量的矢量和定义成定轴转动刚体的动量,那么在包括转轴的平面内连线与转轴相交,且到转轴的距离相等的两质量相等的一对质元的动量的矢量和就为零. 所以,具有这种对称性的刚体或一个刚体上具有这种对称性的部分的动量就为零. 例如,以过中点的直线为转轴的均匀直细棒(图 4-6(a)和(b)),以中心轴线为转轴的均匀圆盘(图 4-6(c)),就是具有这种对称性的刚体,其运动状态不论如何变化,刚体的动量总是零! 这不符合定义状态量的原则. 因此,定轴转动刚体不定义动量的概念. 这是定轴转动刚体这个质点系特殊性的一个表现.

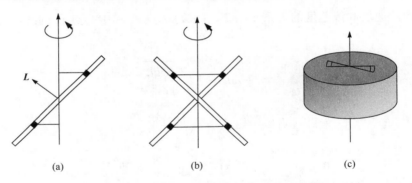

(a)　　　　　　　　(b)　　　　　　　　(c)

图 4-6　以过中点的直线为转轴的均匀直细棒

二、作圆周运动质点的角动量定义的唯一性

在质点的角动量的定义中,参考点的选取有一定任意性,也有一定的限制. 例如,作直线运动的质点的角动量的参考点可以选轨迹外的任意点,但是不能选轨迹上的点作参考点. 对于作圆周运动的质点通常选圆心为参考点. 作匀速率圆周运动的质点对圆心的角动量是恒矢量,即 $L_z = mr^2\boldsymbol{\omega}$,方向沿轴线方向. 下面根据定义状态量的原则,通过对参考点选取的任意性和限制的讨论,论述作圆周运动质点的角动量定义的唯一性.

1. 参考点为轴线上的任意点

设一个质量为 m 的质点作半径为 r,速率为 v 的圆周运动. 在轴线上任取一点 O 为参考点,某时刻,质点相对参考点 O 的位置矢量为 $\boldsymbol{R}$. 为了便于讨论,取圆柱坐标系. 设质点在 φ 平面上,$\boldsymbol{R} = r\boldsymbol{e}_r + z\boldsymbol{k}$,如图 4-7(a)所示. 质点的速度是 $\boldsymbol{v} = v\boldsymbol{e}_\varphi$,角速度矢量 $\boldsymbol{\omega} = \dfrac{v}{r}\boldsymbol{k}$. 质点对参考点 O 的角动量

$$L=R\times mv=(re_r+zk)\times mve_\varphi=mvrk-mvze_r \tag{4-3}$$

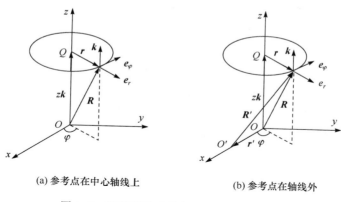

(a) 参考点在中心轴线上　　　(b) 参考点在轴线外

图 4-7　作圆周运动质点的角动量的参考点

在圆柱坐标系中,径向单位矢量 e_r 和横向单位矢量 e_φ 是随时间变化的. 式中 $-mrze_r=$ L_r 是角动量的径向分量,当质点作匀速圆周运动时其大小不变,但方向随时间变化. $mvrk=L_z=mr^2\omega k=mr^2\omega$ 是角动量沿轴线方向的分量,与参考点在转轴上的位置无关, 等于质点对圆心的角动量. 当质点作匀速圆周运动时,L_z 是恒矢量. 质点对点 O 的角动量 $L=L_r+L_z$ 的大小不变,方向随时间变化. 根据定义状态量的原则,L 和 L_r 都不具备作为 状态量的资格,L_z 具备作为状态量的资格. 所以,作圆周运动质点的角动量的参考点可以 选轴线上的任意点;其角动量可以定义为 $L_z=mvrk=mr^2\omega$. L_z 与参考点在轴线上的位 置无关,等于对圆心的角动量.

2. 参考点取轴线外任意点

如果参考点取轴线外任意点 O',为了简单,又不失一般性,可以把 O' 取在 Ox 轴上 (在 $\varphi=0$ 的平面上),如图 4-7(b)所示(任意选定轴线外一点 O',由点 O' 向轴线作垂线, 以垂足 O 为原点,OO' 为 Ox 轴,建如图 4-7(b)所示的圆柱坐标系). 质点相对点 O' 的位 置矢量为 R'. 点 O' 相对 O 点的位置矢量为 $r',r'=r'e_r$. 则

$$R'=R-r'$$

在圆柱坐标系中,因为不同 φ 平面上单位矢量的方向不同,所以,不同 φ 平面上的矢 量不能直接相加减,应该先把各矢量转换到直角坐标系中再相加减,根据圆柱坐标系与直 角坐标系的单位矢量之间的变换关系

$$e_r=\cos\varphi i+\sin\varphi j,\quad e_\varphi=-\sin\varphi i+\cos\varphi j,\quad e_z=e_z$$
$$i=\cos\varphi e_r-\sin\varphi e_\varphi,\quad j=\sin\varphi e_r+\cos\varphi e_\varphi,\quad e_z=e_z$$

可以得到,在直角坐标系中

$$R=re_r+zk=r(\cos\varphi i+\sin\varphi j)+zk$$
$$r'=r'e_r=r'i$$
$$R'=R-r'=(r\cos\varphi-r')i+r\sin\varphi j+zk$$

在圆柱坐标系中

$$\boldsymbol{R}' = (r\cos\varphi - r')(\cos\varphi \boldsymbol{e}_r - \sin\varphi \boldsymbol{e}_\varphi) + r\sin\varphi(\sin\varphi \boldsymbol{e}_r + \cos\varphi \boldsymbol{e}_\varphi) + z\boldsymbol{k}$$
$$= (r - r'\cos\varphi)\boldsymbol{e}_r + r'\sin\varphi \boldsymbol{e}_\varphi + z\boldsymbol{k}$$

质点对参考点 O' 的角动量

$$\boldsymbol{L}' = \boldsymbol{R}' \times m\boldsymbol{v} = [(r - r'\cos\varphi)\boldsymbol{e}_r + r'\sin\varphi \boldsymbol{e}_\varphi + z\boldsymbol{k}] \times mv\boldsymbol{e}_\varphi$$
$$= (r - r'\cos\varphi)mv\boldsymbol{k} - mvz\boldsymbol{e}_r = \boldsymbol{L}'_z + \boldsymbol{L}'_r$$

式中 $\boldsymbol{L}'_r = -mvz\boldsymbol{e}_r$ 是角动量的径向分量, $\boldsymbol{L}'_z = (r - r'\cos\varphi)mv\boldsymbol{k}$ 是角动量沿轴线方向的分量. 当质点作匀速圆周运动时, $\boldsymbol{L}'_r$ 的方向随时间变化, $\boldsymbol{L}'_z$ 的大小随时间变化, $\boldsymbol{L}' = \boldsymbol{L}'_r + \boldsymbol{L}'_z$ 的大小和方向都随时间变化. 因此, $\boldsymbol{L}'_r$、$\boldsymbol{L}'_z$ 和 $\boldsymbol{L}'$ 都不符合定义状态量的原则, 角动量的参考点不能取在轴线外. 否则, 用 $\boldsymbol{L}' = \boldsymbol{R}' \times \boldsymbol{p}$ 及其各个分量定义的角动量都不具备作为状态量的资格.

3. 作圆周运动质点的角动量定义的唯一性

通过上述分析可看出, 对于参考点是否在轴线上的两种情况, 圆周运动质点的角动量定义最多有 6 种选择, 根据状态量定义的原则, 其中 5 种不具备作为状态量的资格, 只有 1 种, 即 $\boldsymbol{L}_z = mvr\boldsymbol{k} = mr^2\boldsymbol{\omega}$ 符合定义状态量的原则. 因此, 作圆周运动质点的角动量可以而且只能定义成: 质点对轴线上任意一点的角动量沿轴线方向的分量为作圆周运动质点的角动量. 这样定义的角动量与参考点在轴线上的位置无关, 等于质点对圆心的角动量, 即

$$\boldsymbol{L} = mrv\boldsymbol{k} = mr^2\boldsymbol{\omega} \tag{4-4}$$

显然, 圆心是最好的参考点. 这就是质点作圆周运动时, 角动量的参考点通常都选在圆心处的原因.

三、作圆周运动质点的角动量定理

一般质点的角动量定理由式(2-32)表示, 即

$$\boldsymbol{M} = \frac{\mathrm{d}\boldsymbol{L}}{\mathrm{d}t}$$

式(2-32)是矢量式, 有三个分量式. 由于作圆周运动质点的角动量只是一般质点角动量沿轴线方向的分量, 所以, 圆周运动质点的角动量变化遵守的规律的数学表达式是式(2-32)的一个分量式. 因为方向沿一条直线的矢量只有互为相反方向的两个指向, 互为相反方向的矢量可分别用正标量和负标量表示, 所以, 作圆周运动质点的角动量可表示为 $L = mrv = mr^2\omega$, 则圆周运动质点角动量定理的表达式为

$$M = mr\frac{\mathrm{d}v}{\mathrm{d}t} = mra_\mathrm{t} \tag{4-5}$$

或

$$M = mr^2\frac{\mathrm{d}\boldsymbol{\omega}}{\mathrm{d}t} = mr^2\beta \tag{4-6}$$

注意, 式(4-5)和式(4-6)中的力矩 M 应是作用于质点上的合力对轴线上任意点的力矩沿轴线的分量, 等于作用在质点上的合力在圆平面内的分量对圆心的力矩. 另外, 应该规定

沿同一指向的 M 和 L 都用正值(或负值)表示.

四、定轴转动刚体的角动量

定轴转动刚体是一个特殊的质点系,是各质点间的相对位置不发生变化的、以固定转轴为共同轴线的、作圆周运动的质点组成的质点系.刚体的角动量就是这样一个特殊质点系的角动量.在转轴上任取一点作为质点系中所有质点的共同参考点.有了共同的参考点,各质点的角动量就可以直接相加.因为作圆周运动质点的角动量的定义是唯一的,所以,定轴转动刚体的角动量的定义也是唯一的.定轴转动刚体的角动量可以而且只能定义为:定轴转动刚体上各个质元对转轴上同一参考点的角动量沿转轴的分量的矢量和为定轴转动刚体的角动量.由于各质点的角动量与参考点在转轴上的位置无关,等于对各自圆心的角动量.所以,定轴转动刚体的角动量等于刚体上各个质元对各自圆心的角动量的矢量和.

设某时刻刚体的角速度为 $\boldsymbol{\omega}$,在刚体上任取一个质点(质元),其质量为 $\mathrm{d}m$,它作圆周运动的半径(到转轴的距离)为 r,则该质点的角动量

$$\mathrm{d}\boldsymbol{L}=\boldsymbol{r}\times\mathrm{d}m\boldsymbol{v}=\mathrm{d}mr^2\boldsymbol{\omega}$$

根据质点系的角动量等于各质点的角动量的矢量和,定轴转动刚体的角动量为

$$\boldsymbol{L}=\int_V \boldsymbol{r}\times\mathrm{d}m\boldsymbol{v}=\int_V r^2\mathrm{d}m\boldsymbol{\omega}$$

因为刚体上各点的角速度都相等,所以

$$\boldsymbol{L}=\boldsymbol{\omega}\int_V r^2\mathrm{d}m \tag{4-7}$$

上述积分遍及整个刚体.

因为刚体的角动量只有沿转轴的两个可能指向,若沿某一指向的角动量用正值表示,沿相反方向的角动量用负值表示,则角动量可以用标量表示,即

$$L=\omega\int_V r^2\mathrm{d}m \tag{4-8}$$

从上面的论述可以看出,刚体的角动量是普通质点系的角动量的一个分量.这是定轴转动刚体这个质点系特殊性的又一个表现.

为了描述定轴转动刚体的转动状态,有的教材[①]定义了一个新概念:刚体对定轴的角动量.其核心是,因为刚体上各个质元都作圆周运动,定义作圆周运动的"质点对轴的角动量",即 $L_i=\Delta m_i r_i^2\omega$,然后把刚体(是质点系吗?)上所有质元对轴的角动量的总和定义为"刚体对定轴的角动量",即 $L=\sum_i L_i=\sum_i \Delta m_i r_i^2\omega=J\omega$,其矢量式为 $\boldsymbol{L}=J\boldsymbol{\omega}$.

定义一个"新概念"的必要性在于,"新概念"中必须包含其他概念完全不包括,或不完全包括的内容.否则,"新概念"没有定义或存在的必要.另外,"新概念"定义后,应明确"新概念"与相关概念之间的关系,即应明确质点对轴的角动量与质点对参考点的角动量的关

---

① 《大学物理学》上册,李元成主编,中国石油大学出版社,P113;《大学物理》(第二次修订本),吴百诗主编,西安交通大学出版社,P171.

系. 由上面的分析可以看出,"质点对轴的角动量"是"质点对参考点的角动量"的一个分量;"刚体对定轴的角动量"是"质点系的角动量"的一个分量. 所以,没有必要定义"质点对轴的角动量"和"刚体对定轴的角动量".

五、转动惯量

由于转轴相对刚体的位置固定,刚体上各质点之间的相对位置不变,所以,式(4-7)中积分 $\int_V r^2 \mathrm{d}m = \int_V r^2 \rho \mathrm{d}V$ 是常量,称为刚体的转动惯量,用 J 表示,即

$$J = \int_V r^2 \mathrm{d}m = \int_V r^2 \rho \mathrm{d}V \tag{4-9}$$

上式表明:刚体的转动惯量等于刚体上各个质元的质量与它到转轴的距离平方的乘积的总和. 由式(4-9)可以看出,刚体的转动惯量与刚体的大小形状(V)、质量分布函数(ρ)以及转轴的位置有关. 正是因为转动惯量与转轴的位置有关,所以,在谈到转动惯量时,常需要指明是对哪个转轴的转动惯量. 当刚体确定、转轴的位置确定时,其转动惯量是常量. 这是刚体这个特殊质点系"各质点之间相对位置不变"的特殊性的一个表现. 刚体的角动量可写为

$$L = J\omega \tag{4-10}$$

将式(4-10)与 $\boldsymbol{p} = m\boldsymbol{v}$ 比较,可以看出,角动量中的转动惯量 J 相当于线动量中的质量 m. 转动惯量是刚体转动惯性大小的量度. 在 SI 中,转动惯量的单位是千克平方米($\mathrm{kg \cdot m^2}$).

六、定轴转动刚体的角动量定理

定轴转动刚体的角动量是质点系的角动量的一个分量,根据质点系的角动量定理,定轴转动刚体的运动状态变化时,刚体角动量的变化遵守的规律的数学表达式应是质点系角动量定理数学表达式的一个分量式,即

$$M = \frac{\mathrm{d}L}{\mathrm{d}t} \tag{4-11}$$

式中,M 是刚体所受合外力矩沿转轴方向的分量,称为刚体受到的合外力矩.

由式(4-11)可以得到,当 $M = 0$ 时

$$L = 恒量 \tag{4-12}$$

式(4-12)表示,在一个过程中,如果刚体所受的合外力矩等于零,不管刚体的运动状态如何变化,刚体的角动量保持不变。这个结论称为刚体的角动量守恒定律. 例如,平动刚体与固定轴碰撞后变为定轴转动的过程中,如果刚体所受合外力矩为零,则刚体的角动量保持不变.

由式(4-11)可得到

$$\mathrm{d}L = M\mathrm{d}t \tag{4-13}$$

式中 $M\mathrm{d}t = \mathrm{d}I$ 是合外力矩对时间的积累,称为合外力矩 M 的冲量矩,或角冲量;$\mathrm{d}L$ 是角动量在 $\mathrm{d}t$ 时间内的增量或变化. 如果在从 t_1 时刻到 t_2 时刻的一段有限时间内,刚体持续地受到力矩 M 的作用,则

$$\int_{L_1}^{L_2} \mathrm{d}L = \int_{t_1}^{t_2} M \mathrm{d}t$$

式中 $\int_{L_1}^{L_2} \mathrm{d}L = \Delta L = L_2 - L_1$，$I = \int_{t_1}^{t_2} M \mathrm{d}t$，所以

$$\Delta L = L_2 - L_1 = \int_{t_1}^{t_2} M \mathrm{d}t \tag{4-14}$$

式(4-13)和式(4-14)表明,作用在刚体上的冲量矩(角冲量)等于刚体角动量的增量. 这个结论称为定轴转动刚体的角动量定理. 它给出的是力矩对时间的积累与它产生的效应之间的关系,是转动状态变化时,状态量——角动量的变化遵守的定量规律.

把角动量 $L = J\omega$ 代入式(4-11)得到

$$M = J \frac{\mathrm{d}\omega}{\mathrm{d}t} = J\beta \tag{4-15}$$

式(4-15)称为定轴转动刚体的转动定律.

因为定轴转动刚体的角动量是质点系的角动量的一个分量,所以,式(4-11)~式(4-15)都是质点系的角动量遵守相应规律公式的一个分量式. 各式中的力矩 M 都是作用于刚体上的合外力矩的沿转轴方向的分量. 或者说,只有合外力矩的沿转轴的分量才对刚体的角动量的变化有作用,垂直转轴的分量对定轴转动刚体的角动量的变化没有影响.

七、关于角动量和力矩的进一步讨论

定轴转动刚体的角动量定义为刚体上各质点对转轴上任意点的角动量沿转轴方向的分量的矢量和,式(4-11)~式(4-15)中的力矩都是作用于刚体上的力对转轴上任意点的力矩沿转轴方向的分量的和. 如果定轴转动刚体不具有旋转 180°形状不变的对称性,如图 4-6(a)所示,刚体上各质点对转轴上任意点的角动量有垂直转轴方向的分量. 在转动参考系(非惯性系)中,刚体上各质点都受到径向方向的惯性离心力作用,惯性离心力的力矩垂直转轴,其作用是企图使转轴翻倒. 转轴之所以不翻倒,是由于受到固定转轴的装置(如轴承)的约束. 因此,转轴对约束装置产生约束反力. 约束反力可能对机械产生破坏作用,甚至造成重大事故. 定轴转动刚体如果具有旋转 180°形状不变的对称性,如图 4-6(b)和(c)所示,刚体上每一对对称的、等质量的质元受到的惯性离心力大小相同,方向相反,在同一条直线上. 它们的合力为零,对转轴上任一点的力矩的矢量和也为零. 所以,刚体的转轴没有翻倒倾向,也不对轴承产生约束反力. 这正是转动刚体大都做成对称形状的原因.

前面已经指出,式(4-8)~式(4-12)中的力矩 M 是作用于刚体上的力矩沿转轴方向的分量,即只有合外力矩的沿转轴的分量才对刚体的角动量的变化有作用. 而只有在转动平面内的力的力矩才沿转轴方向,垂直于转动平面(平行于转轴)的力的力矩垂直于转轴,垂直转轴的力矩企图使转轴翻倒. 如果作用在刚体上的力 F 不在转动平面内,如图 4-8 所示,则

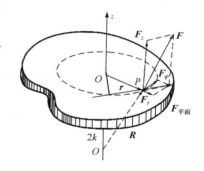

图 4-8 不在转动平面内的力的力矩

F 可以分解成平行于转动平面的分量 $F_{平面}$ 和平行于转轴的分量 $F_z\boldsymbol{k}$. $F_z\boldsymbol{k}$ 对刚体角动量的变化没有影响. 其作用是,企图使转轴翻到,从而对转动系统产生损害作用. $F_{平面}$ 的力矩沿刚体转轴的方向,对定轴转动刚体角动量的变化产生影响.

转动平面内的力 $F_{平面}$ 的力矩的大小为

$$M = rF_{平面}\sin\theta = rF_\varphi = F_{平面}d$$

式中 d 是转轴与转动平面的交点到力的作用线的垂直距离,称为力臂,F_φ 是力 F 的横向分量. 综上所述,在处理定轴转动刚体动力学问题时只须考虑转动平面内的力的力矩. 转动平面内的力的力矩等于力的横向分量与作用点到转轴的距离的乘积,或等于力和力臂的乘积.

八、刚体的转动动能

定轴转动刚体是一个特殊的质点系,但是把质点系的动能定义直接移植到定轴转动刚体符合定义状态量的原则. 从而定义定轴转动刚体的另一个状态量——转动动能. 刚体上所有质元的动能的总和称为定轴转动刚体的转动动能. 刚体的转动动能

$$E_{k转} = \int \frac{1}{2}\mathrm{d}m v^2 = \frac{1}{2}\int r^2\omega^2\mathrm{d}m = \frac{1}{2}\left(\int r^2\mathrm{d}m\right)\omega^2$$

即

$$E_{k转} = \frac{1}{2}J\omega^2 \tag{4-16}$$

应该注意:刚体作平动时,刚体的平动动能为

$$E_{k平} = \frac{1}{2}mv^2$$

当刚体既作平动又作定轴转动(刚体作平面运动)时,刚体的总动能应是

$$E_k = \frac{1}{2}J\omega^2 + \frac{1}{2}mv^2$$

刚体的角动量和转动动能都是描述定轴转动刚体的动力学量,它们之间必定有一定联系. 由式(4-16)和 $L = J\omega$ 可知

$$E_k = \frac{L^2}{2J}$$

九、力矩的功

由于刚体上各质点之间的相对位置不发生变化,所以各质点之间相互作用的内力不做功. 如图 4-9 所示,设某时刻作用在定轴转动刚体上的外力为 F,F 在转动平面内,则在 $\mathrm{d}t$ 时间内,力的作用点的位移为 $\mathrm{d}\boldsymbol{r} = \boldsymbol{v}\,\mathrm{d}t$,外力 F 的元功

$$\mathrm{d}A = \boldsymbol{F} \cdot \mathrm{d}\boldsymbol{r} = \boldsymbol{F} \cdot \boldsymbol{v}\,\mathrm{d}t$$

由于刚体上各点都做圆周运动

$$dA = Fv\cos\alpha\,dt = Fr\omega\cos\alpha\,dt$$

由图 4-9 可知，$\varphi = 90° - \alpha$，所以 $\cos\alpha = \sin\varphi$，又 $\omega\,dt = d\theta$，所以

$$dA = Fr\sin\varphi\,d\theta$$

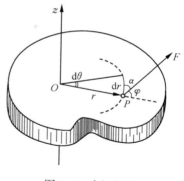

因为力矩 $M = Fr\sin\varphi$，所以元功

$$dA = Md\theta \qquad (4\text{-}17)$$

刚体在力 $\boldsymbol{F}$ 所产生的力矩 M 作用下，由角位置 θ_1 转到角位置 θ_2 过程中，力矩的功为

$$A = \int_{\theta_1}^{\theta_2} Md\theta \qquad (4\text{-}18)$$

图 4-9　力矩的功

若 M 为恒力矩，则

$$A = M(\theta_2 - \theta_1) \qquad (4\text{-}19)$$

十、定轴转动刚体的动能定理

设定轴转动刚体受到的合外力矩为 M，根据转动定律

$$M = J\frac{d\omega}{dt}$$

可得合外力矩的元功

$$dA = J\frac{d\omega}{dt}d\theta = J\omega\,d\omega = d\left(\frac{1}{2}J\omega^2\right) \qquad (4\text{-}20)$$

设刚体在 t_1 和 t_2 时刻的角速度分别为 ω_1 和 ω_2，在 $\Delta t = t_2 - t_1$ 这段时间内合外力矩的功为

$$A = \int_{\omega_1}^{\omega_2} d\left(\frac{1}{2}J\omega^2\right)$$

即

$$A = \frac{1}{2}J\omega_2^2 - \frac{1}{2}J\omega_1^2 \qquad (4\text{-}21)$$

式(4-20)和式(4-21)表明，合外力矩对刚体所做的功，等于刚体转动动能的增量. 这一结论称为定轴转动刚体的动能定理. 力矩的功是力矩对空间的积累. 动能定理给出的是力矩对空间的积累与它产生的效应：转动动能的增量之间的定量关系，是转动状态变化时，状态量转动动能的变化遵守的定量规律.

定轴转动刚体的转动能与质点系的动能完全相同. 作用在刚体上的力矩的功与力的功本质上没有任何区别. 所以，质点系的动能定理对于定轴转动刚体必定适用. 由于刚体中各质点之间的相对位置不变，内力矩不做功，所以式(4-20)和式(4-21)中只包括合外力矩做的功. 这也是定轴转动刚体这个特殊质点系特殊性的一个表现.

下面通过几个典型例题说明计算刚体转动惯量的方法.

例题 1 试计算(1)质量为 m、半径为 R 的匀质圆环对垂直圆环平面的轴线的转动惯量；(2)质量为 m、半径为 R 的匀质薄圆盘对垂直圆盘平面的轴线的转动惯量.

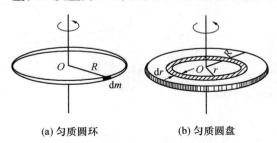

(a) 匀质圆环　　　(b) 匀质圆盘

图 4-10　转动惯量的计算

解 （1）如图 4-10(a)所示，设圆环的质量线密度为 λ，在匀质圆环上取一质量元 $\mathrm{d}m = \lambda \mathrm{d}l$，各质元到转轴的距离皆为 R，所以圆环的转动惯量为

$$J = \int R^2 \mathrm{d}m = mR^2$$

上述结果说明：圆环对垂直圆环平面的轴线的转动惯量与质量分布 λ 无关.

（2）如图 4-10(b)所示，设圆盘的质量面密度为 σ，在圆盘上取半径为 r、宽度为 $\mathrm{d}r$ 的同心圆环，则圆环的质量为

$$\mathrm{d}m = \sigma \mathrm{d}S = \sigma \cdot 2\pi r \mathrm{d}r$$

该圆环对轴线的转动惯量为

$$\mathrm{d}J = r^2 \mathrm{d}m = 2\pi\sigma r^3 \mathrm{d}r$$

$$J = \int \mathrm{d}J = \int_0^R 2\pi\sigma r^3 \mathrm{d}r = \frac{1}{2}\pi\sigma R^4 = \frac{1}{2}mR^2$$

例题 2 求半径为 R、长为 l、质量为 m 的匀质圆柱体对其轴线的转动惯量.

解 如图 4-11 所示，以平行其端面的平面将圆柱体分割成薄圆盘. 设薄圆盘的质量为 $\mathrm{d}m$，它对其轴线的转动惯量为

$$\mathrm{d}J = \frac{1}{2}R^2 \mathrm{d}m$$

圆柱体对其轴线的转动惯量为

$$J = \int \frac{1}{2}R^2 \mathrm{d}m = \frac{1}{2}mR^2$$

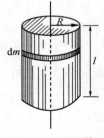

图 4-11　圆柱体转动惯量的计算

例题 3 求质量为 m、半径为 R 的匀质球体对通过其球心轴的转动惯量。

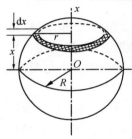

图 4-12　匀质球体转动惯量的计算

解 设球体的质量密度为 ρ，如图 4-12 所示，将球体用垂直于转轴的平面分割成许多厚度为 $\mathrm{d}x$ 的薄圆盘. 取其中一个距球心为 x，半径为 $r = \sqrt{R^2 - x^2}$ 的圆盘，它的体积为 $\pi r^2 \mathrm{d}x = \pi(R^2 - x^2)\mathrm{d}x$，质量 $\mathrm{d}m = \rho\pi(R^2 - x^2)\mathrm{d}x$，其转动惯量为

$$\mathrm{d}J = \frac{1}{2}r^2 \mathrm{d}m$$

则整个球体的转动惯量为

$$J = \int \frac{1}{2} r^2 \, \mathrm{d}m = \int_{-R}^{+R} \frac{1}{2} \rho \pi (R^2 - x^2)^2 \, \mathrm{d}x$$

$$= \frac{1}{2} \rho \pi \left(2R^5 - \frac{4}{3} R^5 + \frac{2}{5} R^5 \right) = \frac{8}{15} \rho \pi R^5$$

由于整个球体的质量

$$m = \frac{4}{3} \pi R^3 \rho$$

所以球体对其中心轴的转动惯量为

$$J = \frac{2}{5} mR^2$$

例题 4　一均匀细棒长度为 L，质量为 m，求它对下列各轴的转动惯量：

(1) 轴通过棒的一端且与棒垂直；

(2) 轴通过棒的中点且与棒垂直.

解　(1) 如图 4-13(a)所示，在棒上取一质元 $\mathrm{d}m$，它到轴的距离为 x，长度为 $\mathrm{d}x$，则有

$$\mathrm{d}m = \frac{m}{L} \mathrm{d}x$$

故有

$$J_z = \int x^2 \, \mathrm{d}m = \int_0^L \frac{m}{L} x^2 \, \mathrm{d}x = \frac{1}{3} mL^2$$

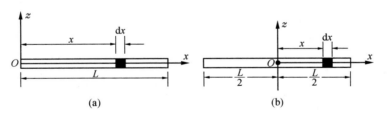

图 4-13　细棒转动惯量的计算

(2) 如图 4-13(b)所示. 取质元 $\mathrm{d}m = \dfrac{m}{L} \mathrm{d}x$，棒的转动惯量为

$$J_z = \int x^2 \, \mathrm{d}m = \int_{-\frac{L}{2}}^{+\frac{L}{2}} \frac{m}{L} x^2 \, \mathrm{d}x = \frac{1}{12} mL^2$$

对于一些形状不规则的刚体，难以计算其转动惯量. 需要根据刚体运动时的表现，用实验的方法测定.

由转动惯量的定义式及以上几个例题可以看出，刚体的转动惯量与下列三个因素有关：①刚体的大小、形状；②刚体的质量分布情况；③转轴的位置. 所以在谈及刚体的转动惯量时，必须指明是对哪个转轴而言.

某些规则形状的刚体对给定转轴的转动惯量示于表 4-1.

表 4-1　常见刚体的转动惯量

刚　体		转　轴	转动惯量
细棒	I_d I_c	通过中心与棒垂直	$I_c = \dfrac{1}{12}ml^2$
		通过端点与棒垂直	$I_d = \dfrac{1}{3}ml^2$
细圆环	I_x I_c I_d	通过中心与环面垂直	$I_c = mR^2$
		通过边缘与环面垂直	$I_d = 2mR^2$
		直径	$I_x = I_y = \dfrac{1}{2}mR^2$
薄圆盘	I_x I_c I_d	通过中心与盘面垂直	$I_c = \dfrac{1}{2}mR^2$
		通过边缘与盘面垂直	$I_d = \dfrac{3}{2}mR^2$
		直径	$I_x = I_y = \dfrac{1}{4}mR^2$
空心圆柱	I_c	对称轴	$I_c = \dfrac{1}{2}m(R_2^2 + R_1^2)$
球壳	I_d I_c	中心轴	$I_c = \dfrac{2}{3}mR^2$
		切线	$I_d = \dfrac{5}{3}mR^2$
球体	I_d I_c	中心轴	$I_c = \dfrac{2}{5}mR^2$
		切线	$I_d = \dfrac{7}{5}mR^2$
立方体	I_d I_c	中心轴	$I_c = \dfrac{1}{6}ml^2$
		棱边	$I_d = \dfrac{2}{3}ml^2$

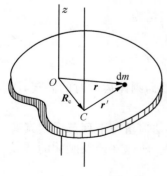

图 4-14　平行轴定理

例题 5　证明平行轴定理.

刚体绕转轴 O 的转动惯量 J 等于绕过质心平行于该轴的转动惯量 J_c 与 md^2 的和,即

$$J = J_c + md^2$$

其中 m 为刚体的质量,d 为两转轴之间的距离.

证明　在刚体上任取一质元 dm.该质元所在的转动平面与两转轴的交点为 O 和 C,质元相对 O 点和 C 点的位置矢量为 $\boldsymbol{r}$ 和 $\boldsymbol{r}'$,C 点相对 O 点的位置矢量为 $\boldsymbol{R}_c$,$|\boldsymbol{R}_c| = d$,如图 4-14 所示.则

$$\boldsymbol{r} = \boldsymbol{R}_c + \boldsymbol{r}'$$

所以

$$r^2 = \boldsymbol{r} \cdot \boldsymbol{r} = (\boldsymbol{R}_c + \boldsymbol{r}') \cdot (\boldsymbol{R}_c + \boldsymbol{r}') = \boldsymbol{r}' \cdot \boldsymbol{r}' + \boldsymbol{R}_c \cdot \boldsymbol{R}_c + 2\boldsymbol{r}' \cdot \boldsymbol{R}_c = r'^2 + d^2 + 2\boldsymbol{r}' \cdot \boldsymbol{R}_c$$

刚体对转轴 O 的转动惯量

$$J = \int r^2 \mathrm{d}m = \int r'^2 \mathrm{d}m + \int d^2 \mathrm{d}m + 2\int \boldsymbol{r}' \mathrm{d}m \cdot \boldsymbol{R}_c$$

式中

$$\int r'^2 \mathrm{d}m = J_c, \quad \int d^2 \mathrm{d}m = md^2$$

因为,$\boldsymbol{R}_c$ 是常矢量,$\dfrac{\int \boldsymbol{r}' \mathrm{d}m}{m} = \boldsymbol{r}_c$ 是质心相对 C 点的位置矢量,所以,$\boldsymbol{r}_c = 0$,$\int \boldsymbol{r}' \mathrm{d}m = \boldsymbol{r}_c = 0$,从而 $2\int \boldsymbol{r}' \mathrm{d}m \cdot \boldsymbol{R}_c = 0$. 因此

$$J = J_c + md^2$$

例题 6 证明正交轴定理

平板刚体对过平板上任意一点垂直于平板的转轴的转动惯量等于对过同一点的平板内互相垂直的两转轴的转动惯量之和.

证明 在平面上任取一点 O,以 O 点为原点、垂直于平面的直线为 z 轴,建立直角坐标系,如图 4-15 所示.

在平板上任取一质元 $\mathrm{d}m$,在 xy 平面内的坐标为 (x, y). 质元到转轴 z 的距离的平方

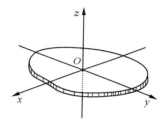

图 4-15 正交轴定理

$$r^2 = x^2 + y^2$$

平板对 z 轴的转动惯量

$$J_z = \int r^2 \mathrm{d}m = \int (x^2 + y^2) \mathrm{d}m = \int x^2 \mathrm{d}m + \int y^2 \mathrm{d}m$$

所以

$$J_z = J_y + J_x$$

例题 7 一刚体由长为 l、质量为 m 的均匀细杆和质量为 m 的小球固定在其一端而组成,且可绕杆的另一端点的轴 O 在竖直平面内转动,刚体细棒从水平位置由静止释放,如图 4-16 所示. 若轴处无摩擦,试求

(1) 刚体绕轴 O 的转动惯量;

(2) 当杆与竖直方向成角 θ 时的角速度和此时小球的法向加速度.

解 分析:求出转动惯量后,用运动学状态量描述刚体的运动状态,根据转动定律求解.

方法 1 (1) 刚体的转动惯量

$$J = ml^2 + \frac{1}{3}ml^2 = \frac{4}{3}ml^2$$

(2) 当刚体转动与竖直方向成角 θ 时,所受合力矩的大小为

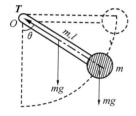

图 4-16 例题 7 用图

$$M = mgl\sin\theta + mg\ \frac{l}{2}\sin\theta = \frac{3}{2}mgl\sin\theta$$

由转动定律得

$$\beta = -\frac{M}{J} = -\frac{9mgl\sin\theta}{8ml^2} = -\frac{9g\sin\theta}{8l}$$

又因

$$\beta = \frac{d\omega}{dt} = \frac{d\omega}{d\theta} \cdot \frac{d\theta}{dt} = \omega\ \frac{d\omega}{d\theta}$$

所以

$$-\frac{9g\sin\theta}{8l} = \omega\ \frac{d\omega}{d\theta}$$

分离变量并积分

$$-\int_{\frac{\pi}{2}}^{\theta_0} \frac{9g\sin\theta}{8l}d\theta = \int_0^\omega \omega\,d\omega$$

可得到

$$\omega = \frac{3}{2}\ \sqrt{g\cos\theta_0/l}$$

小球的法向加速度

$$a_n = l\omega^2 = \frac{9}{4}g\cos\theta_0$$

方法 2　用角动量描述刚体的运动状态,根据角动量定理求解.

设刚体由水平位置转到与竖直方向成 θ_0 角经历的时间为 t,由角动量定理得

$$Mdt = dL = J d\omega$$

即

$$-\frac{3}{2}mgl\sin\theta\,dt = \frac{4}{3}ml^2\,d\omega$$

由于

$$dt = \frac{d\theta}{\omega}$$

代入上式整理

$$\omega\,d\omega = -\frac{9g}{8l}\sin\theta\,d\theta$$

两边积分可解得

$$\omega = \frac{3}{2}\ \sqrt{g\cos\theta_0/l}$$

方法 3　取定轴转动刚体为系统,用动能描述运动状态,根据动能定理求解.地球对刚体作用的重力矩为外力矩,根据定轴转动刚体的动能定理

$$\int M\mathrm{d}\theta = \Delta E_k = E_k = \frac{1}{2}J\omega^2$$

即

$$-\int_{\frac{\pi}{2}}^{\theta_0} \frac{3}{2}mgl\sin\theta\,\mathrm{d}\theta = \frac{1}{2} \cdot \frac{4}{3}ml^2\omega^2$$

有

$$\omega = \frac{3}{2}\sqrt{g\cos\theta_0/l}$$

方法 4　取定轴转动刚体和地球为系统,则系统受合外力矩为零.运动过程中,只有保守内力(重力)做功,系统的机械能守恒.用机械能描述运动状态,根据机械能守恒定律求解.

取初始位置的重力势能为零,则

$$\frac{1}{2}J\omega^2 - mgl\cos\theta_0 - \frac{1}{2}mgl\cos\theta_0 = 0$$

即

$$\frac{4}{3}ml^2\omega^2 = \frac{3}{2}mgl\cos\theta_0$$

$$\omega = \frac{3}{2}\sqrt{g\cos\theta_0/l}$$

例题 8　如图 4-17 所示,在光滑的水平桌面上有一长为 l、质量为 M 的均匀细棒以速度 v 运动,与一固定在桌面上的钉子 O 相碰.碰后细棒将绕点 O 转动.试求

（1）细棒绕轴 O 的转动惯量；

（2）碰撞前,棒对轴 O 的角动量；

（3）碰撞后,棒绕轴 O 的转动角速度.

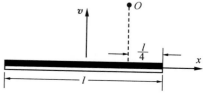

图 4-17　例题 8 用图

解　（1）由 $J = \int r^2 \mathrm{d}m$ 可求得棒绕点 O 的转动惯量

$$J = \int x^2\,\mathrm{d}m = \int_{-3l/4}^{l/4} x^2\,\frac{M}{l} \cdot \mathrm{d}x = \frac{7}{48}Ml^2$$

（2）碰撞前细棒作平动,它对轴 O 的角动量

$$L = \int_{\text{棒}} \mathrm{d}m v \cdot x = v\int_{\text{棒}} x\,\mathrm{d}m = v\int_{-\frac{3l}{4}}^{\frac{l}{4}} \frac{M}{l}x\,\mathrm{d}x = -\frac{1}{4}Mlv$$

因为质心的坐标

$$x_c = \frac{\displaystyle\int_{\text{棒}} x\,\mathrm{d}m}{M} = \frac{1}{M} \cdot \int_{-\frac{3l}{4}}^{\frac{l}{4}} \frac{M}{l}x\,\mathrm{d}x = -\frac{l}{4}$$

所以

$$L = Mv \mid x_c \mid = Mv\frac{l}{4} = \frac{1}{4}Ml v$$

请读者推导:平动刚体对和运动平面垂直的转轴的角动量等于其质心对该转轴的角动量.

（3）设碰撞后棒绕轴 O 转动的角速度为 ω,因为碰撞过程中对轴 O 的合外力矩为零,故角动量守恒,则有

$$\frac{1}{4}Ml v = J\omega$$

可解得

$$\omega = \frac{12v}{7l}$$

习　题

1. 如图所示的一块均匀的长方形薄板,边长分别为 a、b. 中心 O 取为原点,坐标系如图所示. 设薄板的质量为 M,求证薄板对 Ox 轴、Oy 轴和 Oz 轴的转动惯量分别为 $J_{Ox} = \frac{1}{12}Mb^2$,$J_{Oy} = \frac{1}{12}Ma^2$,$J_{Oz} = \frac{1}{12}M(a^2 + b^2)$.

2. 一个半圆形薄板的质量为 m、半径为 R,如图所示,当它绕着它的直径边转动时,其转动惯量是多大?

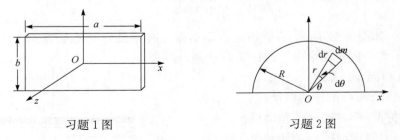

习题 1 图　　　　　　　　　　　　习题 2 图

3. 一半圆形细棒,半径为 R,质量为 m,如图所示. 求细棒对轴 AA' 的转动惯量.

4. 试求质量为 m、半径为 R 的空心球壳对直径轴的转动惯量.

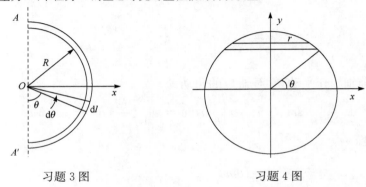

习题 3 图　　　　　　　　　　　习题 4 图

5. 一个作定轴转动的轮子,对轴的转动惯量 $J = 2.0 \text{kg} \cdot \text{m}^2$,正以角速度 ω_0 匀速转动. 现对轮子加一恒定的力矩 $M = -7.0 \text{N} \cdot \text{m}$,经过 8s,轮子的角速度为 $-\omega_0$,则 $\omega_0 =$ _____.

6. 一根质量为 m,长度为 l 的细而均匀的棒,其下端铰接在水平面上,并且竖直立起,如果让它自由落下,则棒将以角速度 ω 撞击地面,如图所示. 如果将棒截去一半,初始条件不变,则棒撞击地面的角速度为( ).

(A) 2ω (B) $\sqrt{2}\omega$ (C) ω (D) $\dfrac{\omega}{\sqrt{2}}$

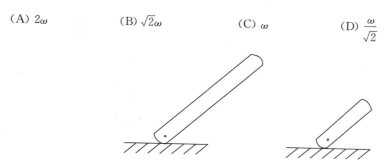

习题 6 图

7. 一根长为 l,质量为 m 的均匀细杆,可绕距离其一端 $\dfrac{l}{4}$ 的水平轴 O 在竖直平面内转动,当杆自由悬挂时,给它一个起始角速度 ω,如果杆恰能持续转动而不摆动,则( ).

(A) $\omega \geqslant 4\sqrt{\dfrac{3g}{7l}}$ (B) $\omega = \sqrt{\dfrac{g}{l}}$

(C) $\omega \geqslant \sqrt{\dfrac{g}{l}}$ (D) $\omega \geqslant \sqrt{\dfrac{12g}{l}}$

8. 一个半径为 R,可绕水平轴转动的定滑轮上绕有一根细绳,绳的另一端挂有一质量为 m 的物体. 绳的质量可以忽略,绳与定滑轮之间无相对滑动. 若物体的下落加速度为 a,则定滑轮对轴的转动惯量 $J =$ _____.

习题 7 图

9. 设一飞轮的转动惯量为 J,在 $t = 0$ 时角速度为 ω_0. 此后飞轮受到一制动作用,阻力矩 M 的大小与角速度 ω 的平方成正比,比例系数为 $k(k > 0)$. 当 $\omega = \dfrac{1}{3}\omega_0$ 时,飞轮的角加速度 $\beta =$ _____. 从开始制动到 $\omega = \dfrac{1}{3}\omega_0$ 所经过的时间 $t =$ _____.

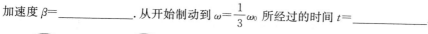

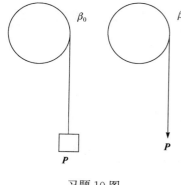

习题 10 图

10. 一轻绳绕在有水平光滑轴的定滑轮上,滑轮质量为 m,半径为 r,绳下端挂一物体. 物体所受重力为 $\boldsymbol{P}$,滑轮的角加速度为 β_0. 若将物体去掉而以与 $\boldsymbol{P}$ 相等的力直接向下拉绳子,滑轮的角加速度为 β,则 β _____ β_0(填 $>$、$=$ 或 $<$?).

11. 以 20N·m 的恒力矩作用于有固定轴的转轮上,在 10s 内该轮的转速由零增大到 100r/min. 此时撤去该力矩,转轮因摩擦力矩的作用,又经 100s 而停止,试求转轮的转动惯量.

12. 绞车上装有两个连在一起的大小不同的鼓轮如图所示,其质量和半径分别为 $m = 2\text{kg}$,$r = 0.05\text{m}$,$M = 8\text{kg}$,$R = 0.10\text{m}$. 两鼓轮可看成是质量均匀分布的圆盘,绳索质量及轴承摩擦不计. 当绳端各受拉力 $T_1 = 1\text{kg}$,$T_2 = 2\text{kg}$ 时,求鼓轮的角加速度.

13. 一根质量为 m、长度为 l 的均匀细棒 AB 和一质量为 m 的小球牢固联结在一起,细棒可绕通过

其 A 端的水平轴在竖直平面内自由摆动,现将棒由水平位置静止释放,求:

(1) 刚体绕 A 端的水平轴的转动惯量,

(2) 当下摆至 θ 角时,刚体的角速度.

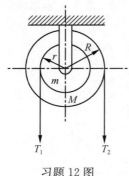
习题 12 图

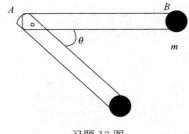
习题 13 图

14. 如图所示,一质量为 m 的圆盘形工件套装在一根可转动的轴上,它们的中心线相互重合. 圆盘形工件的内、外直径分别为 D_1 和 D_2. 该工件在外力矩作用下获得角速度 ω_0,这时撤掉外力矩,工件在轴所受的阻力矩作用下最后停止转动,经历了时间 t. 试求轴处所受到的平均阻力 f $\left(\text{轴的转动惯量略而不计,圆盘形工件绕其中心轴的转动惯量为} \dfrac{1}{8}m(D_1^2+D_2^2)\right)$.

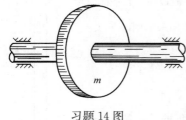
习题 14 图

15. 一砂轮直径为 1m,质量为 50kg,以 900r/min 的转速转动,一工件以 200N 的正压力作用于轮子的边缘上,使砂轮在 11.8s 内停止转动. 求砂轮与工件间的摩擦系数(砂轮轴的摩擦可忽略不计,砂轮绕轴的转动惯量为 $\dfrac{1}{2}mR^2$,其中,m 和 R 分别为砂轮的质量和半径).

16. 擦地板机圆盘的直径为 D,以匀角速度 ω 旋转,对地板的压力为 F,并假定地板所受的压力是均匀的,圆盘与地板间的摩擦系数为 μ,试求开动擦地板机所需的功率(提示:先求圆盘上任一面元所受的摩擦力矩,而整个圆盘所受摩擦力矩与角速度的乘积即是摩擦力矩的功率).

17. 一冲床飞轮的转动惯量为 25kg·m²,转速为 300r/min,每次冲压过程中,冲压所需的能量完全由飞轮供给. 若一次冲压需要做功 4000J,求冲压后飞轮的转速将减少至多少?

18. 长为 l 的均匀细棒 AB,A 端悬挂在铰链上. 开始使棒自水平位置无初速地向下摆动,当棒通过竖直位置时,铰链突然松脱,棒自由下落. 问:

(1) 在下落过程中棒的质心以什么样的轨迹运动?

(2) 自由脱落后,当棒质心 C 下降了 h 距离时,棒一共转了多少圈?

§4.3　定轴转动刚体组动力学

转轴在同一条直线(称为公共轴线)上的几个定轴转动刚体和质点组成的系统称为刚体组,即

$$刚体组 = \sum_{i=1}^{n} 刚体_i + \sum_{i=1}^{m} 质点_i$$

如图 4-18 所示,刚体组是一个特殊质点系,是各质点间的相对位置可以发生变化的、作以公共轴线为轴线的、做圆周运动的质点和其他质点组成的质点系. 刚体组与单个刚体的不同在于刚体组中不同质点之间的相对位置是可以改变的. 所以,刚体组中各成员相对位置变化时内力矩和内力可能做功.

图 4-18　刚体组

由于定轴转动刚体不定义动量的概念,所以刚体组也不定义动量的概念.

一、刚体组的角动量和角动量守恒定律

1. 刚体组的角动量

由于刚体组中各定轴转动刚体的转轴在同一条直线上,在该直线上任取一点作为各刚体上所有质点和其他质点角动量的共同参考点. 刚体组中所有质点有共同参考点,它们的角动量就可以直接相加. 由于定轴转动刚体的角动量的定义是唯一的,刚体组的角动量的定义也是唯一的,刚体组的角动量可以,而且只能定义为:刚体组中各质点对公共轴线上任意点的角动量沿轴线方向的分量的矢量和称为刚体组的角动量. 刚体组的角动量等于各刚体的角动量与其他质点的角动量的矢量和. 由于刚体组的角动量的方向只有沿公共轴线的两个可能的指向,如果一个刚体的角动量用正值表示,与它的角动量方向相反的角动量用负值表示,这样刚体组的角动量可以用标量表示. 所以,刚体组的角动量

$$L = \sum L_{刚体i} + \sum L_{质点i} \qquad (4\text{-}22)$$

2. 刚体组的角动量定理和角动量守恒定律

刚体组的角动量实际上就是质点系的角动量的一个分量. 所以,刚体组的运动状态变化时,刚体组的角动量的变化遵守的规律的表达式就是质点系的角动量定理的数学表达式的一个分量式,即

$$M = \frac{\mathrm{d}L}{\mathrm{d}t} \qquad (4\text{-}23)$$

式中 M 是刚体组受到的合外力矩沿轴线方向的分量的和,称为刚体组受到的合外力矩. 由式(4-23)可得到

$$\mathrm{d}L = M\mathrm{d}t \qquad (4\text{-}24)$$

由式(4-24)表明,合外力矩 M 在微小时间 $\mathrm{d}t$ 内的冲量矩 $\mathrm{d}I = M\mathrm{d}t$ 等于刚体组角动量的变化 $\mathrm{d}L$. 如果合外力矩 M 在从 t_1 到 t_2 的一段有限时间内持续作用在刚体组上,则

$$\int_{L_1}^{L_2} \mathrm{d}L = \int_{t_1}^{t_2} M \mathrm{d}t$$

式中 $\int_{L_1}^{L_2} \mathrm{d}L = \Delta L = L_2 - L_1$ 是 t_1 到 t_2 的时间内刚体组角动量的增量, $I = \int_{t_1}^{t_2} M \mathrm{d}t$ 是合外力在 t_1 到 t_2 时间的冲量矩. 所以

$$I = \int_{t_1}^{t_2} M \mathrm{d}t = L_2 - L_1 \tag{4-25}$$

式(4-24)和式(4-25)说明,作用在刚体组上合外力矩的冲量矩等于刚体组角动量的增量. 这一结论称为刚体组的角动量定理.

由式(4-23)可以得到,当 $M=0$ 时

$$L = 恒量 \tag{4-26}$$

式(4-26)说明,在刚体组的运动状态变化过程中,如果刚体组所受合外力矩为零,则刚体组的角动量保持不变. 这一结论称为刚体组的角动量守恒定律.

在实际问题中,刚体组的角动量守恒定律有重要应用. 若由于物体变形或某些质点相对位置变动等原因,刚体组的转动惯量 J 发生变化,则角速度 ω 也要发生相应的变化,只要合外力矩为零,刚体组的角动量就保持不变. 例如,一个人坐在可绕竖直轴无摩擦地转动的圆凳(茹可夫斯基凳)上(图 4-19(a)),两臂伸直,手握两只哑铃,使人与凳一起以角速度 ω 转动. 这时人、哑铃和圆凳组成的刚体组具有一定的角动量 $L = J\omega$. 如果此人收拢双臂,由于合外力矩等于零,人、哑铃和圆凳组成的刚体组的角动量守恒. 人收拢双臂过程中刚体组的转动惯量 J 逐渐减小,刚体组旋转的角速度 ω 就会逐渐增大,如图 4-19(b)所示. 如图 4-20 所示,冰舞运动员也应用刚体组的角动量守恒定律改变舞蹈姿态,想要提高旋转角速度时,就收回双臂以减小其转动惯量. 想要减小旋转角速度时,就展开双臂.

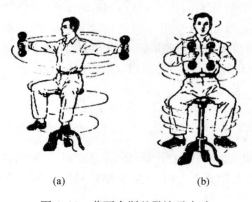

　(a)　　　　　　　　(b)

图 4-19　茹可夫斯基凳演示实验

图 4-20　冰舞运动员的旋转

在军事上应用角动量守恒的例子也很多. 例如,鱼雷是靠位于尾部的螺旋桨转动击水而向前推进的. 若只安装一个螺旋桨,螺旋桨开始旋转后,由于角动量守恒,鱼雷身体必将向反方向旋转,鱼雷就不能正常运行. 为防止鱼雷反向旋转,就在鱼雷尾部安装两个反向旋转的螺旋桨,工作时使总角动量仍为零. 再如,直升机在发动前,整机的总角动量为零. 而在发动之后,旋翼在水平面内高速旋转,系统内出现了一个竖直方向的角动量. 这样,为了使总角动量为零(守恒),机身要反向旋转. 为了不使机身旋转,人们在机身尾部装了一

个在竖直平面内旋转的尾翼,由它来产生一个水平面内的推力,使直升机受到一个推力矩.这样,旋翼的转动就不会引起机身的反向旋转了.

式(4-23)~式(4-26)是刚体组转动状态变化时,状态量——角动量的变化遵守的定量规律.

实际上,刚体组的角动量就是质点系的角动量的一个分量;刚体组的运动状态变化时,刚体组的角动量的变化遵守的规律理应与质点系的角动量的一个分量遵守的规律相同.

二、刚体组的动能和动能定理

刚体组是一个质点系,像普通质点系那样定义刚体组的动能符合定义状态量的原则.刚体组的动能定义为:刚体组中各个质点的动能的总和称为刚体组的动能,即

$$E_k = \sum_i E_{ki} = \sum_i \left(\frac{1}{2} \Delta m_i v_i^2 \right) \tag{4-27}$$

刚体组的动能等于各个刚体的动能与各个质点的动能的总和,即

$$L = \sum E_{k刚体i} + \sum E_{k质点i} \tag{4-28}$$

刚体组的动能与普通质点系的动能完全相同,所以,当刚体组的运动状态变化时,刚体组的动能变化遵守的规律与普通质点系的动能变化遵守的规律也相同,即质点系动能定理适用于刚体组.所以,刚体组动能的变化等于外力(矩)做的功与内力(矩)做功的代数和.这个结论称为刚体组的动能定理.注意,当刚体组运动时,刚体组中质点之间的相对位置发生变化,它们之间相互作用的内力可能做功.对于微小过程,刚体组的动能定理的数学形式为

$$dA_{外} + dA_{内} = dE_k \tag{4-29}$$

对于从时刻 t_1 到 t_2 的有限过程,刚体组的动能定理的数学形式为

$$A_{外} + A_{内} = \Delta E_k = E_{k2} - E_{k1} \tag{4-30}$$

刚体组运动时,内力矩做功的代数和可能不为零.这是刚体组与单个刚体的一个不同点.

三、刚体组的机械能和机械能守恒定律

1. 刚体的重力势能

在刚体上任取一个质元,设其质量为 dm,相对重力势能参考点的高度为 h,则该质点的重力势能为

$$dE_p = dmgh$$

和质点系的势能的定义相同,刚体中各质点对同一参考点的重力势能的总和称为定轴转动刚体的重力势能,即

$$E_{p刚体} = \int dE_p = \int dmgh = \left(\int h dm \right) g \tag{4-31}$$

由质心的定义可知,刚体质心的高度

$$h_c = \frac{\int h dm}{M}$$

所以

$$\int h\,\mathrm{d}m = Mh_c$$

由式(4-31)可得到刚体的势能

$$E_{p刚体} = \left(\int h\,\mathrm{d}m\right)g = Mh_c g$$

式中 $Mh_c g$ 是刚体质心的势能. 所以

$$E_{p刚体} = Mgh_c \tag{4-32}$$

上式表明:刚体的重力势能等于质心的重力势能. 实际上,刚体的重力势能与普通质点系的重力势能完全相同.

2. 刚体组的重力势能

和质点系的势能的定义相同,刚体组中各质点对同一参考点的重力势能的总和称为定轴转动刚体组的重力势能. 考虑到刚体重力势能是刚体上各质点的势能之和,因此,刚体组的势能等于各刚体的势能与其他质点的势能的总和,即

$$E_p = \sum E_{p刚体i} + \sum E_{p质点i} = \sum M_i g h_{ci} + \sum E_{p质点i} \tag{4-33}$$

由式(4-31)和式(4-33)可看出,刚体组的势能就是普通质点系的势能.

3. 刚体组的机械能

刚体组的动能与刚体组的势能之和称为刚体组的机械能.

$$E = E_k + E_p \tag{4-34}$$

由前面的分析可以看出:刚体组的机械能与普通质点系的机械能完全相同.

4. 刚体组的功能原理和机械能守恒定律

刚体组的机械能与普通质点系的机械能完全相同. 因此,当刚体组的运动状态变化时,其动能的变化遵守的规律与普通质点系相同. 刚体组的动能定理的微分形式为

$$\mathrm{d}A_{外} + \mathrm{d}A_{内} = \mathrm{d}E_k$$

式中 $\mathrm{d}A_{内}$ 包括保守内力做的功 $\mathrm{d}A_{保内}$ 和非保守内力做的功 $\mathrm{d}A_{非保内}$,即

$$\mathrm{d}A_{内} = \mathrm{d}A_{保内} + \mathrm{d}A_{非保内}$$

保守内力做的功等于刚体组势能的减小,即

$$\mathrm{d}A_{保内} = -\mathrm{d}E_p$$

由上面三式可以得到

$$\mathrm{d}A_{外} + \mathrm{d}A_{非保内} = \mathrm{d}E_k + \mathrm{d}E_p = \mathrm{d}E \tag{4-35}$$

对于从时刻 t_1 到 t_2 的一段有限时间内,上式变为

$$A_{外} + A_{非保内} = \Delta E_k + \Delta E_p = \Delta E \tag{4-36}$$

式(4-35)和式(4-36)表明,在刚体组的运动状态变化过程中,合外力(矩)所做功与非保守内力(矩)所做功的代数和等于刚体组机械能的增量. 这一结论称为刚体组的功能原理. 式(4-35)和式(4-36)分别称为刚体组的功能原理的微分形式和积分形式.

由式(4-35)可知,当 $\mathrm{d}A_外+\mathrm{d}A_{内非保}=0$ 时

$$E＝恒量 \tag{4-37}$$

式(4-37)表明,在刚体组的运动状态变化过程中,如果任意微小过程外力(矩)所做的功与非保守内力(矩)所做功的代数和总是等于零,则刚体系统的机械能守恒.这一结论称为刚体组的机械能守恒定律.

实际上,由于刚体组的动能、势能和机械能的定义与普通质点系相应状态量的定义相同,所以,刚体组的运动状态变化时,这些状态量的变化遵守的规律与普通质点系相应状态量的变化遵守的规律理应相同,即普通质点系的动能定理、功能原理和机械能守恒定律理应适用于刚体组.

本节的所有结论也可以像推导质点系中的相应结论那样,列出刚体组中各个质元的相应结论的方程式,然后相加(求积分)而得到.

例题 1　质量为 m_1,半径为 R 的圆柱形滑轮可绕光滑水平轴自由转动.一质量为 m_2 的物体悬挂于绕在滑轮上的细绳(不可伸长)的一端并自然下垂,绳的另一端固定在滑轮上,如图 4-21 所示.求物体 m_2 下落的加速度 a 及滑轮转动的角加速度 β.

分析　本题是求解涉及单一运动过程的刚体组动力学问题.这类问题的求解思路是:

(1)选取研究对象.

(2)选定描述研究对象的状态量.判断状态量的变化遵守的规律,列出相应规律的方程式.

(3)求解上述方程组成的方程组.

每一种研究对象的选法与状态量的选法的恰当结合就形成一种解题方法.

本例题的研究对象可以有三种取法:①分别取滑轮和小球(质点)为研究对象.②取滑轮和小球组成的刚体组.③取滑轮、小球和地球组成的系统.

选择状态量:定轴转动刚体与质点都可以用运动学状态量描述,例如,角加速度、角速度、加速度、速度.因为定轴转动刚体不定义动量,所以不能用动量作为描述刚体和刚体组的状态量,可以用角动量和动能描述.描述小球的运动状态可以用动量、角动量和动能.对于滑轮、小球和地球组成的系统可以用机械能描述其运动状态.

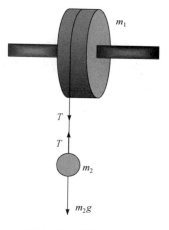

图 4-21　例题 1 用图

解　方法 1　分别取滑轮和小球(质点)为研究对象,用运动学状态量描述运动状态,根据牛顿运动定律和转动定律求解.

m_2 受两个力:绳的张力 T 和重力 $G=m_2g$,由牛顿第二定律得到

$$m_2g-T=m_2a \tag{1}$$

对于滑轮,由转动定律得

$$TR=\frac{1}{2}m_1R^2\beta \tag{2}$$

小球的线加速度 a 和滑轮角加速度 β 的关系为

$$a = R\beta \tag{3}$$

联立式(1)～(3),可解得

$$a = \frac{2m_2 g}{m_1 + 2m_2}, \quad \beta = \frac{2m_2 g}{R(m_1 + 2m_2)}$$

方法 2　分别取滑轮和小球为研究对象,分别用动量和角动量描述小球和滑轮的运动状态,根据动量定理和角动量定理求解.

小球动量的变化遵守动量定理

$$(m_2 g - T)\mathrm{d}t = m_2 \mathrm{d}v$$

滑轮角动量的变化遵守角动量定理

$$TR\mathrm{d}t = \mathrm{d}L = \frac{1}{2}m_1 R^2 \mathrm{d}\omega$$

上面两式可分别变为

$$m_2 g - T = m_2 \frac{\mathrm{d}v}{\mathrm{d}t} = m_2 a \tag{4}$$

$$TR = \frac{1}{2}m_1 R^2 \frac{\mathrm{d}\omega}{\mathrm{d}t} = \frac{1}{2}m_1 R^2 \beta \tag{5}$$

式(4)和式(5)分别与式(1)和式(2)相同.以下解题过程与方法 1 相同.

方法 3　分别取滑轮和小球为研究对象,用角动量描述小球和滑轮的运动状态,根据角动量定理求解.

质点的角动量定理

$$(m_2 g - T)R\mathrm{d}t = \mathrm{d}(m_2 R v) = m_2 R \mathrm{d}v$$

$$m_2 g - T = m_2 a \tag{6}$$

滑轮的角动量定理

$$TR\mathrm{d}t = \mathrm{d}L = \mathrm{d}\left(\frac{1}{2}m_1 R^2 \omega\right) = \frac{1}{2}m_1 R^2 \mathrm{d}\omega$$

$$TR = \frac{1}{2}m_1 R^2 \beta \tag{7}$$

式(6)和式(7)分别与方法 1 中式(1)和式(2)相同.以下解题过程与方法 1 相同.

方法 4　分别取滑轮和小球为研究对象,用动能描述小球和滑轮的运动状态,根据动能定理求解.

取转轴处为原点,竖直向下为 Ox 轴,则小球的动能定理

$$(m_2 g - T)\mathrm{d}x = \mathrm{d}\left(\frac{1}{2}m_2 v^2\right) = m_2 v \mathrm{d}v$$

滑轮的动能定理

$$TR\mathrm{d}\theta = \mathrm{d}\left(\frac{1}{2}J\omega^2\right) = \mathrm{d}\left(\frac{1}{4}m_1 R^2 \omega^2\right) = \frac{1}{2}m_1 R^2 \omega \mathrm{d}\omega$$

注意到 $\mathrm{d}\theta = \omega \mathrm{d}t$, $\mathrm{d}x = v \mathrm{d}t$,上两式可变为

$$m_2 g - T = m_2 \frac{\mathrm{d}v}{\mathrm{d}t} = m_2 a$$

$$TR = m_1 R \frac{\mathrm{d}\omega}{\mathrm{d}t} = \frac{1}{2} m_1 R^2 \beta$$

上两式分别与方法 1 中式(1)和式(2)相同. 以下解题过程与方法 1 相同.

方法 5 取滑轮和小球组成的刚体组为研究对象,用角动量(不能用动量)描刚体组的运动状态,根据刚体组的角动量定理求解.

绳中张力是内力,小球受的重力的力矩是系统受的合外力矩,所以

$$m_2 g R \mathrm{d}t = \mathrm{d}L = \mathrm{d}\left(\frac{1}{2} m_1 R^2 \omega + m_2 v R\right)$$

根据线量与角量的关系 $v = R\omega$,上式可变为

$$m_2 g = \left(\frac{1}{2} m_1 R + m_2 R\right)\frac{\mathrm{d}\omega}{\mathrm{d}t} = \left(\frac{1}{2} m_1 + m_2\right) R\beta \tag{8}$$

由上式可解出

$$\beta = \frac{2 m_2 g}{R(m_1 + 2 m_2)}$$

应用线量与角量的关系 $a = R\beta$,可得到

$$a = R\beta = \frac{2 m_2 g}{m_1 + 2 m_2}$$

方法 6 取滑轮和小球组成的刚体组为研究对象,用动能描述刚体组的运动状态,根据刚体组的动能定理求解.

作用于滑轮和小球上的张力 T 是内力,它们对小球和滑轮做功的代数和等于零. 小球受的重力是外力,根据刚体组的动能定理

$$m_2 g \mathrm{d}x = \mathrm{d}E_k = \mathrm{d}\left(\frac{1}{2} J\omega^2 + \frac{1}{2} m_2 v^2\right) = J\omega \mathrm{d}\omega + m_2 v \mathrm{d}v \tag{9}$$

注意到 $v = R\omega$,$\mathrm{d}v = R\mathrm{d}\omega$,$\mathrm{d}x = v\mathrm{d}t = R\omega \mathrm{d}t$,$J = \frac{1}{2} m_1 R^2$,上式可变为

$$m_2 g = \left(\frac{1}{2} m_1 R + m_2 R\right)\frac{\mathrm{d}\omega}{\mathrm{d}t} = \left(\frac{1}{2} m_1 + m_2\right) R\beta$$

上式与方法 5 中式(8)相同. 以下解题过程与方法 5 相同.

方法 7 取滑轮、小球和地球组成的系统,用机械能(不能用动量和角动量)描述系统的运动状态. 小球受的重力是保守内力,系统运动过程中只有保守内力做功不为零,所以系统的机械能守恒,即任意微小过程中系统机械能的增量等于零. 滑轮的势能不变,取小球初始位置势能为零,则

$$\mathrm{d}\left(\frac{1}{2} J\omega^2\right) + \mathrm{d}\left(\frac{1}{2} m_2 v^2\right) - m_2 g \mathrm{d}x = 0$$

即

$$J\omega \mathrm{d}\omega + m_2 v \mathrm{d}v - m_2 g \mathrm{d}x = 0$$

上式与方法 6 中式(9)相同. 以下解题过程与方法 6 相同.

选择的系统不同,选择不同的状态量,系统遵守的力学规律就不同,解题依据也不同,这就产生了不同的解题思路和方法. 不同方法的繁简程度不同,应注意积累经验,选择简单的解题方法. 由于定轴转动刚体不能定义动量,所以,凡包括定轴转动刚体的系统都不能用动量描述其状态,凡包括地球的系统只能用机械能描述. 如果题目是关于一段有限过程的问题,也可以列出过程遵守规律的积分形式的方程求解.

例题 2　如图 4-22 所示,一质量为 m 的子弹以水平速度 v_0 射穿静止悬于顶端的均质长棒的下端. 子弹穿出后其速度损失了 3/4. 求子弹穿出后棒能转过的最大角度. 已知棒的长度为 l,质量为 M.

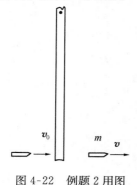

图 4-22　例题 2 用图

分析　这是运动过程可分为两个阶段(子弹与棒的碰撞,棒的旋转上升)的问题. 这类问题的求解思路是:分清各个阶段,在各阶段恰当选择研究对象,选择描述对象的状态量,判断状态量的变化遵守的规律,列出相应规律的数学表达式进行求解.

解　子弹与棒的碰撞阶段,取细棒和子弹为系统,在碰撞过程中,系统受到的外力为重力和轴对棒的作用力,它们对转轴的力矩为零,因此系统的角动量守恒. 设子弹穿出后的速度为 v,棒的角速度为 ω,则

$$mlv_0 = mlv + \frac{1}{3}Ml^2\omega$$

又

$$v = \left(1 - \frac{3}{4}\right)v_0 = \frac{1}{4}v_0$$

所以

$$\omega = \frac{9mv_0}{4Ml}$$

棒的旋转上升阶段,取棒和地球为系统,该阶段只有保守内力(重力)做功,系统的机械能守恒. 设棒能转过的最大角度为 θ,棒铅直下垂处为重力势能零点,则

$$\frac{1}{2}J\omega^2 = \frac{1}{6}Ml^2\omega^2 = Mg\,\frac{l}{2}(1-\cos\theta)$$

$$\cos\theta = 1 - \frac{l\omega^2}{3g}$$

即棒能转过的最大角度为 θ

$$\theta = \arccos\left(1 - \frac{l\omega^2}{3g}\right)$$

例题 3　设太阳为一匀质球,其自转周期[①]为 25.3d,若它在演化的后期坍缩成半径为 5km 的中子星而无质量损失,试估计其新的自转周期.

解　太阳是绕自转轴作圆周运动的质点组成的质点系,坍缩演化是在内力作用下进

---

① 以恒星为参考背景,日面纬度 17°处太阳自转周期是 25.38d,称为太阳自转的恒星周期. 相对地球的自转周期是 27.275d,称为太阳自转的会合周期.

行的过程.太阳坍缩演化过程遵守角动量守恒定律.

已知太阳目前的半径为 $R_1=6.96\times10^8\,\text{m}$,其自转周期
$$T_1=25.3\times24\times3600\approx2.2\times10^6\,(\text{s})$$
自转角速度为
$$\omega_1=\frac{2\pi}{T_1}$$
转动惯量为
$$J_1=\frac{2}{5}mR_1^2$$

设坍缩后的角速度为 ω_2,转动惯量为 $J_2=\frac{2}{5}mR_2^2$,由角动量守恒定律得
$$J_1\omega_1=J_2\omega_2$$
所以
$$\frac{\omega_1}{\omega_2}=\frac{J_2}{J_1}=\frac{R_2^2}{R_1^2}=\frac{(5\times10^3)^2}{(6.96\times10^8)^2}=5.16\times10^{-11}$$
$$T_2=\frac{\omega_1}{\omega_2}T_1=5.16\times10^{-11}\times2.2\times10^6=11.35\times10^{-5}\,(\text{s})$$

例题 4　如图 4-23 所示,两个均匀圆柱各自绕自身的轴转动,两轴互相平行.圆柱的半径和质量分别为 R_1、R_2 和 M_1、M_2.开始时两圆柱分别以角速度 ω_1、ω_2 同向旋转.然后缓缓移动它们,使之互相接触.求两圆柱在相互之间摩擦力矩的作用下所达到的最终角速度 ω_1'、ω_2'.

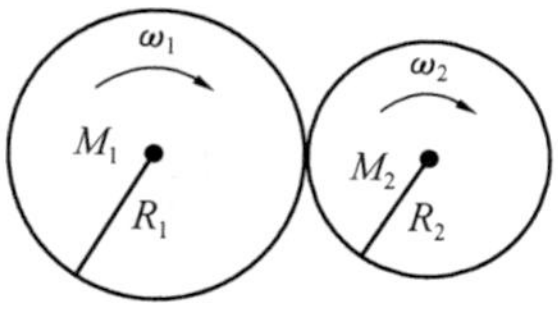

解　因为两圆柱的转轴不在同一条直线上,它们的角动量不能相加,它们组成的系统不是前面讲的"刚体组",只能分别作为研究对象处理.

最终状态是两柱表面没有相对滑动,即 ω_1'、ω_2' 方向相反,并满足
$$\omega_1'R_1=-\omega_2'R_2 \tag{1}$$

图 4-23　例题 4 用图

由于两圆柱接触时摩擦力大小相等(记作 f)、方向相反.设 M_1 受的摩擦力向下,M_2 受的摩擦力向上,这样,每个圆柱体受的摩擦力矩与各自的角动量方向相同,大小分别为 R_1f 和 R_2f.分别列出两个圆柱体的角动量定理的方程
$$\int R_1f\,\mathrm{d}t=R_1\int f\,\mathrm{d}t=J_1(\omega_1'-\omega_1)$$
$$\int R_2f\,\mathrm{d}t=R_2\int f\,\mathrm{d}t=J_2(\omega_2'-\omega_2)$$
消去 $\int f\,\mathrm{d}t$,得
$$\frac{R_1}{R_2}=\frac{J_1(\omega_1'-\omega_1)}{J_2(\omega_2'-\omega_2)} \tag{2}$$
从(1)、(2)两式解得

$$\omega_1' = \frac{R_1(J_1\omega_1 R_2 - J_2\omega_2 R_1)}{J_1 R_2^2 + J_2 R_1^2} = \frac{M_1 R_1 \omega_1 - M_2 R_2 \omega_2}{R_2(M_1 + M_2)}$$

$$\omega_2' = \frac{R_2(J_2\omega_2 R_1 - J_1\omega_1 R_2)}{J_1 R_2^2 + J_2 R_1^2} = \frac{M_2 R_2 \omega_2 - M_1 R_1 \omega_1}{R_1(M_1 + M_2)}$$

这里用到了圆柱的转动惯量公式 $J_1 = \frac{1}{2}M_1 R_1^2$，$J_2 = \frac{1}{2}M_2 R_2^2$.

习　题

1. 如图所示，A、B 两飞轮的轴可由摩擦啮合使之联结. 轮 A 的转动惯量 $J_1 = 10\text{kg}\cdot\text{m}^2$，开始时轮 B 静止，轮 A 以 $n_1 = 600\text{r/min}$ 的转速转动，然后使 A 与 B 联结，轮 B 得以加速，而轮 A 减速，直至两轮的转速都等于 $n = 200\text{r/min}$ 为止. 求：(1) 轮 B 的转动惯量；(2) 在啮合过程中损失的机械能是多少？

2. 图示为一阿特伍德机，一细而轻的绳索跨过一定滑轮，绳的两端分别系有质量为 m_1 和 m_2 的物体，且 $m_1 > m_2$. 设定滑轮是质量为 M，半径为 r 的圆盘，绳的质量及轴处摩擦不计，绳子与轮之间无相对滑动. 试求物体的加速度和绳的张力.

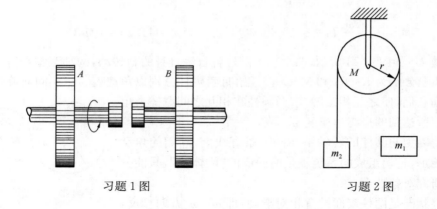

习题 1 图　　　　　　　习题 2 图

3. 花样滑冰运动员绕过自身的竖直轴转动，开始时两臂伸开，转动惯量为 J_0，角速度为 ω_0. 然后她将两臂收回，使转动惯量减少 $\frac{1}{3}J_0$，这时她转动的角速度变为（　　）.

(A) $\frac{1}{3}\omega_0$　　　　(B) $\frac{1}{\sqrt{3}}\omega_0$　　　　(C) $3\omega_0$　　　　(D) $\sqrt{3}\omega_0$

4. 有一质量为 m_1、长为 l 的均匀细棒，静止平放在滑动摩擦系数为 μ 的水平桌面上，它可绕通过其端点 O 且与桌面垂直的固定光滑轴转动. 另有一水平运动的质量为 m_2 的小滑块，从侧面与棒的另一端 A 垂直相碰撞. 已知小滑块在碰撞前后的速度分别为 v_1 和 v_2，如图所示. 求碰撞后细棒从开始转动到停止的过程所需的时间.

5. 质量为 m_1、半径为 r_1 的匀质圆盘轮 A，以角速度 ω 绕水平光滑轴 O_1 转动，若此时将其放在质量为 m_2、半径为 r_2 的另一匀质圆盘轮 B 上. B 轮原为静止，并可绕水平光滑轴 O_2 转动. 放置后 A 轮的重量由 B 轮支持，如图所示. 设两轮之间的摩擦系数为 μ，证明：从 A 轮放在 B 轮上到两轮之间没有相对滑动为止，经过的时间为 $t = \dfrac{m_2 r_1 \omega}{2\mu g(m_1 + m_2)}$.

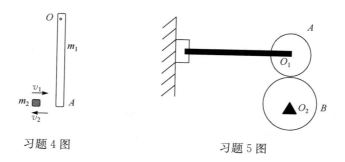

习题 4 图　　　　　　　　　　　　习题 5 图

6. 设流星从各个方向降落到某星球,使该星球表面均匀地积存了厚度为 h 的一层尘埃(h 比该星球的半径 R 小得多). 试证明:由此而引起的该星球自转周期的变化为原来的自转周期的 $5hd/(RD)$ 倍. 式中 R 是星球的半径,D 和 d 分别为星球和尘埃的密度.

7. 质量为 M、半径为 R 的转盘,可绕铅直轴无摩擦地转动. 转盘的初角速度为零. 一个质量为 m 的人,在转盘上从静止开始沿半径为 r 的圆周相对圆盘匀角速走动,如果人在圆盘上走了一周回到了原位置,那么转盘相对地面转了多少角度?

8. 一杂技演员 M 由距水平跷板高为 h 处自由下落到跷板的一端,并把跷板另一端的演员 N 弹了起来. 设跷板是匀质的,长度为 l,质量为 m_0,支撑 D 点在板的中部点 C,跷板可绕点 C 在竖直平面内转动,演员 M 和 N 的质量都是 m. 假定演员 M 落在跷板上,与跷板的碰撞是完全非弹性碰撞,问演员 N 可弹起多高.

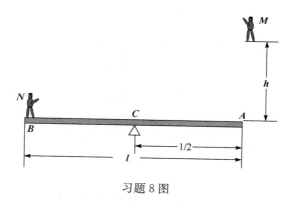

习题 8 图

9. 如图所示的飞船以角速度 $\omega = 0.20\mathrm{rad/s}$ 绕其对称轴自由旋转,飞船的转动惯量 $J = 2000\mathrm{kg \cdot m^2}$. 若宇航员想停止这种转动,启动了两个控制火箭,它们装在距转轴 $r = 1.5\mathrm{m}$ 的地方. 若控制火箭以 $v = 50\mathrm{m/s}$ 的速率沿切向向外喷气,两者总共的排气率 $\mathrm{d}m/\mathrm{d}t = 2\mathrm{kg/s}$. 试问这两个切向火箭需要开动多长时间?

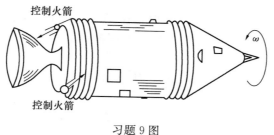

习题 9 图

*§4.4　旋　　进

一、旋进

一个玩具陀螺,在不转动时要想把它直立在地面上,是相当困难的,因为稍有偏斜,它就会因受重力作用而倾倒(图 4-24(a)).如果使陀螺绕它的对称轴高速旋转起来,它就能直立于地面上旋转而不倾倒(图 4-24(b)),或者虽有倾斜,但仍能一方面绕对称轴继续旋转,一方面对称轴又绕竖直方向的轴转动(图 4-24(c)).只要陀螺绕对称轴旋转的速度足够大,它就不会倾倒.陀螺在转动中只有支撑点 O 是固定的,而它的转轴则可以改变方向,这种运动称为刚体的定点转动.

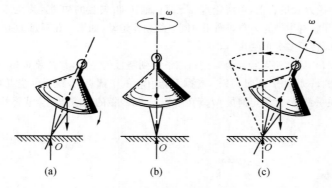

(a)　　　　　　(b)　　　　　　(c)

图 4-24　玩具陀螺的旋转运动

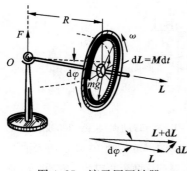

图 4-25　演示用回转器

图 4-25 为常用于演示实验的回转器,它是由一个绕轴可自由转动的自行车轮子和一个带凹槽的支架组成.若轮子没有自转,在重力矩的作用下,横轴将下倾.若轮子高速自转,轮轴将绕竖直轴转动,这种转动称为旋进.这种现象称为回转现象.

首先分析回转器的起始角动量 L 沿水平方向的情况.回转器的重力对定点 O 的力矩 $\boldsymbol{M}=\boldsymbol{R}\times m\boldsymbol{g}$,显然力矩 $\boldsymbol{M}$ 的方向沿水平方向且垂直于角动量 L.根据角动量定理,在 dt 时间内角动量的增量为

$$d\boldsymbol{L} = \boldsymbol{M}dt$$

$d\boldsymbol{L}$ 的方向和 $\boldsymbol{M}$ 的方向一致,即与 L 的方向垂直,所以 $\boldsymbol{M}$ 的作用改变了 L 的方向,结果使自转轴在水平面内按逆时针方向旋进.设在 dt 时间内 L 旋进的角位移为 $d\varphi$,由图 4-25 可知

$$L d\varphi = dL = M dt$$

由此得到旋进角速度的大小

$$\varOmega = \frac{d\varphi}{dt} = \frac{M}{L} = \frac{M}{J\omega} = \frac{mgR}{J\omega} \tag{4-38}$$

$\boldsymbol{\Omega}$ 的方向沿竖直方向. 由此可以看出, 回转器旋进的方向就是自转轴"追赶"外力矩 $\boldsymbol{M}$ 的转动方向.

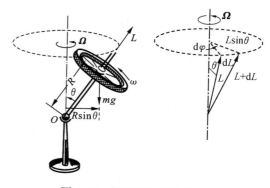

如果回转器的转轴不是水平的, 而是与竖直方向有一夹角 θ, 如图 4-26 所示, 则回转器的重力对点 O 的力矩大小为 $mgR\sin\theta$, 方向沿水平方向, 且垂直 $\boldsymbol{L}$.

根据角动量定理

$$\mathrm{d}\boldsymbol{L} = \boldsymbol{M}\mathrm{d}t$$

$\mathrm{d}\boldsymbol{L}$ 沿水平方向, 其大小 $\mathrm{d}L = L\sin\theta\,\mathrm{d}\varphi$. 因此

图 4-26　倾斜回转器的旋进

$$L\sin\theta\,\mathrm{d}\varphi = mgR\sin\theta\,\mathrm{d}t$$

所以, 旋进角速度

$$\Omega = \frac{\mathrm{d}\varphi}{\mathrm{d}t} = \frac{mgR\sin\theta}{L\sin\theta} = \frac{mgR}{J\omega}$$

它表明旋进角速度与转轴跟竖直方向的夹角 θ 无关.

以上只是近似的分析. 因为有旋进, 回转器的总角动量除了上面考虑到的自转角动量 $\boldsymbol{L}$ 外, 还有旋进对应的角动量. 所以, 只有在自转角速度 ω 远大于旋进角速度 Ω 时, 上边的分析才近似成立. 若仔细观察回转器的运动情况, 还会发现: 将轮子高速旋转起来, 若使转轴保持水平位置, 并由静止释放, 则转轴的运动并不限于在水平面内. 它首先下倾, 并随着回转器的旋进, 沿竖直方向出现一个不大的振动, 称为章动. 如果在旋进中轮子的自转角动量远大于旋进运动所产生的角动量, 则章动极小.

二、陀螺仪

图 4-27 是一个常平架陀螺仪, 陀螺仪 G 是一个能高速旋转的、对称的和有较大转动惯量的轮子, 轮轴 OO' 装在一个常平架上, 常平架是由支在框架 S 上的两个圆环组成, 外环能绕由支点 A、A' 所决定的轴自由转动, 内环可绕与外环相连的支点 B、B' 所决定的轴自由转动. 陀螺仪的轴装在内环上, 并可自由转动. 三个转轴 OO'、AA'、BB' 都通过陀螺仪的重心. 这样陀螺仪就不受重力的力矩. 陀螺仪的轴 OO' 能在空间任意取向. 由于质量分布的对称性, 略去轴承处和空气的阻力, 因而陀螺仪不受外力矩作用, 陀螺仪的角动量守恒. 当陀螺仪高速旋转时, 不论常平架如何改变位置, 陀螺仪的自转轴 OO' 在空间的方位保持不变.

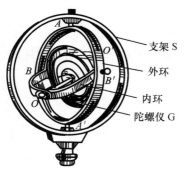

图 4-27　常平架陀螺仪

回转现象在近代科学技术和军事上有十分广泛的应用. 因陀螺仪具有保持其转动轴在空间方位不变的性质, 而这种定向作用又不受地磁的干扰, 根据这一原理制作的陀螺罗经和自动驾驶仪大量应用于舰船、飞机和导弹上作为方向指示器. 子弹、炮弹和火箭在飞

行中会受到气流的作用,如果没有自旋,它们就会在空中翻转而失去准确的飞行方向. 在炮膛或枪膛中加上来复线,可使子弹在射出后像陀螺一样高速旋转,空气的阻力矩就只能使子弹发生旋进而不致翻转.

另外,回转效应也有不利的一面. 一个绕对称轴高速旋转的转子,要使它改变转轴的方向,必须施加足够大的外力矩才能使它的角动量转向. 因此,轴承上要受到很大的作用力. 例如,当轮船转向时,涡轮机的轴承就会受到很大的反作用力,设计时必须予以考虑.

微观粒子也有旋进效应. 例如,原子中的电子的轨道角动量和自旋角动量在外磁场的磁力矩的作用下,也要发生旋进. 由此,可以解释原子的光谱线在磁场中的分裂现象和物质的磁化现象.

本 章 小 结

定轴转动刚体是一个特殊的质点系.

结构特点:转轴位置固定,各质点之间的相对位置不发生变化.

运动特点:各质点都作以各自的转动平面与转轴的交点为圆心、到转轴的距离为半径的圆周运动. 所有质点作圆周运动的角速度 ω、角加速度 β 都相同.

一、定轴刚体运动学

运动方程 $\theta = \theta(t)$,角速度 $\omega = \dfrac{\mathrm{d}\theta}{\mathrm{d}t}$,角加速度 $\beta = \dfrac{\mathrm{d}\omega}{\mathrm{d}t} = \dfrac{\mathrm{d}^2\theta}{\mathrm{d}t^2}$

角加速度 $\beta =$ 恒量时,

$$\theta = \theta_0 + \omega_0 t + \frac{1}{2}\beta t^2, \quad \omega = \omega_0 + \beta t, \quad \omega^2 - \omega_0^2 = 2\beta(\theta - \theta_0)$$

角量与线量的关系 $\quad v = r\omega, a_\mathrm{n} = r\omega^2, a_\mathrm{t} = r\beta$

二、定轴转动刚体动力学

定轴转动刚体是相位置不发生变化的、绕转轴作圆周运动的质点组成的质点系.

注意:定轴转动刚体的"动量"不符合定义状态量的原则,定轴转动刚体不定义动量的概念.

1. 角动量

(1) 角动量的定义:定轴转动刚体的角动量等于刚体上各质点对转轴上任意一点的角动量沿转轴方向分量的和,即 $\boldsymbol{L} = \sum \boldsymbol{r}_i \times m_i \boldsymbol{v}_i = \boldsymbol{\omega} \sum m_i r_i^2$,或 $L = \displaystyle\int_V r^2 \omega \rho \, \mathrm{d}V$. 这样定义的角动量与参考点在转轴上的位置无关,等于刚体上的质点对各自圆心的角动量的矢量和.

注意根据圆周运动质点的角动量的定义是唯一的,所以定轴转动刚体的角动量的定义也是唯一的.

（2）转动惯量　$J = \sum m_i r_i^2$，或 $J = \int_V r^2 \rho \, \mathrm{d}V$. 平行轴定理和正交轴定理.

（3）角动量定理　$M = \dfrac{\mathrm{d}L}{\mathrm{d}t}$，$M\mathrm{d}t = \mathrm{d}L$，$\displaystyle\int_{t_1}^{t_2} M\mathrm{d}t = \Delta L = L_2 - L_1$

（4）角动量守恒定律　当 $M=0$ 时，$L=$恒量.

（5）定轴转动定律　$M = J\beta$

2. 定轴转动刚体的动能和动能定理

（1）转动动能　$E_k = \sum \dfrac{1}{2} m_i v_i^2 = \dfrac{1}{2} J\omega^2 = \dfrac{L^2}{2J}$

（2）力矩的功　$\mathrm{d}A = M\mathrm{d}\theta$，$A = \displaystyle\int_{\theta_1}^{\theta_2} M\mathrm{d}\theta$

（3）定轴转动刚体的动能定理　$\mathrm{d}A = M\mathrm{d}\theta = \mathrm{d}E_k$，$A = \dfrac{1}{2} J\omega_2^2 - \dfrac{1}{2} J\omega_1^2$

三、刚体组动力学

1. 刚体组

$$刚体组 = \sum_{i=1}^{n} 刚体_i + \sum_{i=1}^{m} 质点_i$$

共轴是先决条件.

刚体组是各质点间的相对位置可以发生变化的、有公共轴线的、作圆周运动的质点和其他质点组成的质点系.

2. 刚体组的角动量和角动量守恒定律

（1）刚体组的角动量等于各刚体的角动量与其他质点的角动量的矢量和，本质上是质点系的角动量沿转轴方向的分量.

$$L = \sum L_{刚体i} + \sum L_{质点i}$$

（2）刚体组的角动量定理

$$M = \dfrac{\mathrm{d}L}{\mathrm{d}t}, \quad \mathrm{d}L = M\mathrm{d}t, \quad I = \int_{t_1}^{t_2} M\mathrm{d}t = L_2 - L_1$$

（3）刚体组的角动量守恒定律

$$当 M=0 时，L=恒量$$

3. 刚体组的动能和动能定理

（1）刚体组的动能等于各个刚体的动能与各个质点的动能的总和.

$$L = \sum L_{刚体i} + \sum L_{质点i}$$

（2）刚体组的动能定理

$$\mathrm{d}A_{外} + \mathrm{d}A_{内} = \mathrm{d}E_k, \quad A_{外} + A_{内} = \Delta E_k = E_{k2} - E_{k1}$$

4. 刚体组的机械能和机械能守恒定律

(1) 刚体的重力势能

$$E_{p刚体} = \left(\int h\,dm\right)g = Mh_c g$$

刚体的重力势能等于质心的重力势能.

(2) 刚体组的重力势能

$$E_p = \sum E_{p刚体 i} + \sum E_{p质点 i} = \sum M_i g h_{ci} + \sum E_{p质点 i}$$

(3) 刚体组的机械能

$$E = E_k + E_p$$

(4) 刚体组的功能原理

$$dA_{外} + dA_{非保内} = dE_k + dE_p = dE, \quad A_{外} + A_{非保内} = \Delta E_k + \Delta E_p = \Delta E$$

(5) 刚体组的机械能守恒定律

$$当\ dA_{外} + dA_{非保内} = 0时, E = 恒量$$

刚体和刚体组是特殊的质点系,它们不能定义动量的概念. 它们的角动量是质点系的角动量的一个分量,遵守质点系的角动量定理. 刚体和刚体组的动能、势能和机械能的定义与普通质点系的相应状态量的定义相同,遵守的规律也相同.

第五章　狭义相对论

经典力学是在三个基本假设的基础上建立起来的,是关于宏观低速物体运动规律的学科.经典力学只适用于惯性系,是建立在绝对时空观基础上的学科.

绝对时空观认为,时间和空间的测量是绝对的,与参考系的运动无关.它的表现形式是力学相对性原理和伽利略时空变换公式.力学相对性原理认为,对于力学规律,所有惯性系都是等价的.也就是说,所有力学规律都具伽利略变换的协变性.但是,这种结论并没有加以论证,而被认为理所当然、不言自明.

1865年麦克斯韦建立了完整的电磁学理论,并预言了电磁波的存在和性质.1888年赫兹发现并测定了电磁波的性质,最终确立了电磁学理论.电磁学理论的确立是经典物理学的巨大成就.但是,电磁学也促使经典物理学缺陷的暴露.

电磁学理论的基本假设是麦克斯韦方程组.但是,麦克斯韦电磁场方程组不具有伽利略变换不变性.另外,由麦克斯韦电磁场方程组可以得到真空中的光速为

$$c = \frac{1}{\sqrt{\mu_0 \varepsilon_0}} = \frac{1}{\sqrt{1.257 \times 10^{-6} \times 8.854 \times 10^{-12}}} \approx 2.998 \times 10^8 \, (\text{m/s})$$

式中 μ_0 和 ε_0 分别是真空的磁导率和电容率,是与参考系无关的常量.所以真空中的光速 c 也应是与参考系无关的常量.但这与伽利略速度叠加原理相矛盾.

电磁学理论指出,静止电荷在其周围只产生电场,不产生磁场;运动电荷在其周围既产生电场,也产生磁场.实际上,这是在实验室参考系中成立的结论.如果电荷相对于实验室参考系匀速运动,在与电荷相对静止的参考系中看来,电荷只在空间产生电场,不产生磁场.而在实验室参考系中看来,空间既有电场,又有磁场.这显然是矛盾的、不合理的,这也不符合力学相对性原理.

上述这些尖锐的矛盾使得以实验事实为依据的经典理论出现了危机.不同科学家处理这种危机的思路和方法不同.有一些科学家(如麦克斯韦)认为,麦克斯韦方程组只在特殊的以太参考系中成立,并称以太参考系为绝对参考系.那么,以太参考系在哪里？如果能测出以太参考系相对地球的速度,也就相当于找到了以太参考系,这也能消除上述危机.但是迈克耳孙(A. A. Michelson)等科学家的精确实验未能证实以太参考系的存在.有的科学家认为,应该承认麦克斯韦电磁理论是正确的,既然麦克斯韦方程组不具有伽利略变换不变性,那就另找一个新的变换式,使麦克斯韦方程组具有新的变换式的不变性.受人尊敬的物理学家洛伦兹(H. A. Lorentz)完成了这项工作,找到了一个变换式,被彭加勒(H. Poincare)命名为洛伦兹变换.但是,由于他不放弃以太概念,而使他成为得到了狭义相对论的重要结论,而和建立狭义相对论擦肩而过的人.

为了处理经典物理的危机,大多数物理学家忙于对以太进行实验研究和理论探讨,爱因斯坦(A. Einstein)在各种各样关于以太的研究结果和推测中看出,以太这种特殊参考系根本没有经验的支持,以太参考系完全是一种多余的人为概念.爱因斯坦处理经典物理

危机的思路是,他首先放弃了以太参考系的存在,使存在以太参考系的假设成为多余的.那么麦克斯韦方程组在哪个参考系中成立呢?爱因斯坦认为,应该在所有惯性系中都成立!这意味着力学相对性原理应该推广到电磁理论范围.爱因斯坦进而认为相对性原理不仅适用于力学和电磁学,而且应该适用于所有已知的和未知的动力学系统,这使得麦克斯韦方程组中的 μ_0 和 ε_0 与万有引力恒量 G 一样在所有惯性系中都相同,从而导致真空中的光速 c 在所有惯性系中有相同的数值.而这与伽利略速度变换式表明的在不同惯性系中真空中的光速应有不同的数值相反.经过思索,爱因斯坦选择了光速不变.这就意味着必须改造绝对时空观和伽利略变换.于是,爱因斯坦提出了相对性原理和光速不变原理两条基本假设.在这两条基本假设的基础上,推导出洛伦兹时空变换式等一系列重要结论,建立了狭义相对论的时空观和相对论运动学.牛顿力学既然具有伽利略时空变换不变性,显然不具有对于洛伦兹变换的不变性.所以需要对牛顿力学作必要的改造.爱因斯坦完成了这项工作,建立了狭义相对论的动力学.至此,建立了狭义相对论的理论体系.

对力学相对性原理的推广体现了爱因斯坦的科学观念,即自然界的基本规则具有不依赖于惯性系选取的内在和谐性和一致性.但是,从另一方面看,爱因斯坦把自然界内在的和谐性和一致性仅仅赋予了惯性系,或者说惯性系是一类特殊的参考系.受马赫对惯性系批判的影响,十几年后,爱因斯坦在建立广义相对论时,迈出了令世人极为惊讶的一步:把相对性原理赋予了客观世界中每一个真实的参考系.

不同科学家从不同角度或观点看待在电磁学建立后暴露出的经典物理学的危机,用不同思想方法处理危机,得到不同的结果.

荷兰物理学家洛伦兹和法国数学家、物理学家彭加勒被称为相对论的先驱.1887 年洛伦兹为了解释迈克耳孙-莫雷实验就提出长度收缩的概念,后来建立了能使麦克斯韦方程组具有协变性的"洛伦兹变换式".1898 年彭加勒提出了"光速不变原理",1902 年提出了"相对性原理".彭加勒已经具备了建立相对论的所有必要材料.1904 年他甚至预见了新力学的大致情景:"也许我们将要建立一种全新的力学,我们已经成功地瞥见到它了.在这个全新的力学内,惯性随速度而增加,光速会变为不可逾越的极限.原来比较简单的力学依然保持为一级近似,因为它对不太大的速度还是正确的,以致在新力学中还能够发现旧力学."应该说,他们都走到了相对论的大门口,但是没能打开这扇大门,成为相对论的创建人,其原因,很多人从认识论、自然观和方法论等方面做了很多分析.这些原因有一个共同表现就是,对同一个结论的认识不到位或不准确,给它的地位不恰当.例如,彭加勒提出了相对性原理,他相信,用任何实验手段(力学的、光学的、电学的)都不可能检测到地球的绝对运动,或者更明确地说,不可能测出物质相对于以太的相对运动.彭加勒提出光速不变公设(假设):"光具有不变的速度,尤其是它的速度在一切方向上都是相同的."没有这个公设,就无法测量光速.他把这两条基本假设认为是已有实验和经验的归纳、概括和总结,而不是建立新理论的基础和出发点.课程学习也有相似的情况,例如,物理公式形式上的简单变化常常带来物理意义上的重大变化.例如,由 $F=\dfrac{\mathrm{d}p}{\mathrm{d}t}$ 变成 $F\mathrm{d}t=\mathrm{d}p$.所以,深刻理解概念,正确理解和认识原理、定理的含义,是学习物理的重要方法.对于同一个问题,从不同角度看,看到的或得到的结论常常是完全不同的.

§5.1　狭义相对论的基本原理　洛伦兹变换

一、伽利略变换　力学相对性原理

　　牛顿力学是建立在绝对时空观基础上的. 绝对时空观的数学表达式是伽利略变换. 如图 5-1 所示, S 系和 S' 系是两个惯性系, 它们的坐标轴分别平行, S 系和 S' 系中的时钟是按同一标准制成的, 并且是分别校准同步的. 设 S' 系以匀速 u 沿 S 系的 Ox 轴的正方向运动; 在 $t=t'=0$ 时, S 系和 S' 系完全重合. 设一个物理事件发生在空间 P 点. 这个事件在 S 系和 S' 系中的时空坐标分别为 (x,y,z,t) 和 (x',y',z',t'). 同一物理事件在两个惯性系中的时空坐标之间的变换关系为

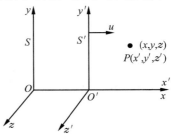

图 5-1　两个相对运动的惯性系

$$x' = x - ut$$
$$y' = y$$
$$z' = z$$
$$t' = t$$

上式称为伽利略变换.
　　由伽利略变换可得到经典力学的速度变换式和加速度变换式

$$v'_x = v_x - u$$
$$v'_y = v_y$$
$$v'_z = v_z$$

和

$$a' = a$$

　　在经典物理学中, 物体的质量与速度无关; 相互作用力只与相对位置或相对速度有关, 而相对位置或相对速度与参考系无关. 所以在 S 系和 S' 系中, 有

$$F' = F$$
$$m' = m$$

由此可以得到在 S 系和 S' 系中牛顿第二定律的数学形式分别为

$$F = ma$$
$$F' = ma'$$

由此可以看出, 牛顿第二定律具有伽利略变换不变性. 由此可以证明, 经典力学中的所有基本定律, 如动量守恒定律、角动量守恒定律、机械能守恒定律也都具有伽利略变换不变性.
　　这说明, 所有力学规律在不同惯性系中的数学形式是相同的. 或者说对于力学规律而

言,所有惯性系都是等价的. 这一结论称为力学相对性原理.

二、狭义相对论的基本原理

为了消除经典物理的危机,爱因斯坦提出了两条基本假设作为狭义相对论的基本原理.

1. 爱因斯坦相对性原理

一切物理学定律,在所有惯性系中的表达形式是相同的. 或者说,所有惯性系对于描述物理规律都是等价的. 可以看出,爱因斯坦相对性原理是力学相对性原理的推广,爱因斯坦相对性原理否定了特殊惯性系的存在.

2. 光速不变原理

在任意惯性系中,光在真空中的速度 c 都是相同的,与光源的运动无关. 光速不变原理认为真空中的光速是一个与惯性系的运动无关的常量. 光速不变原理直接否定了伽利略速度变换.

由狭义相对论的两条基本原理可以看出,承认狭义相对论的两条基本原理就必须改造绝对时空观和伽利略变换. 由于牛顿力学是建立在绝对时空观基础之上的,牛顿力学的规律也必须作相应的修改. 而绝对时空观和牛顿力学的规律在长期实践中,在低速情况下被证明是正确的. 因此,狭义相对论必须满足对应原理的要求,即狭义相对论力学在低速情况下应与牛顿力学一致.

三、洛伦兹变换

洛伦兹变换是同一个物理事件在不同惯性系中的时空坐标之间的变换关系. 如图 5-2 所示,S 系和 S' 系是两个惯性系,各坐标轴分别平行,设 S' 系以匀速 u 沿 S 系的 Ox 轴的正方向运动. 在 S 系和 S' 系的各点都放置了按同一标准制成的时钟,两个坐标系中的时钟是分别校准同步的. 在 $t=t'=0$ 时 S 和 S' 完全重合. 一个物理事件发生在空间 P 点,这个事件在 S 系和 S' 系中的时空坐标分别为 (x,y,z,t) 和 (x',y',z',t'). 应用狭义相对论的基本假设,可以推导出同一个物理事件在 S 系和 S' 系中的时空坐标之间的变换关系.

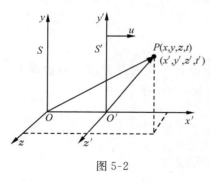

图 5-2

由于 y 轴与 y' 轴、z 轴与 z' 轴相互平行,且沿这两个方向 S' 与 S 系间没有相对运动,故有

$$y' = y, \quad z' = z$$

由于一个真实事件在 S 系和 S' 系中的时空坐标必须是一一对应的,所以时空坐标间的变换关系应当是线性的,可表示为

$$x' = a_1 x + a_2 t \tag{5-1}$$
$$t' = b_1 x + b_2 t \tag{5-2}$$

式中 a_1、a_2、b_1 和 b_2 是比例系数,它不依赖于 x、t 而依赖于 u. 下面来确定这些系数.

首先考察 S' 系的坐标原点 O',它在 S' 系中的坐标显然为 $x'=0$,O' 在 S 系中 t 时刻的坐标为 $x=ut$. 将 $x'=0$、$x=ut$ 代入式(5-1),可得

$$a_2 = -a_1 u \tag{5-3}$$

于是式(5-1)可简化为

$$x' = a_1 (x - ut) \tag{5-4}$$

为了确定 a_1、b_1 和 b_2,可应用光速不变原理. 设想在 $t=t'=0$ 时刻,自 O 与 O' 重合处发出一光信号,此后这个光信号就在空间传播. 当光波的波前传到空间位置 P 点(这是一个物理事件)时,S 系中 P 点的时钟指示时刻设为 t,S' 系中 P 点的时钟指示的时刻为 t'. 光波波前传到 P 点这一事件在 S 系和 S' 系中的时空坐标分别为 (x,y,z,t) 和 (x',y',z',t'). 根据光速不变原理,光在惯性系中沿任意方向传播的速度都是 c,所以,在 S 系 P 点到原点 O 的距离为 ct. 在 S' 系中,P 点到原点 O' 的距离为 ct'. 所以这个事件的两组时空坐标还应满足下列关系

$$x^2 + y^2 + z^2 = c^2 t^2$$
$$x'^2 + y'^2 + z'^2 = c^2 t'^2$$

因而有

$$x^2 + y^2 + z^2 - c^2 t^2 = x'^2 + y'^2 + z'^2 - c^2 t'^2$$

因为 $y'=y, z'=z$,故上式可写成

$$x^2 - c^2 t^2 = x'^2 - c^2 t'^2 \tag{5-5}$$

将式(5-2)、(5-4)代入式(5-5),可得

$$x^2 - c^2 t^2 = a_1^2 (x - ut)^2 - c^2 (b_1 x + b_2 t)^2$$

由于此式对任意的 x、t 都成立,因此上式为恒等式,等式两边对应项的系数应相等,由此可得关于 a_1、b_1 和 b_2 的一组联立方程

$$\left. \begin{array}{l} a_1^2 - c^2 b_1^2 = 1 \\ u a_1^2 + c^2 b_1 b_2 = 0 \\ u^2 a_1^2 - c^2 b_2^2 = -c^2 \end{array} \right\}$$

解此方程组可得

$$a_1 = b_2 = \frac{1}{\sqrt{1 - \left(\dfrac{u}{c}\right)^2}} = \frac{1}{\sqrt{1 - \beta^2}}$$

$$b_1 = -\frac{u}{c^2 \sqrt{1 - \left(\dfrac{u}{c}\right)^2}} = -\frac{u}{c^2 \sqrt{1 - \beta^2}}$$

考虑到式(5-3)可得

$$a_2 = -\frac{u}{\sqrt{1-\beta^2}}$$

式中 $\beta = u/c$. 将 a_1、a_2、b_1 和 b_2 的值代入式(5-1)和(5-2),即可得到狭义相对论的坐标变换式

$$\left.\begin{array}{l} x' = \dfrac{x-ut}{\sqrt{1-\beta^2}} \\[2mm] y' = y \\[1mm] z' = z \\[2mm] t' = \dfrac{t-\dfrac{u}{c^2}x}{\sqrt{1-\beta^2}} \end{array}\right\} \qquad (5\text{-}6)$$

上式称为**洛伦兹变换式**. 式中将 x,y,z,t 与 x',y',z',t' 互换,并把 u 换成 $-u$,或由上式解得 x,y,z,t,均可得它的逆变换式为

$$\left.\begin{array}{l} x = \dfrac{x'+ut'}{\sqrt{1-\beta^2}} \\[2mm] y = y' \\[1mm] z = z' \\[2mm] t = \dfrac{t'+\dfrac{u}{c^2}x'}{\sqrt{1-\beta^2}} \end{array}\right\} \qquad (5\text{-}7)$$

当 $u \ll c$ 时,洛伦兹变换式就转化为伽利略变换,这说明在低速情况下,牛顿力学仍然适用.

由式 $t' = \dfrac{t-\dfrac{u}{c^2}x}{\sqrt{1-\beta^2}}$ 和 $t = \dfrac{t'+\dfrac{u}{c^2}x'}{\sqrt{1-\beta^2}}$ 可以看出,在 S 系中看来,S 系中不同点的时钟是同步的,而 S' 系中不同点的时钟是不同步的,且 x 越大处的时钟的示数越小. 同样,在 S' 系中看来,S' 系中的时钟是同步的,S 系中的时钟是不同步的,且 x' 越大处的时钟的示数越大. 这正是发生在某点的事件的时间坐标只能用该点的时钟测量的原因.

四、相对论速度变换式

在讨论速度变换时,首先应注意各速度分量的定义为

在 S 系中:$v_x = \dfrac{\mathrm{d}x}{\mathrm{d}t}, v_y = \dfrac{\mathrm{d}y}{\mathrm{d}t}, v_z = \dfrac{\mathrm{d}z}{\mathrm{d}t}$

在 S' 系中:$v_x' = \dfrac{\mathrm{d}x'}{\mathrm{d}t'}, v_y' = \dfrac{\mathrm{d}y'}{\mathrm{d}t'}, v_z' = \dfrac{\mathrm{d}z'}{\mathrm{d}t'}$

取式(5-6)中各式的微分,得

$$dx' = \frac{(v_x - u)dt}{\sqrt{1 - u^2/c^2}}$$

$$dy' = dy$$

$$dz' = dz$$

$$dt' = \frac{(1 - uv_x/c^2)dt}{\sqrt{1 - u^2/c^2}}$$

从而可得到

$$\left.\begin{aligned}
v_x' &= \frac{v_x - \beta c}{1 - \dfrac{\beta}{c}v_x} = \frac{v_x - u}{1 - \dfrac{uv_x}{c^2}} \\[2ex]
v_y' &= \frac{v_y\sqrt{1-\beta^2}}{1 - \dfrac{\beta}{c}v_x} = \frac{v_y\sqrt{1-u^2/c^2}}{1 - \dfrac{uv_x}{c^2}} \\[2ex]
v_z' &= \frac{v_z\sqrt{1-\beta^2}}{1 - \dfrac{\beta}{c}v_x} = \frac{v_z\sqrt{1-u^2/c^2}}{1 - \dfrac{uv_x}{c^2}}
\end{aligned}\right\} \tag{5-8}$$

这就是相对论速度变换公式. 由此可以明显看出,当 u 和 v 都远小于 c 时,式(5-8)就约化为伽利略速度变换式. 对于在 S 系中沿 x 轴以速率 c 传播的一束光,根据式(5-8)可得,在 S' 系中光速也是 c,与 u 无关. 这就是说,光在任何惯性系中的速率都是 c. 在式(5-8)中,将带撇的量和不带撇的量互相交换位置,同时把 u 换成 $-u$,可得速度的逆变换公式为

$$\left.\begin{aligned}
v_x &= \frac{v_x' + u}{1 + \dfrac{uv_x'}{c^2}} \\[2ex]
v_y &= \frac{v_y'\sqrt{1-u^2/c^2}}{1 + \dfrac{uv_x'}{c^2}} \\[2ex]
v_z &= \frac{v_z'\sqrt{1-u^2/c^2}}{1 + \dfrac{uv_x'}{c^2}}
\end{aligned}\right\} \tag{5-9}$$

求解相关问题时,要特别注意:洛伦兹变换成立的条件是:①S'系沿 S 系的 x 轴的正方向运动,速率为 u;②在 $t'=t=0$ 时刻,S'系与 S 系完全重合.

例题 1 在地面参考系 S 中的 $x=1.0\times10^6$m 处,于 $t=0.02$s 时刻爆炸了一颗炸弹. 若有一沿 x 轴正向以 $u=0.75c$ 的速率飞行的飞船,试求在飞船参考系 S' 中的观察者测得这颗炸弹爆炸的地点和时间.

解 由题可知,条件①已经满足. 条件②应该认为也满足. 否则,此题不可解. 由洛伦兹变换式(5-6)可得

$$x' = \frac{x - ut}{\sqrt{1-\beta^2}} = \frac{1\times10^6 - 0.75\times3\times10^8\times0.02}{\sqrt{1-(0.75)^2}}$$

$$= -5.29 \times 10^6 (\text{m})$$

$$t' = \frac{t - \dfrac{u}{c^2}x}{\sqrt{1-\beta^2}} = \frac{0.02 - \dfrac{0.75 \times 1 \times 10^6}{3 \times 10^8}}{\sqrt{1-(0.75)^2}} = 0.0265(\text{s})$$

例题 2　在地面上测得有两个飞船分别以 $+0.9c$ 和 $-0.9c$ 的速度向相反方向飞行. 求一个飞船相对另一个飞船的速度是多大?

分析:洛伦兹速度变换式成立的条件与坐标变换成立的条件是相同的. 若问题只涉及速度大小, 条件②常常用不上. 取坐标系(S系和S'系)时必须满足条件①. 通常满足条件①的坐标系的取法有多种. 例如取地面为 S 系, 图5-3中右边的飞船为 S' 系. 或者向左为 $x(x')$ 轴正方向, 图5-3中右边的飞船为 S 系, 地面为 S' 系等. S 系 S' 系的选取符合条件①, 速度变换式才能直接应用.

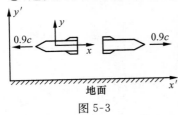

图 5-3

解　如图5-3所示, 取速度是 $-0.9c$ 的飞船为 S 系, 地面为 S' 系, 则另一飞船的速度为 $v'_x = 0.9c$, 且 $u = 0.9c$. 由相对论速度变换公式可得两飞船的相对速度

$$v_x = \frac{v'_x + u}{1 + \dfrac{uv'_x}{c^2}} = \frac{0.9c + 0.9c}{1 + 0.9 \times 0.9} = 0.994c$$

例题 3　设想有一飞船以 $0.8c$ 的速率相对地球飞行, 如果这时从飞船上沿前进方向抛射一物体, 该物体相对飞船的速率是 $0.9c$, 问地球上的人看来, 该物体的飞行速度是多大?

解　设地面为 S 系, 沿飞船速度方向为 x 轴正方向, 飞船为 S' 系(满足条件①). 根据相对论速度变换式(5-9), 有

$$v_x = \frac{v'_x + u}{1 + \dfrac{uv'_x}{c^2}} = \frac{0.9c + 0.8c}{1 + \dfrac{0.8 \times 0.9c^2}{c^2}} = 0.988c$$

例题 4　在太阳参考系中观察, 一束光垂直射向地面, 速率为 c, 而地面以速率 u 垂直光线运动. 问地面上测量这束光的速度的大小和方向如何?

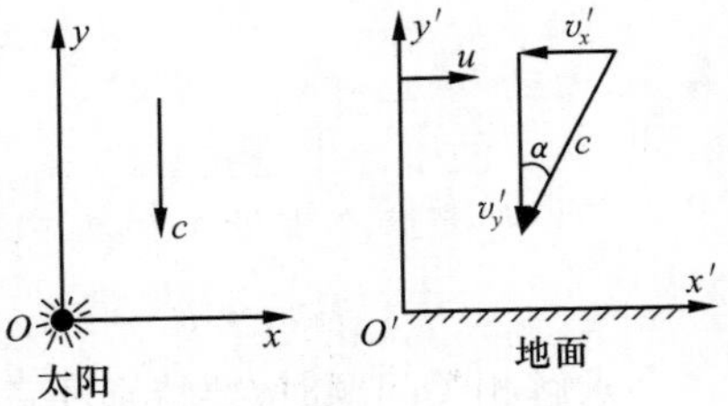

解　设太阳为 S 系, 地面为 S' 系, 如图5-4所示. S' 系以速率 u 向右运动. 在 S 系中, 光束的速度为

$$v_y = -c, \quad v_x = 0, \quad v_z = 0$$

图 5-4

在 S' 系中, 光束的速度应为

$$v'_z = 0, \quad v'_x = -u, \quad v'_y = v_y \sqrt{1-u^2/c^2} = -c\sqrt{1-u^2/c^2}$$

由此可得光束在 S' 系中的速度的大小为

$$v' = \sqrt{v'^2_x + v'^2_y + v'^2_z} = \sqrt{u^2 + c^2 - u^2} = c$$

其方向用光束与竖直方向(即 y' 轴)之间的夹角 α 表示, 则有

$$\tan\alpha = \frac{|v'_x|}{|v'_y|} = \frac{u}{c\sqrt{1-u^2/c^2}}$$

以 $u = 3 \times 10^4 \mathrm{m/s}$ 代入上式,可得 $\alpha \approx 20.6''$.

习　　题

1. 有下列几种说法:

(1) 所有惯性系对物理基本规律都是等价的.

(2) 在真空中,光的速度与光的频率、光源的运动状态无关.

(3) 在任何惯性系中,光在真空中沿任何方向的传播速率都相同. 若问其中哪些说法是正确的,答案是(　　).

(A) 只有(1)、(2)是正确的　　　(B) 只有(1)、(3)是正确的

(C) 只有(2)、(3)是正确的　　　(D) 三种说法都是正确的

2. 狭义相对论的两条基本原理中,相对性原理说的是_____;光速不变原理说的是_____.

3. 经典的力学相对性原理与狭义相对论的相对性原理有何不同?

4. (1) 火箭 A 以 $0.8c$ 的速率相对于地球向东飞行,火箭 B 以 $0.6c$ 的速率相对地球向西飞行,求火箭 B 测得火箭 A 的速率的大小和方向.

(2) 如果火箭 A 向正北飞行,火箭 B 仍然向西飞行,则由火箭 B 测得火箭 A 的速率大小和方向又如何?

5. 一空间飞船以 $0.5c$ 的速率从地球发射,在飞行中飞船又向前方相对自己以 $0.5c$ 的速率发射一火箭,问地球上的观测者测得火箭的速率是多少?

§5.2　狭义相对论的时空观

狭义相对论的重大意义在于它对经典时空观的改造,把时空的量度同物体的运动联系起来,并通过运动把空间与时间的量度联系起来. 时间和空间不再是彼此独立的. 爱因斯坦的这种改造导致了违反人们"常识"的一系列结论. 这些结论可以通过洛伦兹变换式导出. 为了便于导出这些结论,首先推导时间间隔和空间间隔之间的变换式.

设有任意两个事件 1 和 2,事件 1 在 S 系和 S' 系中的时空坐标分别为 (x_1, y_1, z_1, t_1) 和 (x'_1, y'_1, z'_1, t'_1),事件 2 的时空坐标分别为 (x_2, y_2, z_2, t_2) 和 (x'_2, y'_2, z'_2, t'_2). 由洛伦兹变换式(5-6)和(5-7)可得到这两个事件在 S 系和 S' 系中的时间间隔和沿惯性系相对运动方向的空间间隔的变换关系为

$$\Delta t' = \frac{\Delta t - \dfrac{u}{c^2}\Delta x}{\sqrt{1-\beta^2}} \tag{5-10}$$

$$\Delta x' = \frac{\Delta x - u\Delta t}{\sqrt{1-\beta^2}} \tag{5-11}$$

$$\Delta t = \frac{\Delta t' + \dfrac{u}{c^2}\Delta x'}{\sqrt{1-\beta^2}} \tag{5-12}$$

$$\Delta x = \frac{\Delta x' + u\Delta t'}{\sqrt{1-\beta^2}} \qquad (5\text{-}13)$$

式中 $\Delta x = x_2 - x_1$，$\Delta t = t_2 - t_1$，$\Delta x' = x_2' - x_1'$，$\Delta t' = t_2' - t_1'$ 都是代数量. 不难看出,对于同样两个事件的时间间隔和空间间隔,在不同惯性系中测量,结果一般是不同的. 也就是说,两个事件之间的时间间隔和空间间隔都是相对的,随观测者所在的惯性系不同而不同,每个惯性系都必须用自己的"钟"来测量属于本参考系的时间,这正反映出相对论的时空观与绝对时空观的根本区别.

一、同时的相对性

由式(5-10)可知,在 S 系中不同地点($x_1 \neq x_2$)同时发生($t_1 = t_2$)的两个事件,在 S' 系中观测不再是同时($t_1' \neq t_2'$)的. 这一结论称为同时性的相对性.

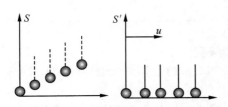

图 5-5　在 S' 系中"同时"的事件,
　　　　在 S 系中不同时

下面看一个同时性的相对性的形象化的例子. 如图 5-5 所示,列车(S' 系)沿 x' 轴正方向以匀速率 u 离开站台,在列车(S' 系)的车厢中挂了一排小球,相邻两球的距离为 l. 设在车厢中的人看小球在 $t' = 0$ 时刻同时落到车厢的地板上,那么站台(S 系)上的人看到的是什么情况呢?

由上述情况可知,在 S' 系中,小球同时落到地板上(同时性),所以,$\Delta t' = 0$，$\Delta x' = l$. 由式(5-12)可知,在站台上(S 系)的人观测到小球不是同时落到地板上,相邻两小球落到地板上的时间间隔为

$$\Delta t = \frac{\dfrac{u}{c^2}l}{\sqrt{1-\beta^2}}$$

越是右边的小球,落到地板上的时间越迟.

从式(5-10)不难看出,在 S 系中同一地点($\Delta x = 0$)同时($\Delta t = 0$)发生的两个事件,在其他惯性系(S' 系)中也都是同时发生的. 由此可见,同地事件的同时性是绝对的.

若仔细分析式(5-10)和式(5-12),还会发现一个有趣的问题,即两个独立事件发生的先后次序在不同惯性系中可能发生颠倒. 对于两个无关联的(独立)事件,在 S 系中的时间间隔和空间间隔 $\Delta t = t_2 - t_1$，$\Delta x = x_2 - x_1$ 都可为任意值. 若 $\Delta t > 0$，表示事件 1 先发生,事件 2 后发生. 然而,由式(5-10)可以得到,对于不同的 Δx，$\Delta t' = t_2' - t_1'$ 可以大于零、小于零或等于零. $\Delta t' > 0$ 时表明,在 S' 系中看来,事件 1 先发生,事件 2 后发生,与 S 系中的次序相同. $\Delta t' < 0$ 时表明,在 S' 系中看来,事件 1 后发生,事件 2 先发生,与 S 系中的次序相反. $\Delta t' = 0$ 时表明,在 S' 系中看来,事件 1 与事件 2 同时发生. 所以,在狭义相对论中,无关联事件的先后次序是相对的.

因果律和速度极限

常言道,"前因后果",意思是,先有原因,然后才有结果,这是关联事件的客观次序,表

示这个客观次序的规律称为因果律. 因果律要求, 时间量度的定义必须保证在任何惯性系中, 原因事件发生的时刻 t_1（或 t_1'）小于结果发生的时刻 t_2（或 t_2'）. 两个有因果关系的事件之间必定传递了某种信号, 才使得原因诱发出结果. 为了使狭义相对论定义的时间量度能符合因果律的要求, 任何物体的运动速度不可能大于光速.

（1）如果"因""果"两事件发生在 S 系中的同一地点, 设它们的时空坐标分别为 (x_1, t_1) 和 (x_2, t_2), 则有 $x_2 = x_1$, $\Delta t = t_2 - t_1 > 0$. 由式（5-10）可得在 S' 系中的时间间隔

$$\Delta t' = t_2' - t_1' = \frac{\Delta t - \dfrac{u \Delta x}{c^2}}{\sqrt{1 - \beta^2}} = \frac{\Delta t}{\sqrt{1 - \beta^2}} > 0$$

这说明, 狭义相对论定义的时间测量, 能保证发生在同一地点的关联事件的因果律在任意惯性系中成立.

（2）如果"因""果"两事件发生在 S 系中的不同地点, 设它们的时空坐标分别为 (x_1, t_1) 和 (x_2, t_2), 且有 $\Delta x = x_2 - x_1 > 0$, $\Delta t = t_2 - t_1 > 0$. 之所以成为关联事件, "因""果"两事件之间必定通过运动物体（或信号）构成因果关联. 关联物体（或信号）的运动速度为 $v = \dfrac{x_2 - x_1}{\Delta t} = \dfrac{\Delta x}{\Delta t}$. 由式（5-10）可得在 S' 系中的时间间隔

$$\Delta t' = t_2' - t_1' = \frac{\Delta t - \dfrac{u \Delta x}{c^2}}{\sqrt{1 - \beta^2}} = \frac{1 - \dfrac{uv}{c^2}}{\sqrt{1 - \beta^2}} \Delta t$$

由上式可以看出, 若 $v > c$, 则必定可以找到一个 $u < c$ 对应的 S' 参考系, 使得 $\Delta t' = t_2' - t_1' < 0$, 即在 S' 系中"果"事件先发生, "因"事件后发生. 这违反了因果律. 之所以违反了因果律, 是因为假设了 $v > c$. 为了使狭义相对论定义的时间测量能在任何惯性系中符合因果律的要求, 必有 $v \leqslant c$. 这说明, 狭义相对论认为, 真空中的光速是一切速度的极限.

二、长度收缩效应

如图 5-6 所示, 设一根细棒（或钢尺）AB 相对于 S' 系静止并沿 x' 轴放置, S' 系相对于 S 系沿 x 轴以恒定速率 u 运动. 在与被测物体相对静止的参考系（S' 系）中测量出细棒的长度, 称为细棒的固有长度（或原长）, 记为 L_0.

$$L_0 = x_2' - x_1' = \Delta x'$$

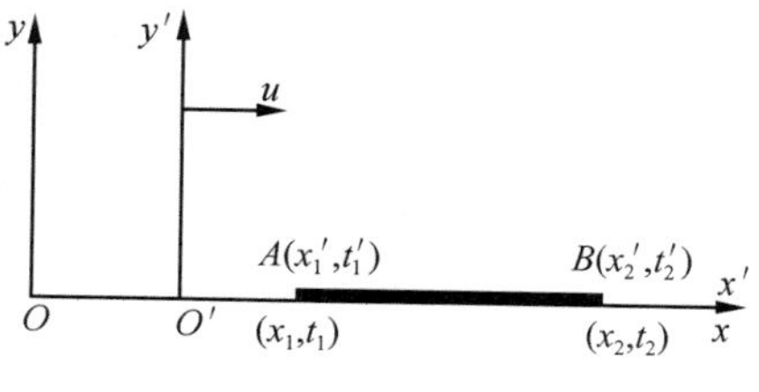

为了在 S 系中测得细棒的长度 L, 显然必须同时（$t = t_1 = t_2, \Delta t = 0$）测量其两端的坐标值 x_1 和 x_2, 且有

图 5-6　长度的收缩

$$L = \Delta x = x_2 - x_1$$

根据洛伦兹变换式（5-11）, 可得

$$\Delta x' = \frac{\Delta x - u\Delta t}{\sqrt{1-\beta^2}}$$

即

$$L_0 = \frac{L}{\sqrt{1-\beta^2}}$$

或

$$L = L_0\sqrt{1-\beta^2} = L_0\sqrt{1-\frac{u^2}{c^2}} \tag{5-14}$$

显然，$L < L_0$. 它表明，当细棒沿其长度方向以速率 u 相对 S 系运动时，静止于 S 系的观测者测得该运动棒的长度等于其原长 L_0 的 $\sqrt{1-\beta^2}$ 倍. 这称为运动物体沿其运动方向的长度收缩效应. 速率 u 越大，收缩量越大. $u \ll c$ 时，$L \approx L_0$.

　　值得注意的是：①长度收缩效应只发生在运动方向上，在与运动方向垂直的方向上不发生收缩效应；②收缩因子（$\sqrt{1-\beta^2}$）只与 u 有关，而与物体的材料无关，它是一种普遍的相对论时空性质；③长度收缩是一种相对性效应，静止于 S' 系中的直尺在 S 系中测量缩短了；反过来，静止于 S 系中的直尺在 S' 系中测量也同样缩短了；④长度收缩效应也适用于某一惯性系中两固定点距离的测量. 在与被测物体相对静止的参考系中测得的、与 u 平行方向的长度称为固有长度（或原长）. 其他惯性系测得的长度是运动长度. 固有长度最长.

　　例题 1　在 S' 系中有一根米尺与 $O'x'$ 轴成 30° 角，且位于 $x'O'y'$ 平面内. 若要使这一米尺与 S 系中的 Ox 轴成 45° 角，(1)试问 S' 系应以多大的速率 u 沿 x 轴方向相对 S 系运动？(2)在 S 系中测得米尺的长度是多少？

　　解　(1) 设在 S 系和 S' 系中，米尺的长度分别为 l 和 l'，且 $l' = 1\text{m}$，依题意得

$$l_x' = l'\cos30° = 0.866\text{m}, \quad l_y' = l'\sin30° = 0.5\text{m}$$

并有

$$l_y = l_y' = 0.5\text{m}$$

$$l_x = l_x'\sqrt{1-\frac{u^2}{c^2}} = 0.866\sqrt{1-\frac{u^2}{c^2}}$$

要使在 S 系中看来米尺与 Ox 轴成 45° 角，即 $l_x = l_y$，所以

$$\frac{l_y}{l_x} = \tan45° = 1$$

即

$$l_y = l_x = 0.866\sqrt{1-\frac{u^2}{c^2}} = 0.5$$

则有

$$u = 0.816c$$

（2）
$$l=\frac{l_y}{\sin45°}=0.707\text{m}$$

三、时间膨胀效应

若在 S 系中某一点相继发生了两个事件,例如,x_0 处的一盏灯从灯亮（事件 1）到灯灭（事件 2）,在 S 系中测得灯亮时 $t=t_1$,灯灭时 $t=t_2$,时间间隔为

$$\Delta t = t_2 - t_1$$

空间距离

$$\Delta x = 0$$

在与被测事件相对静止的惯性系中同一地点相继发生的两个事件的时间间隔称为原时（或固有时间）.

在 S' 系中测得灯亮发生于时刻 t'_1,灯灭发生在时刻 t'_2,所经历的时间间隔为

$$\Delta t' = t'_2 - t'_1$$

由洛伦兹变换式（5-10）可得

$$\Delta t' = \frac{\Delta t - \dfrac{u\Delta x}{c^2}}{\sqrt{1-\beta^2}}$$

即

$$\Delta t' = \frac{\Delta t}{\sqrt{1-\beta^2}} \tag{5-15}$$

上述结果表明,在 S 系中同一地点发生的,原时为 Δt 的两个事件,在 S' 系中测得它们的时间间隔 $\Delta t'$ 等于 Δt 的 $1/\sqrt{1-\beta^2}$ 倍. 显然 $\Delta t' > \Delta t$,这一现象称为时间膨胀效应. 时间膨胀效应有时也叫运动时钟变慢（或时钟延缓）.

若在 S' 系中的 x' 点,相继发生了两个事件,其时间间隔 $\Delta t'=t'_2-t'_1$,在 S 系测得两事件的时间间隔为 $\Delta t=t_2-t_1$,由式（5-12）可得

$$\Delta t = \frac{\Delta t'}{\sqrt{1-\beta^2}} \tag{5-16}$$

同样有 $\Delta t > \Delta t'$,时间也是延长了. 式（5-15）和式（5-16）表明固有时间最短.

下面举例说明所谓"运动时钟变慢"的含义. 设有一个以速率 $u=0.9998c$ 飞行的宇宙飞船,船上的指示灯亮灭一次,在飞船上时钟记录下来的时间是 1s（原时）,而在地球上,时钟记录下来的时间则为

$$\Delta t = \frac{1}{\sqrt{1-(0.9998)^2}} \approx 50\text{s}$$

所以,当地球上的人与飞船上的人相互核对该指示灯亮灭一次所经历的时间时,地球上的人认为飞船上的钟变慢了. 同样,如果同样的事件是发生在地球上某处,经历的时间为

1s,在宇宙飞船上的钟计量的结果则为 50s. 此时,飞船上的人则会说地球上的钟变慢了.

　　由此可知,对于某两个事件发生的时间间隔,不同惯性系中的观察者测得的结果是不同的,随惯性系间相对运动的速率 u 而变化,也就是说,时间的测量是相对的. 但只有在 u 大到可以与光速 c 相比拟时,这种效应才是明显的. 当 $u \ll c$ 时, $\Delta t \approx \Delta t'$,其结果与绝对时空观相一致.

　　时间膨胀效应已由基本粒子物理实验所证实. 例如,近年来观察到以接近光速飞行的 π 介子、ν 介子和 K 介子的衰变寿命比静止时的衰变寿命延长了几倍乃至几十倍,而且延长时间与相对论公式计算的结果相符合.

　　例题 2　带电 π 介子(π^+ 或 π^-)静止时的平均寿命为 $\tau_0 = 2.6 \times 10^{-8}$s,某加速器射出的带电 π 介子的速率为 2.4×10^8m/s,试求(1)在实验室中测得这种粒子的平均寿命;(2)这种 π 介子衰变前飞行的平均距离.

　　解　(1) 由于 $u = 2.4 \times 10^8$m/s$= 0.8c$,故在实验室中测得这种 π 介子的平均寿命为

$$\tau = \frac{\tau_0}{\sqrt{1 - \dfrac{u^2}{c^2}}} = \frac{2.6 \times 10^{-8}}{\sqrt{1 - (0.8)^2}} = 4.33 \times 10^{-8}(\text{s})$$

　　(2) 衰变前在实验室通过的平均距离为

$$l = v\tau = 2.4 \times 10^8 \times 4.33 \times 10^{-8} = 10.4(\text{m})$$

这一结果与实验相符得很好.

习　　题

　　1. 宇宙飞船相对于地面以速度 v 作匀速直线飞行,某一时刻飞船头部的宇航员向飞船尾部发出一个光信号,经过 Δt(飞船上的钟)时间后,被尾部的接收器收到,则由此可知飞船的固有长度为(　　)(c 表示真空中光速).

　　(A) $c \cdot \Delta t$　　　　(B) $v \cdot \Delta t$　　　　(C) $\dfrac{c \cdot \Delta t}{\sqrt{1 - (v/c)^2}}$　　　　(D) $c \cdot \Delta t \cdot \sqrt{1 - (v/c)^2}$

　　2. 在狭义相对论中,下列说法中哪些是正确的?(　　).

　　(1) 一切运动物体相对于观察者的速度都不能大于真空中的光速.

　　(2) 质量、长度、时间的测量结果都是随物体与观察者的相对运动状态而改变的.

　　(3) 在一惯性系中发生于同一时刻,不同地点的两个事件在其他一切惯性系中也是同时发生的.

　　(4) 惯性系中的观察者观察一个与他作匀速相对运动的时钟时,会看到这时钟比与它相对静止的相同时钟走得慢些.

　　(A) (1),(3),(4)　　　　　　(B) (1),(2),(4)

　　(C) (1),(2),(3)　　　　　　(D) (2),(3),(4)

　　3. 在某地发生两件事,静止位于该地的甲测得时间间隔为 4s,若相对于甲作匀速直线运动的乙测得时间间隔为 5s,则乙相对于甲的运动速度是(　　)(c 表示真空中光速).

　　(A) $(4/5)c$　　　　(B) $(3/5)c$　　　　(C) $(2/5)c$　　　　(D) $(1/5)c$

　　4. 一宇航员要到离地球为 5 光年的星球去旅行. 如果宇航员希望把这路程缩短为 3 光年,则他所乘的火箭相对于地球的速度应是(　　)(c 表示真空中光速).

　　(A) $v = (1/2)c$　　(B) $v = (3/5)c$　　(C) $v = (4/5)c$　　(D) $v = (9/10)c$

5. K 系与 K' 系是坐标轴相互平行的两个惯性系,K' 系相对于 K 系沿 Ox 轴正方向匀速运动. 一根刚性尺静止在 K' 系中,与 $O'x'$ 轴成 30° 角. 今在 K 系中观测得该尺与 Ox 轴成 45° 角,则 K' 系相对于 K 系的速度是(   ).

(A) $(2/3)c$ (B) $(1/3)c$ (C) $(2/3)^{1/2}c$ (D) $(1/3)^{1/2}c$

6. (1) 对某观察者来说,发生在某惯性系中同一地点、同一时刻的两个事件,对于相对该惯性系作匀速直线运动的其他惯性系中的观察者来说,它们是否同时发生?

(2) 在某惯性系中发生于同一时刻、不同地点的两个事件,它们在其他惯性系中是否同时发生?

关于上述两个问题的正确答案是(   ).

(A) (1)同时,(2)不同时   (B) (1)不同时,(2)同时

(C) (1)同时,(2)同时   (D) (1)不同时,(2)不同时

7. 关于同时性的以下结论中,正确的是(   ).

(A) 在一惯性系同时发生的两个事件,在另一惯性系一定不同时发生

(B) 在一惯性系不同地点同时发生的两个事件,在另一惯性系一定同时发生

(C) 在一惯性系同一地点同时发生的两个事件,在另一惯性系一定同时发生

(D) 在一惯性系不同地点不同时发生的两个事件,在另一惯性系一定不同时发生

8. 一艘宇宙飞船的船身固有长度为 $L_0 = 90\mathrm{m}$,相对于地面以 $v = 0.8c$(c 为真空中光速)的匀速度在地面观测站的上空飞过.

(1) 观测站测得飞船的船身通过观测站的时间间隔是多少?

(2) 宇航员测得船身通过观测站的时间间隔是多少?

9. 在惯性系 S 中,有两事件发生于同一地点,且第二事件比第一事件晚发生 $\Delta t = 2\mathrm{s}$;而在另一惯性系 S' 中,观测第二事件比第一事件晚发生 $\Delta t' = 3\mathrm{s}$. 那么在 S' 系中发生两事件的地点之间的距离是多少?

10. 静止的 μ 子的平均寿命约为 $\tau_0 = 2 \times 10^{-6}\mathrm{s}$. 今在 8km 的高空,由于 π 介子的衰变产生一个速度为 $v = 0.998c$(c 为真空中光速)的 μ 子,试论证此 μ 子有无可能到达地面.

11. 地球的半径约为 $R_0 = 6376\mathrm{km}$,它绕太阳的速率约为 $v = 30\mathrm{km/s}$,在太阳参考系中测量地球的半径在哪个方向上缩短得最多? 缩短了多少? (假设地球相对于太阳系来说近似于惯性系)

12. 假定测得静止在实验室中的 μ^+ 子(不稳定的粒子)的寿命为 $2.2 \times 10^{-6}\mathrm{m}$,而当它相对于实验室运动时测得它的寿命为 $1.63 \times 10^{-6}\mathrm{s}$. 试问:这两个测量结果符合相对论的什么结论? μ^+ 子相对于实验室的速度是真空中光速 c 的多少倍?

13. 两个惯性系 K 与 K' 坐标轴相互平行,K' 系相对于 K 系沿 x 轴作匀速运动,在 K' 系的 x' 轴上,相距为 L' 的 A'、B' 两点处各放一只已经彼此对准了的钟,试问在 K 系中的观测者看这两只钟是否也对准了? 为什么?

14. 半人马座 α 星是距离太阳系最近的恒星,它距离地球 $S = 4.3 \times 10^{16}\mathrm{m}$. 设有一宇宙飞船自地球飞到半人马座 α 星,若宇宙飞船相对于地球的速度为 $v = 0.999c$,按地球上的时钟计算要用多少年? 如以飞船上的时钟计算,所需时间又为多少年?

15. 一隧道长为 L,宽为 d,高为 h,拱顶为半圆,如图所示. 设想一列车以极高的速度 v 沿隧道长度方向通过隧道,若从列车上观测,问:

(1) 隧道的尺寸如何?

(2) 设列车的长度为 l_0,它全部通过隧道的时间是多少?

16. 一体积为 V_0,质量为 m_0 的立方体沿其一棱的方向相对于观察者 A 以速度 v 运动. 求:观察者 A 测得其密度是多少?

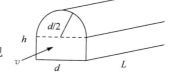

习题 15 图

§5.3　狭义相对论动力学

前面已经讨论过,牛顿力学的基本方程具有伽利略变换不变性.并且认为惯性质量与物体的运动速度无关.由洛伦兹坐标变换式和速度变换式可以看出(有兴趣的读者可以自己进行推导),除非加速度等于零,同一质点的加速度在不同惯性系中是不同的.由此可想到,在狭义相对论中,m、F 以及 $F=ma$ 的变换关系也应该进行考察.由此可以判断,为了建立狭义相对论的动力学体系,在动力学中的一系列物理量,如动量、能量、角动量、质量和力、功等概念,在相对论动力学中都有重新审视或重新定义的问题.

如何定义动量、能量、角动量、质量和力、功等概念,如何建立狭义相对论的动力学基本方程,可以有不同的方法或者选择余地.建立狭义相对论的动力学理论体系,必须符合对应原理的要求,即当速度 $v \ll c$ 时,新定义的物理量和动力学基本方程必须趋于经典物理中的相应物理量和方程.物理学家偏爱守恒的思想,假设某些基本守恒定律,如动量守恒定律、能量守恒定律、角动量守恒定律、质量守恒定律等仍然成立.因此,尽量保持基本守恒定律继续成立也就成为一条重要原则.另外,逻辑上的自洽性自然是必不可少的原则.

一、相对论质量和动量

在狭义相对论中仍然定义,一个质点的动量 p 是一个与它的速度 v 方向相同的矢量,并仍然保持经典力学中的形式,即

$$p = mv \tag{5-17}$$

式中 m 仍定义为质点的质量,为了使动量守恒定律以及质量守恒定律仍然成立,质点的质量 m 不能再是与速度无关的恒量,而应该是速度的函数.考虑到空间是各向同性的,质点的质量 m 应只是速度大小的函数,与速度的方向无关,即

$$m = m(v)$$

考虑到对应原理的要求,当 $v \ll c$ 时,质量 m 应趋于经典力学中的质量 m_0. m_0 称为质点的静止质量.下面以两个全同粒子的完全非弹性碰撞的理想实验,推导在定义动量为 $p = mv$,并假设动量守恒仍然成立的条件下,相对论质量 m 与静止质量 m_0 以及速度 v 应有的关系.

如图 5-7(a)所示,设 A、B 是两个静止质量为 m_0 的全同粒子,碰撞前,B 粒子相对 S 系静止,注意,S 系并不是建立在 B 粒子上.A 粒子以速度 v 向着 B 粒子运动,A 粒子的相对论质量为 $m_A = m(v)$.碰撞后合成一个复合粒子.设碰撞后复合粒子相对 S 系的速度为 u,其相对论质量为 $M(u)$.根据质量守恒和动量守恒可得到

$$m_0 + m(v) = M(u)$$
$$m(v)v = M(u)u$$

由此可以得到

$$\frac{M(u)}{m(v)} = \frac{m(v) + m_0}{m(v)} = \frac{v}{u} \quad (5\text{-}18)$$

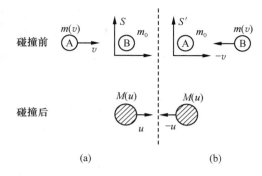

如图 5-7(b)所示,取碰撞前与 A 粒子相对静止的参考系为 S' 系,则 S' 系沿 S 系的 x 轴的正方向以速度 v 运动. 上述的碰撞过程中,碰撞后复合粒子相对 S' 系的速度为 $-u$,应用速度变换式(5-8)可得到复合粒子相对 S' 系的速度 $u' = -u$ 与 S' 系相对 S 系的速度 v 之间的关系

图 5-7 全同粒子完全非弹性碰撞的理想实验

$$u' = -u = \frac{u - v}{1 - uv/c^2}$$

上式可化成

$$\frac{u^2 v}{c^2} - 2u + v = 0$$

上式两边同乘以 $\dfrac{v}{u^2}$ 可得

$$\left(\frac{v}{u}\right)^2 - 2\frac{v}{u} + \frac{v^2}{c^2} = 0$$

由此解出

$$\frac{v}{u} = 1 \pm \sqrt{1 - v^2/c^2}$$

因为 $v > u$,上式中的负号应舍去,即应取

$$\frac{v}{u} = 1 + \sqrt{1 - v^2/c^2} \quad (5\text{-}19)$$

将式(5-19)代入式(5-18)可得到

$$m(v) = \frac{m_0}{\sqrt{1 - v^2/c^2}} \quad (5\text{-}20)$$

式(5-20)叫做相对论质量公式. 当 $v = 0$ 时,$m = m_0$,即 m_0 是在与被测物体相对静止的参考系中测量的物体的质量,称为静止质量,m 称为相对论质量,或动质量. 1909 年德国物理学家布歇勒(Bucherer)用射线实验证明这个关系式的正确性. 图 5-8 是相对论质量和速率的关系曲线. 由图可以看出,在物体的速度不大时,相对论质量和静止质量差不多,即可以不区分相对论质量和静止质量. 当速率接近光速时,相对论质量明显地、迅速地增加,这时,相对论效应越来越大.

当 $v \ll c$ 时,$m \approx m_0$,这是牛顿力学研究的情况. 对于速率接近于光速的微观粒子,质量随速率的改变就非常明显. 例如,当电子的速率 $v = 0.98c$ 时,$m = 5.03m_0$. 由式(5-20)可以看出,当 $m_0 \neq 0$,$v = c$ 时,m 等于无穷大. 质量等于无穷大是没有意义的,这说明,静

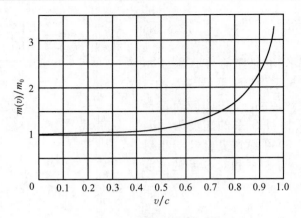

图 5-8　电子质量随速度的变化

止质量不为零的粒子,无论用什么方法使其加速,都不可能使其速率等于光速.静止质量为零的粒子,其速率等于光速.当 $v > c$ 时,m 成为虚数,这是没有意义的.这又一次说明,真空中的光速是一切速度的极限.

狭义相对论中的动量仍然定义为 $\boldsymbol{p} = m\boldsymbol{v}$,但应注意,$m$ 与速率有关,即

$$\boldsymbol{p} = m\boldsymbol{v} = \frac{m_0 \boldsymbol{v}}{\sqrt{1 - v^2/c^2}}$$

二、狭义相对论动力学的基本方程

牛顿三定律的修改

牛顿三定律是经典力学的基本假设,建立狭义相对论的动力学体系,要考虑牛顿三定律是否需要修改,如果需要,应如何进行修改.

1) 牛顿第一定律

经考察,在狭义相对论中,牛顿第一定律仍然成立.

2) 牛顿第二定律

由于力与相对位置和相对速度有关,在狭义相对论中相对位置(距离)和相对速度遵守洛伦兹变换,所以,两个物体之间的相互作用力在不同惯性系中是不同的.这就需要寻找力的变换形式.确定力的变换式后,要确定牛顿第二定律采用怎样的数学形式才能使其在不同惯性系中保持形式不变(这是相对性原理的要求).实际上,如果在 S 系中牛顿运动定律的数学形式采用

$$\boldsymbol{F} = \frac{\mathrm{d}\boldsymbol{p}}{\mathrm{d}t} \tag{5-21}$$

其中 $\boldsymbol{p} = m\boldsymbol{v} = \dfrac{m_0 \boldsymbol{v}}{\sqrt{1 - v^2/c^2}}$,能使 S' 系中的动量 $\boldsymbol{p}'$ 的变化率

$$\boldsymbol{F}' = \frac{\mathrm{d}\boldsymbol{p}'}{\mathrm{d}t}$$

成立.当然,这样修改牛顿第二定律是否正确,需要经过实验验证.实际上已经得到了验证.

应该注意:在狭义相对论中牛顿第二定律的数学形式是

$$\boldsymbol{F} = \frac{\mathrm{d}\boldsymbol{p}}{\mathrm{d}t} = m\frac{\mathrm{d}\boldsymbol{v}}{\mathrm{d}t} + \boldsymbol{v}\frac{\mathrm{d}m}{\mathrm{d}t} \tag{5-22}$$

由于 m 不再是恒量,上式中第二项不再等于零,所以 $\boldsymbol{F}=m\boldsymbol{a}$ 不再成立.当 $v\ll c$ 时,$m\approx m_0$,$\frac{\mathrm{d}m}{\mathrm{d}t}=0$,式(5-22)又变成了 $\boldsymbol{F}=m\boldsymbol{a}$.所以 $\boldsymbol{F}=m\boldsymbol{a}$ 是狭义相对论动力学方程在 $v\ll c$ 情况下的特例.这正是对应原理的要求.

3) 牛顿第三定律

在狭义相对论中牛顿第三定律成立,需要满足两个必要条件:S 系中一对作用力和反作用力 $\boldsymbol{F}_1+\boldsymbol{F}_2=0$,应用力的变换式必须有,在 S' 系中 $\boldsymbol{F}_1'+\boldsymbol{F}_2'=0$.还需要经过实验验证.实际上,$S$ 系中一对作用力和反作用力 $\boldsymbol{F}_1+\boldsymbol{F}_2=0$ 时,在 S' 系中 $\boldsymbol{F}_1'+\boldsymbol{F}_2'\neq0$.这表明,在狭义相对论中牛顿第三定律不成立,但是动量守恒定律(任何一个与外界物体无相互作用的系统的动量守恒)仍然成立.

§5.4　相对论能量

一、相对论动能

保持能量守恒定律成立也是建立狭义相对论动力学理论体系的假设之一.在狭义相对论中要保持能量守恒成立,功能原理和功的定义形式不变,动能的定义就要改变.

在相对论力学中,功的定义与经典力学中相同,即 $A=\int_1^2\boldsymbol{F}\cdot\mathrm{d}\boldsymbol{r}$,假设动能定理仍然成立,若力 $\boldsymbol{F}$ 对粒子做功使它的速率由 0 增大到 v,力所做的功等于粒子动能的增量,以 E_k 表示速率为 v 时粒子的动能,则有

$$E_k = \int_1^2\boldsymbol{F}\cdot\mathrm{d}\boldsymbol{r} = \int_0^v\frac{\mathrm{d}(m\boldsymbol{v})}{\mathrm{d}t}\cdot\mathrm{d}\boldsymbol{r} = \int_0^v\boldsymbol{v}\cdot\mathrm{d}(m\boldsymbol{v}) \tag{5-23}$$

由于

$$\boldsymbol{v}\cdot\mathrm{d}(m\boldsymbol{v}) = m\boldsymbol{v}\cdot\mathrm{d}\boldsymbol{v} + \boldsymbol{v}\cdot\boldsymbol{v}\mathrm{d}m = mv\mathrm{d}v + v^2\mathrm{d}m \tag{5-24}$$

由相对论质量公式 $m=\dfrac{m_0}{\sqrt{1-v^2/c^2}}$ 可得

$$m^2c^2 - m^2v^2 = m_0^2c^2$$

两边取微分,得

$$2mc^2\mathrm{d}m - 2mv^2\mathrm{d}m - 2m^2v\mathrm{d}v = 0$$

即

$$c^2\mathrm{d}m = mv\mathrm{d}v + v^2\mathrm{d}m \tag{5-25}$$

将式(5-25)代入式(5-24),得

$$\boldsymbol{v} \cdot \mathrm{d}(m\boldsymbol{v}) = c^2 \mathrm{d}m$$

代入式(5-23),可得

$$E_\mathrm{k} = \int_{m_0}^{m} c^2 \mathrm{d}m$$

即

$$E_\mathrm{k} = mc^2 - m_0 c^2 \qquad\qquad (5\text{-}26)$$

这就是相对论动能公式,其中 m_0 为静止质量,m 为相对论质量.

当 $v \ll c$ 时

$$\frac{1}{\sqrt{1 - v^2/c^2}} = 1 + \frac{1}{2}\frac{v^2}{c^2} + \cdots \approx 1 + \frac{1}{2}\frac{v^2}{c^2}$$

$$E_\mathrm{k} = \frac{m_0 c^2}{\sqrt{1 - v^2/c^2}} - m_0 c^2 = m_0 c^2\left(1 + \frac{1}{2}\frac{v^2}{c^2}\right) - m_0 c^2 = \frac{1}{2} m_0 v^2$$

这时就又回到牛顿力学的动能公式了.相对论动能的定义满足对应原理的要求.

由式(5-26)可求得粒子的速率用其动能表示的公式为

$$v^2 = c^2\left[1 - \left(1 + \frac{E_\mathrm{k}}{m_0 c^2}\right)^{-2}\right] \qquad\qquad (5\text{-}27)$$

上式表明,粒子的动能增大时,速率增大.但只要粒子的静止质量不为零,无论 E_k 增大到多么大,其速率也不会达到极限速率 c.

二、相对论能量

在相对论动能公式 $E_\mathrm{k} = mc^2 - m_0 c^2$ 中,mc^2 和 $m_0 c^2$ 都具有能量的量纲,可以认为 $m_0 c^2$ 表示粒子在静止时所具有的能量,叫做粒子的静止能量.而 mc^2 表示粒子以速率 v 运动时所具有的能量,在相对论中称为粒子的总能量,以 E 表示,则有

$$E = mc^2 \qquad\qquad (5\text{-}28)$$

式(5-28)通常称为爱因斯坦质能关系式.在粒子的速率等于零时,总能量 E 就是静止能量 E_0.式(5-26)也可写为

$$\begin{aligned} E_\mathrm{k} &= E - E_0 = mc^2 - m_0 c^2 \\ &= (m - m_0)c^2 \end{aligned} \qquad\qquad (5\text{-}29)$$

即粒子的动能等于总能量与静止能量之差.此式表明,粒子的动能从 0 增加到 E_k 时,其质量从 m_0 增大到 m,也就是说,物体动能的变化必然伴随着质量的变化,即

$$\Delta E_\mathrm{k} = (\Delta m)c^2 \qquad\qquad (5\text{-}30)$$

爱因斯坦对上式的意义作了大胆的推广,指出这一关系式不仅适用于动能,也具有普遍意义.实际上,可以从式(5-28)直接得到

$$\Delta E = (\Delta m)c^2$$

此式表示了物体质量变化与其能量变化间的关系.ΔE 应包括任何形式的能量变化,即不

仅包括动能,而且也包括诸如光的吸收和辐射,热的交换以及原子核裂变和聚变所产生的能量变化等.

质能关系式的建立是爱因斯坦相对论的重大成就. 质能关系式不仅反映出物质的两个基本属性——质量和能量之间的不可分割的联系(世界上没有脱离质量的能量,也没有无能量的质量),而且也是人类打开核能仓库的钥匙. 原子核的裂变和聚变的发现,原子能发电的成功,原子弹、氢弹的爆炸等都是质能关系式的应用成果,也是对爱因斯坦相对论的重要实验验证.

日常生活中,物质系统的能量一般变化不大,因此相应的质量变化很小,不易觉察到. 例如,把 1kg 水由 0℃ 加热到 100℃时,所增加的能量 $\Delta E = 4.18 \times 10^5 \mathrm{J}$,相应增加的质量 $\Delta m \approx 4.6 \times 10^{-12} \mathrm{kg}$,其值是微不足道的. 但在热核反应中,反应物质的质量变化就很明显了.

三、动量与能量的关系

在相对论中,静止质量为 m_0 的质点,以速度 v 运动时,其总能量和动量的大小分别为

$$E = mc^2 = \frac{m_0}{\sqrt{1 - v^2/c^2}} c^2$$

$$p = mv = \frac{m_0}{\sqrt{1 - v^2/c^2}} v$$

将上两式分别平方,得

$$E^2 = m_0^2 c^4 / (1 - v^2/c^2)$$
$$p^2 = m_0^2 v^2 / (1 - v^2/c^2)$$

展开,联立消去 v,可得

$$E^2 = m_0^2 c^4 + p^2 c^2$$

即

$$E^2 = E_0^2 + p^2 c^2 \tag{5-31}$$

上式称为相对论动量-能量关系式.

由式(5-31)可知,对于静止能量为零的粒子,其动量并不为零. 对于光子,$E_0 = 0$,由光子假说知 $E = h\nu$(h 是普朗克常量,ν 为其频率),由式(5-31)可得 $E = pc$,于是可知光子的动量为

$$p = \frac{E}{c} = \frac{h\nu}{c} = \frac{h}{\lambda} \tag{5-32}$$

上面介绍了狭义相对论动力学的基本内容,以及狭义相对论的质点动力学量的定义,从理论上认可了狭义相对论的动力学基本方程. 但应该指出,所得理论是否正确,必须经过实验验证,迄今为止,涉及高速运动微观粒子的实验都给出了正面的结论.

例题 1　有一加速器将质子加速到具有 76GeV 的动能. 试求(1)加速后质子的质量；(2)加速后质子的速率.

解　(1) 设质子被加速后的动能为 E_k，则质子加速后的总能量为

$$E = m_0 c^2 + E_k = mc^2$$

$$m = m_0 + \frac{E_k}{c^2} = m_0 \left(1 + \frac{E_k}{m_0 c^2}\right)$$

$$= 1.67 \times 10^{-27} \times \left[1 + \frac{76 \times 10^9 \times 1.61 \times 10^{-19}}{1.67 \times 10^{-27} \times (3 \times 10^8)^2}\right]$$

$$= 1.38 \times 10^{-25} \, (\mathrm{kg})$$

(2) 由 $m = \dfrac{m_0}{\sqrt{1 - v^2/c^2}}$ 并应用 $(1-x)^{\frac{1}{2}}$ 的幂级数展开式可得

$$v = c\sqrt{1 - m_0^2/m^2} \approx c\left(1 - \frac{m_0^2}{2m^2}\right)$$

$$= 3 \times 10^8 \times \left[1 - \frac{(1.67 \times 10^{-27})^2}{2 \times (1.38 \times 10^{-25})^2}\right]$$

$$= 0.9999c$$

例题 2　两个静止质量都是 m_0 的小球，其中一个静止，另一个以 $v = 0.8c$ 运动. 在它们做对心碰撞后粘在一起，求碰撞后合成小球的静止质量.

解　对于两个静止质量都是 m_0 的小球系统，在碰撞中能量守恒，则有

$$m_0 c^2 + mc^2 = Mc^2$$
$$m_0 + m = M \tag{1}$$

式中 M 是碰撞后合成小球的质量.

两个小球碰撞中动量也守恒，则有

$$mv = Mu \tag{2}$$

式中 u 为碰撞后合成小球的速度.

将 $m = \dfrac{m_0}{\sqrt{1 - v^2/c^2}} = \dfrac{m_0}{\sqrt{1 - (0.8c/c)^2}} = \dfrac{m_0}{0.6}$ 代入式(1)，得

$$M = \frac{8}{3} m_0$$

由式(2)可得

$$u = \frac{mv}{M} = \frac{0.8c \times m_0/0.6}{8m_0/3} = 0.5c$$

再由 $M = \dfrac{M_0}{\sqrt{1 - (u/c)^2}}$ 解得

$$M_0 = M\sqrt{1 - (u/c)^2} = \frac{8}{3} m_0 \sqrt{1 - \left(\frac{0.5c}{c}\right)^2} = 2.31 m_0$$

习　题

1. 根据相对论力学,动能为 0.25MeV 的电子,其运动速度约等于(　　　)(c 表示真空中的光速,电子的静能 $m_0 c^2 = 0.51$MeV).

(A) $0.1c$　　　　(B) $0.5c$　　　　(C) $0.75c$　　　　(D) $0.85\ c$

2. (1) 在速度 $v = $＿＿＿＿＿＿＿＿情况下粒子的动量等于非相对论动量的两倍.

(2) 在速度 $v = $＿＿＿＿＿＿＿＿情况下粒子的动能等于它的静止能量.

3. 质子在加速器中被加速,当其动能为静止能量的 4 倍时,其质量为静止质量的(　　　).

(A) 4 倍　　　　(B) 5 倍　　　　(C) 6 倍　　　　(D) 8 倍

4. 把一个静止质量为 m_0 的粒子,由静止加速到 $v = 0.6c$(c 为真空中光速)需做的功等于(　　　).

(A) $0.18 m_0 c^2$　　(B) $0.25 m_0 c^2$　　(C) $0.36 m_0 c^2$　　(D) $1.25 m_0 c^2$

5. 已知电子的静能为 0.51MeV,若电子的动能为 0.25MeV,则它所增加的质量 Δm 与静止质量 m_0 的比值近似为(　　　).

(A) 0.1　　　　(B) 0.2　　　　(C) 0.5　　　　(D) 0.9

6. 一电子以 $v = 0.99c$(c 为真空中光速)的速率运动. 试求:

(1) 电子的总能量是多少?

(2) 电子的经典力学的动能与相对论动能之比是多少? (电子静止质量 $m_e = 9.11 \times 10^{-31}$kg.)

7. 已知 μ 子的静止能量为 105.7MeV,平均寿命为 2.2×10^{-8}s. 试求动能为 150MeV 的 μ 子的速度 v 是多少? 平均寿命 τ 是多少?

8. 要使电子的速度从 $v_1 = 1.2 \times 10^8$m/s 增加到 $v_2 = 2.4 \times 10^8$m/s 必须对它做多少功? (电子静止质量 $m_e = 9.11 \times 10^{-31}$kg.)

本 章 小 结

1. 牛顿的绝对时空观

长度和时间的测量与参考系无关.

伽利略坐标变换式:$x' = x - ut, y' = y, z' = z, t' = t$

伽利略速度变换式:$v'_x = v_x - u, v'_y = v_y, v'_z = v_z$

2. 狭义相对论的两个基本假设

(1) 爱因斯坦相对性原理.

(2) 光速不变原理.

3. 洛伦兹变换

坐标变换式:$x' = \dfrac{x - ut}{\sqrt{1 - u^2/c^2}}, y' = y, z' = z, t' = \dfrac{t - ux/c^2}{\sqrt{1 - u^2/c^2}}$

$$\Delta x' = \frac{\Delta x - u\Delta t}{\sqrt{1 - \beta^2}}, \quad \Delta t' = \frac{\Delta t - \dfrac{u}{c^2}\Delta x}{\sqrt{1 - \beta^2}}$$

速度变换式:

$$v'_x = \frac{v_x - u}{1 - uv_x/c^2}$$

$$v'_y = \frac{v_y}{1 - uv_x/c^2}\sqrt{1 - u^2/c^2}$$

$$v'_z = \frac{v_z}{1 - uv_x/c^2}\sqrt{1 - u^2/c^2}$$

注意:洛伦兹坐标变换和速度变换适用的条件:①S'系沿 S 系的 x 轴的正方向运动的速度为 u;②$t = t' = 0$ 时,S' 系与 S 系重合.这是应用洛伦兹变换求解问题建立坐标系的原则.

4. 狭义相对论的时空观

同时性的相对性:在一个惯性系中不同地点同时发生的两个事件,在其他惯性系中看来不再是同时的.

长度收缩效应:$\Delta l = \Delta l'\sqrt{1 - u^2/c^2}$,固有长度最长.

时间膨胀效应:$\Delta t = \dfrac{\Delta t'}{\sqrt{1 - u^2/c^2}}$,固有时间最短.

$\Delta l'$ 为固有长度,$\Delta t'$ 为固有时间.

5. 相对论质量

$$m = \frac{m_0}{\sqrt{1 - v^2/c^2}} \quad (m_0 \text{ 为静止质量})$$

6. 相对论动量

$$\boldsymbol{p} = m\boldsymbol{v} = \frac{m_0 \boldsymbol{v}}{\sqrt{1 - v^2/c^2}}$$

7. 相对论动能

$$E_k = mc^2 - m_0 c^2$$

8. 相对论能量(质能关系式)

$$E = mc^2, \quad \Delta E = \Delta mc^2$$

9. 相对论动量-能量关系式

$$E^2 = m_0^2 c^4 + p^2 c^2$$

第二篇　振动和波动　波动光学

说到振动和波,最容易想到的就是机械振动和机械波.简单地说,机械振动是质点运动的问题,包括质点的动力学特征和质点的运动学描述.机械波是机械振动的传播,即媒质中波源的振动传到的地方的质点都在振动.广义地讲,振动和波是一种运动形式.任何物理量在某一数值附近作来回往复的变化,就称该物理量在作振动.任何振动的传播过程都称为波动.振动和波是横跨物理学各个分支学科的运动形式.声是机械波,在电磁学中有电磁振荡和电磁波,光也是电磁波,微观理论的基石——量子力学又称为波动力学.尽管在物理学的各个分支学科中振动和波的具体内容不同,但是,它们在数学表达形式和数学处理方法上有极大的相似性.各种波都有干涉、衍射和偏振等性质.本书以机械振动和机械波为例研究振动和波的描述及性质.

第六章　振动和波动

　　1581 年 17 岁的伽利略仔细观察了比萨城佛罗伦萨大教堂内的吊灯的摆动. 他用自己的脉搏作为计时器,测得吊灯摆一个来回所需要的时间. 使他感到惊奇的是,吊灯的摆动幅度尽管越来越小,但每次摆动所需要的时间却完全相等. 这就是人们最早对于振动的性质和规律的研究.

　　物体或质点在一定位置附近作来回往复的运动叫做机械振动. 机械振动是十分普遍的运动形式. 例如,一切发声体的运动,机器开动时各部分的微小颤动,选矿筛的运动等,都是机械振动.

　　振动并不限于机械振动,广义地说,如果一个物理量随时间作来回往复变化,称这个物理量的变化为振动. 例如,电荷、电流、电磁场都可能在某个值附近作振动. 因此,振动广泛存在于各种自然现象之中. 尽管各种振动的物理本质并不相同,但在数学表述上却是相同的. 因此,研究机械振动的规律有助于了解其他各种振动的规律.

　　振动在空间或媒质中的传播过程称为波动,简称波. 机械振动在弹性媒质中的传播称为弹性波,如声波、水波、地震波等. 变化电场和变化磁场在空间的传播过程称为电磁波,如光波、无线电波等.

　　由于弹性波富有直观性,本书主要讨论弹性波. 通过它来学习、掌握波动的基本规律. 本章主要研究机械振动的规律,并讨论弹性波的产生、波的数学表示方法、波的干涉、波的能量和声波的多普勒效应等基本概念和规律.

研究思路

　　机械振动中最基本、最简单、最重要的是简谐振动. 简谐振动的动力学特征应用质点动力学的方法进行研究. 简谐振动的运动学描述方法与质点其他运动形式的描述方法的原则相同,关键是运动方程. 简谐振动是一种特殊的运动形式,也就有特殊的描述方法. 简谐振动的合成用运动的合成的方法进行研究. 简谐振动是本章的主要内容. 上述方法只适用于线性振动,非线性振动有很多新问题,不是本书的研究对象.

　　由于弹性媒质中相邻质点之间有弹性相互作用,所以,波源在自己平衡位置附近的振动就带动相邻质点在各自的平衡位置附近作振动,这些质点又带动它们的相邻质点作振动,这就是振动的传播——波动. 由此看来,波动是振动状态的传播.

　　机械振动在弹性媒质中的传播形成机械波. 简谐振动在弹性媒质中的传播形成简谐波. 平面简谐波是最基本、最简单、最重要的波,是研究波动的基础. 平面简谐波的描述方法及其干涉特性是本章的主要内容.

　　与振动的运动学特性用振动表达式(运动方程)表示类似,平面简谐波的传播特性用平面简谐波的波函数表示. 因此,正确地写出平面简谐波的波函数是求解其传播特性的关键. 振动叠加的结论是研究波的干涉的基础.

§6.1　简 谐 振 动

一、谐振动的动力学特征和运动方程

　　将一遵从胡克定律的轻弹簧一端固定,另一端系一质量为 m 的物体,略去空气阻力,并限制在光滑水平面上运动,这种系统称为弹簧振子或谐振子,如图 6-1 所示.给谐振子一个激励,例如,使物体沿弹簧长度方向发生一段位移或速度,则物体开始振动.下面讨论物体的动力学和运动学特征.

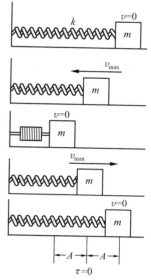

　　设坐标原点 O 取在物体的平衡位置,x 轴沿物体运动方向指向右方.当物体相对原点的位移为 x 时,物体受到的弹性力,即合力

$$F = -kx$$

k 为弹簧的劲度系数.质点的牛顿第二定律的方程式为

$$F = ma = -kx \tag{6-1}$$

令

$$\frac{k}{m} = \omega^2 \tag{6-2}$$

则有

图 6-1　弹簧振子的振动

$$a = -\omega^2 x \tag{6-3}$$

由于加速度 $a = \mathrm{d}^2 x / \mathrm{d}t^2$,故式(6-3)可写成

$$\frac{\mathrm{d}^2 x}{\mathrm{d}t^2} = -\omega^2 x$$

或

$$\frac{\mathrm{d}^2 x}{\mathrm{d}t^2} + \omega^2 x = 0 \tag{6-4}$$

上式称为谐振动的微分方程.它的通解可写成

$$x = A\cos(\omega t + \varphi)^{①} \tag{6-5}$$

如果质点的运动方程可以表示为 $x = A\cos(\omega t + \varphi)$ 的形式,称这质点作简谐振动或谐振动.式中,A 是 $|x|$ 的最大值,称为谐振动的振幅,$\omega t + \varphi$ 称为谐振动的相位,ω 称为谐振动的角频率,φ 称为谐振动的初相位.式(6-5)称为谐振子的运动方程或振动表达式.

　　由于 $\cos(\omega t + \varphi) = \sin(\omega t + \varphi + \pi/2)$,若 $\varphi' = \varphi + \pi/2$,则式(6-5)也可写成 $x = A\sin(\omega t + \varphi')$ 的形式,正弦函数和余弦函数的描述完全是等价的,唯一的区别在于初相位

---

　　①　也可写成 $A\sin\omega t + B\cos\omega t$,它们都有两个待定常数,可以证明它们是等价的.

φ'和φ相差$\pi/2$. 本书采用余弦函数表示法. 一般地,如果一个物理量随时间变化的关系可以用式(6-5)表示,也称这个物理量作谐振动.

将式(6-5)对时间分别求一阶和二阶导数,可得到谐振动物体的速度和加速度的表达式

$$v = \frac{\mathrm{d}x}{\mathrm{d}t} = -\omega A\sin(\omega t + \varphi) \tag{6-6}$$

$$a = \frac{\mathrm{d}^2 x}{\mathrm{d}t^2} = -\omega^2 A\cos(\omega t + \varphi) \tag{6-7}$$

以上结果表明:谐振子的速度和加速度也作谐振动,并且与位移具有相同的角频率. 速度和加速度的振幅都与角频率有关,$v_{\max} = \omega A$,$a_{\max} = \omega^2 A$.

速度、加速度和位移在相位上有所不同,利用三角函数的性质,把式(6-6)和(6-7)改写一下,并与式(6-5)并列于一起,可得

$$x = A\cos(\omega t + \varphi)$$

$$v = \omega A\cos\left(\omega t + \varphi + \frac{\pi}{2}\right)$$

$$a = \omega^2 A\cos(\omega t + \varphi + \pi)$$

它们的相位依次相差$\pi/2$,即振动速度的相位比位移超前$\pi/2$,而加速度比速度又超前$\pi/2$. 三者在相位上的关系如图 6-2 所示.

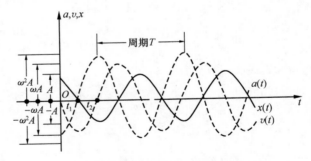

图 6-2　谐振动的 $x\text{-}t$、$v\text{-}t$、$a\text{-}t$ 图

由式(6-5)和(6-6)可得

$$v = \pm\omega\sqrt{A^2 - x^2} \tag{6-8}$$

它说明,当位移为极大值时,速度为零;位移为零时,速度达极大值.

二、由初始条件确定振幅和初相位

$t = 0$ 时的位移和速度值称为初始条件. 设 $t = 0$ 时质点的位移和速度分别为 x_0 和 v_0,由式(6-5)和(6-6),得

$$\left.\begin{array}{l} x_0 = A\cos\varphi \\ v_0 = -\omega A\sin\varphi \end{array}\right\} \tag{6-9}$$

由此可确定谐振动的振幅 A 和初相位 φ 满足的条件

$$
\left.
\begin{array}{l}
A = \sqrt{x_0^2 + \dfrac{v_0^2}{\omega^2}} \\[3mm]
\tan\varphi = -\dfrac{v_0}{\omega x_0}
\end{array}
\right\}
\tag{6-10}
$$

上述结果表明,若已知初位移 x_0 和初速度 v_0,就能确定谐振动的振幅 A,但能使 $\tan\varphi = -\dfrac{v_0}{\omega x_0}$ 成立的、在 0 到 2π 之间的 φ 值有两个,只有其中一个是初相位,φ 的两个可能值中一个在一、四象限,另一个在二、三象限,所以,可根据 x_0 的正负选择其中之一. 实际上,能使式(6-9)中两式同时成立的 φ 就是初相位.

由式(6-5)可知,当 A、ω 和 φ 三个量确定后,就确定了一个具体的简谐振动. 反之,要确定一个简谐振动,必须也只需要确定 A、ω、φ. 所以把 A、ω 和 φ 这三个物理量称为简谐振动的特征量,或谐振动的三要素.

谐振动的基本性质是它的周期性,振子作一次完全振动所需要的时间称为振动的周期,用 T 表示. 由式(6-5)可得

$$
\cos(\omega t + \varphi) = \cos[\omega(t + T) + \varphi]
$$

由于余弦函数的周期是 2π,所以

$$
T = \frac{2\pi}{\omega}
\tag{6-11}
$$

对弹簧振子,$\omega^2 = k/m$,因而其振动周期为

$$
T = 2\pi\sqrt{\frac{m}{k}}
$$

周期的倒数称为频率,用 f 表示,它表示单位时间内物体所作完全振动的次数.

$$
f = \frac{1}{T} = \frac{\omega}{2\pi}
\tag{6-12}
$$

频率的国际单位是赫兹(Hz),由上可以看出,ω、T、f 是由谐振子本身的弹性和惯性确定的,故称为固有角频率、固有周期和固有频率. 它们之间的关系为

$$
\omega = 2\pi f = \frac{2\pi}{T}
$$

三、坐标原点的选取对于振动表达式的影响

以竖直悬挂、略去空气阻力的弹簧振子为例,讨论坐标原点的选取对于振动表达式的影响. 如图 6-3 所示,取弹簧无伸长时自由端的位置为 O',若以 O' 为坐标原点,当物体的位移为 y 时,物体受力

$$
F = -ky + mg
$$

物体的牛顿第二定律的方程为

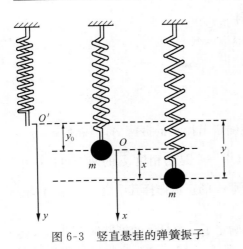

图 6-3　竖直悬挂的弹簧振子

$$F = ma = -ky + mg$$

考虑到加速度 $a = \mathrm{d}^2 y / \mathrm{d} t^2$，代入上式并整理可得相应的微分方程为

$$\frac{\mathrm{d}^2}{\mathrm{d} t^2}\left(y - \frac{mg}{k}\right) + \frac{k}{m}\left(y - \frac{mg}{k}\right) = 0$$

设振子的平衡位置(质点受合力为零的位置)为 y_0，则 $y_0 = mg/k$，令 $\omega^2 = \dfrac{k}{m}$，代入上式，可得微分方程为

$$\frac{\mathrm{d}^2 (y - y_0)}{\mathrm{d} t^2} + \omega^2 (y - y_0) = 0$$

它的通解为

$$y = A\cos(\omega t + \varphi) + y_0$$

与式(6-5)相比较，多了一个常数项 y_0，即物体处于平衡位置时弹簧的伸长量.

若选取物体的平衡位置 O 为坐标原点，x 轴正向向下，则有 $x = y - y_0$，代入上面的微分方程得谐振子的微分方程为

$$\frac{\mathrm{d}^2 x}{\mathrm{d} t^2} + \frac{k}{m} x = 0$$

其通解为

$$x = A\cos(\omega t + \varphi)$$

上述两个微分方程和运动方程表示同一物体的运动，但后者较为简单. 所以，在建立坐标系时，选择其平衡位置为坐标原点，可以得到最简单的表达形式. 若选择了其他点为坐标原点，表达式的形式较复杂，但可以通过坐标变换得到简化.

例题 1　质量为 m 的小球拴在长度为 l 的细线(质量忽略不计)的下端，细线的上端固定. 这个系统叫做单摆. 试分析单摆的运动规律.

解　方法 1　如图 6-4 所示，当单摆自然静止时，摆球 m 处于平衡位置点 O. 若将球从平衡位置移开并自由释放，摆球将在铅直平面内来回摆动. 设空气阻力很小，可忽略不计. 设在摆动过程中摆线的长度不变，故摆球只能沿圆弧运动. 因为摆球作圆周运动，用角动量描述摆球的运动状态.

设摆球在某一瞬间通过点 P，其角位移为 θ(取逆时针旋转角度为正，这样，垂直纸面向外的角速度、角动量和力矩为正)，角速度为 $\omega = \dfrac{\mathrm{d}\theta}{\mathrm{d} t}$，角动量为 $L = ml^2 \omega = ml^2 \dfrac{\mathrm{d}\theta}{\mathrm{d} t}$. 摆球在点 P 受重力 $G = mg$ 和绳子的张力 T 作用. 合力对悬点的力矩

$$M = -mgl\sin\theta$$

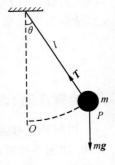

图 6-4　单摆

这样的力矩称为"恢复力矩". 由角动量定理 $M=\dfrac{\mathrm{d}L}{\mathrm{d}t}$ 可得到,质点的动力学方程为

$$M=-mgl\sin\theta=ml^2\frac{\mathrm{d}\omega}{\mathrm{d}t}=ml^2\frac{\mathrm{d}^2\theta}{\mathrm{d}t^2}$$

所以

$$\frac{\mathrm{d}^2\theta}{\mathrm{d}t^2}=-\frac{g}{l}\sin\theta$$

可见,单摆的振动并不是简谐振动. 但由于

$$\sin\theta=\theta-\frac{\theta^3}{3!}+\frac{\theta^5}{5!}-\cdots$$

当 θ 很小时(5°以下,即 $\theta<0.087\mathrm{rad}$),第二项及其以后的高次项可以忽略,$\sin\theta=\theta$,在这种情况下,有

$$\frac{\mathrm{d}^2\theta}{\mathrm{d}t^2}=-\frac{g}{l}\theta$$

令 $\omega^2=g/l$,可得

$$\frac{\mathrm{d}^2\theta}{\mathrm{d}t^2}+\omega^2\theta=0$$

即单摆在摆角很小时可认为是简谐振动. 其运动方程为

$$\theta=\theta_0\cos(\omega t+\varphi)$$

式中 θ_0 为摆角的振幅,φ 为初相位. θ_0 和 φ 由初始条件决定.

　　方法 2　取单摆和地球为系统,摆球在平衡位置 O 点的重力势能为零,摆角为 θ 时,系统的机械能为

$$E=\frac{1}{2}mv^2+mgl(1-\cos\theta)=\frac{1}{2}ml^2\omega^2+mgl(1-\cos\theta)$$

ω 为摆球的角速度. 运动过程中只有保守内力——重力做功,系统的机械能守恒. 由此可以得到

$$\frac{\mathrm{d}E}{\mathrm{d}t}=ml^2\omega\frac{\mathrm{d}\omega}{\mathrm{d}t}+mgl\sin\theta\frac{\mathrm{d}\theta}{\mathrm{d}t}=0$$

当 θ 很小时,上式可化简为 $\dfrac{\mathrm{d}^2\theta}{\mathrm{d}t^2}+\Omega^2\theta=0$,其中 $\Omega^2=\dfrac{g}{l}$.

　　例题 2　如图 6-5 所示,质量为 m 的任意形状的刚体,被支持在无摩擦的转轴 O 上,如果转轴不通过刚体的质心 C,将它从平衡位置拉开一个微小的角度 θ 后释放. 若忽略空气阻力,则刚体将绕固定轴 O 作微小的自由摆动,这样的装置叫复摆. 已知刚体对轴 O 的转动惯量为 J,其质心到转轴的距离为 l,试分析复摆在摆角很小时的运动规律.

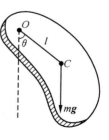

图 6-5　复摆

解　复摆的摆角为 θ 时所受的重力矩为

$$M = -mgl\sin\theta$$

当摆角很小时,$\sin\theta\approx\theta$,$M=-mgl\theta$,这样的力矩称为恢复力矩. 由转动定律 $M=J\beta$ 可得

$$\frac{\mathrm{d}^2\theta}{\mathrm{d}t^2} = -\frac{mgl}{J}\theta$$

令

$$\omega^2 = \frac{mgl}{J}$$

则刚体的振动方程为

$$\frac{\mathrm{d}^2\theta}{\mathrm{d}t^2} + \omega^2\theta = 0$$

与单摆和弹簧振子类似,复摆作简谐振动. 其振动周期

$$T = \frac{2\pi}{\omega} = 2\pi\sqrt{\frac{J}{mgl}} = 2\pi\sqrt{\frac{l_0}{g}}$$

式中 $l_0 = \frac{J}{ml}$ 称为复摆的等值摆长或有效摆长,即复摆相当于一个摆长为 l_0 的单摆.

利用复摆的性质可以测量重力加速度或形状不规则的物体的转动惯量. 由上式可知

$$J = \frac{1}{4\pi^2}T^2 mgl$$

只要测得 T、m、g、l,即可求得 J. 同理也能求出 g.

四、简谐振动的其他表示法

A、ω、φ 是简谐振动的三个特征量. 一组特征量与一个简谐振动之间有一一对应关系. 从运动规律表示法的角度来看,任何一种能够把三个特征量及其关系表示清楚的方法,都可以作为简谐振动的表示法. 可以想到,不同方法表示同一个规律,不同方法相互比较必定各有优点和不足. 前面用振动表达式或运动方程表示简谐振动,三个特征量出现在一个数学解析式中,其优点是便于理论推导和计算,不足是缺乏直观性. 下面介绍两种具有直观性的表示方法.

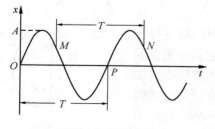

图 6-6　振动曲线

1. 振动曲线法

振动表达式 $x=A\cos(\omega t+\varphi)$ 表示了位移 x 与时间 t 之间的函数关系. 振动表达式的函数图线称为振动曲线. 图 6-6 是一个谐振动的振动曲线.

简谐振动的振动曲线是余弦曲线,表示了简谐振动的基本特征.

　　振动曲线的峰(或谷)对应的位移 x 的最大值或最小值,即是振幅 A.

　　振动曲线上很容易看出振动状态相同的点.振动曲线上表示振动状态相同的相邻最近两点对应的时间间隔就是周期 T,根据

$$\omega = \frac{2\pi}{T}$$

即可求出角频率.图 6-6 中 O 与 P、M 和 N 之间的时间间隔都等于周期 T.

　　由振动曲线容易判断 $t=0$ 时刻质点的运动状态,即 x_0 和 v_0,从而得到其初相位 φ.

　　综上所述,振动曲线直接或间接表示了三个特征量 A、ω、φ.所以振动曲线可以表示谐振动.由振动曲线得到 A、ω、φ 后,可写出质点的振动表达式.

　　因为振动曲线的斜率就是质点的振动速度,所以由振动曲线容易判断质点的速度和加速度变化的情况.如果在同一坐标系中画出不同的振动曲线,则可清楚地展示不同振动相位超前和落后的关系,如图 6-7(a)、(b)所示.

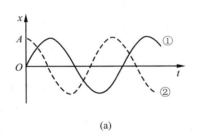

(a)

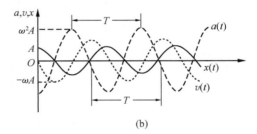

(b)

图 6-7　振动的相位关系

2. 旋转矢量法

　　作一个 Ox 轴,以原点 O 为始点作一矢量 A,称为振幅矢量或旋转矢量,并使振幅矢量符合以下规定:①振幅矢量的长度(大小)等于简谐振动 $x=A\cos(\omega t+\varphi)$ 的振幅 A.②振幅矢量绕 O 点按逆时针方向匀速转动,转动的角速度的大小等于简谐振动的角频率 ω.③$t=0$ 时刻振幅矢量与 Ox 轴之间的夹角的大小等于简谐振动的初相位 φ.这样任意时刻 t 振幅矢量与 Ox 轴之间的夹角的大小等于简谐振动的相位 $\omega t+\varphi$,如图 6-8 所示.旋转矢量法把三个特征量 A、ω、φ 及其关系都包含在一个图中.

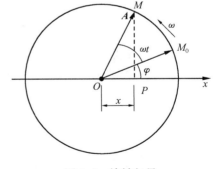

图 6-8　旋转矢量

　　由图 6-8 可以看出,任意时刻 t 振幅矢量的顶点 M 在 Ox 轴上的投影 P 点的坐标为

$$x = A\cos(\omega t + \varphi)$$

这说明振幅矢量按上述规定旋转时,P 点沿 Ox 轴的运动是谐振动.

　　旋转矢量法和振动曲线法都是谐振动的表示法,它们之间必定有一定联系.设一谐振

动的表达式为 $x = A\cos\left(\omega t + \dfrac{\pi}{4}\right)$, 分别画出 $t = 0$、$\dfrac{T}{8}$、$\dfrac{2T}{8}$、$\dfrac{3T}{8}$、$\dfrac{4T}{8}$、$\dfrac{5T}{8}$、$\dfrac{6T}{8}$、$\dfrac{7T}{8}$、T 时刻对应的旋转矢量,在 $x\text{-}t$ 坐标中画出对应的点并连成平滑曲线如图 6-9 所示.

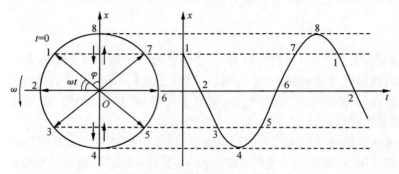

图 6-9 旋转矢量与 $x\text{-}t$ 曲线

例题 3 一物体作谐振动,振幅为 0.08m,周期为 4s,$t = 0$ 时刻物体在 $x = 0.04$m 处,向 Ox 轴负方向运动. 求由初始位置运动到 $x = -0.04$m 处所需要的最短时间.

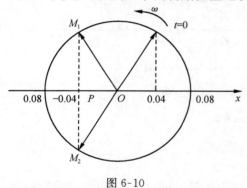

图 6-10

解 **方法 1** 画出初始时刻振动的旋转矢量如图 6-10 所示.

取 $x = -0.04$m 的 P 点,过 P 点作 Ox 轴的垂线交圆于 M_1 和 M_2 两点,作以 M_1、M_2 为顶端的旋转矢量. 从旋转矢量图容易看出:由初始位置到物体第一次经过 $x = -0.04$m 时对应的旋转矢量是 $\overrightarrow{OM_1}$,旋转矢量由 $t = 0$ 时刻的位置到 $\overrightarrow{OM_1}$ 的位置转过的角是 $\dfrac{\pi}{3}$,所以所经历的时间是

$$\Delta t = \frac{\pi}{3} \cdot \frac{1}{\omega} = \frac{\pi}{3} \cdot \frac{T}{2\pi} = \frac{T}{6} = \frac{4}{6} = \frac{2}{3}(\text{s})$$

方法 2 由初始条件

$$x_0 = 0.04 = 0.08\cos\varphi$$

得到

$$\cos\varphi = \frac{1}{2}, \quad \varphi = \pm\frac{\pi}{3}$$

因为 $t = 0$ 时,$v_0 < 0$. 所以,取 $\varphi = \dfrac{\pi}{3}$

$$\omega = \frac{2\pi}{T} = \frac{2\pi}{4} = \frac{\pi}{2}$$

谐振动的表达式为

$$x = 0.08\cos\left(\frac{\pi}{2}t + \frac{\pi}{3}\right)$$

当 $x=-0.04$m 时,有

$$-0.04=0.08\cos\left(\frac{\pi}{2}t+\frac{\pi}{3}\right)$$

所以

$$\cos\left(\frac{\pi}{2}t+\frac{\pi}{3}\right)=-\frac{1}{2}$$

由此可得

$$\frac{\pi}{2}t+\frac{\pi}{3}=2k\pi\pm\frac{2\pi}{3}$$

式中 t 的正的最小值,即质点第一次运动到 $x=-0.04$m 处所需的最短时间

$$t=\frac{2}{3}\text{s}$$

　　从上述两种方法的比较可以看出,用旋转矢量法求解相位、两状态之间间隔的时间等问题时,具有特殊的优越性,既直观,又简单.

　　例题 4　以余弦函数表示的简谐振动的位移时间曲线如图 6-11 所示,试写出它的运动方程.

　　解　设该简谐振动的运动方程为

$$x=A\cos(\omega t+\varphi)$$

由图 6-11 可知,$A=2$cm,当 $t=0$ 时

$$x_0=2\cos\varphi=-1(\text{cm})$$

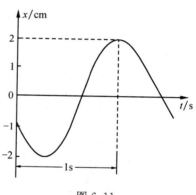

图 6-11

$\cos\varphi=-\dfrac{1}{2}$,所以 $\varphi=\pm\dfrac{2}{3}\pi$.由振动曲线可判断 $v_0<0$.

　　画出旋转矢量图,如图 6-12 所示,可知 $\varphi=\dfrac{2}{3}\pi$.

　　由振动曲线可知,当 $t=1$s 时,位移第一次达到正最大值,所以

$$A\cos(\omega\times1+\varphi)=A$$
$$\omega+\varphi=2\pi$$

可得

$$\omega=2\pi-\varphi=2\pi-\frac{2\pi}{3}=\frac{4}{3}\pi$$

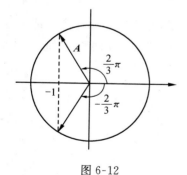

图 6-12

所以简谐振动的运动方程为

$$x = 2\cos\left(\frac{4}{3}\pi t + \frac{2}{3}\pi\right)(\text{cm})$$

五、谐振动的能量

以弹簧振子为例讨论简谐振动的能量. 根据动能和势能的表达式及振动的位移和速度公式,可得谐振子的动能和势能分别为

$$E_k = \frac{1}{2}mv^2 = \frac{1}{2}m\omega^2 A^2 \sin^2(\omega t + \varphi) \tag{6-13}$$

$$E_p = \frac{1}{2}kx^2 = \frac{1}{2}kA^2 \cos^2(\omega t + \varphi) \tag{6-14}$$

若将 $\omega^2 = k/m$ 代入式(6-13),则动能又可表示为

$$E_k = \frac{1}{2}kA^2 \sin^2(\omega t + \varphi) \tag{6-15}$$

比较式(6-14)和(6-15),可知谐振动的动能和势能的振幅相同,变化规律相同,周期相同,而相位相反.

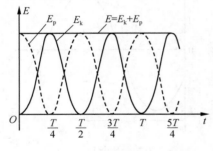

图 6-13　振动能量曲线

若取 $\varphi = 0$,则 E_k 和 E_p 随时间变化的曲线如图 6-13 所示. 由图可知,当 E_k 达到极大值时,E_p 为零;E_k 为零时,E_p 达到极大值. 但系统的总能量

$$E = E_k + E_p = \frac{1}{2}kA^2$$

即弹簧振子作谐振动时的总能量与时间无关. 这是因为在谐振动过程中,只有保守内力(弹簧力)做功,所以总能量-机械能守恒. 另外,总能量与振幅的平方成正比,这是一切振动形式的共同性质. 从能量的意义上来说,谐振动的动能和势能不断地相互转换,但系统不与外界交换能量,这样的系统常被称为无阻尼自由振动系统.

谐振动在一个周期内的平均动能为

$$\overline{E_k} = \frac{1}{T}\int_0^T \frac{1}{2}m\omega^2 A^2 \sin^2(\omega t + \varphi)\,dt = \frac{mA^2\omega^2}{2T}\int_0^T \sin^2(\omega t + \varphi)\,dt$$

$$= \frac{1}{4}m\omega^2 A^2 = \frac{1}{4}kA^2 = \frac{1}{2}E \tag{6-16}$$

在一个周期内的平均势能为

$$\overline{E_p} = \frac{1}{T}\int_0^T \frac{1}{2}kx^2\,dt = \frac{1}{T}\int_0^T \frac{1}{2}m\omega^2 A^2 \cos^2(\omega t + \varphi)\,dt$$

$$= \frac{m\omega^2 A^2}{2T}\int_0^T \cos^2(\omega t + \varphi)\,dt = \frac{1}{4}m\omega^2 A^2 = \frac{1}{4}kA^2 = \frac{1}{2}E \tag{6-17}$$

由此可知,谐振动在一个周期内的平均动能等于一个周期内的平均势能,即

$$\overline{E_k} = \overline{E_p}$$

(6-18)

例题 5　一轻弹簧与质量为 $m=0.1\text{kg}$ 的物体构成谐振子. 若振幅 $A=0.01\text{m}$,最大加速度 a_{max} 为 4.0m/s^2. 求(1)振动的周期;(2)总能量;(3)物体位于何处时,其动能和势能相等.

解　(1) 因为 $a=-\omega^2 A\cos(\omega t+\varphi)$,所以最大加速度 $a_{max}=\omega^2 A$. 由于 $A=0.01\text{m}$,$a_{max}=4\text{m/s}^2$,所以

$$\omega = \sqrt{\frac{a_{max}}{A}} = \sqrt{\frac{4}{0.01}} = 20(\text{s}^{-1})$$

振动周期为

$$T = \frac{2\pi}{\omega} = 0.314(\text{s})$$

(2) 总能量

$$E = \frac{1}{2}m\omega^2 A^2 = \frac{1}{2}\times 0.1\times 20^2\times(0.01)^2 = 2\times 10^{-3}(\text{J})$$

(3) 因为 $E_p = \frac{1}{2}m\omega^2 x^2$,而

$$E = E_p + E_k = \frac{1}{2}m\omega^2 A^2$$

显然,在 $E_p = \frac{1}{2}E$ 时,动能和势能相等,即

$$\frac{1}{2}m\omega^2 x^2 = \frac{1}{4}m\omega^2 A^2$$

所以

$$x = \pm\frac{A}{\sqrt{2}} = \pm 7.07\times 10^{-3}\text{m}$$

即在位移为 $\pm 7.07\times 10^{-3}\text{m}$ 处,动能和势能相等.

习　　题

1. 两个同周期简谐振动曲线如图所示,x_1 的相位比 x_2 的相位(　　).

(A) 落后 $\pi/2$　　　　　　(B) 超前 $\pi/2$

(C) 落后 π　　　　　　　(D) 超前 π

2. 一弹簧振子作简谐振动,总能量为 E_1,如果简谐振动振幅增加为原来的两倍,重物的质量增为原来的四倍,则它的总能量 E_2 变为(　　).

(A) $E_1/4$　　(B) $E_1/2$　　(C) $2E_1$　　(D) $4E_1$

3. 一简谐振动的振动曲线如图所示,求振动方程.

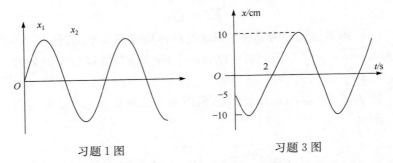

习题 1 图　　　　　　　　　　习题 3 图

4. 一轻弹簧在 60N 的拉力下伸长 30cm. 现把质量为 4kg 物体悬挂在该弹簧的下端,并使之静止,再把物体向下拉 10cm,然后释放并开始计时. 求:(1)物体的振动方程;(2)物体在平衡位置上方 5cm 时弹簧对物体的拉力;(3)物体从第一次越过平衡位置时刻起,到它运动到上方 5cm 处所需要的最短时间.

5. 一质点在 x 轴上作谐振动,选取该质点向右运动通过点 A 时作为计时起点($t=0$),经过 2s 后质点第一次经过点 B,再经 2s 后,质点第二经过点 B,若已知该质点在 A、B 两点具有相同的速率,且 $AB=10cm$,求:(1)质点的振动方程;(2)质点在 A 点处的速率.

6. 一质量为 M 的物体在光滑水平面上作谐振动,振幅为 12cm,在距平衡位置 6cm 处,速度为 24cm/s,求:(1)周期 T;(2)速度为 12cm/s 时的位移.

7. 一质点沿 x 轴作简谐振动,其角频率 $\omega=10$rad/s,试分别写出以下两种初始状态的振动方程:(1)其初始位移 $x_0=7.5$cm,初始速度 $v_0=75.0$cm/s;(2)其初始位移 $x_0=7.5$cm,初速度 $v_0=-75.0$cm/s.

8. 一轻弹簧在 60N 的拉力作用下可伸长 30cm. 现将一物体悬挂在弹簧的下端并在它上面放一小物体,它们的总质量为 4kg,待其静止后再把物体向下拉 10cm,然后释放. 问:(1)此小物体是停止在推动物体上面还是离开它? (2)如果使放在振动物体上的小物体与振动物体分离,则振幅 A 需满足何条件? 二者在何位置开始分离?

9. 一木板在水平面上作简谐振动,振幅是 12cm,在距平衡位置 6cm 处,速度是 24cm/s. 如果一小物块置于振动木板上,由于静摩擦力的作用,小物块和木板一起运动(振动频率不变),当木板运动到最大位移处时,物块正好开始在木板上滑动,问物块与木板之间的静摩系数 μ 是多大?

10. 在竖直平面内半径为 R 的一段光滑圆弧轨道上放一小物体,使其静止于轨道的最低点. 若触动小物体,使其沿圆弧形轨道来回作小幅度运动,试证明:(1)此物体作谐振动;(2)振动周期 $T=2\pi\sqrt{R/g}$.

11. 如图所示,半径为 R 的圆环静止于刀口点 O 上,令其在自身平面内作微小的摆动.(1)求其振动的周期;(2)求与其振动周期相等的单摆的摆长.

12. 如图所示,质量为 m、半径为 R 的半圆柱,可绕圆柱的轴线 O 在重力作用下作微振动,已知半圆柱的质心在距轴 $r_c=\dfrac{4R}{3\pi}$ 处,求其振动周期.

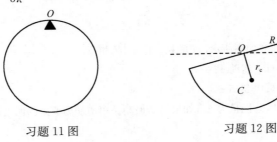

习题 11 图　　　　　　　　习题 12 图

§6.2 阻尼振动和受迫振动 共振

一、阻尼振动

前面讨论的是无阻尼自由振动. 实际的振动系统多数是处于同外界物质的联系之中, 在振动过程中, 将不断地与外界交换能量. 例如, 由于摩擦力或空气阻力的作用, 弹簧振子和单摆的能量将不断地被消耗, 在能量随时间减少的同时, 振幅也随时间而减小, 直到最后停止振动. 这种振动称为阻尼振动.

振动系统的阻尼通常分为两种. 一种是由于摩擦阻力使系统的能量逐渐转变为热能, 这叫摩擦阻尼. 另一种是由振动系统引起邻近质点的振动, 并使振动系统的能量逐渐向四周辐射出去, 转变为波的能量, 这叫做辐射阻尼. 本节主要讨论摩擦阻尼.

在摩擦阻尼中, 最常见的是介质(振动物体周围的空气或液体)的黏滞阻力. 实验表明, 在速度不太大的情况下, 黏滞阻力 f_R 的大小与物体运动的速度成正比, 方向与速度方向相反, 即

$$f_R = -\gamma v = -\gamma \frac{\mathrm{d}x}{\mathrm{d}t}$$

γ 称为阻尼系数, 它的大小由振动物体的形状及介质的性质所决定. 对于弹簧振子, 除弹性力 $f = -kx$ 外, 如果考虑其黏滞阻力 f_R, 则其动力学方程为

$$f + f_R = -kx - \gamma \frac{\mathrm{d}x}{\mathrm{d}t} = ma$$

即

$$m \frac{\mathrm{d}^2 x}{\mathrm{d}t^2} + \gamma \frac{\mathrm{d}x}{\mathrm{d}t} + kx = 0$$

令 $\omega_0^2 = k/m, 2\beta = \gamma/m$, 则上式可写成

$$\frac{\mathrm{d}^2 x}{\mathrm{d}t^2} + 2\beta \frac{\mathrm{d}x}{\mathrm{d}t} + \omega_0^2 x = 0 \tag{6-19}$$

式中 β 称为阻尼因子, 它与振动系统本身的性质及介质的阻尼系数有关; ω_0 称为系统的固有角频率, 它由系统本身的性质决定. 显然, β 值越大, 振动系统所受阻力的影响也越大. β 值的大小决定了振动系统的行为.

根据常微分方程理论, 式(6-19)的通解可分为三种情况.

(1) 当 $\beta < \omega_0$ 时

$$x = \mathrm{e}^{-\beta t}(C_1 \cos \sqrt{\omega_0^2 - \beta^2}\, t + C_2 \sin \sqrt{\omega_0^2 - \beta^2}\, t)$$

(2) 当 $\beta = \omega_0$ 时

$$x = (C_3 + C_4 t)\mathrm{e}^{-\beta t}$$

（3）当 $\beta > \omega_0$ 时

$$x = C_5 \mathrm{e}^{(-\beta + \sqrt{\beta^2 - \omega_0^2})t} + C_6 \mathrm{e}^{(-\beta - \sqrt{\beta^2 - \omega_0^2})t}$$

β 不大时，阻尼作用较小，即 $\beta < \omega_0$ 的情况称为欠阻尼. 令

$$\omega = \sqrt{\omega_0^2 - \beta^2}$$

并分别用 $A_0 \cos\varphi_0$ 和 $A_0 \sin\varphi_0$ 代替积分常数 C_1 和 C_2，方程（6-19）的解可写为

$$x = A_0 \mathrm{e}^{-\beta t} \cos(\omega t + \varphi_0) \tag{6-20}$$

式中 A_0 和 φ_0 由初始条件确定. 式（6-20）称为阻尼振动的表达式，其位移时间曲线如图 6-14 所示.

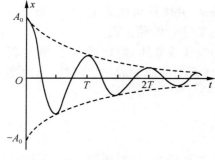

图 6-14　阻尼振动曲线

由以上讨论可知，阻尼振动是一种减幅振动，其振幅 $A = A_0 \mathrm{e}^{-\beta t}$，按指数规律衰减，$\beta$ 越大，即阻尼越大，振幅衰减越快. 可见阻尼振动不是谐振动. 但当阻尼不太大时，可近似地看作谐振动. ω 称为阻尼振动的角频率，$T = \dfrac{2\pi}{\omega}$ 称为阻尼振动的周期，则

$$T = \frac{2\pi}{\sqrt{\omega_0^2 - \beta^2}} > T_0 \tag{6-21}$$

式中 $T_0 = 2\pi/\omega_0$ 为系统的自由振动周期，可见阻尼振动的周期增大了.

当阻尼较大，即 $\beta \geqslant \omega_0$ 时，式（6-20）和（6-21）不再适用，系统也不再作往复运动，而以非周期运动的方式回到平衡位置. $\beta = \omega_0$ 是系统不能往复运动的临界情况，称为临界阻尼. $\beta > \omega_0$ 时称为过阻尼，物体的位移将随时间单调减小，并经足够长的时间逐渐趋于平衡位置.

在生产技术中，常用改变阻尼大小的方法控制系统的振动情况. 例如，各种机器的减振器，就是利用一系列的阻尼装置，使频繁的撞击变为缓慢的振动，并迅速衰减，以达到保护机件的目的. 有些仪器，如阻尼天平、灵敏电流计等，为便于测量也装有阻尼装置，使用时，指针能较快稳定在零点，而不致来回摆动很长时间.

二、受迫振动

在振动系统存在阻尼的情况下，要想得到等幅振动，必须对振动系统施加以周期性外力，使系统不断地得到能量补充. 这种周期性外力叫做策动力或强迫力. 在策动力作用下的振动叫受迫振动. 例如，扬声器中纸盆的振动、钟摆的摆动、机器运转时所引起的基座的振动，都是受迫振动.

设质量为 m 的弹簧振子，所受弹性力 $f = -kx$，阻力 $f_R = -\gamma \dfrac{\mathrm{d}x}{\mathrm{d}t}$，简谐策动力 $F = F_0 \cos\omega t$，则系统的振动方程为

$$m \frac{\mathrm{d}^2 x}{\mathrm{d}t^2} = -kx - \gamma \frac{\mathrm{d}x}{\mathrm{d}t} + F_0 \cos\omega t$$

令 $\omega_0^2 = \dfrac{k}{m}$，$2\beta = \dfrac{\gamma}{m}$，$h = \dfrac{F_0}{m}$，则上式可写成

$$\frac{\mathrm{d}^2 x}{\mathrm{d}t^2} + 2\beta \frac{\mathrm{d}x}{\mathrm{d}t} + \omega_0^2 x = h\cos\omega t \tag{6-22}$$

在阻尼较小的情况下，该微分方程的解为

$$x = A_0 \mathrm{e}^{-\beta t} \cos(\sqrt{\omega_0^2 - \beta^2}\, t + \varphi_0) + A\cos(\omega t + \varphi) \tag{6-23}$$

此式表明，受迫振动可视为一个减幅振动和一个简谐振动的叠加. 不过，经过足够长的一段时间后，可认为减幅振动就衰减为零了. 于是余下的就只有等幅振动，即

$$x = A\cos(\omega t + \varphi) \tag{6-24}$$

也就是以策动力的频率为振动频率的简谐振动. 这就是受迫振动的稳态响应.

将式(6-24)代入式(6-22)可得到对任意时刻都成立的恒等式，由此可求得稳态受迫振动的振幅为

$$A = \frac{h}{\sqrt{(\omega_0^2 - \omega^2)^2 + 4\beta^2 \omega^2}} \tag{6-25}$$

初相位满足

$$\tan\varphi = \frac{-2\beta\omega}{\omega_0^2 - \omega^2} \tag{6-26}$$

三、共振

式(6-25)表明，受迫振动的振幅不仅与策动力的大小有关，还与策动力的频率有关. 振幅越大，振动系统的能量就越大. 振幅达到最大值的振动状态称为位移共振.

由式(6-25)对 ω 求导数，并令 $\mathrm{d}A/\mathrm{d}\omega = 0$，则当

$$\omega_r = \sqrt{\omega_0^2 - 2\beta^2} \tag{6-27}$$

时，振幅 A 达到最大值. ω_r 称为共振角频率. 由此可知，共振频率并不等于系统的固有频率，阻尼越小，ω_r 就越接近于 ω_0. 当 $\beta = 0$ 时，$\omega_r = \omega_0$，且共振振幅趋于无穷大. 应该注意的是：式(6-27)只有在 $\beta \leqslant \dfrac{\omega_0}{\sqrt{2}}$ 时才有意义. 当 $\beta = \dfrac{\omega_0}{\sqrt{2}}$ 时，$A = \dfrac{h}{\sqrt{\omega_0^4 + \omega^4}}$.

A 没有极大值，所以只有当 $\beta < \dfrac{\omega_0}{\sqrt{2}}$ 时才可能发生位移共振现象. 图 6-15 是不同阻尼情况下共振振幅随 ω 变化的关系曲线.

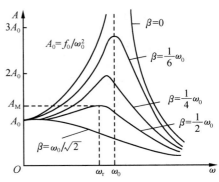

图 6-15　位移共振曲线

由式(6-24)可得受迫振动的速度为

$$v = \frac{\mathrm{d}x}{\mathrm{d}t} = -A\omega\sin(\omega t + \varphi) \tag{6-28}$$

速度振幅

$$v_0 = A\omega = \frac{\omega h}{\sqrt{(\omega_0^2 - \omega^2)^2 + 4\beta^2\omega^2}}$$

由 $\mathrm{d}v_0/\mathrm{d}\omega = 0$,当

$$\omega = \omega_0 \tag{6-29}$$

时,速度振幅达到极大值.受迫振动的速度振幅达到极大值的振动状态叫做速度共振.此状态下,振动系统从外界吸收的能量最多,故也称为能量共振.显然,产生能量共振的条件是策动力的频率与振动系统的固有频率相等.

在能量共振的情况下,由式(6-26)可得稳态振动的初相位满足

$$\varphi = \arctan\frac{-2\beta\omega}{\omega_0^2 - \omega^2} = -\frac{\pi}{2} \tag{6-30}$$

代入式(6-28),得振动物体的速度

$$v = A\omega_0\cos\omega_0 t = A\omega\cos\omega t$$

即速度与策动力有相同的相位.

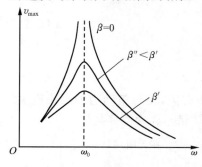

图 6-16　能量共振曲线

速度振幅 v_0 随 ω 的变化如图 6-16 所示.由图可知,速度振幅随阻尼的减小而增大,但共振频率皆为 ω_0.

共振在实际中有着广泛的应用.例如,一些乐器利用共振可提高音响效果.电视机、收音机利用共振可以从空间众多的电磁波信号中选择出感兴趣的节目.地震仪、测速仪等常见仪表也是利用了共振的原理.

除机械共振外,共振现象也存在于物理学的其他领域中.例如,当把某种物质置于外界电磁场中时,固有频率与外界电磁场的频率相同的分子和原子吸收的能量最大,从而引起受激辐射,由此可以获得原子或分子的振动光谱.1958 年德国物理学家穆斯堡尔(R. L. Mossbauer,1929～2011)成功地发现并利用了原子核的共振吸收,这就是穆斯堡尔效应.这些方法以及电子的磁共振和核磁共振效应,都是近代科学领域中研究物质结构和相互作用机理的最重要的实验手段.在近代物理学中,共振的概念已被推广,凡是有能量交换的两个系统,在某状态下能使能量交换达到最大值的,就称为共振.

共振现象也可造成很大的危害.历史上,人们由于不知道共振的规律,曾经付出惨重的代价.据说 170 多年前,拿破仑率领法国军队入侵西班牙时,部队通过一座铁链悬桥,军官雄壮的口令使队伍以整齐的步伐通过大桥.突然一声巨响,大桥坍塌,官兵纷纷落水.几

十年后圣彼得堡卡坦卡河上俄国的一队骑兵以整齐的步伐过桥时,引起桥身共振而塌陷.1940 年,美国华盛顿州普热海峡的塔科玛桥刚刚启用 4 个月,在一场大风暴作用下,主桥发生共振而坠毁,如图 6-17 所示.自此以后,桥梁、厂房和高层建筑的设计规范中增加了空气动力学方面的要求,以避免类似事件的发生.我国人民早在一千五百多年前就懂得了共振的道理.晋朝科学家张华成功地解决了宫中铜盘随打钟而自鸣的问题,他将铜盘磨薄一点,果然就不再共鸣了.类似的故事,唐朝也有记载.

图 6-17   美国普热海峡塔科玛桥 1940 年 7 月 1 日建成通车,同年 11 月 1 日垮塌

习   题

1. 测量液体阻尼系数的装置如图所示.若在空气中测得振动频率为 ν_1,在液体中测得振动频率为 ν_2,求在液体中物体振动时的阻尼因子 β.

2. 质量 $m=5.00\text{kg}$ 的物体挂在弹簧上,让它在竖直方向作自由振动.在无阻尼情况下,其振动周期 $T_0=0.2\pi$ s;放在阻力与物体的运动速率成正比的某介质中,其振动周期 $T=0.4\pi$ s.求当速度为 1.0cm/s 时物体在该阻尼介质中所受的阻力.

3. 一单摆在空气中摆动,某时刻振幅 $A_0=3\text{cm}$,经 $t_1=10$s 后,振幅变为 $A_1=1\text{cm}$.由振幅为 A_0 时起,经 $t_2=20$s 后振幅是多大?

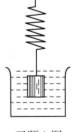

习题 1 图

§6.3   简谐振动的合成

当一个质点同时参与两个振动时,根据运动叠加原理,这时质点的运动就是两个振动的叠加,也称为振动的合成.由于振动的方向性和不同振动之间还有相位关系,一般的振动合成问题比较复杂.本节主要讨论几种特殊的振动合成,重点研究振动方向相同、频率相同的两个简谐振动的合成问题,因为它是今后研究干涉现象的基础.

一、同振动方向、同频率的谐振动的合成

设一质点同时参与两个独立的同振动方向、同频率的谐振动,这两个谐振动的表达式分别为

$$x_1 = A_1\cos(\omega t + \varphi_1)$$
$$x_2 = A_2\cos(\omega t + \varphi_2)$$

x_1 和 x_2 表示在同一直线上、相对于同一平衡位置的位移. 在任一时刻,质点合振动的位移 x 应为

$$x = x_1 + x_2 = A_1\cos(\omega t + \varphi_1) + A_2\cos(\omega t + \varphi_2)$$
$$= (A_1\cos\varphi_1 + A_2\cos\varphi_2)\cos\omega t - (A_1\sin\varphi_1 + A_2\sin\varphi_2)\sin\omega t$$

令

$$\left.\begin{aligned} A_1\cos\varphi_1 + A_2\cos\varphi_2 &= A\cos\varphi \\ A_1\sin\varphi_1 + A_2\sin\varphi_2 &= A\sin\varphi \end{aligned}\right\} \tag{6-31}$$

则得

$$x = A\cos(\omega t + \varphi) \tag{6-32}$$

结果表明,同方向、同频率的两个谐振动的合振动仍然是谐振动,并保持原来的振动方向和频率不变. 由式(6-31)可求得合振动的振幅 A 为

$$A = \sqrt{A_1^2 + A_2^2 + 2A_1A_2\cos(\varphi_2 - \varphi_1)} \tag{6-33}$$

合振动的初相位 φ 满足

$$\tan\varphi = \frac{A_1\sin\varphi_1 + A_2\sin\varphi_2}{A_1\cos\varphi_1 + A_2\cos\varphi_2} \tag{6-34}$$

式(6-33)表明,合振动的振幅不仅与分振动的振幅有关,而且还与两个分振动的相位差有关. 下面讨论两种特殊而重要的情况.

(1) 两分振动相位相同,即 $\Delta\varphi = \varphi_2 - \varphi_1 = \pm 2k\pi$ 时,其中 $k = 0, 1, 2, 3, \cdots$,此时 $\cos(\varphi_2 - \varphi_1) = 1$,由式(6-33)得合振幅

$$A = \sqrt{A_1^2 + A_2^2 + 2A_1A_2} = A_1 + A_2$$

合振幅最大. 由于两分振动相位相同,则它们的振动步调始终一致,两分振动的位移的方向总是相同的,总是互相加强,合振幅最大是必然的.

(2) 两分振动的相位相反,即 $\Delta\varphi = \varphi_2 - \varphi_1 = \pm(2k+1)\pi$ 时,其中 $k = 0, 1, 2, 3, \cdots$,此时 $\cos(\varphi_2 - \varphi_1) = -1$,由式(6-33)得合振幅

$$A = \sqrt{A_1^2 + A_2^2 - 2A_1A_2} = |A_1 - A_2|$$

合振幅最小. 由于分振动的相位相反,则分振动的步调始终相反,两分振动的位移方向总是相反的,它们总是互相削弱,合振幅必然最小. 特别是当 $A_1 = A_2$ 时,合振幅 $A = 0$,振动合成的结果使质点处于静止状态.

一般情况下,两分振动既不同相位,也不反相位,$\cos(\varphi_2-\varphi_1)$的值介于 1 和 -1 之间,合振动的振幅则介于(A_1+A_2)和$|A_1-A_2|$之间.

以上讨论表明,两分振动的相位差对合振动的振幅起着重要的作用.

例题 1 已知两谐振动的运动方程分别为

$$x_1 = 5 \times 10^{-2}\cos\left(10t + \frac{3}{4}\pi\right), \quad x_2 = 6 \times 10^{-2}\cos\left(10t + \frac{\pi}{4}\right)$$

式中各物理量均采用 SI 制. 求:

(1) 合振动的运动方程;

(2) 若另有第三个谐振动 $x_3 = 7 \times 10^{-2}\cos(10t+\varphi)$,则 φ 为何值时,才能使 x_1+x_3 的合振幅最大? 又 φ 为何值时,才能使 x_2+x_3 的合振幅最小?

解 (1) 合振动的振幅

$$A = \sqrt{5^2 + 6^2 + 2 \times 5 \times 6\cos\left(\frac{\pi}{4} - \frac{3\pi}{4}\right)} \times 10^{-2}$$

$$= \sqrt{61} \times 10^{-2} \approx 7.81 \times 10^{-2}\,(\text{m})$$

合振动的初相位 φ 满足

$$\tan\varphi = \frac{5 \times 10^{-2}\sin\dfrac{3\pi}{4} + 6 \times 10^{-2}\sin\dfrac{\pi}{4}}{5 \times 10^{-2}\cos\dfrac{3\pi}{4} + 6 \times 10^{-2}\cos\dfrac{\pi}{4}} = 11$$

注意:在 0 到 2π 之间满足 $\tan\varphi=11$ 的 φ 值有两个,如图 6-18 所示. 容易看出合振动的初相位 φ 还应满足 $\pi/4 < \varphi < 3\pi/4$,故取

$$\varphi = 84.8° = 0.47\pi$$

合振动的运动方程为

$$x = 7.81 \times 10^{-2}\cos(10t + 0.47\pi)$$

(2) 要使 x_1+x_3 合振动的振幅最大,两分振动 x_1 和 x_3 必须同相位,即

$$\varphi - \frac{3}{4}\pi = \pm 2k\pi, \quad k = 0,1,2,3,\cdots$$

由此解得

$$\varphi = \pm 2k\pi + \frac{3}{4}\pi$$

要使 x_2+x_3 合振动的振幅最小,两分振动 x_2 和 x_3 必须反相位,即

$$\varphi - \frac{\pi}{4} = \pm(2k+1)\pi, \quad k = 0,1,2,3,\cdots$$

可解得

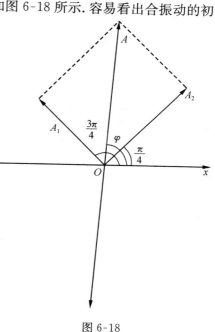

图 6-18

$$\varphi = \pm(2k+1)\pi + \frac{\pi}{4}$$

二、同振动方向、不同频率的谐振动的合成

两个振动方向相同、频率不同的分振动的合成一般比较复杂. 为使问题简化,只讨论有重要意义的一种特殊情况,即两分振动的振幅都是 A_0,且有相同的初相位 φ 的合成问题.

设两分振动的运动方程分别为

$$x_1 = A_0\cos(\omega_1 t + \varphi)$$
$$x_2 = A_0\cos(\omega_2 t + \varphi)$$

合成后的运动方程为

$$x = x_1 + x_2 = A_0\cos(\omega_1 t + \varphi) + A_0\cos(\omega_2 t + \varphi)$$
$$= 2A_0\cos\frac{\omega_2 - \omega_1}{2}t\cos\left(\frac{\omega_2 + \omega_1}{2}t + \varphi\right) \tag{6-35}$$

一般情况下,合成运动虽然是振动,但不是简谐振动.

式(6-35)中含有两个周期性变化的因子 $\cos\frac{\omega_2 - \omega_1}{2}t$ 和 $\cos\left(\frac{\omega_2 + \omega_1}{2}t + \varphi\right)$,若两个分振动的频率都比较大而其差值很小,即 $\omega_2 - \omega_1 \ll \omega_2 + \omega_1$,第一个因子的变化比第二个因子的变化缓慢得多,因此,合振动可以看成是振幅以角频率 $\frac{\omega_1 - \omega_2}{2}$ 缓慢变化的"谐振动". 振幅随时间变化的关系为

$$A = \left| 2A_0\cos\frac{\omega_2 - \omega_1}{2}t \right| \tag{6-36}$$

由于振幅的周期性变化,就出现振动的忽强忽弱的现象,称之为拍. 两个分振动与合振动的振动曲线如图 6-19 所示. 单位时间内振动加强或减弱的次数叫拍频. 拍频的值可由式(6-36)求得,由于余弦函数绝对值的周期是 π,所以拍频

$$f = \frac{1}{\pi}\left(\frac{\omega_2 - \omega_1}{2}\right) = \frac{\omega_2}{2\pi} - \frac{\omega_1}{2\pi} = f_2 - f_1$$

即拍频为两分振动频率之差.

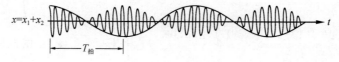

图 6-19　拍现象

拍现象常见于声、光、电振动之中. 例如,收音机中的混频电路就是利用接收信号和本机振荡信号产生 465kHz 的拍频(差频)的. 利用频率相差甚微的可见光波叠加,亦可产生位于微波范围内的拍频. 双簧管独特的音色是由于两个频率相近的簧片振动时产生了拍. 拍现象可以用来校准乐器,还可用于测定超声波的频率. 在无线电技术中,拍现象常用于无线电波频率的测量等.

用谐振动的旋转矢量表示法来研究同方向、同频率的谐振动的合成问题是很方便的.

如图 6-20 所示,画出 $t=0$ 时刻两谐振动的旋转矢量 $\boldsymbol{A}_1$ 和 $\boldsymbol{A}_2$,它们表示在 x 轴上的两个同方向、同频率的谐振动

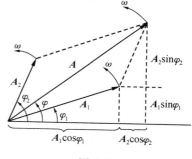

图 6-20

$$x_1 = A_1\cos(\omega t + \varphi_1)$$
$$x_2 = A_2\cos(\omega t + \varphi_2)$$

以 $\boldsymbol{A}_1$ 和 $\boldsymbol{A}_2$ 为邻边作平行四边形,得合矢量 $\boldsymbol{A}$,$\boldsymbol{A}$ 与 x 轴间的夹角为 φ. 由于 $\boldsymbol{A}_1$ 和 $\boldsymbol{A}_2$ 的长度不变,且以相同的角速度 ω 绕点 O 旋转,所以平行四边形的形状不变,且以角速度 ω 绕 O 点旋转. 可见其对角线表示的合矢量 $\boldsymbol{A}$ 的长度也不变,而且也以匀角速度 ω 绕点 O 旋转. 因此,旋转矢量 $\boldsymbol{A}$ 在 x 轴上的投影 x 所代表的运动也是谐振动,且其角频率也是 ω. 所以,合振动是与分振动同方向、同频率的谐振动. 根据矢量投影定理可知,合矢量 $\boldsymbol{A}$ 在 Ox 轴上的投影 x 等于矢量 $\boldsymbol{A}_1$、$\boldsymbol{A}_2$ 在 Ox 轴上的投影 x_1 和 x_2 的代数和,即

$$x = x_1 + x_2 = A\cos(\omega t + \varphi)$$

解平行四边形可求得合成谐振动的振幅为

$$A = \sqrt{A_1^2 + A_2^2 + 2A_1 A_2 \cos(\varphi_2 - \varphi_1)}$$

由图 6-20 容易看出合振动的初相位满足

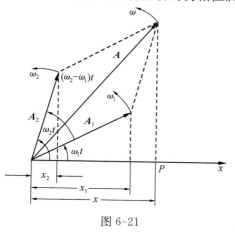

图 6-21

$$\tan\varphi = \frac{A_1\sin\varphi_1 + A_2\sin\varphi_2}{A_1\cos\varphi_1 + A_2\cos\varphi_2}$$

这一结果与用三角函数法求得的结果一致.

拍频公式很容易用旋转矢量方法说明:设 $\omega_2 > \omega_1$,如图 6-21 所示,单位时间 $\boldsymbol{A}_1$、$\boldsymbol{A}_2$ 旋转的圈数分别是 $f_1 = \dfrac{\omega_1}{2\pi}$,$f_2 = \dfrac{\omega_2}{2\pi}$,单位时间 $\boldsymbol{A}_2$ 比 $\boldsymbol{A}_1$ 多转的圈数是 $f_2 - f_1$,即单位时间两矢量重合 $f_2 - f_1$ 次,方向相反 $f_2 - f_1$ 次,也就是单位时间合振动的振幅取最大值和零的次数都是 $f_2 - f_1$ 次,所以拍频为 $f = f_2 - f_1$.

例题 2　求 N 个同方向、同频率、振幅相同,初相位依次相差一个恒量 φ_0 的简谐振动的合振动.

解　设各分振动的表达式分别为 $x_1 = A_0\cos\omega t$，$x_2 = A_0\cos(\omega t + \varphi_0)$，…，$x_N = A_0\cos[\omega t + (N-1)\varphi_0]$. 由前面的分析可知，合振动是同方向同频率的简谐振动，故只须求合振动的振幅和初相位.

按照矢量合成的多边形法则画出 $t=0$ 时刻各分振动与合振动的旋转矢量图，如图 6-22 所示. 图中任意相邻两个分振动的振幅矢量之间的夹角为 φ_0，长度相等，设为 A_0，

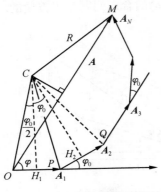

图 6-22　N 个简谐振动合成的
旋转矢量图

它们合振动的振幅矢量为 A. 根据几何知识可知，振幅矢量 A_1 的始端 O，最后一个振幅矢量的末端 M，以及各振幅矢量之间的连接点 P、Q……在以 C 点为圆心，半径为 R 的圆上，连接 CO、CP、CQ，并画出等腰 $\triangle COP$ 和 $\triangle CPQ$ 底边上的高 CH_1 和 CH_2，容易看出 $\angle H_1CH_2 = \varphi_0$，$\angle H_1CP = \angle PCH_2 = \dfrac{\varphi_0}{2}$，$\angle OCP = \angle PCQ = \varphi_0$. 由此可以看出，每一个分振动的振幅矢量所对的圆心角都是 φ_0，所以 $\angle OCM = N\varphi_0$. 由等腰 $\triangle OCM$ 可求出其底的长 OM，即合振动的振幅矢量 A 的大小为

$$A = 2R\sin\frac{N\varphi_0}{2}$$

在等腰 $\triangle OCP$ 中，容易求出

$$R = \frac{A_0}{2\sin\dfrac{\varphi_0}{2}}$$

于是得到

$$A = A_0 \frac{\sin\dfrac{N\varphi_0}{2}}{\sin\dfrac{\varphi_0}{2}}$$

由图 6-22 容易看出，合振动的初相位

$$\varphi = \angle COP - \angle COM = \frac{1}{2}(\pi - \varphi_0) - \frac{1}{2}(\pi - N\varphi_0)$$

即

$$\varphi = \frac{N-1}{2}\varphi_0$$

所以，合振动的表达式为

$$x = A_0 \frac{\sin\dfrac{N\varphi_0}{2}}{\sin\dfrac{\varphi_0}{2}}\cos\left(\omega t + \frac{N-1}{2}\varphi_0\right)$$

例题 3 利用拍现象可以测定振动频率. 将固有频率为 $f_1 = 400\text{Hz}$(A 调)的标准音叉振动和一待测频率的音叉振动合成,测得拍频为 $\Delta f = 3\text{Hz}$. 若在待测音叉的一端套上一质量为 m 的附加物,则拍频数减少. 试求待测音叉的固有频率 f_2.

解 f_2 和拍频 Δf 已知,则

$$\Delta f = |f_2 - f_1|$$

即

$$f_2 = f_1 \pm \Delta f$$

考虑到振动系统的固有频率 $f \propto \dfrac{1}{\sqrt{m}}$,$m$ 增大,f 减小,待测音叉加大质量后,$f_2 - f_1$ 相应减小. 表明待测音叉的固有频率 f_2 大于 f_1.

$$f_2 = f_1 + \Delta f = 400 + 3 = 403(\text{Hz})$$

三、同频率的两个相互垂直的谐振动的合成

设一个质点同时参与两个分别沿互相垂直的 x 轴和 y 轴方向的谐振动,其表达式为

$$x = A_1 \cos(\omega t + \varphi_1)$$
$$y = A_2 \cos(\omega t + \varphi_2)$$

为求质点的轨迹方程,将上两式展开,并分别除以 A_1 和 A_2,可得

$$\frac{x}{A_1} = \cos\omega t \cdot \cos\varphi_1 - \sin\omega t \cdot \sin\varphi_1$$

$$\frac{y}{A_2} = \cos\omega t \cdot \cos\varphi_2 - \sin\omega t \cdot \sin\varphi_2$$

上面两式分别乘以 $\cos\varphi_2$ 和 $\cos\varphi_1$ 后相减得

$$\frac{x}{A_1}\cos\varphi_2 - \frac{y}{A_2}\cos\varphi_1 = \sin\omega t\,(\sin\varphi_2\cos\varphi_1 - \sin\varphi_1\cos\varphi_2)$$
$$= \sin\omega t \sin(\varphi_2 - \varphi_1)$$

上面两式分别乘以 $\sin\varphi_2$ 和 $\sin\varphi_1$ 后相减得

$$\frac{x}{A_1}\sin\varphi_2 - \frac{y}{A_2}\sin\varphi_1 = \cos\omega t \sin(\varphi_2 - \varphi_1)$$

把上面得到的两式平方后相加得到

$$\frac{x^2}{A_1^2} + \frac{y^2}{A_2^2} - \frac{2xy}{A_1 A_2}\cos(\varphi_2 - \varphi_1) = \sin^2(\varphi_2 - \varphi_1) \qquad (6\text{-}37)$$

式(6-37)一般情况下是一椭圆方程. 椭圆的形态由两分振动的振幅及相位差$(\varphi_2 - \varphi_1)$决定. 下面讨论几种特殊情形.

(1)当 $\varphi_2 - \varphi_1 = 0$,即两分振动同相位时,式(6-37)变为

$$\frac{x^2}{A_1^2} + \frac{y^2}{A_2^2} - \frac{2xy}{A_1 A_2} = 0$$

即

$$\left(\frac{x}{A_1} - \frac{y}{A_2}\right)^2 = 0$$

所以

$$y = \frac{A_2}{A_1} x$$

这是一条通过坐标原点,位于一、三象限内的直线,所以物体作直线运动. 实际上,质点两分运动的运动方程是

$$x = A_1 \cos(\omega t + \varphi)$$
$$y = A_2 \cos(\omega t + \varphi)$$

由此可求得质点的轨迹方程是

$$y = \frac{A_2}{A_1} x$$

质点到原点的距离

$$r = \sqrt{x^2 + y^2} = \sqrt{A_1^2 + A_2^2} \cos(\omega t + \varphi)$$

所以,合振动仍然是谐振动,频率与分振动的频率相同,振幅 $A = \sqrt{A_1^2 + A_2^2}$,如图 6-23(a) 所示.

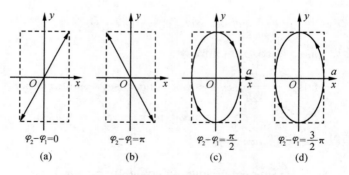

$$\varphi_2 - \varphi_1 = 0 \qquad \varphi_2 - \varphi_1 = \pi \qquad \varphi_2 - \varphi_1 = \frac{\pi}{2} \qquad \varphi_2 - \varphi_1 = \frac{3}{2}\pi$$
$$\text{(a)} \qquad\qquad \text{(b)} \qquad\qquad \text{(c)} \qquad\qquad \text{(d)}$$

图 6-23   相互垂直的同频率谐振动的合成

(2) 当 $\varphi_2 - \varphi_1 = \pi$ 时,式(6-37)变为

$$\frac{x^2}{A_1^2} + \frac{y^2}{A_2^2} + \frac{2xy}{A_1 A_2} = 0$$

即

$$y = -\frac{A_2}{A_1} x$$

与上述情况相似,轨迹为位于二、四象限的直线,合振动仍为同频率的、振幅为 $\sqrt{A_1^2+A_2^2}$ 的谐振动,如图 6-23(b)所示.

(3) 当 $\varphi_2-\varphi_1=\pi/2$ 时,式(6-37)变为

$$\frac{x^2}{A_1^2}+\frac{y^2}{A_2^2}=1$$

即合振动的轨迹为图 6-23(c)所示的正椭圆. 此时,两分振动可表示为

$$x=A_1\cos(\omega t+\varphi_1)$$

$$y=A_2\cos\left(\omega t+\varphi_1+\frac{\pi}{2}\right)$$

当 $\omega t+\varphi_1=0$ 时,$x=A_1$,$y=0$,即振动质点位于图 6-23(c)的 a 点. 随着 t 的稍微变化,当 $\omega t+\varphi_1$ 稍大于零时,x 为正值,y 为负值,即振动质点位于第四象限,因而振动质点以顺时针方向沿椭圆轨道运动.

(4) 当 $\varphi_2-\varphi_1=3\pi/2$ 时,式(6-37)仍为

$$\frac{x^2}{A_1^2}+\frac{y^2}{A_2^2}=1$$

即轨道仍为椭圆. 此时两分振动可表示为

$$x=A_1\cos(\omega t+\varphi_1)$$

$$y=A_2\cos\left(\omega t+\varphi_1+\frac{3\pi}{2}\right)$$

当 $\omega t+\varphi_1=0$ 时,振动质点位于图 6-23(d)中的点 a,但稍后一时刻,x 仍为正,y 也为正,即振动质点将位于第一象限. 所以,振动质点沿逆时针方向运动. 若 $A_1=A_2$,运动轨迹变为圆.

在一般情况下,$\varphi_2-\varphi_1$ 可取任意值. 图 6-24 给出了 $\varphi_2-\varphi_1$ 取一些特殊值时,合成运动的轨迹和旋转方向.

由以上讨论可知,两个相互垂直的同频率的谐振动,其合振动的轨迹可能是直线、椭圆或圆. 轨迹的形态和运动旋转的方向由分振动的振幅和相位差决定.

四、相互垂直的不同频率的谐振动的合成

若两个相互垂直的谐振动的频率不同,它们的合运动比较复杂. 下面只讨论两种简单的情形.

如果两个分振动的频率只有很小的差异,则可近似看作同频率的合成,不过相位差不是定值而是在缓慢地变化. 因此,合振动的轨迹是不稳定的,将要不断地按图 6-24 所示的次序在矩形范围内自直线变成椭圆而再变成直线……

如果两个分振动的频率差别较大,但有简单的整数比,则合振动的轨迹是稳定的封闭曲线. 图 6-25 表示两个相互垂直的、具有不同周期比的谐振动的合成运动的轨迹,称为李

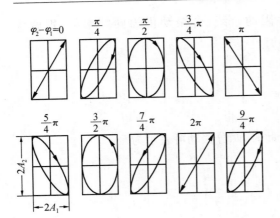

图 6-24

萨如图. 若知道一个分振动的周期,就可根据合振动的李萨如图形求出另一个分振动的周期,这是一种比较方便的测定频率的方法.

最后还应指出,与谐振动的合成相反,任何一个圆运动或椭圆运动都可以分解为两个相互垂直的谐振动. 这种运动的分解方法在研究圆偏振光和椭圆偏振光时要用到.

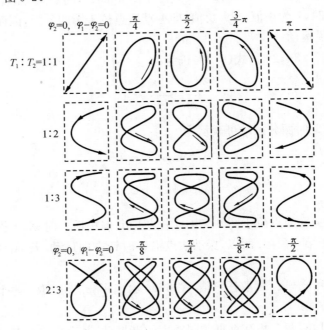

图 6-25　李萨如图

例题 4　示波管的电子束受到两个相互垂直的电场的作用,其运动方程分别为

$$x = A\cos\omega t, \quad y = A\cos(\omega t + \varphi)$$

试求:当 $\varphi = 0, \dfrac{\pi}{6}$ 和 $\dfrac{\pi}{2}$ 时,电子在荧光屏上的轨迹方程.

解　两个同频率、相互垂直振动的合成,合振动的轨迹方程为

$$\frac{x^2}{A_x^2} + \frac{y^2}{A_y^2} - \frac{2xy}{A_x A_y}\cos\Delta\varphi = \sin^2\Delta\varphi$$

式中 $\Delta\varphi = \varphi_2 - \varphi_1$. 当 $A_x = A_y = A, \varphi_1 = 0, \varphi_2 = \varphi$. 由上式可改写为

$$x^2 + y^2 - 2xy\cos\varphi = A^2\sin^2\varphi$$

(1) 当 $\varphi = 0$ 时,轨迹方程为

$$x = y \quad (\text{轨迹为直线})$$

（2）当 $\varphi = \dfrac{\pi}{6}$ 时，轨迹方程为

$$x^2 + y^2 - \sqrt{3}xy = \frac{A^2}{4} \quad (\text{轨迹为椭圆})$$

（3）当 $\varphi = \dfrac{\pi}{2}$ 时，轨迹方程为

$$x^2 + y^2 = A^2 \quad (\text{轨迹为半径为 } A \text{ 的圆})$$

习　题

1. 两个同方向的简谐振动的振动方程分别为

$$x_1 = 4 \times 10^{-2} \cos 2\pi \left(t + \frac{1}{8}\right) \ (\text{SI}), \qquad x_2 = 3 \times 10^{-2} \cos 2\pi \left(t + \frac{1}{4}\right) \ (\text{SI})$$

求合振动方程.

2. 一质点同时参与两个同方向的简谐振动，其振动方程分别为

$$x_1 = 5 \times 10^{-2} \cos(4t + \pi/3) \ (\text{SI}), \qquad x_2 = 3 \times 10^{-2} \sin(4t - \pi/6) \ (\text{SI})$$

画出两振动的旋转矢量图，并求合振动的振动方程.

3. 一物体同时参与两个同方向的简谐振动，其振动方程分别为

$$x_1 = 0.04 \cos \left(2\pi t + \frac{1}{2}\pi\right) \ (\text{SI}), \qquad x_2 = 0.03 \cos(2\pi t + \pi) \ (\text{SI})$$

求此物体的振动方程.

4. 有两个谐振动：$x_1 = A_1 \cos\omega t$，$x_2 = A_2 \sin\omega t$，且有 $A_2 < A_1$. 则其合成振动的振幅为（　　）

(A) $A_1 + A_2$　　　(B) $A_1 - A_2$　　　(C) $\sqrt{A_1^2 + A_2^2}$　　　(D) $\sqrt{A_1^2 - A_2^2}$

5. 两谐振动的振动方程分别为

$$x_1 = 5 \times 10^{-2} \cos(10t + 3\pi/4) \qquad x_2 = 6 \times 10^{-2} \cos(10t + \pi/4) \quad (\text{SI})$$

试求其合振动的振幅和初相位.

6. 两个同方向、同频率的谐振动，其振动的振幅为 20cm，合振动与第一个谐振动的相位差为 $\pi/6$. 若第一个谐振动的振幅为 $10\sqrt{3}$cm，求第二个谐振动的振幅及第一、二两谐振动的相位差.

7. 质量为 0.4kg 的质点同时参与两个互相垂直的振动

$$x = 8.0 \times 10^{-2} \cos(\pi t/3 + \pi/6)$$
$$y = 6.0 \times 10^{-2} \cos(\pi t/3 + \pi/3) \quad (\text{SI})$$

求：（1）质点的轨迹方程；（2）质点在任一位置所受的作用力.

*§6.4　频谱分析

由振动合成的讨论可知，两个同方向、不同频率谐振动的合成结果仍然是周期性振动，但一般不再是简谐振动.

如图 6-26 所示，若两个同方向、不同频率的谐振动（a）和（b）的运动方程分别为

$$x_1 = a_1 \sin\omega t$$
$$x_2 = a_2 \sin 2\omega t$$

振动（a）的角频率为 ω，周期 $T = 2\pi/\omega$，振动（b）的角频率为 2ω，周期为 $2\pi/2\omega = T/2$，其合振动为

$$x = x_1 + x_2 = a_1 \sin\omega t + a_2 \sin 2\omega t \tag{6-38}$$

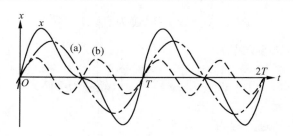

图 6-26

　　由图中合振动的曲线可知,合振动是周期为 T 的周期性振动.若在合振动的基础上再叠加上一系列角频率分别为 $3\omega,4\omega,\cdots,n\omega,\cdots$ 的谐振动,即若有 $x=a_1\sin\omega t+a_2\sin2\omega t+a_3\sin3\omega t+\cdots+a_n\sin n\omega t+\cdots$ 可以推断,所得到的合振动仍然是周期为 $T=\dfrac{2\pi}{\omega}$ 的周期性振动.也就是说,若将一系列角频率为某个基本角频率 ω 整数倍的谐振动叠加,则其合振动仍然是以 $T=2\pi/\omega$ 为周期的周期性振动,但一般不再是谐振动.

　　反之,任一周期性($T=2\pi/\omega$)非谐振动 $f(t)$ 都可以分解为一系列角频率为 $\omega,2\omega,\cdots,n\omega,\cdots$ 的谐振动,即

$$f(t)=a_0+a_1\cos\omega t+a_2\cos2\omega t+\cdots+a_n\cos n\omega t+\cdots$$
$$+b_1\sin\omega t+b_2\sin2\omega t+\cdots+b_n\sin n\omega t+\cdots$$
$$=a_0+\sum_{n=1}^{\infty}(a_n\cos n\omega t+b_n\sin n\omega t)$$

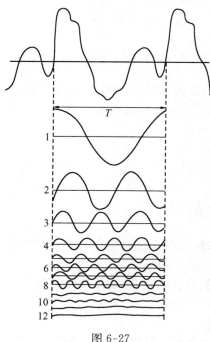

图 6-27

式中,a_n 和 b_n 是可由 $f(t)$ 确定的系数,这个级数称为傅里叶级数.其中 $\omega=2\pi/T$ 是振动 $f(t)$ 的基频(基音),而 $2\omega,3\omega,\cdots$ 为二次、三次、$\cdots$谐频(泛音).由此可见,任一周期性振动都可看成一系列谐振动的叠加.如图 6-27 的上方图形表示某个周期性振动,下方图形是它的基频和各级谐频.显然,谐频成分和各次谐频成分的相对强度不同,合振动曲线的形态也就不一样.谐频的成分决定声音的品质(音品).如钢琴、提琴、黑管等不同乐器演奏同一基频音符时,音品不同,给人的感觉就不同,就是因为它们所含的谐频成分不同.一部电子琴之所以能模仿多种不同乐器,就是因为它能调节不同谐频成分的相对强度.

　　不仅周期性振动可以分解为一系列简谐振动,而且任意一种非周期性振动也可以分解为许多简谐振动,不过对非周期振动的谐振分析要采用傅里叶变换来处理,在此我们不再讨论.

　　通常用频谱表示一个实际振动所包含的各种谐振动成分的振幅与它们的频率间的关系.若用纵坐标表示它们的振幅(即傅里叶系数),横坐标表示各谐振动的角频率,这种图形称为频谱.周期性振动的频谱是分离的线状谱;

而非周期性振动的频谱密集成连续谱,如图 6-28 所示.

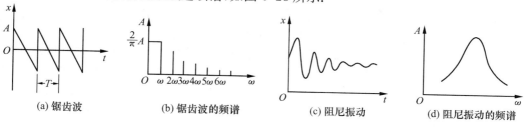

(a) 锯齿波　　(b) 锯齿波的频谱　　(c) 阻尼振动　　(d) 阻尼振动的频谱

图 6-28

谐振动分析无论对实际应用或理论研究,都是十分重要的研究方法,因为实际存在的振动大多不是严格的谐振动,而是比较复杂的振动.这种方法对于研究具有周期性的其他物理现象自然也是很有用的.

§6.5 机械波的产生和传播

振动状态的传播过程称为波动,简称波.机械振动的传播过程称为机械波,地震波和声波都是机械波.变化电磁场的传播过程称为电磁波.无线电波、光波、X 射线、γ 射线都是电磁波.机械波和电磁波振动的物理量不同,但它们有很多基本特征是相同的,例如,都有一定的传播速度,伴随着能量传播,都能产生反射、折射、干涉和衍射等现象.由于它们振动的物理量、波速、波长等性质不同,它们也有截然不同的性质.例如,机械波只能在弹性介质中传播,而电磁波则不需要任何介质等.

一、机械波产生的条件

机械波是机械振动的传播,所以,机械波产生的首要条件是要有作机械振动的物体,即波源.其次是要有弹性介质.弹性介质中各相邻质点之间的相互作用力是弹性力.如果介质中一个质点 O 受外界的扰动而离开其平衡位置,O 点周围的质点对其作用的弹性力使它回到平衡位置,并在其平衡位置附近作振动.O 点对周围质点作用的弹性力使周围质点离开各自的平衡位置,并在各自平衡位置附近作振动.这些质点又使其外围质点作振动.……由于介质中各质点之间的弹性相互作用力,O 点的振动状态以一定的速度逐渐传播出去,介质中的质点陆续振动起来,在介质中形成波动.这样的波也称为行波.

从上面的分析可以看出:在波动中,传播的只是"振动状态",介质中的各质点并没有传播出去,而是在各自的平衡位置附近振动."上游"质点依次带动"下游"质点振动,"上游"质点的"振动状态"依次传到"下游"质点.相位是表示振动状态的物理量,所以传播出去的是相位.相位(振动状态)传播的速度称为相速度,简称波速.沿波传播的方向上"下游"质点的相位依次落后.或者说"上游"某质点 B 在 t 时刻的振动相位经一段时间 Δt 传到"下游"另一质点 P.另外,各质点在自己平衡位置附近振动,质点的振动方向与波的传播方向不一定相同.质点的振动速度与波速是两个不同的概念,这是应该特别注意的.

二、波面和波线

在波传播过程中,任意时刻介质中振动相位相同的点组成的空间曲面称为波面(也称为波阵面或同相面).波传播过程中,离波源最远的,即最前面那一个波面,称为波前.波的传播方向称为波线或波射线.在各向同性均匀介质中,波线和波面垂直.

　　波面是球面的波称为球面波;波面是平面的波称为平面波.如图 6-29 所示,均匀各向同性介质中点波源产生的波是球面波.球面波的波线是由点波源发出的呈辐射状的射线.平面波的波线是垂直于波面,相互平行的直线.平面波和球面波都是波动过程中的理想情况.离波源很远处的局部区域内的球面波可以近似为平面波.

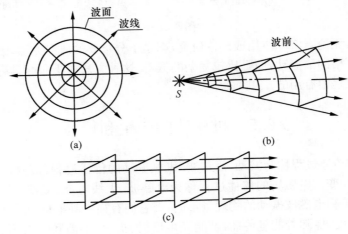

图 6-29　球面波和平面波

三、横波和纵波

　　在波动过程中,质点的振动方向和波的传播方向互相垂直的波,称为横波.如图 6-30 所示.把一根绳拉直放在地上,绳的一端握在手中.若手不停地抖动,手握住的端点作垂直于绳的振动,端点的振动沿绳传播形成波动.统观全绳,可以看到,在绳上有一个波形沿绳跑动.这就是横波.可以看出,波动也是波形的传播.

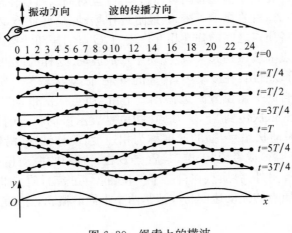

图 6-30　绳索上的横波

在波动过程中,质点的振动方向和波的传播方向平行,这种波称为纵波. 如图 6-31 所示,很长的软弹簧水平放置,其左端与一个竖直的弹性片连接. 拨动弹性片使其左右振动. 与弹性片的连接点就是波源. 可以看到波源的振动状态沿着弹簧向右传播. 从弹簧整体上看,弹簧上的密集部(稀疏部)在向右传播. 从"微观"上看,弹簧上每一个环在各自的平衡位置附近左右振动. 这就是弹簧上的纵波. 另外,空气中的声波也是纵波.

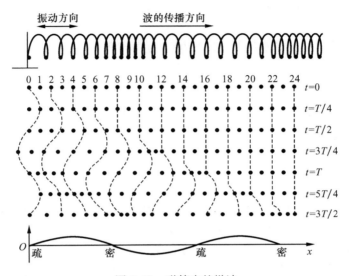

图 6-31　弹簧中的纵波

横波和纵波是波的两种基本类型. 有些波既不是纯粹的横波,也不是纯粹的纵波,或者说,既包含横波,又包含纵波,如水波[①]. 浅水波中质元作椭圆振动,越接近水面处椭圆越扁. 水面波中横波成分最为明显,深水波中质元几乎在作圆振动.

一般地说,介质中各质点的振动是非常复杂的. 由此产生的波动也是非常复杂的. 如果波源作简谐振动,介质中各质点也作简谐振动. 这样的波称为简谐波,也称为余弦波或正弦波. 本章主要讨论简谐波. 可以证明,任何复杂的波都是可以由简谐波合成的.

四、波速

波速的大小与许多因素有关,但主要取决于介质的性质.

可以证明,柔绳和弦线中横波的传播速度为

$$u = \sqrt{\frac{T}{\mu}} \tag{6-39}$$

式中 T 为柔绳或弦线中的张力;μ 为柔绳或弦线单位长度的质量.

在固体中,横波和纵波的传播速度可分别表示为

$$u = \sqrt{\frac{G}{\rho}} \quad \text{(横波)} \tag{6-40}$$

---

① 舒幼生. 力学(物理类). 北京,北京大学出版社,2006.

$$u = \sqrt{\frac{Y}{\rho}} \quad (\text{纵波}) \tag{6-41}$$

式中 G 和 Y 分别为固体介质的切变弹性模量和杨氏弹性模量.

液体和气体只有容变弹性,所以只能传播弹性纵波,其波速为

$$u = \sqrt{\frac{B}{\rho}} \tag{6-42}$$

式中 B 为液体或气体介质的容变弹性模量;ρ 为介质的密度.

理想气体中的声速

$$u = \sqrt{\frac{B}{\rho}} = \sqrt{\frac{\gamma P}{\rho}} = \sqrt{\frac{\gamma RT}{M_{\text{mol}}}} \tag{6-43}$$

式中 P 为气体的压强;T 为气体的热力学温度;M_{mol} 为气体的摩尔质量;R 为普适气体常量;γ 为气体的热容比.

五、波长、周期、频率

简谐波传播时,既具有空间周期性,又具有时间周期性.空间周期性用波长描述.同一波线上相位差为 2π 的两点之间的距离称为波长,常用 λ 表示.波长 λ 等于同一波线上相邻两个波峰或相邻两个波谷之间的距离.同一波线上距离为波长的整数倍的两点的振动状态相同.时间周期性用周期表示.波传过一个波长所用的时间称为波的周期.周期常用 T 表示.周期也等于一个完整波通过波线上某点所需的时间.波速如果用 u 表示,则波长 λ、周期 T 和波速 u 之间有如下关系:

$$u = \frac{\lambda}{T} \tag{6-44}$$

周期的倒数称为波的频率,频率常用 f 表示,即 $f = \frac{1}{T}$. 所以

$$u = f\lambda \tag{6-45}$$

上式表明,波的频率是波单位时间传播的距离中包含完整波的个数.波的角频率 ω 是波在 2π 时间内传播的距离中包含完整波的数目,也等于单位时间传播的距离上相位的变化,即

$$\omega = 2\pi \frac{u}{\lambda} = 2\pi f = \frac{2\pi}{T} \tag{6-46}$$

对于简谐波还常用角波数表示其特征.角波数定义为

$$k = \frac{2\pi}{\lambda} \tag{6-47}$$

表示波线上单位长度相位的变化.在数值上等于波线上 2π 长度内包含完整波的数目.

波源的振动周期是波源完成一次全振动所需要的时间.波的周期是波传播一个波长的距离所需要的时间.从概念上看,两者是完全不同的.但应该注意,波源完成一次全振动的过程中,波正好传播了一个波长的距离.所以波源的振动周期与波的周期在数值上是相

同的. 波源的振动频率与波的频率在数值上是相同的.

§6.6 平面简谐波的波函数

一、波函数

波在空间传播时，空间各点都在作振动. 能够定量表示空间任意点的振动的数学表达式称为波函数，或者称为波的表达式. 一般写成

$$f(\boldsymbol{r},t) = f(x,y,z,t) \tag{6-48}$$

f 可以表示各种物理量. 如果 f 表示弹性介质中质点的位移，上式就是机械波的波函数. 如果 f 表示电场强度、磁感应强度，上式就是电磁波的波函数. 波函数定量表示振动的物理量在空间中的分布和变化情况.

二、平面简谐波的波函数

简谐振动在空间的传播称为简谐波. 如果其波面为平面则称为平面简谐波. 为便于考虑，以机械横波为例讨论，在理想的无吸收的均匀各向同性无限大介质中传播的平面简谐波的波函数的建立.

1. 问题的简化

首先，根据平面简谐波的特点把问题简化.

由于振动传播过程中介质不吸收振动的能量，所以介质中各质元的振幅相等.

平面简谐波传播时，空间各质元都作同一频率的谐振动. 任意时刻不同质元的相位一般是不相同的，但同一波面上所有点的相位都相同. 如图 6-32 所示.

由上述分析，同一波面上所有质元的振动表达式都相同. 因此，每个波面上只须找出一个点作为该波面上所有点的代表. 根据波线与波面的关系：波线与波面正交. 一条波线和所有波面都有一个并且只有一个交点. 可以

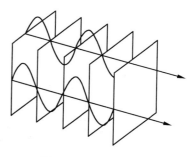

图 6-32　平面简谐波

用波线上的点作为过该点与波线垂直的波面上所有点的代表. 所以，简谐振动在空间的传播，可以用简谐振动在任意一条波线上的传播作为代表. 这样，求空间任意点的谐振动的表达式的问题就简化成求波线上任意点的谐振动的表达式的问题，即波线上任意点的振动表达式就是平面简谐波的波函数.

2. 平面简谐波的波函数

如图 6-33 所示，设一平面简谐波沿 Ox 轴正方向传播，波速为 u. 任取一点 O 为原点，过 O 点的波线为 Ox 轴. 设原点 O 的振动表达式为

$$y_0 = A\cos(\omega t + \varphi_0)$$

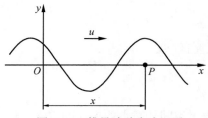

图 6-33　推导波动表式用图

式中 y_0 为 O 点处质元 t 时刻离开其平衡位置的位移(对于横波,位移方向与 Ox 轴垂直,对于纵波,位移方向与 Ox 轴平行);A 为 O 点处质元的振幅;ω 为角频率;φ_0 为初相位.

在 Ox 轴(波线)上任取一点 P,其坐标为 x. 根据波线上任意点的振动表达式就是平面简谐波的波函数,因此求平面简谐波的波函数的问题,就是求 P 点的振动表达式. 求 P 点振动表达式只需要求 P 点的振幅和相位.

因为是忽略吸收的平面波,所以 P 点的振幅与 O 点的振幅相同,也是 A.

波的传播是相位的传播,波速 u 是常量. 沿波的传播方向(Ox 轴正方向)各点相位依次落后. 所以,P 点的相位比 O 点的相位落后. O 点的相位传到 P 点需要的时间为

$$\Delta t = \frac{x}{u}$$

ω 是单位时间传播的距离上相位的变化. 所以 P 点比 O 点落后的相位

$$\Delta\varphi = \omega\frac{x}{u}$$

P 点的相位为

$$\omega t + \varphi_0 - \omega \cdot \frac{x}{u} = \omega\left(t - \frac{x}{u}\right) + \varphi_0$$

P 点的振动表达式为

$$y(x,t) = A\cos\left[\omega\left(t - \frac{x}{u}\right) + \varphi_0\right] \tag{6-49}$$

上式就是以波速 u 沿 Ox 轴正方向传播,原点 O 的振动表达式为 $y_0 = A\cos(\omega t + \varphi_0)$ 的平面简谐波的波函数.

如果平面简谐波以波速 u 沿 Ox 轴的负方向传播,原点 O 处的振动表达式为 $y_0 = A\cos(\omega t + \varphi_0)$,则 P 点的振动状态传到 O 点需要的时间为

$$\Delta t = \frac{x}{u}$$

P 点比 O 点超前的相位为

$$\Delta\varphi = \omega\frac{x}{u}$$

波函数为

$$y(x,t) = A\cos\left[\omega\left(t + \frac{x}{u}\right) + \varphi_0\right] \tag{6-50}$$

利用关系式 $\omega = 2\pi f = \dfrac{2\pi}{T} = ku$ 和 $u = f\lambda$,可以将平面简谐波的波函数写成多种形式:

$$
\left.\begin{array}{l}
y = A\cos\left[\omega\left(t \mp \dfrac{x}{u}\right) + \varphi_0\right] \\[2mm]
y = A\cos\left[2\pi\left(\dfrac{t}{T} \mp \dfrac{x}{\lambda}\right) + \varphi_0\right] \\[2mm]
y = A\cos\left[2\pi\left(ft \mp \dfrac{x}{\lambda}\right) + \varphi_0\right] \\[2mm]
y = A\cos[\omega t \mp kx + \varphi_0] \\[2mm]
y = A\cos\left[\dfrac{2\pi}{\lambda}(ut \mp x) + \varphi_0\right]
\end{array}\right\} \tag{6-51}
$$

上述各种形式的波函数常称为平面简谐波的标准波函数.

3. 建立波函数的其他方法

实际上还可以根据波的空间周期性建立波函数. 如图 6-33 所示，P 点的相位比 O 点落后，应用波长的定义，在 P 点到 O 点的距离 x 中包含几个波长 $\left(\dfrac{x}{\lambda}\right)$，$P$ 点的相位就比 O 点落后多少个 2π，P 点比 O 点落后的相位是 $2\pi\dfrac{x}{\lambda}$. 所以，P 点相位是 $\omega t - 2\pi\dfrac{x}{\lambda} + \varphi_0$. 由此可得 P 点振动表达式（波函数）为

$$
y = A\cos\left(\omega t - 2\pi\dfrac{x}{\lambda} + \varphi_0\right)
$$

即

$$
y = A\cos\left[2\pi\left(ft - \dfrac{x}{\lambda}\right) + \varphi_0\right]
$$

也可以应用角波数的概念建立波函数. 角波数 k 是波线上单位长度相位的变化. 在长度 x 上相位的变化为 kx，即在图 6-33 中，P 点的相位比 O 点落后 kx. O 点的相位是 $\omega t + \varphi_0$，所以，P 点的相位是 $\omega t - kx + \varphi_0$. 由此可得波函数

$$
y = A\cos(\omega t - kx + \varphi_0)
$$

三、波函数的物理意义

在平面简谐波函数中含有两个自变量 x 和 t，为了弄清这个波函数的意义，对它作进一步地分析.

（1）当 x 给定（如取 $x = x_0$）时，相当于只看平衡位置在 x_0 处的一个质点，则位移 y 仅是 t 的函数. 这时波函数表示波线上 $x = x_0$ 处质元作谐振动的情形. 由式(6-49)可得

$$
y(t) = A\cos\left[\omega\left(t - \dfrac{x_0}{u}\right) + \varphi_0\right] = A\cos\left(\omega t - \omega\dfrac{x_0}{u} + \varphi_0\right)
$$

$$
= A\cos\left(\omega t - \omega\dfrac{x_0}{u} + \varphi_0\right)
$$

令 $\varphi=-\omega\dfrac{x_0}{u}+\varphi_0$，则上式变为

$$y(t)=A\cos(\omega t+\varphi)$$

φ 为 x_0 处质元作谐振动的初相位. 可以看出，$x=x_0$ 处质点的相位比 $x=0$ 处质点的相位落后 $\omega\dfrac{x_0}{u}$. 其相应的位移-时间曲线如图 6-34 所示.

(2) 当 t 给定(如取 $t=t_0$)时，则位移 y 仅是 x 的函数. 这时波函数表示 $t=t_0$ 时刻波线上各质元的位移分布情况. 此时式(6-49)变为

$$y(t)=A\cos\Big[\omega\Big(t_0-\dfrac{x}{u}\Big)+\varphi_0\Big]$$

若以 y 为纵坐标，x 为横坐标，也可得到一条余弦曲线，称为波形曲线(图 6-35). 相当于在 $t=t_0$ 时刻用照相机拍下的波线上各质点的"实际位置"图.

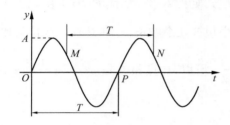

图 6-34　振动曲线

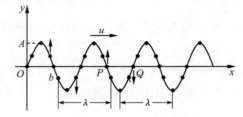

图 6-35　t_0 时刻各质元的位移分布

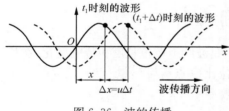

图 6-36　波的传播

(3) 如果 x 和 t 都变化，则波函数表示波线上各质元在不同时刻的位移分布情况. 若以 y 为纵坐标，x 为横坐标，画出不同时刻的波形图，可看出波形不断推进的图像，如图 6-36 所示.

设 t_1 时刻和 $t_2=t_1+\Delta t$ 时刻的波形曲线分别如图 6-36 中的实线和虚线所示，波沿 x 轴正向传播，波速为 u. 由上述讨论可知，t_1 时刻 x_1 处质元的位移为

$$y_1(x_1,t_1)=A\cos\Big[\omega\Big(t_1-\dfrac{x_1}{u}\Big)+\varphi_0\Big]$$

经 Δt 时间后，振动状态沿波线传播了 $\Delta x=u\Delta t$ 的距离，因此，在 $t_2=t_1+\Delta t$ 时刻波线上坐标为 $x_2=x_1+\Delta x=x_1+u\Delta t$ 处，质点的位移为

$$y_2(x_2,t_2)=A\cos\Big[\omega\Big(t_2-\dfrac{x_2}{u}\Big)+\varphi_0\Big]=A\cos\Big[\omega\Big(t_1+\Delta t-\dfrac{x_1+u\Delta t}{u}\Big)+\varphi_0\Big]$$

$$=A\cos\Big[\omega\Big(t_1-\dfrac{x_1}{u}\Big)+\varphi_0\Big]=y_1(x_1,t_1)$$

由此可知，t_2 时刻 x_2 处质元的位移 y_2 正好等于 t_1 时刻 x_1 处质元的位移 y_1. 在 Δt 时间内，整个波形以波速 u 向前推进 $\Delta x=u\Delta t$ 的距离. 所以，波速 u 是波形传播的速度，即波

函数描述了波形的传播.

（4）由波函数可求得各质元的振动速度为

$$v = \frac{\partial y}{\partial t} = -A\omega\sin\left[\omega\left(t - \frac{x}{u}\right) + \varphi_0\right] \tag{6-52}$$

质元的加速度为

$$a = \frac{\partial^2 y}{\partial t^2} = -A\omega^2\cos\left[\omega\left(t - \frac{x}{u}\right) + \varphi_0\right] \tag{6-53}$$

应严格区分波形的传播速度 u 和介质中质元的振动速度 v.

例题 1　某潜水艇的声纳发出的超声波为平面简谐波,其振幅 $A = 1.2 \times 10^{-3}$ m,频率 $f = 5.0 \times 10^4$ Hz,波长 $\lambda = 2.85 \times 10^{-2}$ m,波源振动的初相位 $\varphi = 0$,求(1)该超声波的波函数;(2)距波源 2m 处质元振动的运动方程;(3)距波源 8.00m 与 8.05m 的两质元振动的相位差.

解　(1)以波源的位置为原点,波的传播方向为 Ox 轴的正方向. 由已知条件得原点的振动表达式为

$$y = A\cos 2\pi ft$$

代入波函数的标准形式

$$y = A\cos 2\pi\left(ft - \frac{x}{\lambda}\right)$$

可得超声波的波函数

$$y = 1.2 \times 10^{-3}\cos 2\pi\left(5.0 \times 10^4 t - \frac{x}{2.85 \times 10^{-2}}\right)$$

$$= 1.2 \times 10^{-3}\cos(10^5 \pi t - 220x)$$

(2)将 $x = 2$m 代入波函数,可得质元作谐振动的运动方程

$$y = 1.2 \times 10^{-3}\cos(10^5 \pi t - 440)(\text{m})$$

(3)两质点间的相位差

$$\Delta\varphi = \frac{\omega x_2}{u} - \frac{\omega x_1}{u} = \frac{2\pi}{\lambda}(x_2 - x_1) = \frac{2\pi}{2.85 \times 10^{-2}}(8.05 - 8.00) = 11(\text{rad})$$

计算表明,8.05m 处质元振动的相位滞后于 8.00m 处质元振动的相位 11rad.

在(3)的计算中,x_1 和 x_2 为波所传播的路程,叫做波程. $\Delta x = x_2 - x_1$ 称为波程差. 应用角波数的定义,波程差为 Δx 的两点,其相位差 $\Delta\varphi$ 为

$$\Delta\varphi = k\Delta x = \frac{2\pi}{\lambda}\Delta x$$

例题 2　一平面余弦波,波线上各质元振动的振幅和角频率分别为 A 和 ω,波沿 x 轴正向传播,波速为 u. 设某一瞬时的波形如图 6-37 所示,并取图示瞬时为计时零点. 求

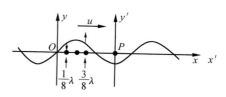

图 6-37

(1) 在点 O 和点 P 各有一观察者,试分别以两观察者所在地为坐标原点,写出该波的波函数;

(2) 确定在 $t=0$ 时,距离 O 分别为 $x=\lambda/8$ 和 $x=3\lambda/8$ 两处质元振动的速度的大小和方向.

解　(1) 取点 O 为坐标原点.

要求波函数,应先求得点 O 作谐振动的运动方程 $y_0=A\cos(\omega t+\varphi)$,其中 A、ω 为已知,初相位 φ 可由初始条件确定. 由图 6-37 知,$t=0$ 时

$$y_0 = A\cos\varphi = 0, \quad v_0 = -A\omega\sin\varphi < 0$$

所以

$$\varphi = \frac{\pi}{2}$$

于是可得 O 点的振动表达式为

$$y_0 = A\cos\left(\omega t + \frac{\pi}{2}\right)$$

以点 O 为坐标原点的波函数为

$$y = A\cos\left[\omega\left(t - \frac{x}{u}\right) + \frac{\pi}{2}\right]$$

取点 P 为坐标原点.

点 P 作简谐振动的运动方程 $y_0'=A\cos(\omega t+\varphi')$,式中 A、ω 为已知,由图 6-37 知,$t=0$ 时,$y_0'=A\cos\varphi'=-A$,$v_0'=-A\omega\sin\varphi'=0$,由此得 $\varphi'=\pi$,P 点振动表达式为

$$y_0' = A\cos(\omega t + \pi)$$

以点 P 为坐标原点的波函数为

$$y_0' = A\cos\left[\omega\left(t - \frac{x'}{u}\right) + \pi\right]$$

由以上讨论可知,对一平面简谐波来说,坐标原点取的不同,原点处的初相位就不同,因此,建立波函数时,应首先明确坐标原点选在何处.

(2) 求质元的振动速度.

与原点 O 相距 x 处,质元的振动速度为

$$v = \frac{\partial y}{\partial t} = -A\omega\sin\left[\omega\left(t - \frac{x}{u}\right) + \frac{\pi}{2}\right] = -A\omega\sin\left[\omega t - \frac{2\pi}{\lambda}x + \frac{\pi}{2}\right]$$

以 $t=0$,$x=\lambda/8$ 代入上式,可得质元的振动速度

$$v = -\frac{\sqrt{2}}{2}A\omega$$

负号表示 v 的方向指向 y 轴的负方向.

若以 $t=0$,$x=3\lambda/8$ 代入,可得该处质元的振动速度

$$v = \frac{\sqrt{2}}{2}A\omega$$

指向 y 轴的正方向.

四、平面波的波动方程

将平面简谐波的波函数

$$y(x,t) = A\cos\left[\omega\left(t - \frac{x}{u}\right) + \varphi_0\right]$$

分别对 t 和 x 求二阶偏导数,则有

$$\frac{\partial^2 y}{\partial t^2} = -A\omega^2\cos\left[\omega\left(t - \frac{x}{u}\right) + \varphi_0\right]$$

$$\frac{\partial^2 y}{\partial x^2} = -A\frac{\omega^2}{u^2}\cos\left[\omega\left(t - \frac{x}{u}\right) + \varphi_0\right]$$

比较上列两式,即得

$$\frac{\partial^2 y}{\partial x^2} = \frac{1}{u^2}\frac{\partial^2 y}{\partial t^2} \tag{6-54}$$

若根据

$$y(x,t) = A\cos\left[\omega\left(t + \frac{x}{u}\right) + \varphi_0\right]$$

对 t 和 x 分别求二阶偏导数,则可得到与式(6-54)相同的结果. 对任一平面波(不限于平面简谐波),可认为是由许多不同频率的平面余弦波叠加而成,在对 t 和 x 分别求二阶偏导数之后,仍可得到式(6-54)的结果. 所以,式(6-54)反映了一切平面波的共同特征,称为平面波的波动方程. 平面波的波动方程(6-54)不仅适用于弹性波,也适用于电磁波等,它是一个具有普遍意义的方程. 也就是说,物理量 y 不论是力学量,还是电学量或其他量,只要满足式(6-54),这一物理量就按波的形式传播,而且 $\frac{\partial^2 y}{\partial t^2}$ 的系数倒数的平方根,就是波的传播速度.

一般情况下,物理量 $\zeta(x, y, z, t)$ 在三维空间中以波的形式传播,且介质是均匀、各向同性且不吸收振动能量,则有

$$\frac{\partial^2 \zeta}{\partial x^2} + \frac{\partial^2 \zeta}{\partial y^2} + \frac{\partial^2 \zeta}{\partial z^2} = \frac{1}{u^2}\frac{\partial^2 \zeta}{\partial t^2} \tag{6-55}$$

式(6-55)称为波动方程. 通过对具有特定边界条件的波动方程求解,就能够深入描述波的传播规律.

五、波的能量

当波传到介质中某处时,该处原来静止的质元开始振动,因而具有振动动能;同时该处介质还要发生弹性形变,故还具有弹性势能. 波的能量就是介质中振动动能和弹性势能之和. 虽然这种能量是从波源传来的,但对某一部分介质来说,能量却不断传入,同时又不断传出,故行波的传播过程既是振动状态的传播过程,也是能量的传播过程.

设一简谐波沿细绳传播,波速为 u,绳子的横截面积为 ΔS,质量线密度为 μ. 取传播方向为 x 轴的正方向,y 轴为振动方向,则简谐波的波函数为

$$y = A\cos\left[\omega\left(t - \frac{x}{u}\right) + \varphi_0\right]$$

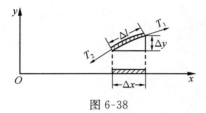

图 6-38

如图 6-38 所示,在 x 处取长为 Δx 的线元,线元的质量 $\Delta m = \mu \Delta x$,振动速度为

$$v = \frac{\partial y}{\partial t} = -A\omega\sin\left[\omega\left(t - \frac{x}{u}\right) + \varphi_0\right]$$

则线元的动能为

$$\Delta E_k = \frac{1}{2}\Delta m v^2$$

$$= \frac{1}{2}\mu\Delta x A^2\omega^2\sin^2\left[\omega\left(t - \frac{x}{u}\right) + \varphi_0\right] \tag{6-56}$$

波在传播过程中,线元要发生形变,由原长 Δx 变为 Δl,伸长量为 $\Delta l - \Delta x$. 当波的振幅很小时,线元两端所受的张力 T_1 和 T_2 可近似看成相等,即 $T_1 = T_2 = T$. 在线元形变伸长过程中张力所做的功就等于线元的势能,即

$$\Delta E_p = T(\Delta l - \Delta x)$$

在 Δx 很小时,有

$$\Delta l = \sqrt{(\Delta x)^2 + (\Delta y)^2} = \Delta x\sqrt{1 + \left(\frac{\Delta y}{\Delta x}\right)^2} = \Delta x\left[1 + \left(\frac{\partial y}{\partial x}\right)^2\right]^{\frac{1}{2}}$$

应用二项式定理展开,并略去高次项,则

$$\Delta l = \Delta x\left[1 + \frac{1}{2}\left(\frac{\partial y}{\partial x}\right)^2\right]$$

所以线元的势能为

$$\Delta E_p = T(\Delta l - \Delta x) = \frac{1}{2}T\left(\frac{\partial y}{\partial x}\right)^2\Delta x$$

将 $T = u^2\mu$ 及

$$\frac{\partial y}{\partial x} = A\frac{\omega}{u}\sin\left[\omega\left(t - \frac{x}{u}\right) + \varphi_0\right]$$

代入上式,则线元的势能为

$$\Delta E_p = \frac{1}{2}\mu\Delta x A^2\omega^2\sin^2\left[\omega\left(t - \frac{x}{u}\right) + \varphi_0\right] \tag{6-57}$$

线元的总机械能为

$$\Delta E = \Delta E_k + \Delta E_p = \mu\Delta x A^2\omega^2\sin^2\left[\omega\left(t - \frac{x}{u}\right) + \varphi_0\right] \tag{6-58}$$

将 ΔE 除以线元的体积 $\Delta V = \Delta x \Delta S$,得细绳单位体积的能量为

$$w = \frac{\Delta E}{\Delta V} = \frac{\Delta E}{\Delta x \Delta S} = \rho A^2 \omega^2 \sin^2\left[\omega\left(t - \frac{x}{u}\right) + \varphi_0\right] \tag{6-59}$$

式中 ρ 为细绳单位体积的质量;w 称为波的能量密度. 一个周期内能量密度的平均值

$$\overline{w} = \frac{1}{T}\int_0^T \rho A^2 \omega^2 \sin^2\left[\omega\left(t - \frac{x}{u}\right) + \varphi_0\right]\mathrm{d}t = \frac{1}{2}\rho A^2 \omega^2 \tag{6-60}$$

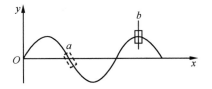

称为平均能量密度. 由此可知,波的能量、能量密度以及平均能量密度都与 ρ、A^2 及 ω^2 成正比. 式(6-56)～(6-58)表明:①波在传播过程中,任一线元的动能和势能都随时间变化,且是同相位的,而其量值也是完全相等的,即动能达到最大值时,势能也达到最大值;动能为零时,势能也为零. 借助图 6-39 中的波形曲线,可以

图 6-39 波传播时体积元的形变

看到,在点 a 处质元经过平衡位置时具有最大的振动速度,动能达最大值;同时该处波形曲线最陡,形变也最大,弹性势能也达最大值. 在点 b 处,振动速度为零,几乎没有形变,故质元的动能和势能均为零. 波动中这种动能和势能的变化关系与弹簧振子中振动动能与势能的变化关系是不同的. ②在波动传播过程中,任一线元的总机械能不是一个常量,而是随时间 t 作周期性变化的. 这与弹簧振子的总能量为常量不同. ③式(6-58)表明,能量以速度 u 在介质中伴随波一起传播. 在均匀、各向同性介质中,能量传播的速度和传播方向与波的传播速度和传播方向总是相同的. 所以说,波的传播过程也是能量传播的过程. 通常把有振动状态和能量传播的波叫做行波,以便与驻波相区别.

在波动过程中,能量以波速向前传播. 为了描述能量在介质中的传播,首先引入能流的概念. 单位时间内通过介质中某一面积的能量称为通过该面积的能流.

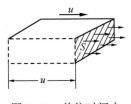

在介质中取一与波速 u 垂直的面积 S,如图 6-40 所示. 通过面积 S 的能量是周期性变化的,通常取其平均值. 单位时间内通过 S 的能量等于体积 uS 中的平均能量. 已知介质中的平均能量密度为 $\overline{w}$,则平均能流为

$$\overline{P} = \overline{w}uS \tag{6-61}$$

图 6-40 单位时间内通过 S 的能量

通过垂直波传播方向单位面积的平均能流叫做能流密度或波的强度,用 I 表示,则有

$$I = \overline{w}u = \frac{1}{2}\rho A^2 \omega^2 u = 2\pi^2 \rho A^2 f^2 u \tag{6-62}$$

上式表明,在确定介质中(ρ 一定),能流密度和振幅的平方、频率(或角频率)的平方及波速成正比. 能流密度是波强弱的一种量度,单位是 $\mathrm{W/m^2}$. 式(6-62)同时还表明,若平面简谐波在无吸收的各向同性均匀介质中传播,能流密度处处相同.

实际上,波在介质中传播时,介质总是要吸收波的一部分能量,因而使波的能流密度和振幅沿着波的传播方向衰减. 所吸收的能量将转换成其他形式的能量(如介质内热运动的能量). 这种现象称为波的吸收. 实验表明,在有吸收的情况下,波的强度 I 随传播距离按指数规律衰减,即

$$I = I_0 e^{-2\alpha x} \tag{6-63}$$

式中 I_0 和 I 分别为 $x=0$ 和 x 处的波强度,α 为介质的吸收系数,取决于介质的性质和波的频率.

六、声波

声波是弹性介质中传播的一种弹性波. 能使正常人产生听觉的机械波,称为可闻声波,其频率范围大约为 $20 \sim 20\,000$ Hz,高于 $20\,000$ Hz 的称为超声波,低于 20 Hz 的叫次声波.

1. 声压

若介质中没有声波,某点的压强为 p_0(称为静压),当有声波传播时,该点在某时刻 t 的压强为 p_t,则该点在 t 时刻的声压 p 定义为

$$p = p_t - p_0 \tag{6-64}$$

即声压就是由声波所造成的附加压强.

声波是纵波,在稠密区,实际压强大于静压;在稀疏区,实际压强小于静压. 介质中任一点的声压是随时间而变的,通常用声压的幅值或方均根值(也称有效声压)来表示声压的强弱,有效声压简称为声压. 在声学工程中声压是非常重要的指标. 在 SI 中,声压的单位是帕(Pa). 通常讲话声音的声压约为 0.1 Pa;离飞机数米处,发动机声音的声压可达几百帕;超声波可产生 10^8 Pa 的高压.

2. 声强　声强级

可闻声波,不仅有一定的频率范围,还有一定的声强范围. 可闻声波的声强范围为 $10^{-12} \sim 1$ W/m². 声强太小,不能引起听觉;声强太大,将引起痛觉.

可闻声强随频率而异,在频率为 1000 Hz 时,人耳能听到的最小声强 $I_0 = 10^{-12}$ W/m². 工程技术上常把 I_0 作为测定声强的标准. 在声学中常用

$$L = \lg \frac{I}{I_0} \tag{6-65}$$

代表相应于声强 I 的声强的级,单位为贝尔(Bel). 贝尔这一个单位太大,通常用分贝尔(dB)为单位,1 Bel=10 dB. 这样,式(6-65)可表示为

$$L = 10\lg \frac{I}{I_0} (\text{dB}) \tag{6-66}$$

3. 混响

房间中的声波,在传播过程中一方面在各个方向上发生反射,使空间的声波能在一定时间内不断叠加;另一方面声波又不断被壁面吸收而逐渐衰减. 结果当声源停止发声后,声波仍可持续一段时间,这种现象称为混响. 中国古代所称"余音绕梁,三日不绝",就是混响现象的描述.

衡量混响程度的参量叫混响时间. 它定义为: 当声源停止发声后, 从初始的声能密度降低为初始值的百万分之一, 即降低 60dB 所需要的时间, 用符号 T_{60} 表示. 美国早年的声学家赛宾根据实验得出计算混响时间的公式, 称为赛宾公式, 即

$$T_{60} = 0.163 \frac{V}{A}(\text{s}) \tag{6-67}$$

式中 V 为房间的体积; A 为房间总吸声量, 即吸声系数 α 乘房间的表面积 S.

混响时间对人们的听音效果有着重要的影响. 过长的混响会使人感到声音"混浊"不清, 使声音清晰度降低, 甚至根本听不清; 混响时间太短, 就有"沉寂、枯燥"的感觉.

七、超声波

频率在 20 000Hz 以上的声波称为超声波. 超声波可以应用磁致伸缩效应、电致伸缩效应产生. 用激光激发晶体可产生高达 5×10^8 Hz 以上的超声波. 用机械方法(高压流体冲击空腔或簧片等)可产生频率较低的超声波.

由于超声波的频率高、波长短, 因而产生了一些特殊的性质和应用.

1. 定向传播特性

一般波动频率越高, 定向传播特性越好, 超声波在两种介质的界面上发生反射. 应用定向传播特性和反射可以给障碍物定位. 这就是声纳和超声全息的基本原理.

2. 强度大

声强和频率的平方成正比, 所以超声的强度可以很大. 压强振幅($P_m = \rho u \omega A$)与频率成正比, 超声波在局部可产生几百到几千个标准大气压的压强. 这些性质可用于切削、打孔、焊接等超声加工.

3. 空化作用

足够强度的超声波通过液体介质时, 在介质内产生几乎真空的空穴并迅速崩溃的现象称为空化作用. 空化作用的原因是液体介质受到超声波的不断压缩和拉伸. 液体耐得住压缩, 但经不住拉伸. 如果拉力足以超过分子的内聚力, 液体分子就断裂而形成几乎真空的空穴, 在压缩阶段空穴即发生崩溃. 在空穴附近可产生数千大气压的压强和极高的局部高温, 并引起电离, 因而还有放电、发光、发声等现象. 空化作用可以增强超声击碎、搅拌、混合、乳化、扩散、渗透等机械效应, 还可促进化学反应的速度.

超声的传播特性, 如速度、衰减、吸收等与介质非声学量, 如弹性模量、密度、温度、黏度、化学成分等有关. 利用这些特性可以间接测量有关物理量.

八、次声波

次声波的频率范围大致为 $10^{-4} \sim 20$Hz, 在空气中的波长大致是数十米至数千公里. 人工方法产生相当强度的次声波很困难. 以鼓为例, 据估计, 鼓面的周长应与次声波的波长相当. 目前, 次声波的来源主要是自然界大物体的振动, 如火山爆发、地震、海啸等. 空气

对声波的吸收与频率有关，频率越低，吸收越小，例如，空气对 0.1Hz 的次声波的吸收是对 1000Hz 可闻声波吸收的一亿分之一．所以，次声波可在大气中传播数万甚至数十万公里．次声波是研究地球、海洋、大气大规模活动的有力工具．

由于人体的内脏和躯体的固有频率约为几赫兹，在次声波作用下人体器官发生共振，轻者使人感觉不适，如恶心、头晕等，重者可使人体器官受到破坏．

习　题

1. 在下面几种说法中，正确的说法是（　　）．

(A) 波源不动时，波源的振动周期与波动的周期在数值上是不同的

(B) 波源振动的速度与波速相同

(C) 在波传播方向上的任一质点的振动相位总是比波源的相位滞后（按差值不大于 π 计）

(D) 在波传播方向上的任一质点的振动相位总是比波源的相位超前（按差值不大于 π 计）

2. 一横波沿绳子传播时，波的表达式为 $y=0.05\cos(4\pi x-10\pi t)$ （SI），则（　　）．

(A) 其波长为 0.5m　　(B) 波速为 5m/s

(C) 波速为 25m/s　　(D) 频率为 2Hz

3. 沿 x 轴负方向传播的平面简谐波在 $t=0$ 时刻的波形如图所示．若波的表达式以余弦函数表示，则 O 点处质点振动的初相位为（　　）．

(A) 0　　(B) $\frac{1}{2}\pi$　　(C) π　　(D) $\frac{3}{2}\pi$

4. 一个沿 x 轴正向传播的平面简谐波（用余弦函数表示）在 $t=0$ 时的波形曲线如图所示．

(1) 在 $x=0$ 和 $x=2,x=3$ 各点的振动初相位各是多少？

(2) 画出 $t=T/4$ 时的波形曲线．

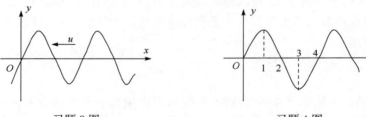

习题 3 图　　　　　　　　　习题 4 图

5. 在弹性介质中有一沿 x 轴正向传播的平面波，其表达式为 $y=0.01\cos\left(4t-\pi x-\frac{1}{2}\pi\right)$ （SI）．若在 $x=5.00$m 处有一介质分界面，且在分界面处反射波相位突变 π，设反射波的强度不变，试写出反射波的表达式．

6. 一平面简谐波沿 x 轴正向传播，波的振幅 $A=10$cm，波的角频率 $\omega=7\pi$rad/s．当 $t=1.0$s 时，$x=10$cm 处的 a 质点正通过其平衡位置向 y 轴负方向运动，而 $x=20$cm 处的 b 质点正通过 $y=5.0$cm 点向 y 轴正方向运动．设该波波长 λ 大于 10cm，求该平面波的表达式．

7. 一简谐波，振动周期 $T=\frac{1}{2}$s，波长 $\lambda=10$m，振幅 $A=0.1$m．当 $t=0$ 时，波源振动的位移恰好为正方向的最大值．若坐标原点和波源重合，且波沿 Ox 轴正方向传播，求：

(1) 此波的表达式；

(2) $t_1=T/4$ 时刻，$x_1=\lambda/4$ 处质点的位移；

（3）$t_2 = T/2$ 时刻,$x_1 = \lambda/4$ 处质点的振动速度.

8. 一横波沿绳子传播,其波的表达式为 $y = 0.05\cos(100\pi t - 2\pi x)$(SI).

（1）求此波的振幅、波速、频率和波长;

（2）求绳子上各质点的最大振动速度和最大振动加速度;

（3）求 $x_1 = 0.2$m 处和 $x_2 = 0.7$m 处两质点振动的相位差.

9. 一振幅为 10cm,波长为 200cm 的一维余弦波,沿 x 轴正向传播,波速为 100cm/s,当 $t = 0$ 时原点处质点在平衡位置向正位移方向运动. 求:

（1）原点处质点的振动方程;

（2）在 $x = 150$cm 处质点的振动方程.

10. 已知一平面简谐波的表达式为 $y = A\cos\pi(4t + 2x)$(SI).

（1）求该波的波长 λ、频率 ν 和波速 u 的值;

（2）写出 $t = 4.2$s 时刻各波峰位置的坐标表达式,并求出此时离坐标原点最近的那个波峰的位置;

（3）求 $t = 4.2$s 时离坐标原点最近的那个波峰通过坐标原点的时刻 t.

11. 一平面简谐波沿 x 轴正向传播,其振幅为 A,频率为 ν,波速为 u. 设 $t = t'$ 时刻的波形曲线如图所示,求:

（1）$x = 0$ 处质点的振动方程;

（2）该波的表达式.

12. 一列平面简谐波在介质中以波速 $u = 5$m/s 沿 x 轴正向传播,原点 O 处质元的振动曲线如图所示.

（1）求解并画出 $x = 25$m 处质元的振动曲线;

（2）求解并画出 $t = 3$s 时的波形曲线.

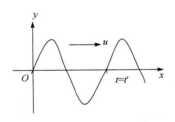

习题 11 图

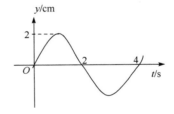

习题 12 图

13. 已知一平面简谐波的表达式为 $y = 0.25\cos(125t - 0.37x)$(SI).

（1）分别求 $t = 0$s 时 $x_1 = 10$m,$x_2 = 25$m 两点处质点的振动方程;

（2）求 x_1,x_2 两点间的振动相位差;

（3）求 x_1 点在 $t = 4$s 时的振动位移.

14. 如图所示,一平面波在介质中以波速 $u = 20$m/s 沿 x 轴负方向传播,已知 A 点的振动方程为 $y = 3 \times 10^{-2}\cos4\pi t$(SI).

（1）以 A 点为坐标原点写出波的表达式;

（2）以距 A 点 5m 处的 B 点为坐标原点,写出波的表达式.

15. 一平面简谐波沿 x 轴正向传播,其振幅和角频率分别为 A 和 ω,波速为 u,设 $t = 0$ 时的波形曲线如图所示.

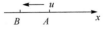

习题 14 图

（1）写出此波的表达式;

（2）求距 O 点分别为 $\lambda/8$ 和 $3\lambda/8$ 两处质点的振动方程;

（3）求距 O 点分别为 $\lambda/8$ 和 $3\lambda/8$ 两处质点在 $t = 0$ 时的振动速度.

16. 如图所示,一平面简谐波沿 Ox 轴传播,波动表达式为 $y=A\cos[2\pi(\nu t - x/\lambda)+\phi]$ (SI),求:

(1) P 处质点的振动方程;

(2) 该质点的速度表达式与加速度表达式.

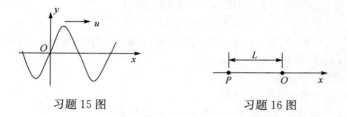

习题 15 图   习题 16 图

17. 某质点作简谐振动,周期为 2s,振幅为 0.06m,$t=0$ 时刻,质点恰好处在负向最大位移处,求:

(1) 该质点的振动方程;

(2) 此振动以波速 $u=2\text{m/s}$ 沿 x 轴正方向传播时,形成的一维简谐波的波动表达式(以该质点的平衡位置为坐标原点);

(3) 该波的波长.

18. 如图所示,一平面简谐波沿 Ox 轴的负方向传播,波速大小为 u,若 P 处介质质点的振动方程为 $y_P=A\cos(\omega t+\phi)$,求:

(1) O 处质点的振动方程;

(2) 该波的波动表达式;

(3) 与 P 处质点振动状态相同的那些点的位置.

19. 如图所示,一平面简谐波在 $t=0$ 时刻的波形,求:

(1) 该波的波动表达式;

(2) P 处质点的振动方程.

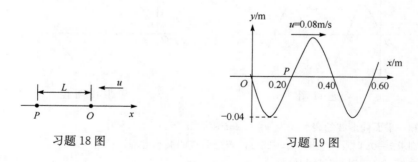

习题 18 图   习题 19 图

§6.7 波的干涉 驻波

一、波的叠加原理

在音乐厅欣赏乐队的合奏时,人们都能大体上分辨出各种乐器的声音.若室内有几个人同时谈话,也能分辨出各人讲话的声音.若观察水面上的两列波相遇或几束灯光在空间相遇,它们相遇之后,仍然按照各自原来的波长、频率、振动方向和传播方向传播.通过对各种波动相遇后发生的现象的观察和研究,可总结出如下规律:

　　（1）两列波在传播过程中相遇,相遇后仍然保持它们各自原有的特性,如频率、波长、振幅、振动方向和传播方向,这一结论称为波传播的独立性原理.

　　（2）在相遇区域内,任一点的振动为两列波单独存在时在该点所引起的振动的位移的矢量和.这个规律称为波的叠加.两个结论合起来称为波的叠加原理.

　　波的叠加原理之所以正确,是由于波动方程(6-54)是线性的.如果 $y_1(x,t)$ 和 $y_2(x,t)$ 分别满足波动方程,则有

$$\frac{\partial^2 y_1}{\partial x^2} = \frac{1}{u^2}\frac{\partial^2 y_1}{\partial t^2}$$

$$\frac{\partial^2 y_2}{\partial x^2} = \frac{1}{u^2}\frac{\partial^2 y_2}{\partial t^2}$$

由上两式可得恒等式

$$\frac{\partial^2 (y_1 + y_2)}{\partial x^2} = \frac{1}{u^2}\frac{\partial^2 (y_1 + y_2)}{\partial t^2}$$

由此可知,$(y_1 + y_2)$ 同样是波动方程的解.而 $y_1 + y_2$ 是两波的叠加,可见波的叠加原理是由波动方程的线性性质决定的.

　　波动方程是根据牛顿第二定律和关于物体弹性的胡克定律推导出来的.胡克定律指出,当形变很小时,应变为应力的线性函数.这时质元的动力学方程为一线性函数.所以,波动方程的线性及波动服从叠加原理均来源于质元动力学方程的线性.如果介质中质元的振幅很大,形变与应力之间不再具有线性关系,则将得到非线性的波动方程,这时波的叠加原理就不再正确.例如,强烈爆炸形成的声波,就不遵守上述的叠加原理.

二、波的干涉

　　一般情况下,几列波在空间相遇时叠加的情况是很复杂的.简单而又重要的情况是两个频率相同、振动方向相同、在相遇区域内各点相位差恒定的两列波的叠加.满足上述条件的波称为相干波,相应的波源称为相干波源.当两列相干波在空间相遇时,叠加的结果,使介质中某些点的振动始终加强,而另一些点的振动始终减弱或完全抵消,这种现象称为波的干涉现象.

　　下面从波的叠加原理出发,应用同方向、同频率振动合成的结论分析干涉现象,并确定干涉加强和减弱的条件.

　　如图 6-41 所示,设有两个相距较近的相干波源 S_1 和 S_2,作简谐振动的运动方程分别为

$$y_1 = A_{10}\cos(\omega t + \varphi_1)$$

$$y_2 = A_{20}\cos(\omega t + \varphi_2)$$

式中 ω 为波源作谐振动的角频率;A_{10} 和 A_{20} 分别为它们的振幅;φ_1 和 φ_2 分别为它们的初相位.当它们在同一介质中

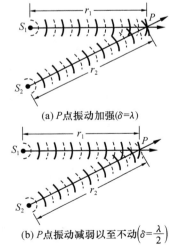

(a) P 点振动加强($\delta = \lambda$)

(b) P 点振动减弱以至不动$\left(\delta = \frac{\lambda}{2}\right)$

图 6-41　两相干波在空间相遇

传播,分别经过 r_1、r_2 的距离,并在空间某点 P 相遇时,振幅分别为 A_1 和 A_2,波长为 λ,则这两列波在点 P 引起的分振动为

$$y_1 = A_1 \cos\left(\omega t - \frac{2\pi r_1}{\lambda} + \varphi_1\right)$$

$$y_2 = A_2 \cos\left(\omega t - \frac{2\pi r_2}{\lambda} + \varphi_2\right)$$

其相位差为

$$\Delta\varphi = \varphi_2 - \varphi_1 - \frac{2\pi}{\lambda}(r_2 - r_1)$$

其中 $\varphi_2 - \varphi_1$ 是相干波源的相位差,$-\dfrac{2\pi}{\lambda}(r_2 - r_1)$ 是因传播的距离不同而引起的相位差.根据振动合成的公式(6-32)~(6-34),点 P 的合振动为

$$y = y_1 + y_2 = A\cos(\omega t + \varphi)$$

其中合振动的振幅为

$$A = \sqrt{A_1^2 + A_2^2 + 2A_1 A_2 \cos\left[\varphi_2 - \varphi_1 - \frac{2\pi(r_2 - r_1)}{\lambda}\right]}$$

合振动的初相位满足

$$\arctan\varphi = \frac{A_1 \sin\left(\varphi_1 - \dfrac{2\pi r_1}{\lambda}\right) + A_2 \sin\left(\varphi_2 - \dfrac{2\pi r_2}{\lambda}\right)}{A_1 \cos\left(\varphi_1 - \dfrac{2\pi r_1}{\lambda}\right) + A_2 \cos\left(\varphi_2 - \dfrac{2\pi r_2}{\lambda}\right)}$$

由于这两列波在空间任一点引起两分振动之间的相位差 $\Delta\varphi = \varphi_2 - \varphi_1 - 2\pi(r_2 - r_1)/\lambda$ 与时间无关,所以,对空间任一给定点,相位差是恒定的,振幅是恒定的,不同的点合振幅一般不同.

对于适合条件

$$\Delta\varphi = \varphi_2 - \varphi_1 - \frac{2\pi(r_2 - r_1)}{\lambda} = 2k\pi \quad (k = 0, \pm1, \pm2, \pm3, \cdots) \tag{6-68}$$

的空间各点,合振幅最大,此时 $A = A_1 + A_2$,两波叠加加强,称为相长干涉.

适合条件

$$\Delta\varphi = \varphi_2 - \varphi_1 - 2\pi\frac{(r_2 - r_1)}{\lambda} = (2k+1)\pi \quad (k = 0, \pm1, \pm2, \pm3, \cdots) \tag{6-69}$$

的空间各点,合振幅最小,此时 $A = |A_1 - A_2|$,两波叠加减弱,称为相消干涉.

若两波源的初相位相同,即 $\varphi_1 = \varphi_2$,上述条件可简化为波程差

$$\delta = r_2 - r_1 = k\lambda \quad (k = 0, \pm1, \pm2, \pm3, \cdots) \tag{6-70}$$

的空间各点为相长干涉;波程差

$$\delta = r_2 - r_1 = (2k+1)\frac{\lambda}{2} \quad (k = 0, \pm1, \pm2, \pm3, \cdots) \tag{6-71}$$

的空间各点为相消干涉.

综上所述,在相干波源同相位时,波程差 δ 等于波长的整数倍的各点,合振幅最大;波程差 δ 等于半波长的奇数倍的各点,合振幅最小;其余各点,合振幅介于两者之间,取决于波程差 δ 的值.

由于波的强度正比于振幅的平方,两相干波相遇区域内各点的强度

$$I \propto A^2 = A_1^2 + A_2^2 + 2A_1A_2\cos\Delta\varphi$$

也就是

$$I = I_1 + I_2 + 2\sqrt{I_1 I_2}\cos\Delta\varphi \tag{6-72}$$

如果 $I_1 = I_2$,两相干波叠加后合成波的强度

$$I = 2I_1(1 + \cos\Delta\varphi) = 4I_1\cos^2\frac{\Delta\varphi}{2} \tag{6-73}$$

上面两式表明,叠加后波的强度 I 因两列波在空间各点引起的振动相位的不同而不同,即空间各点的强度因干涉而重新分布.有些地方 $I > I_1 + I_2$,有些地方 $I < I_1 + I_2$.当两相干波的强度相等,即 $I_1 = I_2$ 时,在使 $\Delta\varphi = 2k\pi(k=0,\pm1,\pm2,\cdots)$ 的那些点合成波的强度最大,等于单列波强度的 4 倍,即 $I = 4I_1$.在使 $\Delta\varphi = (2k+1)\pi(k=0,\pm1,\pm2,\cdots)$ 的那些地方合成波的强度最小,$I=0$.叠加后波的强度随 $\Delta\varphi$ 变化的关系如图 6-42 所示.

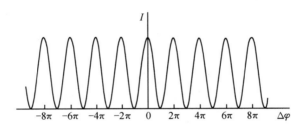

图 6-42 相干叠加合成波的强度分布

强度分别为 I_1 和 I_2 的非相干波在空间相遇时,产生的是非相干叠加,合成波的强度 $I = I_1 + I_2$.

例题 1 如图 6-43 所示,在同一介质中相距为 20m 的两平面简谐波源 S_1 和 S_2 作同方向、同频率($f=100\text{Hz}$)的谐振动,振幅均为 $A=0.05\text{m}$,且点 S_1 为波峰时,点 S_2 恰为波谷,波速 $u=20\text{m/s}$.求两波源连线上因干涉而静止的和加强的各点的位置.

解 选 S_1 处为坐标原点 O,向右为 x 轴正方向,设点 S_1 的振动初相位为零,则 S_2 作简谐振动的初相位为 π.

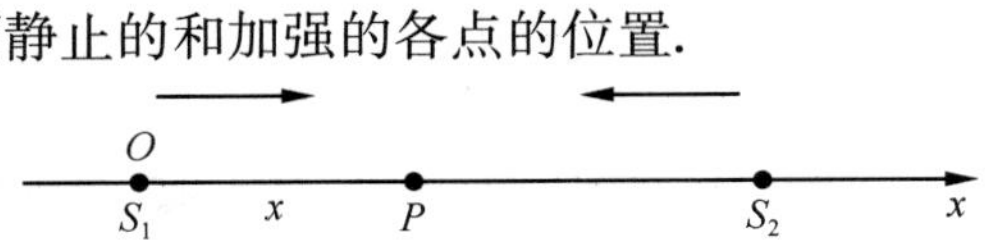

图 6-43

在 S_1 和 S_2 的连线上任取一点 P,设 P 点的坐标为 x.两波在 P 点引起振动的相位差为

$$\Delta\varphi = \pi - \frac{2\pi}{\lambda}\big[(20-x)-x\big] = \pi - \frac{4\pi}{\lambda}(10-x)$$

P 点因干涉而静止的条件为

$$\Delta\varphi = \pi - \frac{4\pi}{\lambda}(10 - x) = (2k+1)\pi \quad (k = 0, \pm 1, \pm 2, \cdots)$$

化简上式,可得

$$x = \frac{k}{2}\lambda + 10$$

波的波长 $\lambda = u/f = 2\text{m}$,将 $\lambda = 2\text{m}$ 代入上式,得

$$x = k + 10(\text{m})$$

所以,在两波源的连线上因干涉而静止的各点的位置分别为

$$x = 1, 2, 3, \cdots, 17, 18, 19\text{m}$$

因干涉而加强的条件为

$$\Delta\varphi = \pi - \frac{4\pi}{\lambda}(10 - x) = \pi - 2\pi(10 - x) = 2k\pi \quad (k = 0, \pm 1, \pm 2, \cdots)$$

化简上式,可得

$$x = k + 9.5$$

因干涉而加强的各点的位置为

$$x = 0.5, 1.5, 2.5, \cdots, 18.5, 19.5$$

三、驻波

例题 1 是两个振幅相同、频率相同、在同一条直线上沿相反方向传播的波产生的一种特殊的干涉现象,其合成波称为驻波.

驻波可以用图 6-44 所示的实验观察到. 在电动音叉的一臂末端系一根水平弦线,弦线的另一端系一砝码跨过滑轮将弦线拉紧. 使音叉振动并调节劈尖 B 的位置,当 AB 为某些特殊长度时,可看到 AB 之间的弦线上有些点始终静止不动,有些点则振动最强,弦线 AB 将分段振动,这就是驻波. 音叉振动产生的向右传播的波,该波在点 B 处发生反射,反射波向左传播,反射波和入射波为同频率、同振幅(不计反射时的能量损失)、同振动方向,两者干涉形成了弦线上的驻波.驻波中始终静止不动的点称为驻波的波节;而振幅最大的点称为驻波的波腹.

图 6-44　弦线驻波

驻波波函数可由波的叠加原理导出. 设有两列振幅相同、频率相同的平面余弦波,分别沿 x 轴的正、反向传播,如图 6-45 所示.它们的波函数可分别写成

$$y_1 = A\cos 2\pi\left(ft - \frac{x}{\lambda}\right)$$

$$y_2 = A\cos 2\pi\left(ft + \frac{x}{\lambda}\right)$$

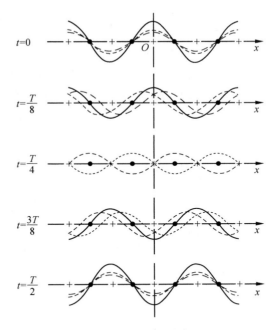

图中长划虚线表示 y_1,短划虚线表示 y_2. 根据波的叠加原理,合成驻波的波函数为

$$y = y_1 + y_2 = A\left[\cos 2\pi\left(ft - \frac{x}{\lambda}\right)\right.$$

$$\left. + \cos 2\pi\left(ft + \frac{x}{\lambda}\right)\right]$$

利用三角函数关系可将上式化简为

$$y = 2A\cos 2\pi\frac{x}{\lambda} \cdot \cos 2\pi ft \qquad (6\text{-}74)$$

式(6-74)称为驻波的波函数. 由于因子 $\cos 2\pi ft$ 是时间 t 的余弦函数,说明驻波中各质元都在作同周期的谐振动. 而另一因子

图 6-45　驻波的形成

$2A\cos 2\pi\dfrac{x}{\lambda}$ 只是坐标 x 的余弦函数,说明各质点的振幅按余弦函数的规律分布. 所以,驻波波函数实际上是振幅 $\left(2A\cos 2\pi\dfrac{x}{\lambda}\right)$ 按余弦函数分布的简谐振动($\cos 2\pi ft$).

　　由驻波函数式(6-74)可知,若 $2\pi\dfrac{x}{\lambda} = (2k+1)\dfrac{\pi}{2}$,即

$$x = (2k+1)\frac{\lambda}{4} \quad (k = 0, \pm1, \pm2, \pm3, \cdots)$$

的点,振幅为零,这些点就是驻波的波节. 相邻两波节的距离为

$$x_{k+1} - x_k = [2(k+1)+1]\frac{\lambda}{4} - (2k+1)\frac{\lambda}{4} = \frac{\lambda}{2}$$

即相邻两波节间的距离是半波长.

　　若 $2\pi\dfrac{x}{\lambda} = k\pi$,即

$$x = k\frac{\lambda}{2} \quad (k = 0, \pm1, \pm2, \pm3, \cdots)$$

的点,振幅最大,这些点就是驻波的波腹. 相邻波腹间的距离为

$$x_{k+1} - x_k = (k+1)\frac{\lambda}{2} - k\frac{\lambda}{2} = \frac{\lambda}{2}$$

即相邻波腹之间的距离也是半波长.

由以上讨论可知,波节处的质元振动的振幅为零,始终处于静止状态;波腹处的质元振动的振幅最大,其值为 2A. 其他各处质元的振幅介于零与最大值. 相邻波节或相邻波腹之间距离皆为半波长,波腹与波节相间作等间距排列.

图 6-45 中的实线表示在不同时刻 t 驻波的波形. 由图可以看出,每一时刻,驻波都有一定的波形,此波形既不右移,也不左移,没有振动状态或相位的传播,因而称为驻波. 由驻波函数式(6-74)也可看出,自变量 x 和 t 分别出现在两个因子中,并不表现为 $\left(t-\dfrac{x}{u}\right)$ 或 $\left(t+\dfrac{x}{u}\right)$ 的形式,所以它不是行波波函数,而实际上是一个振动表达式.

下面讨论驻波的相位问题.

驻波的波函数,即式(6-74)可写成

$$y = A_x \cos 2\pi ft$$

其中 $A_x = 2A\cos 2\pi \dfrac{x}{\lambda}$,是平衡位置在 x 处质点的振幅. 波节的位置

$$x = (2k+1)\frac{\lambda}{4}$$

相邻两个波节之间各点在

$$(2k+1)\frac{\lambda}{4} < x < (2k+3)\frac{\lambda}{4}$$

范围. 所以

$$(2k+1)\frac{\pi}{2} < 2\pi\frac{x}{\lambda} < (2k+3)\frac{\pi}{2}$$

当 k 为零和偶数时,$2\pi\dfrac{x}{\lambda}$ 在二、三象限;当 k 为奇数时,$2\pi\dfrac{x}{\lambda}$ 在一、四象限. 这说明,相邻两个波节之间各点的"振幅" $A_x = 2A\cos 2\pi \dfrac{x}{\lambda}$ 的正、负总是相同的. 同为正时,相邻波节之间各点的振动表达式为

$$y = A_x \cos 2\pi ft = \left| 2A\cos 2\pi \frac{x}{\lambda} \right| \cos 2\pi ft$$

同为负时,相邻波节之间各点的振动表达式为

$$y = -\left| 2A\cos 2\pi \frac{x}{\lambda} \right| \cos 2\pi ft = \left| 2A\cos 2\pi \frac{x}{\lambda} \right| \cos(2\pi ft + \pi)$$

这说明,相邻两波节之间各点的振动总是同相位的.

关于波节对称的两点可写成 $x_1 = (2k+1)\dfrac{\lambda}{4} + x_0$ 和 $x_2 = (2k+1)\dfrac{\lambda}{4} - x_0$. 点 x_1 的振幅是

$$A_{x_1} = 2A\cos 2\pi \frac{x_1}{\lambda} = 2A\cos \frac{2\pi}{\lambda}\left[(2k+1)\frac{\lambda}{4} + x_0\right]$$

$$= 2A\cos\left[(2k+1)\frac{\pi}{2} + 2\pi\frac{x_0}{\lambda}\right] = \pm 2A\sin 2\pi\frac{x_0}{\lambda}$$

点 x_2 的振幅是

$$A_{x_2} = 2A\cos 2\pi\frac{x_2}{\lambda} = 2A\cos\frac{2\pi}{\lambda}\left[(2k+1)\frac{\lambda}{4} - x_0\right]$$

$$= 2A\cos\left[(2k+1)\frac{\pi}{2} - 2\pi\frac{x_0}{\lambda}\right] = \mp 2A\sin 2\pi\frac{x_0}{\lambda}$$

可以看出，A_{x_1} 和 A_{x_2} 的正负总是相反的．所以，关于波节对称的点其振动相位总是相反的．

　　和横波一样，纵波也可以形成驻波．图 6-46 表示纵波的驻波．波节两边的质元在某一时刻都涌向节点，使波节附近成为质元密集区；半周期之后，节点两边的质元又向左右散开，使波节附近成为质元稀疏区．相邻波节附近质元的密集和稀疏情况正好相反．

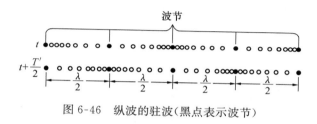

图 6-46　纵波的驻波（黑点表示波节）

　　一维驻波可以在绳索上形成，也可在空间由平面波形成．一个膜或一块板上可形成二维驻波．一个有一定大小的弹性物体或空气腔，由于在四壁上波的来回反射，内部可形成三维驻波．

　　驻波在声学、无线电电子学和光学中都很重要．它可以用来测定波长，也可用来确定振动系统所能激发的振动频率．

四、半波损失

　　在图 6-44 所示的实验中，反射点 B 是固定不动的，在该处形成驻波的一个波节．这说明，当反射点固定不动时，反射波与入射波在点 B 反相位．如果反射波与入射波在点 B 同相位，那么合成的波在点 B 为波腹（图 6-47(a)），只有当反射波与入射波反相位时，驻波在点 B 才会形成波节（图 6-47(b)）．由此可知，当反射点固定不动时，入射波与反射波在 B 点的相位有数值为 π 的相位突变．因为相距半波长的两点相位差为 π，所以这个 π 的相位突变一般叫做"半波损失"．若反射点是自由的，合成驻波在反射点将形成波腹．此时，在反射点没有 π 的相位突变，即没有半波损失．

　　以上讨论的是波被完全反射的情况．如果一根绳索的一端与另一根线密度不同的绳索相连，在这种情况下，当前进波遇到结点时，就会发生一部分反射而另一部分透射（即传入另一根绳索）的情况．若第二根绳索的线密度比第一根大，则反射波在结点处仍有 π 的相位突变，即有半波损失．由于波的能量部分被透射，反射波的振幅比入射波小，所以反射点不再固定不动，而发生振动．如果第二根索的线密度比第一根的线密度小，则反射波在

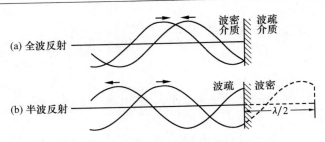

图 6-47   自由端与固定端反射的驻波

反射点无半波损失,一部分能量也透射到第二根绳索上.

波在空间传播时,可以证明,当波由波密介质入射到波疏介质,并在界面上反射时,在分界面处,反射波与入射波同相位,没有半波损失;当波由波疏介质入射到波密介质,并在界面上反射时,在分界面处,反射波与入射波有 π 的相位突变,即有"半波损失". 对弹性波而言,介质中的波速 u 与密度 ρ 的乘积 ρu 较大的是波密介质,较小的为波疏介质. 对电磁波而言,折射率 n 较大的为波密介质,较小的为波疏介质.

五、简正模式

由以上讨论可知,驻波实际上是系统的一种稳定的分段振动. 例如,一根长为 L、两端固定而拉紧的弦线上形成驻波时,两端必形成波节,因而驻波的波长必须满足

$$L = n\frac{\lambda}{2}$$

或

$$\lambda_n = \frac{2L}{n} \quad (n = 1,2,3,\cdots) \tag{6-75}$$

对应的驻波频率为

$$f_n = \frac{u}{\lambda_n} = n\frac{u}{2L} \quad (n = 1,2,3,\cdots) \tag{6-76}$$

式中 $u = \sqrt{\dfrac{T}{\eta}}$ 为弦线中的波速;T 为弦上的张力;η 为弦的线密度. 这说明,只有波长(或频率)满足上述关系的波才可能在弦线上形成驻波.

频率由式(6-76)决定的简谐振动方式,称为简正模式. 其中 $n=1$ 对应的频率最低,称为基频,其他较高的频率依次称为二次谐频($n=2$)、三次谐频($n=3$)……,如图 6-48 所示,简正模式是驻波系统可能发生的简谐振动方式.

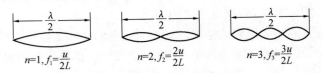

图 6-48   两端固定弦的振动模式

当外界策动源以某一频率激起系统振动(即产生驻波)时,若策动源的频率与系统的

某一模式的频率相同或比较接近,系统就发生幅度很大的驻波.这种现象通常也叫做共振.这种共振与弹簧-质点系统的共振现象相类似,所不同的是,弹簧-质点系统只有一个固有频率,简正模式的频率却有许多个.

一般情况下,一个驻波系统的任一振动,可以表示为各种简正模式的叠加.各个模式的强弱由系统的具体条件和激发方式决定.弦乐器就是基于这一原理制作的.当弦乐器因弓拉弦而激起振动时,所发出的声音中包含各种频率,其中与式(6-76)中 $n=1$ 对应的最低频率的音,叫基音;与 n 的其他值对应的频率都叫泛音,基音决定乐器的音调,泛音决定乐器的音品.

对于管、鼓、膜或空腔等驻波系统,也同样有简正模式和共振现象,但其简正模式较为复杂,这里不加讨论.

例题 2　一长弦两端各系在一个波源上,所产生的波分别为 $y_1=0.06\cos\pi(4t+x)$ 和 $y_2=0.06\cos\pi(4t-x)$(SI),在弦上沿相反方向传播而形成驻波. 求

(1) 各波的频率、波长和波速;

(2) 波腹和波节的位置.

解　(1) 将已知波化成平面简谐波的标准形式,则有

$$y_1=0.06\cos\pi(4t+x)=0.06\cos2\pi\left(2t+\frac{x}{2}\right)$$

$$y_2=0.06\cos\pi(4t-x)=0.06\cos2\pi\left(2t-\frac{x}{2}\right)$$

与波函数的标准形式 $y=A\cos2\pi\left(ft-\frac{x}{\lambda}\right)$ 相比较,可得频率 $f=2$Hz,波长 $\lambda=2$m,波速 $u=f\lambda=4$m/s.

(2) 驻波波函数 $y=y_1+y_2=0.12\cos\pi x\cos4\pi t$ 波腹的位置由 $\pi x=k\pi$,即 $x=k$ 确定,所以波腹的位置在 $x=0,\pm1$m,±2m,$\cdots$处.

波节的位置由 $\pi x=(2k+1)\frac{\pi}{2}$,即 $x=(2k+1)\frac{1}{2}$ 确定,所以波节位于 $x=\pm0.5$m,±1.5m,±2.5m,$\cdots$处.

习　　题

1. 如图所示,两列波长为 λ 的相干波在 P 点相遇.波在 S_1 点振动的初相是 ϕ_1,S_1 到 P 点的距离是 r_1;波在 S_2 点的初相是 ϕ_2,S_2 到 P 点的距离是 r_2,以 k 代表零或正、负整数,则 P 点是干涉极大的条件为(　　).

(A) $r_2-r_1=k\lambda$ 　　　(B) $\varphi_2-\varphi_1=2k\pi$

(C) $\varphi_2-\varphi_1+2\pi(r_2-r_1)/\lambda=2k\pi$ 　(D) $\varphi_2-\varphi_1+2\pi(r_1-r_2)/\lambda=2k\pi$

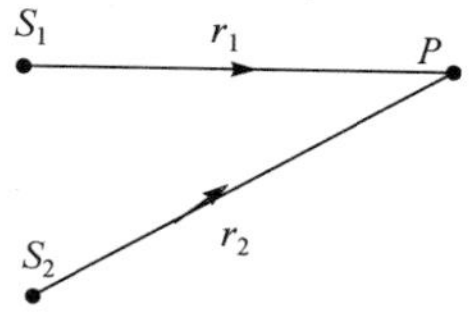

2. S_1 和 S_2 是波长均为 λ 的两个相干波的波源,相距 $3\lambda/4$,S_1 的相位比 S_2 超前 $\frac{1}{2}\pi$. 若两波单独传播,在过 S_1 和 S_2 的直线上各点的强度相同,不随距离变化,且两波的强度都是 I_0,则在 S_1、S_2 连线上 S_1 外侧和 S_2 外侧各点,合成波的强度分别是(　　).

习题 1 图

(A) $4I_0$，$4I_0$　　　(B) 0，0　　　(C) 0，$4I_0$　　　(D) $4I_0$，0

3.在驻波中，两个相邻波节间各质点的振动（　　　）.

(A) 振幅相同，相位相同　　　　　(B) 振幅不同，相位相同

(C) 振幅相同，相位不同　　　　　(D) 振幅不同，相位不同

4. 在波长为 λ 的驻波中，两个相邻波腹之间的距离为（　　　）.

(A) $\lambda/4$　　　(B) $\lambda/2$　　　(C) $3\lambda/4$　　　(D) λ

5. 在波长为 λ 的驻波中两个相邻波节之间的距离为（　　　）.

(A) λ　　　(B) $3\lambda/4$　　　(C) $\lambda/2$　　　(D) $\lambda/4$

6.在弦线上有一简谐波，其表达式如下：

$$y_1=2.0\times10^{-2}\cos\left[2\pi\left(\frac{t}{0.02}-\frac{x}{20}\right)+\frac{\pi}{3}\right]\text{(SI)}$$

为了在此弦线上形成驻波，并且在 $x=0$ 处为一波节，此弦线上还应有一简谐波，其表达式为（　　　）.

(A) $y_2=2.0\times10^{-2}\cos\left[2\pi\left(\frac{t}{0.02}+\frac{x}{20}\right)+\frac{\pi}{3}\right]\text{(SI)}$

(B) $y_2=2.0\times10^{-2}\cos\left[2\pi\left(\frac{t}{0.02}+\frac{x}{20}\right)+\frac{2\pi}{3}\right]\text{(SI)}$

(C) $y_2=2.0\times10^{-2}\cos\left[2\pi\left(\frac{t}{0.02}+\frac{x}{20}\right)+\frac{4\pi}{3}\right]\text{(SI)}$

(D) $y_2=2.0\times10^{-2}\cos\left[2\pi\left(\frac{t}{0.02}+\frac{x}{20}\right)-\frac{\pi}{3}\right]\text{(SI)}$

7. 沿着相反方向传播的两列相干波，其表达式为
$$y_1=A\cos2\pi(\nu t-x/\lambda)\quad\text{和}\quad y_2=A\cos2\pi(\nu t+x/\lambda)$$
在叠加后形成的驻波中，各处简谐振动的振幅是（　　　）.

(A) A　　　(B) $2A$　　　(C) $2A\cos(2\pi x/\lambda)$　　　(D) $|2A\cos(2\pi x/\lambda)|$

8. 有两列沿相反方向传播的相干波，其表达式为
$$y_1=A\cos2\pi(\nu t-x/\lambda)\quad\text{和}\quad y_2=A\cos2\pi(\nu t+x/\lambda)$$
叠加后形成驻波，其波腹位置的坐标为（　　　）.

(A) $x=\pm kl$

(B) $x=\pm\frac{1}{2}(2k+1)\lambda$

(C) $x=\pm\frac{1}{2}k\lambda$

(D) $x=\pm(2k+1)\lambda/4$

其中，$k=0,1,2,3,\cdots$.

9. 如图所示，两相干波源在 x 轴上的位置为 S_1 和 S_2，其间距离为 $d=30\text{m}$，S_1 位于坐标原点 O. 设波只沿 x 轴正负方向传播，单独传播时强度保持不变. $x_1=9\text{m}$ 和 $x_2=12\text{m}$ 处的两点是相邻的两个因干涉而静止的点. 求两波的波长和两波源间最小相位差.

10. 在均匀介质中，有两列余弦波沿 Ox 轴传播，波动表达式分别为 $y_1=A\cos[2\pi(\nu t-x/\lambda)]$ 与 $y_2=2A\cos[2\pi(\nu t+x/\lambda)]$，试求 Ox 轴上合振幅最大与合振幅最小的那些点的位置.

11. 两波在一很长的弦线上传播，其表达式分别为
$$y_1=4.00\times10^{-2}\cos\frac{1}{3}\pi(4x-24t)\text{(SI)}$$

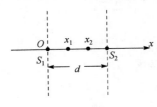

习题 9 图

$$y_2 = 4.00 \times 10^{-2} \cos \frac{1}{3}\pi(4x+24t) \text{ (SI)}$$

求：(1) 两波的频率、波长、波速；(2) 两波叠加后的节点位置；(3) 叠加后振幅最大的那些点的位置.

12. 设入射波的表达式为 $y_1 = A\cos 2\pi\left(\dfrac{x}{\lambda} + \dfrac{t}{T}\right)$，在 $x=0$ 处发生反射，反射点为一固定端. 设反射时无能量损失，求：(1) 反射波的表达式；(2) 合成的驻波的表达式；(3) 波腹和波节的位置.

13. 一弦上的驻波表达式为 $y = 3.00 \times 10^{-2}(\cos 1.6\pi x)\cos 550\pi t$　(SI)

(1) 若将此驻波看作传播方向相反的两列波叠加而成，求两波的振幅及波速；

(2) 求相邻波节之间的距离；

(3) 求 $t=t_0 = 3.00 \times 10^{-3}$ s 时，位于 $x=x_0 = 0.625$m 处质点的振动速度.

14. 如图所示，一平面简谐波沿 x 轴正方向传播，BC 为波密介质的反射面. 波由 P 点反射，$\overline{OP}=3\lambda/4$，$\overline{DP}=\lambda/6$. 在 $t=0$ 时，O 处质点的合振动是经过平衡位置向负方向运动. 求 D 点处入射波与反射波的合振动方程.（设入射波和反射波的振幅皆为 A，频率为 ν）

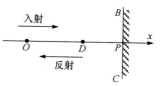

习题 14 图

15. 一列横波在绳索上传播，其表达式为

$$y_1 = 0.05\cos\left[2\pi\left(\frac{t}{0.05} - \frac{x}{4}\right)\right] \text{ (SI)}$$

(1) 现有另一列横波（振幅也是 0.05m）与上述已知横波在绳索上形成驻波. 设这一横波在 $x=0$ 处与已知横波同相位，写出该波的表达式；

(2) 写出绳索上的驻波表达式，求出各波节的位置坐标，并写出离原点最近的四个波节的坐标数值.

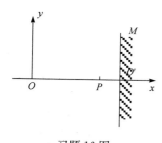

习题 16 图

16. 如图所示，一角频率为 ω，振幅为 A 的平面简谐波沿 x 轴正方向传播，设在 $t=0$ 时该波在原点 O 处引起的振动使介质元由平衡位置向 y 轴的负方向运动. M 是垂直于 x 轴的波密介质反射面. 已知 $OO' = 7\lambda/4$，$PO' = \lambda/4$（λ 为该波波长），设反射波不衰减，求：

(1) 入射波与反射波的表达式；

(2) P 点的振动方程.

17. 在绳上传播的入射波表达式为 $y_1 = A\cos\left(\omega t + 2\pi\dfrac{x}{\lambda}\right)$，入射波在 $x=0$ 处绳端反射，反射端为自由端. 设反射波不衰减，求驻波的表达式.

18. 在绳上传播的入射波表达式为 $y_1 = A\cos\left(\omega t + 2\pi\dfrac{x}{\lambda}\right)$，入射波在 $x=0$ 处反射，反射端为固定端. 设反射波不衰减，求驻波表达式.

§6.8　多普勒效应

前面讨论的弹性波在介质中的传播皆属波源和观察者相对于介质为静止的情况，所以波源的振动频率、波的频率和观测者接收到的频率都相同. 当高速行驶的火车鸣笛而来时，站台上的旅客听到的汽笛音调就会变高，当火车鸣笛而去时，听到的音调会变低. 实验和理论计算表明，当波源运动、观测者不动，波源不动、观测者运动或者波源和观测者都运动时,观测者所接收的频率都与波源的频率不同.这种观测者接收到的频率有赖于波源或观测者运动的现象,最先由在德国出生的奥地利物理学家多普勒(G. J. Doppler,1803~1853)在声波中观测到,故称为多普勒效应.下面讨论这一效应所遵从的规律.为方便起见,波源相对介质的运动速度用 v_S 表示,观测者相对介质的运动速度用 v_R 表示,波速用 u 表示.波源的频率 f_S 为波源振动的频率,或者说是单位时间内发出的"完整波"的个数;波的频率 f 是单位时间内通过介质中某点完整波的个数;观测者接收到的频率 f_R 是观测者在单位时间内接收到完整波的个数.由前面的讨论已知,当波源不动时,$f=f_S$;当观察者不动时,$f_R=f$.注意,这里讨论的是介质不动的情况.

一、波源相对于介质不动,观测者以速度 v_R 沿着二者的连线运动

如图 6-49 所示,当观测者以速度 v_R 向着波源运动时,在单位时间内,原来位于观测者处的波面向右传播了 u 的距离,同时观测者向左运动了 v_R 的距离,观察者在单位时间接到波的范围是 $u+v_R$,因此,单位时间内观测者接收到的完整波的个数,即观测者接收到的频率

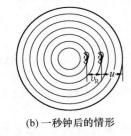

(a) t 时刻的情形　　(b) 一秒钟后的情形

图 6-49　波源静止时的多普勒效应

$$f_R = \frac{u+v_R}{\lambda} = \frac{u+v_R}{u/f} = \frac{u+v_R}{u}f$$

式中 f 是波的频率.

由于波源在介质中静止,所以波的频率等于波源的频率,因此有

$$f_R = \frac{u+v_R}{u}f_S \tag{6-77}$$

这表明,当观测者向静止波源运动时,接收到的频率为波源频率的 $\left(1+\frac{v_R}{u}\right)$ 倍. $f_R > f_S$ 的原因是,由于观察者向着波源运动,观察者单位时间接收到波的范围增加了.

当观测者离开波源运动时,通过类似的分析,可求得观测者接收到的频率为

$$f_R = \frac{u-v_R}{u}f_S \tag{6-78}$$

此时,接收到的频率低于波源的频率.特别是当 $v_R=u$ 时,$f_R=0$,相当于观测者跟着原来的波面一起运动,当然就接收不到声波了.

二、观测者相对于介质不动,波源以速度 v_S 沿着二者的连线运动

如图 6-50 所示,设 t 时刻波源在 S_1 处向观察者发射波(振动相位),经过一个周期,即 $t+T_S$ 时刻该振动相位向观察者传播了一个波长的距离,到 R 点,即 $S_1R=\lambda_0=uT_S$. $t+T_S$ 时刻波源到达 S_2 位置,并发射第二个波.所以 S_2 与 R 是波线上相位差为 2π 的两点,其间距是介质中的波长 λ,所以

$$\lambda = \lambda_0 - v_S T_S = (u-v_S)T_S = \frac{u-v_S}{f_S}$$

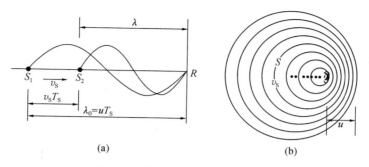

图 6-50　波源运动时的多普勒效应

介质中波的频率为

$$f = \frac{u}{\lambda} = \frac{u}{u - v_S} f_S$$

由于观测者相对于介质静止不动,所以他接收到的频率就是波的频率,即

$$f_R = \frac{u}{u - v_S} f_S \tag{6-79}$$

即观测者接收到的频率大于波源振动的频率. 其原因是,波源向观察者运动,介质中的波长压缩变短.

通过类似的分析可知,当波源远离观测者运动时,接收到的频率为

$$f_R = \frac{u}{u + v_S} f_S \tag{6-80}$$

这时观测者接收到的频率小于波源的振动频率.

三、波源和观测者相对于介质在二者连线上同时运动

综合以上两种情况的分析可知,当波源和观测者相互接近时,接收到的频率为

$$f_R = \frac{u + v_R}{u - v_S} f_S \tag{6-81}$$

当波源和观测者彼此离开时,接收到的频率为

$$f_R = \frac{u - v_R}{u + v_S} f_S \tag{6-82}$$

当波源和观察者沿着垂直它们连线方向运动时,将不发生多普勒效应. 如果波源或观察者沿任意方向运动,只须把沿它们连线方向的速度分量代入公式即可. 不过这时的速度分量可能随时间变化,接收的频率也可能变化.

多普勒效应是波动的共同特性. 电磁波和光波也有多普勒效应. 由于电磁波的传播不依赖介质,所以接收到的频率 f_R 只与观察者与波源的相对速度 v 有关. 应该注意的是,电磁波以光速 c 传播,涉及相对运动时要用洛伦兹变换. 可以证明,当波源和观察者在同一条直线上运动并接近时

$$f_R = \sqrt{\frac{c+v}{c-v}} f_S \tag{6-83}$$

波源和观察者相互背离时

$$f_R = \sqrt{\frac{c-v}{c+v}} f_S \tag{6-84}$$

电磁波的多普勒效应常用来测量汽车的速度和跟踪人造卫星等.

式(6-83)和式(6-84)表明:当光源和观察者接近时,$f_R > f_S$,称为蓝移. 当远离时,$f_R < f_S$,称为红移. 天文学家将来自星球的光谱和地球上相同元素的光谱比较,发现星球光谱几乎都发生了红移. 由此推断星球都在背离地球运动. 这一观察结果被认为是"大爆炸"宇宙学的重要证据.

例题 1　一时速为 80km/h 的列车向车站驶来.(1)列车上汽笛的频率为 1000Hz,站立在站台上的旅客听到的汽笛的频率应是多少? (2)若同样频率的汽笛在车站鸣叫,运动列车内旅客听到的汽笛的频率为多少? 声速为 340m/s.

解　(1) $u = 340$m/s,$v_R = 0$,$v_S = 80\,000 \div (60 \times 60) = 22.2$(m/s),$f_S = 1000$Hz,由式(6-79)可得车站上旅客接收到的笛声的频率为

$$f_R = \frac{u}{u - v_S} f_S = \frac{340}{340 - 22.2} \times 1000 = 1070(\text{Hz})$$

(2) $v_S = 0$,$v_R = 22.2$m/s,由式(6-77)可得列车内旅客接收到笛声的频率为

$$f_R = \frac{u + v_R}{u} f_S = \frac{340 + 22.2}{340} \times 1000 = 1065(\text{Hz})$$

习　　题

1. 设声波在介质中的传播速度为 u,声源的频率为 v_S. 若声源 S 不动,而接收器 R 相对于介质以速度 v_R 沿着 S、R 连线向着声源 S 运动,则位于 S、R 连线中点的质点 P 的振动频率为(　　　).

　　(A) v_S　　　　(B) $\dfrac{u + v_R}{u} v_S$　　　　(C) $\dfrac{u}{u + v_R} v_S$　　　　(D) $\dfrac{u}{u - v_R} v_S$

2. 一机车汽笛频率为 750Hz,机车以时速 90km 远离静止的观察者. 观察者听到的声音的频率是(　　　)(设空气中声速为 340m/s.)

　　(A) 810Hz　　(B) 699Hz　　　　(C) 805Hz　　　　(D) 695Hz

3. 正在报警的警钟,每隔 0.5s 响一声,有一人在以 72km/h 的速度向警钟所在地驶去的火车里,这个人在 1min 内听到的响声是(　　　)(设声音在空气中的传播速度是 340m/s.)

　　(A) 113 次　　(B) 120 次　　　　(C) 127 次　　　　(D) 128 次

4. 一辆机车以 30m/s 的速度驶近一位静止的观察者,如果机车汽笛的频率为 550Hz,此观察者听到的声音频率是(　　　)(设空气中声速为 330m/s.)

　　(A) 605Hz　　(B) 600Hz　　　　(C) 504Hz　　　　(D) 500Hz

5. 一辆汽车以 25m/s 的速度远离一辆静止的正在鸣笛的机车. 机车汽笛的频率为 600 Hz,汽车中的乘客听到机车鸣笛声音的频率是(　　　)(已知空气中的声速为 330m/s.)

　　(A) 550Hz　　(B) 558Hz　　　　(C) 645Hz　　　　(D) 649Hz

6. 一汽笛发出频率为1000Hz的声波,汽笛以10m/s的速率离开你而向着一悬崖运动,空气中的声速为330m/s.问(1)你听到直接从汽笛传来的声波的频率为多大?(2)你听到从悬崖反射回来的声波的频率是多大?

*§6.9　波包和非线性波

一、波包和群速度

为讨论问题方便,假定有两列振动方向相同、振幅相同、初相位相同、角频率分别为ω_0和ω且频率比较接近的平面简谐波

$$y_1 = A_0 \cos(\omega_0 - k_0 x + \varphi)$$
$$y_2 = A_0 \cos(\omega t - kx + \varphi)$$

式中角波数$k_0 = 2\pi/\lambda_0$,$k = 2\pi/\lambda$.它们在空间相遇叠加的结果是

$$y = y_1 + y_2 = A_0 \cos(\omega_0 t - k_0 x + \varphi) + A_0 \cos(\omega t - kx + \varphi)$$
$$= 2A_0 \cos\left(\frac{\omega_0 - \omega}{2}t - \frac{k_0 - k}{2}x\right)\cos\left(\frac{\omega_0 + \omega}{2}t - \frac{k_0 + k}{2}x + \varphi\right)$$

结果表明,叠加的合成波乃是一种振幅为

$$A = 2A_0 \cos\left(\frac{\omega_0 - \omega}{2}t - \frac{k_0 - k}{2}x\right) \tag{6-85}$$

的调幅波,其振幅的调制频率$(\omega_0 - \omega)/2$远比载波频率$(\omega_0 + \omega)/2$要小,如图6-51所示,图中的横坐标为x.若以t为横坐标,画出某x处的振动曲线,则与图6-19中"拍"的形状相似.由于调制因子反映着振幅的变化,所以振幅A也是以波的形式在传播着,式(6-85)便明确地表明了这一点.从波形上看,调幅波是由一连串的、振幅按余弦规律变化的波动单元所组成.这种单元的外貌完全一样,每个单元中包含着一群载波,由调制波"包裹"着.因此,常称这种波动单元为群波或波包,也就是说,调制波的传播犹似一串群波在移动一样.

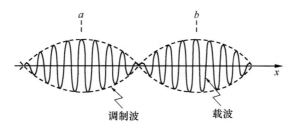

图6-51　调幅波是一连串的波包

为了便于讨论群波的传播情况,不妨把上述情况再简化一下.设$\omega_0 - \omega = \Delta\omega$比较小,因而可认为$\frac{\omega_0 + \omega}{2} \approx \omega_0$,$\frac{k_0 + k}{2} \approx k_0$.这样,叠加后的合成波可近似写为

$$y = 2A_0\cos\left(\frac{\Delta\omega}{2}t - \frac{\Delta k}{2}x\right)\cos(\omega_0 t - k_0 x + \varphi)$$

下面分别讨论载波和调制波的传播速度.

首先讨论载波. t 时刻 x 点的振动相位 $\omega_0 t - k_0 x + \varphi$，经 $\mathrm{d}t$ 时间传播了 $\mathrm{d}x$ 距离. 也就是 $t + \mathrm{d}t$ 时刻 $x + \mathrm{d}x$ 处的相位等于 t 时刻 x 点的相位，即

$$\omega_0 t - k_0 x + \varphi = \omega_0(t + \mathrm{d}t) - k_0(x + \mathrm{d}t) + \varphi$$

整理可得

$$\omega_0 \mathrm{d}t = k_0 \mathrm{d}x$$

所以

$$u = \frac{\mathrm{d}x}{\mathrm{d}t} = \frac{\omega_0}{k_0} = f_0\lambda_0 = f\lambda \tag{6-86}$$

习惯上将 u 称为波速，也就是相速度.

再看调制波 $A = 2A_0\cos\left(\frac{\Delta\omega}{2}t - \frac{\Delta k}{2}x\right)$，设 t 时刻 x 点的振幅的振动状态经 $\mathrm{d}t$ 时间传播了 $\mathrm{d}x$ 的距离. 所以

$$\frac{\Delta\omega}{2}t - \frac{\Delta k}{2}x = \frac{\Delta\omega}{2}(t + \mathrm{d}t) - \frac{\Delta k}{2}(x + \mathrm{d}x)$$

整理上式可得

$$\frac{\Delta\omega}{2}\mathrm{d}t = \frac{\Delta k}{2}\mathrm{d}x$$

由此可得调制波传播的速度

$$v_g = \frac{\mathrm{d}x}{\mathrm{d}t} = \frac{\Delta\omega}{\Delta k}$$

当两列波的角波数差 $\Delta k \to 0$ 时，则有

$$v_g = \frac{\mathrm{d}\omega}{\mathrm{d}k} \tag{6-87}$$

由于 v_g 表示一个波群的传播速度，因此称为群速度.

波的能量正比于振幅的平方，波包的中心振幅最大，也是能量最集中的地方. 波包传播的速度（即群速度）就是能量传播的速度. 对于一个单纯的简谐波而言，其传播速度既表达相位的传播，同时也表达振幅的传播，两个速度（相速度和群速度）是完全一致的.

上述相速度和群速度的概念，不仅适用于弹性波，同样也适用于无线电波和光波，因为它们都是波动. 这些概念也是讨论电磁波色散的基础.

二、非线性效应对波动的影响

在波动的讨论中都假定了介质是弹性介质，即介质中的恢复力与介质的形变成正比.

这一假定导致弹性介质中的波动方程是线性的,波的性质遵从叠加原理,波的传播速度只与介质的性质有关,而与振动状态无关.

然而,实际介质的动力学方程都含有非线性项.当波的振幅较大时,非线性项的作用不能忽略,计入非线性项后的波动方程是非线性方程.非线性效应导致介质中各点的波速不尽相同,它与质元的位移的大小和正负都有关系.介质中各点的波速不同,导致波形随着传播距离的增大而发生越来越大的畸变,原来的简谐波可以变成各种非简谐波,从而使原来具有单一频率的波动,成为含有各高次谐波的复合波,简谐波的能量将分配成各高次谐波的能量.随着传播过程的持续进行,高频波将积累增强,从而形成激波.非线性效应还导致了叠加原理的失效,同时平等地向前传播的两个声波,因非线性效应会产生组合频率的声波.

三、孤波和孤子

早在 1834 年,一位名叫罗素(J. S. Russell)的英国工程师观察一条木船在河中运动,偶然看到摇荡的船首挤出高 0.3~0.5m、长约 10m 的一堆水来.当船突然停止时,这堆水保持自己的形状,以每小时 13km 的速度沿河向前传播.罗素骑马沿河追逐了约 3km,它才消失.罗素将这堆水称为"孤波",并认为它应当是流体力学的一个解.但当他在 1844 年向英国科学促进会报告这一物理现象时,却未能说服与会者,争论持续了几十年.直到 1895 年,两位数学家科特维格与德佛里斯导出了有名的浅水波 KdV 方程,并给出了一个类似于罗素孤波的解析解时,争论才告渐息.

20 世纪 60 年代电子计算机广泛应用之后,孤波问题被重新提出,并被命名为"孤子".电子计算机的出现和应用使得科学家们敢于也有可能去探索过去解析手段难于处理的复杂问题.首先进行这种探索的是物理学家费米及他的两位同事.1952 年他们对 64 个振子间存在微弱非线性相互作用的系统进行计算,企图证实统计物理学的"能量均分定理".1955 年完成的研究表明,结果与预期相反,初始集中于一个振子的能量,随着时间的演化并不均分到其他振子上去,而是出现了奇怪的"复归"现象.每经过一段"复归时间",能量又回到原来的振子上去.60 年代,贝尔公司的一批科学家经过一系列近似,发现费米等的振子系统可以看作是 KdV 方程的极限情况,可以用这个方程的孤波解来解释初始能量的复归现象.更重要的是,他们通过计算机实验发现,两个以不同速度运动的孤波相互碰撞后,仍然保持形状不变,具有出奇的稳定性,如同刚性粒子一般.于是他们将这种非线性方程的孤波解叫做"孤子".

1965 年之后,进一步发现除 KdV 方程外,其他一些非线性偏微分方程也有孤子解,并且发展出一套系统的方法——"反散射法",找出了一批非线性方程的普遍解法.计算机实验和解析方法结合发现的孤子,迅速在固体物理、等离子体物理、光学实验中被发现.更令人振奋的是,这些似乎是纯数学的发现,不仅为实验所证实,而且还找到了实际应用.通常光通讯中传播信息的低强度光脉冲由于色散变形,不仅传输信息量低,质量差,而且须在传输线路上每隔一定距离加设波形重复器,花费很大.70 年代,从理论上首先发现"光学孤子"可以完全克服这些缺点,并可大大提高信息传输量,目前已进入实用阶段.

本 章 小 结

1. 简谐振动的判据

$$F = -kx, \quad \frac{d^2 x}{dt^2} + \omega^2 x = 0, \quad x = A\cos(\omega t + \varphi)$$

2. 振幅和初相位由初始条件确定

$$A = \sqrt{x_0^2 + \frac{v_0^2}{\omega^2}}$$

初相位满足　　$\tan\varphi = -\dfrac{v_0}{\omega x_0}$

3. 周期、频率、角频率由振动系统本身的条件决定

$$T = \frac{2\pi}{\omega} = \frac{1}{f}$$

弹簧振子　$\omega = \sqrt{\dfrac{k}{m}}$

单摆　$\omega = \sqrt{\dfrac{g}{l}}$

4. 谐振动的表示方法

运动方程法,旋转矢量法,振动曲线法.
表示谐振动就是表示 A、ω、φ,求谐振动就是求 A、ω、φ.

5. 运动方程、速度、加速度

$$x = A\cos(\omega t + \varphi), \quad v = -\omega A\sin(\omega t + \varphi), \quad a = -\omega^2 A\cos(\omega t + \varphi)$$

6. 简谐振动的能量

$$E_k = \frac{1}{2}mv^2 = \frac{1}{2}m\omega^2 A^2 \sin^2(\omega t + \varphi)$$

$$E_p = \frac{1}{2}kx^2 = \frac{1}{2}kA^2 \cos^2(\omega t + \varphi)$$

$$E = E_k + E_p = \frac{1}{2}kA^2$$

$$\overline{E_k} = \overline{E_p} = \frac{1}{2}E$$

7. 阻尼振动、受迫振动、共振

8. 同方向的谐振动的合成

$$A = \sqrt{A_1^2 + A_2^2 + 2A_1A_2\cos(\varphi_2 - \varphi_1)}$$

初相位满足　　$\tan\varphi = \dfrac{A_1\sin\varphi_1 + A_2\sin\varphi_2}{A_1\cos\varphi_1 + A_2\cos\varphi_2}$

拍频　　$f = |f_2 - f_1|$

9. 相互垂直的谐振动的合成

相互垂直的两个同频率谐振动的合成,其轨迹一般为一椭圆.

$$\frac{x^2}{A_1^2} + \frac{y^2}{A_2^2} - \frac{2xy}{A_1A_2}\cos(\varphi_2 - \varphi_1) = \sin^2(\varphi_2 - \varphi_1)$$

10. 平面简谐波的波函数

$$y = A\cos\left[\omega\left(t - \frac{x}{u}\right) + \varphi_0\right] = A\cos\left[2\pi\left(ft - \frac{x}{\lambda}\right) + \varphi_0\right] = A\cos(\omega t - kx + \varphi_0)$$

$$= A\cos\left[2\pi\left(\frac{t}{T} - \frac{x}{\lambda}\right) + \varphi_0\right] = A\cos\left[\frac{2\pi}{\lambda}(ut - x) + \varphi_0\right]$$

注意谐振动的 T、f、ω 与波的 T、f、ω 意义上的不同和数值上相等的关系. $\omega = 2\pi\dfrac{u}{\lambda}$,等于单位时间传播的距离对应的相位变化;波数(下册将定义)$\tilde{\nu} = \dfrac{1}{\lambda}$,波线上单位长度内包含完整波的数目;角波数 $k = \dfrac{2\pi}{\lambda}$,等于波线上单位长度对应的相位变化.

相速度　　$u = \dfrac{\omega_0}{k_0}$,　　群速度　　$v_g = \dfrac{\mathrm{d}\omega}{\mathrm{d}k}$

11. 平面简谐波的波动方程和能量

波动方程　　$\dfrac{\partial^2 y}{\partial x^2} = \dfrac{1}{u^2}\dfrac{\partial^2 y}{\partial t^2}$

能量密度　　$w = \rho A^2\omega^2\sin^2\left[\omega\left(t - \dfrac{x}{u}\right) + \varphi_0\right]$

平均能量密度　　$\overline{w} = \dfrac{1}{2}\rho A^2\omega^2$

平均能流密度(波的强度)　　$I = \overline{w}u = \dfrac{1}{2}\rho u\omega^2 A^2$

12. 声强的级

$$L = \lg \frac{I}{I_0}\,(\text{Bel}) = 10\lg \frac{I}{I_0}\,(\text{dB})$$

$$I_0 = 10^{-12}\,\text{W/m}^2$$

13. 波的干涉、驻波

相干波：频率相同、振动方向相同、相位差恒定. 干涉加强或减弱的条件由两列波在某处的相位差决定.

干涉加强　$\Delta\varphi = \varphi_2 - \varphi_1 - \dfrac{2\pi}{\lambda}(r_2 - r_1) = 2k\pi$

干涉减弱　$\Delta\varphi = \varphi_2 - \varphi_1 - \dfrac{2\pi}{\lambda}(r_2 - r_1) = (2k+1)\pi$

两列振幅相同的相干波，同一直线上沿相反方向传播时，可形成驻波. 它实际上是稳定的分段振动，有波节和波腹，相邻两波节或波腹之间的距离为 $\lambda/2$. 波节两边的对称点，振动的相位差为 π.

14. 多普勒效应

$$f_R = \frac{u \pm v_R}{u \mp v_S} f_S$$

第七章　光　的　干　涉

一、光学简介

　　光学是物理学中具有悠久历史的一个分支,也是当前科学领域中最活跃的前沿阵地之一. 我国古代的《墨经》和《梦溪笔谈》中有关于光的直线传播,凹镜和凸镜成像等记载. 南宋沈括对针孔成像、球面镜成像、虹霓、月食等现象都有详细叙述. 这些在世界科学史上占有重要的地位.

　　光学的发展大体上可以分为五个时期:萌芽时期、几何光学时期、波动光学时期、量子光学时期和现代光学时期. 光学真正成为一门科学,应该从反射定律和折射定律的建立算起. 而关于光的本性问题直到 1905 年爱因斯坦提出光子说之前,一直是个争论不休的问题. 争论的焦点在于光是"微粒"还是"波"? 即所谓"微粒说"与"波动说"之争. 1672 年牛顿提出了光的"微粒说",认为光是一种实体粒子流;意大利物理学家格里马第(F. Grimaldi, 1618~1663)首先发现了光的衍射现象,他是波动说的最早倡导者. 惠更斯发展了波动说,于 1678 年提出了光是纵波的假设. 两种学说虽然都能解释光的反射,但在解释光的折射现象时,微粒说得出了光在光密媒质(例如水)中传播的速度大于光在光疏媒质(如空气)中传播的速度的错误结论. 而波动说的结论相反. 由于当时人们还不能测定光速,所以当时无法根据对折射现象的判断来区别两种学说的优劣. 由于微粒说对解释光的干涉、衍射和偏振现象无能为力,所以,波动说从未被人们忘记. 从 19 世纪初开始,托马斯·杨和菲涅耳先后建立了光的干涉理论和衍射理论. 1862 年,傅科用实验测定了水中的光速,证实水中的光速小于空气中的光速. 人们就自然地接受了波动说,建立了波动光学理论.

　　1868 年麦克斯韦创立的光波是电磁波的学说,为光的波动说提供了有力的论据. 在 20 世纪初,正当光的波动说发展到非常完美的阶段时,光电效应实验给它投下了阴影. 为了解释光电效应,1905 年爱因斯坦提出了光子假说,认为光是由光子组成的. 不过,爱因斯坦的光子假设并不排斥波动观点. 之后,光的微粒性和波动性在爱因斯坦光子理论的基础上逐步得到了统一,这就是光的波粒二象性.

　　近年来,非线性光学取得了长足的发展;激光器的研究和激光应用受到各国的高度重视. 光孤子理论和应用研究受到世界各国的重视. 光纤通讯技术已经并进一步改变着传统的通讯手段. 集成光学、微光学(二元光学)研究已取得很大发展. 激光和白光全息技术、磁光记录技术、光计算技术正在迅速发展并已取得重大成就. 现代光学正在蓬勃发展.

二、波动光学的内容

　　关于光的本性的假设:光是电磁波,可见光是能引起人们视觉效应的电磁波.

　　关于普通光源发光机理的假设:普通光源由原子组成,当原子由高能级向低能级跃迁时,发出一个频率一定,振动方向、初相位、传播方向随机分布、长度很短的光波波列. 一束光是由光源中很多原子、多个能级的随机跃迁产生的波列组成的.

光是电磁波,像所有波动一样,会产生干涉和衍射现象.电磁波是横波,所以光有偏振现象.光的干涉、衍射、偏振是波动光学的主要研究内容.

三、光的干涉理论的框架

在光是电磁波假设的基础上,根据光束是由频率不一定相同,振动方向各异、初相位随机分布、长度很短的光波波列组成的假设,应用波的干涉理论研究光的干涉现象.只有从同一个波列分成的分波列重新相遇时才满足相干条件,才能发生干涉现象.根据把波列分成分波列的方法不同,可分为分波阵面和分振幅法获得相干光的干涉.光的干涉理论是光学精密测量和光学测量仪器的设计原理之一.

§7.1　光的单色性和相干性、光程

一、光源

光是一种电磁波,通常所说的光是指可见光,是能引起人们视觉的电磁波,在真空中的波长范围是 $4000\sim7600\text{Å}$.

发光物体称为光源.根据光源中基本发光单元的激发方式不同,常可分为以下几类:

(1) 热致发光.温度高的物体可以发射可见光,如太阳、白炽灯等.

(2) 电致发光.电能直接转变为光能的现象称为电致发光,如闪电、霓虹灯等.

(3) 光致发光.用光激发引起的发光现象称为光致发光,如日光灯.通过灯管内气体放电产生的紫外线激发管壁上的荧光粉而发射可见光,这种发光过程叫荧光.有些物体受到光照以后,可以在一段时间内持续发光,这种发光过程叫磷光.能够产生磷光的物质一般称为长余辉发光材料.余辉时间和余辉强度是衡量长余辉发光材料优劣的两个重要参数.夜光表和某些交通指示牌上的物质的发光属于此类.长余辉发光材料还广泛应用于消防逃生指示牌、值班交警和清洁工工作服以及钓具等.

(4) 化学发光.由于发生化学反应而发光的过程称为化学发光,如燃烧等.

各种发光过程的共同特点是:物质发光的基本单元——分子、原子等从具有较高能量的激发态向具有较低能量的状态(基态或低激发态)跃迁时,发射一个电磁波波列.这个过程经历的时间大约是 $\Delta t=10^{-8}\,\text{s}$,称为一次发光的持续时间,发射的波列是长度有限($L_c=c\Delta t$)、频率一定(取决于两能级之差)、振动方向一定、沿一定方向传播的光波.

一个原子经过一次发光跃迁之后,可再次被激发到高能级,从而再次发光.但任意两次发光跃迁间隔的时间是完全不确定的,即原子的发光完全是随机的.这意味着同一原子所发射波列初相位的取值完全是随机的;光矢量的振动方向和传播方向也完全是随机的;原子发光是断续的.实际光源中有很多原子发光,各原子的各次发光完全独立,互不相关.任意两原子或同一原子不同次所发射的波列频率不一定相同,也不可能有固定相位差.因此,一束普通光是由频率不一定相同、振动方向各异、无确定相位关系的无数各自独立的波列组成的.

二、光的单色性和相干性

1. 光的单色性

具有单一频率(波长)的光称为单色光. 含有很多不同频率(波长)的复合光称为复色光. 原子辐射的光并非是严格单色的. 由一些波长相差很小的波列组合而成的光称为准单色光. 图 7-1 是准单色光中相对光强随波长变化的关系曲线. 通常把强度为最大光强一半处的曲线宽度 $\Delta\lambda$ 称为准单色光的谱线宽度. $\Delta\lambda$ 越小,单色性越好.

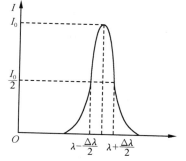

波列长度 L_c 也称为相干长度,它与谱线宽度 $\Delta\lambda$ 之间有一简单关系

$$L_c = \frac{\lambda^2}{\Delta\lambda} \qquad (7\text{-}1)$$

此式的证明[①]从略.

图 7-1　准单色光的光强分布

在实验室中常用钠光灯作为单色光源,它属于原子发光,谱线宽度很小. 利用三棱镜的色散特性,使复色光通过三棱镜,光的各波长成分展开,再让其通过狭缝,即可获得单色光. 使复色光通过滤光片也可获得单色光. 上述方法有个致命的弱点,即光的单色性越高,光强越小,这必然降低它的实用价值. 真正的单色光应该只有一种波长,这样的光实际上是不存在的. 1960 年发明的激光器是一种新的光源,其发光机理与普通光源不同. 激光的单色性好,而且亮度高,方向性好,因而激光在各个科技领域中有着广泛的应用.

2. 光的相干性

干涉是波动的特征之一,由发光的物理机制可知,即使是两个独立的、同频率的单色光源(如钠光灯)发出的光波在空间相遇,也观察不到干涉现象. 其原因是,波的干涉条件"振动方向相同""相位差恒定"对于普通光源发出的光波难以满足. 下面就从光振动合成的原理出发,简单地讨论一下这个问题.

光的本质是电磁波,是变化的电场和变化的磁场在空间的传播. 在光波中能够引起视觉或使材料感光的是电场强度矢量 $\boldsymbol{E}$,通常称为光矢量. 设 $\boldsymbol{E}$ 矢量作余弦变化,空间某一点 P 参与下述两个光振动:

$$\boldsymbol{E}_1 = \boldsymbol{E}_{10}\cos(\omega_1 t + \varphi_1)$$
$$\boldsymbol{E}_2 = \boldsymbol{E}_{20}\cos(\omega_2 t + \varphi_2)$$

并设两者振动方向相同. 由第六章可知,其合振动的振幅为

$$E_0 = \sqrt{E_{10}^2 + E_{20}^2 + 2E_{10}E_{20}\cos[(\omega_2 - \omega_1)t + (\varphi_2 - \varphi_1)]}$$

① 程守洙,江之永. 普通物理学(修订本)3.4 版. 北京:高教出版社,1982:32.

在波场中,波的强度正比于振幅的平方.由于只对光强的相对分布感兴趣,因此不妨把光强 I 与振幅 E_0 的关系表示为

$$I = E_0^2$$

相应地,用 $I_1 = E_{10}^2$, $I_2 = E_{20}^2$ 表示两个分光强.于是,可得场点 P 的合光强为

$$I = I_1 + I_2 + 2\sqrt{I_1 I_2}\cos\Delta\varphi$$

式中 $\Delta\varphi = (\omega_2 - \omega_1)t + (\varphi_2 - \varphi_1)$.由于 I_1 和 I_2 是不随时间变化的,则在 $0 \sim \tau$ 的一个周期内,光强 I 的平均值是

$$\bar{I} = I_1 + I_2 + 2\sqrt{I_1 I_2}\left(\frac{1}{\tau}\int_0^\tau \cos\Delta\varphi\,\mathrm{d}t\right)$$

式中积分

$$\int_0^\tau \cos\Delta\varphi\,\mathrm{d}t = \int_0^\tau \cos[(\omega_2 - \omega_1)t + (\varphi_2 - \varphi_1)]\mathrm{d}t$$

的值与 $(\omega_2 - \omega_1)$ 的大小有关.因为余弦函数在一个周期内的积分等于零,所以,当 $\omega_2 \neq \omega_1$ 时,该积分的值等于零,使得

$$\bar{I} = I_1 + I_2 \tag{7-2}$$

即点 P 的合光强等于两个分光强之和,光强不随 P 点位置的变化而变化.这时光波的叠加称为非相干叠加,相应的两束光称为非相干光,两光源称为非相干光源.

当 $\omega_2 = \omega_1$ 时, $\Delta\varphi = \varphi_2 - \varphi_1$,点 P 的合光强为

$$\bar{I} = I_1 + I_2 + 2\sqrt{I_1 I_2}\cos(\varphi_2 - \varphi_1) \tag{7-3}$$

对于给定光源,相位差 $(\varphi_2 - \varphi_1)$ 只与点 P 的位置有关.因此合光强不再简单地为两分光强之和,而是随场点 P 的空间位置变化的.在某些地方, $\bar{I} > I_1 + I_2$;在另一些地方, $\bar{I} < I_1 + I_2$.这时光波的叠加称为相干叠加,相应的两束光称为相干光,光源称为相干光源.若 $I_1 = I_2$,则式(7-3)变为

$$\bar{I} = 2I_1(1 + \cos\Delta\varphi) = 4I_1\cos^2\frac{\Delta\varphi}{2} \tag{7-4}$$

当 $\Delta\varphi = \pm 2k\pi(k = 0,1,2,3,\cdots)$ 时,合光强最大,其值 $\bar{I}_{\max} = 4I_1$.

当 $\Delta\varphi = \pm(2k+1)\pi(k = 0,1,2,3,\cdots)$ 时,合光强最小,其值 $\bar{I}_{\min} = 0$.光强随相位差的变化情况如图 7-2 所示.

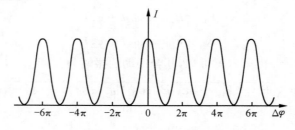

图 7-2　干涉现象的光强分布

　　综上所述,两束光相干涉的条件是:

　　(1) 频率相同,在相遇点振动方向相同并且有恒定的相位差.

　　(2) 两束光在相遇点的振幅不能相差太大,否则不会观察到明显的干涉现象. 例如,当 $E_{10} \gg E_{20}$ 时,合成光强 $\bar{I} \approx I_1$,不同位置处合成光强 $\bar{I}$ 差别很小,对比度很小,就观察不到干涉现象.

　　(3) 两束光在相遇点的光程差(参见下段)不能太大. 只有光波中同一个波列用适当的方法分成的两个分波列经不同路径重新相遇时,才满足相干光的条件. 因为波列的长度有限,当两束光在相遇点光程差较小时,有固定相位差的分波列才能相遇,从而产生清晰的干涉图样;反之,如果光程差太大,当一个分波列通过某点时与其有固定相位差的另一个分波列尚未到达,它们不能相遇,所以不会出现干涉现象. 光波中不同波列的分波列相遇产生的是非相干叠加. 所以,实际的干涉现象是同一波列的分波列之间的相干叠加和不同波列的分波列之间的非相干叠加两种结果的总和.

三、光程

　　设光在真空中的传播速度为 c,频率为 ν,波长为 λ. 由于光在不同介质中的频率不变,由折射定律很容易证明,光在折射率为 n 的介质中的速度 $v = c/n$,波长 $\lambda_n = \lambda/n$. 由于 $n > 1$,所以在介质中光的波长小于光在真空中的波长.

　　光波传播一个波长的距离,相位改变 2π,所以一定频率的光波在真空中与介质中传播相同的距离,由于波长不同,相位的变化是不相同的,这给计算带来了不便. 为了便于研究光经过不同介质而相遇时的干涉现象,引入光程的概念. 定义:光在介质中通过的几何路程 r 与该介质的折射率 n 的乘积 nr 称为光程,即

$$\text{光程} = nr \tag{7-5}$$

若一束光经过几种不同的介质,

$$\text{光程} = \sum_i n_i r_i \tag{7-6}$$

　　引入光程的概念之后,光波通过不同介质时的相位变化,可方便地应用光在真空中的波长 λ 来计算. 光程具有如下性质:

　　(1) 在不同介质中的两光束的光程相同时,其相位的变化也相同. 证明如下:

　　设光在折射率为 n_1 的介质中传播的几何距离为 r_1,在折射率为 n_2 的介质中传播的几何距离为 r_2,则相位的变化分别为

$$\Delta\varphi_1 = \frac{2\pi r_1}{\lambda_{n_1}} = \frac{2\pi n_1 r_1}{\lambda}$$

$$\Delta\varphi_2 = \frac{2\pi r_2}{\lambda_{n_2}} = \frac{2\pi n_2 r_2}{\lambda}$$

显然,当光程 $n_1 r_1 = n_2 r_2$ 时,相位的变化 $\Delta\varphi_1 = \Delta\varphi_2$.

(2) 在两种不同介质中,两光束的光程相同时,则传播的时间也相同. 证明如下:

设光在折射率为 n_1 的介质中传播几何距离 r_1 所用的时间为 Δt_1,在折射率为 n_2 的介质中传播几何距离 r_2 所用的时间为 Δt_2,则有

$$\Delta t_1 = \frac{r_1}{v_1} = \frac{n_1 r_1}{c}$$

$$\Delta t_2 = \frac{r_2}{v_2} = \frac{n_2 r_2}{c}$$

显然,当 $n_1 r_1 = n_2 r_2$ 时,$\Delta t_1 = \Delta t_2$.

综上所述可见,光程是一个折合量,它是在相位改变相同或传播时间相同的条件下,把光在介质中传播的路程折合为光在真空中传播的相应路程,所以光程是光在介质中传播的等效真空路程.

四、明暗干涉条纹产生的条件

如图 7-3 所示,S_1 和 S_2 为两个相位相同的相干光源,发出的光经过不同路径在点 P 相遇. 两光束的光程差为

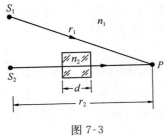

图 7-3

$$\delta = n_1(r_2 - d) + n_2 d - n_1 r_1$$

由其光程差引起的相位差为

$$\Delta \varphi = \frac{2\pi}{\lambda}[n_1(r_2 - d) + n_2 d - n_1 r_1] = \frac{2\pi}{\lambda}\delta$$

式中 λ 是光在真空中的波长.

根据波动理论,当

$$\Delta \varphi = \frac{2\pi}{\lambda}\delta = \begin{cases} 2k\pi, & k = 0, \pm 1, \pm 2, \pm 3, \cdots \quad \text{干涉加强} \\ (2k+1)\pi, & k = 0, \pm 1, \pm 2, \pm 3, \cdots \quad \text{干涉减弱} \end{cases} \tag{7-7}$$

或光程差

$$\delta = \begin{cases} k\lambda, & k = 0, \pm 1, \pm 2, \pm 3, \cdots \quad \text{干涉加强} \\ (2k+1)\dfrac{\lambda}{2}, & k = 0, \pm 1, \pm 2, \pm 3, \cdots \quad \text{干涉减弱} \end{cases} \tag{7-8}$$

干涉加强时形成亮条纹,减弱时形成暗条纹.

由以上讨论可知,两同相位的相干光源发出的相干光在空间某点相遇,在光程差为波长 λ 的整数倍的位置,则两光波干涉加强,产生亮条纹;在光程差为半波长 $\dfrac{\lambda}{2}$ 的奇数倍的位置,则两光波干涉减弱,产生暗条纹,如果不满足上述条件,其光强介于两者之间. 由此可以想到,实际观察到的明、暗条纹各有一定宽度. 所以,式(7-7)和式(7-8)应是明暗条纹中心的条件. 若两相干光源的初相位不同,除考虑光程差引起的相位差之外,还应考虑相干光源的初相位差,请读者写出此时干涉加强、减弱的条件.

在干涉、衍射装置中,经常要用到薄透镜. 从透镜成像的实验中知道,波阵面与透镜的光轴垂直的平行光,经透镜后会聚于透镜的焦点上形成亮点. 这说明在焦点处各光线是同

相位的. 由于平行光的同相位面与光线垂直,所以,从入射平行光中任一与光线垂直的平面算起,直到会聚点,各光线的光程都是相等的,这就是说,透镜可以改变光线的传播方向,但不引起附加的光程差,这称为薄透镜的等光程性. 实际上,等光程性不仅限于薄凸透镜,也不要求入射光平行于光轴. 实验证明,只要入射光束与光轴的夹角较小,光束不太宽,上述等光程性的结论都是正确的.

习　　题

1. 在真空中波长为 λ 的单色光,在折射率为 n 的透明介质中从 A 沿某路径传播到 B,若 A、B 两点相位差为 3π,则此路径 AB 的光程为(　　).

(A) 1.5λ　　　　(B) $1.5\lambda/n$　　　　(C) $1.5n\lambda$　　　　(D) 3λ

2. 单色平行光垂直照射在薄膜上,经上下两表面反射的两束光发生干涉,如图所示,若薄膜的厚度为 e,且 $n_1<n_2>n_3$,λ_1 为入射光在 n_1 中的波长,则两束反射光的光程差为(　　).

(A) $2n_2e$

(B) $2n_2e-\lambda_1/(2n_1)$

(C) $2n_2e-n_1\lambda_1/2$

(D) $2n_2e-n_2\lambda_1/2$

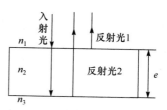

习题 2 图

3. 在相同的时间内,一束波长为 λ 的单色光在空气中和在玻璃中(　　).

(A) 传播的路程相等,走过的光程相等

(B) 传播的路程相等,走过的光程不相等

(C) 传播的路程不相等,走过的光程相等

(D) 传播的路程不相等,走过的光程不相等

4. 如图所示,S_1、S_2 是两个相干光源,它们到 P 点的距离分别为 r_1 和 r_2. 路径 S_1P 垂直穿过一块厚度为 t_1,折射率为 n_1 的介质板,路径 S_2P 垂直穿过厚度为 t_2,折射率为 n_2 的另一介质板,其余部分可看作真空,这两条路径的光程差等于(　　).

(A) $(r_2+n_2t_2)-(r_1+n_1t_1)$

(B) $[r_2+(n_2-1)t_2]-[r_1+(n_1-1)t_2]$

(C) $(r_2-n_2t_2)-(r_1-n_1t_1)$

(D) $n_2t_2-n_1t_1$

5. 如图所示,平行单色光垂直照射到薄膜上,经上下两表面反射的两束光发生干涉,若薄膜的厚度为 e,并且 $n_1<n_2>n_3$,λ_1 为入射光在折射率为 n_1 的介质中的波长,则两束反射光在相遇点的相位差为(　　).

(A) $2\pi n_2e/(n_1\lambda_1)$

(B) $[4\pi n_1e/(n_2\lambda_1)]+\pi$

(C) $[4\pi n_2e/(n_1\lambda_1)]+\pi$

(D) $4\pi n_2e/(n_1\lambda_1)$

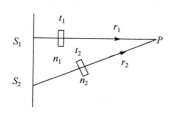

习题 4 图

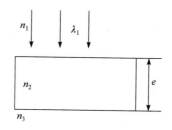

习题 5 图

6. 真空中波长为 λ 的单色光,在折射率为 n 的均匀透明介质中,从 A 点沿某一路径传播到 B 点,路径的长度为 l. A、B 两点光振动相位差记为 $\Delta\phi$,则(　　).

(A) $l=3\lambda/2, \Delta\phi=3\pi$　　　　(B) $l=3\lambda/(2n), \Delta\phi=3n\pi$

(C) $l=3\lambda/(2n), \Delta\phi=3\pi$　　　　(D) $l=3n\lambda/2, \Delta\phi=3n\pi$

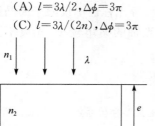

7. 如图所示,波长为 λ 的平行单色光垂直入射在折射率为 n_2 的薄膜上,经上下两个表面反射的两束光发生干涉. 若薄膜厚度为 e,而且 $n_1>n_2>n_3$,则两束反射光在相遇点的相位差为(　　).

(A) $4\pi n_2 e/\lambda$　　　　(B) $2\pi n_2 e/\lambda$

(C) $(4\pi n_2 e/\lambda)+\pi$　　　　(D) $(2\pi n_2 e/\lambda)-\pi$

习题 7 图

8. 若一双缝装置的两个缝分别被折射率为 n_1 和 n_2 的两块厚度均为 e 的透明介质所遮盖,由双缝分别到双缝连线的中垂线与屏的交点处的两束光的光程差 $\delta=$ ＿＿＿＿＿＿.

9. 如图所示,假设有两个同相位的相干点光源 S_1 和 S_2,发出波长为 λ 的光. A 是它们连线的中垂线上的一点. 若在 S_1 与 A 之间插入厚度为 e、折射率为 n 的薄玻璃片,则两光源发出的光在 A 点的相位差 $\Delta\phi=$ ＿＿＿＿＿＿. 若已知 $\lambda=500\text{nm}$, $n=1.5$, A 点恰为第四级明纹中心,则 $e=$ ＿＿＿＿＿＿ nm.

10. 如图所示,两缝 S_1 和 S_2 之间的距离为 d,介质的折射率为 $n=1$,平行单色光斜入射到双缝上,入射角为 θ,则屏幕上 P 处,两相干光的光程差为＿＿＿＿＿＿.

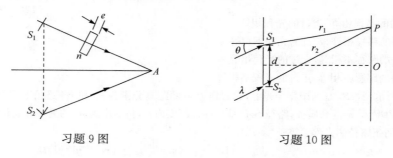

习题 9 图　　　　　　　　　　习题 10 图

§7.2　杨氏双缝干涉

获得相干光的基本方法有两种:

(1) 分波阵面法. 用从某一狭缝或小孔发射出的光去照射其他平行排列的狭缝或小孔,从这些狭缝或小孔发出的光即为相干光,这些狭缝或小孔为相干光源.

(2) 分振幅法. 用反射和折射从光束获得相干光的方法.

激光光源的发光机理与普通光源不同,主要是原子受激辐射而产生的,激光具有极好的相干性.

一、杨氏双缝实验

英国医生兼物理学家托马斯·杨于 1801 年首次用分波阵面方法获得了相干光,证明了光有干涉现象.

杨氏双缝干涉实验所依据的是惠更斯在 1678 年提出的关于波面传播的原理,称为惠更斯原理(Huygens principle).该原理指出:波面(或波前)上每一面元都可以看成是发射球面子波的波源,而这些子波波面的包络面就是下一时刻的波面(或波前).

杨氏双缝实验装置如图 7-4(a)所示.按照惠更斯原理,由狭缝 S_0 发出波长为 λ 的单色光投射到和 S_0 平行的两条狭缝 S_1 和 S_2 上.由于 S_1、S_2 到 S_0 的距离相等,所以它们位于由 S_0 发出光波的同一个波阵面上,因此 S_1 和 S_2 是同相位的相干光源,由 S_1

托马斯·杨

和 S_2 发出的光是相干光.在位于两相干光叠加区中的光屏上就形成明暗相间的干涉条纹,如图 7-4(b)所示.他还运用叠加原理解释了干涉条纹并根据测出的条纹间距算出了所用单色光的波长.

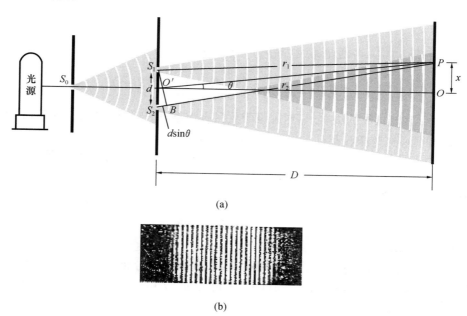

(a)

(b)

图 7-4 杨氏双缝实验

为了清楚起见,图中未按实验装置的比例画出.一般说来,双缝间距 d 小于 1mm,双缝到屏的距离 D 为 1~5m,所以 $D \gg d$.

设由 S_1 和 S_2 发出的光在屏上点 P 相遇,点 P 到 S_1、S_2 的距离分别为 r_1 和 r_2,到屏上 O 点的距离为 x.由 S_1 点作 PS_2 的垂线 S_1B.由于 $D \gg d$,在一般实验条件下,$D \gg x$.S_1B 近似垂直 PO'.由图中几何关系可得 $\angle S_2 S_1 B \approx \theta$,则由 S_1、S_2 发出的光到达点 P 时的光程差为

$$\delta = n(r_2 - r_1) = nS_2B = nd\sin\theta \approx nd\tan\theta$$

式中 n 为双缝与屏之间介质的折射率.又因 $D \gg x$,各级条纹对应的 θ 值都很小,所以有 $\tan\theta = \dfrac{x}{D}$,则光程差

$$\delta = nd\tan\theta = n\frac{d}{D}x$$

由式(7-8)可知,当

$$\delta = n\frac{d}{D}x = \pm k\lambda \qquad (7\text{-}9)$$

时,P 点是明条纹中心,各级明条纹中心到 O 点的距离为

$$x = \pm\frac{D}{nd}k\lambda \quad (k = 0,1,2,3,\cdots) \qquad (7\text{-}10)$$

$k=0$ 时,$x=0$,对应的 O 点称为零级明条纹中心,或中央明条纹中心.$k=1$ 的对应点称为第一级明条纹中心,以此类推. 当

$$\delta = \frac{nd}{D}x = \pm(2k+1)\frac{\lambda}{2} \qquad (7\text{-}11)$$

时,P 点是暗条纹中心,各级暗条纹中心到 O 点的距离为

$$x = \pm\frac{D}{nd}(2k+1)\frac{\lambda}{2} \quad (k = 0,1,2,3,\cdots) \qquad (7\text{-}12)$$

同样,k 的值代表暗条纹的级次. 显然零级明纹只有一条,而零级暗纹却有两条,分布于中央明条纹的两侧. 这些条纹都是与狭缝平行的.

　　式(7-10)和(7-12)分别表示各级明、暗条纹到中央明纹的距离. 由该两式可得相邻明(暗)条纹的间距

$$\Delta x = x_{k+1} - x_k = \frac{D}{nd}\lambda \qquad (7\text{-}13)$$

　　根据以上讨论,可得到如下结论:

　　(1) 若用单色光作实验,屏上明、暗条纹对称、等间距地分布于中央明纹两侧,相邻明(暗)条纹间距由式(7-13)决定(图 7-4(b)). 若已知 d、D 和 n,并测出 Δx,可计算入射光的波长 λ.

紫色
黄色
红色

中央条纹

图 7-5　干涉条纹

　　(2) 若 d、D 取定值,由于 Δx 和 λ 成正比,因此对不同波长的单色光,各明暗条纹的间距并不相同. 波长较短的单色光(如紫光),条纹较密;波长较长的单色光(如红光),条纹较稀,如图 7-5 所示.

　　(3) 若用白光作实验,在屏上只有中央明纹是白色的. 由式(7-10)可知,在中央明纹两侧,同级明纹中(k 一定),由于不同波长的光的明条纹到 O 点的距离 x 不同,所以形成彩色条纹,颜色由内向外按由紫到红的顺序排列.

　　(4) 若 P 点距屏中心 O 点较远,光程差较大,即满足 $\delta = k_1\lambda_1 = k_2\lambda_2$,则波长为 λ_1 的第 k_1 级明条纹将和波长为 λ_2 的第 k_2 级明条纹处于同一位置,这种现象叫做干涉条纹重叠. 例如,在可见光范围内,5000Å 的第四级明条纹与 6667Å 的第三级明条纹重叠.此时,

条纹不可分辨.

（5）双缝干涉装置位于空气介质中，n 可近似取 1.

二、其他分波阵面的干涉实验

在杨氏双缝实验中，要求 S_1、S_2 足够窄，这样就使通过狭缝的光很弱，实验只能在暗室中进行. 后来菲涅耳等又设计了其他干涉实验装置.

1. 菲涅耳双面镜实验

如图 7-6 所示，M_1 和 M_2 是交角 φ 很小的平面反射镜，狭缝光源 S 平行于 M_1 和 M_2 的交线. E 是为避免由 S 发出的光直接照射到屏上而加的遮光片. S 发出的光的波阵面被 M_1 和 M_2 分成两部分，经反射后形成两相干光. 在光屏上位于相干光叠加区的部分可看到干涉条纹. 两相干光相当于 M_1 和 M_2 形成的 S 的虚像 S_1 和 S_2 发出的，S_1 和 S_2 称为相干虚光源.

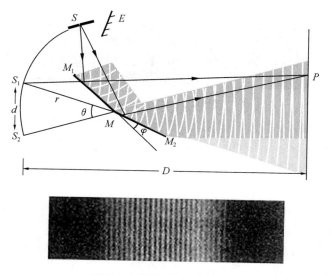

图 7-6　菲涅耳双面镜实验

由几何关系容易证明，S、S_1 和 S_2 在以交线 M 为轴线的圆柱面上，且相互平行，可以证明，相干虚光源间的距离

$$d = 2r\sin\theta = 2r\sin\varphi$$

相干光源到屏的距离 $D = r\cos\varphi + L$，L 是 M 到屏的距离.

把上述 d 和 D 代入双缝干涉的有关公式中可得相应的结果.

2. 洛埃镜实验

洛埃镜实际上是一块普通的平面反射镜，把狭缝光源 S、平面反射镜 MN 和光屏 1 按图 7-7 的位置放置，使光源 S 和 M 的距离很小. 光源 S 发出的光一部分以接近 $90°$ 的入射

角射向 M 并被 M 反射后射向光屏,这部分反射光和直接从 S 射向光屏的光是从同一波阵面分出来的,因而它们是相干光,在光屏上可形成干涉条纹. 在屏处看来两束光分别是从 S 和 S' 发出的,S 和 S' 是相干光源.S' 是 M 产生的 S 的虚像.

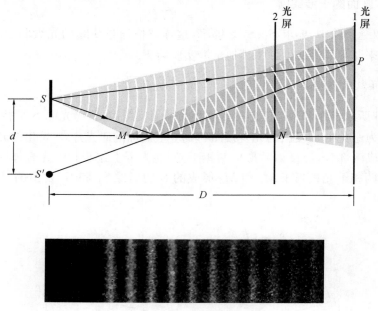

图 7-7   洛埃镜实验

若把光屏移到和 MN 的边缘接触,如图中光屏 2,可知 S 和 S' 到接触点的光程相等,但接触点处观察到的不是明条纹而是暗条纹. 这是因为:光由光疏介质射向光密介质并在其界面上反射时,反射光的相位发生了数值为 π 的突变(这可由电磁理论严格证明),即半波损失.

以上各实验中,在两相干光重叠的任何地方(光屏前后移动时),原则上都能看到干涉条纹,这种干涉称为非定域干涉.

例题 1   在杨氏双缝干涉实验中,双缝到屏的距离为 2.00m,所用单色光的波长为 5893Å,在屏上测得中央明条纹两侧第 5 级明条纹中心间的距离为 3.44cm,求双缝间的距离. 若将上述装置浸入折射率为 $n=1.33$ 的水中,试求中央明条纹两侧的第 5 级明条纹中心间的距离.

解   由式(7-13)知,两侧第 5 级明条纹的距离

$$\Delta x = 10 \frac{D}{nd}\lambda$$

所以,实验装置在空气中($n=1$)时,双缝间距

$$d = 10 \frac{D}{n\Delta x}\lambda = 10 \times \frac{2.00}{1 \times 3.44 \times 10^{-2}} \times 5893 \times 10^{-10} = 3.43 \times 10^{-4}(\text{m}) = 0.343(\text{mm})$$

把整个装置浸入水中($n=1.33$),两侧第 5 级明条纹间距为

$$\Delta x = 10 \frac{D}{nd} \lambda = 10 \times \frac{2.00}{1.33 \times 0.343 \times 10^{-4}} \times 5893 \times 10^{-10} = 2.58 \times 10^{-2} (\mathrm{m}) = 2.58 (\mathrm{cm})$$

水中干涉条纹较空气中密.

例题 2 在双缝干涉实验中,用钠光灯作光源,其波长 $\lambda = 0.5893\mu\mathrm{m}$,屏与双缝的距离 $D = 500\mathrm{mm}$,求(1)$d = 1.2\mathrm{mm}$ 和 $d = 10\mathrm{mm}$ 两种情况下,相邻明条纹间距为多大?(2)若相邻明条纹的最小分辨距离为 $0.065\mathrm{mm}$,能分清干涉条纹的双缝间距 d 最大为多少?

解 (1)$d = 1.2\mathrm{mm}$ 时,明纹间距为

$$\Delta x = \frac{D\lambda}{nd} = \frac{500 \times 10^{-3} \times 5893 \times 10^{-10}}{1 \times 1.2 \times 10^{-3}} = 2.5 \times 10^{-4} (\mathrm{m}) = 0.25 (\mathrm{mm})$$

当 $d = 10\mathrm{mm}$ 时,同理可得

$$\Delta x = \frac{D\lambda}{nd} = \frac{500 \times 10^{-3} \times 5893 \times 10^{-10}}{1 \times 10 \times 10^{-3}} = 3.0 \times 10^{-5} (\mathrm{m}) = 0.030 (\mathrm{mm})$$

(2)$\Delta x = 0.065\mathrm{mm}$ 时,干涉条纹恰可分辨,双缝间距最大为

$$d = \frac{D\lambda}{n\Delta x} = \frac{500 \times 10^{-3} \times 5893 \times 10^{-10}}{1 \times 6.5 \times 10^{-5}} = 4.5 \times 10^{-3} (\mathrm{m}) = 4.5 (\mathrm{mm})$$

这表明,双缝间距 d 必须小于 $4.5\mathrm{mm}$,才能看到干涉条纹,因此 $d = 10\mathrm{mm}$ 时实际上看不到干涉条纹.

习　题

1. 在双缝干涉实验中,两条缝的宽度原来是相等的,若其中一缝的宽度略变窄(缝中心位置不变),则(　　).

(A) 干涉条纹的间距变宽

(B) 干涉条纹的间距变窄

(C) 干涉条纹的间距不变,但原极小处的强度不再为零

(D) 不再发生干涉现象

2. 在双缝干涉实验中,为使屏上的干涉条纹间距变大,可以采取的办法是

(A) 使屏靠近双缝　　　　　　　(B) 使两缝的间距变小

(C) 把两个缝的宽度稍微调窄　　(D) 改用波长较小的单色光源

3. 如图所示,在杨氏双缝干涉实验中,若 $\overline{S_2 P} - \overline{S_1 P} = r_2 - r_1 = \lambda/3$,求 P 点的强度 I 与干涉加强时最大强度 $I_{\max}$ 的比值.

4. 在双缝干涉实验中,波长 $\lambda = 550\mathrm{nm}$ 的单色平行光垂直入射到缝间距 $a = 2 \times 10^{-4}$ m 的双缝上,屏到双缝的距离 $D = 2\mathrm{m}$. 求:

(1)中央明纹两侧的两条第 10 级明纹中心的间距;

(2)用一厚度为 $e = 6.6 \times 10^{-5}$ m,折射率为 $n = 1.58$ 的玻璃片覆盖一缝后,零级明纹将移到原来的第几级明纹处?

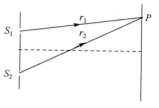

习题 3 图

5. 在双缝干涉实验中,双缝与屏间的距离 $D = 1.2\mathrm{m}$,双缝间距 $d = 0.45\mathrm{mm}$,若测得屏上干涉条纹相邻明条纹间距为 $1.5\mathrm{mm}$,求光源发出的单色光的波长 λ.

6. 在双缝干涉实验中,用波长 $\lambda = 546.1\mathrm{nm}$ 的单色光照射,双缝与屏的距离 $D = 300\mathrm{mm}$. 测得中央明条纹两侧的两个第五级条纹的间距为 $12.2\mathrm{mm}$,求双缝间的距离.

7. 薄钢片上有两条紧靠的平行细缝,用波长 $\lambda=546.1\text{nm}$ 的平面光波正入射到钢片上.屏幕距双缝的距离为 $D=2.00\text{m}$,测得中央明条纹两侧的第五级明条纹间的距离为 $\Delta x=12.0\text{mm}$.

(1) 求两缝间的距离;

(2) 从任一明条纹(记作 0)向一边数到第 20 条明条纹,共经过多长距离?

(3) 如果使光波斜入射到钢片上,条纹间距将如何改变?

8. 在双缝干涉实验装置中,幕到双缝的距离 D 远大于双缝之间的距离 d,整个双缝装置放在空气中.对于钠黄光,$\lambda=589.3\text{nm}$,产生的干涉条纹相邻两明条纹的角距离(即相邻两明条纹对双缝中心处的张角)为 $0.20°$.

(1) 对于什么波长的光,这个双缝装置所得相邻两明条纹的角距离将比用钠黄光测得的角距离大 10%?

(2) 假想将此整个装置浸入水中(水的折射率 $n=1.33$),相邻两明条纹的角距离有多大?

9. 在双缝干涉实验中,单色光源 S_0 到两缝 S_1 和 S_2 的距离分别为 l_1 和 l_2,并且 $l_1-l_2=3\lambda$,λ 为入射光的波长,双缝之间的距离为 d,双缝到屏幕的距离为 $D(D\gg d)$,如图所示.求:

(1) 零级明纹到屏幕中央 O 点的距离;

(2) 相邻明条纹间的距离.

10. 双缝干涉实验装置如图所示,双缝与屏之间的距离 $D=120\text{cm}$,两缝之间的距离 $d=0.50\text{mm}$,用波长 $\lambda=500\text{nm}$ 的单色光垂直照射双缝.

(1) 求原点 O(零级明条纹所在处)上方的第五级明条纹的坐标 x;

(2) 如果用厚度 $l=1.0\times10^{-2}\text{mm}$、折射率 $n=1.58$ 的透明薄膜覆盖在图中的 S_1 缝后面,求上述第五级明条纹的坐标 x'.

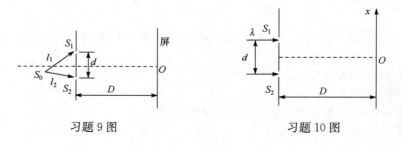

习题 9 图　　　　　　　　习题 10 图

§7.3　薄 膜 干 涉

一、薄膜干涉

在阳光下观察肥皂泡或水面上的薄油膜,常可看到五颜六色的彩色图样,并且随观察方向的改变,颜色也会发生变化,这就是薄膜干涉现象.

如图 7-8 所示,折射率为 n_2 的薄膜处于折射率为 n_1 的介质中.设 $n_2>n_1$,单色扩展光源 S 上任一点发出的一条光线 1 以入射角 i 入射到薄膜上表面 a 点后,一部分被反射形成光线 2,另一部分折射进入薄膜,并在下表面上 b 点反射,再于 c 点折射形成光线 3.设 a 点处对应的薄膜的厚度为 e,通常 e 非常小,为毫米量级. ac 很小,$ab\approx bc$.由几何关系知,光线 2 和 3 是两条平行光,经透镜 L 后会聚于点 P.因为 2 和 3 是由同一光线分出来的,所以它们是相干光,在点 P 会产生干涉现象.干涉加强或减弱取决于它们的光程差.

　　由于反射光和透射光的能量是由入射光分出的,能量取决于振幅,像是入射光的振幅被分成几部分,故称这种产生相干光的方法称为分振幅法.

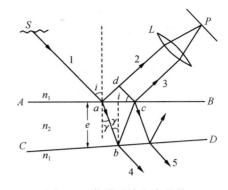

图 7-8　薄膜干涉和光程差

　　由于平行光线通过透镜后不产生附加光程差,所以光线 3 和 2 的光程差为

$$\delta = n_2(ab + bc) - n_1 ad + \frac{\lambda}{2} \qquad (7\text{-}14)$$

式中 $\frac{\lambda}{2}$ 是由于光在上表面 a 处反射时产生半波损失,在 b 处反射无半波损失,不附加光程差.

　　由几何光学知

$$ab = bc = \frac{e}{\cos\gamma}$$

$$ad = ac\sin i = 2ab\sin\gamma \cdot \sin i = 2e\tan\gamma\sin i$$

将上两式代入式(7-14),得

$$\delta = \frac{2n_2 e}{\cos\gamma} - 2n_1 e\tan\gamma\sin i + \frac{\lambda}{2}$$

由折射定律知

$$n_1 \sin i = n_2 \sin\gamma$$

所以

$$\delta = 2n_2 e\cos\gamma + \frac{\lambda}{2} \qquad (7\text{-}15)$$

或

$$\delta = 2e\sqrt{n_2^2 - n_1^2\sin^2 i} + \frac{\lambda}{2} \qquad (7\text{-}16)$$

于是亮条纹的条件是

$$\delta = 2e\sqrt{n_2^2 - n_1^2\sin^2 i} + \frac{\lambda}{2} = k\lambda \quad (k = 1,2,3,\cdots) \qquad (7\text{-}17)$$

暗条纹的条件是

$$\delta = 2e\sqrt{n_2^2 - n_1^2\sin^2 i} + \frac{\lambda}{2} = (2k+1) + \frac{\lambda}{2} \quad (k = 0,1,2,3,\cdots) \qquad (7\text{-}18)$$

　　式(7-17)和式(7-18)分别是波长为 λ 的一束单色光以入射角 i 入射到折射率为 n_2 的薄膜上厚度为 e 处,经薄膜上、下表面反射后形成的相干光产生明、暗条纹的条件. 由式(7-17)和式(7-18)可以看出,薄膜干涉可以分为两种情况,即均匀薄膜(e 不随位置变化)干涉和非均匀薄膜(e 随位置变化)干涉.

二、等倾干涉

　　如果薄膜的厚度均匀,即 e 是恒量,扩展光源上任意点发出的入射角 i 相同的光线经薄膜上、下表面反射后产生的相干光平行,由式(7-16)可知,它们的光程差相同,经正透

镜 L 后会聚形成同级干涉条纹,即同级干涉条纹对应的光线的入射角 i 相同,因而这种干涉称为等倾干涉,产生的条纹称为等倾条纹.

观察等倾条纹的实验装置如图 7-9(a)所示.M 是与薄膜成 $45°$ 角放置的半反射镜,从单色扩展光源来的光在 M 上反射后入射到薄膜上.设薄膜在空气($n_1 = 1$)中,由薄膜上、下表面反射的光透过半反射镜,经会聚透镜 L 后,在位于其焦平面的屏上可观察到干涉条纹.

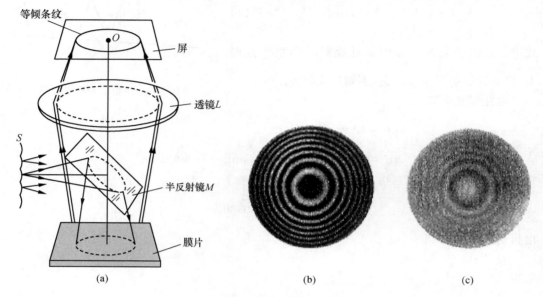

图 7-9　观察等倾条纹的实验装置

扩展光源上各点发出的平行于薄膜的光线经 M 反射后垂直入射到薄膜上,入射角 $i=0$,由式(7-16)知,经薄膜上、下表面反射后产生的相干光平行于正透镜 L 的主光轴,它们的光程差为 $\delta = 2n_2 e + \dfrac{\lambda}{2}$,经透镜后会聚于同一点 O.当 $\delta = k\lambda$ 时,O 点为亮点,当 $\delta = (2k+1)\dfrac{\lambda}{2}$ 时,O 点为暗点,δ 为其他值时,则为中间强度.光源上点 S 发出的位于同一圆锥面上的光经 M 反射后以相同的入射角 i 入射于薄膜上,经薄膜反射后产生的相干光仍然位于同一个圆锥面上,透镜的主光轴是圆锥面的轴线,由式(7-16)可知,它们具有相同的光程差,经透镜后会聚于以点 O 为圆心的同一个圆上,形成同一级的干涉条纹.扩展光源上其他各点发出的有相同顶角的圆锥面上的光也将会聚于上述圆上,且属于同级干涉条纹.应注意的是:扩展光源不同点发出的光会聚于一点时,是非相干叠加.由上述分析可知,在屏上可观察到一组明暗相间的圆环状干涉条纹.其明暗环的条件由式(7-17)、(7-18)给出.

由式(7-17)、(7-18)可知,当 $i=0$ 时,k 取最大值,即干涉圆环中,圆心处级数 k 最大.当为亮点时,满足

$$2n_2 e + \frac{\lambda}{2} = k\lambda$$

若薄膜厚度 e 缓慢增加,当 O 点再次为亮点时,由式(7-17)可知条纹中心处明纹的级次为 $k+1$,原来位于中心的 k 级明纹被推到外面.这说明当 e 增加时,条纹从中心一个一个冒出来。

等倾干涉条纹是一组内疏外密的圆环,如图 7-9(b)所示.如果观察从薄膜透射的光,也可看到干涉环,如图 7-9(c)所示.它和反射光形成的干涉环是互补的,即当反射光相互加强时,透射光将相互减弱;当反射光相互减弱时,透射光相互加强.

如果扩展光源为白光光源,由式(7-17)可知,同级明纹中(k 相同时),λ 大的光对应的入射角小,在干涉明环中靠近圆心 O.所以,当工作光为白光时,产生彩色干涉圆环,且由内到外由红到紫分布.

三、增透膜与增反膜

在光学器件上镀膜,使某种波长的反射光或透射光因干涉而减弱或加强,可以提高光学器件的反射率或透射率.增加透射率的薄膜叫增透膜,增加反射率的薄膜叫增反膜.

1. 增透膜

如图 7-10(a)所示,在玻璃上镀一层氟化镁(MgF_2),其折射率 $n_2=1.38$,满足 $n_1 < n_2 < n_3$.当单色光入射于薄膜表面时,在薄膜上、下表面反射形成的相干光 2 和 3 都有半波损失,其光程差为

$$\delta = 2n_2 e$$

乘积 $n_2 e$ 称为镀膜的光学厚度,显然,当

$$2n_2 e = (2k+1)\frac{\lambda}{2} \quad (k = 0,1,2,3,\cdots)$$

时,相干减弱.因 2、3 两束光强有差别,所以不会完全相消,但使反射光强减弱,根据能量守恒定律,透射光必定增强.

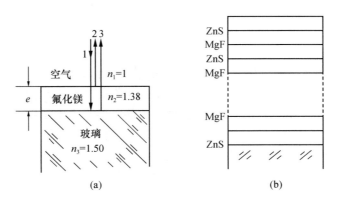

图 7-10 增透膜和多层高反射膜

2. 增反膜

若在透镜表面镀上比透镜的折射率更大的材料,单色光垂直入射时,镀膜上、下表面反射形成的相干光的光程差为

$$\delta = 2n_2e + \frac{\lambda}{2}$$

当干涉加强时满足

$$2n_2e + \frac{\lambda}{2} = k\lambda$$

这时透镜的反射率得到提高,透光量减少,相应薄膜的最小光学厚度为 $\frac{\lambda}{4}$.

在玻璃表面镀一层光学厚度为 $\frac{\lambda}{4}$ 的硫化锌反射率可提高 30% 以上,要进一步提高反射率,可采用多层膜,把光学厚度为 $\frac{\lambda}{4}$ 的硫化锌和氟化镁交替镀在玻璃上,如镀 7 层、9 层、…、15 层、17 层,如图 7-10(b)所示. 这样可使反射率接近 100%.

应该注意的是:增透膜和增反膜只对某一波长效果最好,对其他波长效果较差,甚至对某一特定波长,效果可能相反. 例如,对于绿光($\lambda_1 = 5500$Å)的增透膜,当其光学厚度为 $n_2e = \frac{3\lambda_1}{4}$ 时,上、下表面反射产生的相干光的光程差为 $\delta = 2n_2e = \frac{3}{2}\lambda_1$,绿光相干减弱,透射率最大. 设对于这一光学厚度反射光相干加强的波长为 λ_2,则有

$$2n_2e = \frac{3}{2}\lambda_1 = k\lambda_2$$

当 $k=2$ 时,得

$$\lambda_2 = \frac{\frac{3}{2} \times 5500}{2} = 4125\text{Å}$$

λ_2 位于蓝光附近. 由于人眼和感光胶片对绿光最敏感,所以设计照相机、望远镜时应尽量使绿光增透. 这就是某些照相机、望远镜的镜头在日光照射下呈蓝紫色的原因.

例题 1　在空气中白光垂直照射到厚度为 d 的肥皂膜上后反射,在可见光谱中观察到 $\lambda_1 = 6300$Å 的干涉极大,$\lambda_2 = 5250$Å 的干涉极小,且它们之间没有另外的干涉极值. 已知肥皂膜的折射率 $n = 1.33$,求肥皂膜的厚度 $d = ?$

解　设 λ_1 的干涉极大的级数为 k_1,λ_2 的干涉极小的级数为 k_2,由干涉加强和减弱的条件可得

$$2nd + \frac{\lambda_1}{2} = k_1\lambda, \quad 2nd + \frac{\lambda_2}{2} = (2k_2+1)\frac{\lambda_2}{2}$$

可以改写成

$$2nd = (k_1 - 0.5)\lambda_1, \quad 2nd = k_2\lambda_2$$

所以

$$(k_1 - 0.5)\lambda_1 = k_2\lambda_2$$

由此可得

$$k_2 = \frac{(k_1 - 0.5)\lambda_1}{\lambda_2} = \frac{(k_1 - 0.5) \times 6300}{5250} = \frac{6(k_1 - 0.5)}{5}$$
$$= \frac{3(2k_1 - 1)}{5} \tag{1}$$

因为 k_1、k_2 只能是自然数,由式(1)可得到 k_1、k_2 的对应关系如下表所示. 用 m 表示上述极大和极小,则 λ_1 和 λ_2 的极大和极小分别满足

k_1	3	8	13	18	…	$5m-2$
k_2	3	9	15	21	…	$6m-3$
m	1	2	3	4	…	

$$2nd + \frac{\lambda_1}{2} = (5m-2)\lambda_1, \quad 4nd = 5(2m-1)\lambda_1 \tag{2}$$

$$2nd = (6m-3)\lambda_2, \quad 4nd = 6(2m-1)\lambda_2 \tag{3}$$

设在 λ_2 到 λ_1 之间($\lambda_2 \leqslant \lambda \leqslant \lambda_1$)有波长 λ 的 k 级极大,即 λ 满足

$$2nd + \frac{\lambda}{2} = k\lambda, \quad 4nd = (2k-1)\lambda \tag{4}$$

由式(2)和式(4)可得到 λ 与 λ_1,有如下关系:

$$\lambda = \frac{5(2m-1)}{2k-1}\lambda_1 \tag{5}$$

由此可得到 λ 与 m、k、k_1、k_2 之间的对应关系如下表所示.

m	1		2				3	
k	3	8	9	10	13	14	15	16
λ	λ_1	λ_1	5 559Å	4 974Å	λ_1	5 833Å	5 431Å	5 081Å
k_1	3	8	8	8	13	13	13	13
k_2	3	9	9	9	15	15	15	15

由上表可以看出,当 $k_1 \neq k_2$ 时,如 $k_1 = 8, k_2 = 9$ 或 $k_1 = 13, k_2 = 15, \cdots$,在 $\lambda_2 < \lambda < \lambda_1$ 范围内,分别有 $\lambda = 5559$Å 或 5833Å 与 5431Å 的极大,只有当 $k_1 = k_2 = 3$ 时,在 $\lambda_2 < \lambda < \lambda_1$ 范围内没有其他干涉极值. 所以,λ_1 和 λ_2 的干涉极值条件为

$$2nd + \frac{\lambda_1}{2} = 3\lambda_1 \quad 或 \quad 2nd + \frac{\lambda_2}{2} = (2 \times 3 + 1)\frac{\lambda_2}{2}$$

所以

$$d = \frac{2.5\lambda_1}{2n} = \frac{2.5 \times 6300}{2 \times 1.33} = 5921(\text{Å})$$

说明 （1）应用在 λ_2 与 λ_1 之间没有其他极小的条件，按类似的思路，也能求得同样的结果. 设 λ 是 λ_2 与 λ_1 之间第 k 级极小，有

$$2nd + \frac{\lambda}{2} = (2k+1)\frac{\lambda}{2}$$

即

$$4nd = 2k\lambda \tag{6}$$

由式(3)和式(6)可得

$$\lambda = \frac{3(2m-1)}{k}\lambda_2 \tag{7}$$

根据式(7)列出 λ 与 m、k、k_1、k_2 的对应关系表，可确定，只有当 $k_1 = k_2 = 3$ 时，在 $\lambda_2 < \lambda < \lambda_1$ 中才没有其他极小，进一步求出 d.

应用式(2)和式(6)，或者式(3)和式(4)也可以求出同样的结果.

（2）本题是根据实验观察结果总结出的题目. 如果仅就出题是否合理考查本例题，好像多给了一个条件：只有在 λ_2 与 λ_1 之间没有其他极大(或没有其他极小)本题即可求解. 但从实验的角度考查，必须把所有情况都尽可能详细准确地观察和记录，以便进行理论分析. 应用不同观察结果分析同一问题(这里是求厚度 d)，如果结果相同，说明理论分析是自洽的，否则，应该考虑观察结果是否真实，或理论分析是否正确，类似的情况在实验研究中是经常发生的. 希望读者通过本例题体会如何利用和处理实验现象和数据.

例题 2　如图 7-10 所示，在玻璃表面镀一层 MgF_2 薄膜作为增透膜. 为了使正入射的波长为 $\lambda = 5000\text{Å}$ 的光尽可能地减少反射，求 MgF_2 薄膜的最小厚度. 已知空气、MgF_2、玻璃的折射率分别为 $n_1 = 1.00$，$n_2 = 1.38$，$n_3 = 1.50$.

解　由图 7-10 知，反射光 2、3 的光程差为

$$2n_2 e = (2k+1)\frac{\lambda}{2} \quad (k = 0,1,2,3,\cdots)$$

时，增透膜反射光为相消干涉. 当 $k = 0$ 时，e 取最小值，则有

$$e_{\min} = \frac{\lambda}{4n_2} = \frac{5000 \times 10^{-10}}{4 \times 1.38} = 906 \times 10^{-10}(\text{m}) = 906(\text{Å})$$

四、等厚干涉

由式(7-16)，即

$$\delta = 2e\sqrt{n_2^2 - n_1^2\sin^2 i} + \frac{\lambda}{2}$$

单色扩展光源上各点发出的光线对薄膜的入射角 i 相同，且 $i = 0$，当薄膜的厚度 e 不均匀，即 e 随薄膜上的位置而变化，式(7-16)变为

$$\delta = 2n_2 e + \frac{\lambda}{2}$$

对于空气薄膜，$n_2 = 1$ 上式变为

$$\delta = 2e + \frac{\lambda}{2}$$

由此可得，明条纹的条件为

$$\delta = 2e + \frac{\lambda}{2} = k\lambda \quad (k = 1,2,3,\cdots) \tag{7-19}$$

暗条纹的条件是

$$\delta = 2e + \frac{\lambda}{2} = (2k+1)\frac{\lambda}{2} \quad (k = 1,2,3,\cdots) \tag{7-20}$$

由上式可以看出：同级干涉条纹是薄膜上厚度 e 相同的点的轨迹. 因此这种干涉称为等厚干涉.

最典型的等厚干涉实验是劈尖干涉实验和牛顿环干涉实验. 劈尖干涉实验中薄膜厚度的变化是均匀的，或者说是线性的；牛顿环干涉实验中薄膜厚度的变化是不均匀的，或者说是非线性的. 根据薄膜厚度变化形式的不同，还可以设计其他等厚干涉实验.

1. 劈尖干涉

劈尖干涉实验装置如图 7-11(a)所示. 两块平板玻璃一端接触，另一端夹一条薄纸片，则在两玻璃之间有一劈尖形空气薄膜. 单色点光源 S 发出的光经透镜后成为平行光，该平行光经半反射镜反射后垂直照射在劈尖上，入射角 $i=0$. 空气薄膜上下表面反射的光是相干光，并在表面附近产生干涉条纹，如图 7-11(b)所示. 干涉条纹可用测距显微镜进行观察和测量.

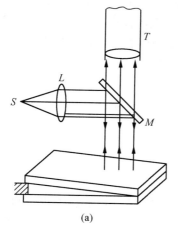

(a)

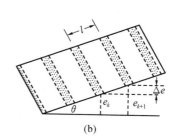

(b)

图 7-11　劈尖干涉

由式(7-20)可知，当 $e=0$ 时，即劈尖的棱边上，因半波损失，是暗条纹的中心.

由式(7-19)和式(7-20)可知,相邻明(暗)条纹中心对应薄膜的厚度差为

$$\Delta e = e_{k+1} - e_k = \frac{\lambda}{2} \qquad (7\text{-}21)$$

设相邻明(暗)条纹中心之间的距离为 l,劈尖角为 θ,则

$$l = \frac{\Delta e}{\sin\theta} = \frac{\lambda}{2\sin\theta}$$

因为 θ 很小,上式可写成

$$l = \frac{\lambda}{2\theta} \qquad (7\text{-}22)$$

如果劈尖不是空气薄膜,而是折射率为 n 的其他介质,则两反射光束的光程差应为

$$\delta = 2ne + \frac{\lambda}{2}$$

相邻明条纹或暗条纹中心对应薄膜的厚度差为

$$\Delta e = \frac{\lambda}{2n}$$

劈尖干涉在精密测量中有重要应用,常用来测量工件表面的平整度、细薄物体的直径或厚度,以及物体长度的微小变化等.

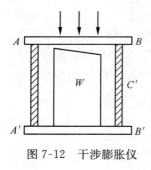

图 7-12　干涉膨胀仪

例题 3　测量固体线膨胀系数的干涉膨胀仪如图 7-12 所示. AB 和 $A'B'$ 为平玻璃板,C' 是膨胀系数极小的石英圆环,W 为待测样品,其上表面与 AB 形成空气劈尖.温度为 t_0 时测得样品的长度为 L_0.以波长为 λ 的单色光垂直照射 AB,使 W 的温度缓慢上升,在温度上升到 t 的过程中,观察到有 N 条明条纹从某处向右移过.求被测样品的线膨胀系数.

解　由于石英的膨胀系数很小,故石英环 C' 的膨胀可忽略不计.有 N 条明条纹从某处向右移过,说明 W 的伸长量为

$$\Delta L = N \cdot \frac{\lambda}{2} = \frac{N\lambda}{2}$$

根据线膨胀系数的定义得

$$\beta = \frac{\Delta L}{L_0(t - t_0)} = \frac{N\lambda}{2L_0(t - t_0)}$$

2. 牛顿环

把一块曲率半径很大的平凸透镜和一块平板玻璃按图 7-13(a)中所示的方式装配,S 为单色光源.在显微镜下观察,可看到如图 7-13(b)所示的明暗相间的同心圆环,称为牛顿环.

设形成牛顿环处空气层的厚度为 e,则形成明环的条件是

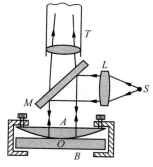

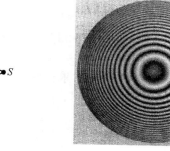

(a) 牛顿环实验装置示意图　　　　　(b) 牛顿环

图 7-13　牛顿环实验

$$2e + \frac{\lambda}{2} = k\lambda \quad (k = 1, 2, 3, \cdots)$$ (7-23)

形成暗环的条件是

$$2e + \frac{\lambda}{2} = (2k+1)\frac{\lambda}{2}$$ (7-24)

设凸透镜球面半径为 R,牛顿环半径为 r,由图 7-14 可知

$$r^2 = R^2 - (R-e)^2 = 2Re - e^2$$

由于 $R \gg e$,上式中 e^2 可忽略. 于是

$$e = \frac{r^2}{2R}$$

把上式代入式(7-23)和式(7-24),可得明环的半径为

$$r = \sqrt{\frac{(2k-1)R\lambda}{2}} \quad (k = 1, 2, 3, \cdots)$$ (7-25)

图 7-14　计算牛顿环半径图

暗环的半径为

$$r = \sqrt{kR\lambda} \quad (k = 0, 1, 2, 3, \cdots)$$ (7-26)

牛顿环可用来检查透镜球面的质量,测量球面半径,也可用来测量单色光的波长.

上述各实验也可用白光光源,这时看到的将是彩色条纹. 也可观察透射光的干涉,其明暗条纹正好和反射光的互补.

由式(7-19)和式(7-20)可以看出,等厚干涉相邻两明(暗)条纹对应薄膜的厚度差是 $\Delta e = \frac{\lambda}{2}$. 劈尖厚度的变化是均匀的,所以劈尖干涉条纹的分布是均匀的. 牛顿环中(如图 7-14)O 点附近空气层厚度变化缓慢,干涉条纹较稀疏,外部厚度变化较快,干涉条纹密集.

等厚干涉同级条纹对应薄膜的厚度相等. 薄膜厚度变化的形式决定等厚条纹的形式,除劈尖、牛顿环两种典型等厚干涉外,还可用其他方法产生不同变化形式的薄膜,得到不

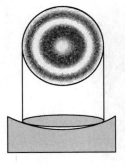

同的等厚条纹,如图 7-15 所示.反之也可以根据等厚条纹判断产生薄膜的器件表面的特征.

例题 4　用钠光灯作光源观察牛顿环时,测得第 k 级暗环的半径 $r_k=4.00$mm,第 $k+5$ 级暗环的半径为 $r_{k+5}=6.00$mm,已知钠黄光的波长为 5893Å,求所用平凸透镜的曲率半径.

解　由式(7-26)得

$$r_k = \sqrt{kR\lambda}, \quad r_{k+5} = \sqrt{(k+5)R\lambda}$$

图 7-15　　所以

$$r_{k+5}^2 - r_k^2 = 5R\lambda$$

曲率半径为

$$R = \frac{r_{k+5}^2 - r_k^2}{5\lambda} = \frac{(6\times10^{-3})^2 - (4\times10^{-3})^2}{5\times5893\times10^{-10}} = 6.79(\text{m})$$

习　题

1. 用波长为 λ_1 的单色光垂直照射牛顿环装置时,测得中央暗斑外第 1 和第 4 暗环半径之差为 l_1,而用未知单色光垂直照射时,测得第 1 和第 4 暗环半径之差为 l_2,求未知单色光的波长 λ_2.

2. 用波长 $\lambda=500$nm 的单色光作牛顿环实验,测得第 k 个暗环半径 $r_k=4$mm,第 $k+10$ 个暗环半径 $r_{k+10}=6$mm,求平凸透镜的凸面的曲率半径 R.

3. 在牛顿环实验中,平凸透镜的曲率半径为 3.00m,当用某种单色光照射时,测得第 k 个暗环半径为 4.24mm,第 $k+10$ 个暗环半径为 6.00mm.求所用单色光的波长.

4. 如图所示,牛顿环装置的平凸透镜与平板玻璃有一小缝隙 e_0.现用波长为 λ 的单色光垂直照射,已知平凸透镜的曲率半径为 R,求反射光形成的牛顿环的各暗环半径.

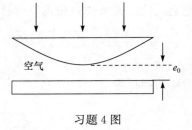

习题 4 图

5. 用波长为 $\lambda=600$nm 的光垂直照射由两块平玻璃板构成的空气劈形膜,劈尖角 $\theta=2\times10^{-4}$rad. 改变劈尖角,相邻两明条纹间距缩小了 $\Delta l=1.0$mm,求劈尖角的改变量 $\Delta\theta$.

6. 用波长 $\lambda=500$nm 的单色光垂直照射在由两块玻璃板(一端刚好接触成为劈棱)构成的空气劈形膜上. 劈尖角 $\theta=2\times10^{-4}$rad. 如果劈形膜内充满折射率为 $n=1.40$ 的液体. 求从劈棱数起第 5 条明条纹在充入液体前后移动的距离.

7. 用波长为 λ_1 的单色光照射空气劈形膜,从反射光干涉条纹中观察到劈形膜装置的 A 点处是暗条纹. 若连续改变入射光波长,直到波长变为 $\lambda_2(\lambda_2>\lambda_1)$ 时,A 点再次变为暗条纹. 求 A 点的空气薄膜厚度.

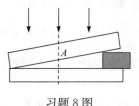

习题 8 图

8. 两块平板玻璃,一端接触,另一端用纸片隔开,形成空气劈形膜. 用波长为 λ 的单色光垂直照射,观察透射光的干涉条纹.

(1) 设 A 点处空气薄膜厚度为 e,求发生干涉的两束透射光的光程差;

(2) 在劈形膜顶点处,透射光的干涉条纹是明纹还是暗纹?

9. 用波长 $\lambda=500\mathrm{nm}$ 的平行光垂直照射折射率 $n=1.33$ 的劈形膜,观察反射光的等厚干涉条纹.从劈形膜的棱算起,第 5 条明纹中心对应的膜厚度是多少?

10. 在 Si 的平表面上氧化了一层厚度均匀的 SiO_2 薄膜.为了测量薄膜厚度,将它的一部分磨成劈形(示意图中的 AB 段).现用波长为 600nm 的平行光垂直照射,观察反射光形成的等厚干涉条纹.在图中 AB 段共有 8 条暗纹,且 B 处恰好是一条暗纹,求薄膜的厚度.(Si 折射率为 3.42,SiO_2 折射率为 1.50)

11. 在牛顿环装置的平凸透镜和平玻璃板之间充以折射率 $n=1.33$ 的液体(透镜和平玻璃板的折射率都大于 1.33).凸透镜曲率半径为 300cm,用波长 $\lambda=650\mathrm{nm}$ 的光垂直照射,求第 10 个暗环的半径(设凸透镜中心刚好与平板接触,中心暗斑不计入环数).

12. 图示一牛顿环装置,设平凸透镜中心恰好和平玻璃接触,透镜凸表面的曲率半径是 $R=400\mathrm{cm}$.用某单色平行光垂直入射,观察反射光形成的牛顿环,测得第 5 个明环的半径是 0.30cm.

(1) 求入射光的波长;

(2) 设图中 $OA=1.00\mathrm{cm}$,求在半径为 OA 的范围内可观察到的明环数目.

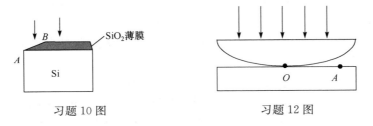

习题 10 图　　　　　　　　　习题 12 图

13. 用波长为 500nm 的单色光垂直照射到由两块光学平玻璃构成的空气劈形膜上.在观察反射光的干涉现象中,距劈形膜棱边 $l=1.56\mathrm{cm}$ 的 A 处是从棱边算起的第 4 条暗条纹中心.

(1) 求此空气劈形膜的劈尖角 θ;

(2) 改用 600nm 的单色光垂直照射到此劈尖上仍观察反射光的干涉条纹,A 处是明条纹还是暗条纹?

(3) 在第(2)问的情形从棱边到 A 处的范围内共有几条明纹?几条暗纹?

14. 曲率半径为 R 的平凸透镜和平板玻璃之间形成空气薄层,如图所示.波长为 λ 的平行单色光垂直入射,观察反射光形成的牛顿环.设平凸透镜与平板玻璃在中心 O 点恰好接触.求:

(1) 从中心向外数第 k 个明环所对应的空气薄膜的厚度 e_k;

(2) 第 k 个明环的半径 r_k(用 R、波长 λ 和正整数 k 表示,R 远大于上一问中的 e_k).

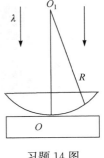

习题 14 图

15. 在牛顿环装置的平凸透镜和平玻璃板之间充满折射率 $n=1.33$ 的透明液体(设平凸透镜和平玻璃板的折射率都大于 1.33).凸透镜的曲率半径为 300cm,波长 $\lambda=650\mathrm{nm}$ 的平行单色光垂直照射到牛顿环装置上,凸透镜顶部刚好与平玻璃板接触.求:

(1) 从中心向外数第 10 个明环所在处的液体厚度 e_{10};

(2) 第 10 个明环的半径 r_{10}.

16. 波长为 λ 的单色光垂直照射到折射率为 n_2 的劈形膜上,如图所示,图中 $n_1<n_2<n_3$,观察反射光形成的干涉条纹.

(1) 从劈形膜顶部 O 开始向右数起,第 5 条暗纹中心所对应的薄膜厚度 e_5 是多少?

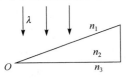

习题 16 图

(2) 相邻的两明纹所对应的薄膜厚度之差是多少?

17. 波长 $\lambda = 650\text{nm}$ 的红光垂直照射到劈形液膜上,膜的折射率 $n = 1.33$,液面两侧是同一种介质,观察反射光的干涉条纹.

(1) 离开劈形膜棱边的第一条明条纹中心所对应的膜厚度是多少?

(2) 若相邻的明条纹间距 $l = 6\text{mm}$,上述第 1 条明纹中心到劈形膜棱边的距离 x 是多少?

§7.4　迈克耳孙干涉仪　激光干涉仪

干涉仪是根据光的干涉原理制成的一种精密光学仪器,种类繁多,这里只介绍迈克耳孙干涉仪和激光干涉仪.

一、迈克耳孙干涉仪

迈克耳孙干涉仪的结构和光路如图 7-16 所示. M_1 和 M_2 是两块相互垂直放置的平面反射镜. M_2 固定,M_1 可沿精密丝杠前后作微小移动. G_1 和 G_2 是两块与 M_1、M_2 成 45° 角放置的平面玻璃板,它们的折射率(材料)、厚度完全相同. G_1 的背面镀有半反射膜,称为分光板; G_2 不镀膜,称为补偿板.

自透镜 L 出射的单色平行光在 G_1 的镀膜面上有一部分反射后垂直射向 M_1(光束 1),另一部分透过分光板射向 M_2(光束 2),这是从同一光束中分出来的相干光束.两相干光分别经 M_1 和 M_2 反射后回到镀膜处,再经透射或反射后相遇,在 E 处可看到干涉现象.

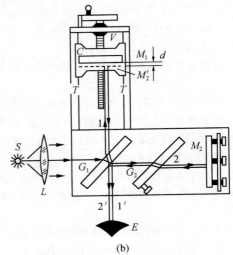

(a)　　　　　　　　　　　　　　　(b)

图 7-16　迈克耳孙干涉仪

由干涉仪的结构可看出,利用分光板的反射和折射可形成相干光,两相干光完全被分开,并沿不同路径传播,这就便于改变两束光的光程(如移动 M_1,或在任一光路中放入待测物质等),从而观察干涉图样的变化.这正是迈克耳孙干涉仪具有广泛应用的原因.补偿板 G_2 的作用在于补偿光束 1 和 2 因透过 G_1 板的次数不同而引起的光程差.实际上,对于单色光可不用 G_2 而用改变 M_1 的位置加以补偿.但对于白光,因为玻璃对不同颜色(频率)光的折射率不同,对不同色光的光程也就不同,光束 1 比光束 2 多透过 G_1 两次而引起的光程差不同,单靠移动 M_1 不可能使各种色光都能补偿这个光程差,所以要加补偿板 G_2.

当 M_1 与 M_2 严格垂直时,对 E 处的观察者来说,光自 M_1 和 M_2 上的反射相当于距离为 d 的 M_1 和 M_2' 上的反射,其中 M_2' 是 M_2 经半反射膜反射所成的虚像.由于光在半反射膜内侧和外侧反射时的半波损失情况可能不同(取决于半反射膜和玻璃折射率之间的关系),设由此而产生的附加光程差为 $\lambda/2$,则 E 处观察到的干涉图样与两块平行平板玻璃之间的均匀空气薄膜产生的干涉图样相同,故在 E 处可看到等倾干涉条纹.当反射镜 M_1 每移动 $\lambda/2$ 距离时,将有一个明环从中心冒出来或塌缩消失.若中央共有 N 个明环(暗环)产生或消失,则 M_1 移动的距离为

$$\Delta d = N \frac{\lambda}{2} \tag{7-27}$$

因此,通过 E 处亮暗的变化就能测出反射镜的移动量,测量精度高于 $\lambda/2$.

当 M_1 与 M_2 不严格垂直时,在 E 处可观察到类似劈尖产生的干涉直条纹.若用白光光源,一般可观察到彩色条纹,在 M_1 与 M_2' 交叉处膜厚为零,由于前述的附加光程 $\lambda/2$,各色光在这里都是暗条纹,因而这里将出现黑色条纹,这黑色条纹两侧是对称的彩色条纹.在实验中常根据这黑色条纹判断 M_1 与 M_2' 的相交位置.图 7-17 所示为各种干涉条纹的照片及相应的等效空气层的形状.

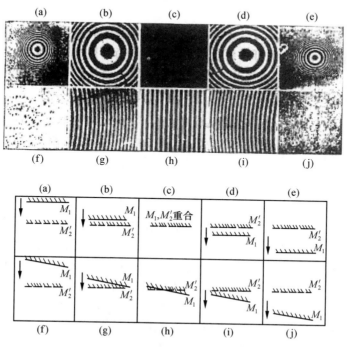

图 7-17　迈克耳孙干涉仪的各种干涉条纹照片

在应用迈克耳孙干涉仪作实验时发现,当 M_1 和 M_2' 之间的距离超过一定限度后,就

观察不到干涉现象了. 这是因为,每个波列有一定的长度. 例如,在迈克耳孙干涉仪的光路中,点光源先后发出两个波列 a 和 b,每个波列都被分光板 G_1 分成两个波列 1 和 2,分别用 a_1、a_2 和 b_1、b_2 表示. 当两光路的光程差不太大时,如图 7-18(a)所示,由同一波列分出来的两个波列 a_1 和 a_2、b_1 和 b_2 在 E 处可以重叠,这时能够产生干涉. 如果两光路的光程差太大,如图 7-18(b)所示,则 a_1 和 a_2、b_1 和 b_2 不再重叠,而相互重叠的却是 a_2 和 b_1,这时不能发生干涉现象. 这也就是说,两光路之间的光程差不能超过波列长度 L_c. 因此,两个分光束产生干涉效应的最大光程差 δ_m 为波列长度 L_c,δ_m 称为该光源所发光的相干长度. 与相干长度对应的时间 $\Delta t = \delta_m/c$ 称为相干时间. 相干长度和相干时间标志着一个光源相干性的好坏. 普通单色光源,例如钠光灯、镉灯等的 $\delta_m = 1 \sim 100\text{mm}$,氦氖激光器的 $\delta_m \approx 180\text{km}$.

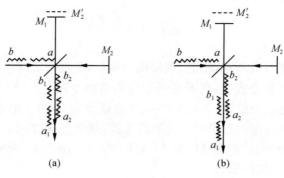

图 7-18

迈克耳孙干涉仪设计精巧,用途广泛,可测定光谱的精细结构、薄膜的厚度、气体的折射率,还可以用光的波长作标准,对长度进行标定. 迈克耳孙干涉仪是许多近代干涉仪(如珐布里-珀罗干涉仪、瑞利干涉仪等)的原形.

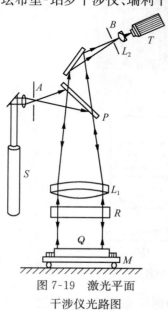

图 7-19　激光平面干涉仪光路图

迈克耳孙将毕生精力献给了研制干涉仪和精确测定光速等事业,为之奋斗了半个世纪. 因为在研制迈克耳孙干涉仪方面的成就,1907 年荣获诺贝尔物理奖,成为获得该奖的第一个美国人.

二、激光干涉仪

激光的单色性好,相干长度长. 用激光作光源,在较大光程差情况下仍可观察到清晰的干涉条纹.

图 7-19 是用来检查光学元件表面质量的激光平面干涉仪光路示意图. 由氦-氖激光器 S 发出的波长为 6328Å 的激光,经扩束后照射狭缝 A,投射到镀有半反射膜的分光板 P 上,将入射光分成振幅近似相等的反射光和透射光,反射光经物镜 L_1 后成为平行光,再垂直照射在标准样板(标准平晶)R 与待测工件 Q 上. 由于激光的相干长度很大,可以使 R 与 Q 隔开一定的距离,避免接

触损伤. 放待测元件的平台 M 可以微调水平. 平晶 R 的下表面与待测元件 Q 的上表面之间有一厚的空气层,若上述两表面之间有一很小的夹角 θ,利用显微镜目镜 T 可观察测量等厚干涉条纹,从而对元件 Q 的表面质量作出正确判断.

激光平面干涉仪还可用于测定面积较大的楔形板(光楔)的夹角. 撤去标准平晶,在工作台 M 上放上待测光楔即可观测.

利用激光单色性好、相干长度长的优点,已制成很多不同用途的激光干涉仪和激光全息干涉仪,这里不再介绍.

习　　题

1. 在迈克耳孙干涉仪的一条光路中,放入一折射率为 n,厚度为 d 的透明薄片,放入后,这条光路的光程改变了(　　).

(A) $2(n-1)d$　　　　(B) $2nd$

(C) $2(n-1)d+\lambda/2$　　(D) nd　　　(E) $(n-1)d$

2. 在迈克耳孙干涉仪的一支光路中,放入一片折射率为 n 的透明介质薄膜后,测出两束光的光程差的改变量为一个波长 λ,则薄膜的厚度是(　　).

(A) $\lambda/2$　　　(B) $\lambda/(2n)$　　　(C) λ/n　　　(D) $\dfrac{\lambda}{2(n-1)}$

3. 光强均为 I_0 的两束相干光相遇而发生干涉时,在相遇区域内有可能出现的最大光强是_____.

4. 在迈克耳孙干涉仪的一支光路上,垂直于光路放入折射率为 n、厚度为 h 的透明介质薄膜. 与未放入此薄膜时相比较,两光束光程差的改变量为_____.

5. 在迈克耳孙干涉仪的可动反射镜移动了距离 d 的过程中,若观察到干涉条纹移动了 N 条,则所用光波的波长 $\lambda=$_____.

本 章 小 结

1. 热光源的发光特点

原子发光是断续的,每次发光形成一长度有限的横波波列. 各原子各次发光相互独立,各波列互不相干.

2. 杨氏双缝干涉

分波阵面法产生相干光源,等间距直干涉条纹.

条纹中心位置:明条纹 $x=k\dfrac{D}{nd}\lambda$,暗条纹 $x=(2k+1)\dfrac{D}{2nd}\lambda$.

相邻明(暗)条纹中心间距 $\Delta x=\dfrac{D}{nd}\lambda$.

3. 光程

光在媒质中通过的几何路程 x 与其折射率 n 的乘积,即 $\delta=nx$.

相位差与光程差的关系:$\Delta\varphi=\dfrac{2\pi}{\lambda}\times\delta.$

半波损失:光由光疏媒质射向光密媒质并在其界面反射时相位发生数值为 π 的突变.

影响光程的因素:几何路径,介质,反射情况.正薄透镜不引起附加的光程差.

4. 薄膜干涉

入射光在薄膜上表面反射和折射"分振幅",在上、下表面反射的光为相干光.薄膜厚度为 e 处对应的光程差:$\delta=2e\sqrt{n_2^2-n_1^2\sin^2 i}+\dfrac{\lambda}{2}.$

(1) 等倾干涉.薄膜厚度 e 均匀,光程差只是入射角 i 的函数.同一级干涉条纹对应入射线倾角相同.同心圆环状干涉条纹.明环 $2e\sqrt{n_2^2-n_1^2\sin^2 i}+\dfrac{\lambda}{2}=k\lambda$;暗环 $2e\sqrt{n_2^2-n_1^2\sin^2 i}+\dfrac{\lambda}{2}=(2k+1)\dfrac{\lambda}{2}.$

(2) 等厚干涉.薄膜厚度 e 不均匀,入射角 $i=90°$,光程差只是 e 的函数.同一级干涉条纹对应的薄膜的厚度相等.等厚条纹的形态与薄膜等厚线的走向一致.

(3) 劈尖干涉.等间距直干涉条纹.条纹中心间距 $l=\dfrac{\lambda}{2n\sin\theta}$;明条纹 $2ne+\dfrac{\lambda}{2}=k\lambda$;暗条纹 $2ne+\dfrac{\lambda}{2}=(2k+1)\dfrac{\lambda}{2}.$

(4) 牛顿环.明环半径 $r_k=\sqrt{\dfrac{(2k-1)R\lambda}{2}}$;暗环半径 $r_k=\sqrt{kR\lambda}.$

5. 迈克耳孙干涉仪

一平面镜移动的距离 Δd 与视场中移过的条纹数 N 之间有下列关系:

$$\Delta d=N\dfrac{\lambda}{2}$$

第八章 光 的 衍 射

光的衍射理论的框架

光的衍射理论的基本假设：①光是电磁波；②光束由光波波列组成；③惠更斯-菲涅耳原理. 在惠更斯-菲涅耳原理的基础上，提出研究单缝衍射问题的半波带方法，半波带方法物理思想清晰，分析简单，结论适用. 光栅衍射是单缝衍射和多缝干涉两种作用的总效果，据此完满解释了光栅衍射的规律. 根据几何光学理论设计的光学仪器中发生的衍射现象影响仪器的分辨率，关于分辨率的结论是光学仪器设计的重要依据之一.

§8.1 惠更斯-菲涅耳原理

一、光的衍射

衍射是波动在传播过程中遇到障碍物后所发生的偏离"直线传播"的现象. 光是电磁波，也能发生衍射现象. 如图 8-1 所示，S 为一单色光源，G 为一遮光屏，上面开一个直径为十分之几毫米的小孔如图 8-1(a)，或宽度为十分之几毫米的狭缝如图 8-1(b)，H 为一白色观察屏. 在图 8-1(a)所示的实验中，在观察屏 H 上可看到，中心为一个比小孔大很多的亮斑，周围有一些明暗相间的圆形条纹的衍射花样. 而在图 8-1(b)所示的实验中，可看到宽而亮的条纹，向外依次为暗亮相间的条纹，且亮度衰减很快. 这种现象称为光的衍射. 如果用白光作实验，可观察到彩色衍射花样.

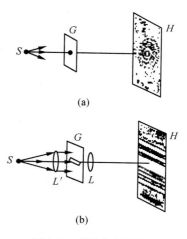

图 8-1 光的衍射现象

通常把光的衍射分成两类，一类是平行光衍射，就是光源和观察屏到障碍物的距离都是无限远. 平行光衍射又称为夫琅禾费(J. Fraunhofer, 1787~1826)衍射(图 8-1(b)). 另一类是非平行光衍射，即光源和观察屏(或其中之一)到衍射孔的距离比较小(有限远). 非平行光衍射又称为菲涅耳衍射(图 8-1(a)).

虽然菲涅耳衍射在自然现象和日常生活中较为常见，但数学分析较为复杂. 夫琅禾费衍射在实验室较为多见，本书以夫琅禾费衍射为例，研究衍射的基本规律.

二、惠更斯-菲涅耳原理

用惠更斯原理可以定性解释波的衍射现象，但只能确定衍射后波阵面的形状，无法解释衍射后波的强度分布，也无法解释波为什么不能向"后"传播的问题. 菲涅耳在研究了光的干涉问题之后,用干涉理论补充了惠更斯原理.他指出,波阵面上每一个面元 dS (图 8-2)都可以视为子波源,在空间任意一点 P 的振动是该波阵面所有子波源发出的子波在该点的相干叠加,这就是惠更斯-菲涅耳原理.

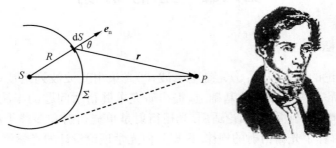

菲涅耳(1788~1827)

图 8-2

为了确定波在 P 点引起的振动,必须知道各个子波到达点 P 时的振幅和相位.为此,菲涅耳作了如下几点假设:

(1) 因为波阵面 Σ 是同相位面,因此,dS 上各点发出的子波的初相位是相同的,Σ 上各面元发出的子波的初相位也是相同的(可令 $\varphi_0 = 0$).

(2) 按照子波是球面波的假设,子波在点 P 引起的振幅反比于 dS 到 P 点的距离 r,正比于面元 dS 的大小.

(3) dS 发出的子波在 P 点引起的振幅,与径矢 r 和面元 dS 的法向 e_n 的夹角 θ 有关,即正比于 θ 的某个函数 $f(\theta)$.$f(\theta)$ 叫做倾斜因子,它随 θ 的增大而单调减少,且 $\theta \geqslant \pi/2$ 时,$f(\theta) = 0$.这样就可以解释为什么波不向后传播的问题.

(4) dS 发出的子波在 P 点引起的振动的相位由 dS 到 P 点的光程决定,即由 r 决定.不同面元 dS 的子波传到点 P 有不同的相位,相干叠加的结果就是 P 点的总振动.

根据以上假设,若取 $t = 0$ 时波阵面 Σ 上各点的初相位为零,由 dS 面元发射的子波在 P 点引起的振动可表示为

$$\mathrm{d}E = Cf(\theta) \frac{\mathrm{d}S}{r} \cos\left(\omega t - \frac{2\pi r}{r}\right)$$

式中 C 是比例系数.P 点的合振动就等于波阵面 Σ 上所有 dS 发出的子波在 P 点引起的振动的叠加.故有

$$E(P) = \iint_{\Sigma} C \frac{f(\theta)}{r} \cos\left(\omega t - \frac{2\pi r}{\lambda}\right) \mathrm{d}S \tag{8-1}$$

这就是惠更斯-菲涅耳原理的数学表达式.应用惠更斯-菲涅耳原理,原则上可定量处理光通过各种障碍物所产生的各种衍射现象.但对一般衍射问题,积分计算是相当复杂的.对于对称性好的障碍物,如狭缝、圆孔等,用半波带法或振幅矢量法来研究衍射问题更为

方便,这样不仅可以避免繁杂的积分运算,且物理图像清晰.下面主要用半波带法来研究夫琅禾费衍射现象.

§8.2　单缝的夫琅禾费衍射

一、单缝衍射

图 8-3(a)是单缝夫琅禾费衍射实验的示意图,L_1、L_2 是薄凸透镜,K 是开有狭缝的遮光屏,狭缝宽度约为十分之几毫米. 位于 L_1 焦点处的单色点光源 S 发出的光经 L_1 后变成平行光,垂直入射在单缝上,显然单缝位于入射光的同一波面上,该波面上各子波源向各个方向发射的光称为衍射光,衍射光与单缝法线的夹角称为衍射角. 各子波源发出的衍射角相同的光经 L_2 后会聚于其焦平面处的屏上,并发生相干叠加,在屏上形成衍射花样.下面用菲涅耳半波带法分析屏上的光强分布.

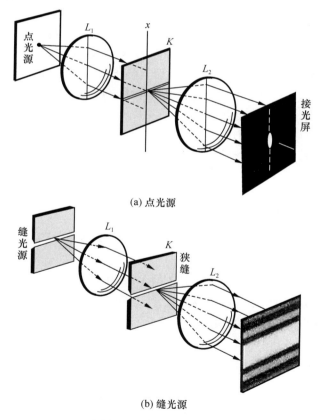

(a) 点光源

(b) 缝光源

图 8-3　单缝衍射示意图

二、菲涅耳半波带法

由图 8-4 容易看出,宽度为 a 的单缝边缘 A、B 处的子波源发出的衍射角为 φ 的光线之间的光程差为

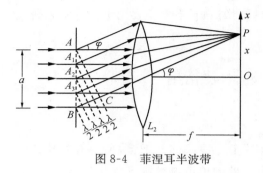

图 8-4　菲涅耳半波带

$$\delta = BC = a\sin\varphi$$

以 $\frac{\lambda}{2}$ 为间距分 BC 得一些分点. 过各分点作一些平行于 AC(垂直于衍射线)的平面,这些平面把单缝波面 AB 分成 AA_1,A_1A_2,A_2A_3,… 等面积的窄条,这些窄条称为半波带. 单缝处波面分成的半波带数为

$$N = a\sin\varphi\Big/\frac{\lambda}{2} \tag{8-2}$$

可见,在缝宽 a 和波长 λ 一定时,半波带数 N 取决于衍射角 φ.

当 N 恰为偶数时,因相邻半波带上各对应点发出的衍射光间的光程差为 $\lambda/2$,相位差为 π,在会聚点 P 处发生相消干涉,所以 P 点的光强为零,即 P 点为暗条纹的中心. 图 8-4 中 P 点的位置是与透镜 L_2 的主光轴夹角为 φ 的副光轴与屏的交点. 当 N 恰为奇数时,因相邻两半波带发出的光干涉相消,剩下的一个半波带发出的光未被抵消,会聚集于 P 点,形成亮点,故 P 点为亮条纹的中心. 因为 N 越大,半波带的宽度 ΔS 越小,故亮条纹的光强越小. 当 $N=0$,即 $\varphi=0$ 时,缝处波面上各子波源发出的光到会聚点 O 的光程相等,相位相同,故 O 点为亮条纹的中心,且光强最大. O 点称为中央亮条纹的中心. 图 8-4 中 O 点是 L_2 的主光轴与屏的交点.

综上所述,可以得到如下结论:

(1) 明条纹条件. 当 φ 等于 0 时

$$a\sin\varphi = 0 \tag{8-3}$$

形成中央明条纹. 当 φ 满足

$$a\sin\varphi = \pm(2k+1)\frac{\lambda}{2} \quad (k=1,2,3,\cdots) \tag{8-4}$$

时,形成明条纹(中心). $k=1,2,3,\cdots$ 分别叫第 1 级、第 2 级、第 3 级、…明条纹. 正负号表示各级明条纹对称分布于中央明条纹两侧.

(2) 暗条纹条件. 当衍射角满足

$$a\sin\varphi = \pm 2k\frac{\lambda}{2} = \pm k\lambda \quad (k=1,2,3,\cdots) \tag{8-5}$$

时,形成暗条纹(中心). $k=1,2,3,\cdots$ 分别叫第 1 级、第 2 级、第 3 级、…暗条纹. 正负号表示各级暗条纹对称分布于中央明条纹(点 O 处)两侧.

若角 φ 不满足上述形成明、暗条纹的条件,即 AB 不能分成整数个半波带,屏上对应点的亮度介于明暗条纹之间. 由半波带法可估计出各明条纹中心的光强随级数的增加迅速减弱.

为了深刻理解单缝衍射,现作如下几点讨论:

（1）明暗条纹的位置. 如图 8-4 所示，衍射角为 φ 的衍射光经正透镜 L_2 后，会聚于与 L_2 的主光轴成 φ 角的副光轴与屏的交点 P 处，P 点的坐标

$$x = f\tan\varphi$$

因为 φ 实际上很小，所以 $\tan\varphi \approx \varphi \approx \sin\varphi$. 由式（8-5）和式（8-4）可得暗条纹（中心）的位置

$$x_k = \pm k\frac{f}{a}\lambda \quad (k = 1,2,3,\cdots)$$

明条纹（中心）的位置

$$x_k = \pm(2k+1)\frac{f}{2a}\lambda \quad (k = 1,2,3,\cdots)$$

（2）明条纹的宽度. 实际上，单缝衍射暗条纹很窄，明条纹比暗条纹宽得多. 通常把相邻两暗条纹中心之间的距离称为明条纹的宽度.

中央明条纹的宽度，即中央明条纹两侧第 1 级暗条纹之间的距离. 中央明条纹两侧第 1 级（$k=1$）暗条纹的位置

$$x_1 = \pm\frac{f}{a}\lambda \tag{8-6}$$

所以中央明条纹的宽度

$$l_0 = 2f\frac{\lambda}{a} \tag{8-7}$$

中央明条纹对透镜 L_2 中心的张角

$$2\varphi_1 = \frac{2\lambda}{a} \tag{8-8}$$

称为中央明条纹的角宽度. φ_1 称为中央明条纹的半角宽度.

次级明条纹的宽度，即中央明条纹同侧相邻两暗条纹之间的距离.

$$l = \Delta x = x_{k+1} - x_k = f\frac{\lambda}{a} \tag{8-9}$$

上式说明各次级明条纹均作等间距分布，中央明条纹是其他级明条纹宽度的 2 倍.

（3）入射光波长的测定. 由式（8-8）和式（8-9）可知，若已知缝宽 a，透镜焦距 f，并测得 l_0 或 l 的值，可求得所用单色光的波长 λ.

（4）单缝宽度 a 对衍射条纹的影响. 由式（8-5）和（8-9）可知，对波长为 λ 的入射光，a 越小，同级条纹的衍射角越大，条纹宽度越大，衍射效果越显著；反之，a 越大，条纹越密集，衍射效果越不明显. 当 $a \gg \lambda$ 时，各级衍射条纹密集于中央明条纹附近，形成一条亮带，即单缝的像，此时可认为光作直线传播.

（5）白光照射单缝时的衍射条纹. 若用白光照射，由明纹中心的位置公式 $x_k = \pm(2k+1)\frac{f}{2a}\lambda$ 可知，在同级明条纹（k 一定）中，不同波长的光位置不同，即明条纹为彩色条纹，且波长大的对应的 x_k 也大. 中央明条纹是各种波长的光共同汇聚而成的，所以中央明条纹呈白色，两侧将出现由紫到红的彩色条纹分布. 高级次条纹会发生重叠现象.

（6）缝光源的单缝衍射. 把图 8-3(a)中点光源换成缝光源，如图 8-3(b)所示，上述结

论仍然成立,只是衍射图样有所不同.

*三、单缝衍射的光强分布

用菲涅耳积分法可以推导出单缝夫琅禾费衍射的光强分布公式.

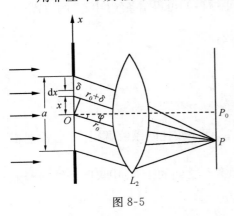

图 8-5

如图 8-5 所示,设缝宽为 a,长为 b,垂直入射的单色光的波长为 λ.取缝的中心位置为原点,向上为 x 的正方向.对于衍射角为 φ 的平行光经透镜 L_2 后会聚于 P 点.把缝上波面分成宽度为 $\mathrm{d}x$ 的微带(不是半波带),其面积为 $\mathrm{d}S=b\mathrm{d}x$.由式 (7-27),中心位置 O 处的微带在 P 点引起的光振动为

$$\mathrm{d}E = C\frac{f(\varphi)}{r_0}\cos\left(\omega t - \frac{2\pi r_0}{\lambda}\right)\mathrm{d}S \quad (8\text{-}10)$$

式中 r_0 为 O 点到 P 点的光程.显然,$x\sim x+\mathrm{d}x$ 的微带到 P 点的光程为 $r=r_0+\delta=r_0+x\sin\varphi$,这个微带在点 P 引起的光振动为

$$\mathrm{d}E = C\frac{f(\varphi)}{r_0+\delta}\cos\left[\omega t - \frac{2\pi(r_0 + x\sin\varphi)}{\lambda}\right]\mathrm{d}S$$

因为实际情况中一般 φ 很小,故可取倾斜因子 $f(\varphi)\approx1$. 又 $r_0\gg a$,所以 $r_0+\delta\approx r_0$,因此上式可写为

$$\mathrm{d}E = \frac{Cb}{r_0}\cos\left(\omega t - \frac{2\pi r_0}{\lambda} - \frac{2\pi x\sin\varphi}{\lambda}\right)\mathrm{d}S$$

缝处波面上各子波源在点 P 引起的合振动为

$$E = \frac{Cb}{r_0}\int_{-\frac{a}{2}}^{\frac{a}{2}}\cos\left(\omega t - \frac{2\pi r_0}{\lambda} - \frac{2\pi x\sin\varphi}{\lambda}\right)\mathrm{d}x$$

$$= -\frac{cb\lambda}{2\pi r_0\sin\varphi}\left[\sin\left(\omega t - \frac{2\pi r_0}{\lambda} - \frac{2\pi a\sin\varphi}{\lambda}\right) - \sin\left(\omega t - \frac{2\pi r_0}{\lambda} + \frac{2\pi a\sin\varphi}{\lambda}\right)\right]$$

利用三角公式,上式可简化为

$$E = \frac{Cb\sin\left(\dfrac{\pi a\sin\varphi}{\lambda}\right)}{r_0\dfrac{\pi a\sin\varphi}{\lambda}}\cos\left(\omega t - \frac{2\pi r_0}{\lambda}\right) \quad (8\text{-}11)$$

令 $A_0=\dfrac{Cb}{r_0}$,$u=\dfrac{\pi a\sin\varphi}{\lambda}$上式可改写为

$$E = A_0\left(\frac{\sin u}{u}\right)\cos\left(\omega t - \frac{2\pi r_0}{\lambda}\right)$$

由此可知,点 P 合振动的振幅为

$$E_0 = A_0 \left(\frac{\sin u}{u} \right) \tag{8-12}$$

点 P 的光强为

$$I = I_0 \left(\frac{\sin u}{u} \right)^2 \tag{8-13}$$

式中 $I_0 = \frac{1}{2} A_0^2$. 这就是单缝夫琅禾费衍射的光强分布公式. 当衍射角 $\varphi = 0$ 时, $u = \frac{\pi a \sin \varphi}{\lambda} = 0$, $\frac{\sin u}{u} = 1$, 故 $I = I_0$, 这时光强最大, 即中央明条纹的中心 P_0 处的光强 I_0 最大. 这与用半波带法得到的结果相同.

由式 (8-13) 可知, 当 $u = \frac{\pi a \sin \varphi}{\lambda} = \pm k\pi$, 即

$$a \sin \varphi = \pm k\lambda \quad (k = 1, 2, 3, \cdots)$$

时, $I = 0$, 这就是暗条纹中心满足的条件, 这与式 (8-3) 完全相同. 在两相邻暗条纹之间有一次极大, 次极大满足的条件可由 $\dfrac{\mathrm{d}}{\mathrm{d}u} \left(\dfrac{\sin u}{u} \right)^2 = 0$ 得到, 即

$$\tan u = u^{①} \tag{8-14}$$

上述超越方程的解可用作图法求得, 即在同一坐标系内分别作出 $y = \tan u$ 和 $y = u$ 两条曲线, 它们的交点就是该超越方程的解.

超越方程的解为

---

① 超越方程 $\tan u = u$ 的近似解如下:

由半波带法可知 $u \approx \dfrac{3}{2}\pi, \dfrac{5}{2}\pi, \dfrac{7}{2}\pi, \cdots$, 即 $u \approx \dfrac{2n+1}{2}\pi, n = 1, 2, 3, \cdots$. 令

$$u = \frac{2n+1}{2}\pi - \varepsilon$$

其中 ε 为小量, 则

$$\tan u = \tan \left[(2n+1) \frac{\pi}{2} - \varepsilon \right] = \cot \varepsilon = \frac{1}{\tan \varepsilon}$$

所以

$$\tan \varepsilon \tan u = \tan \varepsilon \cdot u = \tan \varepsilon \cdot \left(\frac{2n+1}{2}\pi - \varepsilon \right) = 1$$

取 $\tan \varepsilon \approx \varepsilon$, 则

$$\varepsilon^2 - \frac{2n+1}{2}\pi\varepsilon + 1 = 0$$

略去 ε^2 得

$$\varepsilon = \frac{2}{(2n+1)\pi}$$

所以

$$u = \frac{2n+1}{2}\pi - \frac{2}{(2n+1)\pi} = \left(\frac{2n+1}{2} - \frac{2}{(2n+1)\pi^2} \right)\pi$$

$n = 1$ 时, $u = (1.5 - 0.0675)\pi \approx 1.43\pi$;

$n = 2$ 时, $u = (2.5 - 0.0405)\pi \approx 2.46\pi$;

$n = 3$ 时, $u = (3.5 - 0.0289)\pi \approx 3.47\pi$.

$$u_1 = \pm 1.43\pi, \quad u_2 = \pm 2.46\pi, \quad u_3 = \pm 3.47\pi, \cdots$$

由此可得次极大满足的条件为

$$a\sin\varphi = \pm 1.43\lambda \qquad 第 1 级明条纹中心$$

$$a\sin\varphi = \pm 2.46\lambda \qquad 第 2 级明条纹中心$$

$$a\sin\varphi = \pm 3.47\lambda \qquad 第 3 级明条纹中心$$

上述结果与式(8-5)稍有差别.

把上述超越方程的解代入式(8-13),可得

$$I_1 = 0.0472I_0, \quad I_2 = 0.0165I_0, \quad I_3 = 0.0083I_0, \cdots$$

显然,衍射光的能量绝大部分集中在中央明条纹,而各次极大的光强小得多,且随级次的增加很快减小. 所以,在实际的衍射图样中高级次的明纹因光强太小而很难看得到,衍射图样只在很窄的范围内. 图 8-6 是单缝夫琅禾费衍射的相对光强分布曲线.

例题 1 在单缝夫琅禾费衍射实验中,缝宽 $a = 100\lambda$,缝后正薄透镜的焦距 $f = 40\mathrm{cm}$,试求中央明条纹和第 1 级明条纹的宽度.

解 由式(8-5),第 1 级和第 2 级暗条纹的中心满足

$$a\sin\varphi_1 = \lambda$$

$$a\sin\varphi_2 = 2\lambda$$

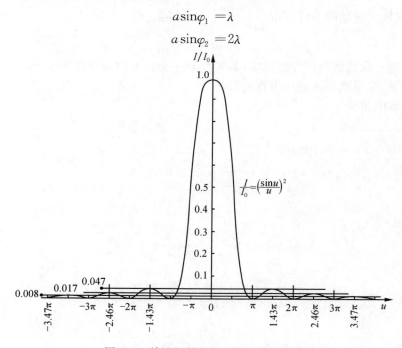

图 8-6 单缝衍射的相对光强分布曲线

第 1 级和第 2 级暗条纹的位置为

$$x_1 = f\tan\varphi_1 \approx f\sin\varphi_1 = \frac{f\lambda}{a} = \frac{40\lambda}{100\lambda} = 0.4(\mathrm{cm}) = 4(\mathrm{mm})$$

$$x_2 = f\tan\varphi_2 \approx f\sin\varphi_2 = f\frac{2\lambda}{a} = 40 \times \frac{2\lambda}{100\lambda} = 0.8(\mathrm{cm}) = 8(\mathrm{mm})$$

中央明条纹的宽度为两侧两个第 1 级暗条纹间的距离.

$$\Delta x_0 = 2x_1 = 2 \times 4 = 8 \text{(mm)}$$

第 1 级明条纹的宽度为第 1 级和第 2 级暗条纹间的距离.

$$\Delta x_1 = x_2 - x_1 = 8 - 4 = 4 \text{(mm)}$$

可见中央明条纹的宽度是第 1 级(其他)明条纹宽度的两倍.

例题 2 用波长为 λ 的平行单色光以入射角 θ 照射单缝,其衍射图样与垂直入射时有何关系?

解 如图 8-7 所示,当入射角 θ 与衍射角 φ 在单缝法线同侧时,单缝边缘处子波源所发的子波到达点 P 时的光程差为

$$\delta = a\sin\theta + a\sin\varphi$$

当 $\delta = 0$ 时,对应"中央明条纹"的中心,显然,这时衍射角 $\varphi = -\theta$,即"中央明条纹"的衍射角与入射角相等,且分别位于缝法线的两侧. 图中,中央明条纹向下移动的距离是

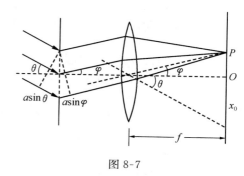

图 8-7

$$x_0 = f\tan\theta$$

明、暗条纹的条件分别为

$$a\sin\theta + a\sin\varphi = \pm(2k+1)\frac{\lambda}{2}$$

$$a\sin\theta + a\sin\varphi = \pm k\lambda$$

由此可得相邻明(暗)条纹的间距为

$$\Delta x = \frac{f\lambda}{a}$$

这与垂直入射时条纹间距相同. 由此可见,斜入射时的衍射图样是垂直入射时衍射图样向缝法线的另一侧平移了 $f\tan\theta$ 的距离.

例题 3 在单缝衍射实验中,若光源发出的光有两种波长 λ_1 和 λ_2,且知 λ_1 的第一级暗条纹与 λ_2 的第二级暗条纹相重合,求(1)λ_1 与 λ_2 之间的关系;(2)在这两种波长的光所形成的衍射图样中,是否还有其他暗条纹相重合?

解 (1) 根据式(8-3),对 λ_1 和 λ_2 分别有

$$a\sin\varphi_1 = \lambda_1$$

$$a\sin\varphi_2 = 2\lambda_2$$

由题意知 $\varphi_1 = \varphi_2$,所以有 $\lambda_1 = 2\lambda_2$.

(2) λ_1 的单缝衍射暗条纹条件为

$$a\sin\varphi_1 = k_1\lambda_1 = 2k_1\lambda_2 \quad (k_1 = 1, 2, 3, \cdots)$$

λ_2 的单缝衍射暗条纹条件为

$$a\sin\varphi_2 = k_2\lambda_2 \quad (k_2 = 1, 2, 3, \cdots)$$

若 λ_1 和 λ_2 的暗条纹重合,即 $\varphi_1 = \varphi_2$,有

$$k_2\lambda_2 = 2k_1\lambda_2, \quad k_2 = 2k_1$$

所以 $k_2 = 2k_1$ 的各级暗条纹均相重合.

习 题

1. 在单缝夫琅禾费衍射实验中,波长为 λ 的单色光垂直入射在宽度为 $a = 4\lambda$ 的单缝上,对应于衍射角为 30° 的方向,单缝处波阵面可分成的半波带数目为( )

(A) 2 个   (B) 4 个   (C) 6 个   (D) 8 个

2. 一束波长为 λ 的平行单色光垂直入射到一单缝 AB 上,装置如图所示. 在屏幕 D 上形成衍射图样,如果 P 是中央亮纹一侧第一个暗纹所在的位置,则 $\overline{BC}$ 的长度为( ).

(A) $\lambda/2$ (B) λ (C) $3\lambda/2$ (D) 2λ

3. 在如图所示的单缝夫琅禾费衍射实验中,若将单缝沿透镜光轴方向向透镜平移,则屏幕上的衍射条纹( ).

(A) 间距变大   (B) 间距变小

(C) 不发生变化   (D) 间距不变,但明暗条纹的位置交替变化

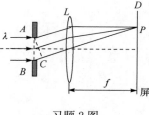

习题 2 图

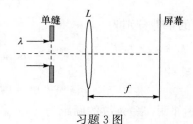

习题 3 图

4. 根据惠更斯-菲涅耳原理,若已知光在某时刻的波阵面为 S,则 S 的前方某点 P 的光强度取决于波阵面 S 上所有面积元发出的子波各自传到 P 点的( ).

(A) 振动振幅之和   (B) 光强之和

(C) 振动振幅之和的平方   (D) 振动的相干叠加

5. 在夫琅禾费单缝衍射实验中,对于给定的入射单色光,当缝宽度变小时,除中央亮纹的中心位置不变外,各级衍射条纹( ).

(A) 对应的衍射角变小   (B) 对应的衍射角变大

(C) 对应的衍射角也不变   (D) 光强也不变

6. 在单缝夫琅禾费衍射实验中,若增大缝宽,其他条件不变,则中央明条纹( ).

(A) 宽度变小   (B) 宽度变大

(C) 宽度不变,且中心强度也不变   (D) 宽度不变,但中心强度增大

7. 在某个单缝衍射实验中,光源发出的光含有两种波长 λ_1 和 λ_2,垂直入射于单缝上. 假如 λ_1 的第 1 级衍射极小与 λ_2 的第 2 级衍射极小相重合,试问:

(1) 这两种波长之间有何关系?

(2) 在这两种波长的光所形成的衍射图样中,是否还有其他极小相重合?

8. 在用钠光($\lambda = 589.3$nm)作光源进行的单缝夫琅禾费衍射实验中,单缝宽度 $a = 0.5$mm,透镜焦

距 $f = 700\text{mm}$. 求透镜焦平面上中央明条纹的宽度.

9. 用氦氖激光器发射的单色光(波长为 $\lambda = 632.8\text{nm}$)垂直照射到单缝上,所得夫琅禾费衍射图样中第一级暗条纹的衍射角为 $5°$,求缝宽度.

10. 某种单色平行光垂直入射在单缝上,单缝宽 $a = 0.15\text{mm}$. 缝后放一个焦距 $f = 400\text{mm}$ 的凸透镜,在透镜的焦平面上,测得中央明条纹两侧的两个第 3 级暗条纹之间的距离为 8.0mm,求入射光的波长.

11. 用波长 $\lambda = 632.8\text{nm}$ 的平行光垂直照射单缝,缝宽 $a = 0.15\text{mm}$,缝后用凸透镜把衍射光会聚在焦平面上,测得第 2 级与第 3 级暗条纹之间的距离为 1.7mm,求此透镜的焦距.

12. 为什么在日常生活中容易察觉声波的衍射现象而不容易观察到光波的衍射现象?

§8.3 圆孔衍射 分辨本领

一、圆孔的夫琅禾费衍射

圆孔的夫琅禾费衍射装置如图 8-8(a)所示. 其中衍射屏小孔的直径约十分之几毫米,在观察屏上可得到圆孔的夫琅禾费衍射图样,如图 8-8(b)所示,衍射图样的中心是一个明亮的圆斑,称为艾里斑. 其周围是一组明暗相间的同心圆环,由内向外明环的亮度很快减弱. 其明暗条纹的位置和强度分布可用惠更斯-菲涅耳原理计算求得. 计算结果表明,艾里斑的光能量占通过圆孔的总光能量的 84% 左右,其余 16% 的光能量分布在周围的明环上.

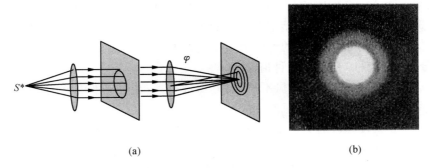

(a)   (b)

图 8-8 圆孔夫琅禾费衍射图样

圆孔夫琅禾费衍射的暗条纹位置也可写成和单缝衍射暗条纹公式 $a\sin\varphi = k\lambda$ 类似的形式. 在圆孔衍射中,若以 D 表示圆孔的直径,则第 1 级暗条纹的位置满足

$$D\sin\varphi = 1.22\lambda \qquad (8\text{-}15)$$

式中 φ 为第 1 级暗条纹的衍射角,也就是艾里斑对圆孔张角的一半,称为艾里斑的半角宽度. 由于第 1 级暗条纹很窄,把艾里斑中心到第 1 级暗条纹中心的距离 l 称为艾里斑的半径,如图 8-9 所示. 一般 φ

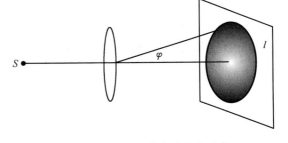

图 8-9 艾里斑的半角宽度和半径

很小,式(8-15)也可写成

$$\varphi = 1.22\frac{\lambda}{D} \tag{8-16}$$

当 D 足够大时,$\lambda/D \to 0$,这时 $\varphi \to 0$,衍射图样变成一个光点,与几何光学中小孔成像的结果相同.

上述圆孔衍射的结果也适用于圆形波源辐射的情形,如圆盘形声纳发射器、扬声器、微波天线的抛物面反射体等.圆形波源上各点发射的波相当于圆孔波面上各子波源发射的子波,空间波场中的强度分布与圆孔衍射的图样相同.和艾里斑相对应,圆形波源在轴线方向的辐射强度最大,辐射能量中绝大部分集中在轴线周围的第一级极小之内,形成辐射波的主瓣.与圆孔衍射其余明条纹对应,圆形波源在其他方向还有许多副瓣.由式(8-15)可知,辐射的发散角与波长有关,波长越长,发散角越大,能量越不集中,所以波长越短的微波,雷达的方向性越好.超声波也具有较好的方向性,因而可制作超声雷达——声纳.

二、光学仪器的分辨本领

很多光学仪器的光阑和透镜都是圆形的,例如,望远镜、照相机等,在成像过程中都是衍射孔,不可避免地要发生衍射现象.即使是没有任何像差的理想成像系统,点物也不成点像,而呈现为衍射图样.因此,在借助光学仪器观察细小物体时,不仅要求仪器有一定的放大倍数,而且要有足够的分辨本领.

当两个点物或一个物体的两个点发出的光通过这些衍射孔成像时,由于衍射各形成一个衍射斑,两艾里斑的中心对衍射孔中心的张角 θ 称为两艾里斑之间的角距离,设两艾里斑中心的线距离为 L,艾里斑的半径为 l,半角宽度为 φ.根据艾里斑的大小和靠近程度不同,可分为如图 8-10 所示的三种情况.

图(a)中,$\theta > \varphi$,$L > l$,两艾里斑不重合,或重合不多,这时显然能够辨出是两个斑(或点光源).

图(c)中,$\theta < \varphi$,$L < l$,两艾里斑重合部分大,总的光强分布如图中实线所示.这时已不能分辨出它们是两个斑.

图(b)中,$\theta = \varphi$,$L = l$,两艾里斑重合部分较小.恰能分辨的极限与实验条件和观察者的主观因素有关,因此必须确定一个客观标准.瑞利(J. W. S. Rayleigh)提出一个有实用价值的客观判据:若一个点光源在像平面上形成的艾里斑的中央极大,恰好落在另一个点光源形成的衍射斑的第一级极小处,则称这两个斑点恰好能够分辨,如图 8-10(b)所示.恰能分辨时总光强分布曲线的谷、峰之比为 80%.这时两艾里斑中心的角距离 θ 等于艾里斑的半角宽度 φ.能够分辨出两斑的最小角距离 θ_{min} 称为最小分辨角.显然

$$\theta_{min} = \varphi = 1.22\frac{\lambda}{D} \tag{8-17}$$

两斑能够分辨的最小线距离为

$$l_{min} = f\tan\theta_{min} \approx f\theta_{min}$$

即

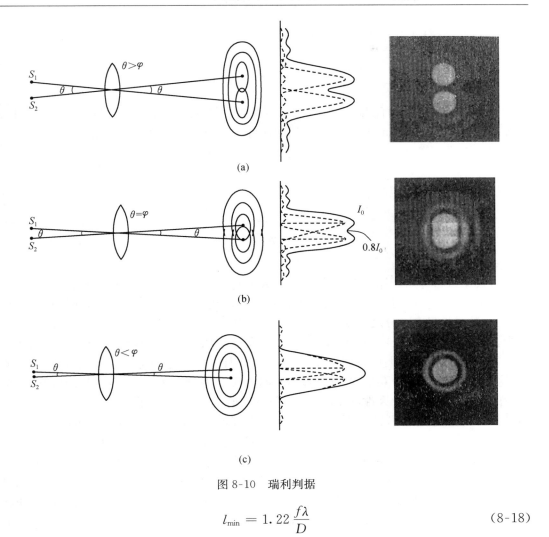

图 8-10　瑞利判据

$$l_{\min} = 1.22 \frac{f\lambda}{D} \tag{8-18}$$

式中 D 和 f 为透镜的直径和焦距.

光学仪器的最小分辨角 $\theta_{\min}$ 的倒数称为分辨本领或分辨率,即

$$R = \frac{1}{\theta_{\min}} = \frac{D}{1.22\lambda} \tag{8-19}$$

在正常照度下,人眼瞳孔的直径约为 2mm,前房液和玻璃状液的折射率为 $n=1.33$. 取空气的折射率 $n_0=1$. 设光在空气中的波长为 λ,进入眼睛后波长缩短,且 $n_0\lambda=n\lambda'$,所以,视网膜上的衍射图样艾里斑的半角宽度为

$$\varphi = 1.22 \frac{\lambda'}{D} = 1.22 \frac{\lambda}{nD}$$

当两点光源对瞳孔的张角为 α_0 时,由于前房液和玻璃状液的折射,两光线在眼中的夹角 α 由 $n_0\alpha_0=n\alpha$ 决定,所以 $\alpha_0=n\alpha$. 应用瑞利判据,当两点光源恰能分辨时,$\alpha=\theta_{\min}=$

$\varphi = 1.22\dfrac{\lambda}{nD}$，这时两点光源对瞳孔的张角

$$\alpha_{0\min} = n \cdot 1.22\frac{\lambda}{nD} = 1.22\frac{\lambda}{D}$$

例题 1　汽车两前灯相距 1.2m，设观察者能看到的最强光的波长为 6000Å，夜间人眼瞳孔直径约为 5.00mm，问恰能分辨出两盏灯时，人和迎面开来的汽车的距离是多少？

解　恰能分辨时，汽车两前灯对瞳孔的张角为

$$\alpha_{0\min} = 1.22 \times \frac{\lambda}{D} = 1.22 \times \frac{6.0 \times 10^{-4}}{5.0} = 1.46 \times 10^{-4}(\mathrm{rad})$$

这时人与车的距离 s 为

$$s = \frac{\Delta l}{\alpha_{0\min}} = \frac{1.2}{1.46 \times 10^{-4}} = 8.2 \times 10^{3}(\mathrm{m})$$

由式(8-19)可知，提高光学仪器分辨本领的途径有两个：一是减小入射光的波长，如显微镜用紫光工作比用红光工作分辨本领更大．由于电子具有波动性，用几十万伏电压加速电子，其波长只有百分之几埃，所以电子显微镜的分辨率极高．二是增加通光孔径．增大通光孔径的方法有两个，一是向"小而多"方向发展，即由单个口径较小的很多天线组成阵列，其效果相当于一个大口径望远镜．2007 年 10 月美国艾伦望远镜阵列（ATA）投入使用，这是有 42 个口径为 6 米的天线组阵列，如图 8-11 所示．但 2011 年科学家在研究外星生命的路程中遇到了毁灭性的坎坷，由于美国政府的资金暂停，世界上唯一的电波望远镜——艾伦望远镜阵列，这个用于搜寻银河系中其他文明的最有利的工具也随之暂停了工作．多个国家组成的国际 SKA 望远镜委员会计划合作建造的 SKA 望远镜由一个庞大的望远镜天线阵组成，如图 8-12 所示．多个天线接收站合成一个直径可达几千千米的望远镜孔径，计划投资 16 亿美元，2020 年全部建成．二是向单个大口径方向发展．有着超级"天眼"之称的 500 米口径球面射电望远镜，2016 年 9 月 25 日在贵州省平塘县的喀斯特洼坑中落成，如图 8-13 所示，开始接收来自宇宙深处的电磁波．这标志着我国在科学前沿实现了重大原创突破．

图 8-11　艾伦射电望远镜

图 8-12 SKA 望远镜效果图

图 8-13 500 米口径球面射电望远镜

从理论上说,"天眼"能接收到 137 亿光年以外的电磁信号,这个距离接近宇宙边缘. 有了该望远镜项目,中国在未来 20~30 年,可在最大单口径望远镜项目上保持世界一流地位. 近日该望远镜就曾接收到来自 1351 光年外一颗脉冲星发出的脉冲信号. 有外国科学家曾形象地描述了中国这个"天眼"的威力:"你在月球上打手机它也能发现.""天眼"由中国科学院国家天文台主持建设,从概念到选址再到建成,耗时 22 年,是具有我国自主知识产权、世界最大单口径、最灵敏的射电望远镜.

习　题

1. 若星光的波长按 550nm 计算,孔径为 127cm 的大型望远镜所能分辨的两颗星的最小角距离 θ (从地上一点看两星的视线间夹角)是(　　).

(A) 3.2×10^{-3} rad

(B) 1.8×10^{-4} rad

(C) 5.3×10^{-5} rad   (D) 5.3×10^{-7} rad

2. 设星光的有效波长为 550nm,用一台物镜直径为 1.20m 的望远镜观察双星时,能分辨的双星的最小角间隔 $\delta\theta$ 是(   ).

(A) 3.2×10^{-3} rad   (B) 5.4×10^{-5} rad

(C) 1.8×10^{-5} rad   (D) 5.6×10^{-7} rad

(E) 4.3×10^{-8} rad

3. 在圆孔夫琅禾费衍射实验中,已知圆孔半径 a,透镜焦距 f 与入射光波长 λ.求透镜焦面上中央亮斑的直径 D.

4. 迎面开来的汽车,其两车灯相距 l 为 1m,问汽车离人多远时,两灯刚能为人眼所分辨?(假定人眼瞳孔直径 d 为 3mm,光在空气中的有效波长为 $\lambda = 500$nm.)

5. 在通常亮度下,人眼瞳孔直径约为 3mm,若视觉感受最灵敏的光波长为 550nm,试问:

(1) 人眼最小分辨角是多大?

(2) 在教室的黑板上,画等号的两横线相距 2mm,坐在距黑板 10m 处的同学能否看清?(要有计算过程.)

6. 设汽车前灯光波长按 $\lambda = 550$nm 计算,两车灯的距离 $d = 1.22$m,在夜间人眼的瞳孔直径为 $D = 5$mm,试根据瑞利判据计算人眼刚能分辨上述两只车灯时,人与汽车的距离 L.

§8.4 衍 射 光 栅

利用单缝衍射现象可以测量单色光的波长,为了提高测量的精度,应尽量减小单缝宽度.单缝宽度的减小,使通过单缝的光能量减少,结果使明暗条纹的界线分辨不清,条纹的位置就不易准确测得.光栅就是为了克服这一矛盾而设计制作的.光栅在科学技术和工业生产中有着广泛地应用.

一、光栅的构造

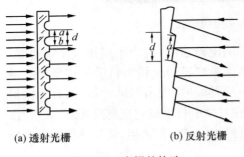

(a) 透射光栅   (b) 反射光栅

图 8-14   光栅的构造

许多等宽的狭缝等距离地排列起来形成的光学元件叫光栅. 在一块平板玻璃上刻上一系列等宽等距的刻痕(图 8-14(a)),刻痕处因漫反射而不透光,未刻痕处相当于透光的缝,这样就构成了透射光栅. 在光洁度很高的金属表面刻出一系列等间距的平行细槽,就构成了反射光栅(图 8-14(b)). 简易的光栅可用照相的方法制造. 印有一系列平行而等间距黑色条纹的照相底片就是透射光栅. 实际光栅上每毫米内有几十条乃至上千条刻痕. 一块 100mm×100mm 的光栅上可能刻有 60 000 条到 120 000 条刻痕. 光栅上每条刻痕的宽度为 b,相邻两刻痕的间距,即狭缝宽度为 a,$(a+b) = d$ 称为光栅的光栅常数. 若每厘米刻有 5000 条刻痕,则光栅常数

$$d = \frac{1 \times 10^{-2}}{5000} = 2 \times 10^{-6} \,(\text{m})$$

二、光栅衍射条纹

如图 8-15(a)所示,将一束平行单色光垂直照射在透射光栅上,透射光经透镜 L_2 会聚后,在屏 E 上就呈现出各级条纹,如图 8-15(c)所示.由实验可以看出,光栅衍射条纹有如下特征:①亮条纹很亮而且很窄,并且其亮度随被照亮的透光缝的数目 N 的增加而增大.这些亮条纹称为主极大条纹.主极大条纹的位置与 N 无关,只与光栅常数 $d=a+b$ 有关,d 越小,同级主极大离开 O 点的距离(衍射角 φ)越大.②与亮条纹的宽度相比,相邻主极大之间有很宽的暗区.

1. 光栅方程

光栅上的每一条缝都是一条单缝,产生衍射现象.各单缝上的衍射光,在屏上相遇产生多光束干涉.所以,光栅的衍射条纹应当看成单缝衍射和多光束干涉的综合效果.

在图 8-15(b)所示的光栅上,设想除一条透光缝外,其余透光缝全被遮住,则接光屏 E 上是单缝衍射条纹,其光强分布如图 8-6 所示.因为单缝上、下移动时,屏上条纹不动,则在图 8-15(b)中 N 条缝轮流开放,屏上衍射条纹位置和光强是一样的.N 条缝是相干光源,它们之间有相位差,屏上任一点 P 处的光振动是 N 条缝上各对应点在 P 点产生的光振动的相干叠加.所以,光栅衍射条纹是单缝衍射和多缝干涉的总效果.

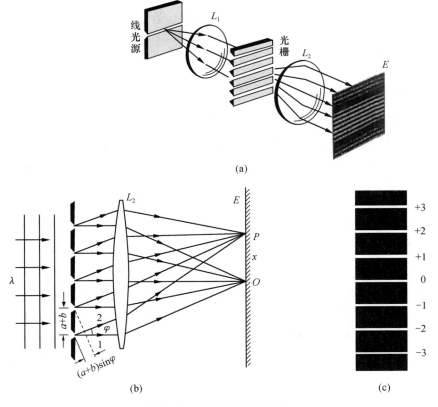

图 8-15 夫琅禾费光栅衍射

首先分析多缝干涉产生的效果. 如图 8-15(b)所示,光栅上任意相邻两缝对应点发出的衍射角为 φ 的光到达点 P 的光程差都是 $(a+b)\sin\varphi$,当此光程差为入射光的波长 λ 的整数倍时,这些相同衍射角的光会聚于屏上点 P,因干涉叠加而加强,形成明条纹. 因此,光栅衍射产生明条纹的条件是衍射角 φ 必须满足

$$(a+b)\sin\varphi = k\lambda \quad (k = 0, \pm1, \pm2, \pm3, \cdots) \tag{8-20}$$

上式称为光栅方程.

满足光栅方程的明条纹称为主极大条纹,又叫光谱线. k 叫做主极大的级数. $k=0$ 时,对应的衍射角 $\varphi=0$,称为中央明条纹; $k=\pm1,\pm2,\pm3,\cdots$,分别称为第 1 级、第 2 级、第 3 级……主极大条纹. 式中正负号表示各级明条纹对称地分布于中央明条纹的两侧(见图 8-15(c)). 需要指出的是,主极大条纹是由多缝干涉决定的;另外,由惠更斯-菲涅耳原理可知,$|\varphi|$ 应小于 $\pi/2$,$|\sin\varphi|$ 必定小于 1,所以能观察到的主极大条纹的最大级数 k_m 是小于 $(a+b)/\lambda$ 的整数.

由光栅方程可以看出,主极大的位置只与光栅常数有关,与 N 无关,且光栅常数越小,对应各级的衍射角越大,各级明条纹就分得越开,能够观察到的主极大条纹的总数越小.

在图 8-15(b)中,主极大在屏幕 E 上的位置 x 与透镜 L_2 的焦距 f 有关,可以看出

$$x = f\tan\varphi$$

应该注意,在光栅常数 d 很小时,$\sin\varphi \approx \tan\varphi \approx \varphi$ 的近似条件常常是不成立的.

主极大的条件是 $(a+b)\sin\varphi = d\sin\varphi = k\lambda$,用相位差表示,即相邻两缝在 P 点产生的(合成)光振动的相位差为

$$\delta = \frac{2\pi d}{\lambda}\sin\varphi = 2k\pi$$

说明各缝在 P 点产生的光振动是同相位的,考虑到它们的振幅也相同,若振幅矢量为 $\boldsymbol{a}$,用振幅矢量法表示,P 点的合振动与各缝产生的分振动的关系如图 8-16(a)所示.

由图 8-16(a)可以看出主极大光振动的振幅是一个缝在 P 点产生的振幅的 N 倍,光强是一个缝产生的光强的 N^2 倍.

2. 极小的条件

如果相位差满足

$$N\delta = m \cdot 2\pi$$

P 点合振动的合成矢量图如图 8-16(b)所示,即 N 个矢量 $\boldsymbol{a}$ 正好围成闭合的多边形,则合振动的振幅矢量 $\boldsymbol{A}=0$,所以 P 点的光强等于零,称为极小. 上式中的 m 是围成多边形的圈数,应该注意,如果 $m=Nk$,则上式变为

$$N\delta = Nk2\pi$$

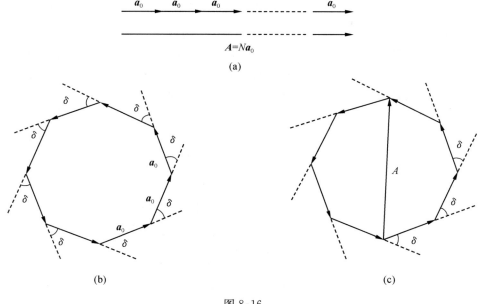

图 8-16

即

$$\delta = k2\pi$$

这是主极大的条件. 所以, 极小的条件是

$$\delta = \frac{m}{N}2\pi \tag{8-21}$$

式中 $m=1,2,3,\cdots$, 但 $m \neq Nk$. 或者写成 $m=Nk+n$, 其中 $n=1,2,3,\cdots,N-1$. 考虑到 $\delta = \frac{2\pi}{\lambda}d\sin\varphi$, 极小的衍射角 φ 满足

$$d\sin\varphi = \left(k+\frac{n}{N}\right)\lambda \tag{8-22}$$

式中 $k=0,\pm 1,\pm 2,\cdots$; $n=\pm 1,\pm 2,\pm 3,\cdots,\pm(N-1)$. 注意: k 和 n 必须同时取正号, 或者同时取负号, 分别表示图 8-15(b) 中 O 点的两侧的极小. 第 k 级主极大外侧最近的极小由

$$d\sin\varphi = \left(k+\frac{1}{N}\right)\lambda \tag{8-23}$$

决定.

　　由上述分析可以看出, 在相邻两主极大之间有 $N-1$ 个极小. 而两个极小之间必定有一个极大, 两个极小之间不是主极大的极大称为次极大. 所以相邻两个主极大之间有 $N-2$ 个次极大. 实际上, 次极大的光强很小, 它们与 $N-1$ 个极小一起组成两个主极大之间的暗区, 所以, 当 N 很大时, 相邻两个主极大之间有很宽的暗区.

　　3. 次极大的条件

如果相位差满足

$$N\delta = (2m+1)\pi \tag{8-24}$$

则 P 点合振动的振幅矢量合成图如图 8-16(c)所示. 也就是 N 个振幅矢量把一个正多边形围了 m 圈又半圈, 这时合振动的振幅矢量 A 的大小等于多边形外接圆的直径, 是外接圆的所有弦中最大的, 但它与 $\delta = 2k\pi$ 时的主极大的振幅 Na 相比要小得多, 所以称为次极大. 应用 §6.3 中例题 2 中的结果, 可得次极大对应的振幅为

$$A = a_0 \frac{\sin\dfrac{N\delta}{2}}{\sin\dfrac{\delta}{2}} \tag{8-25}$$

由 $N\delta = (2m+1)\pi$ 和 $\delta = \dfrac{2\pi d\sin\varphi}{\lambda}$ 可得次极大对应的衍射角由下式决定

$$d\sin\varphi = \frac{2m+1}{2N}\lambda$$

考虑到 $m = Nk+n$, 次极大对应的衍射角由下式决定

$$d\sin\varphi = \left(k + \frac{2n+1}{2N}\right)\lambda \tag{8-26}$$

4. 主极大的半角宽度

在图 8-15(a)中, 第 k 级主极大和离它最近的极小对透镜 L_2 中心的张角称为第 k 级主极大的半角宽度. 实际上主极大的半角宽度很小, 记为 $\Delta\varphi$. 设第 k 级主极大的衍射角为 φ, 其外侧最近的极小的衍射角为 $\varphi + \Delta\varphi$, 由式(8-22)可知, 第 k 级主极大外侧最近的极小满足

$$\sin(\varphi + \Delta\varphi) = \left(k + \frac{1}{N}\right)\frac{\lambda}{d}$$

应用三角函数公式, 并考虑到 $\Delta\varphi$ 很小, 上式可变为

$$\sin(\varphi + \Delta\varphi) = \sin\varphi\cos\Delta\varphi + \sin\Delta\varphi\cos\varphi \approx \sin\varphi + \Delta\varphi\cos\varphi = \left(k + \frac{1}{N}\right)\frac{\lambda}{d}$$

由光栅方程可得 $\sin\varphi = \dfrac{k\lambda}{d}$, 代入上式并整理可得第 k 级主极大的半角宽度为

$$\Delta\varphi = \frac{\lambda}{Nd\cos\varphi} \tag{8-27}$$

由式(8-27)可以看出, 主极大的半角宽度 $\Delta\varphi$ 与 Nd 成反比, Nd 越大, $\Delta\varphi$ 越小, 这标志着主极大的锐度越大, 反映在屏幕上就是主极大亮条纹越细, 使得光栅光谱的测量精度越高. 这正是现代光栅要求在每毫米内有几千条甚至上万条缝的原因. 在上述关于光栅衍射条纹分布特点的分析中, 从实际应用, 或光栅性能上讲, 最重要的是主极大的位置和半角宽度, 它们分别由式(8-20)和式(8-27)决定.

三、谱线的缺级

光栅方程只考虑了多光束干涉产生亮条纹的情况,下面分析每条缝(单缝)的衍射对屏上明条纹的影响. 前面已经分析过,图 8-15(a)中光栅的 N 条缝各自在屏上条纹的位置完全重合,这是因为,平行光经 L_2 后会聚点的位置只与衍射角 φ 有关. 因此满足光栅方程

$$(a+b)\sin\varphi = \pm k\lambda$$

的衍射角 φ 对应屏上的位置应该出现主极大,若衍射角 φ 又同时满足单缝衍射的暗条纹条件

$$a\sin\varphi = k'\lambda \quad (k' = \pm1, \pm2, \pm3, \cdots)$$

这时,各狭缝发出的衍射光在屏上衍射角 φ 对应的位置产生暗条纹,光强为零,所以不存在多光束干涉加强的问题了. 因此,与满足光栅方程相应的衍射角 φ 的主极大条纹就不会出现,这一现象就称为衍射光谱线的缺级. 将上两式相除,可得缺级的级数为

$$k = \frac{a+b}{a}k' \tag{8-28}$$

例如,当 $(a+b) = 3a$ 时,对应 $k' = 1, 2, 3, \cdots$ 可得 $k = \pm3, \pm6, \pm9, \cdots$ 缺级,如图 8-17 所示. 由此可知,光栅方程只是产生主极大条纹的必要条件,而不是充分条件. 另外,单缝衍射的相对光强分布曲线如图 8-6 所示. 从该图可以看出,高级次的明条纹的相对光强很小,所以,光栅衍射高级次的主极大的光强也很小. 前面得到,"能观察到的主极大条纹的级数 k_m 是小于 $(a+b)/\lambda$ 的整数",实际上,k_m 及附近级主极大有时会因光强太小而观察不到. 这些事实正好体现了光栅衍射是多光束干涉和单缝衍射的综合结果.

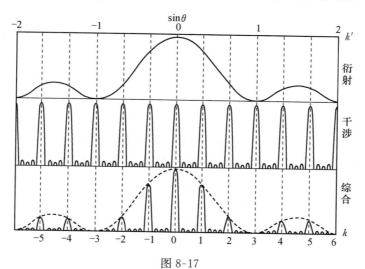

图 8-17

四、光栅光谱

若用白光照射光栅,由光栅方程式(8-20)可知,除中央零级明条纹外,各种不同色光的同级明条纹将在不同的衍射角 φ 处出现,这种不同色光的主极大彼此分开的现象称为

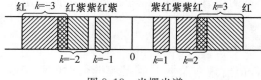

图 8-18　光栅光谱

色散.各种不同波长的光经光栅色散后,同一级主极大的亮纹将按顺序排列成一彩色光带.这些光带的整体称为光栅光谱,如图8-18 所示.白光照射光栅时,形成连续光谱.

光栅光谱具有如下特点:

(1) 同级光谱线中,波长短的(紫光)离中央明条纹近,波长长的(红光)离中央明条纹远.当衍射角很小时,$\sin\varphi \approx \varphi$,光栅方程可写为

$$\varphi_k = \frac{k}{a+b}\lambda$$

若透镜 L 的焦距为 f,则第 k 级谱线到中央明条纹中心的距离为

$$x_k = f\tan\varphi_k \approx f\varphi_k = \frac{fk}{a+b}\lambda \tag{8-29}$$

所以紫光谱线离中央明条纹的距离较红光小.

(2) 光栅光谱中,对于同一波长 λ 的各级谱线是均匀排列的.由式(8-26)可知,任意相邻两级谱线间距都是 $\Delta x = f\lambda/(a+b)$.当衍射角较大时,$\sin\varphi \approx \tan\varphi \approx \varphi$ 不成立,光谱线的分布与上述结论有所偏离.

(3) 不同级的光谱可能发生重叠现象.若复色光的最短波长为 λ_{min},最长波长为 λ_{max},当 $k\lambda_{max} \geq (k+1)\lambda_{min}$ 时,第 k 级和第 $k+1$ 级的光谱将发生重叠现象.例如,可见光的波长范围是 $4000 \sim 7600\text{Å}$,其第二级光谱便发生重叠(图8-18).

不同物质的光谱,特别是物质的发射光谱和吸收光谱,是研究物质结构的依据之一.在工程技术中,衍射光谱已广泛地用于分析、鉴定及标准测量等方面.

*五、光栅的分辨本领

光栅的色散作用可使不同波长的光分开,能够分开的两波长之差 $\Delta\lambda$ 越小,光栅的分辨本领越大.按照瑞利判据,一条谱线的中心恰与另一条谱线的最近极小重合时,称这两条谱线恰能分辨,如图 8-8 所示.设用 $\delta\varphi$ 表示波长相近(分别为 λ 和 $\lambda+\Delta\lambda$)的两条同级主极大之间的角距离,$\Delta\varphi$ 表示谱线的半角宽度,当 $\Delta\varphi = \delta\varphi$ 时,两条谱线恰能分辨.

根据光栅方程,波长 $\lambda+\Delta\lambda$ 的主极大满足

$$d\sin(\varphi + \delta\varphi) = k(\lambda + \Delta\lambda)$$

考虑到 $\delta\varphi$ 很小,上式可近似变为

$$d(\sin\varphi\cos\delta\varphi + \cos\varphi\sin\delta\varphi) = d\sin\varphi + \delta\varphi d\cos\varphi = k\lambda + k\Delta\lambda$$

波长 λ 的主极大满足

$$d\sin\varphi = k\lambda$$

上面两式相减是

$$\delta\varphi d\cos\varphi = k\Delta\lambda$$

即

$$\delta\varphi = \frac{k\Delta\lambda}{d\cos\varphi} \tag{8-30}$$

由式(8-27)、式(8-30)和恰能分辨时 $\Delta\varphi = \delta\varphi$ 可得

$$\frac{\lambda}{\Delta\lambda} = kN \tag{8-31}$$

一个光栅能分开的两色光的波长差 $\Delta\lambda$ 越小，该光栅的分辨本领越大. 所以，光栅的分辨本领定义为

$$R = \frac{\lambda}{\Delta\lambda} \tag{8-32}$$

将式(8-31)代入式(8-32)，可得

$$R = kN \tag{8-33}$$

上式表明，光栅的分辨本领与级次成正比，与被照射的光栅总缝数成正比. 这就是光栅要刻上万条乃至几十万条刻痕的原因.

例题1 以波长为 5893Å 的钠黄光垂直照射在光栅上，测得第二级谱线衍射角为 27°15′，改用另一未知波长的光入射时，测得它的第一级谱线的衍射角为 13°9′. (1)求未知波长；(2)未知波长的谱线最多能看到第几级?

解 对于两单色光，光栅方程为

$$(a+b)\sin\varphi_1 = 2\lambda_1$$
$$(a+b)\sin\varphi_2 = \lambda_2$$

由此两式可得

$$\lambda_2 = 2\lambda_1\frac{\sin\varphi_2}{\sin\varphi_1} = 2\times 5893\times\frac{\sin13°9′}{\sin27°15′} \approx 5856(Å)$$

（2）光栅衍射主极大的最大级数由 $\sin\varphi < 1$ 确定，当 $\sin\varphi = 1$ 时

$$k = \frac{a+b}{\lambda_2} = \frac{2\lambda_1}{\lambda_2\sin\varphi_1} = \frac{2\times 5893}{5836\times 0.4579} = 4.4$$

能观察到的条纹的级数应是小于 4.4 的整数. 故能看到谱线的最大级是 4 级.

例题2 用一块 500 条/mm 刻痕的透射光栅，观察波长 $\lambda = 0.59\mu m$ 的光谱线，已知刻痕间距 $a = 1.0\times 10^{-3}$mm. 求(1)平行光垂直入射时，最多能观察到第几级光谱线? 实际能观察到几条光谱线? (2)平行光与光栅法线夹角 $\theta = 30°$ 入射时，如图 8-18 所示，最多能观察到第几级谱线?

解 (1) 该光栅的光栅常数

$$(a+b)=\frac{1\times10^{-3}}{500}=2\times10^{-6}(\text{m})$$

k 的最大值相应于 $\varphi=\pi/2$,即 $\sin\varphi=1$,由光栅方程得

$$k=\frac{(a+b)\sin\varphi}{\lambda}=\frac{2\times10^{-6}}{0.59\times10^{-6}}=3.4$$

因为 $\varphi<\dfrac{\pi}{2}$,所以 $\sin\varphi<1$,$k<\dfrac{a+b}{\lambda}=3.4$,又因 k_{m} 只能取整数,所以产生最大级数 $k_{\text{m}}=3$. 故最多能观察到第 3 级谱线.

又知 $a=1.0\times10^{-6}$m,则有

$$\frac{(a+b)}{a}=\frac{2\times10^{-6}}{1\times10^{-6}}=2$$

光栅光谱缺的级数为

$$k=\frac{(a+b)}{a}k'=2k',\quad k'=1,2,3,\cdots$$

所以衍射光谱中第 $2,4,6,\cdots$ 级缺级. 由此可知,实际只能看到 0 级、1 级和 3 级共 5 条谱线.

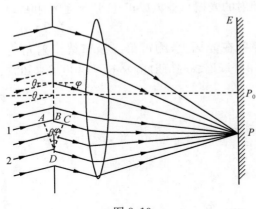

图 8-19

(2) 斜入射时,由图 8-19 可知,1、2 两束光线的光程差为

$$AB+BC=(a+b)\sin\theta+(a+b)\sin\varphi$$
$$=(a+b)(\sin\theta+\sin\varphi)$$

与此相应的光栅方程应变为

$$(a+b)(\sin\theta+\sin\varphi)=k\lambda$$

则

$$k=\frac{(a+b)(\sin\theta+\sin\varphi)}{\lambda}$$
$$=\frac{2\times10^{-6}(\sin30°+1)}{0.59\times10^{-6}}\approx5.1$$

所以,最多可看到第 5 级谱线.

当衍射光线和入射光线在光栅法线的异侧时,1、2 两条光线的光程差为 $AB-BC$,

$$k=\frac{(a+b)(\sin\theta-\sin\varphi)}{\lambda}=\frac{2\times10^{-6}(\sin30°-1)}{0.59\times10^{-6}}\approx-1.6$$

只能看到第 1 级谱线. 由于 2、4 级缺级,所以实际上仍然只能看到 5 条谱线.

习　题

1. 一束平行单色光垂直入射在光栅上,当光栅常数 $(a+b)$ 为下列哪种情况时(a 代表每条缝的宽度),$k=3,6,9$ 等级次的主极大均不出现(　　).

(A) $a+b=2a$ 　　(B) $a+b=3a$ 　　(C) $a+b=4a$ 　　(D) $a+b=6a$

2. 在光栅光谱中,假如所有偶数级次的主极大都恰好在单缝衍射的暗纹方向上,因而实际上不出现,那么此光栅每个透光缝宽度 a 和相邻两缝间不透光部分宽度 b 的关系为(　　).

(A) $a=\dfrac{1}{2}b$　　　(B) $a=b$　　　(C) $a=2b$　　　(D) $a=3b$

3. 波长 $\lambda=550\mathrm{nm}$ 的单色光垂直入射于光栅常数 $d=2\times10^{-4}\mathrm{cm}$ 的平面衍射光栅上,可能观察到的光谱线的最大级次为(　　).

(A) 2　　　(B) 3　　　(C) 4　　　(D) 5

4. 用每毫米 300 条刻痕的衍射光栅来检验仅含有属于红和蓝的两种单色成分的光谱.已知红谱线波长 λ_R 在 $0.63\sim0.76\mu\mathrm{m}$ 范围内,蓝谱线波长 λ_B 在 $0.43\sim0.49\mu\mathrm{m}$ 范围内.当光垂直入射到光栅时,发现在衍射角为 $24.46°$ 处,红蓝两谱线同时出现.

(1) 在什么角度下红蓝两谱线还会同时出现?

(2) 在什么角度下只有红谱线出现?

5. 在单缝夫琅禾费衍射实验中,垂直入射的光有两种波长: $\lambda_1=400\mathrm{nm}$, $\lambda_2=760\mathrm{nm}$.已知单缝宽度 $a=1.0\times10^{-2}\mathrm{cm}$,透镜焦距 $f=50\mathrm{cm}$.求.

(1) 两种光第 1 级衍射明纹中心之间的距离.

(2) 若用光栅常数 $d=1.0\times10^{-3}\mathrm{cm}$ 的光栅替换单缝,其他条件和上一问相同,求两种光第 1 级主极大之间的距离.

6. 波长 $\lambda=600\mathrm{nm}$ 的单色光垂直入射到一光栅上,测得第 2 级主极大的衍射角为 $30°$,且第 3 级是缺级.问:

(1) 光栅常数 $(a+b)$ 等于多少?

(2) 透光缝可能的最小宽度 a 等于多少?

(3) 在选定了上述 $(a+b)$ 和 a 之后,求在衍射角 $-\dfrac{1}{2}\pi<\varphi<\dfrac{1}{2}\pi$ 范围内可能观察到的全部主极大的级次.

7. 一束平行光垂直入射到某个光栅上,该光束有两种波长的光, $\lambda_1=440\mathrm{nm}$, $\lambda_2=660\mathrm{nm}$.实验发现,两种波长的谱线(不计中央明纹)第二次重合于衍射角 $\varphi=60°$ 的方向上.求此光栅的光栅常数 d .

8. 一束具有两种波长 λ_1 和 λ_2 的平行光垂直照射到一衍射光栅上,测得波长 λ_1 的第 3 级主极大衍射角和 λ_2 的第 4 级主极大衍射角均为 $30°$.已知 $\lambda_1=560\mathrm{nm}$,试求:

(1) 光栅常数 $a+b$;(2) 波长 λ_2 .

9. 用一束具有两种波长的平行光垂直入射在光栅上, $\lambda_1=600\mathrm{nm}$, $\lambda_2=400\mathrm{nm}$,发现距中央明纹 5cm 处 λ_1 光的第 k 级主极大和 λ_2 光的第 $(k+1)$ 级主极大相重合,放置在光栅与屏之间的透镜的焦距 $f=50\mathrm{cm}$,试问:

(1) 上述 $k=$? (2) 光栅常数 $d=$?

10. 用含有两种波长 $\lambda=600\mathrm{nm}$ 和 $\lambda'=500\mathrm{nm}$ 的复色光垂直入射到每毫米有 200 条刻痕的光栅上,光栅后置一焦距为 $f=50\mathrm{cm}$ 的凸透镜,在透镜焦平面处置一屏幕,求以上两种波长光的第 1 级谱线的间距 Δx .

11. 以波长 $400\sim760\mathrm{nm}$ 的白光垂直照射在光栅上,在它的衍射光谱中,第 2 级和第 3 级发生重叠,求第 2 级光谱被重叠的波长范围.

12. 一衍射光栅,每厘米 200 条透光缝,每条透光缝宽为 $a=2\times10^{-3}\mathrm{cm}$,在光栅后放一焦距 $f=1\mathrm{m}$ 的凸透镜,现以 $\lambda=600\mathrm{nm}$ 的单色平行光垂直照射光栅,求:

(1) 透光缝 a 的单缝衍射中央明条纹宽度为多少?

(2) 在该宽度内,有几个光栅衍射主极大?

13. 氦放电管发出的光垂直照射到某光栅上,测得波长 $\lambda_1=0.668\mu\mathrm{m}$ 的谱线的衍射角为 $\varphi=20°$.如

果在同样 φ 角处出现波长 $\lambda_2=0.447\mu m$ 的更高级次的谱线,那么光栅常数最小是多少?

14. 用钠光($\lambda=589.3nm$)垂直照射到某光栅上,测得第 3 级光谱的衍射角为 $60°$.

(1) 若换用另一光源测得其第 2 级光谱的衍射角为 $30°$,求后一光源发光的波长.

(2) 若以白光($400\sim760nm$)照射在该光栅上,求其第 2 级光谱的张角.

§8.5　X 射线衍射

一般的光栅都是一维的,即光栅的结构只在空间一个方向上有周期性.除一维光栅外,还有二维光栅、三维光栅.固体的晶格在三维空间有周期性结构,它对于波长较短的 X 射线来说,是一个理想的三维光栅.利用晶格对 X 射线的衍射研究晶体的结构,称为 X 射线结构分析.下面讨论晶体对 X 射线的衍射规律.

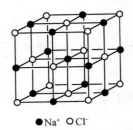

晶体外部具有规则的几何形状,内部原子的排列具有周期性.例如,食盐(NaCl),其晶粒的宏观外形是立方体,其微观结构是由钠离子(Na^+)与氯离子(Cl^-)彼此相间整齐排列而成的立方点阵(图 8-20).在三维空间里,离子的排列具有严格的周期性.这种结构,晶体学上叫做晶格或空间点阵.晶体中相邻格点的间距 a_0 叫做晶格常数,它通常具有 Å 的数量级.例如,NaCl 的 $a_0=5.627$Å.

●Na^+　○Cl^-

图 8-20　氯化钠晶体

一、X 射线

1895 年,德国物理学家伦琴发现了 X 射线,又称伦琴射线,是一种电磁波,其波长在 $10^{-1}\sim100$Å 范围.X 射线由 X 射线管产生,其结构如图 8-21 所示,K 为阴极,A 为阳极.阴极由钨丝制成,并由低压电源加热.阳极靶由钼、钨或铜等金属制成.在阳极和阴极之间加几万伏或几十万伏的直流高压.阴极发射的热电子流被高压加速,以很高的速度轰击阳极靶,在阳极靶上激发出 X 射线波段的电磁辐射.

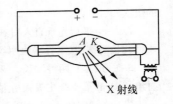

图 8-21　X 射线管

与可见光或紫外线相比,X 射线的特点是波长短,穿透力强,能使荧光物质发光、照相胶片感光、气体电离.它很容易穿过由氢、氧、碳、氮等元素组成的肌肉组织,但不易穿透骨骼.医学上常用 X 射线检查人体生理结构上的病变.随着加速电压的增高,获得的 X 射线波长更短,穿透力更强,它可以穿过一定厚度的金属材料或部件,由此发展起来一个新技术领域,这就是 X 射线探伤学.

1912 年,德国物理学家劳厄提出一个重要科学预见:晶体可以作为 X 射线的立体衍射光栅.当一束 X 射线通过晶体时将发生衍射,使 X 射线强度在某些方向上加强,在其他方向上减弱,通过分析照相底片上产生的衍射图样,可确定晶体的结构,从而形成了 X 射线结构分析学科.随着高强度 X 射线源(电子同步加速辐射等)和高灵敏度探测仪器的出现以及电子计算机分析的应用,金属 X 射线学得到迅速发展。用结构已知的晶体上发生的 X 射线衍射可测定靶材金属的 X 射线标识谱,X 射线标识谱对研究原子结构和分析元素成分有重要意义.

二、X 射线在晶体上的衍射——布拉格公式

现在来分析 X 射线在晶体中的衍射. 如图 8-22 所示,处在格点上的原子或离子,其内部的电子在外来的电磁场的作用下作受迫振动,成为一个新的波源,向各个方向发射电磁波. 也就是说,在 X 射线照射下,晶体中的每个格点成为一个散射中心. 这些散射中心在空间周期性地排列着,它们发射电磁波的频率与入射的 X 射线的频率相同,而且这些散射波是相干波,将在空间发生干涉现象,这同光栅很相似. 与光栅常数 d 相当的是晶格常数,区别主要在于一个是一维的,一个是三维的.

晶体衍射问题可分为两步来处理:第一步,先考察一个晶面中各个格点之间的干涉——格点间干涉;第二步,再考察不同晶面之间的干涉——晶面间干涉.

1. 格点间的干涉

如图 8-23 所示,整个晶体点阵可以看成是由一族相互平行的晶面 I, II, III, IV, …组成. 设这些晶面平行于 xOy 平面,入射的 X 射线垂直于 y 轴,并与晶面族成 θ 角(掠射角),某一晶面上各个格点 $A_1, A_2, A_3, A_4, \cdots, B_1, B_2, B_3, B_4, \cdots, C_1, C_2, C_3, C_4, \cdots, D_1, D_2, D_3, D_4, \cdots$ 发出的散射波(衍射波)发生相干叠加. 这些格点构成一个二维的点阵,首先讨论这个二维点阵衍射的 0 级主极大方向.

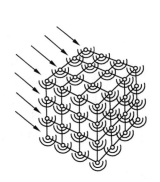

图 8-22　晶体对 X 射线的衍射

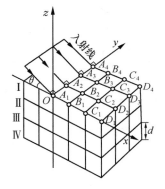

图 8-23　晶体点阵中晶面的组成

如图 8-24 所示,$A_1, A_2, A_3, A_4, \cdots$ 是一组沿 y 方向排列的格点. 因入射线 $1, 2, 3, 4, \cdots$ 与 y 轴垂直,它们到达格点时彼此之间没有光程差,即由 $A_1, A_2, A_3, A_4, \cdots$ 各点发出的衍射线是同相位的,如图 8-24 所示的 $1', 2', 3', 4', \cdots$ 就是这样的一组相互平行的衍射线. 对于 x 方向排列的格点 $A_1, B_1, C_1, D_1, \cdots$ 的衍射线如图 8-25 所示. $a, b, c, d, \cdots$ 为一组平行的入射线,其掠射角为 $\theta, a', b', c', d', \cdots$ 为一组平行的衍射线,其衍射角为 θ'. 由 A_1 和 D_1 分别作入射线和衍射线的垂线 A_1M 和 D_1N. 显然,d, a 两条入射线经格点衍射后到达 D_1N 面等光程的条件是 $\theta'=\theta$.

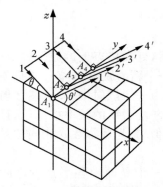

图 8-24　晶面内沿 y 方向排列的
格点上衍射波的零程差条件

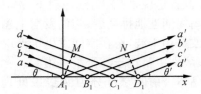

图 8-25　晶面内沿 x 方向排列的
格点上衍射波的零程差条件

由以上讨论可知,二维点阵同一晶面上的格点散射零级主极大的方向就是衍射角等于掠射角的方向.

与一维光栅一样,在 $\lambda < d$ 的条件下,二维点阵也有更高级的主极大.然而在讨论面间干涉时只考虑在反射方向上的零级的主极大就够了.

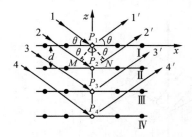

图 8-26　布拉格条件

2. 晶面间的干涉

上面已确定,每个晶面衍射的主极大沿反射方向,下面再考虑不同晶面上的反射线之间的干涉.如图 8-26 所示,$1', 2', 3', 4', \cdots$ 分别为晶面Ⅰ,Ⅱ,Ⅲ,Ⅳ,$\cdots$的反射线.这些平行的线束是相干加强还是减弱,取决于相邻晶面反射线之间的光程差.考虑晶面Ⅰ,Ⅱ上对应点 P_1、P_2 的反射线 $1'$、$2'$.由 P_1 分别作入射线和反射线的垂线 P_1M 和 P_1N,则光线 1 与 $1'$ 和 2 与 $2'$ 之间的光程差为

$$\delta = 2d\sin\theta$$

式中 d 为晶面间距,θ 为掠射角.晶面间产生干涉主极大的条件为

$$2d\sin\theta = k\lambda \quad (k = 1, 2, 3, \cdots) \tag{8-34}$$

上式称为晶体衍射的布拉格公式.1913 年,布拉格父子因用 X 射线研究晶体结构的成就获得了 1915 年的诺贝尔物理学奖.应当指出,布拉格公式与一维光栅的主极大条件(即光栅公式 $d\sin\theta = k\lambda$)有所不同.

(1) 晶体内部有许多晶面族.图 8-27 中就画出了三种可能的晶面族.不同的晶面族有不同的取向和间距(如 $d_1, d_2, d_3, \cdots$),对于给定的入射方向来说有不同的掠射角,如 $\theta_1, \theta_2, \theta_3, \cdots$(如图 8-28(a)、(b)、(c)所示).对应于每个晶面族有一个布拉格公式:$2d_1\sin\theta_1 = k_1\lambda$,$2d_2\sin\theta_2 = k_2\lambda$,$2d_3\sin\theta_3 = k_3\lambda$,这就是说,给定了入射方向,不仅一个,而是有一系列布拉格公式.而一维光栅对于给定的入射方向只有一个光栅公式.

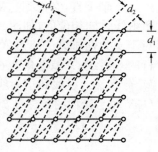

图 8-27　晶面族

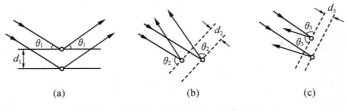

图 8-28 对每一晶面族有一布拉格公式

上面对每个给定的晶面内发生的格点间的干涉只取了零级反射主极大.可以证明,如果取高级主极大,所得的晶面间的干涉主极大条件,恰好相当于另一取向的晶面族的布拉格公式,即对某一晶面族取各级面内格点散射干涉的主极大,与对各个可能的晶面族只取零级反射主极大,两种方法是等效的,后一方法使问题大为简化.

（2）在一维光栅公式中 θ 是衍射角,对于一定的波长 λ,总有一些衍射角满足光栅公式.在三维晶体光栅的情况下,θ 是掠射角.当入射方向和晶体取向给定之后,所有晶面族的布拉格公式中 d 和 θ 都已限定,对于随便的一个波长 λ 来说,它也许会满足一个或几个晶面族的布拉格公式,但一般说来,很可能一个也不满足.如果它满足某一晶面族的布拉格公式,在相应的反射方向上将出现主极大;不满足,就没有主极大.总之,在入射方向、晶面取向和入射波长三者都给定了之后,一般情况下很可能根本就没有主极大.

三、劳厄相和德拜相

鉴于晶体（三维）衍射出现主极大的条件相当苛刻,要获得一张 X 射线的衍射图就不应该同时限定入射方向、晶面取向和光的波长.这可以有两种做法.

（1）劳厄法.用连续谱的 X 射线照在单晶体上,这时给定了晶体的取向但不给定波长,每个晶面族的布拉格公式都可以从入射光中选择出满足它的波长来,从而在所有晶面族的反射方向上都出现主极大.如图 8-29 所示,用照相底片来接收衍射线,则在每个主极大方向上都出现一个亮斑,即劳厄斑.这样的图样叫劳厄相（图 8-30）,用劳厄相可以确定晶轴的方向.劳厄因在这方面的工作获得了 1914 年的诺贝尔物理学奖.

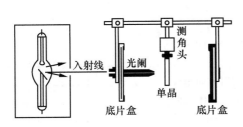

图 8-29 拍摄劳厄相的装置

图 8-30 SiO_2 的劳厄相

（2）粉末法.用单色的 X 射线照在多晶粉末上,这时给定了波长但不限定晶体取向,大量取向无规则的晶粒为射线提供了满足布拉格条件的充分可能性,用这种方法在照片上得到的图样叫德拜相（图 8-31）.用德拜相可以确定晶格常数.

利用 X 射线的劳厄相或德拜相可以作晶体的结构分析.反之,在晶体结构已知的情况下,利用这类照片可以确定 X 射线的光谱,这对研究原子的内层结构是很重要的.

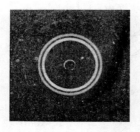

图 8-31　粉末铝的德拜相

有关 X 射线的晶体上衍射的许多细致问题,请查阅有关书籍和资料.

例题　以波长为 1.10Å 的 X 射线照射岩盐晶面,测得反射光第 1 级极大出现在 X 射线与晶面夹角为 11°30′处,求岩盐的晶格常数 d. 当以待测 X 射线照射上述晶面时,测得第 1 级反射极大出现在 X 射线与晶面夹角 17°30′处,求待测 X 射线的波长.

解　由布拉格公式 $2d\sin\varphi = k\lambda$ 可得

$$d = \frac{k\lambda}{2\sin\varphi}$$

当 $k=1, \varphi_1 = 11.5°, \lambda = 1.10$Å 时,晶格常数为

$$d = \frac{1 \times 10}{2\sin 11.5°} = \frac{1.10}{2 \times 0.1994} \approx 2.76(\text{Å})$$

由布拉格公式得

$$\lambda_2 = \frac{2d\sin\varphi_2}{k}$$

当 $k=1, \varphi_2 = 17.5°$时,可求得待测波长为

$$\lambda_2 = 2d\sin\varphi_2 = 2 \times 2.76 \times 0.3007 \approx 1.66(\text{Å})$$

习　题

1. 波长为 0.168nm 的 X 射线以掠射角 θ 射向某晶体表面时,在反射方向出现第 1 级极大,已知晶体的晶格常数为 0.168nm,则 θ 角为(　　).

(A) 30°　　　(B) 45°　　　(C) 60°　　　(D) 90°

2. 波长为 0.426nm 的单色光,以 70°角掠射到岩盐晶体表面上时,在反射方向出现第 1 级极大,则岩盐晶体的晶格常数为(　　).

(A) 0.039nm　　(B) 0.227nm　　(C) 0.584nm　　(D) 0.629nm

3. X 射线射到晶体上,对于间距为 d 的平行点阵平面,能产生衍射主极大的最大波长为(　　).

(A) $d/4$　　　(B) $d/2$　　　(C) d　　　(D) $2d$

4. 图中所示的入射 X 射线束不是单色的,而是含有 0.095～0.130nm 这一波段中的各种波长. 晶体常数 $d = 0.275$nm,问对图示的晶面,波段中哪些波长能产生强反射?

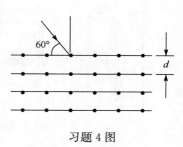

习题 4 图

5. 某单色 X 射线以 30°角掠射晶体表面时,在反射方向出现第 1 级极大;而另一单色 X 射线,波长为 0.097nm,它在与晶体表面掠射角 60°时,出现第 3 级极大. 试求第一束 X 射线的波长.

6. 在 X 射线的衍射实验中,用波长从 0.095～0.130nm 的连续谱 X 射线以 45°角掠入到晶体表面. 若晶体的晶格常数 $d = 0.275$nm,则在反射方向上有哪些波长的 X 射线形成衍射主极大?

本 章 小 结

1. 惠更斯-菲涅耳原理

波阵面上各点都可以当成子波源,其后波场中任意点的光波是各子波在该点的相干叠加.

2. 单缝衍射

半波带法讨论分析.

明、暗条纹满足的条件分别为 $a\sin\varphi=(2k+1)\dfrac{\lambda}{2}$ 和 $a\sin\varphi=k\lambda$.

3. 光栅衍射是多光束干涉和单缝衍射的总效果

(1) 谱线(主极大)位置由光栅方程决定

$$(a+b)\sin\varphi=k\lambda$$

(2) 若入射光照亮 N 条狭缝,则在相邻主极大之间有 $N-1$ 个极小和 $N-2$ 个次极大.第 k 级主极大外第 n 个极小满足

$$(a+b)\sin\varphi=\left(k+\frac{n}{N}\right)\lambda, \quad n=1,2,3,\cdots,N-1$$

第 k 级主极大外第 n 个次极大满足

$$(a+b)\sin\varphi=\left(k+\frac{2n+1}{2N}\right)\lambda, \quad k=0,\pm1,\pm2,\cdots;n=\pm1,\pm2,\pm3,\cdots,\pm(N-1)$$

(3) 第 k 级主极大的半角宽度 $\Delta\varphi=\dfrac{\lambda}{Nd\cos\varphi}$

(4) 第 k 级主极大缺级的条件是同时满足

$$(a+b)\sin\varphi=k\lambda \text{ 和 } a\sin\varphi=k'\lambda, \quad k=\frac{a+b}{a}k' \text{缺级}$$

(5) 光栅的分辨本领

$$R=\frac{\lambda}{\Delta\lambda}=kN$$

4. 小孔衍射

(1) 艾里斑的半角宽度　$\varphi=1.22\dfrac{\lambda}{D}$

(2) 光学仪器的最小分辨角　$\varphi_{\min}=1.22\dfrac{\lambda}{D}$

上述两个物理概念的意义完全不同,由于采用了瑞利判据才使两表达式相同.

5. X 射线衍射的布拉格公式

$$2d\sin\varphi=k\lambda$$

第九章　光　的　偏　振

光的偏振理论的框架

　　光是电磁波,电磁波是横波,横波有偏振现象,光有偏振现象.光有五种偏振态.线偏振光通过偏振片时遵守马吕斯定律;光在介质表面反射时遵守布儒斯特定律.应用偏振器可获得线偏振光和检验自然光、线偏振光、部分偏振光.波片把线偏振光中的每个波列分解成平行和垂直光轴的两部分,根据同频率互相垂直的振动的合成理论,形成完全偏振光、圆偏振光和椭圆偏振光.在互相垂直的两偏振片之间插入晶片,可产生偏振光的干涉现象.光在晶体中的传播速度与传播方向和偏振态有关的假设,可解释晶体的双折射现象.

§9.1　光的偏振态

　　光是电磁波.电磁波是横波,光波中的光矢量的振动方向总和光的传播方向垂直.如前所述,光波是由无数个传播速度相同、频率不尽相同、振动方向和初相位随机分布的波列组成的.因此就一束光波的整体而言,在垂直于光传播方向的平面内,光矢量可能有各种不同的振动状态,称为光的偏振态.最常见的偏振态大体上可分为下列五种.

一、自然光

　　在垂直于光的传播方向的平面上,任意一个方向的光振动较其他方向都不占优势,即在所有可能方向上的光振动的振幅都可看作是完全相同的,这样的光称为自然光.在自然光波线上任意一点垂直于波线的平面内,E振动在各个方向上是均匀轴对称分布的.自然光可用图 9-1(a)所示的方法表示.

　　在任意时刻,总可以把各个波列的 E 振动分解成两个互相垂直方向(图 9-1(b))中的 y 方向和 z 方向上的振动.由于不同波列之间没有固定的相位关系,所以沿 y 或 z 方向振动的分波列之间是非相干叠加,其能量是各分波列能量之和.因为光矢量的分布具有对称性,所以沿 y 和 z 方向的光振动能量相同,各占自然光能量的一半.在和传播方向(x 方向)垂直的平面内,y 或 z 的方向可以任意选取,若一个和纸面垂直,则另一个与纸面平行,垂直纸面的光振动用圆点表示,平行纸面的光振动用短线表示,则可用图 9-1(c)所示的方法来表示自然光.应该注意的是,由于自然光中各波列光矢量之间无固定的相位关系,因此用来表示自然光的两相互垂直的光振动之间也没有固定的相位关系.

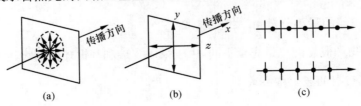

图 9-1　自然光

二、线偏振光

只含有单一方向光振动的光叫线偏振光.用某种装置把图 9-1(c)所示的自然光中相
互垂直的光振动之一全部去掉就得到线偏振光,故线偏振光
又叫完全偏振光.线偏振光的 E 的振动方向和光的传播方向
所确定的平面称为振动面.线偏振光中所有波列的 E 矢量都
在同一个平面内,所以线偏振光又叫平面偏振光.图 9-2(a)
表示振动平面平行纸面的线偏振光,图 9-2(b)表示振动面
垂直纸面的线偏振光.

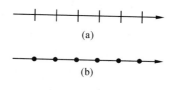

图 9-2　线偏振光

三、部分偏振光

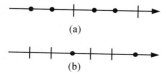

图 9-3　部分偏振光

部分偏振光是介于线偏振光与自然光之间的一种偏振状态.在和传播方向垂直的平
面内沿各方向的光振动都有,但振幅不同,这种光称为部分
偏振光.部分偏振光可用图 9-3 所示的方法表示.图(a)表示
垂直纸面的光振动的成分大于平行纸面的光振动的成分的
部分偏振光,图(b)表示平行纸面的成分大于垂直纸面的成
分的部分偏振光.

四、圆偏振光和椭圆偏振光

用某种装置可以得到光矢量在沿传播方向前进的同时,在和传播方向垂直的平面内
以一定频率旋转(左旋或右旋)的光,如果光矢量顶点的轨迹在垂直传播方向平面内的投
影是一个圆,这样的偏振光称为圆偏振光,如果光矢量顶点的轨迹在垂直传播方向平面内
的投影是一个椭圆,这样的偏振光称为椭圆偏振光.当迎着光的传播方向看时,光矢量沿
顺时针方向旋转的称为右旋圆(或椭圆)偏振光,如图 9-4(a)所示.沿逆时针方向旋转的
称为左旋圆(或椭圆)偏振光,如图 9-4(b)所示.

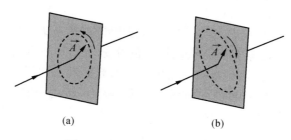

图 9-4　圆偏振光和椭圆偏振光

根据同频率、相互垂直的振动合成规律,圆偏振光和椭圆偏振光可由互相垂直的、有
固定相位差的两个光振动的叠加而得到.

§9.2　起偏和检偏　马吕斯定律

一、起偏和检偏

能由自然光获得线偏振光的器件叫做起偏振器. 偏振片是实验室中最常用的起偏振器. 它是在透明基片上蒸镀一层某种晶粒(如硫酸碘奎宁或硫酸奎宁碱)做成的. 这种晶粒对某一方向的光矢量有强烈的吸收作用,而对和这方向垂直的光矢量则吸收很少,如图 9-5 所示. 这就使得偏振片基本上只允许光矢量沿某一特定方向的偏振光通过. 这一特定方向称为偏振片的透振方向. 透振方向常用符号"↕"表示. 理想的偏振片,对平行于其透振方向的光完全不吸收,而对垂直于其透振方向的光则完全吸收. 对于理想的偏振片,透射的线偏振光光强是入射自然光光强的一半.

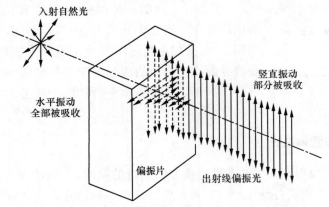

图 9-5　偏振片的起偏作用

如图 9-6 所示,自然光入射于偏振片 P_1 上,透射光是线偏振光,其光矢量的振动方向平行于 P_1 的透振方向,慢慢转动 P_1,透过 P_1 的光强不变,总是入射自然光强的一半. 这样用来产生线偏振光的偏振片称为起偏振片. 人眼不能区别自然光和偏振光,借助于偏振片可以把它们区别开来. 当透过 P_1 的线偏振光入射于 P_2 上,慢慢旋转 P_2,并在 P_2 后观察透射光. 因为只有平行于 P_2 透振方向的光振动才能透过 P_2,所以,透射光强将随 P_2 的转动而变化. 当 P_2 的透振方向与线偏振光的光振动方向平行时,线偏振光全部透过 P_2,透射光强最大. 当 P_2 的透振方向与线偏振光的光振动方向互相垂直时,线偏振光全部被 P_2 吸收,无光透过 P_2,出现所谓的消光现象. 在 P_2 转动一周过程中,透射光出现两次最强,两次消光. 这是线偏振光所特有的现象,可作为线偏振光的判据. 像 P_2 这样,用作检验偏振光的偏振片称为检偏振片.

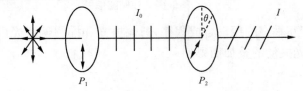

图 9-6　偏振光的检验

二、马吕斯定律

在图 9-6 所示的实验中,以 $\boldsymbol{A}_0$ 表示入射于 P_2 的线偏振光的振幅矢量,当入射的线偏振光的光矢量的振动方向与 P_2 的透振方向之间的夹角为 θ 时,如图 9-7 所示,透过检偏振片 P_2 的光矢量振幅 A 只是 $\boldsymbol{A}_0$ 在透振方向的投影,即

$$A = A_0 \cos\theta$$

若以 I_0 和 I 分别表示入射于 P_2 的线偏振光的光强和透射光强,则有

$$\frac{I}{I_0} = \left(\frac{A_0 \cos\theta}{A_0}\right)^2 = \cos^2\theta$$

即

$$I = I_0 \cos^2\theta \qquad (9\text{-}1)$$

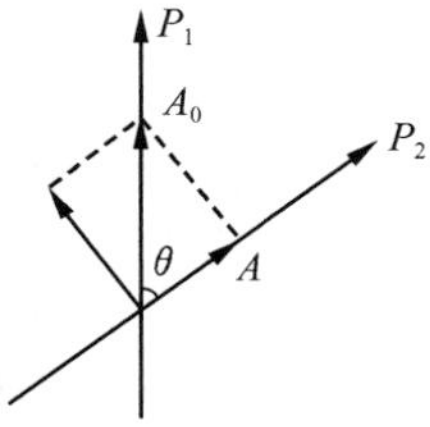

图 9-7 推导马
吕斯定律用图

这一结论是法国物理学家马吕斯于 1810 年发现的,称为马吕斯(E. L. Malus)定律.

由马吕斯定律可知,若部分偏振光或椭圆偏振光入射于检偏片,慢慢转动偏振片,并观察透射光,可发现,透射光强均发生周期性变化,但无消光现象. 因此只应用偏振片不能区分部分偏振光和椭圆偏振光. 同样只应用偏振片也不能区分自然光和圆偏振光.

例题 自然光入射到重叠在一起的两个理想偏振片上,当旋转一个偏振片时,测得透射光强为最大透射光强的 1/3,求两个偏振片透振方向之间的夹角;若透射光强为入射自然光强的 1/3,求两偏振片透振方向之间的夹角.

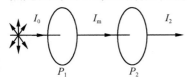

图 9-8

解 设两偏振片的位置关系如图 9-8 所示,入射自然光强度为 I_0. 当 P_1 和 P_2 的透振方向平行时透射光强最大,即

$$I_2 = I_m = \frac{1}{2}I_0$$

当两透振方向之间的夹角为 θ 时,由马吕斯定律得

$$I_2 = I_m \cos^2\theta$$

若透射光强 $I_2 = \frac{1}{3}I_m$,有 $I_m \cos^2\theta = \frac{1}{3}I_m$,即

$$\frac{I_2}{I_m} = \cos^2\theta = \frac{1}{3}$$

$$\theta = \arccos\sqrt{\frac{1}{3}} \approx 54.7°$$

若透射光强 $I_2 = \frac{1}{3}I_0$,有

$$I_2 = I_m \cos^2\theta = \frac{1}{2}I_0 \cos^2\theta = \frac{1}{3}I_0$$

所以

$$\cos^2\theta = \frac{2}{3}$$

故

$$\theta = \arccos\sqrt{\frac{2}{3}} \approx 35.3°$$

习　题

1. 一束光是自然光和线偏振光的混合光,让它垂直通过一偏振片.若以此入射光束为轴旋转偏振片,测得透射光强度最大值是最小值的 5 倍,那么入射光束中自然光与线偏振光的光强比值为(　　).

　(A) 1/2　　　　(B) 1/3　　　　(C) 1/4　　　　(D) 1/5

2. 一束光强为 I_0 的自然光,相继通过三个偏振片 P_1、P_2、P_3 后,出射光的光强为 $I = I_0/8$.已知 P_1 和 P_3 的偏振化方向相互垂直,若以入射光线为轴,旋转 P_2,要使出射光的光强为零,P_2 最少要转过的角度是(　　).

　(A) 30°　　　　(B) 45°　　　　(C) 60°　　　　(D) 90°

3. 一束光强为 I_0 的自然光垂直穿过两个偏振片,且此两偏振片的偏振化方向成45°角,则穿过两个偏振片后的光强 I 为(　　).

　(A) $I_0/4\sqrt{2}$　　(B) $I_0/4$　　(C) $I_0/2$　　(D) $\sqrt{2}I_0/2$

4. 三个偏振片 P_1,P_2 与 P_3 堆叠在一起,P_1 与 P_3 的偏振化方向相互垂直,P_2 与 P_1 的偏振化方向间的夹角为30°.强度为 I_0 的自然光垂直入射于偏振片 P_1,并依次透过偏振片 P_1、P_2 与 P_3,则通过三个偏振片后的光强为(　　).

　(A) $I_0/4$　　(B) $3I_0/8$　　(C) $3I_0/32$　　(D) $I_0/16$

5. 两偏振片堆叠在一起,一束自然光垂直入射其上时没有光线通过.当其中一偏振片慢慢转动180°时透射光强度发生的变化为(　　).

　(A) 光强单调增加

　(B) 光强先增加,后又减小至零

　(C) 光强先增加,后减小,再增加

　(D) 光强先增加,然后减小,再增加,再减小至零

6. 如果两个偏振片堆叠在一起,且偏振化方向之间夹角为60°,光强为 I_0 的自然光垂直入射在偏振片上,则出射光强为

　(A) $I_0/8$　　(B) $I_0/4$　　(C) $3I_0/8$　　(D) $3I_0/4$

7. 将三个偏振片叠放在一起,第二个与第三个的偏振化方向分别与第一个的偏振化方向成 45° 和 90°角.

(1) 强度为 I_0 的自然光垂直入射到这一堆偏振片上,试求经每一偏振片后的光强和偏振状态;

(2) 如果将第二个偏振片抽走,情况又如何?

8. 有三个偏振片堆叠在一起,第一块与第三块的偏振化方向相互垂直,第二块和第一块的偏振化方向相互平行,然后第二块偏振片以恒定角速度 ω 绕光传播的方向旋转,如图所示.设入射自然光的光强为 I_0.试证明:此自然光通过这一系统后,出射光的光强为 $I = I_0(1-\cos4\omega t)/16$.

9. 试写出马吕斯定律的数学表示式,并说明式中各符号代表什么.

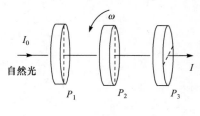

习题 8 图

10. 两个偏振片叠在一起,在它们的偏振化方向成 $\alpha_1 = 30°$ 时,观测一束单色自然光.又在 $\alpha_2 = 45°$ 时,观测另一束单色自然光.若两次所得的透射光强度相等,求两次入射自然光的强度之比.

11. 有三个偏振片叠在一起,已知第一个偏振片与第三个偏振片的偏振化方向相互垂直.一束光强为 I_0 的自然光垂直入射在偏振片上,已知通过三个偏振片后的光强为 $I_0/16$.求第二个偏振片与第一个偏振片的偏振化方向之间的夹角.

12. 将两个偏振片叠放在一起,此两偏振片的偏振化方向之间的夹角为 $60°$,一束光强为 I_0 的线偏振光垂直入射到偏振片上,该光束的光矢量振动方向与两偏振片的偏振化方向皆成 $30°$角.

(1) 求透过每个偏振片后的光束强度;

(2) 若将原入射光束换为强度相同的自然光,求透过每个偏振片后的光束强度.

13. 强度为 I_0 的一束光,垂直入射到两个叠在一起的偏振片上,这两个偏振片的偏振化方向之间的夹角为 $60°$.若这束入射光是强度相等的线偏振光和自然光混合而成的,且线偏振光的光矢量振动方向与此二偏振片的偏振化方向皆成 $30°$角,求透过每个偏振片后的光束强度.

§9.3　反射光和折射光的偏振

　　实验表明,光在两种介质的界面上发生反射和折射时,反射光和折射光都是部分偏振光.在反射光中,光矢量垂直入射面的光振动多于平行入射面的光振动,在折射光中则相反,平行入射面的光振动多于垂直入射面的光振动,如图 9-9 所示.

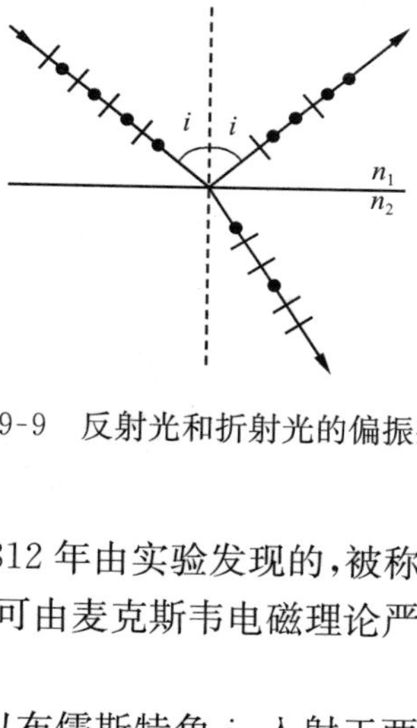

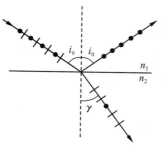

　　反射光的偏振化程度与入射角 i 有关,当入射角等于某一特定值 i_0 时,反射光为振动方向垂直入射面的完全偏振光.入射角 i_0 由下式决定:

$$\tan i_0 = \frac{n_2}{n_1} = n_{21} \qquad (9\text{-}2)$$

式中,n_1 是入射光所在介质的折射率;n_2 是折射光所通过介质的折射率.

图 9-9　反射光和折射光的偏振态

　　这个结论是苏格兰物理学家布儒斯特(D. Brewster)于 1812 年由实验发现的,被称为布儒斯特定律.i_0 称为布儒斯特角或起偏振角.布儒斯特定律可由麦克斯韦电磁理论严格证明.

　　如图 9-10 所示,当自然光以布儒斯特角 i_0 入射于两种介质的界面时,由折射定律

$$n_1 \sin i_0 = n_2 \sin \gamma$$

和布儒斯特定律

$$\tan i_0 = \frac{n_2}{n_1}$$

容易得到

$$i_0 + \gamma = 90° \qquad (9\text{-}3)$$

图 9-10　起偏振角

即当入射角为起偏振角 i_0 时,反射光线和折射光线垂直.

　　应该指出的是,当自然光以起偏振角入射时,反射光是垂直入射面的线偏振光,但并不是入射光中垂直振动部分的全部,而只是其中一小部分.例如,自然光由空气以起偏振角入射于玻璃($n=1.50$)时,反射的线偏振光的能量约占垂直振动部分能量的 15%,所

以,反射光很弱,折射光是偏振化程度不高的部分偏振光,且很强.如图 9-11 所示.

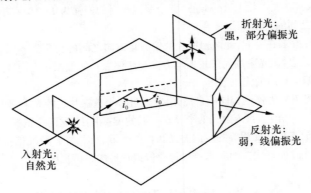

图 9-11 反射光和折射光的偏振化程度

为了增强反射光的强度和提高折射光的偏振化程度,常把多层玻璃叠合在一起组成玻璃片堆,如图 9-12 所示,玻璃片数越多,透射光的偏振化程度越高.实验室中常用 13 层玻璃的玻璃片堆.

在外腔式气体激光器上,往往装有布儒斯特窗口,使出射的光为完全偏振光,如图 9-13 所示.

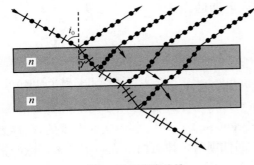

图 9-12 玻璃片堆

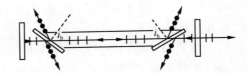

图 9-13 激光器中的布儒斯特窗

利用布儒斯特定律可以测量某些不透明介质的折射率.例如,在空气中测得某种釉质的起偏角 $i_0 = 58°$,取空气的折射率为 1,由布儒斯特定律可得 $n = \tan i_0 = \tan 58° \approx 1.60$.

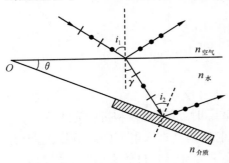

图 9-14

例题 1 将一介质平板放在水中,板面与水平面的夹角为 θ,如图 9-14 所示.已知折射率 $n_水 = 1.333$,$n_{介质} = 1.681$,若要使水面和介质表面的反射光均为线偏振光,求 θ 角应为多大?

解 设光从空气到水面的入射角为 i_1,在水中的折射角为 γ,水中光在介质表面的入射角为 i_2.若反射光皆为线偏振光,i_1 及 i_2 应为布儒斯特角.由布儒斯特定律可得

$$\tan i_1 = \frac{n_{水}}{n_{空气}} = n_{水} \tag{1}$$

$$\tan i_2 = \frac{n_{介质}}{n_{水}} \tag{2}$$

$$\gamma = \frac{\pi}{2} - i_1 \tag{3}$$

由图 9-14 知

$$\theta + \left(\frac{\pi}{2} + \gamma\right) + \left(\frac{\pi}{2} - i_2\right) = \pi$$

则

$$\theta = i_2 - \gamma \tag{4}$$

将式(1)、(2)、(3)代入式(4)中,得

$$\theta = i_2 - \left(\frac{\pi}{2} - i_1\right) = \arctan\frac{n_{介质}}{n_{水}} + \arctan n_{水} - \frac{\pi}{2}$$

$$= \arctan\frac{1.681}{1.333} + \arctan 1.333 - \frac{\pi}{2} = 14.71°$$

习 题

1. 一束自然光自空气射向一块平板玻璃,如图所示,设入射角等于布儒斯特角 i_0,则在界面 2 的反射光( ).

(A) 是自然光

(B) 是线偏振光且光矢量的振动方向垂直于入射面

(C) 是线偏振光且光矢量的振动方向平行于入射面

(D) 是部分偏振光

2. 自然光以 $60°$ 的入射角照射到某两介质交界面时,反射光为完全线偏振光,则知折射光为( ).

(A) 完全线偏振光且折射角是 $30°$

(B) 部分偏振光且只是在该光由真空入射到折射率为 $\sqrt{3}$ 的介质时,折射角是 $30°$

(C) 部分偏振光,但须知两种介质的折射率才能确定折射角

(D) 部分偏振光且折射角是 $30°$

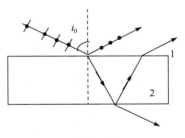

习题 1 图

3. 自然光以布儒斯特角由空气入射到一玻璃表面上,反射光是( ).

(A) 在入射面内振动的完全线偏振光

(B) 平行于入射面的振动占优势的部分偏振光

(C) 垂直于入射面振动的完全线偏振光

(D) 垂直于入射面的振动占优势的部分偏振光

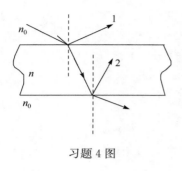

习题 4 图

4. 如图所示,一束自然光入射在平板玻璃上,已知其上表面的反射光线 1 为完全偏振光.设玻璃板两侧都是空气,试证明其下表面的反射光线 2 也是完全偏振光.

5. 试述关于光的偏振的布儒斯特定律.

6. 在以下五个图中,前四个图表示线偏振光入射于两种介质分界面上,最后一图表示入射光是自然光. n_1、n_2 为两种介质的折射率,图中入射角 $i_0 = \arctan(n_2/n_1)$,$i \neq i_0$.试在图上画出实际存在的折射光线和反射光线,并用点或短线把振动方向表示出来.

7. 有一平面玻璃板放在水中,板面与水面夹角为 θ,如图所示.设水和玻璃的折射率分别为 1.333 和 1.517.已知图中水面的反射光是完全偏振光,欲使玻璃板面的反射光也是完全偏振光,θ 角应是多大?

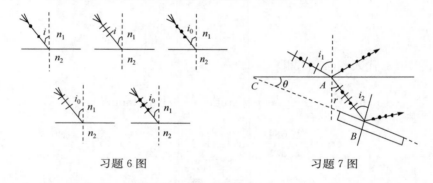

习题 6 图   习题 7 图

8. 一束自然光自空气入射到水面上,若水相对空气的折射率为 1.33,求布儒斯特角.

9. 一束自然光自水中入射到空气界面上,若水的折射率为 1.33,空气的折射率为 1.00,求布儒斯特角.

10. 一束自然光自水(折射率为 1.33)中入射到玻璃表面上,如图所示.当入射角为 49.5°时,反射光为线偏振光,求玻璃的折射率.

11. 一束自然光自空气入射到水(折射率为 1.33)表面上,若反射光是线偏振光,问:

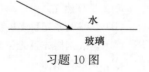

习题 10 图

(1) 此入射光的入射角为多大?

(2) 折射角为多大?

12. 一束自然光以起偏角 $i_0 = 48.09°$ 自某透明液体入射到玻璃表面上,若玻璃的折射率为 1.56,求:(1)该液体的折射率;(2)折射角.

§9.4 双折射现象

一、晶体的双折射现象

1669 年,巴托莱纳斯(E. Bartholinus,1625～1698)无意中将一块冰洲石(即方解石)放在书上,发现书上的每个字都成双像.十年后惠更斯重新分析了上述现象,他认为通过冰洲石看书,一个字有两个像,表明一束光进入冰洲石后变成了两束光,惠更斯把这种现象叫做双折射现象.

进一步研究表明,一束光进入诸如水晶、方解石等光学各向异性晶体后,变成了如图 9-15 所示的两束光. 这两束折射光具有下列特性:

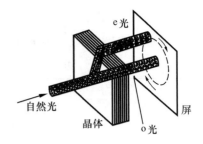

(1) 两束折射光是光矢量振动方向不同的线偏振光.

(2) 当改变入射角时,其中一束光始终在入射面内,并遵守折射定律,这束光称为寻常光,简称 o 光. 另一束折射光不遵守折射定律,一般不在入射面内. 这束光称为非常光,简称 e 光. 当入射角 $i=0$ 时,寻常光沿原方向传播($\gamma_o=0$),而非常光一般不沿原方向传播($\gamma_e \neq 0$),若以入射光为轴转动晶体,o 光不动,而 e 光绕轴旋转,如图 9-15 所示.

图 9-15 晶体的双折射现象

(3) 晶体中存在光轴. 光轴指晶体中的一个特殊方向,当光沿该方向传播时不发生双折射现象. 只有一个光轴的晶体称为单轴晶体,如方解石、石英、红宝石等. 有两个光轴的晶体称为双轴晶体,如云母、硫黄等. 由于光在双轴晶体中的传播很复杂,本书不予讨论.

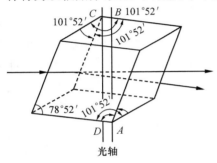

图 9-16 方解石晶体的光轴

方解石是常用的单轴晶体,天然方解石呈平行六面体形,两棱之间的夹角是 $78°8'$ 或 $101°52'$. 从三个钝角相会合的顶点引出一条直线,并使它和相会的三条棱成等角,这条直线方向就是方解石的光轴方向. 如图 9-16 所示.

在晶体中,某光线的传播方向与光轴方向所组成的平面叫做与这条光线相对应的主平面. 实验和理论都证明:o 光光矢量的振动方向垂直自己的主平面,e 光光矢量的振动方向在自己的主平面内. 因为 e 光不一定在入射面内,所以 o 光和 e 光的主平面不一定重合,o 光和 e 光的光矢量的振动方向也不一定相互垂直. 只有当光轴在入射面内,o 光和 e 光的主平面都和入射面重合时,o 光和 e 光的光矢量的振动方向才互相垂直. 由晶体表面的法线方向和晶体内光轴方向组成的平面称为主截面.

*二、单轴晶体中的波面

在晶体中,光的传播速率与传播方向和偏振状态有关,这是光在晶体中发生双折射现象的原因. 理论证明,o 光沿不同方向的传播速率相同,因此 o 光波面上一点发射的子波波面在晶体中是球面. e 光沿不同方向的传播速率不同,e 光波面上一点发射的子波波面在晶体中是以光轴为轴的旋转椭球面,如图 9-17 所示. 在光轴方向,o 光和 e 光的速率相等,两波面相切,垂直光轴方向上,o 光和 e 光的速率之差最大,设它们分别为 v_o 和 v_e. 对于 $v_o > v_e$ 的晶体,如石英,称为正晶体. 另外有些晶体,如方解石,$v_o < v_e$,这样的晶体称为负晶体.

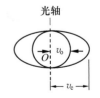

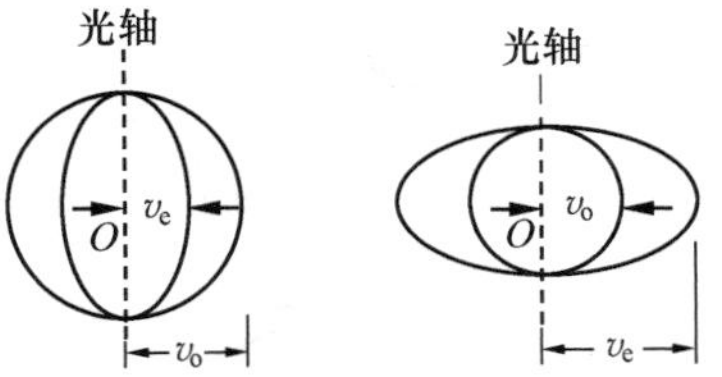

(a) 石英(正晶体)　　(b) 方解石(负晶体)

图 9-17 晶体中的波面

由折射率的定义 $n=c/v$,可定义 $n_o=c/v_o,n_e=c/v_e,n_o$ 和 n_e 称为晶体的主折射率. 对于正晶体,$n_o<n_e$,对于负晶体,$n_o>n_e$,表 9-1 列出了几种单轴晶体的主折射率.

表 9-1　几种单轴晶体的主折射率(对于 5893Å 的钠黄光)

晶　体	n_o	n_e	晶　体	n_o	n_e
石英	1.5443	1.534	方解石	1.6584	1.4864
冰	1.309	1.313	电气石	1.669	1.638
金红石(TiO_2)	2.616	2.903	白云石	1.6811	1.500

知道了晶体的光轴和主折射率 n_o 及 n_e,根据惠更斯原理,采用作图法可确定 o 光和 e 光在晶体中的传播方向. 当主截面与平行光束的入射面重合时,具体步骤如图 9-18(a)所示.

(1) 画出平行入射光束,设两边缘与界面的交点为 A、D. 由先到达界面的边缘与界面的交点 A 向另一边缘作垂线,设垂足为 C,则 AC 为入射光的波面. 所以,光束两边缘到达界面的时间差为 $t=\dfrac{CD}{c}$. c 是光在空气中的速度.

(2) 以 A 为中心,以 $v_o t$ 为半径,在晶体中作半圆(实际上是半球面). 画出过 A 点的光轴,设该光轴与半圆交于 G 点,以 A 为中心,以 AG 和 $v_e t$ 为两个半轴作椭圆(实际上是椭球面),则半球面和半椭球面分别是 o 光和 e 光的波面.

(3) 由 D 点向半圆、半椭圆作切线,设切点分别为 E、F. 由 A 点分别向 E、F 引直线,则直线 AE 和 AF 分别是 o 光和 e 光在晶体中的传播方向.

由图 9-18(a)可以看出,o 光和 e 光的传播方向不同,发生了双折射;e 光的传播方向与其波面不垂直. 图 9-18(b)和(c)所示的情况,读者可自己进行分析.

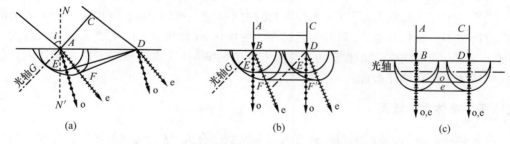

(a)　　　　　　　　　(b)　　　　　　　　　(c)

图 9-18　用惠更斯原理确定晶体中 o 光、e 光的传播方向

三、尼科耳棱镜

把一块长宽比约为 3:1 的天然方解石两端适当磨研后,沿其对角面剖开成为两块棱镜,再用加拿大树胶把剖面粘起来就成为尼科耳棱镜,简称尼科耳,如图 9-19 所示. 光轴与端面成 48°角,使用时自然光沿长度方向入射,进入晶体后分成 o 光和 e 光. o 光约以 76°的入射角射向加拿大树胶层.

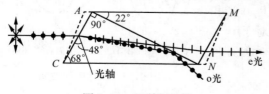

图 9-19　尼科耳棱镜

已知加拿大树胶的折射率为 1.550,而方解石对 o 光的折射率(以 $\lambda=5893\text{Å}$ 为例)是 1.658,76°的入射角已超过临界角(约 69°),所以 o 光被全反射并被涂黑的侧面吸收,对于 e 光,方解石的折射率为 1.486,小于加拿大树胶的折射率,不发生全反射,穿过第二块棱镜射出.因此,尼科耳棱镜是获得高质量完全偏振光的精密光学元件.

尼科耳也可做检偏器使用.

除尼科耳以外,还有许多制作精巧的复合棱镜.图 9-20 所示的偏振棱镜称为渥拉斯顿棱镜,它是由两块方解石做成的直角棱镜拼成.直角棱镜 ABD 的光轴平行于 AB 面,CDB 的光轴垂直于 ABD 的光轴.光由 ABD 进入 CDB 和由 CDB 进入空气的折射中,振动方向互相垂直的两束光两次分开,从而获得两束偏振方向互相垂直的线偏振光.

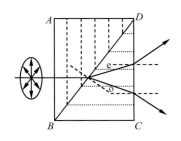

图 9-20 渥拉斯顿棱镜

图 9-21 所示的偏振棱镜称为格兰-汤姆孙棱镜,它可节省方解石.自然光中平行振动成分在黏合剂($n=1.655$)与方解石($n_3=1.486$)的界面发生全反射(入射角大于临界角时),偏离原来的传播方向.因为方解石对 o 光的折射率 $n_o=1.658$,非常接近黏合剂的折射率,所以自然光中垂直振动成分几乎无偏折地进入方解石后再射出,从而得到偏振化程度很高的线偏振光.

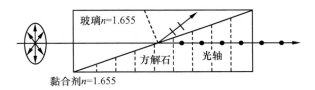

图 9-21 格兰-汤姆孙棱镜

习 题

1. ABCD 为一块方解石的一个截面,AB 为垂直于纸面的晶体平面与纸面的交线.光轴方向在纸面内且与 AB 成一锐角 α,如图所示.一束平行的单色自然光垂直于 AB 端面入射.在方解石内折射光分解为 o 光和 e 光,o 光和 e 光的( ).

(A) 传播方向相同,电场强度的振动方向互相垂直
(B) 传播方向相同,电场强度的振动方向不互相垂直
(C) 传播方向不同,电场强度的振动方向互相垂直
(D) 传播方向不同,电场强度的振动方向不互相垂直

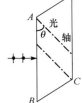

习题 1 图

2. 一束光线入射到单轴晶体后,成为两束光线,沿着不同方向折射,这样的现象称为双折射现象.其中,一束折射光称为寻常光,它_____定律;另一束光线称为非常光,它_____定律.

3. 用方解石晶体(负晶体)切成一个截面为正三角形的棱镜,光轴方向如图所示.若自然光以入射角 i 入射并产生双折射.试定性地分别画出 o 光和 e 光的光路及振动方向.

4. 用方解石晶体($n_o>n_e$)切成一个顶角 $A=30°$ 的三棱镜,其光轴方向如图所示,若单色自然光垂直 AB 面入射,试定性地画出三棱镜内外折射光的光路,并画出光矢量的振动方向.

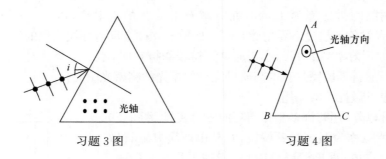

习题 3 图　　　　　　　　　　　习题 4 图

§9.5　椭圆偏振光和圆偏振光　波片

一、椭圆偏振光和圆偏振光的获得

根据振动方向互相垂直的两个同频率谐振动的合运动可以是椭圆或圆运动的原理,可以获得椭圆偏振光和圆偏振光.

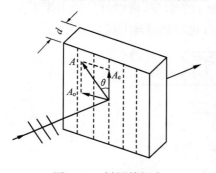

图 9-22　椭圆偏振光
和圆偏振光的获得

把一个单轴晶体切成厚度为 d,光轴平行于晶面的晶片. 当线偏振光垂直射入晶片(图 9-22)后,晶片相当于有两个互相垂直的透振方向的起偏振器,其中一个透振方向沿光轴方向,另一个透振方向与光轴垂直. 入射的线偏振光中每一个波列被分解成平行光轴振动的 e 光和垂直光轴振动的 o 光波列,通过晶片后,它们相干叠加,形成椭圆偏振光,不同波列形成的椭圆偏振光之间是非相干叠加. 设入射光光矢量的振幅为 A,与光轴的夹角为 θ,则 o 光和 e 光的振幅分别为

$$A_{o} = A\sin\theta$$
$$A_{e} = A\cos\theta$$

由图 9-18(c)可知,在晶片中,o 光和 e 光沿相同的方向和路径传播. 由于折射率不同,透出晶片时 o 光和 e 光的光程差为

$$\delta = (n_{o} - n_{e})d \tag{9-4}$$

相应的相位差为

$$\Delta\varphi = \frac{2\pi}{\lambda}(n_{o} - n_{e})d \tag{9-5}$$

这样的两束振动方向互相垂直,相位差一定的光的叠加,就形成椭圆偏振光.

当入射的线偏振光的光振动方向与晶片光轴的夹角 $\theta = 45°$、$A_{e} = A_{o}$ 且 $\Delta\varphi = \pm(2k+1)\pi/2$ 时,出射光为圆偏振光.

当 $\Delta\varphi = \pm k\pi$ 时,出射光为线偏振光.

由于 $\Delta\varphi$ 的取值不同,椭圆偏振光或圆偏振光光矢量的旋转方向不同. 故椭圆偏振光和圆偏振光的光矢量还有右旋与左旋之分.

二、波片

光轴与表面平行的晶体薄片称为波片,也称为相位延迟器.波片一般用方解石或石英等晶体切割而成.

1. 半波片

波长为 λ 的单色偏振光通过波片后,能使 o 光和 e 光的光程差等于半波长奇数倍的叫该单色光的半波片.

由式(9-4),半波片的厚度 d 满足:

$$(n_o - n_e)d = \pm(2k+1)\frac{\lambda}{2}$$

所以,半波片的厚度为

$$d = (2k+1)\frac{\lambda}{2|n_o - n_e|} \quad (k = 0,1,2,3,\cdots) \tag{9-6}$$

其最小厚度为

$$d = \frac{\lambda}{2|n_o - n_e|} \tag{9-7}$$

线偏振光通过半波片后,o 光和 e 光的相位差为 π 的奇数倍.根据互相垂直的同频率的谐振动的合成规律,这时出射光仍然是线偏振光.若入射的线偏振光的振动面与光轴之间的夹角为 θ,则出射光的振动面转过了 2θ 角.

2. 四分之一波片

波长为 λ 的单色线偏振光通过波片后,使 o 光和 e 光的光程差为 $\lambda/4$ 的奇数倍的波片,称为该单色光的四分之一波片,也叫 $\lambda/4$ 片.由式(9-4),四分之一波片的厚度 d 满足

$$(n_o - n_e)d = \pm(2k+1)\frac{\lambda}{4}$$

所以有

$$d = (2k+1)\frac{\lambda}{4|n_o - n_e|} \quad (k = 0,1,2,3,\cdots) \tag{9-8}$$

最小厚度为

$$d = \frac{\lambda}{4|n_o - n_e|} \tag{9-9}$$

线偏振光通过四分之一波片后,o 光和 e 光的相位差为 $\pi/2$ 的奇数倍.从波片射出的光是正椭圆(其长、短轴分别平行和垂直光轴)偏振光.若入射线偏振光的振动面与光轴间的夹

角为 45°,则出射光是圆偏振光.

用四分之一波片可检验圆偏振光和椭圆偏振光. 因为圆偏振光通过四分之一波片后变成线偏振光. 当椭圆偏振光的长轴或短轴平行四分之一波片的光轴并通过四分之一波片后,也变成线偏振光. 自然光和部分偏振光没有此特点. 所以,用在检偏振器前加一个四分之一波片的方法可以区分圆偏振光和自然光以及椭圆偏振光和部分偏振光.

由式(9-2)～(9-9)可知,有一定厚度 d 的半波片和四分之一波片,都是对某一确定波长而言. 对不同波长的单色光,半波片或四分之一波片的厚度是不同的.

*§9.6　偏振光的干涉　人工双折射

一、偏振光的干涉

设 P_1、P_2 是两个透振方向正交的偏振片,当单色自然光垂直入射到 P_1 时,在 P_2 后观察,则无光透过 P_2. 若在 P_1 与 P_2 之间放一个光轴与表面平行的晶片,如图 9-23 所示,这时在 P_2 后观察,可能有光通过 P_2,若晶片为楔形,则可看到明暗相间的条纹. 这种现象称为偏振光的干涉. 设均匀晶片 C 的厚度为 d,垂直入射到晶片上的线偏振光的光矢量振动方向与光轴的夹角为 θ,振幅为 A_1,射入晶片后分解为 o 光和 e 光. 其振幅分别为

$$A_{1o} = A_1 \sin\theta$$
$$A_{1e} = A_1 \cos\theta$$

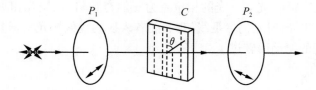

图 9-23　偏振光的干涉装置示意图

其相位差为

$$\Delta\varphi = \frac{2\pi}{\lambda}(n_o - n_e)d$$

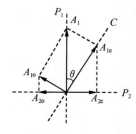

图 9-24　偏振光干涉的
　　　　振幅矢量图

当它们入射到 P_2 上后,如图 9-24 所示,因只有平行 P_2 透振方向的光可以透过 P_2,透过 P_2 后两光的振幅分别为

$$A_{2o} = A_{1o}\cos\theta = A_1\sin\theta\cos\theta$$
$$A_{2e} = A_{1e}\sin\theta = A_1\cos\theta\sin\theta$$

可见,透过 P_2 后的两光的振幅相等,且是相干光. 它们总的相位差为

$$\Delta\varphi = \frac{2\pi}{\lambda}(n_o - n_e)d + \pi \tag{9-10}$$

第二项 π 是通过 P_2 后 A_{2o} 与 A_{2e} 的方向相反而产生的附加相位差.

当

$$\Delta\varphi = \pm 2k\pi \quad (k = 1,2,3,\cdots)$$

或

$$(n_o - n_e)d = (\pm 2k - 1)\frac{\lambda}{2} \tag{9-11}$$

时,干涉加强,P_2 后为明视场.

当

$$\Delta\varphi = \pm(2k+1)\pi \quad (k = 1,2,3,\cdots)$$

或

$$(n_o - n_e)d = \pm k\lambda \tag{9-12}$$

时,干涉相消,P_2 后为暗视场.

若用楔形晶片,则可分别在满足上两式厚度处观察到明、暗条纹.

二、色偏振

在如图 9-23 所示的实验中,当采用白光光源时,在偏振片 P_2 后,某些波长的光满足加强条件,视场中该波长的光强达到极大值.某些波长的光满足相消条件,该波长的光强取极小值.其他波长的光在视场中的光强各不相同.因视场中各波长的光相对强度发生变化,所以视场呈现一定的色彩,这种现象称为色偏振,所呈现的颜色称为干涉色.

色偏振是检验物质是否具有双折射现象极为灵敏的方法.把待测物质做成薄片放在两尼科耳之间,根据是否观察到彩色即可确定被测物是否具有双折射特性.由于不同矿石的 $(n_o - n_e)$ 不同,地质工作者常用色偏振来鉴别矿石的种类.把矿石晶片放在偏振光显微镜载物台上,在目镜中可观察到五彩缤纷的干涉条纹.因为干涉色是由晶片造成的光程差确定的,若事先编出干涉色与光程差的对应表,根据观察待测物质干涉色的色调,可查表得到相应的光程差.若测出厚度,由式(9-10)可算出两主折射率之差,进而确定矿石的种类.

例题　在图 9-23 所示的干涉装置中,若 P_1 和 P_2 的透振方向互相平行,求透过 P_2 后两相干偏振光的振幅和相位差.

解　作如图 9-25 所示的振幅矢量图,晶片中 o 光和 e 光的振幅分别为

$$A_{1o} = A_1\sin\theta$$
$$A_{1e} = A_1\cos\theta$$

透过 P_2 的相干偏振光的光矢量分别为 o 光和 e 光光矢量在 P_2 透振方向上的分量,其振幅为

$$A_{2o} = A_{1o}\sin\theta = A_1\sin^2\theta$$
$$A_{2e} = A_{1e}\cos\theta = A_1\cos^2\theta$$

由图 9-25 可知,o 光和 e 光的光矢量在 P_2 透振方向上的分量同方向,故无附加相位差,只有因晶片的双折射而产生的相位差

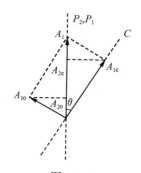

图 9-25

$$\Delta\varphi = \frac{2\pi}{\lambda}(n_{\mathrm{o}} - n_{\mathrm{e}})d \qquad (9\text{-}13)$$

根据同样的思路和方法,可进一步讨论干涉加强和减弱的条件等.

三、人工双折射

某些本来是各向同性的介质,在人为条件(如加外力、电场、磁场等)下,会变成各向异性介质,产生双折射,这种现象称为人工双折射.

1. 光弹性效应

在机械力作用下,某些各向同性介质(如工程塑料、赛璐珞等)产生各向异性的光学性质,从而产生双折射现象,称为光弹性效应.受力后发生形变的介质表现为负(或正)单轴晶体的特性,其等效光轴沿受力方向,各向异性特性可用主折射率差$(n_{\mathrm{o}} - n_{\mathrm{e}})$来量度.实验表明,$(n_{\mathrm{o}} - n_{\mathrm{e}})$正比于应力$P$,即

$$n_{\mathrm{o}} - n_{\mathrm{e}} = kP$$

比例系数k由非晶态物质的性质决定.当光通过厚度为d的物质后,o光和e光的光程差为

$$\delta = (n_{\mathrm{o}} - n_{\mathrm{e}})d = kPd \qquad (9\text{-}14)$$

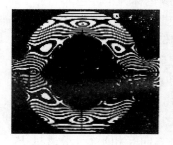

图9-26　光弹性照片

在图9-23所示观察偏振光干涉的实验装置中,用非晶态物体代替晶片,当它受到外力作用时,在P_2后的视场中,可观察到干涉条纹.条纹的分布与材料中应力的分布有关.应力越大的地方,干涉条纹越密.这就是光测弹性学的基础.在桥梁、水坝、机械的设计中,必须了解整体结构及各个部位的受力情况,常用透明材料将它们做成模型.然后对模型施加与实际情况近似的外力,观察分析屏上的映像和条纹,从而判断内部的受力情况,以便使设计更加合理,这种方法叫做光测弹性方法.图9-26是一个光弹性模型产生的干涉图样的照片.激光光弹仪的性能更好,已获得广泛的应用.

2. 克尔效应

在强电场作用下,可以使某些各向同性介质变为各向异性,从而使光产生双折射,这种现象称为电光效应.它是克尔(J. Kerr)在1875年发现的,所以也叫克尔效应.

克尔效应的实验装置如图9-27所示.在两正交尼科耳之间的玻璃盒(称为克尔盒)中盛有硝基苯(或二硫化碳、三氯甲烷等),平行板电容器两极板C、C'未和电源接通时,P_2后的视场是暗的.接通电源后,电容器两极板之间的液体获得单轴晶体的性质,其光轴沿电场方向,主折射率的差正比于电场强度的平方,即

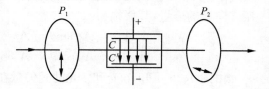

图9-27　克尔效应实验

$$n_o - n_e = kE^2$$

式中 k 称为克尔系数,它与液体的种类有关. 设光通过液体的厚度为 l,则 o 光和 e 光之间的相位差为

$$\Delta\varphi = \frac{2\pi}{\lambda} l(n_o - n_e) = \frac{2\pi}{\lambda} lkE^2$$

设平板间距为 d,电压为 U,则

$$\Delta\varphi = \frac{2\pi}{\lambda} lk \frac{U^2}{d^2} \tag{9-15}$$

因此,电容器极板间电压发生变化时,用克尔盒可得到不同形状的椭圆偏振光. 从 P_2 透出的光强也随 U^2 的变化而变化. 利用克尔盒对偏振光进行调制,在现代激光通信及电视装置中已获得很大成功.

克尔效应是液体分子在强电场作用下作规则排列而产生的. 双折射现象在电场中产生或消失经历的时间约为 10^{-9} s,或更短. 因此,克尔盒作为开关广泛用于高速摄影和脉冲激光器的 Q 开关等方面.

3. 泡克尔斯效应

有些晶体,特别是压电晶体在外加电场中其光学各向异性发生改变. 这种电光效应是泡克尔斯(Pockdls)发现的,称为泡克尔斯效应.

把硝酸二氢铵、磷酸二氢钾、氯化亚铜等晶体,放在两正交偏振片之间,当晶体的光轴方向与光的传播方向一致时,无双折射现象. 若用透明电极沿光轴方向加一个电场,偏振光射入晶体后分成 o 光和 e 光. 其相位之差与电压成正比,即

$$\Delta\varphi = \frac{2\pi}{\lambda} n_o^3 \gamma U \tag{9-16}$$

式中 γ 为电光常数,单位是 m/V,n_o 是晶体对寻常光的折射率.

当加在晶体上的电场方向与光的传播方向平行时产生的电光效应称为纵向电光效应;电场方向与光传播方向垂直时产生的电光效应称为横向电光效应.

§9.7　旋　光　现　象

当线偏振光通过某些透明物质时,其振动面将旋转一定角度,这种现象称为振动面的旋转或旋光现象. 能使振动面旋转的物质称为旋光物质. 石英晶体、糖、酒石酸溶液等都是旋光性很强的物质. 振动面旋转的角度与旋光物质的性质、厚度以及光的波长等有关. 旋光现象是阿拉果(D. F. Arago)在 1811 年发现的.

用图 9-28 所示的装置可以研究振动面旋转的规律. 在正交尼科耳 M、N 之间做一个滤光片 F 以产生单色光,则 N 后的视场是暗的. 当放入旋光物质(如石英薄片)C 时,N 后视场变亮. 旋转尼

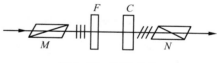

图 9-28　旋光现象

科耳 N,使视场再次变暗. N 旋转的角度即为偏振面旋转的角度. 实验结果指出:

(1) 不同物质使振动面旋转的方向不同. 对着光源看,使振动面顺时针旋转的物质,称为右旋物质;逆时针旋转的物质称为左旋物质.

(2) 偏振光振动面旋转的角度与光的波长有关,在波长一定的情况下,与通过旋光物质的长度有关. 旋转角 φ 可用下式表示:

$$\varphi = \alpha l \tag{9-17}$$

式中 l 的单位为 mm. α 为旋光物质的旋光率,表示通过单位长度旋光物质使振动面旋转的角度,它与光波长有关(近似地有 $\alpha \propto \dfrac{1}{\lambda^2}$). 石英晶片对 5893Å 的钠黄光,旋光率为 $\alpha = 21.7°\mathrm{mm}^{-1}$,对紫光($\lambda = 4050$Å),$\alpha = 48.9°\mathrm{mm}^{-1}$,对紫外线($\lambda = 2150$Å),$\alpha = 236°\mathrm{mm}^{-1}$. 若在两正交尼科耳之间放一石英晶片,用白光照射 M,则可看到色彩,这称为旋光色散.

(3) 偏振光通过糖、酒石酸溶液或松节油等物质时,振动面旋转的角度可用下式表示:

$$\varphi = \alpha c l \tag{9-18}$$

式中 c 为旋光物质的浓度($10^3\mathrm{kg/m^3}$),l 为溶液长度(dm),α 为旋光率,它与溶液的浓度有关. 例如,20℃的蔗糖水溶液对 $\lambda = 5890$Å 的钠黄光,$\alpha = 66.46°\mathrm{ml/(dm \cdot g)}$,使钠黄光通过 20℃ 的蔗糖溶液 1dm,其振动面旋转 2°,由式(9-18)可算出蔗糖溶液的浓度为

$$c = \frac{\varphi}{\alpha l} = \frac{2}{66.46 \times 1} = 0.03(\mathrm{g/ml})$$

这种方法简单、方便、迅速可靠,量糖计就是根据这个原理制成的.

目前已发现一些生物物质也具有旋光性,例如,自然界与人体中的葡萄糖是右旋的,而不同的氨基酸,DNA 等也发现有左旋和右旋之不同等,这些是目前生物物理学的研究课题.

习　题

1. 一束单色线偏振光沿光轴方向通过厚度为 l 的旋光晶体后,若旋光晶体对该光的旋光率为 α,则线偏振光的振动面发生旋转的角度的表示式为_____.

2. 一束单色线偏振光通过旋光性溶液时,线偏振光振动面发生旋转,旋转角的表示式为 $\Delta\phi = \alpha L C$,其中 L 为_____,C 为_____.

本 章 小 结

1. 五种偏振状态

自然光、线偏振光、部分偏振光、椭圆偏振光和圆偏振光.

2. 马吕斯定律

$$I_2 = I_1 \cos^2\theta$$

强度为 I_0 的自然光入射于偏振片产生线偏振光的强度为

$$I_1 = \frac{1}{2} I_0$$

3. 布儒斯特定律

$$\tan i_0 = \frac{n_2}{n_1} = n_{21}$$

4. 双折射现象

o 光的光振动方向垂直其主平面；e 光的光振动方向平行其主平面.

5. 波片

光轴平行表面的晶片.

线偏振光垂直射入波片后分解成 o 光和 e 光射出时有恒定的相位差：$\Delta\varphi = \frac{2\pi}{\lambda}(n_o - n_e)d$. 它们合成为椭圆偏振光，特殊情况下合成为圆偏振光和线偏振光. 四分之一波片可用于检验椭圆偏振光和圆偏振光.

6. 偏振光的干涉

两透振方向正交或平行的偏振片之间放一晶片，可实现偏振光的干涉.

两透振方向正交时，$\Delta\varphi = \frac{2\pi}{\lambda}(n_o - n_e)d + \pi$；平行时，$\Delta\varphi = \frac{2\pi}{\lambda}(n_o - n_e)d$.

7. 旋光现象

振动面旋转角度由 $\varphi = al$ 和 $\varphi = acl$ 决定. 注意这两公式的适应情况.

8. 光纤技术

光纤的结构、分类；光纤的传输特性；光纤的损耗特性.

第三篇　热物理学

大量事实表明,当物体的温度发生变化时,物体的大小、状态、力学性质和电学性质等也将发生变化.与温度有关的自然现象统称为热现象.

人们对热现象的认识,历史上经历了漫长的岁月.18 世纪之前,由于生产力水平很低,人们很少对它进行较深入的研究.18 世纪以后,由于生产力对科学技术的需求,促进了人们对热现象及热现象规律的广泛深入地研究.特别是 1842 年德国医生迈耶认为热是一种能量,能够与机械能相互转化,并提出了能量守恒学说.焦耳通过实验确立了能量守恒与转换定律,为热力学理论与气体动理论的发展奠定了基础.19 世纪中期以后,为了改进热机的设计,人们对热机的工作物质——气体的性质进行了广泛的深入的研究,气体动理论便得到迅速的发展.

根据对热现象研究方法的不同,热学又可分为宏观理论和微观理论两部分.热学的宏观理论叫做热力学,它以观察和实验总结得出的热力学基本定律为基础,通过逻辑推理,来研究宏观物体热现象的规律.热学的微观理论叫做统计物理学,它是从物质的微观结构模型出发,应用力学规律和统计方法,研究大量粒子的热运动规律.两种理论相辅相成,互相补充.统计物理学可以从微观上更好地揭示热现象的本质,给出宏观规律的微观解释,统计物理学结论的正确性,则需要热力学来检验和证实.

热力学和统计物理学理论,在历史上对第一次产业革命起了有力的推动作用,在现代工程技术问题中也获得越来越广泛的应用.此外,这些理论本身,也是近代物理学中一个非常活跃的研究领域.

热力学和统计物理研究的对象相同:包含大量分子、原子的热力学系统.研究任务相同:热现象的规律.但研究的侧重点不同:统计物理研究、揭示宏观量和宏观规律的微观本质;热力学研究热现象的宏观规律.它们的研究方法不同:统计物理从系统的微观结构模型出发,应用统计的方法;热力学主要以实验定律为基础,从能量转换的观点研究热现象的宏观规律和应用.气体动理论是统计物理关于气体的理论.

第十章 气体动理论

理论结构体系

气体动理论是统计物理学的一部分,也是统计物理学最成功的内容之一.

气体动理论的研究对象是由大量分子组成的气体系统.任务是研究系统与温度有关的性质、系统状态变化规律及其应用.由于系统可以从整体上观察,也可以从微观上描述,所以应该定义描述系统整体性质的状态量——宏观量,例如,压强、体积、温度、内能等;也应该定义描述单个分子运动特征的状态量——微观量,例如,分子的速度、动量、动能等.因为气体系统由大量分子组成,分子都处于无规则运动状态,为了研究需要,把系统各部分在长时间内不发生宏观变化的状态称为平衡态.气体动理论研究气体系统处于平衡态的性质.气体动理论的基本假设可分为两类,一类是关于气体微观性质和统计规律的假设;另一类是关于宏观量变化规律的假设.在基本假设的基础上,推导出理想气体的压强公式,进而结合理想气体状态方程推导出温度公式、气体分子的平均碰撞频率和平均自由程.另外,麦克斯韦速率分布律、麦克斯韦速度分布律和能量按自由度均分定理等结论是统计物理的重要结论和成果.

§10.1 气体动理论的基本概念

一、状态参量、平衡状态与非平衡状态

与经典力学中的隔离体方法相类似,在热力学中也常把研究对象分离出来,称之为热力学系统.系统以外的物质称之为环境,也叫做外界.系统与外界之间的界面叫做系统的边界.系统的边界可以是真实的表面,也可以是假想的界面.可以直接研究系统的状态,也可以通过系统与外界的相互作用来研究系统状态的变化规律.这里所说的状态是热力学系统的宏观状态.

热力学系统的状态是用热力学状态参量温度、压强、体积和状态函数(如内能和熵等)来描述的.热力学系统与外界相互联系、相互作用的方式可以是做功和传递热量.当外界向系统传热或对系统做功时,系统的热力学状态就会发生变化.一个热力学系统,如果与其外界没有任何相互作用(包括做功、传热、实物粒子的交换),内部也没有不同形式的能量之间的转换,如化学反应或原子核的变化等,该系统称为孤立系统.孤立系统是一个理想模型,任何实际的系统,都或多或少要受到外界的影响,如果外界的影响小到可以忽略不计的程度,就可以把它当作孤立系统.一个孤立系统,或者说一个系统在不受外界影响的情况下,经过足够长的时间,达到一种状态参量不随时间变化的状态,称为平衡状态.否则,为非平衡状态.一般来说,处于平衡状态的系统压强、温度等宏观量是处处相等的,

而处于非平衡状态的系统却不是这样的. 另外, 如果系统在外界作用下, 有时尽管可以达到一种状态参量不随时间变化的状态, 但这种状态不能叫做平衡状态, 而应该称为稳定状态. 应该指明, 热力学的平衡状态与力学的平衡状态不同. 处于平衡状态的热力学系统的热力学宏观性质不随时间变化, 但其内部分子却在不停地作无规则热运动, 所以热力学平衡状态又叫做热动平衡状态. 当处于平衡状态的系统在受到外界影响时, 原来的状态被破坏, 系统从原来的状态向新的状态转移, 这中间经历了一个过程. 如果构成过程的每一个中间状态都无限接近于平衡状态, 则该过程称为准静态过程. 准静态过程是无限缓慢的状态变化过程, 它是实际过程的抽象, 是一种理想的物理模型. 利用它可使问题的处理得以大大简化. 本课程只研究准静态过程.

二、统计规律的基本概念

一般说来, 在宏观系统的热现象中, 就物体中单个分子而言, 其运动状态是千变万化的, 偶然性占主导地位, 但总体上看, 大量分子的热运动却具有确定的规律性. 这种大量偶然事件的总体所具有的规律性, 称为统计规律性. 由于热现象是大量分子热运动的集体表现, 所以服从统计规律.

单个分子的微观运动状态总带有明显的偶然性, 而大量分子组成的系统的热特性往往通过其统计平均表现出来. 统计规律不像力学中那样, 可以由初始状态确定它以后的运动状态. 统计规律只能指明在一定宏观条件下, 系统处于某一宏观状态的概率 (几率) 是多少, 并由此确定系统的宏观特性.

依照统计规律性, 人们用求统计平均值的方法从微观量去求宏观量. 由于系统的微观运动状态随时在变化, 因而任一时刻宏观量的实际观测值不一定等于它的统计平均值, 总是或多或少的存在着偏差. 这种偏离统计平均值的现象, 叫做涨落或起伏. 涨落现象是统计规律的基本特征之一.

一般说来, 一个由大量微观粒子组成的系统, 在某种确定的宏观条件下, 可以存在大量不同的微观状态. 当要测定描述系统宏观状态的某一物理量 M 的数值时, 由于系统的微观状态在变化着, 所以各次实验所测的 M 值不尽相同. 设系统处于微观状态 A 时测量值是 M_A 的次数为 N_A, 系统处于微观状态 B 时测量值为 M_B 的次数为 N_B, … 实验总次数为 $N_A + N_B + \cdots = N$. 把各次实验所测量值的总和除以实验总次数, 在实验次数足够多时, 这个比值将趋近于一个极限值, 这个极限值定义为 M 的统计平均值, 若用 $\overline{M}$ 表示, 则有

$$\overline{M} = \lim_{N \to \infty} \frac{N_A M_A + N_B M_B + \cdots}{N} \tag{10-1}$$

系统处于微观状态 A 的次数 N_A 除以实验总次数 N 所得的比值, 在 $N \to \infty$ 时的极限值, 称为系统处于微观状态 A 的概率, 若用 P_A 表示, 则有

$$P_A = \lim_{N \to \infty} \frac{N_A}{N} \tag{10-2}$$

由式 (10-1) 和式 (10-2) 可得

$$\overline{M} = \lim_{N \to \infty} \frac{N_A M_A}{N} + \lim_{N \to \infty} \frac{N_B M_B}{N} + \cdots = P_A M_A + P_B M_B + \cdots = \sum_i P_i M_i$$

即 M 的平均值 $\overline{M}$ 是系统处于各个可能状态的概率与相应的 M 值乘积的总和.

显然,系统处于一切可能状态次数的总和应等于实验总次数,故系统处于一切可能状态的概率的总和应等于 1,即

$$\sum_i P_i = \frac{\sum_i N_i}{N} = 1 \tag{10-3}$$

此关系式称为归一[化]条件.

三、物质的微观结构模型

从有关物质微观结构的实验,总结归纳出关于物质微观结构模型的基本概念,可表述为下列三点:

(1) 宏观物体或物质是由大量分子或原子组成的. 关于物质结构的微粒学说,公元前 5 世纪至公元前 4 世纪古希腊已有"原子说",认为万物皆由大量不可分割的微小物质粒子组成,这种粒子称为原子(希腊文为 atomo,即"不可分割"之意). 古希腊的"原子说"只是一种朴素的臆测. 19 世纪初道尔顿(J. Dalton)和阿伏伽德罗(A. Avogadro)等在研究总结了化学变化的许多重要规律的基础上,提出了原子、分子的科学假说,19 世纪后期,形成了"原子分子学说",明确了一切物质都是由大量分子或原子组成的科学概念.

(2) 分子在不停地运动着,这种运动是无规则的,其剧烈程度与物体的温度有关. 扩散现象可以说明,一切物体内的分子都在不停地运动着. 布朗(R. Brown)运动间接表明了流体内部分子运动的无规则性. 实验指出,扩散的快慢和布朗运动的剧烈程度都与温度的高低有明显的关系,这实际上反映了分子无规则运动的剧烈程度与温度有关,温度越高,分子的无规则运动就越剧烈. 正是因为分子的无规则运动与物体的温度有关,所以通常把这种运动称为分子的无规则热运动.

(3) 分子之间有相互作用力——分子力. 大量实验事实表明,构成一切物体的大量分子之间有相互作用力,这种力叫做分子力. 分子力使固体和液体保持一定的体积、固体保持一定的形状,使固体和液体难以压缩,等等. 当分子间的距离极小时(约 10^{-10} m),分子力表现为斥力;当分子间的距离较大时,分子力表现为吸引力,但随距离的增大很快减小. 分子之间的作用力与分子的电性结构有关,而万有引力的作用在这里是微不足道的.

四、理想气体的微观结构模型与统计假设

上面讲了一般物质体系的微观结构模型,它适用于气体、液体以及固体. 理想气体是特殊的物质体系,理想气体的微观结构模型符合上述一般物质的微观结构模型并具有自己的特点.

实验表明,通常情况下气体变为液体其体积只是气体体积的 0.001 倍,从而可估算出通常气体分子本身的线度约为分子间距的 1/10,可见通常的气体分子间距比分子线度大得多,或者说通常情况下的气体分子在空间的分布是相当稀疏的. 尽管如此,但作为宏观

系统的气体分子总数是相当大的(1mol 气体的分子数为 6.023×10^{23} 个). 于是,不停地作无规则热运动的分子碰撞是非常频繁的(约 10^9 次/s). 频繁的碰撞使分子不断地改变其运动的方向与速度的大小,分子作忽左忽右、忽上忽下、忽前忽后、忽快忽慢的无规则运动,其运动轨迹是一条极不规则的折线,如图10-1所示,这就是气体分子无规则热运动的微观图像. 因为一般气体分子间距很大,所以除了碰撞瞬间外分子间的相互作用力是极其微小的,因而可以认为分子在连续两次碰撞之间作匀速直线运动,即惯性自由运动,连续两次碰撞间分子运动的直线长度称为自由程.

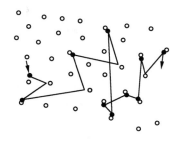

图 10-1　气体分子的无规则热运动

基于上述,提出了理想气体的微观模型,即理想气体分子模型. 第一,因为理想气体分子本身的大小比分子间距小得多,所以可以把分子看作大小可忽略不计的质点,其运动遵守牛顿运动定律. 第二,分子间相互碰撞或分子与器壁相碰撞时,可以看作完全弹性碰撞,即碰撞过程遵守动量守恒,碰撞前后动能相等. 这样假设的正确性可用反证法说明. 假设不是完全弹性碰撞,每次碰撞必有动能损耗. 经足够长时间,或足够多次数的碰撞,动能必损耗殆尽,分子都将静止. 实际上,这种情况是不可能发生的. 这说明,分子之间的碰撞假设为完全弹性碰撞是正确的. 第三,除碰撞瞬间外,分子间的相互作用力可以忽略,分子间的相互作用势能也可忽略不计,为了简单也忽略重力的影响. 这一假设的合理性在于气体分子之间的距离很大,分子之间的相互作用力随间距的增加迅速减小. 这是根据实验对构成理想气体这一宏观体系中每个微观分子的力学特性作出的合理假设. 这个理想化的微观模型,在一定条件下[压强不太大(与大气压相比)、温度不太低(与室温相比)]与真实气体的性质相当接近. 容易想到,当气体压强较大,分子的线度与分子间距相当而不能忽略,温度很低时,在这种微观模型基础上推导出的结果将与实验结果有较大差别.

前已说过,微观理论是从微观结构模型出发,运用统计方法,寻求宏观量和微观量统计平均值的关系,所以还要对理想气体大量分子的集体特性作出合理的统计假设. 第一,对于容器中处于平衡状态的理想气体,分子的空间分布是均匀的,即分子数密度处处一样. 或者说,任一位置处单位体积内的分子数都不比其他位置占有优势. 由于忽略了重力和其他外场的影响,在气体体积不太大时,实验表明这一假设与实验是符合的. 第二,因为分子热运动的高度无规则性,分子热运动速度沿各个方向都是可能的,在平衡状态下,没有哪个方向更占优势,或者说,分子沿各个方向运动的可能性(即概率)一样,可谓机会均等.

用数学语言表示,即

$$\overline{v_x^2} = \overline{v_y^2} = \overline{v_z^2} = \frac{1}{3}\overline{v^2} \tag{10-4}$$

这一假设实际上是等概率原理的具体表现.

§10.2　理想气体的压强公式与温度公式

压强和温度是理想气体的状态参量. 气体内部的压强是怎样产生的? 通常认为温度

是物体"冷热程度"的量度,那么,什么是冷? 什么是热? 这就是说:温度的本质是什么? 本节要回答这些问题.

液体和气体都是流体,液体和气体内部都有压强,液体内部的压强公式为

$$p = \rho g h$$

液体的压强公式是基于对液体的压强产生原因的认识推导出来的. 认为:作用在液体内某截面上的力等于该截面上方直柱体内液体分子的重量. 气体内的压强是否也是由气体分子的重量产生的呢? 如果对一个篮球冲气前后压强的变化和重量的变化进行比较,可以肯定,气体的压强不是气体分子的重量产生的. 气体的压强是怎样产生的?

一、压强的微观本质

仔细想一下在雨中撑伞的情形容易理解气体压强产生的原因. 一个雨点落在伞面上,对伞面产生一个短暂的冲击力,如果密集的雨点持续地倾泻在伞面上,对伞面就产生一个持续的压力,由此产生作用于伞面上的压强,容器中气体分子与器壁的关系和雨点与伞面的关系类似. 容器中一个气体分子和器壁的一次碰撞,对器壁产生一个短暂的冲力,由于容器中数目巨大的气体分子不停地作无规则热运动,就会对器壁产生持续的压力,从而产生器壁上的压强.

二、理想气体的压强公式

如图 10-2 所示,考虑一个边长分别为 l_1、l_2、l_3 的长方体容器,容器内有处于平衡态的气体系统. 设系统由 N 个质量为 m 的同种分子组成. 由于分子数 N 巨大,根据理想气体的统计假设,容器中分子数密度 $n = \dfrac{N}{l_1 l_2 l_3}$ 处处相等,容器内处处压强相等. 这样只须计算容器内任意一个壁(如 A_1)上的压强即可.

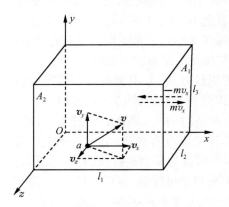

图 10-2　推导压强公式用图

首先考虑一个分子的作用. 设某时刻系统中第 i 个分子的速度为 $\boldsymbol{v}_i$,它在直角坐标系中的三个分量为 v_{ix}、v_{iy}、v_{iz}.

由于碰撞是完全弹性的,因而第 i 个分子与 A_1 面的一次碰撞后该分子必然以速度分量 $-v_{ix}$ 被 A_1 弹回,其动量增量为

$$\Delta p_{ix} = (-mv_{ix}) - mv_{ix} = -2mv_{ix}$$

因此,分子施于器壁的冲量为 $2mv_{ix}$.

由于分子沿 x 方向只与 A_1 和 A_2 两个面碰撞,而与 A_1 面相继两次发生碰撞所走过的距离为 $2l_1$,所需要的时间为 $2l_1/v_{ix}$,所以单位时间内该分子与 A_1 面相碰撞的次数为 $v_{ix}/2l_1$. 因此单位时间内第 i 个分子施于 A_1 的总冲量为

$$2mv_{ix}\left(\frac{v_{ix}}{2l_1}\right) = \frac{mv_{ix}^2}{l_1}$$

这也就是第 i 个分子对 A_1 的平均冲力.

再考虑容器中的 N 个分子的总效果. A_1 面受到所有分子总的平均冲力应等于每个分子对它的平均冲力之和,即

$$\overline{F} = \sum_{i=1}^{N} \frac{mv_{ix}^2}{l_1}$$

根据压强的定义,A_1 面上的压强为

$$p = \frac{\overline{F}}{l_2 l_3} = \frac{m}{l_1 l_2 l_3} \sum_{i=1}^{N} v_{ix}^2$$

上式可改写为

$$p = \frac{N}{V} m \frac{\sum\limits_{i=1}^{N} v_{ix}^2}{N} = nm\,\overline{v_x^2}$$

把式(10-4)代入上式可得到压强公式为

$$p = \frac{1}{3}nm\,\overline{v^2} \tag{10-5}$$

与经典力学中质点的动能 $\frac{1}{2}mv^2$ 相比,定义

$$\overline{w} = \frac{1}{2}m\,\overline{v^2} \tag{10-6}$$

为平衡状态下气体分子的平均平动动能,则压强公式(10-5)也可写成

$$p = \frac{2}{3}n\overline{w} \tag{10-7}$$

式(10-5)和(10-7)称为平衡状态下理想气体的压强公式,它建立了宏观量 p 与微观量统计平均值 n、$\overline{w}$ 之间的关系.

必须强调指出的是,$\overline{v^2}$ 与 $\overline{w}$ 是关于由大量分子组成的系统的一个统计平均量,因此式(10-5)和(10-7)只有统计平均的意义.在上述讨论中,没有考虑分子之间的相互碰撞.实际上第 i 个分子在 A_1、A_2 面之间运动时,有可能与其他分子发生碰撞.但由于各个分子的质量相等,分子之间又是完全弹性碰撞,所以碰撞后互相交换速度,第 i 个分子与第 j 个分子碰撞后,第 i 个分子被第 j 个分子所代替,由于分子都是相同的,就好像第 i 个分子没有跟其他分子发生碰撞一样.

三、理想气体的状态方程

实验证明,对于一定质量的理想气体任一状态下的 pV/T 值都相等,因而有

$$\frac{pV}{T} = \frac{p_0 V_0}{T_0} \tag{10-8}$$

式中 p_0、V_0、T_0 分别为标准状态下相应的状态参量值. 若以 v_0 表示理想气体在标准状态下的摩尔体积,则 μ mol 气体在标准状态下的体积应为 $V_0=\mu v_0$,由此可得

$$pV = \mu \frac{p_0 v_0}{T_0} T \qquad (10\text{-}9)$$

阿伏伽德罗定律指出,在相同的温度和压强下,1mol 的各种理想气体的体积都相同,是 $22.4\times 10^{-3}\,\mathrm{m^3}$. 因此上式中的 $p_0 v_0/T_0$ 的值就是一个对各种理想气体都适用的常量,用 R 表示,则有

$$R = \frac{p_0 v_0}{T_0} = \frac{1.013\times 10^5 \times 22.4\times 10^{-3}}{273.15} = 8.31(\mathrm{J\cdot mol^{-1}\cdot K^{-1}})$$

R 叫做普适气体常量. 则式(10-9)可写为

$$pV = \mu RT \qquad (10\text{-}10)$$

或

$$pV = \frac{M}{M_{\mathrm{mol}}} RT \qquad (10\text{-}11)$$

式中 M 为气体的质量,M_{mol} 是气体的摩尔质量. 式(10-10)或式(10-11)表示了理想气体在任一平衡状态下 p、V、T 三个宏观状态参量之间的关系,称为理想气体的状态方程. 各种实际气体,在压强不太高和温度不太低的情况下,都近似地遵守这个状态方程,而且温度越高、压强越低,近似程度越好. 理想气体的状态方程是关于理想气体宏观状态参量的基本假设.

1mol 的任何气体中都含有 N_A 个分子,N_A 叫阿伏伽德罗常量,其值为

$$N_A = 6.023\times 10^{23}\,(\mathrm{mol^{-1}})$$

若以 N 表示体积 V 中的气体分子总数,则 $\mu=N/N_A$,引入另一个普适常量

$$k = R/N_A = 1.38\times 10^{-23}\,(\mathrm{J/K})$$

则理想气体的状态方程式(10-10)又可写为

$$pV = \frac{N}{N_A} RT = NkT$$

或

$$p = nkT \qquad (10\text{-}12)$$

式中 $n=N/V$ 为气体分子的数密度,k 称为玻尔兹曼常量. 式(10-12)是理想气体状态方程的另一种表示.

由理想气体的状态方程可见,处于平衡状态下一定质量的理想气体的三个状态参量 p、V、T 中只有两个是独立的. 若任取两个作为坐标进行作图,则图中的一点就表示一个平衡状态. 这种图叫做状态图,常用的是 p-V 图. 图中的任何一条曲线则表示一个准静态过程(图 10-3).

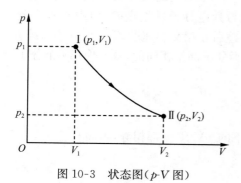

图 10-3　状态图(p-V 图)

四、理想气体的温度公式

比较理想气体的压强公式 $p=\dfrac{2}{3}n\overline{w}$ 和理想气体的状态方程 $p=nkT$,可得

$$\overline{w}=\frac{3}{2}kT \tag{10-13}$$

或

$$T=\frac{2}{3}\frac{\overline{w}}{k} \tag{10-14}$$

上式称为理想气体的温度公式,它建立了气体的宏观量温度 T 与微观量的统计平均值(分子的平均平动动能) $\overline{w}$ 之间的联系;揭示了宏观量气体温度 T 的微观本质:理想气体的温度是分子平均平动动能的量度. 温度是表征物质内部分子无规则热运动激烈程度的物理量. 温度是大量分子热运动的集体表现,因而温度这个概念,对个别分子是毫无意义的.

五、理想气体分子的方均根速率

由式(10-6)和式(10-13)可得

$$\frac{1}{2}m\,\overline{v^2}=\frac{3}{2}kT$$

所以有

$$\sqrt{\overline{v^2}}=\sqrt{\frac{3kT}{m}}=\sqrt{\frac{3RT}{M_{\mathrm{mol}}}}\approx1.73\sqrt{\frac{RT}{M_{\mathrm{mol}}}} \tag{10-15}$$

$\sqrt{\overline{v^2}}$ 是大量分子的速率平方平均值的平方根,称为方均根速率. 式(10-15)表明,对于一定的气体(m 或 M_{mol} 一定),温度越高, $\sqrt{\overline{v^2}}$ 越大;对于温度一定的不同种的气体, m 或 M_{mol} 较大的气体分子的 $\sqrt{\overline{v^2}}$ 越小.

由式(10-15)可以计算出各种不同气体分子在不同温度下的方均根速率,例如,在0℃时,氢气分子的方均根速率为 1842.5m/s,氧气的为 461m/s,氮气的为 493m/s,空气的为 485m/s.

例题 1 设太阳是由氢原子组成的密度均匀的理想气体系统,若已知太阳中心的压强为 $1.35\times10^{14}\mathrm{Pa}$,试估计太阳中心的温度和此状态下氢原子的方均根速率. 已知太阳质量 $M=1.99\times10^{30}\mathrm{kg}$,太阳半径 $R=6.96\times10^8\mathrm{m}$,氢原子质量 $m=1.67\times10^{-27}\mathrm{kg}$.

解 由 $p=nkT$

$$n=\frac{N}{V}=\frac{M/m}{4\pi R^3/3}=\frac{3M}{4\pi R^3 m}$$

可得

$$T = \frac{p}{nk} = \frac{4\pi R^3 mp}{3kM}$$

$$= \frac{4 \times 3.14 \times (6.96 \times 10^8)^3 \times 1.67 \times 10^{-27} \times 1.35 \times 10^{14}}{3 \times 1.38 \times 10^{-23} \times 1.99 \times 10^{30}}$$

$$= 1.16 \times 10^7 (\text{K})$$

这个温度足以维持稳定热核反应的进行.

$$\sqrt{\overline{v^2}} = \sqrt{\frac{3kT}{m}} = \sqrt{\frac{3 \times 1.38 \times 10^{-23} \times 1.16 \times 10^7}{1.67 \times 10^{-27}}} = 5.36 \times 10^5 (\text{m/s})$$

可见在太阳的热核反应系统中,氢原子的方均根速率是常温下的 $10^2 \sim 10^3$ 倍.

例题 2 求在多高温度下,理想气体分子的平均平动动能等于 1eV(电子伏特).

解 已知 $\overline{w} = 1\text{eV} = 1.602 \times 10^{-19}\text{J}$,由理想气体的温度公式得

$$T = \frac{2\overline{w}}{3k} = \frac{2 \times 1.602 \times 10^{-19}}{3 \times 1.38 \times 10^{-23}} = 7.74 \times 10^3 (\text{K})$$

习 题

1. 在一密闭容器中,储有 A、B、C 三种理想气体,处于平衡状态. A 种气体的分子数密度为 n_1,它产生的压强为 p_1,B 种气体的分子数密度为 $2n_1$,C 种气体的分子数密度为 $3n_1$,则混合气体的压强 p 为( ).

(A) $3p_1$ (B) $4p_1$ (C) $5p_1$ (D) $6p_1$

2. 若理想气体的体积为 V,压强为 p,温度为 T,一个分子的质量为 m,k 为玻尔兹曼常量,R 为普适气体常量,则该理想气体的分子数为( ).

(A) pV/m (B) $pV/(kT)$ (C) $pV/(RT)$ (D) $pV/(mT)$

3. 一定量的理想气体储于某一容器中,温度为 T,气体分子的质量为 m. 根据理想气体的分子模型和统计假设,分子速度在 x 方向的分量平方的平均值为( ).

(A) $\overline{v_x^2} = \sqrt{\frac{3kT}{m}}$ (B) $\overline{v_x^2} = \frac{1}{3}\sqrt{\frac{3kT}{m}}$ (C) $\overline{v_x^2} = 3kT/m$ (D) $\overline{v_x^2} = kT/m$

4. 三个容器 A、B、C 中装有同种理想气体,其分子数密度 n 相同,而方均根速率之比为 $(\overline{v_A^2})^{1/2} : (\overline{v_B^2})^{1/2} : (\overline{v_C^2})^{1/2} = 1 : 2 : 4$,则其压强之比 $p_A : p_B : p_C$ 为( ).

(A) $1 : 2 : 4$ (B) $1 : 4 : 8$ (C) $1 : 4 : 16$ (D) $4 : 2 : 1$

5. 试从分子动理论的观点解释:为什么当气体的温度升高时,只要适当地增大容器的容积就可以使气体的压强保持不变?

6. 理想气体分子运动的统计假设是什么?

7. 理想气体分子模型的主要内容是什么?

8. 下列两个结论是否正确? 如有错误请改正.

在一封闭容器内有一定质量的理想气体.

(1) 当温度升高到原来的 2 倍时,压强增大到原来的 4 倍.

(2) 当分子热运动的平均速率提高到原来的 2 倍时,气体压强也增大到原来的 2 倍.

9. 推导理想气体压强公式可分四步:

(1) 求任一分子 i 一次碰撞器壁施于器壁的冲量 $2mv_{ix}$;

（2）求分子 i 在单位时间内施于器壁冲量的总和 $(m/l_1)(v_{ix})^2$；

（3）求所有 N 个分子在单位时间内施于器壁的总冲量 $(m/l_1)\sum\limits_{l=1}^{N}(v_{ix})^2$；

（4）求所有分子在单位时间内施于单位面积器壁的总冲量——压强

$$p = \left[m/(l_1 l_2 l_3)\right]\sum_{i=1}^{N}(v_{ix})^2 = (2/3)n\overline{w}$$

在上述四步过程中,哪几步用到了理想气体模型的假设? 哪几步用到了平衡态的条件? 哪几步用到了统计平均的概念?（l_1、l_2、l_3 分别为长方形容器的三个边长）

10. 对一定质量的气体来说,当温度不变时,气体的压强随体积减小而增大(玻意耳定律);当体积不变时,压强随温度升高而增大(查理定律).从宏观来看,这两种变化同样使压强增大;从微观分子运动看,它们的区别在哪里?

11. 气体分子的 $\overline{v_x^2} = \overline{v_y^2} = \overline{v_z^2}$ 是由什么假设得到的? 对非平衡态它是否成立?

§10.3　能量按自由度均分定理与理想气体的内能

能量按自由度均分定理,是指处于平衡态的大量分子组成的系统中,分子热运动能量遵守的统计规律,简称为能量均分定理.为了便于理解能量均分定理,先借助于力学中自由度的概念.

一、自由度

自由度是力学中的名词术语,某一物体的自由度,就是确定这一物体在空间的位置所需要的独立坐标的数目,或者说,确定一物体的空间位置所需要的独立变量数.

确定一个在三维空间中运动的质点的位置所需要的独立变量数是 3,则其自由度是 3.在平面或空间曲面上运动的质点的自由度是 2.沿已知曲线运动的质点的自由度是 1.如果两个质点之间的距离不变,确定该系统质心的位置需要 3 个独立坐标.确定它们的连线在空间的方位需要该连线与 x、y、z 轴的夹角 α、β、γ 三个变量,由于 α、β、γ 必定满足 $\cos^2\alpha + \cos^2\beta + \cos^2\gamma = 1$,它们中只有两个是独立的.所以间距固定的两个质点系统的自由度是 5,其中平动自由度是 3,转动自由度是 2.如果两质点间的距离是可以改变的,可理解为两质点由轻弹簧连接,所以还有 1 个振动自由度.对于三维空间中的自由刚体,确定其质心需要 3 个平动自由度,确定其转轴的方位需要 2 个转动自由度,确定其角位置 θ 还要 1 个自由度.因此,空间自由刚体的自由度是 6.

在讨论气体分子的无规则热运动时,只考虑了分子的平动,即把分子当成质点.在研究气体分子热运动能量时,不仅要考虑分子的平动动能,还要考虑分子的转动动能和分子内原子之间的振动能量,即研究分子热运动的平均能量时,不能把分子当成质点,而要把原子当成质点.对于单原子分子,它只有平动自由度,单原子分子的自由度是 3.刚性双原子分子有 3 个平动自由度,2 个转动自由度,总自由度是 5.非刚体模型双原子分子其力学自由度是 6,因为它还有 1 个振动自由度.刚体模型 3 原子分子有 3 个平动自由度,3 个转动自由度.非刚体模型 3 原子分子还有 3 个振动自由度.包括 n 个原子的刚性多原子分子有 3 个平动自由度，3 个转动自由度. 非刚体模型还有 $3n-6$ 个振动自由度.

二、能量按自由度均分定理

由式(10-13)可知，达到平衡态时，理想气体分子的平均平动动能为

$$\overline{w} = \frac{1}{2}m\overline{v^2} = \frac{3}{2}kT$$

理想气体分子有 3 个平动自由度，相应的平动动能为

$$\frac{1}{2}mv^2 = \frac{1}{2}mv_x^2 + \frac{1}{2}mv_y^2 + \frac{1}{2}mv_z^2$$

并且有

$$\frac{1}{2}m\overline{v^2} = \frac{1}{2}m\overline{v_x^2} + \frac{1}{2}m\overline{v_y^2} + \frac{1}{2}m\overline{v_z^2}$$

考虑到式(10-4)可得

$$\frac{1}{2}m\overline{v_x^2} = \frac{1}{2}m\overline{v_y^2} = \frac{1}{2}m\overline{v_z^2} = \frac{1}{2}kT$$

上式表明，气体分子的平均平动动能可看成是平均分配在每一个平动自由度上，每个自由度对应的平均能量都是 $kT/2$.

对于双原子分子和多原子分子，不仅有平动，而且还有转动和内部原子的振动. 经典统计力学指出，考虑到分子热运动的无规则性，任何一种运动都不比其他运动占有特别的优势，而应当机会均等. 对于分子的每个转动自由度和振动自由度来说，也应均分到 $kT/2$ 的平均动能. 于是，可以得出这样的结论：在温度为 T 的平衡状态下，分子的每个自由度的平均动能都相等，都等于 $kT/2$. 这个结论称为能量按自由度均分原理.

根据能量按自由度均分原理，若一个分子自由度为 i，则它的平均总动能为

$$\bar{\varepsilon} = \frac{i}{2}kT \tag{10-16}$$

对于能量按自由度均分原理还需要说明的是：

（1）在分子内部原子的振动不可忽视的情况下，计算分子总能量时还必须考虑振动的平均势能. 由于分子内部原子的微振动可近似看作谐振动，所以对于每个振动自由度，分子除具有 $kT/2$ 的平均动能外，还具有 $kT/2$ 的平均势能. 分子每个力学振动自由度的平均能量为 kT. 若分子的平动自由度是 t，转动自由度是 r，振动自由度是 s，则式(10-16)中的 $i=t+r+2s$.

（2）实验表明：实际气体分子的转动自由度、振动自由度对平均动能的贡献常与温度有关. 在低温情况下，只有平动自由度对平均动能有贡献，在室温附近，平动自由度和转动自由度有贡献. 只有在高温条件下，振动自由度才逐渐显示出它们的贡献. 这说明经典理论在处理分子平均能量问题时是有局限性的. 应用量子统计理论可以很好地解决这一问题.

（3）能量按自由度均分定理可以从普遍的统计理论推导出来,它是经典统计物理的一个重要结论,是大量分子热运动所遵守的一个统计规律.

三、理想气体的内能

一般的热力学系统(指无化学反应、无核反应及更深层次的能量变化)的内能通常是指所有分子的热运动能量及分子间相互作用势能的总和. 对于理想气体这一特殊的热力学系统,其分子间的相互作用势能可以忽略,因此,理想气体的内能指的是其内部所有分子热运动的能量.

设理想气体由 N 个分子组成,由式(10-16)可知其内能为

$$E = N\bar{\varepsilon} = N\frac{i}{2}kT = \frac{N}{N_A}\frac{i}{2}N_A kT = \mu\frac{i}{2}RT = \frac{M}{M_{mol}} \cdot \frac{i}{2}RT = \mu E_{mol} \quad (10\text{-}17)$$

式中 M、M_{mol} 分别为理想气体的质量和摩尔质量;μ 为物质的量;E_{mol} 为 1mol 理想气体的内能,称为摩尔内能,其值为

$$E_{mol} = \frac{i}{2}RT \quad (10\text{-}18)$$

对于已讨论过的几种理想气体,它们的内能分别是

单原子理想气体　　$E = N\frac{3}{2}kT = \mu\frac{3}{2}RT$

双原子理想气体　　$E = N\frac{5}{2}kT = \mu\frac{5}{2}RT$

多原子理想气体　　$E = N \cdot 3kT = \mu \cdot 3RT$

当温度发生微小变化 dT 时,理想气体内能的增量为

$$dE = \mu\frac{i}{2}RdT = \mu dE_{mol} \quad (10\text{-}19)$$

当温度由 T 变到 $T+\Delta T$ 时,理想气体内能的增量为

$$\Delta E = \mu\frac{i}{2}R\Delta T = \mu\Delta E_{mol} \quad (10\text{-}20)$$

由此可见,对于一定质量的某种理想气体,其内能只是温度的单值函数,也就是说,理想气体的内能完全取决于温度,而与体积无关. 这与理想气体分子间相互作用势能可以忽略的假设是一致的. 一定质量的某种理想气体在某一过程中内能的改变量,只与该过程的始末状态的温度差有关,而与过程无关. 内能是状态量.

例题　1mol 的氦气与 2mol 的氧气在室温下混合,试求当温度由 27℃升为 30℃时,该系统内能的增量.

解　由 $E_{mol}=\mu\frac{i}{2}RT$,对于氦气 $i=3$,对于氧气 $i=5$. 则该系统的内能为

$$E = \frac{3}{2}RT + 2 \times \frac{5}{2}RT = 6.5RT$$

内能增量

$$\Delta E = 6.5R\Delta T = 6.5 \times 8.31 \times (30 - 27) = 1.62 \times 10^2 (\text{J})$$

习　题

1. 关于温度的意义,有下列几种说法:

(1) 气体的温度是分子平均平动动能的量度;

(2) 气体的温度是大量气体分子热运动的集体表现,具有统计意义;

(3) 温度的高低反映物质内部分子运动剧烈程度的不同;

(4) 从微观上看,气体的温度表示每个气体分子的冷热程度.

这些说法中正确的是(　　).

(A) (1),(2),(4)　　　　　　(B) (1),(2),(3)

(C) (2),(3),(4)　　　　　　(D) (1),(3),(4)

2. 一瓶氦气和一瓶氮气密度相同,分子平均平动动能相同,而且它们都处于平衡状态,则它们(　　).

(A) 温度相同、压强相同

(B) 温度、压强都不相同

(C) 温度相同,但氦气的压强大于氮气的压强

(D) 温度相同,但氦气的压强小于氮气的压强

3. 温度、压强相同的氦气和氧气,它们分子的平均动能 $\bar\varepsilon$ 和平均平动动能 $\bar\omega$ 有如下关系(　　).

(A) $\bar\varepsilon$ 和 $\bar\omega$ 都相等　　　(B) $\bar\varepsilon$ 相等,而 $\bar\omega$ 不相等

(C) $\bar\omega$ 相等,而 $\bar\varepsilon$ 不相等　　(D) $\bar\varepsilon$ 和 $\bar\omega$ 都不相等

4. 1mol 刚性双原子分子理想气体,当温度为 T 时,其内能为(　　).

(A) $\frac{3}{2}RT$　　　(B) $\frac{3}{2}kT$　　　(C) $\frac{5}{2}RT$　　　(D) $\frac{5}{2}kT$

(式中 R 为普适气体常量,k 为玻尔兹曼常量)

5. 在标准状态下,若氧气(视为刚性双原子分子的理想气体)和氦气的体积比 $V_1/V_2 = 1/2$,则其内能之比 E_1/E_2 为(　　).

(A) 3/10　　　(B) 1/2　　　(C) 5/6　　　(D) 5/3

6. 压强为 p、体积为 V 的氢气(视为刚性分子理想气体)的内能为(　　).

(A) $\frac{5}{2}pV$　　　(B) $\frac{3}{2}pV$　　　(C) pV　　　(D) $\frac{1}{2}pV$

7. 在标准状态下体积比为 1:2 的氧气和氦气(均视为刚性分子理想气体)相混合,混合气体中氧气和氦气的内能之比为(　　).

(A) 1:2　　　(B) 5:6　　　(C) 5:3　　　(D) 10:3

8. 两容器内分别盛有氢气和氦气,若它们的温度和质量分别相等,则(　　).

(A) 两种气体分子的平均平动动能相等

(B) 两种气体分子的平均动能相等

(C) 两种气体分子的平均速率相等

(D) 两种气体的内能相等

9. 什么叫理想气体的内能? 它能否等于零? 为什么?

10. 一容积为 $10cm^3$ 的电子管,当温度为 300K 时,用真空泵把管内空气抽成压强为 $5×10^{-6}$ mmHg 的高真空,问此时管内有多少个空气分子? 这些空气分子的平均平动动能的总和是多少? 平均转动动能的总和是多少? 平均动能的总和是多少?($760mmHg=1.013×10^5$ Pa,空气分子可认为是刚性双原子分子,玻尔兹曼常量 $k=1.38×10^{-23}$ J/K.)

11. 由理想气体的内能公式 $E=\dfrac{iRTM}{2M_{mol}}$ 可知内能 E 与气体的摩尔数 M/M_{mol}、自由度 i 以及绝对温度 T 成正比,试从微观上加以说明. 如果储有某种理想气体的容器漏气,使气体的压强、分子数密度都减少为原来的一半,则气体的内能是否会变化? 为什么? 气体分子的平均动能是否会变化? 为什么?

12. 容积为 20.0L 的瓶子以速率 $v=200m/s$ 匀速运动,瓶子中充有质量为 100g 的氢气. 设瓶子突然停止,且气体的全部定向运动动能都变为气体分子热运动的动能,瓶子与外界没有热量交换,求热平衡后氢气的温度、压强、内能及氢气分子的平均动能各增加多少?(摩尔气体常量 $R=8.31$J/(mol·K),玻尔兹曼常量 $k=1.38×10^{-23}$J/K.)

13. 一密封房间的体积为 $(5×3×3)m^3$,室温为 20℃,室内空气分子热运动的平均平动动能的总和是多少? 如果气体的温度升高 1.0K,而体积不变,则气体的内能变化多少? 气体分子的方均根速率增加多少? 已知空气的密度 $\rho=1.29kg/m^3$,摩尔质量 $M_{mol}=29×10^{-3}$kg/mol,且空气分子可认为是刚性双原子分子.(普适气体常量 $R=8.31$J/(mol·K).)

14. 有 $2×10^{-3}m^3$ 的刚性双原子分子理想气体,设分子总数为 $5.4×10^{22}$ 个,其内能为 $6.75×10^2$ J.
(1) 试求气体的压强;
(2) 求分子的平均平动动能及气体的温度.(玻尔兹曼常量 $k=1.38×10^{-23}$J/K.)

15. 有两个容器,一个装氢气,一个装氩气,均视为理想气体. 已知两种气体的体积、质量、温度都相等. 问:
(1) 两种气体的压强是否相等? 为什么?
(2) 每个氢分子和每个氩分子的平均平动动能是否相等? 为什么?
(3) 两种气体的内能是否相等? 为什么?
(氩的摩尔质量 $M_{mol}=40×10^{-3}$kg/mol)

16. 一瓶氢气和一瓶氧气温度相同. 若氢气分子的平均平动动能为 $\bar{w}=6.21×10^{-21}$J. 试求:
(1) 氧气分子的平均平动动能和方均根速率;
(2) 氧气的温度.
(阿伏伽德罗常量 $N_A=6.022×10^{23}$mol^{-1},玻尔兹曼常量 $k=1.38×10^{-23}$J/K.)

§10.4　麦克斯韦分布律

处于平衡态的气体分子进行着无规则的热运动,热运动的无规则性是由于分子不断碰撞造成的,正是因为不断碰撞,分子热运动速度的方向与大小不断发生变化. 对于任何一个特定的分子来说,在任何一个特定的时刻它的速度方向与大小是完全随机的,是不能确定的,是具有各种可能性的. 然而,从大量分子组成的系统整体来看,在平衡状态下,理想气体分子按其热运动速度的分布是有确定规律的,这个规律叫做麦克斯韦 (J. C. Maxwell)速度分布律. 如果不管速度的方向如何,只考虑分子按速度大小即速率的分布规律,叫做麦克斯韦速率分布律. 麦克斯韦速率分布律是 1859 年麦克斯韦用统计理论推导出来的统计规律. 本节不讲述它的推导过程,而着重于概念上的分析.

一、麦克斯韦速率分布律

在平衡状态下,由于分子碰撞所造成的热运动的无规则性,使分子热运动的速率取各种数值的可能都有,理论上其范围是零到无限大.把可能取的速率范围划分成若干小的速率间隔,如 $1\sim10,10\sim20,20\sim30,\cdots$;或者 $0\sim1,1\sim2,2\sim3,\cdots$;或者更窄小的速率间隔.如果能够给出各速率间隔内的分子数占分子总数的比例,就可以得到分子数按速率的分布规律.按照这样的思想,设处于任一速率间隔 $v\sim v+\Delta v$ 的分子数为 ΔN,占总分子数 N 的比例为 $\Delta N/N$,显然,这比例与速率 v 有关.如果把速率间隔划分得非常小,设处于微小速率间隔 $v\sim v+\mathrm{d}v$ 的分子数为 $\mathrm{d}N$,占总分子数的比例为 $\mathrm{d}N/N$,麦克斯韦从理论上推导出这个比例与 v 的关系是

$$\frac{\mathrm{d}N}{N} = 4\pi\Big(\frac{m}{2\pi kT}\Big)^{\frac{3}{2}} \mathrm{e}^{-\frac{mv^2}{2kT}} \cdot v^2 \mathrm{d}v \tag{10-21}$$

式中 T 为平衡态理想气体的温度;m 为分子质量;v 为分子热运动速率;k 为玻尔兹曼常量.

由式(10-21)可以得到处于任意速率 v 附近单位速率间隔内的分子数 $\mathrm{d}N/\mathrm{d}v$ 占总分子数的比例

$$f(v) = \frac{\mathrm{d}N}{\mathrm{d}v \cdot N} = 4\pi\Big(\frac{m}{2\pi kT}\Big)^{\frac{3}{2}} \mathrm{e}^{-\frac{mv^2}{2kT}} \cdot v^2 \tag{10-22}$$

式(10-22)称为麦克斯韦速率分布函数.式(10-21)称为麦克斯韦速率分布律.

麦克斯韦速率分布函数 $f(v)$ 表示处于平衡态的理想气体分子热运动速率在 v 附近单位速率间隔中的分子数占总分子数的比例.$f(v)$ 也表示,对其中任一个分子来说,速率处于 v 附近单位速率间隔的概率.这两种说法是等价的.

将式(10-22)对分子速率全部可能区间积分,表示速率在 $0\sim\infty$ 范围内的分子数与总分子数的比,显然应等于 100%,所以

$$\int_0^\infty f(v)\mathrm{d}v = 100\% = 1 \tag{10-23}$$

此式称为麦克斯韦速率分布函数所满足的归一化条件.

以 v 为横轴,$f(v)$ 为纵轴,画出 $f(v)$ 函数的图线,如图 10-4 所示,称为麦克斯韦速率分布曲线.它形象地表示出在平衡态时理想气体分子按速率分布的情况.图 10-4 中,曲线下宽度为 $\mathrm{d}v$ 的小窄条的面积等于 $f(v)\mathrm{d}v = \mathrm{d}N/N$,整个曲线与横坐标轴间的面积等

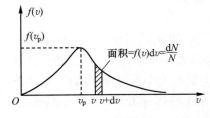

图 10-4　麦克斯韦速率分布曲线

于 1.

麦克斯韦速率分布律是理论导出的结果,其正确性已被斯特恩(Stern)、蔡特曼(Zartman)与葛正权、密勒(Miller)与库什(P. Kusch)等的实验所验证.

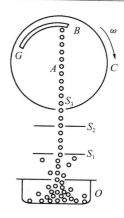

图 10-5 测定分子速率分布的一种实验装置

下面介绍一下蔡特曼-葛正权实验. 图 10-5 是蔡特曼和我国物理学家葛正权于 1930~1934 年所用的实验装置示意图,金属银在小炉 O 中熔化并蒸发. 银原子束由炉上小孔射出,通过狭缝 S_1、S_2 进入真空区域. 圆筒 C 可绕中心轴 A 旋转,转速约为 100rad/s. 通过狭缝 S_3 进入圆筒的银原子束将投射并粘附在弯曲的圆弧状玻璃板 G 上. 经过一段时间后取下玻璃板,用自动记录的测微光度计测定玻璃变黑的程度,可以确定射到弯曲玻璃任一部分的分子数. 设圆筒以顺时针方向旋转(见图中箭头),进入 S_3 的分子在穿越圆管直径的时间内,玻璃板沿顺时针方向转动,则这些分子撞击在点 B 的左方,而且速率越小的分子其撞击点偏离点 B 向左方越远,于是,变黑程度可给出银原子按速率分布的情况,实验结果与麦克斯韦的理论结果极为接近.

二、理想气体分子的最概然速率与算术平均速率

由图 10-4 可见,麦克斯韦速率分布曲线有一峰值,与峰值 $f(v_p)$ 相对应的速率 v_p 叫做最概然速率,它表示平衡态理想气体分子速率取 v_p 附近值的最多,或速率位于 v_p 附近的概率最大.

最概然速率 v_p 可以通过麦克斯韦速率分布函数 $f(v)$ 取极值的条件求得,即由

$$\left. \frac{\mathrm{d}f(v)}{\mathrm{d}v} \right|_{v_p} = 0$$

可得

$$v_p = \sqrt{\frac{2kT}{m}} = \sqrt{\frac{2RT}{M_{\mathrm{mol}}}} \approx 1.41 \sqrt{\frac{RT}{M_{\mathrm{mol}}}} \tag{10-24}$$

应用麦克斯韦速率分布函数可求得算术平均速率

$$\bar{v} = \frac{1}{N} \int v \mathrm{d}N = \int_0^\infty v f(v) \mathrm{d}v = \sqrt{\frac{8kT}{\pi m}} = \sqrt{\frac{8RT}{\pi M_{\mathrm{mol}}}} \approx 1.60 \sqrt{\frac{RT}{M_{\mathrm{mol}}}} \tag{10-25}$$

应用麦克斯韦速率分布函数还可求得方均根速率

$$\sqrt{\overline{v^2}} = \sqrt{\int v^2 \mathrm{d}N/N} = \sqrt{\int_0^\infty v^2 f(v) \mathrm{d}v} = \sqrt{\frac{3kT}{m}} = \sqrt{\frac{3RT}{M_{\mathrm{mol}}}} \approx 1.73 \sqrt{\frac{RT}{M_{\mathrm{mol}}}} \tag{10-26}$$

式(10-26)与式(10-15)结果一样.

实际上,与速率 v 有关的任意一个物理量 $F(v)$ 的平均值

$$\overline{F(v)} = \int_0^\infty F(v) f(v) \mathrm{d}v$$

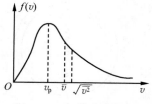

图 10-6　气体分子速率的
三个统计平均值

最概然速率 v_p、算术平均速率 $\bar{v}$、方均根速率 $\sqrt{\overline{v^2}}$ 的大小顺序,可以在麦克斯韦速率分布曲线图中标出,见图 10-6.

v_p、$\bar{v}$、$\sqrt{\overline{v^2}}$ 皆与 $\sqrt{\dfrac{T}{m}}$ 成正比. 对于同一种理想气体,当温度升高时,分子速率的上述三个统计平均值增大,速率分布曲线的峰向右方移动,但曲线下的总面积应保持不变,所以曲线变得平坦些,见图 10-7.

对于温度相同的不同种类的理想气体,分子速率的三个统计平均值随分子质量 m 的减小而增大,见图 10-8.

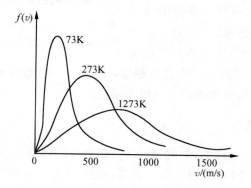

图 10-7　不同温度下的速率分布曲线

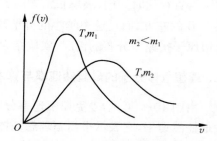

图 10-8　不同气体的速率分布曲线

三、麦克斯韦速度分布律

麦克斯韦速率分布律对分子的速度的方向未作任何限制,若既考虑速度的大小又考虑速度的方向,则平衡态下的理想气体分子按热运动速度的分布规律称为麦克斯韦速度分布律.

分子速度 v 的大小和方向可由 v_x、v_y、v_z 三个分量所确定. 所谓速度分布律,就是速度 v 的三个分量分别位于任一区间 $v_x \sim v_x + \mathrm{d}v_x$、$v_y \sim v_y + \mathrm{d}v_y$、$v_z \sim v_z + \mathrm{d}v_z$ 内的分子数占总分子数的比例所服从的规律. 这一速度区间既包括速度大小的变化范围,又包括速度方向的变化范围.

麦克斯韦根据统计理论推导出的结果是:在平衡状态下,理想气体分子的速度分量位于区间 $v_x \sim v_x + \mathrm{d}v_x$、$v_y \sim v_y + \mathrm{d}v_y$、$v_z \sim v_z + \mathrm{d}v_z$ 内的分子数 $\mathrm{d}N$ 占总分子数 N 的比例为

$$\frac{\mathrm{d}N}{N} = f(v_x, v_y, v_z)\,\mathrm{d}v_x \mathrm{d}v_y \mathrm{d}v_z = \left(\frac{m}{2\pi kT}\right)^{3/2} \mathrm{e}^{-\frac{m(v_x^2 + v_y^2 + v_z^2)}{2kT}}\,\mathrm{d}v_x \mathrm{d}v_y \mathrm{d}v_z \quad (10\text{-}27)$$

这就是麦克斯韦速度分布律的数学表达式. 式中

$$f(v_x, v_y, v_z) = \left(\frac{m}{2\pi kT}\right)^{3/2} \mathrm{e}^{-\frac{m(v_x^2 + v_y^2 + v_z^2)}{2kT}} \quad (10\text{-}28)$$

称为麦克斯韦速度分布函数. 麦克斯韦速度分布函数满足的归一化条件为

$$\int_{-\infty}^{+\infty} \left(\frac{m}{2\pi kT}\right)^{3/2} \mathrm{e}^{-\frac{m(v_x^2 + v_y^2 + v_z^2)}{2kT}}\,\mathrm{d}v_x \mathrm{d}v_y \mathrm{d}v_z = 1 \quad (10\text{-}29)$$

习　　题

1. 下列各图所示的速率分布曲线,哪一图中的两条曲线能是同一温度下氮气和氢气的分子速率分布曲线?（　　　）

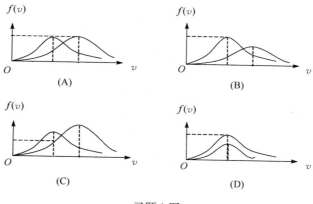

习题 1 图

2. 两种不同的理想气体,若它们的最概然速率相等,则它们的（　　　）.

(A) 平均速率相等,方均根速率相等

(B) 平均速率相等,方均根速率不相等

(C) 平均速率不相等,方均根速率相等

(D) 平均速率不相等,方均根速率不相等

3. 速率分布函数 $f(v)$ 的物理意义为（　　　）.

(A) 具有速率 v 的分子占总分子数的百分比

(B) 速率分布在 v 附近的单位速率间隔中的分子数占总分子数的百分比

(C) 具有速率 v 的分子数

(D) 速率分布在 v 附近的单位速率间隔中的分子数

4. 设某种气体的分子速率分布函数为 $f(v)$,则速率在 $v_1 \sim v_2$ 内的分子的平均速率为（　　　）.

(A) $\displaystyle\int_{v_1}^{v_2} v f(v)\,\mathrm{d}v$　　　　　　　　　　(B) $\displaystyle v\int_{v_1}^{v_2} v f(v)\,\mathrm{d}v$

(C) $\displaystyle\int_{v_1}^{v_2} v f(v)\,\mathrm{d}v \Big/ \int_{v_1}^{v_2} f(v)\,\mathrm{d}v$　　　　(D) $\displaystyle\int_{v_1}^{v_2} f(v)\,\mathrm{d}v \Big/ \int_{0}^{\infty} f(v)\,\mathrm{d}v$

5. 下列说法如有错误请改正:

(1) $f(v)$ 为麦克斯韦速率分布函数,式 $\displaystyle\int_{v_1}^{v_2} f(v)\,\mathrm{d}v$ 表示速率在 $v_1 \sim v_2$ 的分子数;

(2) 最概然速率 v_p 就是分子速率的最大值.

6. 若 $f(v)$ 表示分子速率的分布函数,则对下列三式可以说:

(1) $f(v)\mathrm{d}v$ 表示在 $v \to v+\mathrm{d}v$ 区间内的分子数;

(2) $\displaystyle\int_{v_1}^{v_2} f(v)\,\mathrm{d}v$ 表示在 $v_1 \to v_2$ 速率区间内的分子数;

(3) $\displaystyle\int_{0}^{\infty} v f(v)\,\mathrm{d}v$ 表示在整个速率范围内分子速率的总和.

对上述三式的物理意义的叙述是否正确? 如有错误请改正.

7. 已知 $f(v)$ 为麦克斯韦速率分布函数，N 为总分子数，v_p 为分子的最概然速率. 下列各式表示什么物理意义？

$$(1)\int_0^\infty vf(v)\mathrm{d}v; \qquad (2)\int_{v_\mathrm{p}}^\infty f(v)\mathrm{d}v; \qquad (3)\int_{v_\mathrm{p}}^\infty Nf(v)\mathrm{d}v.$$

8. 有温度相同的氢和氧两种气体，它们各自的算术平均速率 $\bar{v}$、方均根速率 $(\overline{v^2})^{1/2}$、分子平均动能 $\bar{\varepsilon}_\mathrm{k}$、平均平动动能 $\overline{w}$ 是否相同？

§10.5　玻尔兹曼分布律

麦克斯韦速度分布律讨论的是在没有外力场作用下处于平衡态的理想气体分子按其热运动速度的分布规律，分子在空间的分布是均匀的，即粒子数密度是处处一样的. 如果气体分子处于外力场(如重力场)中，则其分布情况如何？ 玻尔兹曼在麦克斯韦速度分布律的基础上，导出了玻尔兹曼分布律回答了这一问题.

一、玻尔兹曼分布律

在麦克斯韦速度分布律中，指数只包含了分子的平动动能 $E_\mathrm{k}=\dfrac{1}{2}mv^2=\dfrac{m(v_x^2+v_y^2+v_z^2)}{2}$，微分元也只有 $\mathrm{d}v_x\mathrm{d}v_y\mathrm{d}v_z$，这反映了所考虑的分子不受外力场影响的情况. 玻尔兹曼把麦克斯韦速度分布律推广到保守力场(如重力场)作用下的情况. 在这种情况下，应以总能量 $E=E_\mathrm{k}+E_\mathrm{p}$ 替代指数中的 E_k，其中 E_p 为分子在外力场中的势能. 而势能是空间位置坐标的函数，因此，应考虑速度限制在一定速度区间内，而且位置也限制在一定的空间坐标区间内的分子数，即应以微元 $\mathrm{d}v_x\mathrm{d}v_y\mathrm{d}v_z\mathrm{d}x\mathrm{d}y\mathrm{d}z$ 替代麦克斯韦速度分布律中的 $\mathrm{d}v_x\mathrm{d}v_y\mathrm{d}v_z$. 于是，理想气体在外力场作用下，位置坐标介于 $x\sim x+\mathrm{d}x$、$y\sim y+\mathrm{d}y$、$z\sim z+\mathrm{d}z$ 内，同时速度分量介于 $v_x\sim v_x+\mathrm{d}v_x$、$v_y\sim v_y+\mathrm{d}v_y$、$v_z\sim v_z+\mathrm{d}v_z$ 内的分子数为

$$\mathrm{d}N=n_0\left(\frac{m}{2\pi kT}\right)^{\frac{3}{2}}\mathrm{e}^{-\frac{E_\mathrm{k}+E_\mathrm{p}}{kT}}\mathrm{d}v_x\mathrm{d}v_y\mathrm{d}v_z\mathrm{d}x\mathrm{d}y\mathrm{d}z \qquad (10\text{-}30)$$

式中 n_0 表示势能 E_p 为零处单位体积内的分子数，即势能 E_p 为零处的分子数密度. 这个结论称为玻尔兹曼能量分布律，简称玻尔兹曼分布律.

玻尔兹曼分布律表明，$\mathrm{d}N$ 正比于 $\mathrm{e}^{-\frac{E}{kT}}$，$\mathrm{e}^{-\frac{E}{kT}}$ 叫做玻尔兹曼因子，即能量大的分子数较少，能量小的分子数较多. 也就是说，从统计观点来看，分子总是处于低能状态的概率大些，而处于高能状态的概率小些，这是玻尔兹曼分布律的一个重要结论.

如果对分子速度不加限制，只考虑分子在外场中按空间位置的分布情况，或将式(10-30)对所有可能的速度积分，则有

$$\mathrm{d}N'=n_0\mathrm{e}^{-\frac{E_\mathrm{p}}{kT}}\mathrm{d}x\mathrm{d}y\mathrm{d}z\int_{-\infty}^{+\infty}\left(\frac{m}{2\pi kT}\right)^{\frac{3}{2}}\mathrm{e}^{-\frac{E_\mathrm{k}}{kT}}\mathrm{d}v_x\mathrm{d}v_y\mathrm{d}v_z$$

式中的被积函数正是麦克斯韦速度分布函数，它满足归一化条件式(10-29)，即

$$\int_{-\infty}^{+\infty} \left(\frac{m}{2\pi kT}\right)^{\frac{3}{2}} e^{-\frac{E_k}{kT}} dv_x dv_y dv_z = 1$$

则

$$dN' = n_0 e^{-\frac{E_p}{kT}} dx dy dz \qquad (10\text{-}31)$$

这里的 dN' 表示分布在坐标区间 $x \sim x+dx$、$y \sim y+dy$、$z \sim z+dz$ 内具有各种速度的分子数,它与分子势能 E_p 有关,故式(10-31)也称为气体分子按势能的分布规律.势能较大的空间位置上,分子出现的概率较小,势能较小的空间位置上,分子出现的概率较大.

由式(10-31)可得

$$\frac{dN'}{dx dy dz} = n = n_0 e^{-\frac{E_p}{kT}} \qquad (10\text{-}32)$$

它表示保守力场中势能为 E_p 的空间位置附近单位体积内的分子数.式(10-32)是玻尔兹曼分布的另一种表达形式.

玻尔兹曼分布不仅适用于理想气体和重力场,对于处在任何保守力场中的物质微粒系统,在粒子间相互作用可以忽略的情况下,都是适用的.

二、重力场中大气密度与压强按高度的分布

若气体处于重力场中,并设地面处 $z=0$,$E_p=0$,单位体积的分子数为 n_0,z 轴为垂直地面向上的坐标轴,则分子的势能为

$$E_p = mgz$$

由式(10-32)可得任意高度 z 处单位体积内气体分子数为

$$n = n_0 e^{-\frac{mgz}{kT}} \qquad (10\text{-}33)$$

这就是在重力场中大气分子密度按高度的分布规律.它表明,气体分子的密度是不均匀的,随着高度的增加,气体分子密度按指数规律减小.

大气分子实际受到两种对立的作用,无规则热运动使大气分子趋于均匀分布,而重力的作用则使大气分子趋于向地面聚集.这两种作用达到平衡时,大气分子在空间按式(10-33)的规律分布.

若把大气视为理想气体,将式(10-33)代入 $p=nkT$,可得大气压强

$$p = n_0 kT e^{-\frac{mgz}{kT}} = p_0 e^{-\frac{mgz}{kT}} = p_0 e^{-\frac{gzM_{mol}}{RT}} \qquad (10\text{-}34)$$

式中,$p_0 = n_0 kT$ 为 $z=0$ 处的大气压强,M_{mol} 为大气的摩尔质量.

式(10-34)称为等温气压公式,用它可近似估算大气压强随高度的变化.由于不同高度的气温并不相等,所以,由式(10-34)所求得的压强 p 只是近似值.

另外,若对式(10-34)两边取对数,可得

$$z = \frac{RT}{M_{mol} g} \ln \frac{p_0}{p} \qquad (10\text{-}35)$$

据此式,若测知地面处的压强及所在处的大气压强和温度,可估算所在处的高度.在航空、爬山等活动中,可用于近似判断上升的高度.

习　　题

1. 玻尔兹曼分布律表明:在某一温度的平衡态,

(1) 分布在某一区间(坐标区间和速度区间)的分子数,与该区间粒子的能量成正比.

(2) 在同样大小的各区间(坐标区间和速度区间)中,能量较大的分子数较少;能量较小的分子数较多.

(3) 在大小相等的各区间(坐标区间和速度区间)中比较,分子总是处于低能态的概率大些.

(4) 分布在某一坐标区间内、具有各种速度的分子总数只与坐标区间的间隔成正比,与粒子能量无关.

以上四种说法中(　　　).

(A) 只有(1)、(2)是正确的　　　　(B) 只有(2)、(3)是正确的

(C) 只有(1)、(2)、(3)是正确的　　(D) 全部是正确的

2. 处于重力场中的某种气体,在高度 z 处单位体积内的分子数即分子数密度为 n. 若 $f(v)$ 是分子的速率分布函数,则坐标介于 $x \sim x + \mathrm{d}x$、$y \sim y + \mathrm{d}y$、$z \sim z + \mathrm{d}z$,速率介于 $v \sim v + \mathrm{d}v$ 内的分子数 $\mathrm{d}N =$ _____.

3. 假定大气层各处温度相同均为 T,空气的摩尔质量为 M_{mol}. 试根据玻尔兹曼分布律 $n = n_0 \mathrm{e}^{-(E_{\mathrm{p}}/kT)}$ 证明大气压强 p 与高度 h(从海平面算起,海平面处的大气压强为 p_0)的关系是 $h = \dfrac{RT}{M_{\mathrm{mol}} g} \cdot \ln\left(\dfrac{p_0}{p}\right)$.

§10.6　气体分子的平均碰撞频率和平均自由程

1859 年麦克斯韦导出速度分布律以后,曾引起人们对其理论的正确性的怀疑. 这是因为在室温下,按麦克斯韦速率分布理论,气体分子的平均速度应为每秒几百米. 当打开香水瓶盖,香气为什么不能马上传到远处呢? 冬天点燃火炉后,屋子里为什么不会马上变热呢? 克劳修斯(R. J. Clausyus,1822~1888)首先提出"分子间相互碰撞"的概念并回答了这个问题. 他指出,这是由分子的运动不是畅通无阻的,频繁地分子之间的碰撞,致使其路径变得迂回曲折所造成的.

气体分子在运动中不断地、频繁地与其他分子相互碰撞. 就单个分子来说,单位时间内发生的碰撞次数、每连续两次碰撞之间自由运动路程的长度等,都是随机的,不可预测的. 但对大量分子构成的整体来说,分子间的碰撞却服从着确定的统计规律.

分子碰撞的实质是分子在运动中相互靠近,并在分子力作用下发生短时间相互作用的过程. 当分子间距极近时(10^{-10} m 左右),分子间开始呈现一种斥力,而且这种斥力随着分子间距离的进一步减小而迅速增大. 所以,当两分子在热运动中相互靠拢到某一有效距离时,分子间的斥力变得很大,以致使它们改变原来的运动状态而迅速分离. 若用 d 表示两个分子中心可能靠近的最小距离,分子相接近就好像两个直径为 d 的弹性球相碰撞,d 被称为分子的有效直径.

一、分子的平均碰撞频率

一个分子在单位时间内与其他分子碰撞的平均次数,称为分子的平均碰撞频率,用 $\bar{z}$ 表示.下面计算分子的平均碰撞频率.

计算分子碰撞频率的过程分成两步:①假设其他分子从某一时刻开始都在原位置静止不动,只有一个分子 A 以平均相对速度 $\bar{u}$ 运动.②实际上其他分子不可能静止,须要对上面得到的结果加以修正.

(1)设被考察的运动分子 A 的有效半径为 r_1,其他静止分子的有效半径为 r_2.分子 A 与其他任何一个分子碰撞后其速度方向改变,相邻两次碰撞之间沿直线运动.设想以分子 A 的中心的轨迹为轴线,以 $r_1 + r_2 = d$ 为半径作一个曲折的圆柱体.如图 10-9 所示,取圆柱体的长度为 $\bar{u}$,则圆柱体的体积为 $\pi d^2 \bar{u}$.容易看出,凡中心位于圆柱体内的分子,都将在 1s 内与分子 A 相碰撞一次;凡是中心不在圆柱体内的分子一定不会与分子 A

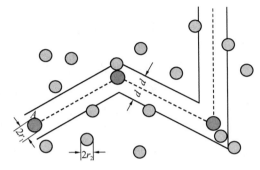

图 10-9　$\bar{z}$ 和 $\bar{\lambda}$ 的计算模型

碰撞.若气体分子的数密度为 n,则圆柱体内的分子数,也就是分子 A 单位时间内与其他分子的碰撞次数为

$$\overline{z'} = \pi d^2 \bar{u} n$$

(2)上式是假定只有分子 A 运动而得到的结果.显然,这个假定是不符合实际的.事实上,一切分子都在运动,而且各个分子的运动速率并不相同,它们遵从麦克斯韦速率分布律.考虑到这些因素,就必须对上式加以修正.利用麦克斯韦速率分布律,可以求得平均相对速率 $\bar{u}$ 与平均速率 $\bar{v}$ 之间的关系为 $\bar{u} = \sqrt{2}\bar{v}$.将此关系代入上式,即可得到修正后的分子的平均碰撞频率为

$$\bar{z} = \sqrt{2}\pi(r_1 + r_2)^2 \bar{v} n \tag{10-36}$$

上式表明,分子的平均碰撞频率 $\bar{z}$ 与气体分子的数密度 n、算术平均速率 $\bar{v}$ 及 $(r_1 + r_2)^2$ 成正比.对于同种分子组成的气体,$r_1 = r_2$,$r_1 + r_2 = d$ 是气体分子的有效直径.式(10-36)变为

$$\bar{z} = \sqrt{2}\pi d^2 \bar{v} n \tag{10-37}$$

二、分子的平均自由程

气体分子在连续两次碰撞之间自由运动的路程的平均值,称为分子的平均自由程,用 $\bar{\lambda}$ 表示.显然,分子的平均自由程 $\bar{\lambda}$ 与平均碰撞频率 $\bar{z}$ 和算术平均速率 $\bar{v}$ 有如下关系:

$$\bar{\lambda} = \frac{\bar{v}}{\bar{z}} \tag{10-38}$$

对同种分子组成的气体,将式(10-37)代入上式,可得

$$\bar{\lambda} = \frac{1}{\sqrt{2}\pi d^2 n} \tag{10-39}$$

上式表明,气体分子的平均自由程与分子有效直径 d 的平方及分子数密度 n 成反比,而与分子的算术平均速率无关.

根据 $p = nkT$,式(10-39)又可写为

$$\bar{\lambda} = \frac{kT}{\sqrt{2}\pi d^2 p} \tag{10-40}$$

由此可知,当温度一定时,$\bar{\lambda}$ 与 p 成反比. 压强越小时,气体越稀薄,平均自由程越大. 反之,压强越大时,平均自由程越小.

根据计算,在标准状态下,各种气体分子的平均碰撞频率 $\bar{z}$ 的数量级在 $10^9\,\mathrm{s}^{-1}$ 左右,平均自由程 $\bar{\lambda}$ 的数量级在 $10^{-9} \sim 10^{-7}\,\mathrm{m}$. 也就是说,一个分子在 1s 内平均要与其他分子发生几十亿次碰撞. 由此可以想象气体分子热运动的复杂情况.

通常所说的真空是指气压远小于 1atm 的气体空间,其中气体分子的平均自由程接近容器的尺寸. 式(10-40)给出气压和平均自由程的关系,这个结论在真空技术中有重要应用.

例题 求在标准状态下,氢气分子的平均碰撞频率与平均自由程. 氢分子的有效直径 d 近似取 $2 \times 10^{-10}\,\mathrm{m}$.

解 由式(10-25)可求得分子的平均速率

$$\bar{v} = \sqrt{\frac{8RT}{\pi M_{\mathrm{mol}}}} = \sqrt{\frac{8 \times 8.31 \times 273}{3.14 \times 2 \times 10^{-3}}} = 1.7 \times 10^3 (\mathrm{m/s})$$

由气体的压强公式可求得气体分子的数密度

$$n = \frac{p}{kT} = \frac{1.013 \times 10^5}{1.38 \times 10^{-23} \times 273} = 2.69 \times 10^{25} (\mathrm{m}^{-3})$$

由式(10-39)可求得气体分子的平均自由程

$$\bar{\lambda} = \frac{1}{\sqrt{2}\pi d^2 n} = \frac{1}{1.41 \times 3.14 \times (2 \times 10^{-10})^2 \times 2.69 \times 10^{25}} = 2.10 \times 10^{-7} (\mathrm{m})$$

平均碰撞频率为

$$\bar{z} = \frac{\bar{v}}{\bar{\lambda}} = \frac{1.7 \times 10^3}{2.10 \times 10^{-7}} = 8.10 \times 10^9 (\mathrm{s}^{-1})$$

习　题

1. 气缸内盛有一定量的氢气(可视作理想气体),当温度不变而压强增大一倍时,氢气分子的平均碰撞频率 $\bar{Z}$ 和平均自由程 $\bar{\lambda}$ 的变化情况是(　).

(A) $\bar{Z}$ 和 $\bar{\lambda}$ 都增大一倍 　　　　(B) $\bar{Z}$ 和 $\bar{\lambda}$ 都减为原来的一半

(C) $\bar{Z}$ 增大一倍而 $\bar{\lambda}$ 减为原来的一半 　　(D) $\bar{Z}$ 减为原来的一半而 $\bar{\lambda}$ 增大一倍

2. 一定量的理想气体,在温度不变的条件下,当体积增大时,分子的平均碰撞频率 $\bar{Z}$ 和平均自由程 $\bar{\lambda}$ 的变化情况是(　　).

　　(A) $\bar{Z}$ 减小而 $\bar{\lambda}$ 不变　　　　　　　　(B) $\bar{Z}$ 减小而 $\bar{\lambda}$ 增大

　　(C) $\bar{Z}$ 增大而 $\bar{\lambda}$ 减小　　　　　　　　(D) $\bar{Z}$ 不变而 $\bar{\lambda}$ 增大

3. 一定量的理想气体,在温度不变的条件下,当压强降低时,分子的平均碰撞频率 $\bar{Z}$ 和平均自由程 $\bar{\lambda}$ 的变化情况是(　　).

　　(A) $\bar{Z}$ 和 $\bar{\lambda}$ 都增大　　　　　　　　(B) $\bar{Z}$ 和 $\bar{\lambda}$ 都减小

　　(C) $\bar{Z}$ 增大而 $\bar{\lambda}$ 减小　　　　　　　　(D) $\bar{Z}$ 减小而 $\bar{\lambda}$ 增大

4. 一定量的理想气体,在体积不变的条件下,当温度降低时,分子的平均碰撞频率 $\bar{Z}$ 和平均自由程 $\bar{\lambda}$ 的变化情况是(　　).

　　(A) $\bar{Z}$ 减小,但 $\bar{\lambda}$ 不变　　　　　　　(B) $\bar{Z}$ 不变,但 $\bar{\lambda}$ 减小

　　(C) $\bar{Z}$ 和 $\bar{\lambda}$ 都减小　　　　　　　　(D) $\bar{Z}$ 和 $\bar{\lambda}$ 都不变

5. 一定量的理想气体,在体积不变的条件下,当温度升高时,分子的平均碰撞频率 $\bar{Z}$ 和平均自由程 $\bar{\lambda}$ 的变化情况是(　　).

　　(A) $\bar{Z}$ 增大, $\bar{\lambda}$ 不变　　　　　　　　(B) $\bar{Z}$ 不变, $\bar{\lambda}$ 增大

　　(C) $\bar{Z}$ 和 $\bar{\lambda}$ 都增大　　　　　　　　(D) $\bar{Z}$ 和 $\bar{\lambda}$ 都不变

6. 在一个体积不变的容器中,储有一定量的理想气体,温度为 T_0 时,气体分子的平均速率为 $\bar{v}_0$,分子平均碰撞次数为 $\bar{Z}_0$,平均自由程为 $\bar{\lambda}_0$.当气体温度升高为 $4T_0$ 时,气体分子的平均速率 $\bar{v}$,平均碰撞频率 $\bar{Z}$ 和平均自由程 $\bar{\lambda}$ 分别为(　　).

　　(A) $\bar{v}=4\bar{v}_0$, $\bar{Z}=4\bar{Z}_0$, $\bar{\lambda}=4\bar{\lambda}_0$　　　　(B) $\bar{v}=2\bar{v}_0$, $\bar{Z}=2\bar{Z}_0$, $\bar{\lambda}=\bar{\lambda}_0$

　　(C) $\bar{v}=2\bar{v}_0$, $\bar{Z}=2\bar{Z}_0$, $\bar{\lambda}=4\bar{\lambda}_0$　　　　(D) $\bar{v}=4\bar{v}_0$, $\bar{Z}=2\bar{Z}_0$, $\bar{\lambda}=\bar{\lambda}_0$

7. 一定量的某种理想气体若体积保持不变,则其平均自由程 $\bar{\lambda}$ 和平均碰撞频率 $\bar{Z}$ 与温度的关系是(　　).

　　(A) 温度升高, $\bar{\lambda}$ 减少而 $\bar{Z}$ 增大　　　　(B) 温度升高, $\bar{\lambda}$ 增大而 $\bar{Z}$ 减少

　　(C) 温度升高, $\bar{\lambda}$ 和 $\bar{Z}$ 均增大　　　　　(D) 温度升高, $\bar{\lambda}$ 保持不变而 $\bar{Z}$ 增大

8. 一容器储有某种理想气体,其分子平均自由程为 $\bar{\lambda}_0$,若气体的热力学温度降到原来的一半,但体积不变,分子作用球半径不变,则此时平均自由程为(　　).

　　(A) $\sqrt{2}\bar{\lambda}_0$　　　　　　　　　　　　(B) $\bar{\lambda}_0$

　　(C) $\bar{\lambda}_0/\sqrt{2}$　　　　　　　　　　　(D) $\bar{\lambda}_0/2$

9. 容积恒定的容器内盛有一定量某种理想气体,其分子热运动的平均自由程为 $\bar{\lambda}_0$,平均碰撞频率为 $\bar{Z}_0$,若气体的热力学温度降低为原来的 $1/4$,则此时分子平均自由程 $\bar{\lambda}$ 和平均碰撞频率 $\bar{Z}$ 分别为(　　).

　　(A) $\bar{\lambda}=\bar{\lambda}_0$, $\bar{Z}=\bar{Z}_0$　　　　　　　(B) $\bar{\lambda}=\bar{\lambda}_0$, $\bar{Z}=\dfrac{1}{2}\bar{Z}_0$

　　(C) $\bar{\lambda}=2\bar{\lambda}_0$, $\bar{Z}=2\bar{Z}_0$　　　　　　(D) $\bar{\lambda}=\sqrt{2}\bar{\lambda}_0$, $\bar{Z}=\dfrac{1}{2}\bar{Z}_0$

10. 关于气体分子的平均自由程 $\bar{\lambda}$,下列几种说法是否正确? 若有错误请改正.

(1) 不论压强是否恒定, $\bar{\lambda}$ 都与温度 T 成正比.

(2) 不论温度是否恒定, $\bar{\lambda}$ 都与压强 p 成反比.

(3) 若分子数密度 n 恒定, $\bar{\lambda}$ 与 p 、 T 无关.

11. 一定量理想气体先经等体过程,使其温度升高为原来的 4 倍,再经等温过程,使体积膨胀为原来的 2 倍. 根据 $\bar{Z}=\sqrt{2}\pi d^2\bar{v}n$ 和 $\bar{v}=\sqrt{\dfrac{8kT}{\pi m}}$,可知平均碰撞频率增至原来的 2 倍;再根据 $\bar{\lambda}=kT/$ $(\sqrt{2}\pi d^2 p)$,则平均自由程增至原来的 4 倍. 以上结论是否正确? 如有错误请改正.

12. 在什么条件下,气体分子热运动的平均自由程 $\bar{\lambda}$ 与温度 T 成正比? 在什么条件下,$\bar{\lambda}$ 与 T 无关? (设气体分子的有效直径一定.)

§10.7　气体的输运现象

气体的输运现象也称为迁移现象. 处于非平衡状态的孤立系统,气体各部分性质不均匀,通过分子间的自由碰撞,经过质量、能量、动量输运后,气体内部的密度、温度、运动起伏将会趋于平衡,这些过程即为输运过程. 气体的输运现象主要有三种:黏滞性、热传导和扩散现象.

一、黏滞现象——牛顿黏滞定律

当气体流动时,气体各层流速不均匀. 平行于流速的横截面上下两层相互作用,形成内摩擦力或黏滞力,使得流速较快的气层减速,流速较慢的气层加速,这个过程就是气体的黏滞现象.

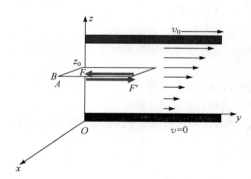

图 10-10　两无线大平板之间的气体

黏滞力与速度差、面积之间的关系,可用图 10-10 说明. 气体在两无限大平板间沿着 y 方向流动,上平板沿着 y 轴正向以速度 v_0 移动,下平板静止,气体层的流速沿着 z 方向正向增加. 采用微元法,将气体分成许多薄层(平行于 xOy 平面),在 z_0 处取一界面如图所示,气体上层 B 和下层 A,这两部分的相互作用力为 F 和 F',实验结果证明,在界面 z_0 处,黏性力 F 与接触面的面积(Δs)及速度梯度 $\dfrac{\mathrm{d}v}{\mathrm{d}z}$ 成正比,即

$$F=\pm\eta\left(\frac{\mathrm{d}v}{\mathrm{d}z}\right)_{z_0}\Delta s \qquad (10\text{-}41)$$

其中 η 为黏滞系数(coefficient of viscosity),$\eta=\dfrac{1}{3}nm\bar{v}\bar{\lambda}$(平均速率 $\bar{v}=\sqrt{\dfrac{8RT}{\pi M_{\mathrm{mol}}}}$,平均自由程 $\bar{\lambda}=\dfrac{kT}{\sqrt{2}\pi d^2 p}$). 正负号代表黏滞力成对出现,式(10-41)为牛顿黏滞定律. 分子运动引起动量输运,上层动量减少,下层动量增加,若用 $\mathrm{d}k$ 表示在 $\mathrm{d}t$ 时间内,通过接触面 Δs 沿着 y 轴正向动量的输运,则

$$\mathrm{d}k=-\eta\left(\frac{\mathrm{d}v}{\mathrm{d}z}\right)_{z_0}\Delta s\mathrm{d}t \qquad (10\text{-}42)$$

其中负号表示动量传递的方向与速度梯度增加的方向相反,式(10-42)为牛顿黏滞定律的另外一种表达式.

二、热传导现象——傅里叶(Fourier)热传导定律

当气体与外界或者气体内部各部分之间存在温度差时,从温度高处到温度低处,将有热量传输.这就是热传导(heat conduction)现象.

如图 10-11 所示,设气体温度沿 x 轴增大($T_2 > T_1$),在这个方向温度的空间变化率 $\dfrac{dT}{dx}$,即温度梯度.若在 x_0 处取一垂直于 x 的截面,设截面的面积为 Δs.实验证明,在单位时间内,热量从温度高的一侧穿过截面 Δs 到达温度低的一侧,与该截面及温度梯度成正比,即

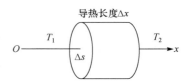

图 10-11 热传导现象

$$\frac{dQ}{dt} = -\kappa \left(\frac{dT}{dx}\right)_{x_0} \Delta s \tag{10-43}$$

其中的比例系数 κ 为热导率(thermal conductivity)或者导热系数,$\kappa = \dfrac{1}{3} C_V nm\overline{v}\overline{\lambda}$($C_V$ 为气体的摩尔定容热容),负号表示热量沿温度减小的方向输运.式(10-43)称为傅里叶定律.

三、扩散现象——斐克定律

当两种或两种以上的气体分子混合,或者当同一种气体的各处密度不均匀时,气体将互相渗透,最后趋于均匀分布.这种现象称为扩散(diffusion).

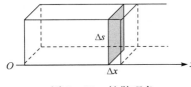

图 10-12 扩散现象

如图 10-12 所示,有一个长方体容器装有两种气体(N_2 和 CO_2),实验选用分子质量相等的两种气体,并且压强和温度保持不变,减少这些因素的变化引起的扩散,只考虑因密度起伏引起的质量输运.

设气体的密度沿 x 轴正向增大,在这个方向密度的空间变化率 $\dfrac{d\varrho}{dx}$,即密度梯度.在 x_0 处取一截面垂直于 x 轴,面积为 Δs.实验证明,在 dt 时间内,沿 x 轴正向穿过截面 Δs 的气体质量为

$$\frac{dM}{dt} = -D \left(\frac{d\varrho}{dx}\right)_{x_0} \Delta s \tag{10-44}$$

其中比例系数 D 为扩散系数(coefficient of diffusion),$D = \dfrac{1}{3}\overline{v}\overline{\lambda}$,式(10-44)称为斐克定律(Fick law).

四、三种输运规律的比较

从上面三种输运现象可以看出,它们的数学形式相同,输运的物理量与不均匀量的梯度成正比,沿着梯度增加的负方向传递.说明输运过程是消除不均匀性,使系统从非平衡态

达到平衡态的动态过程.

本 章 小 结

1. 理想气体的压强

$$p = \frac{1}{3}nm\,\overline{v^2} = \frac{2}{3}n\overline{w}$$

2. 理想气体的温度和平均平动动能

$$\overline{w} = \frac{3}{2}kT$$

$$T = \frac{2}{3}\frac{\overline{w}}{k}$$

3. 能量均分原理

每一个自由度的平均动能　$\frac{1}{2}kT$

一个分子的总平均动能　$\overline{\varepsilon} = \frac{i}{2}kT$

μmol 理想气体的内能　$E = \frac{i}{2}\mu RT$

4. 麦克斯韦速率分布函数

$$f(v) = 4\pi\left(\frac{m}{2\pi kT}\right)^{\frac{3}{2}}\mathrm{e}^{-\frac{mv^2}{2kT}}v^2$$

三种速率：

最概然速率　$v_\mathrm{p} = \sqrt{\frac{2kT}{m}} = \sqrt{\frac{2RT}{M_\mathrm{mol}}} \approx 1.41\sqrt{\frac{RT}{M_\mathrm{mol}}}$

算术平均速率　$\overline{v} = \sqrt{\frac{8kT}{\pi m}} = \sqrt{\frac{8RT}{\pi M_\mathrm{mol}}} \approx 1.60\sqrt{\frac{RT}{M_\mathrm{mol}}}$

方均根速率　$\sqrt{\overline{v^2}} = \sqrt{\frac{3kT}{m}} = \sqrt{\frac{3RT}{M_\mathrm{mol}}} \approx 1.73\sqrt{\frac{RT}{M_\mathrm{mol}}}$

5. 麦克斯韦速度分布函数

$$f(v_x, v_y, v_z) = \left(\frac{m}{2\pi kT}\right)^{\frac{3}{2}}\mathrm{e}^{-\frac{m(v_x^2+v_y^2+v_z^2)}{2kT}}$$

6. 玻尔兹曼分布律

平衡态下某状态区间的粒子数正比于 $e^{-\frac{E}{kT}}$

重力场中粒子按高度的分布　$n = n_0 e^{-\frac{mgz}{kT}}$

大气压强随高度的变化　$p = p_0 e^{-\frac{mgz}{kT}}$

7. 气体分子的平均自由程

$$\bar{\lambda} = \frac{\bar{v}}{\bar{z}} = \frac{1}{\sqrt{2}\pi d^2 n} = \frac{kT}{\sqrt{2}\pi d^2 p}$$

第十一章　热力学基础

理论结构体系

热力学是热物理学的宏观理论,与微观理论的研究对象相同,都是研究宏观物体热现象的规律及其应用. 但是研究方法不同,研究的侧重点也不同.

热学中最核心的概念是温度,另外还定义了一些重要概念,如内能,熵,热量和功等.

热力学理论的基本假设分别是热力学第零定律、热力学第一定律、热力学第二定律和热力学第三定律. 在四条基本假设的基础上,从能量的观点出发,研究系统状态变化过程中,热(内能)、功转换(能量转换)的条件和规律. 热力学与应用有密切联系. 蒸汽机的发明和使用为热学研究提供了大量课题和资金;热学研究的成果给出了热机效率的上限和提高热机效率的途径,指导了热机的改进和新型热机的研究和发明. 热力学的发展对第一次工业革命起到极其重要的推动作用,热学和工程实际需要相互促进的关系很好地体现了科学和技术的关系.

热力学第一定律是系统状态变化过程中,热功转换在数量方面的客观规律的表示. 热力学第二定律是自发过程方向性的客观规律的表示. 热力学第一定律和热力学第二定律都有不同的表述形式. 由此可以看出,规律和定律并不是相同的. 规律是客观的、确定的. 定律是规律的表示,表示是人为的. 同一规律可以有不同的表示. 凡是能确切地反映客观规律的方法都可以成为规律的一种表示. 客观规律最常用的表示形式是语言表示和数学表示. 发现规律是创新,当然是重要的;找到规律的正确、恰当的表示方法也是创新,也是科学和技术工作者的重要任务. 热力学第二定律不同表示方法及其建立过程很好地体现了这一点.

§11.1　热力学第零定律和第一定律

一、功

力学中关于功的定义,不仅适用于机械功,也适用于热力学的功及电磁力的功,只不过各种情况下力的种类不同.

在热力学中,做功是系统与外界交换能量的方式之一. 系统对外界做功或外界对系统做功通常伴随有系统体积的膨胀与压缩,这种伴随体积变化的功通常称为体积功.

体积功的计算可通过下述特例导出. 如图 11-1 所示,汽缸内盛有某种气体,其压强为 p,体积为 V. 设气体进行准静态膨胀过程,推动活塞对外做功. 若活塞与汽缸间的摩擦小到可以忽略不计,则活塞向外有一微小移动时,缸内气体对外所做元功为

$$dA = \boldsymbol{f} \cdot d\boldsymbol{l} = f dl = pS dl = p dV \tag{11-1}$$

式中 S 为活塞面积，$\mathrm{d}V$ 是微小过程中气体体积的增量．若缸内气体由状态 I (p_1, V_1) 准静态地变化到状态 II (p_2, V_2)，则对外做的功为

$$A = \int_{\mathrm{I} \to \mathrm{II}} \mathrm{d}A = \int_{V_1}^{V_2} p\,\mathrm{d}V \tag{11-2}$$

功可以在 $p\text{-}V$ 图上表示出来，如图 11-2 所示，图中画斜线的小矩形的面积表示元功 $\mathrm{d}A$，过程曲线下的面积表示系统由状态 I 到状态 II 的准静态过程中系统对外做的功．因此，$p\text{-}V$ 图也称为示功图．

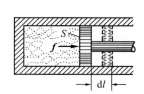

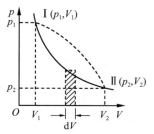

图 11-1　气体准静态过程功的计算　　　　图 11-2　示功图

当系统被压缩时，$\mathrm{d}V < 0$，因而 $\mathrm{d}A = p\mathrm{d}V < 0$，系统对外做负功，实际上表示外界对系统做正功．

由式 (11-1) 和式 (11-2) 可知，当始、末状态确定后，系统对外所做的总功 A 并不能唯一地被确定，而是取决于气体压强 p 随体积 V 的变化关系．所以功是与过程有关的量，称为过程量．例如，若系统沿图 11-2 中虚线所示的过程进行，那么气体所做的功就等于虚线下的面积，比实线表示的过程中的功大．

二、热量

系统的内能称为热能，有时简称为热，热能是系统分子作无规则热运动的总能量．热量是系统与外界或系统与其他系统交换（或传递）的热运动能量的量度，或者说，热量是系统与外界，或系统与其他系统交换的内能的量．内能是状态的函数，热量与过程有关，是过程量，对于理想气体系统，由式 (10-17) 和式 (10-20) 可知，系统的内能

$$E = \mu \frac{i}{2} RT$$

系统吸收的热量

$$Q = \mu \frac{i}{2} R(T_2 - T_1)$$

三、热力学第零定律

设两个热力学系统，原来各自处于一定的平衡态，如果使两个系统相互接触，在没有相互做功的情况下，它们之间可能有热量传递．这种接触称为热接触．实验证明，热接触后，两个系统的状态一般都发生变化，但经过一段时间后，两个系统的状态都不再变化，说

明两个系统最后达到了有共同特征的平衡态. 这种由于两个系统之间经过传热而达到的平衡态称为热平衡.

　　一种特殊情况是，两个系统热接触后，但其状态都不变化，这说明两个系统在刚接触时就达到了热平衡. 所以，热平衡是指两个系统发生热接触，但不发生热传递的状态.

　　设想用三个热力学系统 A、B、C 做实验，使 A 系统同时与 B、C 两系统热接触，而 B、C 两系统相隔绝，经过一段时间后，A 和 B 以及 A 和 C 都将达到热平衡. 这时，如果再使 B 和 C 热接触，实验发现 B 和 C 之间不发生热传递，即 B 和 C 也处于热平衡状态，由此得到结论：如果两个热力学系统都与第三个热力学系统处于热平衡，则它们彼此必定处于热平衡. 这个结论称为热力学第零定律.

　　热力学第零定律表明，处于热平衡状态的所有系统具有一个共同的宏观性质. 定义：决定不同系统处于热平衡的宏观性质为温度，即温度是决定一系统是否与其他系统处于热平衡的宏观性质，其特征是一切处于热平衡的系统都具有相同的温度. 反之，若两个热力学系统不处于热平衡，它们热接触后有热量传递. 在热接触中传出热量的系统温度高，传出热量后，系统的温度降低. 在热接触中吸收热量的系统温度低，系统吸收热量后温度升高.

　　以上关于温度的定义与"温度是表示物体冷热程度的物理量"的定义本质上是一致的. 但是，对温度的概念只有建立在主观感觉基础上的、定性的理解是不够的.

　　一切互为热平衡的系统都具有相同的温度，是温度计设计的依据，或者说是用温度计测量温度的依据，如果选择某一系统（如一定量的水银）为标准，也就是用它作温度计. 当温度计与待测系统热接触，经一段时间温度计和待测系统达到热平衡后，温度计的温度就等于待测系统的温度. 而温度计的温度可以通过它的某个状态参量（如水银的体积并通过液面的位置）标志出来.

　　温度的数值表示方法叫做温标. 下面以液体温度计为例说明如何建立温标. 液体温度计是以液体的体积随温度变化的性质制成的. 这种温度计采用摄氏温标. 摄氏温标规定水的冰点（纯冰和纯水在一个标准大气压下达到平衡时的温度，而纯水中有空气溶解在其中并达到饱和）为 0℃，沸点（纯水和水蒸气在蒸汽压为 1 个标准大气压下达到平衡时的温度）为 100℃，认定（或规定）液体的体积随温度作线性变化，在 0℃ 和 100℃ 之间的温度按线性关系将温度计刻度.

　　从摄氏温度计的例子可以看出，建立一种温标需要三个要素：选择某种物质（测温物质）的某一随温度变化的属性（叫做测温属性）来标志温度；选择固定点；对测温属性随温度的变化关系作出规定.

　　是否可能建立一种不依赖于任何测温物质及其物理属性的温标呢？ 1846 年英国物理学家 W·汤姆孙（即开尔文）在卡诺定理的基础上提出了不依赖于物质属性的热力学温标. 热力学温标规定水的三相点为 273.16K，即热力学温度的单位——开尔文（K）是水的三相点的热力学温度的 $\dfrac{1}{273.16}$. 热力学温标可以用理想气体温度计来实现.

　　国际温标实现热力学温标的标准气体温度计制作技术非常困难，目前世界上只有少数几个实验室才能做到，测量时操作麻烦、修正繁多. 为统一各国的温度测量，1927 年制定了国际温标 ITS-27. 经四次修改,制定了现行的《1990 年国际温标(ITS-90)》.

1990 年国际温标的下限温度为 0.65K. 由 0.65K 到 5.0K 之间 ITS-90 用 ^{3}He 和 ^{4}He 的蒸汽压与温度的关系来定义. 由 3.0K 到氖的三相点(24.5561K)之间 ITS-90 用氦气体温度计来定义,它设置三个固定点,并利用规定的内插方法来分度. 由氢的三相点(13.8033K)到银的凝固点(961.78℃)ITS-90 用铂电阻温度计来定义. 它设置一组规定的固定点,并利用所规定的内插法来分度. 银的凝固点以上,ITS-90 借助一个固定点和普朗克辐射定律定义. 表 11-1 列出了几种常用的温度计.

表 11-1　几种常用的温度计

温度计	测温属性
定容气体温度计	压强和温度的关系
定压气体温度计	体积和温度的关系
铂电阻温度计	电阻和温度的关系
铂-铂铑热电偶温度计	温差电动势和温度的关系
液体温度计	液柱长度和温度的关系

四、热力学第一定律

质量一定的系统由内能为 E_1 的状态变化到内能为 E_2 的状态,可通过两条途径来实现:一是做功;二是传热. 根据能量转化与守恒定律,系统自外界吸收的热量 Q 等于系统内能的增量 ΔE 与系统对外界所做的功 A 之和,即

$$Q = \Delta E + A \tag{11-3}$$

上面的结论称为热力学第一定律. 可见,热力学第一定律实质上是包括热能的能量转化与守恒定律. 功和热量都是过程量,都是能量变化的量度. 功是机械能与内能相互转换的量度;热量是系统与外界交换内能的量度. 在国际单位制中,热量的单位是焦耳(J),与卡(cal)的换算关系为

$$1\text{cal} = 4.18\text{J}$$

对于系统状态发生微小变化的元过程,热力学第一定律的数学表达式为

$$dQ = dE + dA \tag{11-4}$$

式(11-4)称为热力学第一定律数学表达式的微分形式,式(11-3)可称为热力学第一定律数学表达式的积分形式,对于准静态过程

$$dQ = dE + pdV \tag{11-5}$$

$$Q = \Delta E + \int_{V_1}^{V_2} pdV \tag{11-6}$$

需要说明的是,热力学第一定律对任何热力学系统和任何热学过程都适用,因为它的实质是能量转化与守恒定律.

例题 1　在定压条件下,气体的体积从 V_1 被压缩到 V_2.

(1) 设过程为准静态过程,试计算外界对系统做的功;

(2) 若(1)为非准静态过程,结果如何?

解　(1) 由于在压缩过程中,气体压强保持不变,所以根据式(11-2)可得

$$A = \int_{V_1}^{V_2} p\mathrm{d}V = p\int_{V_1}^{V_2} \mathrm{d}V = p(V_2 - V_1)$$

因 $V_2 < V_1$,所以 $A < 0$,系统对外界做负功,即外界对系统做正功 $p(V_1 - V_2)$.

(2) 对非准静态过程,式(11-2)一般不再适用. 但若外界压强保持不变,可将式中的 p 换为外界压强.

例题 2　对 1mol 单原子气体加热,已知气体吸收的热量为 200cal,它受热膨胀后对外界做功是 500J,求气体的温度变化.

解　根据热力学第一定律

$$Q = \Delta E + A$$

$$\Delta E = Q - A = 200 \times 4.18 - 500 = 336(\mathrm{J})$$

设气体可按理想气体处理,则

$$\Delta E = \mu \frac{i}{2} R\Delta T$$

$$\mu = \frac{M}{M_{\mathrm{mol}}} = 1, \quad i = 3$$

则

$$\Delta T = \frac{\Delta E}{\frac{3}{2} R} = \frac{335}{\frac{3}{2} \times 8.31} = 27.0(\mathrm{K})$$

习　题

1. 有两个相同的容器,容积不变,一个盛有氦气,另一个盛有氢气(均可看成刚性分子),它们的压强和温度都相等,现将 5J 的热量传给氢气,使氢气温度升高. 如果使氦气也升高同样的温度,则应向氦气传递的热量是(　　　).

(A) 6J　　　　　　(B) 5J　　　　　　(C) 3J　　　　　　(D) 2J

2. 一定量理想气体,经历某过程后,它的温度升高了,则根据热力学定理可以断定:

(1) 该理想气体系统在此过程中做了功;

(2) 在此过程中外界对该理想气体系统做了正功;

(3) 该理想气体系统的内能增加了;

(4) 在此过程中理想气体系统既从外界吸了热,又对外做了正功。

以上正确的是:

(A) (1),(3)　　　　　(B) (2),(3)　　　　　(C) (3)

(D) (3),(4)　　　　　(E) (4)

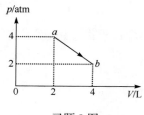

习题 3 图

3. 一定量理想气体,沿着图中直线状态从 $a(p_1 = 4\mathrm{atm}, V_1 = 2\mathrm{L})$ 变到 $b(p_2 = 2\mathrm{atm}, V_2 = 4\mathrm{L})$. 则在此过程中(　　　).

(A) 气体对外做正功,向外界放出热量

(B) 气体对外做正功,从外界吸热

(C) 气体对外做负功,向外界放出热量

（D）气体对外做正功,内能减少

4. 要使一热力学系统的内能变化,可以通过_____或_____两种方式,或者两种方式兼用来完成。理想气体的状态发生变化时,其内能的改变量只决定于_____,而与_____无关。

5. 一气缸内储有 10mol 的单原子分子理想气体,在压缩过程中,外力做功 209J,气体温度升高 1K,则气体内能的增量 ΔE 为_____J,吸收的热量 Q 为_____J.

6. 一系统由图示的状态 a 经 acb 到达状态 b,系统吸收了 320J 热量,系统对外做功 126J.(1)若 adb 过程系统对外做功 42J,问有多少热量传入系统?(2)当系统由 b 沿曲线 ba 返回状态 a,外界对系统做功 84J,试问系统是吸热还是放热? 热量是多少?

7. 2mol 氧气由状态 1 变化到状态 2 所经历的过程如图所示:(1)沿 1→m→2 路径;(2)1→2 直线.试分别求出两过程中氧气对外做的功、内能的变化及吸收的热量.

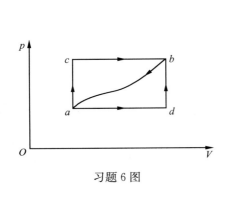

习题 6 图

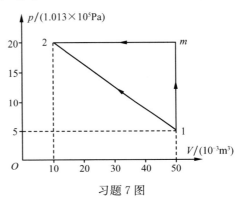

习题 7 图

§11.2　理想气体的等值过程与摩尔热容

作为热力学第一定律的应用,讨论在理想气体准静态等值过程中,热量、功与内能的变化关系. 前面讲过,内能是状态量,功和热量是过程量,内能的变化只与始末状态有关,功和热量不仅与始末状态有关,而且还与具体过程有关.

一、等体(积)过程

等体(积)过程指系统的体积始终保持不变的过程,即整个过程中

$$V = \text{恒量}, \quad dV = 0 \tag{11-7}$$

在 p-V 图上,等体(积)升压过程曲线如图 11-3(b)所示.

对准静态等体(积)过程

$$dA = pdV = 0$$

所以

$$A = \int dA = 0 \tag{11-8}$$

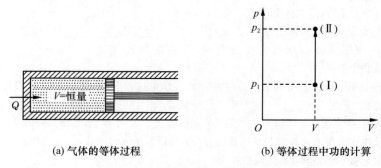

(a) 气体的等体过程　　　　　　　　(b) 等体过程中功的计算

图 11-3　等体(积)过程及其功的计算

由热力学第一定律,得

$$(\mathrm{d}Q)_V = \mathrm{d}E \tag{11-9}$$

对于理想气体

$$\mathrm{d}E = \mu \frac{i}{2} R \mathrm{d}T$$

所以

$$(\mathrm{d}Q)_V = \mathrm{d}E = \mu \frac{i}{2} R \mathrm{d}T \tag{11-10}$$

$$(Q)_V = \Delta E = \mu \frac{i}{2} R \Delta T = \frac{M}{M_{\mathrm{mol}}} \frac{i}{2} R (T_2 - T_1) \tag{11-11}$$

考虑到理想气体的状态方程 $pV = \mu RT$

$$(Q)_V = \Delta E = \frac{i}{2} (p_2 V_2 - p_1 V_1) = \frac{i}{2} (p_2 - p_1) V$$

可见,等体(积)过程中,系统对外不做功,系统由外界吸收的热量全部用来增加其内能.

二、等压过程

等压过程是指系统压强始终保持恒定不变的过程,即在整个过程中

$$p = 恒量, \quad \mathrm{d}p = 0 \tag{11-12}$$

在 $p\text{-}V$ 图上,等压过程曲线如图 11-4(b)所示.

对准静态等压过程

$$(\mathrm{d}A)_p = p \mathrm{d}V$$

所以,有限等压过程系统对外做的功

$$(A)_p = \int_{V_1}^{V_2} p \mathrm{d}V = p(V_2 - V_1) = p \Delta V$$

由热力学第一定律可得

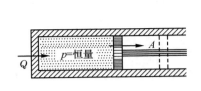 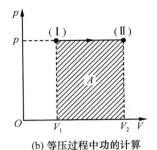

(a) 气体的等压过程　　　　　(b) 等压过程中功的计算

图 11-4　等压过程及其功的计算

$$(\mathrm{d}Q)_p = \mathrm{d}E + p\mathrm{d}V$$
$$(Q)_p = \Delta E + p\Delta V$$

对理想气体

$$(\mathrm{d}Q)_p = \mu \frac{i}{2} R\mathrm{d}T + p\mathrm{d}V \tag{11-13}$$

$$(Q)_p = \mu \frac{i}{2} R\Delta T + p\Delta V = \frac{M}{M_{\mathrm{mol}}} \frac{i}{2} R(T_2 - T_1) + p(V_2 - V_1)$$

$$= \frac{i}{2} p(V_2 - V_1) + p(V_2 - V_1) = \frac{i+2}{2} p(V_2 - V_1) \tag{11-14}$$

可见,在等压过程中,系统由外界吸收的热量,一部分使系统的内能增加,另一部分用于对外界做功.

三、等温过程

等温过程指系统温度始终保持恒定不变的过程,即整个过程中

$$T = 恒量, \quad \mathrm{d}T = 0 \tag{11-15}$$

对于一定质量的某种理想气体,内能只是温度的函数,所以在等温过程中其内能保持不变,即

$$\Delta E = 0$$

由热力学第一定律,在等温过程中,则有

$$(\mathrm{d}Q)_T = (\mathrm{d}A)_T \tag{11-16}$$

对于一个从始态 $\mathrm{I}(p_1, V_1, T)$ 到终态 $\mathrm{II}(p_2, V_2, T)$ 的等温过程,气体从恒温热源吸取的热量 $(Q)_T$ 全部用来对外做功 $(A)_T$,考虑到理想气体的状态方程 $pV = \mu RT$,于是有

$$(Q)_T = (A)_T = \int_{V_1}^{V_2} p\mathrm{d}V = \mu RT \ln \frac{V_2}{V_1} \tag{11-17}$$

由于 $p_1 V_1 = p_2 V_2$,上式也可写作

$$(Q)_T = (A)_T = \mu RT \ln \frac{p_1}{p_2} \tag{11-18}$$

由此可见,在等温过程中,理想气体从外界吸收的热量全部用于对外界做功.

用状态参量表示过程特点的数学公式,称为过程方程.对于一定质量的某种理想气体,其等温过程方程为

$$T = 恒量$$

考虑到理想气体的状态方程 $pV = \mu RT$,等温过程用 p、V 表示的过程方程为

$$pV = 恒量 \tag{11-19}$$

在 $p\text{-}V$ 图中,其等温过程曲线为等边双曲线,如图 11-5(b)所示.

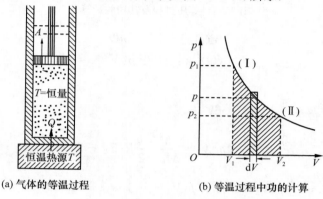

(a) 气体的等温过程　　　　　(b) 等温过程中功的计算

图 11-5　气体的等温过程和功的计算

等温过程系统对外所做的功等于 $p\text{-}V$ 图中等温线下由 V_1 到 V_2 之间的面积.

四、理想气体的摩尔热容

一个物体温度升高 1K 所吸收的热量,称为该物体的热容.1kg 物质温度升高 1K 所吸收的热量,称为该物质的比热.1mol 物质升高 1K 所吸收的热量,称为该物质的摩尔热容,用 C 表示.摩尔热容的定义式可写为

$$C = \frac{\mathrm{d}Q}{\mathrm{d}T} \tag{11-20}$$

式中 $\mathrm{d}Q$ 为 1mol 物质温度升高 $\mathrm{d}T$ 时所吸收的热量.在 SI 中,摩尔热容的单位是 J/(mol·K).

摩尔热容是物质的一种属性,不同物质的摩尔热容值不同.在已知的物质中,水的摩尔热容值最大,因此水是极好的冷却介质和加热介质,如汽车发动机的散热器和建筑物取暖设备中都充以水.水的这一性质广泛利用于日常生活和工业生产中.

实验表明,物质的摩尔热容一般还随温度而变化,但在温度的变化范围不太大时,可认为与温度无关.

因为热量是过程量,所以,摩尔热容随过程而异,即同一物体在不同过程中温度升高 1K 所吸收的热量一般不同.常用的是等体(积)过程和等压过程中的两种摩尔热容.在等体(积)过程中,气体吸收的热量全部用来增加自己的内能;在等压过程中,气体吸收的热量除一部分用来增加内能外,另一部分还要转换为对外所做的功.所以要使气体升高同样

温度,等压过程要比等体(积)过程吸收的热量多.由此看来,区分不同过程中气体的摩尔热容是十分必要的.固体和液体当然也有这两种热容.但由于固体和液体的体胀系数都很小,热膨胀对外所做的功可忽略不计,所以两种热容的实际差值很小,一般不再加以区别.

由摩尔热容的定义式(11-20)得气体的定体(积)摩尔热容为

$$C_V = \frac{(\mathrm{d}Q)_V}{\mathrm{d}T}$$

由于等体(积)过程中$(\mathrm{d}Q)_V = \mathrm{d}E$,所以

$$C_V = \frac{(\mathrm{d}Q)_V}{\mathrm{d}T} = \frac{\mathrm{d}E}{\mathrm{d}T} \tag{11-21}$$

对于理想气体,1mol 气体的内能为

$$E = \frac{i}{2}RT$$

上式两边取微分得

$$\mathrm{d}E = \frac{i}{2}R\mathrm{d}T$$

代入式(11-21),得

$$C_V = \frac{\mathrm{d}E}{\mathrm{d}T} = \frac{i}{2}R \tag{11-22}$$

上式表明,理想气体的定体(积)摩尔热容是一个只与分子的自由度有关的量,而与气体的温度无关.对于单原子理想气体,$i=3$,$C_V \approx 12.5\mathrm{J/(mol \cdot K)}$;对于双原子理想气体,$i=5$,$C_V \approx 20.8\mathrm{J/(mol \cdot K)}$;对于多原子理想气体,$i=6$,$C_V \approx 24.9\mathrm{J/(mol \cdot K)}$.

若已知某理想气体的定体(积)摩尔热容C_V,对于质量为M、摩尔质量为M_{mol}的理想气体,在等体(积)过程中,温度由T_1升高到T_2时吸收的热量为

$$(Q)_V = \frac{M}{M_{\mathrm{mol}}}C_V(T_2 - T_1) = \mu C_V(T_2 - T_1)$$

由于在等体(积)过程中$(Q)_V = \Delta E$,所以内能的增量为

$$\Delta E = \frac{M}{M_{\mathrm{mol}}}C_V(T_2 - T_1) = \mu C_V(T_2 - T_1) \tag{11-23}$$

由于理想气体的内能只是温度的函数,与过程无关,故式(11-23)适用于一切过程.以后常用此式计算理想气体内能的变化.

若 1mol 的理想气体,在等压过程中吸收的热量为$(\mathrm{d}Q)_p$,温度升高 $\mathrm{d}T$.按定义,理想气体的定压摩尔热容为

$$C_p = \frac{(\mathrm{d}Q)_p}{\mathrm{d}T}$$

由热力学第一定律知,$(\mathrm{d}Q)_p = \mathrm{d}E + p\mathrm{d}V$,故有

$$C_p = \frac{(\mathrm{d}Q)_p}{\mathrm{d}T} = \frac{\mathrm{d}E + p\mathrm{d}V}{\mathrm{d}T} = \frac{\mathrm{d}E}{\mathrm{d}T} + p\frac{\mathrm{d}V}{\mathrm{d}T} \tag{11-24}$$

　　理想气体的状态方程是一定量的理想气体,在任意准静态过程中的任意中间态,三个状态参量 p、V、T 之间的约束关系. 对 1mol 理想气体的状态方程

$$pV = RT$$

两边取微分可得

$$p\mathrm{d}V + V\mathrm{d}p = R\mathrm{d}T$$

在等压过程中,$\mathrm{d}p=0$,所以

$$p\mathrm{d}V = R\mathrm{d}T$$

把上式和 $\mathrm{d}E=C_V\mathrm{d}T$ 代入式(11-24)可得

$$C_p = C_V + R \tag{11-25}$$

此式称为迈耶(Mayer)公式,它指出理想气体的定压摩尔热容与定体(积)摩尔热容的关系. 理想气体的定压摩尔热容比定体(积)摩尔热容大一恒量 $R=8.31\mathrm{J/(mol \cdot K)}$,也就是说,1mol 的理想气体在等压过程中温度升高 1K 比在等体(积)过程中温度升高 1K 要多吸收 8.31J 的热量,用来转换为等压膨胀对外做的功. 由此可见,摩尔气体常量 R 等于 1mol 理想气体在等压过程中温度升高 1K 所做的功.

　　由式(11-22)与式(11-25)可得

$$\gamma = \frac{C_p}{C_V} = \frac{i+2}{i} \tag{11-26}$$

γ 称为热容比.

　　上述结果表明,理想气体的定体(积)摩尔热容 C_V、定压摩尔热容 C_p 及热容比 γ 与温度无关,只与分子的自由度 i 有关. 表 11-2 与表 11-3 分别列出了理论值与实验值,对比两表,可以发现:

　　(1) 单原子分子和双原子分子理想气体的 C_V、C_p 以及 C_p-C_V、γ 的理论值和实验值比较接近.

　　(2) 对于多原子分子,理想气体 C_V 和 C_p 的理论值与实验值相差很大,但 C_p-C_V 与 R 的差别不是太大. 这说明,这些差别与气体分子的结构性质有关. 实际上,差别还不仅如此,实验表明,C_V、C_p 还与温度有关. 在高温条件下,若计入振动自由度,实验值和理论值的差别会小些. 在室温条件可只计及平动和转动自由度. 在低温条件下,只计及平动自由度. 这常称为自由度的冻结. 这说明,经典理论范畴的能量均分原理在处理热容问题中是有缺陷的. 实际上,量子理论才能给出热容的圆满解释.

表 11-2　理想气体摩尔热容的理论值　(C_V、C_p 的单位:J/(mol · K))

原子数	i	C_p	C_V	C_p-C_V	$\gamma=\dfrac{C_p}{C_V}$
单原子	3	20.8	12.5	8.3	1.67
双原子	5	29.1	20.8	8.3	1.40
多原子	6	33.2	24.9	8.3	1.33

表 11-3 气体摩尔热容的实验值（C_V、C_p 的单位：J/(mol·K)）

原子数	气体	C_p	C_V	$C_p - C_V$	$\gamma = \dfrac{C_p}{C_V}$
单原子	氦	20.9	12.5	8.4	1.67
	氩	21.2	12.5	8.7	1.70
双原子	氢	28.8	20.4	8.4	1.41
	氮	28.6	20.4	8.2	1.40
	一氧化碳	29.3	21.2	8.1	1.38
	氧	28.9	21.0	7.9	1.38
多原子	水蒸气	36.2	27.8	8.4	1.30
	甲烷	35.6	27.8	8.4	1.31
	氯仿	72.0	63.7	8.3	1.13
	乙醇	87.5	79.2	8.3	1.11

例题 1 汽缸中有 $1m^3$ 的 N_2，质量为 1.25kg，在标准大气压下缓缓加热，使其温度升高 1K，试求气体膨胀时所做的功、气体内能的增量和气体所吸收的热量.

解 因为气体经历的是等压过程，所以

$$(A)_p = \int_{V_1}^{V_2} p \mathrm{d}V = p(V_2 - V_1) = p\Delta V$$

把气体看作理想气体，由理想气体状态方程可得

$$p\Delta V = \mu R \Delta T$$

空气的平均摩尔质量是 0.029kg，所以

$$(A)_p = \mu R \Delta T = \frac{1.25}{0.029} \times 8.31 \times 1 = 358(\mathrm{J})$$

$$(Q)_p = \mu C_p \Delta T = \frac{M}{M_{\mathrm{mol}}} \cdot \frac{i+2}{2} R \Delta T$$

$$= \frac{1.25}{0.029} \times \frac{5+2}{2} \times 8.31 \times 1 = 1254(\mathrm{J})$$

由热力学第一定律

$$\Delta E = (Q)_p - (A)_p = 1254 - 358 = 896(\mathrm{J})$$

例题 2 设有 1kg 氧气，温度为 20℃，现将该氧气由 1atm 压缩到 10atm，温度保持恒定不变，求压缩氧气所做的功与氧气放出的热量.

解 由理想气体的状态方程 $pV = \mu RT$，可得到

$$p = \frac{\mu RT}{V}$$

在等温过程中

$$(A)_T = \int_{V_1}^{V_2} p \mathrm{d}V = \int_{V_1}^{V_2} \mu RT \, \frac{\mathrm{d}V}{V} = \mu RT \ln \frac{V_2}{V_1} = \mu RT \ln \frac{p_1}{p_2}$$

外界对氧气做的功为

$$A=-\mu RT \ln \frac{p_1}{p_2}=\mu RT \ln \frac{p_2}{p_1}$$

$$=\frac{1}{0.032} \times 8.31 \times (273+20) \times \ln \frac{10}{1}$$

$$=1.75 \times 10^5 (J)$$

因为理想气体内能仅与温度有关,等温过程中其内能不变,外界做功全部转换为热量放出,所以氧气放出的热量也为 1.75×10^5 J.

习　题

1. 对于室温下的双原子分子理想气体,在等压膨胀的情况下,系统对外所做的功与从外界吸收的热量之比 A/Q 等于(　　).

(A) 1/3 　　　　　(B) 1/4 　　　　　(C) 2/5 　　　　　(D) 2/7

2. 摩尔数相等的三种理想气体 He、N_2 和 CO_2,若从同一初态,经等压加热,且在加热过程中三种气体吸收的热量相等,则体积增量最大的气体是(　　).

(A) He 　　　　　　　　　　(B) N_2

(C) CO_2 　　　　　　　　(D) 三种气体的体积增量相同

3. 16g 氧气在 400K 温度下等温压缩,气体放出的热量为 1152J,则被压缩后的气体的体积为原体积的＿＿＿＿＿倍,而压强为原来压强的＿＿＿＿＿倍.

4. 2mol 氮气由温度为 300K,压强为 1.013×10^5 Pa (1atm)的初态等温地压缩到 2.026×10^5 Pa (2atm).求气体放出的热量.

5. 一定质量的理想气体的内能 E 随体积的变化关系为 E-V 图上的一条过原点的直线,如图所示. 试证此直线表示等压过程.

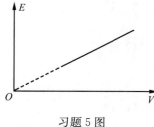

习题 5 图

6. 10mol 单原子理想气体在压缩过程中外界对它做功 209J,其温度上升 1K,试求:(1)气体内能的增量与吸收的热量;(2)此过程中气体的摩尔热容量.

7. 将压强为 1atm,体积为 1×10^{-3} m^3 的氧气($C_V=5R/2$)从 0℃加热到 100℃.试分别求在等体(积)过程和等压过程中各需吸收多少热量.

8. 已知氩气的定体(积)比热为 $c_V=314$ J/(kg·K),若将氩气看作理想气体,求氩原子的质量. (定体(积)摩尔热容 $C_V=M_{mol}c_V$).

9. 为测定气体的 $\gamma(=C_p/C_V)$ 值有时用下列方法:一定量的气体的初始温度、体积和压强分别为 T_0、V_0 和 p_0,用一根电炉丝对它缓慢加热. 两次加热的电流强度和时间相同,第一次保持体积 V_0 不变,而温度和压强变为 T_1 和 p_1.第二次保持压强 p_0 不变,而温度和体积变为 T_2 和 V_1. 试证明 $\gamma=\dfrac{(p_1-p_0)V_0}{(V_1-V_0)p_0}$.

§11.3 绝热过程与多方过程

一、绝热过程

绝热过程是指系统在与外界无热量交换的条件下进行的过程. 绝热过程的特点是

$$\mathrm{d}Q = 0$$

严格的绝热过程在自然界中是不存在的,但在绝热性能良好的容器或用绝热材料包好的容器中所发生的实际过程可作为绝热过程处理. 另外,有些进行得很快的过程,如汽缸内混合气体的燃烧和爆炸等,由于过程进行得极快,系统与外界交换热量极少,以至于可以忽略,这样的过程也可以按绝热过程处理.

在绝热过程中,$Q=0$,由热力学第一定律可得

$$(A)_Q = -\Delta E = -\frac{M}{M_{\mathrm{mol}}} C_V (T_2 - T_1) \tag{11-27}$$

式中,脚标 Q 表示绝热过程. 可见,绝热过程中系统对外界所做的功等于系统内能的减少量. 也就是说,在绝热过程中系统对外做功所消耗的能量来源是系统的内能.

对于理想气体的准静态绝热过程,则有

$$(\mathrm{d}A)_Q = p\mathrm{d}V = -\mathrm{d}E = -\mu C_V \mathrm{d}T$$

由理想气体状态方程可得 $p=\dfrac{\mu R T}{V}$,代入上式得

$$\frac{RT}{V}\mathrm{d}V = -C_V \mathrm{d}T$$

$$\frac{R}{C_V}\frac{\mathrm{d}V}{V} = -\frac{\mathrm{d}T}{T}$$

$$\frac{R}{C_V}\ln V + \ln T = C' \quad (C' \text{为积分常数})$$

$$\ln(TV^{R/C_V}) = C'$$

上式也可写成

$$TV^{R/C_V} = C$$

根据迈耶公式 $R=C_p-C_V$ 及 $\gamma=\dfrac{C_p}{C_V}$,则有 $\dfrac{R}{C_V}=\dfrac{C_p-C_V}{C_V}=\gamma-1$. 所以

$$TV^{\gamma-1} = \text{恒量} \tag{11-28}$$

利用理想气体状态方程,可将式(11-28)变换为下列两种形式

$$T^{-\gamma}p^{\gamma-1} = \text{恒量} \tag{11-29}$$

$$pV^{\gamma} = \text{恒量} \tag{11-30}$$

(11-28)～(11-30)三式为理想气体准静态绝热过程方程,其中的式(11-30)又称为泊松(Poisson)方程.

将泊松方程在 p-V 图上画出可得理想气体准静态绝热过程曲线,简称绝热线. 与其

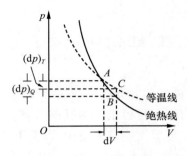

图11-6　绝热线和等温线的比较

等温线比较,绝热线斜率$\left(\dfrac{\mathrm{d}p}{\mathrm{d}V}=-\gamma\dfrac{p}{V}\right)$的绝对值比等温线斜率$\left(\dfrac{\mathrm{d}p}{\mathrm{d}V}=-\dfrac{p}{V}\right)$的绝对值大,所以绝热线比等温线陡,见图 11-6.

由 $p=nkT$,设某一理想气体从同一状态(图中 A 点)出发,分别经历等温、绝热两不同过程,若体积增大量相同,对于等温过程,压强的降低仅仅由于体积增大使分子数密度减少,但对于绝热过程,压强的降低不仅因为体积增大使分子数密度减少,而且还因为在体积增大过程中,

气体对外做功消耗了内能,使温度下降,绝热过程比等温过程在同样体积改变下其压强变化更大,因此,绝热线比等温线陡.

*二、多方过程

绝对的等值过程和绝热过程都是理想化的过程. 这是因为使体积或压强或温度一点都不变或保持恒定,以及一点热交换都没有的过程是难以实现的. 一般的实际过程大多数介于等值过程与绝热过程之间,通常称为多方过程. 对于理想气体,准静态多方过程方程为

$$pV^n = 恒量 \tag{11-31}$$

式中 n 为多方指数,其理论取值可为

$$0 \leqslant n \leqslant \infty$$

$n=0,1,\gamma,\infty$,分别对应等压、等温、绝热、等体(积)过程,可见前面讲的等值过程及绝热过程是多方过程的几个特例.

热力学第一定律对理想气体的应用总结如表 11-4 所示.

表 11-4

过程	特征	过程方程	吸收热量 Q	对外做功 A	内能增量 ΔE
等体(积)	$V=$恒量	$\dfrac{p}{T}=$恒量	$\dfrac{M}{M_{\mathrm{mol}}}C_V(T_2-T_1)$	0	$\dfrac{M}{M_{\mathrm{mol}}}C_V(T_2-T_1)$
等压	$p=$恒量	$\dfrac{V}{T}=$恒量	$\dfrac{M}{M_{\mathrm{mol}}}C_p(T_2-T_1)$	$p(V_2-V_1)$ 或 $\dfrac{M}{M_{\mathrm{mol}}}R(T_2-T_1)$	$\dfrac{M}{M_{\mathrm{mol}}}C_V(T_2-T_1)$

续表

过程	特征	过程方程	吸收热量 Q	对外做功 A	内能增量 ΔE
等温	$T=$恒量	$pV=$恒量	$\dfrac{M}{M_{\text{mol}}}RT\ln\dfrac{V_2}{V_1}$ 或 $\dfrac{M}{M_{\text{mol}}}RT\ln\dfrac{p_1}{p_2}$	$\dfrac{M}{M_{\text{mol}}}RT\ln\dfrac{V_2}{V_1}$ 或 $\dfrac{M}{M_{\text{mol}}}RT\ln\dfrac{p_1}{p_2}$	0
绝热	$dQ=0$	$pV^{\gamma}=$恒量 $V^{\gamma-1}T=$恒量 $p^{\gamma-1}T^{-\gamma}=$恒量	0	$\dfrac{-M}{M_{\text{mol}}}C_V(T_2-T_1)$ 或 $\dfrac{p_1V_1-p_2V_2}{\gamma-1}$	$\dfrac{M}{M_{\text{mol}}}C_V(T_2-T_1)$
多方		$pV^{n}=$恒量	$A+\Delta E$	$\dfrac{p_1V_1-p_2V_2}{n-1}$	$\dfrac{M}{M_{\text{mol}}}C_V(T_2-T_1)$

例题 1 一定质量的某种理想气体,从初态(p_1,V_1)变化到末态(p_2,V_2).

(1) 若经历绝热过程,求其对外做的功;

(2) 若经历多方过程,其对外做功的表达式如何?

解 (1) **方法 1** 设理想气体的摩尔数为 μ.

$$(A)_Q=-\mu C_V(T_2-T_1)=-\frac{C_V}{R}\cdot\mu R(T_2-T_1)$$

$$=-\frac{C_V}{R}(p_2V_2-p_1V_1)=-\frac{C_V}{C_p-C_V}(p_2V_2-p_1V_1)$$

$$=-\frac{1}{\gamma-1}(p_2V_2-p_1V_1)=\frac{p_1V_1-p_2V_2}{\gamma-1}$$

方法 2 由 $pV^{\gamma}=p_1V_1^{\gamma}=p_2V_2^{\gamma}$,则

$$(A)_Q=\int_{V_1}^{V_2}p\,dV=\int_{V_1}^{V_2}\frac{p_1V_1^{\gamma}}{V^{\gamma}}\,dV=p_1V_1^{\gamma}\int_{V_1}^{V_2}\frac{dV}{V^{\gamma}}$$

$$=\frac{p_1V_1^{\gamma}}{1-\gamma}(V_2^{1-\gamma}-V_1^{1-\gamma})=\frac{p_2V_2^{\gamma}\cdot V_2^{1-\gamma}-p_1V_1^{\gamma}\cdot V_1^{1-\gamma}}{1-\gamma}$$

$$=\frac{p_1V_1-p_2V_2}{\gamma-1}$$

(2) 由 $pV^{n}=p_1V_1^{n}=p_2V_2^{n}$,则

$$A=\int_{V_1}^{V_2}p\,dV=\int_{V_1}^{V_2}\frac{p_1V_1^{n}}{V^{n}}\,dV=p_1V_1^{n}\int_{V_1}^{V_2}\frac{dV}{V^{n}}$$

$$=\frac{p_1V_1^{n}}{1-n}(V_2^{1-n}-V_1^{1-n})=\frac{p_2V_2^{n}\cdot V_2^{1-n}-p_1V_1^{n}\cdot V_1^{1-n}}{1-n}$$

$$=\frac{p_1V_1-p_2V_2}{n-1}$$

例题 2 狄塞尔内燃机汽缸中的空气在压缩前温度为 $T_1 = 320K$,压强为 $p_1 = 0.85atm$. 在压缩冲程中,空气突然被压缩到原来体积的 1/16.9. 求压缩终了时空气的温度 T_2 和压强 p_2(设空气的 $\gamma = 1.40$). 若空气作等温压缩,则相应的终了时的压强为多大?

解 汽缸中空气的压缩过程可近似地看成绝热过程. 由式(11-28)得

$$T_2 = T_1 \left(\frac{V_1}{V_2}\right)^{\gamma-1} = 320 \times (16.9)^{1.40-1} = 992(K)$$

再由式(11-30)得

$$p_2 = p_1 \left(\frac{V_1}{V_2}\right)^{\gamma} = 0.85 \times (16.9)^{1.40} = 44.5(atm)$$

如果空气作等温压缩,则相应的终态压强为

$$p_2 = p_1 \frac{V_1}{V_2} = 0.85 \times 16.9 = 14.4(atm)$$

这比绝热压缩的终态压强低得多.

由于绝热压缩可使终态温度高达 1000K 左右,这时只要向汽缸内注入雾化柴油(不用火花塞)就可燃烧.

习　题

1. 如图所示,一定量理想气体从体积 V_1,膨胀到体积 V_2 分别经历的过程是:$A \rightarrow B$ 等压过程,$A \rightarrow C$ 等温过程;$A \rightarrow D$ 绝热过程,其中吸热最多的过程是(　　).

(A) $A \rightarrow B$ 　　　　　　　　　(B) $A \rightarrow C$

(C) $A \rightarrow D$ 　　　　　　　　　(D) $A \rightarrow B$ 和 $A \rightarrow C$,两过程吸热一样多

2. 质量一定的理想气体,从相同状态出发,分别经历等温过程、等压过程和绝热过程,其体积增加一倍. 那么气体温度的改变(绝对值)在(　　).

(A) 绝热过程中最大,等压过程中最小

(B) 绝热过程中最大,等温过程中最小

(C) 等压过程中最大,绝热过程中最小

(D) 等压过程中最大,等温过程中最小

3. 一定量的理想气体分别由初态 a 经①过程 ab 和由初态 a' 经②过程 $a'cb$ 到达相同的终态 b,如图所示,则两个过程中气体从外界吸收的热量 Q_1,Q_2 的关系为(　　).

(A) $Q_1 < 0, Q_1 > Q_2$ 　　　　(B) $Q_1 > 0, Q_1 > Q_2$

(C) $Q_1 < 0, Q_1 < Q_2$ 　　　　(D) $Q_1 > 0, Q_1 < Q_2$

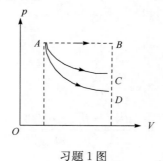

习题 1 图

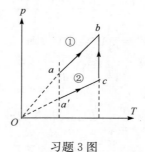

习题 3 图

4. 理想气体向真空作绝热膨胀,则( ).

(A) 膨胀后,温度不变,压强减小　　　(B) 膨胀后,温度降低,压强减小

(C) 膨胀后,温度升高,压强减小　　　(D) 膨胀后,温度不变,压强不变

5. 一定量的理想气体,从 p-V 图上初态 a 经历(1)或(2)过程到达末态 b,已知 a、b 两态处于同一条绝热线上(图中虚线是绝热线),则气体在( ).

(A)(1)过程中吸热,(2)过程中放热　　　(B)(1)过程中吸热,(2)过程中吸热

(C) 两种过程中都吸热　　　(D) 两种过程中都放热

6. 如图所示,bca 为理想气体绝热过程,$b1a$ 和 $b2a$ 是任意过程,则上述两过程中气体做功与吸收热量的情况是( ).

(A) $b1a$ 过程放热,做负功;$b2a$ 过程放热,做负功

(B) $b1a$ 过程吸热,做负功;$b2a$ 过程放热,做负功

(C) $b1a$ 过程吸热,做正功;$b2a$ 过程吸热,做负功

(D) $b1a$ 过程放热,做正功;$b2a$ 过程吸热,做正功

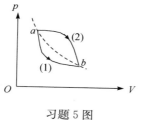

习题 5 图

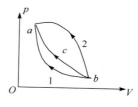

习题 6 图

7. 一定量的理想气体,从 p-V 图上同一初态 A 开始,分别经历三种不同的过程过渡到不同的末态,但末态的温度相同,如图所示,其中 $A \rightarrow C$ 是绝热过程,问:

(1) 在 $A \rightarrow B$ 过程中气体是吸热还是放热? 为什么?

(2) 在 $A \rightarrow D$ 过程中气体是吸热还是放热? 为什么?

8. 一定量的单原子分子理想气体,从初态 A 出发,沿图示直线过程变到另一状态 B,又经过等容、等压两过程回到状态 A.

(1) 求 $A \rightarrow B$,$B \rightarrow C$,$C \rightarrow A$ 各过程中系统对外所做的功 W,内能的增量 ΔE 以及所吸收的热量 Q.

(2) 整个循环过程中系统对外所做的总功以及从外界吸收的总热量(过程吸热的代数和).

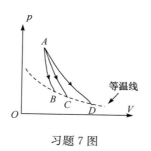

习题 7 图

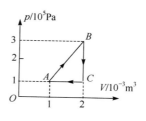

习题 8 图

9. 0.02kg 的氦气(视为理想气体),温度由 17℃升为 27℃. 若在升温过程中,(1) 体积保持不变;(2) 压强保持不变;(3) 不与外界交换热量. 试分别求出气体内能的改变、吸收的热量、外界对气体所做的功.(普适气体常量 $R = 8.31 \text{J}/(\text{mol} \cdot \text{K})$)

10. 汽缸内有 2mol 氦气,初始温度为 27℃,体积为 20L,先将氦气等压膨胀,直至体积加倍,然后绝热膨胀,直至回复初温为止.把氦气视为理想气体.试求:

(1) 在 p-V 图上大致画出气体的状态变化过程;

(2) 在这过程中氦气吸热多少?

(3) 氦气的内能变化多少?

(4) 氦气所做的总功是多少?(普适气体常量 $R = 8.31\text{J}/(\text{mol} \cdot \text{K})$)

11. 一定量的单原子分子理想气体,从 A 态出发经等压过程膨胀到 B 态,又经绝热过程膨胀到 C 态,如图所示.试求这全过程中气体对外所做的功、内能的增量以及吸收的热量.

12. 1mol 双原子分子理想气体从状态 $A(p_1, V_1)$ 沿 p-V 图所示直线变化到状态 $B(p_2, V_2)$,试求:

(1) 气体的内能增量;

(2) 气体对外界所做的功;

(3) 气体吸收的热量;

(4) 此过程的摩尔热容.(摩尔热容 $C = \Delta Q / \Delta T$,其中 ΔQ 表示 1mol 物质在过程中升高温度 ΔT 时所吸收的热量)

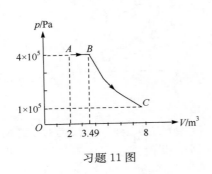

习题 11 图

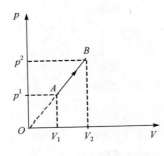

习题 12 图

13. 一定量的理想气体,从 A 态出发,经 p-V 图中所示的过程到达 B 态,试求在这过程中,该气体吸收的热量.

14. 一定量的理想气体,由状态 a 经 b 到达 c,(如图所示,abc 为一直线)求此过程中,

(1) 气体对外做的功;

(2) 气体内能的增量;

(3) 气体吸收的热量.(1atm = $1.013 \times 10^5 \text{Pa}$)

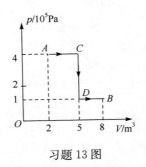

习题 13 图

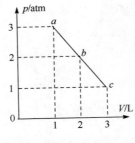

习题 14 图

15. 将 1mol 理想气体等压加热,使其温度升高 72K,传给它的热量等于 $1.60 \times 10^3 \text{J}$.求:

(1) 气体所做的功 W;

（2）气体内能的增量 ΔE；

（3）比热容比 γ.

16. 1mol 刚性双原子分子的理想气体，开始时处于 $p_1=1.01\times$ $10^5\,\mathrm{Pa},V_1=10^{-3}\,\mathrm{m}^3$ 的状态. 然后经图示直线过程 I 变到 $p_2=4.04\times$ $10^5\,\mathrm{Pa},V_2=2\times10^{-3}\,\mathrm{m}^3$ 的状态. 后又经方程为 $pV^{1/2}=C$（常量）的过程 II 变到压强 $p_3=p_1$ 的状态. 求：

（1）在过程 I 中气体吸的热量；

（2）整个过程气体吸的热量.

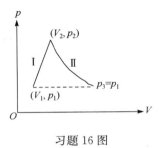

习题 16 图

§11.4　循环过程　卡诺循环

一、循环过程

　　物质系统经过一系列中间状态又回到它原来状态的整个变化过程称为循环过程，循环过程的每个组成部分称为分过程. 进行循环过程的物质系统称为工作物质，简称工质. 循环过程理论是热机与制冷机的理论基础，工质在循环过程中不断地把热转变为功，这样的装置称为热机，反之，则为制冷机. 准静态循环过程可用状态图（如 p-V 图）上的闭合曲线表示，其进行方向用箭头表示，见图 11-7(a).

　　由图 11-7(b)可见，系统由状态 a 膨胀到状态 b，系统对外做的功等于 ab 曲线下的阴影面积；由图 11-7(c)可见，系统由状态 b 压缩到状态 a，外界对系统做的功等于 ba 曲线下的阴影面积；则整个循环过程中系统对外界所做"净功"的大小等于闭合曲线所包围面积的大小 A，见图 11-7(d).

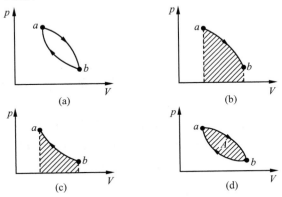

图 11-7　循环过程的功

　　因为内能是状态的单值函数，所以整个循环过程中

$$\Delta E = 0 \tag{11-32}$$

由热力学第一定律 $Q=\Delta E+A$，对于循环过程则有

$$Q = A \tag{11-33}$$

设循环过程中工质吸收热量的总和为 $Q_{吸}$，放出热量的总和为 $Q_{放}$，则 $Q=Q_{吸}-Q_{放}$ 为工质在整个循环过程中的"净吸热量"，它等于对外做的"净功" A.

在 p-V 图中，循环过程沿顺时针方向进行时，工作物质把从外界吸收的热量中的一部分转变为对外所做的功(A)，其余的作为废热($Q_{放}$)在低温热源(冷却系统)放出. 这样的循环称为"正循环". 按"正循环"动作的装置称为热机. 反之，循环过程若沿逆时针方向进行，则外界对系统做"净功"(A)，总效果是系统通过外界对它做功从低温热源吸热($Q_{吸}$)而向高温热源放热($Q_{放}$)，$Q_{放}=A+Q_{吸}$，这样的循环称为"逆循环". 按"逆循环"动作的装置称为制冷机，因为它可以从低温热源吸热，从而使低温热源的温度更低.

1. 热机效率 η

热机效率是热机性能的重要指标，其高低应以得到的收益即热机对外所做净功 A 与付出的代价即热机从外界吸收的热量 $Q_{吸}$ 之比来衡量

$$\eta = \frac{A}{Q_{吸}} = \frac{Q_{吸}-Q_{放}}{Q_{吸}} = 1 - \frac{Q_{放}}{Q_{吸}} \tag{11-34}$$

因为 $Q_{放}$ 不可能为零，所以热机效率永远小于 1.

2. 制冷系数

制冷系数是制冷机性能的重要指标，其高低应以得到的收益即制冷机从低温热源吸收热量 $Q_{吸}$ 与付出的代价即外界对系统做的"净功" A 之比来衡量，即

$$\omega = \frac{Q_{吸}}{A} = \frac{Q_{吸}}{Q_{放}-Q_{吸}} = \frac{1}{\dfrac{Q_{放}}{Q_{吸}}-1} \tag{11-35}$$

二、卡诺循环

卡诺(Carnot，1796~1832)提出的卡诺循环是一种特殊的、理想化的、最简单的循环过程，由两个准静态的等温过程与两个准静态的绝热过程组成，如图 11-8 所示. 按卡诺正循环动作的热机称为卡诺热机，按卡诺逆循环动作的制冷机称为卡诺制冷机. 卡诺热机与卡诺制冷机都只有两个热源，且毫无摩擦、毫无泄漏. 下面讨论以理想气体为工质的卡诺循环.

卡诺

1. 卡诺热机的效率 $\eta_{卡诺}$

如图 11-8 所示，卡诺热机从高温热源(温度为 T_1)吸收热量 Q_1，向低温热源(温度为 T_2)放出热量 Q_2，则

$$\eta_{卡诺} = 1 - \frac{Q_2}{Q_1} \tag{11-36}$$

由式(11-17)可知

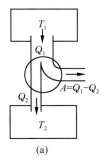 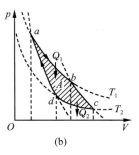

(a)　　　　　　　　(b)

图 11-8　卡诺循环

$$Q_1 = \mu R T_1 \ln \frac{V_2}{V_1}$$

$$Q_2 = \mu R T_2 \ln \frac{V_3}{V_4}$$

又由理想气体绝热过程 $TV^{\gamma-1}=$ 恒量，对于 $b \to c, d \to a$，则有

$$T_1 V_2^{\gamma-1} = T_2 V_3^{\gamma-1}$$

$$T_1 V_1^{\gamma-1} = T_2 V_4^{\gamma-1}$$

将此两式相除再开 $\gamma-1$ 次方得

$$\frac{V_2}{V_1} = \frac{V_3}{V_4}$$

则

$$\frac{Q_2}{Q_1} = \frac{T_2}{T_1} \tag{11-37}$$

$$\eta_{卡诺} = 1 - \frac{T_2}{T_1} \tag{11-38}$$

2. 卡诺制冷系数 $\omega_{卡诺}$

将图 11-8 所示的卡诺正循环图中的箭头反向（包括 Q_1、Q_2 处的箭头亦反向），则构成卡诺制冷机的循环示意图. 在循环过程中，系统从低温热源 T_2 吸收热量 Q_2，向高温热源 T_1 放出热量 Q_1，则由热力学第一定律可得到外界对系统做的净功

$$A = Q_1 - Q_2$$

由制冷系数的定义式(11-35)，可得理想卡诺制冷机的制冷系数为

$$\omega_{卡诺} = \frac{Q_2}{Q_1 - Q_2} = \frac{T_2}{T_1 - T_2} \tag{11-39}$$

冰箱、空调机等都是典型的制冷机.

普通制冷机（如电冰箱）的工作原理如图 11-9 所示. 压缩机 A 把高温高压下的气体（氨气(NH_3)或氟利昂(CCl_2F_2)等）送到蛇形管 B，用水或空气冷却以移走管 B 中气体的

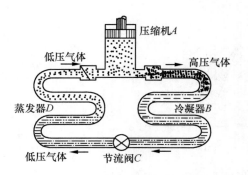

图 11-9　电冰箱原理示意图

热量,结果使气体在高压下凝结成液体. 液体经过节流阀 C 的小口通道后,降温降压并部分气化,待进入蛇形管 D(蒸发器)后,液体从周围(冷库)吸热蒸发而使冷库降温,自身则变为蒸气再进入压缩机 A. 如此重复循环,这就是电冰箱的制冷原理. 家用电冰箱的蛇形管 D 安装在冷冻室里,直接冷却冷冻室;在大型冷冻厂里,蛇形管 D 通过浸在盐水槽内,以冷却盐水,再把盐水抽至制冷室.

对于一台典型的家用电冰箱来说,冷冻室的温度 T_2 约为 250K,高温热源是散热器,其温度 T_1 约为 310K. 由式(11-39)可求得其制冷系数

$$\omega = \frac{Q_2}{A} = \frac{250}{310 - 250} = 4.17$$

由此可看到,只要用一个有效的卡诺循环,驱动压缩机消耗 1J 的电能,就能够从冷冻室取出 4.17J 的热能.

*三、热泵

热泵与制冷机的工作原理基本上是一样的,都是在外界做功的条件下,从低温热源或低温物体吸热,向高温热源或高温物体放热,但制冷机着重于降低低温物体的温度,而热泵则着重于提高热量的"品位",即将从低温物体吸取的热量"打到"高温处以再利用,这类似于水泵将水从低势能处打到高势能处,故而得名为热泵. 电冰箱中的机器常称为制冷机,空调机夏天能使室内制冷、冬天能使室内"制暖",空调机在夏天可称为制冷机,在冬天可称为热泵. 热泵多用于余热利用,可将厂矿企业等单位的"废热""废气"的"品位"提高而重新加以利用.

热泵效能的高低用热功比值来量度,定义为向高温热源传热 Q_1 与外界对热泵提供的机械功 A 的比值. 用符号 ε 表示,则有

$$\varepsilon = \frac{Q_1}{A}$$

对于准静态卡诺循环,则

$$\varepsilon = \frac{Q_1}{A} = \frac{T_1}{T_1 - T_2}$$

对于空调机,若室外温度为 $T_2 = 250K$,室温 $T_1 = 300K$,作为热泵使用时,可求得其 $\varepsilon = 6$,但实际效能比这要低得多.

例题 1　有一热机,工作物质为 5.8g 空气(作理想气体看待,$M_{mol} = 29g/mol$,$C_V = \frac{5}{2}R$,$C_p = \frac{7}{2}R$),它工作时的循环由三个分过程组成,先由状态 I ($p_1 = 1atm$,$T_1 = 300K$)

定体(积)加热到状态 II($T_2=900\mathrm{K}$),然后作绝热膨胀到状态 III($p_3=1\mathrm{atm}$),最后经等压过程回到状态 I(注:$1\mathrm{atm}=1.013\times10^5\mathrm{Pa}$,下同).

　　(1) 试在 p-V 图上画出循环过程的示意图;

　　(2) 求状态 I 时的体积 V_1,状态 II 时的压强 p_2,状态 III 时的体积 V_3 及温度 T_3;

　　(3) 求一次循环气体对外所做的功;

　　(4) 求这个热机的效率.

　　解　(1) 循环过程的示意图如图 11-10 所示.

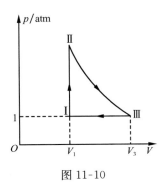

图 11-10

　　(2)
$$\mu=\frac{M}{M_{\mathrm{mol}}}=\frac{5.8}{29}=0.2(\mathrm{mol})$$

$$\gamma=\frac{C_p}{C_V}=\frac{7}{2}R\Big/\frac{5}{2}R=1.4$$

由理想气体状态方程得

$$V_1=\frac{\mu RT_1}{p_1}=\frac{0.2\times8.31\times300}{1\times1.013\times10^5}=4.92\times10^{-3}(\mathrm{m}^3)$$

$$p_2=p_1\frac{T_2}{T_1}=1\times\frac{900}{300}=3(\mathrm{atm})$$

由泊松方程得

$$p_2V_2^{\gamma}=p_3V_3^{\gamma}\quad(\text{式中}\ V_2=V_1)$$

$$V_3=V_1\left(\frac{p_2}{p_3}\right)^{1/\gamma}=4.92\times10^{-3}\times\left(\frac{3}{1}\right)^{\frac{1}{1.4}}$$

$$=10.78\times10^{-3}(\mathrm{m}^3)$$

$$T_3=\frac{p_3V_3}{\mu R}=\frac{1.013\times10^5\times10.78\times10^{-3}}{0.2\times8.31}$$

$$=6.57\times10^2(\mathrm{K})$$

　　(3) 先求各分过程中气体对外做的功

$$A_{\mathrm{I}\to\mathrm{II}}=0$$

$$A_{\mathrm{II}\to\mathrm{III}}=\frac{1}{\gamma-1}(p_2V_2-p_3V_3)$$

$$=\frac{1}{1.4-1}(3\times4.92-1\times10.78)\times1.013\times10^5\times10^{-3}$$

$$=1.008\times10^3(\mathrm{J})$$

$$A_{\mathrm{III}\to\mathrm{I}}=p_1(V_1-V_3)$$

$$=1\times1.013\times10^5\times(4.92-10.78)\times10^{-3}$$

$$=-5.94\times10^2(\mathrm{J})$$

则一次循环中气体对外做的"净功"

$$A = A_{I \to II} + A_{II \to III} + A_{III \to I}$$
$$= 0 + 1.008 \times 10^3 - 5.94 \times 10^2$$
$$= 4.14 \times 10^2 (J)$$

(4) 三个分过程中只有定体(积)升温过程吸热

$$Q_{吸} = \mu C_V (T_2 - T_1)$$
$$= 0.2 \times \frac{5}{2} \times 8.31 \times (900 - 300)$$
$$= 2.49 \times 10^3 (J)$$

则

$$\eta = \frac{A}{Q_{吸}} = \frac{4.14 \times 10^2}{2.49 \times 10^3} = 16.6\%$$

另一种方法是

$$\eta = 1 - \frac{Q_{放}}{Q_{吸}} = 1 - \frac{\mu C_p (T_3 - T_1)}{\mu C_V (T_2 - T_1)}$$
$$= 1 - \frac{7 \times (657 - 300)}{5 \times (900 - 300)} = 1 - 0.833 = 16.7\%$$

例题 2　设氮气作如图 11-8(b)所示的卡诺循环. 热源的温度为 127℃,冷源的温度为 7℃,设 $p_1 = 10atm, V_1 = 10L, V_2 = 20L$,试求:

(1) p_2、p_3、p_4、V_3 及 V_4;
(2) 自高温热源吸收的热量;
(3) 一次循环中气体所做的净功;
(4) 循环效率.

解　(1) $$p_2 = \frac{p_1 V_1}{V_2} = \frac{10 \times 10}{20} = 5(atm)$$

由 $T_1 V_2^{\gamma-1} = T_2 V_3^{\gamma-1}$ 得

$$V_3 = V_2 \left(\frac{T_1}{T_2}\right)^{\frac{1}{\gamma-1}} = 20 \times \left(\frac{273+127}{273+7}\right)^{\frac{1}{1.4-1}}$$
$$= 20 \times \left(\frac{400}{280}\right)^{\frac{1}{0.4}} = 48.78 \times 10^{-3} (m^3)$$

由 $p_3 V_3^\gamma = p_2 V_2^\gamma$ 得

$$p_3 = p_2 \left(\frac{V_2}{V_3}\right)^\gamma = 5 \times \left(\frac{20}{48.78}\right)^{1.4} = 1.44(atm)$$

由 $T_1 V_1^{\gamma-1} = T_2 V_4^{\gamma-1}$ 得

$$V_4 = V_1 \left(\frac{T_1}{T_2}\right)^{\frac{1}{\gamma-1}} = 10 \times \left(\frac{400}{280}\right)^{\frac{1}{0.4}} = 24.39 \times 10^{-3} (m^3)$$

由 $p_4 V_4 = p_3 V_3$ 得

$$p_4 = p_3\left(\frac{V_3}{V_4}\right) = 1.44 \times \left(\frac{48.78}{24.39}\right) = 2.88(\text{atm})$$

(2)
$$Q_1 = \mu R T_1 \ln\frac{V_2}{V_1} = p_1 V_1 \ln\frac{V_2}{V_1}$$

$$= 10 \times 1.013 \times 10^5 \times 10 \times 10^{-3} \ln\frac{20}{10}$$

$$= 7.02 \times 10^3 (\text{J})$$

(3) 因为 $A = Q_1 - Q_2$

$$Q_2 = \mu R T_2 \ln\frac{V_3}{V_4} = p_3 V_3 \ln\frac{V_3}{V_4}$$

$$= 1.44 \times 1.013 \times 10^5 \times 48.87 \times 10^{-3} \ln\frac{48.78}{24.39}$$

$$= 4.93 \times 10^3 (\text{J})$$

所以
$$A = 7.02 \times 10^3 - 4.93 \times 10^3 = 2.09 \times 10^3 (\text{J})$$

(4)
$$\eta_{\text{卡诺}} = \frac{A}{Q_1} = 1 - \frac{Q_2}{Q_1} = 1 - \frac{T_2}{T_1} = 30\%$$

习　　题

1. 1mol 单原子分子的理想气体, 经历如图所示的可逆循环, 连接 ac 两点的曲线Ⅲ的方程为 $p = p_0 V^2 / V_0^2$, a 点的温度为 T_0.

(1) 试以 T_0, 普适气体常量 R 表示Ⅰ、Ⅱ、Ⅲ 过程中气体吸收的热量;

(2) 求此循环的效率.

(提示: 循环效率的定义式 $\eta = 1 - Q_2/Q_1$, Q_1 为循环中气体吸收的热量, Q_2 为循环中气体放出的热量)

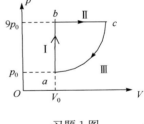

习题 1 图

2. 1mol 理想气体在 $T_1 = 400\text{K}$ 的高温热源与 $T_2 = 300\text{K}$ 的低温热源间作卡诺循环(可逆的), 在 400K 的等温线上起始体积为 $V_1 = 0.001\text{m}^3$, 终止体积为 $V_2 = 0.005\text{m}^3$, 试求此气体在每一循环中,

(1) 从高温热源吸收的热量 Q_1;

(2) 气体所做的净功 W;

(3) 气体传给低温热源的热量 Q_2.

3. 一定量的某种理想气体进行如图所示的循环过程. 已知气体在状态 A 的温度为 $T_A = 300\text{K}$, 求:

(1) 气体在状态 B、C 的温度;

(2) 各过程中气体对外所做的功;

(3) 经过整个循环过程, 气体从外界吸收的总热量(各过程吸热的代数和).

4. 如图所示, $abcda$ 为 1mol 单原子分子理想气体的循环过程, 求:

(1) 气体循环一次, 在吸热过程中从外界共吸收的热量;

(2) 气体循环一次对外做的净功;

(3) 证明在 $abcd$ 四态, 气体的温度有 $T_a T_c = T_b T_d$.

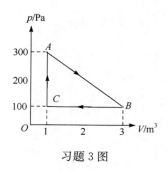

习题 3 图

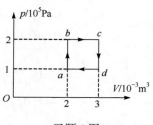

习题 4 图

5. 1mol 氦气作如图所示的可逆循环过程,其中 ab 和 cd 是绝热过程, bc 和 da 为等体过程,已知 $V_1=16.4L$, $V_2=32.8L$, $p_a=1atm$, $p_b=3.18atm$, $p_c=4atm$, $p_d=1.26atm$,试求:

(1) 在各态氦气的温度;

(2) 在态 c 氦气的内能;

(3) 在一循环过程中氦气所做的净功.(普适气体常量 $R=8.31J/(mol \cdot K)$)

6. 一定量的理想气体经历如图所示的循环过程, $A{\rightarrow}B$ 和 $C{\rightarrow}D$ 是等压过程, $B{\rightarrow}C$ 和 $D{\rightarrow}A$ 是绝热过程.已知: $T_C=300K$, $T_B=400K$.试求:此循环的效率.(提示:循环效率的定义式 $\eta=1-Q_2/Q_1$, Q_1 为循环中气体吸收的热量, Q_2 为循环中气体放出的热量)

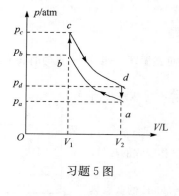

习题 5 图

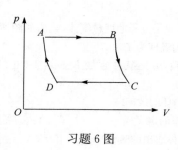

习题 6 图

7. 比热容比 $\gamma=1.40$ 的理想气体进行如图所示的循环.已知状态 A 的温度为 300K,求:

(1) 状态 B、C 的温度;

(2) 每一过程中气体所吸收的净热量.

8. 一卡诺热机(可逆的),当高温热源的温度为 127℃、低温热源温度为 27℃时,其每次循环对外做净功 8000J.今维持低温热源的温度不变,提高高温热源温度,使其每次循环对外做净功 10000J.若两个卡诺循环都工作在相同的两条绝热线之间,试求:

(1) 第二个循环的热机效率;

(2) 第二个循环的高温热源的温度.

9. 1mol 双原子分子理想气体作如图所示的可逆循环过程,其中 1—2 为直线,2—3 为绝热线,3—1 为等温线.已知 $T_2=2T_1$, $V_3=8V_1$,试求:

(1) 各过程的功、内能增量和传递的热量(用 T_1 和已知常量表示);

(2) 此循环的效率 η.

（注：循环效率 $\eta = W/Q_1$，W 为整个循环过程中气体对外所做净功，Q_1 为循环过程中气体吸收的热量）

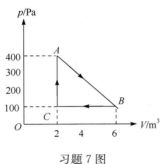

习题 7 图

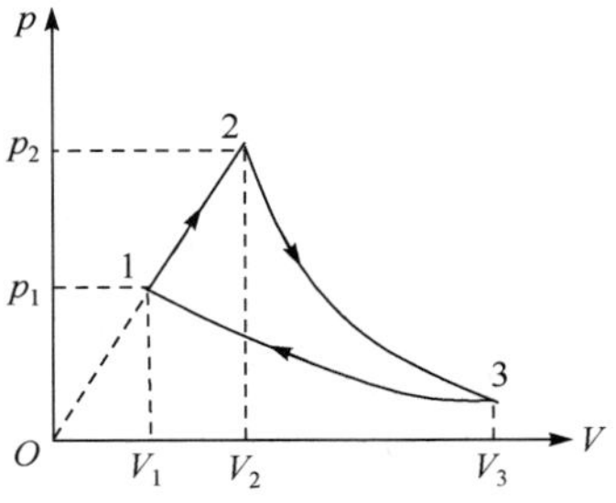

习题 9 图

10. 气缸内储有 36g 水蒸气（视为刚性分子理想气体），经 $abcda$ 循环过程如图所示．其中 $a-b$、$c-d$ 为等体过程，$b-c$ 为等温过程，$d-a$ 为等压过程．试求：

（1）$d-a$ 过程中水蒸气做的功 W_{da}；

（2）$a-b$ 过程中水蒸气内能的增量 ΔE_{ab}；

（3）循环过程水蒸气做的净功 W；

（4）循环效率 η．

（注：循环效率 $h = W/Q_1$，W 为循环过程水蒸气对外做的净功，Q_1 为循环过程水蒸气吸收的热量）

11. 1mol 单原子分子理想气体的循环过程如 T-V 图所示，其中 c 状态的温度为 $T_c = 600\mathrm{K}$．试求：

（1）ab、bc、ca 各个过程系统吸收的热量；

（2）经一循环系统所做的净功；

（3）循环的效率．

（注：循环效率 $\eta = W/Q_1$，W 为循环过程系统对外做的净功，Q_1 为循环过程系统从外界吸收的热量，$\ln 2 = 0.693$）

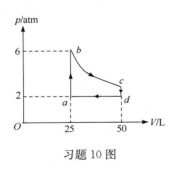

习题 10 图

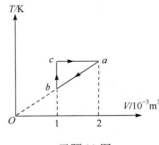

习题 11 图

12. 一卡诺循环热机，高温热源温度是 400K．每一循环从此热源吸进 100J 热量并向一低温热源放出 80J 热量．求：

（1）低温热源的温度；

（2）此循环的热机效率．

13. 如图所示,有一定量的理想气体,从初状态 $a(p_1,V_1)$ 开始,经过一个等体过程达到压强为 $p_1/4$ 的 b 态,再经过一个等压过程达到状态 c,最后经等温过程而完成一个循环.求该循环过程中系统对外做的功 W 和所吸的热量 Q.

14. 比热容比 $\gamma=1.40$ 的理想气体,进行如图所示的 $ABCA$ 循环,状态 A 的温度为 300K.

(1) 求状态 B、C 的温度;

(2) 计算各过程中气体所吸收的热量、气体所做的功和气体内能的增量.

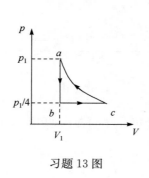
习题 13 图

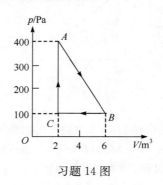
习题 14 图

§11.5　热力学第二定律

一、自发过程的方向性

　　自发过程是指系统不受外界任何影响条件下状态的变化,不受外界任何影响的系统称为孤立系统.所以,孤立系统中过程的方向性和自发过程的方向性,两种说法是相同的.

　　热力学第一定律是包括热能在内的能量转换和守恒定律.是一切热力学过程遵守的能量数量方面的规律.也就是说,违反热力学第一定律的过程是不可能发生的.但是,不违反热力学第一定律的过程,不一定都能自发地进行.例如,摩擦生热,把两块冰相互摩擦,外力克服摩擦力做功,转变成热,使两块冰融化.这说明功变热这个过程是可以自发进行的.方向相反的过程:两块冰的温度降低,放出热量,这热量转变为两冰块之间的相对运动(动能).这样的过程并不违反热力学第一定律.但是,这个过程是不可能自发进行的.再如热传导,使两个温度不同的物体热接触,热量自动地从高温物体传向低温物体,直到达到热平衡.虽然热量自动地由低温物体传向高温物体不违反热力学第一定律,但这样的过程是不可能实现的.再如气体的自由膨胀.用隔板将容器隔成两部分,一部分充有气体,另一部分为真空,抽去隔板,气体将自动地膨胀至充满整个容器.相反的过程显然是不可能出现的.

　　上面的例子说明,自然界中自发的热力学过程是具有单方向性的.

二、可逆过程和不可逆过程

　　为了更好地说明过程的方向性,引入可逆过程和不可逆过程的概念.

设一个过程使系统从状态Ⅰ变化为状态Ⅱ,如果存在另外一个过程,不仅使系统状态反方向变化,由状态Ⅱ回复到状态Ⅰ,而且当系统回到状态Ⅰ过程中,外界也都回复到原样,则系统从状态Ⅰ变化到状态Ⅱ的过程称为可逆过程.反之,如果一个过程进行后,不论经过怎样复杂曲折的方法都不能使系统回复到原来的状态,或者系统能回复到原状态,外界不能回复原状态,则这样的过程称为不可逆过程.

根据不可逆过程的定义和前面的分析,摩擦生热(功变热),热传导过程是不可逆过程,除此之外,扩散过程、爆炸过程等也是不可逆过程.应该注意的是,不可逆过程不只是系统不能回复原状态,即使系统能回复原状态,而对外界的影响不能完全消除的,也是不可逆过程.

单纯的无机械能损耗的机械运动是可逆过程.例如,无任何摩擦的单摆某时刻的位置和速度经一个周期后都得到回复,而且周围一切都没有变化,这样单摆的振动是可逆过程.

根据可逆过程的定义,无摩擦的准静态过程是可逆过程.若由终态沿着与原过程完全相反的方向,经过原过程所有的中间状态(平衡态)而回到初态,外界也同时恢复原状.例如,1mol理想气体,沿着如图11-11所示的方向,在无摩擦准静态的由Ⅰ→Ⅱ的等温过程中,系统由初态(p_1,V_1)变到终态(p_2,V_2)时,系统从温度为T的恒温热源吸收的热量为Q,对外做功为A,且有

$$Q = A = RT\ln\frac{V_2}{V_1}$$

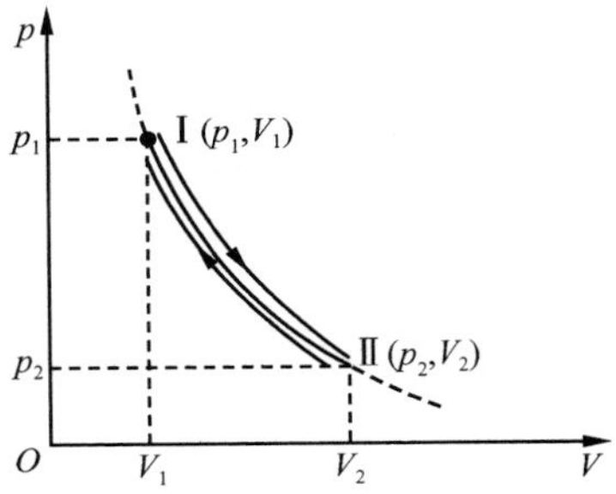

图 11-11 可逆过程

而在逆过程Ⅱ→Ⅰ中,外界对系统做功为A,系统向温度为T的恒温热源放热为Q.由此可见,在等温膨胀过程中系统对外界做了多少功,则在等温压缩过程中外界对系统也做同样数量的功;在等温膨胀过程中系统从外界吸收了多少热量,在等温压缩过程中系统就向外界放回同样数量的热量.当系统沿逆过程回到初态复原时外界也完全复原,所以无摩擦准静态过程是可逆过程.

值得注意的是,无摩擦的准静态过程是从实际中抽象出来的理想模型,实际过程不可能进行得无限缓慢,摩擦也不可能完全避免.实际上,在自然界中与热现象有关的过程都是不可逆的.

三、热力学第二定律的两种表述

热力学第二定律是关于自然界中宏观过程都有确定的方向性,这一客观规律的表示.或者说,热力学第二定律是自然界中宏观过程都是不可逆的,这一客观规律的表示.由于各种过程的不可逆性是相互沟通的,所以,对任何实际过程进行方向的确切说明,都可以作为热力学第二定律的表述.最有代表性的两种表述是开尔文(Kelvin,1824～1907)表述与克劳修斯(Clausius,1822～1888)表述.

1850年,克劳修斯从热传导过程的不可逆性,提出了热力学第二定律的一种表述:热量不可能自动地从低温物体传向高温物体.

1851年,开尔文考察了卡诺循环,从"功变热"过程的不可逆性,提出了热力学第二定律的一种表述:不可能制成一种循环动作的热机,只从单一热源吸收热量,使之完全变为有用功,而其他物体不发生任何变化.

开尔文　　　　　　　　　　克劳修斯

在开尔文表述中,需要强调的是"循环动作"与"其他物体不发生任何变化".等温膨胀过程是从单一热源吸收热量且"完全变成有用功",但不是"循环动作".

如果开尔文的表述是可以违反的,有人估算过,世界上的海水大约有 $1.39\times10^{18}\,\mathrm{m^3}$,用海水作为热机的单一热源,从中吸热全部转变成有用功,只要海水温度降低1K,就能提供 $5.8\times10^{24}\,\mathrm{J}$ 的能量.无数尝试证明,这种热机是不可能做成的,因为它违反了热力学第二定律.违反热力学第一定律的热机称为第一类永动机,违反热力学第二定律的热机称为第二类永动机.所以热力学第二定律的开尔文表述又作:第二类永动机是不可能制成的.

在克劳修斯表述中,需要强调的是"自动地"这个前提条件,制冷机可以使热量由低温物体传向高温物体,但这不是自动地,是通过外界对制冷机做功而实现的,是付出了代价的.

关于热力学第二定律不同表述等价性的证明,通常是用反证法:假设违背其一,必然违背其二,或者一个不成立,必导致另一个也不成立.这与从正面证明的等价性,即由一个推出另一个是异曲同工的.

下面,用反证法证明开尔文表述与克劳修斯表述的等价性:设开尔文表述不成立,即可以有"一循环动作的热机,只从单一热源吸收热量 Q_1,使之完全变成有用功 A,而其他物体不发生任何变化",见图11-12(a).则可以将此热机输出的功 $A=Q_1$ 输入一制冷机,于是,该热机与该制冷机经一循环后的总效果,只是热量 Q_2 由低温热源(温度为 T_2)传向高温热源(温度为 T_1),而其他皆不发生变化,这相当于"热量自动地由低温物体传向高温物体",这便导致克劳修斯表述不成立.反之,若克劳修斯表述不成立,即"热量可以自动地从低温物体传向高温物体",见图11-12(b).可以用一热机从高温物体吸取热量 Q_1,向低温物体放出热量 Q_2,这样,总效果是"热机经一循环后只从高温热源吸取热量 Q_1-Q_2 使之完全变成有用功而其他物体不发生任何变化",这便违反了开尔文的表述.

热力学第二定律不同表述的等价性,说明了宏观上不同的自发过程存在内在的联系,即有其共同的微观本质.也就是说,作为反映自然界一切与热现象相关的自发过程的不可逆性,即"单方向性"的热力学第二定律的深邃的微观本质,就是组成宏观物质体系的大量粒子的无规则热运动的总趋势,总是使宏观非平衡态(即有序态)自发地趋向宏观平衡态(即无序态).

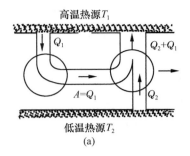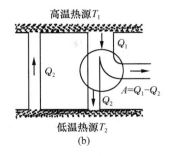

图 11-12　热力学第二定律两种表述等价性的证明

四、卡诺定理

在热力学第一定律和热力学第二定律建立以前，1824 年法国工程师卡诺提出并证明了卡诺定理.

（1）在相同的高温热源和相同的低温热源之间工作的一切可逆热机的效率都相等，都等于 $1-\dfrac{T_2}{T_1}$，与工作物质无关.

（2）在相同的高温热源和相同的低温热源之间工作的一切不可逆热机的效率不可能大于可逆热机的效率.

卡诺定理指出了提高热机效率的途径. 首先是，使实际的不可逆过程尽量接近可逆过程. 另外，应该尽量提高高温热源的温度. 由 $\eta=1-\dfrac{T_2}{T_1}$，看起来降低低温热源的温度有利于提高效率，但人为降低低温热源的温度是需要做功的. 所以，用人为降低低温热源的温度是不经济的.

＊五、卡诺定理的证明

（1）在相同高温热源和相同低温热源之间工作的一切可逆热机的效率都相等，都等于 $1-\dfrac{T_2}{T_1}$，与工作物质无关.

设两个可逆卡诺热机甲、乙都工作于同一个高温热源（温度为 T_1）和同一个低温热源（温度为 T_2）之间（不论用什么工作物质）. 甲每一循环做净功 a_1，乙每一循环做净功 a_2，设 $\dfrac{a_1}{a_2}=\dfrac{n_1}{n_2}$，则甲作 n_2 个循环做的功 n_2a_1 与乙作 n_1 个循环做的功 n_1a_2 相等，设为 A. 现把甲、乙两热机联合组成一个复合机. 甲作 n_2 次正循环、乙作 n_1 次逆循环为复合机的一次循环. 让甲作正循环 n_2 次，共从高温热源吸热 Q_1，向低温热源放出热量 $Q_2=Q_1-A$. 甲的效率为 $\eta_1=\dfrac{A_1}{Q_1}$. 使乙作逆循环 n_1 次，所需外界做的功也是 A，这些功由甲的 n_2 次正循环提供，乙的 n_1 次逆循环从低温热源吸收热量 Q_2'，向高温热源放出热量 Q_1'，则 $Q_1'=A+Q_2'$，应注意,乙作正循环的效率 $\eta_2 = \dfrac{A}{Q_1'}$.

应用反证法,先假设 $\eta_1 > \eta_2$,即

$$\frac{A}{Q_1} > \frac{A}{Q_1'}$$

由此可得到 $Q_1 < Q_1'$.注意到 $Q_1 = A + Q_2$,$Q_1' = A + Q_2'$,所以

$$Q_2' > Q_2$$

上式表明:复合机一次循环产生的唯一结果是把热量 $Q_2' - Q_2 > 0$ 从低温热源送到高温热源.这违反了热力学第二定律.所以,假设 $\eta_1 > \eta_2$ 是不可能的,只能是

$$\eta_2 \geqslant \eta_1$$

反之,若让乙作正循环 n_1 次,让甲作逆循环 n_2 次,同样可以证明 $\eta_2 > \eta_1$ 是不可能的,只能是

$$\eta_1 \geqslant \eta_2$$

综合上述结果可以得结论:

$$\eta_1 = \eta_2$$

(2) 在相同高温热源与相同的低温热源之间工作的一切不可逆热机的效率不可能大于可逆热机的效率.

设不可逆机丙的效率是 η_3,用不可逆机丙代替上述可逆机甲,同样可以证明

$$\eta_2 \geqslant \eta_3$$

也就是说,在相同高温热源与相同低温热源之间工作的不可逆热机的效率不可能大于可逆热机的效率.

实际上,工作于相同高温热源和相同低温热源之间的一切不可逆热机的效率 η' 小于可逆热机的效率 η,下面给出证明.

工作于两个具有一定温度的高温热源和低温热源间热机的效率为

$$\eta = \frac{A}{Q_1} = \frac{A}{Q_2 + A}$$

如果 $\eta' = \eta$,则

$$\frac{A}{Q_2 + A} = \frac{A'}{Q_2' + A'}$$

式中,A 和 Q_2 是可逆热机在 n_2 次循环中对外做的功和向低温热源放出的热量,A' 和 Q_2' 为不可逆热机在 n_1 次循环中对外做的功和向低温热源放出的热量,且 $A = A'$.由上式可得

$$Q_2 = Q_2'$$

这说明:如果 $\eta' = \eta$,则可逆热机在 n_2 次循环中,对外做的功和在低温热源放出的热量都等于不可逆热机在 n_1 次循环中的相应值.根据热力学第一定律,它们在高温热源吸收的热量也相同,即

$$Q_1' = Q_1$$

如果让可逆热机作逆循环 n_2 次,不可逆热机作正循环 n_1 次.根据上述分析可知,可逆机在逆循环完全消除了不可逆机正循环所产生的一切后果,这与不可逆机的循环过程的不可逆性相矛盾.这就证明了 $\eta' = \eta$ 的假设不成立,只能是

$$\eta' < \eta$$

习　题

1. 根据热力学第二定律可知(　　).
(A) 功可以全部转换为热,但热不能全部转换为功
(B) 热可以从高温物体传到低温物体,但不能从低温物体传到高温物体
(C) 不可逆过程就是不能向相反方向进行的过程
(D) 一切自发过程都是不可逆的

2. 根据热力学第二定律判断下列哪种说法是正确的(　　).
(A) 热量能从高温物体传到低温物体,但不能从低温物体传到高温物体
(B) 功可以全部变为热,但热不能全部变为功
(C) 气体能够自由膨胀,但不能自动收缩
(D) 有规则运动的能量能够变为无规则运动的能量,但无规则运动的能量不能变为有规则运动的能量

§11.6　熵增加原理

热力学第二定律揭示的是,孤立系统中的过程进行的单方向性的客观规律.任意孤立系统中实际过程进行方向的确切叙述都可以作为热力学第二定律的一种叙述.热力学第二定律的叙述是多种多样的.任何规律最好的、最便于应用的表示是数学表示.如何寻找热力学第二定律的数学表示?

要找出热力学第二定律的数学表示,关键是找出决定过程进行方向的因素.或者说,如果能找到一个状态量,在系统状态变化时,这个状态量的变化也是单方向的,并且和系统过程进行的方向一致,就可以用这个状态量的变化方向表示系统过程进行的方向.由于任何自发过程进行方向的确切叙述,都是热力学第二定律的正确叙述,所以,可以通过任意自发过程寻找热力学第二定律的数学表示.现在以气体自由膨胀的单方向性为例,寻找热力学第二定律的数学表示.

一、热力学概率

宏观态和微观态

如图 11-13 所示,被分成相等的两部分的容器中,有由四个同种分子 a、b、c、d 组成的孤立系统,如果只考虑两部分分别有几个分子,而不考虑具体是哪几个分子,每一种分布称为一种宏观态.显然共有 5 种宏观态:左边 4 个、右边 0 个;左边 3 个、右边 1 个;左边 2

个、右边 2 个；左边 1 个、右边 3 个；左边 0 个、右边 4 个.

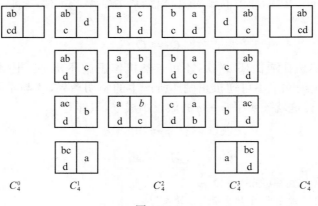

图 11-13

由于分子作无规则热运动，每个分子出现在左边和右边的概率相等．如果考虑每一种宏观态中分子的具体分配方式，每一种分配方式称为一种微观态．显然，每一种微观态出现的概率相等．一种宏观态包含的微观态的数目称为这种宏观态的热力学概率，用 Ω 表示．应用排列组合的方法可知，上述 5 种宏观态的热力学概率分别是

$$\Omega_0 = C_4^0 = 1, \quad \Omega_1 = C_4^1 = 4, \quad \Omega_2 = C_4^2 = 6, \quad \Omega_3 = C_4^3 = 4, \quad \Omega_4 = C_4^4 = 1$$

实际的气体系统包含的分子数在 $N = 10^{23}$ 数量级．右边的分子数分别是 $0, 1, 2, \cdots,$ $\frac{N}{2}, \cdots, N-2, N-1, N$ 的宏观态的热力学概率分别是 $\Omega_0 = C_N^0, \Omega_1 = C_N^1, \Omega_2 = C_N^2, \cdots, \Omega_{N/2} = C_N^{N/2}, \cdots, \Omega_{N-2} = C_N^{N-2}, \Omega_{N-1} = C_N^{N-1}, \Omega_N = C_N^N.$

二、热力学第二定律的数学表示　熵增加原理

气体的自由膨胀过程进行的方向是由非平衡态向平衡态单方向进行．在过程进行中热力学概率的变化是单调增加的．热力学概率单调增加的变化方向与系统状态的变化方向始终是一致的．所以，热力学概率单调增加的变化方向可表示孤立系统中过程进行的方向．也就是，热力学第二定律的数学表示可以是

$$\Delta\Omega > 0 \tag{11-40}$$

由上面可以看出，除两个极端情况外，热力学概率 Ω 的数值都是极大的，应用起来非常不便，必须把它缩小．缩小的原则是：缩小后的数值变化顺序必须与 Ω 数值变化顺序相同．取 Ω 的对数变成 $\ln\Omega$，这样数值还是太大，再乘以一个数值很小的玻尔兹曼常量 k 变成 $k\ln\Omega$．$k\ln\Omega$ 与 Ω 的数值顺序完全相同，而且数值大小合适，使用方便．由于 $k\ln\Omega$ 与 Ω 一样都是单调增加的，并且由小到大的顺序与 Ω 的顺序是一致的，确定用 $k\ln\Omega$ 的变化方向表示过程进行的方向，玻尔兹曼把 $k\ln\Omega$ 定义为熵，即

$$S = k\ln\Omega \tag{11-41}$$

可见，熵是状态的函数．过程进行的方向用

$$\Delta S = S_2 - S_1 = k\ln\frac{\Omega_2}{\Omega_1} > 0 \tag{11-42}$$

表示. 考虑到准静态过程中, 各中间态都无限接近平衡态, 各中间态的 Ω 达到最大值 $\Omega_{\max}$, $\Omega_{\max}$ 的数值不变, 熵也不变, 在准静态过程中

$$\Delta S = S_2 - S_1 = k\ln\frac{\Omega_{\max}}{\Omega_{\max}} = 0$$

因此, 孤立系统中一切过程进行的方向可以用

$$\Delta S \geqslant 0 \tag{11-43}$$

表示. 式(11-43)就是要寻找的热力学第二定律的数学表示. 式(11-43)表明, 孤立系统的熵永不减小. 这一结论称为熵增加原理.

式(11-41)表明, 熵是系统分子热运动无序性的量度, 或混乱性的量度. 以气体为例, 系统体积越大, 分子可能出现的位置越多, 系统热运动的无序性越大, 混乱程度越强.

实际上, 上述由 Ω 变成 $\ln\Omega$, 再变成 $k\ln\Omega$ 的思想和方法与由声强 I 变成 $\log\dfrac{I}{I_0}$, 再变成 $10\log\dfrac{I}{I_0}$ ($I_0 = 1\times10^{-12}\,\mathrm{W/m^2}$ 是人耳能听到的最小声强)的思想和方法有异曲同工之妙. 其实, 这种思想方法在物理学等学科以及工程技术中的应用是很多的.

三、热力学第二定律的微观意义

由式(11-42)可以看出, 孤立系统中自发过程进行的方向, 总是从包含微观态数目小的宏观态向包含微观态数目大的宏观态方向进行; 或者说, 总是从热力学概率小的宏观态向热力学概率大的宏观态方向进行, 向更加无序的方向进行.

由上面分析可以看出, 系统由平衡态再回到全部分子都重新集中到左边, 而右边没有分子的宏观态的概率并不等于零. 对于 1mol 气体的系统, 气体分子数 $N = 6.02\times10^{23}$, 气体自由膨胀中各种宏观态热力学概率的总和是

$$\sum_{i=0}^{N}\Omega_i = 2^N = 2^{6.02\times10^{23}}$$

根据等概率原理, 全部分子都重新集中到左边的概率是 $\dfrac{1}{2^{6.02\times10^{23}}}$. 这个概率是非常小的, 小到这种宏观态实际上是不可能观察到的.

* 四、克劳修斯熵

克劳修斯在卡诺定理基础上引入了态函数熵, 并进一步用熵增加原理作为热力学第二定律的数学表示.

1. 克劳修斯等式

克劳修斯在研究卡诺循环时注意到: 在任意一个可逆卡诺循环中, 系统从高温热源中吸收的热量 Q_1 和在低温热源中放出的热量 Q_2 不相等, 但是, 热量除以相应热源的温度

的值在整个过程中保持不变,即

$$\frac{Q_1}{T_1} = \frac{Q_2}{T_2} \tag{11-44}$$

如果改用热力学第一定律中对热量的符号规定,上式可以变为

$$\frac{Q_1}{T_1} + \frac{Q_2}{T_2} = 0 \tag{11-45}$$

式中 Q_2 是系统在低温热源吸收的热量. 在卡诺循环的两个绝热过程中,系统吸收的热量 $Q=0$,相应的 $\frac{Q}{T}=0$. 所以,系统从初态经过整个可逆卡诺循环又回到原来的状态后,在卡诺循环的四个过程中的 $\frac{Q}{T}$ 之和等于零,即

$$\sum_i \frac{Q_i}{T_i} = 0 \tag{11-46}$$

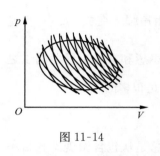

图 11-14

如图 11-14 所示,对于 $p\text{-}V$ 图上任意可逆循环过程曲线,用一组间隔很小的绝热线和一组间隔很小的等温线,可以分成许多微小的卡诺循环. 容易看出,任意循环过程曲线内部每一段微小的绝热线和等温线,都是相邻两个微小卡诺循环的一部分,并且过程方向相反,它们的效果完全抵消. 所以,这些微小卡诺循环的总效果就是图中锯齿形折线表示的循环过程. 当绝热线的间隔和等温线的间隔都无限小时,图中锯齿形折线表示的循环过程无限趋近原来的任意可逆过程曲线. 对于所有微小的卡诺循环列出式(11-46)应有

$$\oint \frac{\mathrm{d}Q}{T} = 0 \tag{11-47}$$

式(11-47)称为克劳修斯等式.

2. 态函数熵

设图 11-15 是 $p\text{-}V$ 图上的任意可逆循环过程曲线,在循环曲线上任取两点 a、b. a、b 两点把循环过程分成由 a 经 c 到 b 的过程 Ⅰ 和由 b 经 d 到 a 的过程 Ⅱ. 对于图 11-15 所示的循环过程,克劳修斯等式可写成

$$\oint \frac{\mathrm{d}Q}{T} = \int_{a(1)}^{b} \frac{\mathrm{d}Q}{T} + \int_{b(2)}^{a} \frac{\mathrm{d}Q}{T} = 0 \tag{11-48}$$

考虑过程 Ⅱ 是可逆过程,所以,对于可逆过程 Ⅱ 有

$$\int_{b(2)}^{a} \frac{\mathrm{d}Q}{T} = -\int_{a(2)}^{b} \frac{\mathrm{d}Q}{T}$$

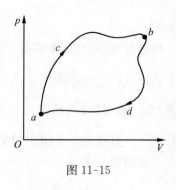

图 11-15

把上式代入式(11-48)可得

$$\int_{a(1)}^{b} \frac{\mathrm{d}Q}{T} = \int_{a(2)}^{b} \frac{\mathrm{d}Q}{T} \tag{11-49}$$

注意到循环过程以及 a、b 的任意性,式(11-49)说明,由状态 a 到状态 b 的积分 $\int_a^b \dfrac{\mathrm{d}Q}{T}$ 只与初、末状态有关,与具体过程无关.

类比于力学中,根据保守力的功与路径无关,只与始末位置有关,因此,可以定义由位置确定的势能函数. 由此可以确定,根据积分 $\int_a^b \dfrac{\mathrm{d}Q}{T}$ 只与始、末状态有关,与具体过程无关,可以定义由系统状态确定的函数,这个函数称为熵. 当系统由平衡态 a 变化到平衡态 b 时,系统的熵变为

$$S_b - S_a = \int_a^b \frac{\mathrm{d}Q}{T} \tag{11-50}$$

对于一段微小的可逆过程,上式可以写成

$$\mathrm{d}S = \frac{\mathrm{d}Q}{T} \tag{11-51}$$

对于熵应该注意:

(1) 热温比的积分称为熵,熵是系统状态的函数,与如何达到平衡态的过程无关.

(2) 熵的数值只有相对的意义,有确定意义的是熵变. 这与势能类似.

(3) 计算系统由初态经可逆过程到达末态时的熵变,可以选择连接初、末状态的任意可逆过程应用式(11-50)计算熵变.

(4) 计算系统由初态经不可逆过程到达末态时的熵变,可以设计一个连接同样初、末状态的任一可逆过程应用式(11-50)计算熵变.

3. 不可逆过程中的熵变

以气体自由膨胀为例,计算不可逆过程中的熵变.

设 μ 摩尔理想气体,初态的体积为 V,经自由膨胀到末态体积 $2V$. 因为理想气体的自由膨胀,气体对外不做功,也无热量交换,其温度不变. 为计算系统的熵变,假设系统经等温(设温度为 T)膨胀过程由初态体积 V,膨胀到末态体积 $2V$. 在微小等温过程中系统吸收的热量

$$\mathrm{d}Q = \mathrm{d}A = p\mathrm{d}V$$

微小过程中的熵变

$$\mathrm{d}S = \frac{\mathrm{d}Q}{T} = \frac{p\mathrm{d}V}{T}$$

由理想气体的状态方程 $pV = \mu RT$ 可得 $p = \dfrac{\mu RT}{V}$,代入上式得到微小过程中的熵变

$$\mathrm{d}S = \mu R \frac{\mathrm{d}V}{V}$$

有限过程中的熵变

$$S_2 - S_1 = \mu R \int_V^{2V} \frac{dV}{V} = \mu R \ln \frac{2V}{V} = \mu R \ln 2 > 0$$

上面的结果说明:气体在自由膨胀过程中,它的熵增加了.

五、熵增加原理

　　根据卡诺定理可以证明,孤立热力学系统从一个平衡态过渡到另一平衡态,它的熵永不减少;如果过程是可逆的,熵的数值不变;如果过程是不可逆的,熵的数值增加. 这个结论称为熵增加原理,即

$$S_2 - S_1 = \int_1^2 \frac{dQ}{T} \geqslant 0 \tag{11-52}$$

对于无限小过程

$$dS \geqslant \frac{dQ}{T} \tag{11-53}$$

式(11-52)和式(11-53)是热力学第二定律的数学表示.
　　微小过程的热力学第一定律的数学表示式

$$dQ = dE + p dV$$

与式(11-53)结合起来可得到

$$T dS \geqslant dE + p dV \tag{11-54}$$

对于可逆过程

$$T dS = dE + p dV \tag{11-55}$$

上式称为热力学基本微分方程.

六、规律和定律

　　规律和规律的表示是两个不同的问题. 规律是客观的,人们可以通过观察、实验等手段去发现它. 把规律确切地表示出来的方式是定律. 一个客观规律可以有多种不同的表示方式,任何一种能够揭示规律本质的表示都是正确的表示. 任何规律最好的、最便于应用的表示是数学表示. 不同表示(如果有的话)各有其优点,不同的表示之间必定有联系,或者是等价的.
　　自发热力学过程具有确定的方向性,这是客观规律. 把这种客观规律表示出来的方式,科学家称之为热力学第二定律. 热力学第二定律的表示方式有多种,熵增加原理是这一客观规律的数学表示. 克劳修斯根据宏观量的变化特征定义了宏观熵. 用宏观熵表达的熵增加原理是热力学第二定律的数学表示. 玻尔兹曼从概率是支配过程进行方向的基本法则出发定义了微观熵. 用微观熵表达的熵增加原理是热力学第二定律的另一种数学表

示.统计物理已经证明,熵的两种定义是等价的[①].克劳修斯定义的熵,概念比较抽象,但计算只涉及宏观量,比较容易.玻尔兹曼定义的熵意义明确,清楚地揭示了自发过程进行方向的微观本质.两种方法相辅相成,互为补充.

　　发现客观规律是开拓性的,建立客观规律的表示是创造性的.通过热力学第二定律的数学表示方法的建立过程,希望能够学到建立客观规律表示方法的科学思想和科学方法.

　　由熵增加原理可证明热传导和功变热的不可逆性.可用熵增加原理直接判定自然界中热力学自发宏观过程的方向(沿熵增加方向)和限度(熵增加到极大值为限),也可用熵增加原理间接判定自然界中热力学非自发宏观过程的方向和限度.因为非自发过程一定是在非孤立系统中进行的,此时可将影响系统的外界与系统合起来视为孤立系统,因而可直接用熵增加原理来判定.

　　值得指出的是,热力学定律是建立在有限时空中所观察到的热现象之上的,因此不能把热力学第二定律无原则地推广到整个宇宙.19世纪的一些物理学家和哲学家,包括克劳修斯在内,把热力学第二定律推广到整个宇宙,认为宇宙的熵将趋于极大,因此,一切宏观的变化都将停止,全宇宙的温度将达到一致,宇宙将"进入一个死寂的永恒状态".这就是唯心主义的"热寂说"."热寂"论者的主要错误在于把无限的宇宙当成热力学中的一个有限的孤立系统.对于"热寂说"的批判,现在又有一些新的说法出现,这里不再详述.

习　　题

　　1. 一绝热容器被隔板分成两半,一半是真空,另一半是理想气体.若把隔板抽出,气体将进行自由膨胀,达到平衡后(　　).

　　(A) 温度不变,熵增加　　　　　　(B) 温度升高,熵增加

---

　　①　μ 摩尔理想气体(分子数 $N = \mu N_0$),初态的体积为 V,经自由膨胀到末态体积 $2V$. 初态的热力学概率 $\Omega_1 = 1$,末态的热力学概率 $\Omega_2 = C_N^{N/2} = \dfrac{N!}{[(N/2)!]^2}$. 因为 N 非常大,应用斯特林公式:$n! = \sqrt{2\pi n}\left(\dfrac{n}{e}\right)^n$,所以

$$\frac{\Omega_2}{\Omega_1} = \Omega_2 = \frac{\sqrt{2\pi N}\left(\dfrac{N}{e}\right)^N}{\left[\sqrt{\pi N}\left(\dfrac{N}{2e}\right)^{N/2}\right]^2} = \frac{\sqrt{2\pi N}\left(\dfrac{N}{e}\right)^N 2^N}{\pi N\left(\dfrac{N}{e}\right)^N} = \sqrt{\frac{2}{\pi}}\,N^{-1/2}2^N$$

由初态到末态的熵变

$$\Delta S = k\ln\Omega_2 - k\ln\Omega_1 = k\ln\frac{\Omega_2}{\Omega_1} = k\ln\Omega_2 = k\ln\left(\sqrt{\frac{2}{\pi}}\,N^{-1/2}2^N\right)$$

化简上式

$$\Delta S = k\frac{1}{2}\ln\frac{2}{\pi} - k\frac{1}{2}(\ln\mu + \ln N_0) + \mu k N_0\ln 2$$

$$= \frac{1}{2}k\left(\ln\frac{2}{\pi} - \ln\mu - \ln 6.02 - 23\ln 10\right) + \mu R\ln 2$$

上式中的 $\dfrac{1}{2}k\left(\ln\dfrac{2}{\pi} - \ln\mu - \ln 6.02 - 23\ln 10\right)$ 是非常小的常量,舍去得到

$$\Delta S = \mu R\ln 2$$

上述结果和用宏观熵计算的结果完全相同. 从这个例子可以看出,玻尔兹曼定义的微观熵和克劳修斯定义的宏观熵,两者是等价的. 也可以看出,玻尔兹曼定义的微观熵

$$S = k\ln\Omega$$

中为什么选择玻尔兹曼常量 k,而不选择其他很小的常量的原因.

(C) 温度降低,熵增加　　　　　　　(D) 温度不变,熵不变

2. "理想气体和单一热源接触作等温膨胀时,吸收的热量全部用来对外做功."对此说法,有如下几种评论,哪种是正确的?(　　　)

(A) 不违反热力学第一定律,但违反热力学第二定律

(B) 不违反热力学第二定律,但违反热力学第一定律

(C) 不违反热力学第一定律,也不违反热力学第二定律

(D) 违反热力学第一定律,也违反热力学第二定律

3. 热力学第二定律表明(　　　).

(A) 不可能从单一热源吸收热量使之全部变为有用的功

(B) 在一个可逆过程中,工作物质净吸热等于对外做的功

(C) 摩擦生热的过程是不可逆的

(D) 热量不可能从温度低的物体传到温度高的物体

4. 一定量的理想气体向真空作绝热自由膨胀,体积由 V_1 增至 V_2,在此过程中气体的(　　　).

(A) 内能不变,熵增加　　　　　　　(B) 内能不变,熵减少

(C) 内能不变,熵不变　　　　　　　(D) 内能增加,熵增加

5. 1mol 理想气体绝热地向真空自由膨胀,体积由 V_0 膨胀到 $2V_0$,试求该气体熵的改变.

6. 已知 1mol 单原子分子理想气体,开始时处于平衡状态,现使该气体经历等温过程(准静态过程)压缩到原来体积的一半,求气体的熵的改变.(普适气体常量 $R = 8.31 J/(mol \cdot K)$)

7. 今有 1kg 0℃的冰融化成 0℃的水,求其熵变(设冰的溶解热为 $3.35 \times 10^5 J/kg$).

8. 取 1mol 理想气体,按如图所示的两种过程由状态 A 到达状态 C.

(1) 由 A 经等温过程到达状态 C;

(2) 由 A 经等体(积)过程到达状态 B,再经等压过程到达状态 C.

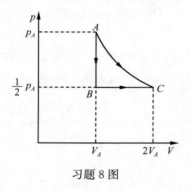

习题 8 图

按上述两种过程计算该系统的熵变 $S_C - S_A$. 已知 $V_C = 2V_A$, $p_C = \frac{1}{2} p_A$.

*§11.7　热力学第三定律

一、气体的液化与低温的获得

低温的获得是与气体的液化密切相关的. 18 世纪末,荷兰人马伦(Martin van Marum)第一次用高压压缩方法将氨液化. 1826 年法拉第陆续液化了 H_2S、HCl、SO_2、C_2N_2. 1877 年,法国物理学家盖勒德(Louis Paul Cailletet)和瑞士物理学家毕克特(Paous-Pierre

Pictet)几乎同时把被称为永久气体的氧液化,使温度达到—140℃.1893 年 1 月,杜瓦宣布发明了低温恒温器,后被称为杜瓦瓶.1898 年杜瓦用杜瓦瓶实现了氢气的液化,温度达到 20.4K.第二年实现了氢的固化,达到 12K.荷兰莱登大学的昂纳斯(Kamerlingh Onnes)教授领导的低温实验室于 1908 年得到液氦,达到 4.3K,翌年达到 1.38~1.04K.

二、热力学第三定律

17 世纪末阿蒙顿(G. Amontons)在他的实验中观察到,空气温度每下降一定量,压强也下降一定量.照此下去,总会得到气压为零的时候,所以温度降低必有一个限度.他认为,任何物体都不可能冷却到这一温度以下.阿蒙顿还预言,达到这个温度时,所有运动都将趋于静止.

一个世纪以后,查理(Charles)和盖-吕萨克(Gay-Lussac)建立了严格的气体定律,从气体的压缩系数 $\alpha=1/273$ 得到,温度的极限是—273℃.

1848 年,W. 汤姆孙确定绝对温标时,对绝对零度作了如下说明:当我们考虑无限冷相当于空气温度计零度以下的某一确定的温度时,如果把分度的严格原理推延到足够远,我们就可以达到这样一点,在这一点上空气的体积将缩减到无,在刻度上可以标以—273℃.所以,空气温度计的(—273℃)是这样一个点,不管温度降到多低都无法达到这点.

1912 年,能斯特(W. Nernst)在他的著作《热力学与比热》中写道:"不可能通过有限的循环过程,使物体冷到绝对零度."这一结论被称为绝对零度不可能达到定律,或热力学第三定律.

十多年后,西蒙(F. Simon)对热力学第三定律作了改进和推广,修正后称为热力学第三定律的能斯特-西蒙表述:当温度趋于绝对零度时,凝聚系统(固体和液体)的任何可逆等温过程,熵的变化趋近于零,即

$$\lim_{T \to 0} (\Delta S)_T = 0 \tag{11-56}$$

以上对热力学第三定律的不同表述,实际上都是等价的.

三、低温物理学的发展

自 1908 年氦被液化以来,低温物理学得到迅速发展.昂纳斯的低温实验室成为研究低温的基地.他和他的合作者不断创造出新的成绩,对极低温度下的各种物理现象进行了广泛研究.1911 年,他们发现汞、铅和锡等金属,在极低温度下电阻会突然下降到零,1913 年他用超导电性代表这一事实.这年昂纳斯获得了诺贝尔物理学奖.从此,超导电性的研究受到很多国家的重视.

1928 年,凯森发现在 2.2K 时液氦中发生了特殊相变.十年后,苏联的卡皮查、英国的阿伦(Allen)和密申纳(Misener)分别却是同时发现,液氦在 2.2K 以下可以无摩擦地经窄管流出,没有黏滞性,这种属性称为超流动性.

1933 年应用磁冷却法(也称为顺磁盐绝热去磁冷却法)使温度达到 0.25K,后来应用磁冷却法达到 0.003K,1956 年用核去磁冷却法使温度达到 10^{-5} K.1979 年芬兰科学家恩荷姆(Ehnholm)用级联核冷却法达到 5×10^{-8} K,现在能达到的最低温度是 2×10^{-8} K.

探索极低温度下物质的属性,有重要实际意义和理论价值.在极限情况下,物质中的原子或分子的无规则热运动将趋于静止,一些常温下被掩盖了的现象将显示出来,为了解物质世界的规律提供重要线索.例如,1956 年吴健雄等为检验宇称不守恒原理进行的 Co-60 实验,就是在 0.01K 的极低温度条件下进行的.1980 年,德国物理学家克利青(Klaus von Klitzing)在极低温度条件下发现了量子霍尔效应,并因此获 1985 年的诺贝尔物理学奖.

*§11.8　信息与信息熵

热力学第二定律和熵的概念是物理学中最难理解的部分之一.对于它们的正确性,历史上也曾经有过不少疑虑和诘难.麦克斯韦给热力学第二定律出的,被称为麦克斯韦妖的难题就是其中之一.

一、麦克斯韦妖与信息

图 11-16　麦克斯韦妖

麦克斯韦设想,中间的隔板把容器分为 A、B 两部分,一个能观察到所有分子轨迹和速度的小精灵把守着隔板上小孔的闸门,闸门是完全无摩擦的.这个小精灵看到 A 中速度较大的分子过来时,就打开闸门,放它到 B 中去,看到 B 中速度较小的分子过来时,也打开闸门放它到 A 中去,如图 11-16 所示.这样一来,小精灵无需做功,就可以使 A 中的温度越来越低,B 中的温度越来越高,于是,系统的熵降低了,热力学第二定律受到了挑战.这个小精灵被称为麦克斯韦妖.

尽管很多人想弄清楚这个小精灵的来头,但直到 1929 年才由匈牙利物理学家西拉德(L. Szilard)揭穿了它的底细.麦克斯韦佯谬使人们加深了对信息的认识,促进了对信息与熵的关系的研究.

麦克斯韦妖有获得和储存分子运动信息的能力,它靠信息干预系统,使系统逆着自发过程进行的方向进行.小精灵要获得分子运动信息,必须用一束光照射分子,这要消耗一定的能量,产生熵.按现代观点,信息是负熵.获得信息产生的熵补偿了系统熵的减少.两个过程的总效果是熵增加了.这正像,冰箱使冷冻室内的温度降低,但是,总体效果是放出的热量比从冷冻室取出的热量要多.

麦克斯韦妖的功勋是使人们把信息和熵连起来了,到底什么是信息?如何量度它?它与熵的定量关系又如何呢?

二、信息与信息熵

信息的含义是广泛的,包括客观存在的一切事物通过物质载体所发出或传递的消息、情报、指令、数据、信号等所蕴含的所有知识内容.广义的信息概念,是对物质存在和运动形式的一般描述或显示,宇宙万物都是以信息显示着自身的存在方式、状态及其变化.

　　控制论的奠基人维纳(N. Wiener)说:"信息就是信息,不是物质,也不是能量."这句话的深刻含义是指出了信息的重要地位,物质、能量和信息是构成客观世界的三大要素.

　　研究信息的理论即信息论是从 20 世纪 20 年代至 40 年代末才建立的一门新学科,这一理论是由美国贝尔电话研究所的数学家香农(C. E. Shannon)在 1948 年发表论文"通讯的数学理论"奠定的,因此常称为香农信息论,因为香农当时限于通信范畴,所以也称为狭义信息论.目前所说的信息论包括一切与信息相关的领域,如心理学、语言学、神经生物学等,它所涉及的研究对象不仅包括物理的人工信息系统、自然信息系统,还包括社会组织、经济组织、生产管理组织等非物理信息系统,人们把这种信息论称为广义信息论.

　　用来描写事件不确定性的量,应该具备这样的特征:当事件完全确定时,它应为零;事情的可能状态或结果越多,它应该越大;当可能结果数一定,每种结果出现的概率相等时,不确定性应取极大值,即这种事件是最不确定的.

　　假定某事件的可能结果和出现某结果的概率如下:

$$x_1, x_2, \cdots, x_n \leftarrow 可能结果$$
$$P_1, P_2, \cdots, P_n \leftarrow 出现的概率$$

且

$$\sum_{i=1}^{n} P_i = 1$$

信息论引入

$$u = -\sum_{i=1}^{n} P_i \ln P_i \tag{11-57}$$

来作为不确定性的量度,它正好符合上面提出的对描述不确定性量的要求.

　　1948 年香农称与 u 成正比的

$$S = -K \sum_i P_i \ln P_i \tag{11-58}$$

为信息熵或广义熵,熵概念的这一推广,为熵从热力学进入信息、生物、经济、社会领域铺平了道路.

　　若不确定事件的每个可能结果出现的概率相同,即 $P_1 = P_2 = \cdots = P_i = \cdots = P$($P$ 表示任意可能结果出现的概率),W 表示可能出现的结果总数,且 $P = \dfrac{1}{W}$,则式(11-58)退化成

$$S = -K \ln P \tag{11-59}$$

或

$$S = K \ln W \tag{11-60}$$

将比例系数 K 视为玻尔兹曼常量 k,式(11-60)与热力学熵 S 的表达式有完全相同的形式,可见更为广泛的信息熵定义式(11-58)～(11-60)已将热力学熵包含在自身之中.

　　事件的可能结果数 W 越大,每个可能结果出现的概率 P 越小,由式(11-59)可知,当

事者在现实面前会越显得捉摸不定和无知,所以,从这个意义上说,熵是无知或缺乏信息的量度.电视机出了故障,对缺少这方面知识的人来说,他会提出多种猜测,比如怀疑图像通道,或伴音通道,或扫描电路,或鉴频器、高频头等发生了故障,而对于一个精通电视知识并有修理经验的人来说,会由看到的现象,准确地说出毛病之所在.从熵概念来看这两个人,则前者在电视方面较无知,熵较大;后者则在这方面占有知识(信息),熵较小,所以,为了减少对世界认识的不确定性或无知,人们要尽可能多地积累知识和获取信息.

量 u 和信息熵 S 都可以度量事件的不确定性,信息可以减少或清除事件的不确定性,可是,不同的信息对事件不确定性的减少是不同的.

三、信息量

就减少事件不确定性的程度而言,信息有个数量问题,收到信息以后,不确定性减少越多,那么,信息所含信息量越多,也就是说信息的信息量应与事件的不确定性减少量成正比,下面依照这一思路来定义信息量.

如果收到信息以前,事件的不确定性是

$$u_1 = -\sum_i P_{1i} \ln P_{1i}$$

收到信息后,事件的不确定性是

$$u_2 = -\sum_i P_{2i} \ln P_{2i}$$

那么,信息量定义为

$$I = -K(u_2 - u_1)$$

或

$$I = -(S_2 - S_1) = -\Delta S \tag{11-61}$$

上式表明熵与信息的联系——信息的信息量是信息熵的减少量.

如果收到信息前和收到信息后,事件的可能结果都是等概率的,利用式(11-61)、(11-59)可得信息量

$$I = K \ln \frac{P_2}{P_1} = K \ln \frac{W_1}{W_2} \tag{11-62}$$

$P_1 = \dfrac{1}{W_1}$,代表收到信息前某种可能结果出现的概率;$P_2 = \dfrac{1}{W_2}$,代表收到信息后某种可能结果出现的概率;W_1、W_2 分别代表收到信息前、后可能结果的总数.

信息的特征是可以改变收信人的不确定性,收到信息后,收信人如果清除了全部的不确定性,$P_2 = 1$,$W_2 = 1$,事情变成完全确定的,由式(11-62),信息量

$$I = -K \ln P_1 = K \ln W_1$$

一个信息,如果不改变任何不确定性,$P_1 = P_2$,则该信息的信息量为零,下面举例说明如何确定一条信息的信息量.

甲投一个骰子,让乙来猜其结果,投完以后,甲告诉乙:"结果为奇数."这句话的信息

量是多少？在甲告诉乙以前，总可能结果 $W_1 = 6$，每种数字出现的概率 $P_1 = \dfrac{1}{6}$，乙得知"结果是奇数"后，总可能结果 $W_2 = 3$，每个奇数数字出现的概率为 $P_2 = \dfrac{1}{3}$，由式（11-62），得该信息的信息量

$$I = K\ln \frac{P_2}{P_1} = K\ln \frac{\frac{1}{3}}{\frac{1}{6}} = K\ln 2$$

若甲向乙继续传递第二个信息："结果不是 3."乙收到信息后，总可能结果 $W_2' = 2$，每个可能结果出现的概率 $P_2' = \dfrac{1}{2}$，第二个信息的信息量

$$I' = K\ln \frac{P_2'}{P_2} = K\ln \frac{\frac{1}{2}}{\frac{1}{3}} = K\ln \frac{3}{2}$$

两条信息的总信息量

$$I_0 = K\ln \frac{P_2'}{P_1} = K\ln \frac{\frac{1}{2}}{\frac{1}{6}} = K\ln 3 = I + I'$$

可见信息量是可加的.

若甲投完后，仅告诉乙："数字不是 5."乙收到这信息后，总的可能结果 $W_2 = 5$，那么这条信息的信息量为

$$I = K\ln \frac{W_1}{W_2} = K\ln \frac{6}{5}$$

若甲告知乙，投后"出现的数字为 2"，事情变成完全确定 $W_2 = 1, P_2 = 1$，这信息具有最大的信息量

$$I = K\ln W_1 = K\ln 6$$

收信息前，$K\ln W_1$ 表示事件的不确定性或收信者的无知程度；收信息后，如果事件变得完全确定，$K\ln W_1$ 便表示得到的信息量.

在前面的计算中，还保留一个比例系数 K，也没有说明信息量的单位，从式（11-61）可知，信息量与熵的减少相联系，如果令比例系数 K 等于玻尔兹曼常数 k，信息量的单位就为熵的单位 J/K，即焦/开，普遍采用的信息量单位为 bit，即比特.

在计算机科学中，采用二进制，以（0，1）构成的序列来表示某种结果或指令，如用 8 位二进制数 01011101 表示某种信息. 对于二进制信息，信息量表达式中的对数改用 2 为底表示较方便，这样，式（11-62）可表示为

$$I = \frac{K}{\log_2 e} \cdot \log_2 \frac{P_2}{P_1} = \frac{K}{\log_2 e} \cdot \log_2 \frac{W_1}{W_2}$$

一个 N 位的二进制数有 2^N 个可能结果,即 $W_1 = 2^N$,一旦从信息中确定了其中的一个,$W_2 = 1$,则信息量

$$I = K \cdot \frac{\log_2 2^N}{\log_2 e} = \frac{K}{\log_2 e} N$$

若令 $K = \log_2 e$,则

$$I = N(\text{bit})$$

信息量便与二进制序列的位数 N 对应起来,单位定为比特.

上述问题,若以熵单位来计算信息量

$$I = k \ln 2^N = (k \ln 2) N (\text{J/K})$$

上两式对照,得两个信息量单位的换算关系为

$$1\text{bit} = k \ln 2 \, \text{J/K} \tag{11-63}$$

在用比特为单位计算信息量时,取式(11-62)比例系数 $K = 1$,对数底为 2,使具有 W 个可能结果的不确定事件成为确定事件,需要获得信息量为

$$I = \log_2 W (\text{bit}) \tag{11-64}$$

的信息. $W = 2$ 时,I 正好为 1bit,这说明在事情的两个可能结果中选定了其中的一个结果,所得到的信息为 1bit,与信息量的熵单位比较,按式(11-63),$1\text{bit} = 10^{-23} \text{J/K}$,获取 1bit 的信息相当减少 $k \ln 2 \, \text{J/K}$ 的信息熵,按照热力学第二定律,环境必须有一个熵的增加作补偿. 对一个孤立或绝热系统,在保持总熵不变的条件下,想获取信息是不可能的,获取 1bit 的信息至少要有 $k \ln 2 \, \text{J/K}$ 热熵的增加来补偿信息熵的减少,对应着有 $kT \ln 2$ 的功转变为热或其他热变化. 近年来,IBM 公司的朗道尔(R. Landauer)对计算机数据处理的能量消耗的研究表明,在理想化的计算和测量过程中,不可避免的能量消耗仅在于将存储的信息抹去,对于 1bit 的信息,能量消耗的最小限度也正好等于 $kT \ln 2$. 证实了信息获取和处理是一个不可逆过程.

四、负熵

式(11-61)表明信息量与熵的关系为

$$\text{信息量 } I = \text{熵的减少} = S_1 - S_2 = -\Delta S \tag{11-65}$$

S_1 代表接收系统的初熵值,S_2 代表接收系统收到信息量 I 后的熵值,信息代表了对熵的负贡献,熵的减少意味着系统有序度的增加. 为了使信息和系统的状态对应起来,布里渊定义信息量

$$I = -S(\text{负熵}) \tag{11-66}$$

这就是人们经常所说的“信息与负熵等价”或“信息就是负熵”. 负熵概念的引入,却也造成了若干混乱,在物理学看来,熵是态函数,熵只能等于大于零,说熵的负值是什么意思呢?

这个混乱似乎可以避开,把正负看作是相对的,取系统某状态的熵为零熵参考点,如果系统变得比这个状态更有序,就说熵为负,反之熵为正.正像人们选地面势能为零,低于地面的井中的势能为负,地面之上势能为正.

　　式(11-61)对应系统两个状态,而式(11-66)是与系统的一个状态对应,这也反映信息的定义并不完善,信息到底是属于被观察的系统还是属于信息接收系统或观察者? 正是这种含糊之处,使人们不得不有时说××含有多少信息,而有时又说收到多少信息."含有"是对系统的状态而言,"收到"是对状态的变化——对过程而言的.因此,信息量常采用一种二重说法:在收信者收信之前信息量代表他的无知度;在收信以后信息量代表不确定性(无知)的消除.前者对应状态,后者对应过程.

　　按照信息就是负熵的说法,那么,知识是信息,因而知识是负熵,教师将知识教给学生,教师向学生输出了负熵,学生得到了负熵,这负熵确实会使学生认知系统的熵减小,即增加了负熵,在进行负熵传递的过程中,教师认知系统的负熵没有减小,但学生的认知系统的负熵增加了,这一点好像与热熵的传递有所不同:在热熵的传递时,一个系统的熵增加,另一个系统的熵会减少些,不管是教师教,还是学生学,在这一负熵(信息)传递过程中,两者都要消耗有用的功,增加人体、环境的熵,由此可见,一个子系统负熵有序的增加,是以全局的熵混乱的增加为代价的.

　　同样的事情发生在人类生产和生活之中,不妨用负熵概念分析由铜矿石到铜线的过程,它要经过采掘、炼铜、提纯、成形等过程,每前进一步铜就变得更为有序,负熵在逐渐增加,实现了局部负熵的累积.生产过程中,必须燃烧石化燃料来推动生产机械,必须有工人劳作、操纵、控制机器,由此耗散了资源(燃料等),磨损了机器,污染了水源和大气,扰乱了大地,这一切大大增加了环境的熵,这里也是负熵的增加以正熵更大的增加为代价.

　　著名物理学家薛定谔把负熵概念带进了生物领域.按照熵增原理,演化总朝着无序、混乱和衰退方向,为什么生物不能避免衰退和死亡呢? 薛定谔在《生命是什么》一书中指出:"明白的回答是:靠吃、喝、呼吸……专门术语叫新陈代谢.""一个生命有机体在不断地增加它的熵——你或者可以说是在增加正熵——并趋于接近最大熵值的危险状态,那就是死亡,要摆脱死亡,就是说在活着,唯一的办法是从环境不断吸取负熵……,有机体是赖负熵为生的".意思是有机体吸取负熵去换取它在生活中产生的熵的增加,从而使自身稳定在低熵水平.

　　薛定谔的"负熵论",自提出来以后就受到许多科学家的异议,负熵的论争一直没有停止.有的科学家认为负熵观点导致了生物信息概念上认识的混乱,有的著名学者也认为负熵概念难于接受.1987年是对量子力学发展有巨大贡献的薛定谔的100周年诞辰,围绕他的负熵论又展开激烈的争论.

　　总之,负熵还是一个有待研究和探讨的概念.就目前的一些提法来看,负熵并没有带来什么新的东西,对各种问题所作的负熵说明,完全可以用熵的概念来说明.说"信息就是负熵",既然它就是某个东西,何必还要用一个新的概念来表述呢,一个新的有价值的概念应该能为自己确立一个独一无二的范畴,看来负熵还没有做到这一点,它似乎是以同位语的方式存在.

本 章 小 结

　　研究对象：大量分子组成的热力学系统，理想气体.
　　研究任务：系统状态变化时热功转换的条件和规律.
　　研究方法和路线：从实验定律出发，应用能量的观点，研究准静态过程中热功转换的条件和规律.

一、热力学第零定律

　　热平衡：两个处于平衡态的系统相互接触后，经过传热而达到的平衡态称为热平衡.
　　温度：处于热平衡的系统具有相同的温度；不处于热平衡的系统，在热接触中传出热量的系统温度高，传出热量后系统的温度降低；吸收热量的系统温度低，吸收热量后系统的温度升高.
　　温标：温度的数值表示方法.
　　温标的三要素：选择测温物质的测温属性；选择固定点；对测温属性随温度的变化作出规定.

二、热力学第一定律

　　1. 一般过程　$\mathrm{d}Q = \mathrm{d}A + \mathrm{d}E, Q = A + \Delta E$

　　准静态过程　$\mathrm{d}Q = p\mathrm{d}V + \mathrm{d}E, Q = \int p\mathrm{d}V + \Delta E$

　　2. 摩尔热容　$C = \dfrac{\mathrm{d}Q}{\mathrm{d}T}$

　　理想气体的摩尔热容 $C_V = \dfrac{i}{2}R, C_p = \dfrac{i+2}{2}R = C_V + R, \gamma = \dfrac{C_p}{C_V} = \dfrac{i+2}{i}$

　　注意：C_V, C_p, i, γ 中，任知其一，可求其余 3 个.
　　理想气体状态方程　$pV = \mu RT$
　　内能　$E = \mu C_V T, \Delta E = \mu C_V \Delta T$

　　3. 热力学第一定律在几个典型理想气体过程中的应用

　　(1) 等温过程：$pV = $ 恒量，$Q = A = \mu RT \ln \dfrac{V_2}{V_1} = \mu RT \ln \dfrac{p_1}{p_2}$

　　(2) 等容过程：$\dfrac{T}{p} = $ 恒量，$Q = \mu C_V(T_2 - T_1), A = 0$

　　(3) 等压过程：$\dfrac{T}{V} = $ 恒量，$Q = \mu C_p(T_2 - T_1), A = p(V_2 - V_1) = \mu R(T_2 - T_1)$

　　(4) 绝热过程：$pV^{\gamma} = $ 恒量，$V^{\gamma-1}T = $ 恒量，$p^{\gamma-1}T^{-\gamma} = $ 恒量

$$A = -\mu C_V(T_2 - T_1) \quad \text{或} \quad A = \frac{p_1 V_1 - p_2 V_2}{\gamma - 1}$$

（5）多方过程：$pV^n =$ 恒量，$Q = A + \Delta E$，$A = \dfrac{p_1 V_1 - p_2 V_2}{n - 1}$

4. 循环过程

热机效率：$\eta = \dfrac{A}{Q_{吸}} = 1 - \dfrac{Q_{放}}{Q_{吸}}$，制冷系数：$\omega = \dfrac{Q_{吸}}{A} = 1 - \dfrac{1}{\dfrac{Q_{放}}{Q_{吸}} - 1}$

卡诺循环：$\eta_{卡诺} = 1 - \dfrac{T_2}{T_1}$，$\omega_{卡诺} = \dfrac{T_2}{T_1 - T_2}$

三、热力学第二定律

1. 两种典型表述

克劳修斯表述（热传导），开尔文表述（热功转换）.

2. 热力学第二定律的统计意义

自发过程总是从包含热力学概率小的宏观态向包含热力学概率大的宏观状态方向进行.

孤立系统中的过程总是从包含微观态数目小的宏观态向包含微观态数目大的宏观态方向进行.

3. 玻尔兹曼熵　$S = k\ln\Omega$

注意学习：寻找热力学第二定律数学表示的原则、思路和方法.

4. 克劳修斯熵　$\Delta S = \displaystyle\int_1^2 \frac{dQ}{T}$

5. 熵增加原理　$\Delta S \geqslant 0$

四、热力学第三定律

能斯特表述：不可能通过有限的循环过程，使物体冷到绝对零度.

能斯特-西蒙表述：当温度趋于绝对零度时，凝聚系统的任何可逆等温过程，熵的变化趋近于零.

习 题 答 案

1.2 节

1. B　2. $y=\dfrac{g}{2v_0^2}x^2$

3. (1) $y=19-\dfrac{1}{2}x^2\ (x\geqslant0)$

(2) $\boldsymbol{r}_1=x\boldsymbol{i}+y\boldsymbol{j}=2\boldsymbol{i}+17\boldsymbol{j}$,
$\boldsymbol{r}_2=2\times2\boldsymbol{i}+(19-2\times2^2)\boldsymbol{j}=4\boldsymbol{i}+11\boldsymbol{j}$

(3) $t=0\mathrm{s}$ 时,质点的坐标$(0,19)$,$t=3\mathrm{s}$ 时,质点的坐标$(6,1)$;

$t=3\mathrm{s}$ 时,质点离原点最近,最近距离是$r(3)=6.08\mathrm{m}$

1.3 节

1. B

2. (1) $-A\omega^2\sin\omega t\ (\mathrm{m/s^2})$; (2) $t=\dfrac{(2k+1)\pi}{2\omega}$;

(3) $\dfrac{k\pi}{\omega}<t<\dfrac{(2k+1)\pi}{2\omega}$

3. (1) $\Delta\boldsymbol{r}=8\boldsymbol{i}$; (2) $\Delta s=10\mathrm{m}$

4. $-8\mathrm{m/s}$,$16\mathrm{m/s^2}$

5. $0\mathrm{s}$,$3\mathrm{s}$

6. (1) $0,0$;(2) $-4\boldsymbol{i}\mathrm{m/s}$,$-4\boldsymbol{i}\mathrm{m/s^2}$; (3) $4\mathrm{m}$

8. $\boldsymbol{v}_B=1.73v\boldsymbol{j}$

9. B

1.4 节

1. $v=10+8t-t^2\ (\mathrm{m/s})$,$x=10+10t+4t^2-\dfrac{1}{3}t^3\ (\mathrm{m})$,$x(3)=67\mathrm{m}$,$v(3)=25\mathrm{m/s}$

2. $a=-v_0k\mathrm{e}^{-kt}$,$x=\dfrac{v_0}{k}(1-\mathrm{e}^{-kt})$

3. $v=\sqrt{6x^2+4x+100}\ (\mathrm{m/s})$

4. (1) $\boldsymbol{v}=\boldsymbol{v}_0+\boldsymbol{a}t$,$\boldsymbol{r}=\boldsymbol{r}_0+\boldsymbol{v}_0t+\dfrac{1}{2}\boldsymbol{a}t^2$;

(2) $y=\dfrac{1}{2}\dfrac{a}{v_{0x}^2}(x-x_0)^2+\dfrac{v_{0y}}{v_{0x}}(x-x_0)+y_0$

5. (1) $v=\dfrac{g}{B}(1-\mathrm{e}^{-Bt})$; (2) $\dfrac{g}{B}$

6. $(n+1)a$;$\dfrac{1}{6}n^2(n+3)a\tau^2$

7. $v^2=v_0^2+k(y_0^2-y^2)$

8. $v=v_0\mathrm{e}^{-kx}$

1.5 节

1. $5\mathrm{m/s}$,与 x 轴夹角为 $53°8'$;$18\mathrm{m/s^2}$,沿 y 轴正方向

2. (1) $2.3\times10^2\mathrm{m/s^2}$,$4.8\mathrm{m/s^2}$;(2) $3.15\mathrm{rad}$; (3) $0.55\mathrm{s}$

3. $2.5\mathrm{m}$

4. $\dfrac{g^2t}{\sqrt{v_0^2+(gt)^2}}$,$\dfrac{v_0g}{\sqrt{v_0^2+(gt)^2}}$

5. $0.25\mathrm{m/s^2}$,指向曲率中心;$0.32\mathrm{m/s^2}$,与速度方向夹角为 $51°20'$

6. $3.58\times10^7\mathrm{m}$,$3.07\times10^3\mathrm{m/s}$

7. $1.32\times10^3\mathrm{m/s}$,$1.01\times10^4\mathrm{s}$

8. $0.64\mathrm{m/s}$,沿切向;$0.83\mathrm{m/s^2}$,$\theta=83°2'$

9. v_0+bt,$\sqrt{b^2+\dfrac{(v_0+bt)^4}{R^2}}$

10. $\rho_A=\dfrac{v_0^2\cos^2\alpha}{g}$,$\rho_B=\dfrac{v_0^2}{g\cos\alpha}$

11. $-0.5g$,$\dfrac{2\sqrt{3}v^2}{3g}$

12. $\theta_2=38.682°$;$t=2.48\mathrm{s}$;$x=214.77\mathrm{m}$,$y=93.86\mathrm{m}$

1.6 节

1. $45\mathrm{s}$

2. $v_2=\sqrt{\left(\dfrac{b}{t}\right)^2-v_1^2}$,$\tan\theta=\dfrac{b}{v_2t}$,其中 θ 是快艇速度与上游江岸的夹角

3. $4\sqrt{2}\mathrm{m/s}$;从西北吹来

4. $x=\dfrac{v_0}{vd}y^2$

5. $(17\boldsymbol{j}-5\boldsymbol{k})\mathrm{m/s}$;$(-12\boldsymbol{i}+17\boldsymbol{j}-5\boldsymbol{k})\mathrm{m/s}$

6. (1) $t=\sqrt{\dfrac{2H}{g+a}}$;

(2) $d=\dfrac{H}{g+a}g-v_0\sqrt{\dfrac{2H}{g+a}}$

2.1 节

1. (1) $v = v_0 e^{-\frac{k}{m}t}$; (2) $s = \dfrac{mv_0}{k}$

3. (1) $f = 7.82 \times 10^3 \text{N}$;

    (2) $v = 6.96 \times 10^3 \text{m/s}$;

    (3) $T = 7.43 \times 10^3 \text{s} = 2\text{h}3\text{min}50\text{s}$

4. $h = 3.58 \times 10^4 \text{m}$

5. (1) $F_1 = F_2 = G\dfrac{m^2}{4R^2}$; (2) $T = 4\pi R \sqrt{\dfrac{R}{Gm}}$

6. $\omega = 7.4 \times 10^{-2} \text{rad/s}$,沿着环的转动半径向外

7. $h = R\left(1 - \dfrac{g}{\omega^2 R}\right)$

8. $\theta = \arccos \dfrac{g}{\omega^2 l}$

9. $v_{0\min} = \sqrt{lg}$; $v = \sqrt{v_0^2 - 2lg(1-\cos\theta)}$,

    $T = m\left(\dfrac{v_0^2}{l} - 2g + 3g\cos\theta\right)$

10. $T = 2\pi\sqrt{\dfrac{r}{g}} = 5.07 \times 10^3 \text{s} \approx 1.4\text{h}$

11. $t_{\min} = \sqrt{\dfrac{2l}{g\cos\alpha(\sin\alpha - \mu\cos\alpha)}} = 0.99\text{s}$

12. $v = \dfrac{Rv_0}{R + v_0\mu t}$; $t' = \dfrac{R}{\mu v_0}$, $s = \dfrac{R}{\mu}\ln 2$

2.2 节

1. (1) $I_2 = 68 \text{N} \cdot \text{s}$; (2) $t = 6.86\text{s}$;

    (3) $v = 40\text{m/s}$

2. $N = N_1 + N_2 = 3\lambda sg$

3. $N = -N' = 2.22 \times 10^3 \text{N}$

4. $I = \Delta p = \sqrt{3}mv$

5. (1) $\boldsymbol{p} = m\boldsymbol{v} = m\omega(-a\sin\omega t\boldsymbol{i} + b\cos\omega t\boldsymbol{j})$;

(2) $I = \Delta p = mv_t - mv_0 = 0$; (3) 质点的动量不守恒,因为由第一问结果知动量随时间 t 变化

6. $N = nmgt + nm\sqrt{2gh}$

7. $\boldsymbol{I} = -0.683\boldsymbol{i} - 0.283\boldsymbol{j}(\text{kg} \cdot \text{m/s})$

8. $T_0 = -2\pi^2 mn^2 l = -2.79 \times 10^5 \text{N}$,负号表示 $\boldsymbol{T}$ 指向根部

9. 14.1N

10. $v = 6.0 + 4.0t + 6.0t^2 \,(\text{m/s})$, $x = 5.0 + 6.0t + 2.0t^2 + 2.0t^3 \,(\text{m})$

11. $v = 30.0\text{m/s}$, $\Delta x = 467\text{m}$

12. $m(42\boldsymbol{j} - 28\boldsymbol{k})$

13. $2, 0$

14. $1.05 \times 10^{14} \text{kg} \cdot \text{m}^2/\text{s}$

15. $2.89 \times 10^{34} \text{kg} \cdot \text{m}^2/\text{s}$,

$v_{\text{面}} = \pi R^2/T = 1.96 \times 10^{11} \text{m}^2/\text{s}$

16. $1.6 \times 10^{-9} \text{J} \cdot \text{s}$

17. $3.02 \times 10^{42} \text{kg} \cdot \text{m}^2/\text{s}$

18. $\omega = \left(\dfrac{2g}{R}\sin\theta\right)^{1/2}$

19. (1) $v = \omega\dfrac{r_0}{2} = 2\omega_0 r_0$; (2) $A = \dfrac{3}{2}mr_0^2\omega_0^2$

20. (1) $\mu = \dfrac{3v_0^2}{16\pi rg}$; (2) $n = \left|\dfrac{E_{k0}}{W}\right| = \dfrac{4}{3}$ 圈

21. $v_2 = 6.30\text{km/s}$

22. $v = 1.53\text{m/s}$

2.3 节

1. $33\dfrac{3}{4}\text{J}$

2. 85m

3. -42.4J

4. 4.6 倍

5. $v = \sqrt{v_0^2 - \dfrac{k}{m}(L - L_0)^2}$,

    $\theta = \arcsin\dfrac{L_0 v_0}{L\sqrt{v_0^2 - \dfrac{k}{m}(L - L_0)^2}}$

6. (1) $I = \dfrac{TF_0}{\pi}$; (2) $A = \dfrac{T^2 F_0^2}{2\pi^2 m}$

7. $E_k = \dfrac{1}{2}\dfrac{L^2}{r^2 m}$

8. $\Delta E_k = G_0\dfrac{Mm(R_1 - R_2)}{R_1 R_2}$

10. $A = \dfrac{b^2}{8m}T^4$

11. $\dfrac{3M + m}{R(M + m)}mg$

12. $k = \dfrac{2mg}{R}$

13. $m = 4.00\text{kg}$

2.4 节

1. 618N

2. $m\sqrt{g^2 + a^2}$

3. $a = \alpha g$

4. $\sqrt{\dfrac{(4M + 3m)L}{\sqrt{3}(M + m)g}}$

5. $\omega=4.43\text{rad/s}(n=42.3\text{r/min})$

6. (1) $\sqrt{2}mg$; (2) $2m$

3.1 节

1. $\left(0,\dfrac{4R}{3\pi}\right)$

2. $(0,0.0648)$

3. (1) $(1.75,1.75)$; (2) $a_c=\dfrac{1}{2}\boldsymbol{i}+\boldsymbol{j}$

4. 0.266m　5. $\dfrac{m_1x_{10}+m_2x_{20}}{m_1+m_2}$

6. 在顶角的平分线上、距顶点 $\dfrac{\sqrt{2}}{3}a$

7. 0.7m　8. (1) 在 P 与 Q 的连线上距 P 0.75m 处,静止不动; (2) 0.75m

9. $x_c=25.7\text{cm},y_c=5.8\text{cm}$

3.2 节

3. $l=-\dfrac{m}{M+m}L$

4. (1) nmv; (2) $2nmv$

5. $2.6\text{m},-1.4\text{m}$

6. 中: v; 前: $v+\dfrac{m}{M+m}u$; 后: $v-\dfrac{mu}{M+m}$

7. $v=u\ln\dfrac{M_0}{M_0-ct}-gt$

8. $m\cos\alpha\sqrt{\dfrac{2gh}{(m+m_0)(m\sin^2\alpha+m_0)}}$

9. $\dfrac{v_1}{v_2}=\dfrac{M}{M+m}$

3.3 节

1. (1) $\omega_1=13.3\text{rad/s}$; (2) $\omega_2=29.9\text{rad/s}$

2. (1) $\boldsymbol{L}=(2m\omega d^2\sin^2\theta)\boldsymbol{i}-(2m\omega d^2\cos\theta\sin\theta\cos\omega t)\boldsymbol{j}-(2m\omega d^2\cos\theta\sin\theta\sin\omega t)\boldsymbol{k}$;

(2) $\dfrac{\text{d}\boldsymbol{L}}{\text{d}t}=(2m\omega^2d^2\cos\theta\sin\theta\sin\omega t)\boldsymbol{j}-(2m\omega^2d^2\cos\theta\sin\theta\cos\omega t)\boldsymbol{k}$;

(3) $\dfrac{\text{d}\boldsymbol{L}}{\text{d}t}=0$

3. (1) 离静止质点 $\dfrac{a}{3}$ 处; (2) $\dfrac{1}{2}ma^2\omega$;

(3) $\dfrac{3}{4}\omega$

4. (1) $1.653a$; (2) $0.435m\dfrac{v^2}{a}$

5. 1.28

6. $\dfrac{2}{l}\sqrt{\dfrac{(m_1-m_2)gh}{m_1+m_2}}$

7. 以 $\boldsymbol{v}_0$ 的方向为 Ox 轴, $v_x=\dfrac{v_0}{2}\left(1-\dfrac{\sqrt{2}}{4}\right)$, $v_y=\dfrac{v_0}{2}\cdot\dfrac{\sqrt{2}}{4}$

3.4 节

1. $v_1=R_e\sqrt{\dfrac{2g(R_e+h_2)}{(R_e+h_1)(2R_e+h_1+h_2)}}$, $v_2=R_e\sqrt{\dfrac{2g(R_e+h_1)}{(R_e+h_2)(2R_e+h_1+h_2)}}$

2. $\sqrt{2k/3ma}$

3. $E_{PA}=2E_{PB}$

4. $E_k=\dfrac{1}{2}\dfrac{L^2}{r^2m}$,　$E_p=\dfrac{GMm}{r}$,　$E=-\dfrac{L^2}{2mr^2}$

5. $A=Gm_1m_2\left(\dfrac{1}{x_1+d}-\dfrac{1}{x_1}\right)$

6. $E_p=\dfrac{k}{2r^2}$

7. $v=\sqrt{\dfrac{2E_{k\infty}}{m_p}}=\sqrt{\dfrac{2E_p(r)}{m_p}}$, (1) $v_1=8.75\times10^6\text{m/s}$; (2) $v_2=4.79\times10^6\text{m/s}$

8. (1) $F-E_0\left(\dfrac{r_0}{r}\right)\left(\dfrac{1}{r}+\dfrac{1}{r_0}\right)\text{e}^{-r/r_0}$, $F(r)<0$ 为引力;

(2) $3.92\times10^3\text{N}$;

(3) $0.54\times10^3\text{N}$, $\dfrac{3}{25e^4}F_0$, $\dfrac{11}{200e^7}F_0$

10. (1) $\dfrac{\pi}{2}l\sqrt{\dfrac{l}{2Gm_1}}$; (2) $\dfrac{\pi}{2}l\sqrt{\dfrac{l}{2G(m_1+m_2)}}$

3.5 节

2. $w=\dfrac{mMv_1^2}{2(m+M)}$　3. (1) $v_1'=-\dfrac{11}{13}v_1\approx$ $0.85v_1$; (2) $\Delta E=0.28E_0$　4. $\dfrac{3(v_0-gt)}{2\sin\alpha}$

5. (1) $4.69\times10^6\text{m/s},54°6'$; (2) $22°22'$

8. 2.3m

9. $m\cos\alpha\sqrt{\dfrac{2gh}{(m_0+m)(m_0+m\sin^2\alpha)}}$

10. (1) $31°46'$; (2) 0.8

11. $v_2=\dfrac{1}{9}v,v_3=\dfrac{4}{9}v,v_4=\dfrac{4}{3}v$

12. $v_0 \sqrt{\dfrac{m_1 m_2}{k(m_1+m_2)}}$

13. $2m_0 : \dfrac{13}{27}v_0 ; m_0 : \dfrac{28}{27}v_0$

4.1 节

1. 0.15m/s^2, 1.26m/s^2

2. 2.0rad/s^2, $2.0t\ \text{rad/s}$ 3. 194s

4. (1) $3\times10^8\text{m/s}$;

   (2) $1.88\times10^2\text{m/s}$, $7.10\times10^5\text{m/s}^2$

4.2 节

2. $\dfrac{1}{4}mR^2$ 3. $\dfrac{1}{2}mR^2$ 4. $\dfrac{2}{3}mR^2$

5. 14rad/s 6. B 7. A

8. $\dfrac{m(g-a)R^2}{a}$ 9. $-\dfrac{k\omega_0^2}{9J}, \dfrac{2J}{k\omega_0}$ 10. <

11. $17.4\text{kg}\cdot\text{m}^2$ 12. 34.6rad/s^2

13. (1) $\dfrac{4}{3}ml^2$; (2) $\dfrac{3}{2}\sqrt{\dfrac{g\sin\theta}{l}}$

14. $\dfrac{m\omega_0(D_1^2+D_2^2)}{4D_1 t}$ 15. 0.5

16. $\dfrac{1}{3}\mu FD\omega$ 17. 25.8rad/s

18. (1) 质心作平抛运动; (2) $\dfrac{1}{2\pi}\sqrt{\dfrac{6h}{l}}$

4.3 节

1. (1) $20\text{kg}\cdot\text{m}^2$; (2) $1.31\times10^4\text{J}$

2. $a=\dfrac{(m_1-m_2)g}{m_1+m_2+M/2}$,

   $T_1=\dfrac{2m_2+M/2}{m_1+m_2+M/2}m_1 g$,

   $T_2=\dfrac{2m_1+M/2}{m_1+m_2+M/2}m_2 g$

3. C 4. $t=2m_2\dfrac{v_1+v_2}{\mu m_1 g}$

7. $-\dfrac{mr^2}{MR^2/2+mr^2}2\pi$ 8. $\left(\dfrac{3m}{m_0+6m}\right)h$

9. 2.67s

5.1 节

1. D

2. 一切彼此相对作匀速直线运动的惯性系对于物理学定律都是等价的;一切惯性系中,真空中的光速都是相等的

3. 经典的力学相对性原理是指对于不同的惯

性系,牛顿定律和其他力学定律的形式都是相同的;狭义相对论的相对性原理指出:在一切惯性系中,所有物理定律的形式都是相同的,即指出相对性原理不仅适用于力学现象,而且适用于一切物理现象.也就是说,不仅对于力学规律所有惯性系等价,而且对于一切物理规律,所有惯性系都是等价的.

4. (1) $0.946c$,正东;(2) $0.877c$,与正东方向夹角 $46.83°$

5. $0.8c$

5.2 节

1. A 2. B 3. B 4. C 5. C 6. A 7. C

8. (1) $2.25\times10^{-7}\text{s}$; (2) $3.75\times10^{-7}\text{s}$

9. $6.72\times10^8\text{m}$

10. μ 子的平均飞行距离 $L=v\cdot\tau=9.46\text{km}$, μ 子的飞行距离大于高度,有可能到达地面

11. 在太阳参照系中测量地球的半径在它绕太阳公转的方向缩短最多;$\Delta R=3.2\text{cm}$

12. 它符合相对论的时间膨胀(或运动时钟变慢)的结论;$0.99c$

13. 没对准;根据相对论同时性,如题所述在 K' 系中同时发生,但不同地点(x'坐标不同)的两事件(即 A' 处的钟和 B' 处的钟有相同示数),在 K 系中观测并不同时;因此,在 K 系中某一时刻同时观测,这两个钟的示数必不相同

14. 4.5年; 0.2年

15. (1) $L'=L\sqrt{1-\dfrac{v^2}{c^2}}$;

   (2) $\dfrac{L\sqrt{1-(v/c)^2}+l_0}{v}$

16. $\dfrac{m_0}{V_0\left(1-\dfrac{v^2}{c^2}\right)}$

5.4 节

1. C 2. $v=\sqrt{3}c/2$, $v=\sqrt{3}c/2$ 3. B 4. B

5. C

6. (1) $5.8\times10^{-13}\text{J}$; (2) 8.04×10^{-2}

7. $v=0.91c$, $5.31\times10^{-8}\text{s}$

8. $2.95\times10^5\text{eV}$

6.1 节

1. B 2. D

3. $x=0.1\cos(5\pi t/12+2\pi/3)\ (\text{SI})$

4. (1) $x=0.1\cos(7.07t)$ (m);

(2) $F=200(0.2-0.05)=30$(N);

(3) 0.074s

5. (1) $x=5\sqrt{2}\times10^{-2}\cos(\pi t/4-3\pi/4)$ (SI)

(2) 3.93cm/s

6. (1) $T=\dfrac{2\pi}{\omega}=\dfrac{\sqrt{3}}{2}\pi=2.72$s;(2) ±10.8cm

7. (1) $x=10.6\cos(10t-\pi/4)$ (cm);

(2) $x=10.6\cos(10t+\pi/4)$ (cm)

8. (1) 小物体停止在振动物体上不分离;

(2) $A>l_0$,在平衡位置上方 0.196m 处分离

9. 0.0653

11. (1) $T=2\pi\sqrt{\dfrac{2R}{g}}$；(2) $2R$

12. $2\pi\sqrt{\dfrac{3\pi R}{8g}}$

6.2 节

1. $\beta=2\pi\sqrt{\nu_1^2-\nu_2^2}$

2. 0.866 N

3. 0.33cm

6.3 节

1. $x=6.48\times10^{-2}\cos(2\pi t+1.12)$ (SI)

2. $x=2\times10^{-2}\cos(4t+\pi/3)$ (SI)

3. $x=0.05\cos(2\pi t+2.22)$ (SI)

4. C

5. 7.81×10^{-2}m,1.48rad

6. 10cm,$\dfrac{\pi}{2}$

7. (1) $\left(\dfrac{x}{0.08}-\dfrac{\sqrt{3}y}{0.06}\right)^2+\left(\dfrac{\sqrt{3}x}{0.08}-\dfrac{y}{0.06}\right)^2=1,$

(2) $-0.438(x\boldsymbol{i}+y\boldsymbol{j})$N

6.6 节

1. C　2. A　3. D

4. (1) $x=0,\phi_0=\dfrac{1}{2}\pi$; $x=2,\phi_2=-\dfrac{1}{2}\pi$; $x=3,\phi_3=\pi$;

(2) $t=T/4$ 时的波形曲线如图所示

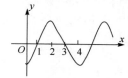

习题 4 参考图

5. $y=0.01\cos\left(4t+\pi x+\dfrac{1}{2}\pi-10\pi\right)$ (SI)

或 $y=0.01\cos\left(4t+\pi x+\dfrac{1}{2}\pi\right)$ (SI)

6. $y=0.1\cos\left(7\pi t-\dfrac{\pi x}{0.12}-\dfrac{17}{3}\pi\right)$ (SI)

或 $y=0.1\cos\left(7\pi t-\dfrac{\pi x}{0.12}+\dfrac{1}{3}\pi\right)$ (SI)

7. (1) $y=0.1\cos\left(4\pi t-\dfrac{2}{10}\pi x\right)=0.1\cos4\pi\left(t-\dfrac{1}{20}x\right)$ (SI)

(2) 0.1m;(3) -1.26m/s

8. (1) $A=0.05$m,$u=50$m/s,$n=50$Hz,$\lambda=1.0$m,

(2) $v_{max}=15.7$m/s,$a_{max}=4.93\times10^3$m/s^2;

(3) $\Delta\phi=2\pi(x_2-x_1)/\lambda=\pi$,两振动反相

9. (1) $y=0.10\cos\left(\pi t-\dfrac{1}{2}\pi\right)$ (SI);(2) $y=0.10\cos\pi t$ (SI)

10. (1) $\lambda=1$m,$n=2$Hz,$u=2$m/s;

(2) $x=(k-8.4)$m,$x=-0.4$; (3) $t=4$s

11. (1) $y=A\cos\left[2\pi\nu(t-t')+\dfrac{1}{2}\pi\right]$;

(2) $y=A\cos\left[2\pi\nu(t-t'-x/u)+\dfrac{1}{2}\pi\right]$

12. (1) $y=2\times10^{-2}\cos\left(\dfrac{1}{2}\pi t-3\pi\right)$ (SI),振动曲线图略;

(2) $y=2\times10^{-2}\cos(\pi-\pi x/10)$ (SI),波形曲线图略

13. (1) $y|_{x=10}=0.25\cos(125t-3.7)$ (SI),$y|_{x=25}=0.25\cos(125t-9.25)$ (SI);

(2) -5.55rad;(3) 0.249m

14. (1) $y=3\times10^{-2}\cos4\pi[t+(x/20)]$ (SI);

(2) $y=3\times10^{-2}\cos\left[4\pi\left(t+\dfrac{x}{20}\right)-\pi\right]$ (SI)

15. (1) $y=A\cos\left[\omega t-(\omega x/u)+\dfrac{1}{2}\pi\right]$;

(2) $y=A\cos\left[\omega t-(2\pi\lambda/8\lambda)+\dfrac{1}{2}\pi\right]=A\cos(\omega t+\pi/4),$

$y=A\cos\left[\omega t-2\pi\dfrac{3\lambda/8}{\lambda}+\dfrac{1}{2}\pi\right]=A\cos(\omega t-\pi/4);$

(3) $-\sqrt{2}A\omega/2$,$\sqrt{2}A\omega/2$

16. (1) $y_P = A\cos[2\pi(\nu t + L/\lambda) + \varphi]$;

(2) $v_P = -2\pi\nu A\sin[2\pi(\nu t + L/\lambda) + \phi]$, $a_P = -4\pi^2\nu^2 A\cos[2\pi(\nu t + L/\lambda) + \phi]$

17. (1) $y_0 = 0.06\cos\left(\dfrac{2\pi t}{2} + \pi\right)$

$= 0.06\cos(\pi t + \pi)$ (SI);

(2) $y = 0.06\cos\left[\pi\left(t - \dfrac{1}{2}x\right) + \pi\right]$ (SI);

(3) 4m

18. (1) $y_0 = A\cos\left[\omega\left(t + \dfrac{L}{u}\right) + \varphi\right]$;

(2) $y = A\cos\left[\omega\left(t + \dfrac{x+L}{u}\right) + \varphi\right]$;

(3) $x = -L \pm k\dfrac{2\pi u}{\omega}$ ($k = 1, 2, 3, \cdots$)

19. (1) $y = 0.04\cos\left[2\pi\left(\dfrac{t}{5} - \dfrac{x}{0.4}\right) - \dfrac{\pi}{2}\right]$ (SI);

(2) $y = 0.04\cos\left(0.4\pi t - \dfrac{3\pi}{2}\right)$ (SI)

6. 7 节

1. D 2. D 3. B 4. B 5. C 6. C 7. D
8. C

9. 6m, $\varphi_2 - \varphi_1 = \pm\pi$

10. 合振幅最大的点 $x = \pm\dfrac{1}{2}k\lambda$ ($k = 0, 1, 2, \cdots$);

合振幅最小的点 $x = \pm(2k+1)\lambda/4$ ($k = 0, 1, 2, \cdots$)

11. (1) $\nu = 4$Hz, $\lambda = 1.50$m, $u = 6.00$m/s;

(2) $x = \pm 3\left(n + \dfrac{1}{2}\right)$m, $n = 0, 1, 2, 3, \cdots$;

(3) $x = \pm 3n/4$m, $n = 0, 1, 2, 3, \cdots$

12. (1) $y_2 = A\cos[2\pi(x/\lambda - t/T) + \pi]$;

(2)

$y = 2A\cos\left(2\pi x/\lambda + \dfrac{1}{2}\pi\right)\cos\left(2\pi t/T - \dfrac{1}{2}\pi\right)$;

(3) 波腹位置: $x = \dfrac{1}{2}\left(n - \dfrac{1}{2}\right)\lambda$, $n = 1, 2, 3, 4,$

$\cdots$; 波节位置: $x = \dfrac{1}{2}n\lambda$, $n = 1, 2, 3, 4, \cdots$

13. (1) $A = 1.50 \times 10^{-2}$m, $u = \lambda\nu = 343.8$m/s;

(2) $\Delta x = \dfrac{1}{2}\lambda = 0.625$m;

(3) -46.2m/s

14. $y = 2A\cos\left(2\pi\dfrac{3\lambda/4 - \lambda/6}{\lambda}\right)\cos\left(2\pi\nu t + \dfrac{\pi}{2}\right)$

$= \sqrt{3}A\sin 2\pi\nu t$

15. (1) $y_2 = 0.05\cos\left[2\pi\left(\dfrac{t}{0.05} + \dfrac{x}{4}\right)\right]$;

(2) $y = 0.10\cos\left(\dfrac{1}{2}\pi x\right)\cos(40\pi t)$ (SI),

$x = 1$m, -1m, 3m, -3m

16. (1) $y = A\cos\left(\omega t + \dfrac{\pi}{2} - \dfrac{2\pi}{\lambda}x\right)$,

$y = A\cos\left(\omega t + \dfrac{2\pi}{\lambda}x + \dfrac{\pi}{2}\right)$;

(2) $y = -2A\cos\left(\omega t + \dfrac{\pi}{2}\right)$

17. $y = 2A\cos\left(2\pi\dfrac{x}{\lambda}\right)\cos\omega t$

18. $y = 2A\cos\left(2\pi\dfrac{x}{\lambda} - \dfrac{1}{2}\pi\right)\cos\left(\omega t + \dfrac{1}{2}\pi\right)$ 或

$y = 2A\cos\left(2\pi\dfrac{x}{\lambda} + \dfrac{1}{2}\pi\right)\cos\left(\omega t - \dfrac{1}{2}\pi\right)$

6. 8 节

1. A 2. B 3. C 4. A 5. B
6. (1) 970Hz; (2) 1031Hz

7. 1 节

1. A 2. C 3. C 4. B 5. C 6. C 7. A
8. $(n_1 - n_2)e$ 或 $(n_2 - n_1)e$
9. $2\pi(n-1)e/\lambda$, 4×10^3
10. $d\sin\theta + (r_1 - r_2)$

7. 2 节

1. C 2. B 3. 1/4 4. (1) 0.11m; (2) 7 级
5. 562.5nm 6. 0.134mm
7. (1) 0.910mm; (2) 24mm; (3) 不变
8. (1) 648.2nm; (2) 0.15°
9. (1) $3D\lambda/d$; (2) $D\lambda/d$
10. (1) 6.0mm; (2) 19.9mm

7. 3 节

1. $l_2^2\lambda_1/l_1^2$ 2. 4m 3. 601nm
4. $r = \sqrt{R(k\lambda - 2e_0)}$ (k 为整数且 $k > 2e_0/\lambda$)
5. 4.0×10^{-4} rad 6. 1.61mm
7. $\dfrac{1}{2}\lambda_1\lambda_2/(\lambda_2 - \lambda_1)$
8. (1) $2e$; (2) 明条纹

9. 8.46×10^{-4}mm　10. 1.4×10^{-3}mm

11. 0.38cm

12. (1) 5×10^{-5}cm (或 500nm);(2) 50 个

13. (1) 4.8×10^{-5}rad;(2) 明纹;

(3) 三条明纹,三条暗纹

14. (1) $(2k-1)\lambda/4$;

(2) $\sqrt{(2k-1)R\lambda/2}$ $(k=1,2,3,\cdots)$

15. (1) 2.32×10^{-4}cm;(2) 0.373cm

16. (1) $9\lambda/4n_2$;(2) $\lambda/(2n_2)$

17. (1) 1.22×10^{-4}mm;(2) 3mm

7.4 节

1. A　2. D

3. $4I_0$　4. $2(n-1)h$　5. $2d/N$

8.2 节

1. B　2. B　3. C　4. D　5. B　6. A

7. (1) $\lambda_1 = 2\lambda_2$;(2) λ_1 的 k_1 级与 λ_2 的 $2k_1$ 级
重合

8. 1.65mm　9. 7.26×10^{-3}mm

10. 500nm　11. 400mm

12. 主要是因为声波(空气中)波长的数量级
为 0.1~10m,而可见光波长数量级为 $1\mu m$,日常生
活中遇到的孔或屏的线度接近或小于声波波长,又
远大于光波波长,所以声波衍射现象很明显,而光
波衍射现象不容易观察到

8.3 节

1. D　2. D

3. $1.22\lambda f/a$　4. 4.9×10^3cm

5. (1) 2.24×10^{-4}rad;

(2) 看不清楚

6. 9.09km

8.4 节

1. B　2. B　3. B

4. (1) 55.9°;(2) 11.9°,38.4°

5. (1) 0.27cm;(2) 1.8cm

6. (1) 2.4×10^{-4}cm;(2) 0.8×10^{-4}cm;

(3) $k=0,\pm1,\pm2$ 级明纹

7. 3.05×10^{-3}mm

8. (1) 3.36×10^{-4}cm;(2) 420nm

9. (1) 2;(2) 1.2×10^{-3}cm

10. 1cm　11. 600~760nm

12. (1) 0.06m;(2) 5

13. 3.92mm

14. (1) 510.3nm;(2) 25°

8.5 节

1. A　2. B　3. D

4. 0.095nm 和 1.19nm

5. 0.168nm

6. 0.130nm 和 0.097nm

9.2 节

1. A　2. B　3. B　4. C　5. B　6. A

7. (1) 都是线偏振光,$0.5I_0$,$0.25I_0$,$0.125I_0$;

(2) P_1 后,线偏振光,$0.5I_0$,P_3 后,消光

10. 2/3　11. 22.5°

12. (1) $3I_0/4$,$3I_0/16$;(2) $I_0/2$,$I_0/8$

13. $5I_0/8$,$5I_0/32$

9.3 节

1. B　2. D　3. C

6. 如图所示:

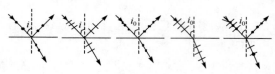

习题 6 参考图

7. 11.8°　8. 53.1°　9. 36.9°(=36°52′)

10. 1.56

11. (1) 53.1°;(2) 36.9°

12. (1) 1.40;(2) 41.91°(=41°55′)

9.4 节

1. C　2. 遵守通常的折射;不遵守通常的
折射

3. 如图所示:

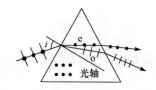

习题 3 参考图

4. 如图所示:

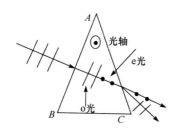

习题 4 参考图

9.7 节

1. $\Delta\phi=\alpha l$

2. 旋光性溶液的透光厚度,溶液中旋光性物质的浓度

10.2 节

1. D 2. B 3. D 4. C

10.3 节

1. B 2. C 3. C 4. C 5. C 6. A 7. B
8. A

10. 1.61×10^{12} 个; 10^{-8}J; 0.667×10^{-8}J;
1.67×10^{-8}J

12. 6.42K, 6.67×10^{-4}Pa, 2.00×10^{3}J,
1.33×10^{-22}J

13. 7.31×10^{6}, 4.16×10^{4}J, 0.856m/s

14. (1) 1.35×10^{5}Pa;(2) 7.5×10^{-21}J,362K

15. (1) $p_{H_2}>p_{Ar}$;(2) 相等;(3) $E_{Ar}<E_{H_2}$

16. (1) 6.21×10^{-21}J,483m/s;(2) 300K

10.4 节

1. B 2. A 3. B 4. C

5. (1) $\int_{v_1}^{v_2}f(v)\mathrm{d}v$ 表示速率在 $v_1\sim v_2$ 的分子数占总分子数的百分率;

(2) 最概然速率 v_p 是指以相同的速率微小区间而论,气体分子速率取 v_p 附近值的概率最大

6. (1) $f(v)\mathrm{d}v$ 表示在 $v\to v+\mathrm{d}v$ 速率区间内的分子数占总分子数的百分比;

(2) $\int_{v_1}^{v_2}f(v)\mathrm{d}v$ 表示处在 $v_1\to v_2$ 速率区间内的分子数占总分子数的百分比;

(3) $\int_{0}^{\infty}vf(v)\mathrm{d}v$ 表示在整个速率范围内分子速率的算术平均值

7. (1) 表示分子的平均速率;

(2) 表示分子速率在 $v_p\to\infty$ 区间的分子数占总分子数的百分比;

(3) 表示分子速率在 $v_p\to\infty$ 区间的分子数

10.5 节

1. B 2. $nf(v)\mathrm{d}x\mathrm{d}y\mathrm{d}z\mathrm{d}v$

10.6 节

1. C 2. B 3. D 4. A 5. A 6. B 7. D
8. B 9. B

11.1 节

1. C 2. C 3. B

4. 传功 做功 其温度的改变量 过程

5. 124.7 −84.35

6. (1) 236J;(2) −278J

7. (1) -8.10×10^{4}J,-1.27×10^{4}J,
-9.37×10^{4}J;

(2) -5.07×10^{4}J,-1.27×10^{4}J,
-6.34×10^{4}J

11.2 节

1. D 2. A 3. $\dfrac{1}{2}$, 2

4. -3.46×10^{3}J

6. (1) 124.65J,−84.35J;

(2) −8.44J/(mol·K)

7. 92.77J,129.88J

8. 6.59×10^{-26}kg

11.3 节

1. A 2. D 3. B 4. A 5. B 6. B

8. (1) $A\to B$:200J,750J,950J;
$B\to C$:0,−600J,−600J;$C\to A$:−100J,−150J,−250J;

(2) 100J,100J

9. (1) $W=0$,$Q=\Delta E=623$J;

(2) $Q=1.04\times10^{3}$J,ΔE 与(1)相同,
$W=417$J;

(3) $Q=0$,ΔE 与(1)同,$W=-\Delta E=-623$J(负号表示外界做功)

10. (1) p-V 图略;(2) 1.25×10^{4}J;

(3) $\Delta E=0$;

(4) $W=Q=1.25\times10^{4}$J

11. 全过程 $A\to B\to C$,$\Delta E=0$;

全过程 $A\to B\to C$,$Q=Q_{BC}+Q_{AB}=14.9\times10^{5}$J.

全过程 $A\to B\to C$,$W=Q-DE=14.9\times10^{5}$J

12. (1) $\Delta E = C_V(T_2 - T_1)$

$$= \frac{5}{2}(p_2 V_2 - p_1 V_1);$$

(2) $W = \frac{1}{2}(p_2 V_2 - p_1 V_1);$

(3) $Q = \Delta E + W = 3(p_2 V_2 - p_1 V_1);$

(4) $3R$

13. 1.5×10^6 J

14. (1) 405.2J;　(2) $\Delta E = 0$;　(3) 405.2J

15. (1) 598J; (2) 1.00×10^3 J;　(3) 1.6

16. (1) 2.02×10^3 J; (2) 1.29×10^4 J

11.4 节

1. (1) $12RT_0, 45RT_0, -47.7RT_0$;

(2) 16.3%

2. (1) 5.35×10^3 J; (2) 1.34×10^3 J;

(3) 4.01×10^3 J

3. (1) $T_C = 100$K, $T_B = 300$K; (2) $A \to B$: 400J, $B \to C$: −200J, $C \to A$: 0; (3) 200J

4. (1) 800J; (2) 100J; (3) 证明略

5. (1) $T_a = 400$K, $T_b = 636$K, $T_c = 800$K, $T_d = 504$K; (2) $E_c = 9.97 \times 10^3$ J;

(3) 0.748×10^3 J

6. 25%

7. (1) $T_C = 75$K, $T_B = 225$K;

(2) $B \to C$, −1400J, $C \to A$, 1500J, $A \to B$, 500J

8. (1) 29.4%; (2) 425K

9. (1) 1−2,

$$\Delta E_1 = \frac{5}{2}RT_1$$

$$W_1 = \frac{1}{2}RT_1$$

$$Q_1 = 3RT_1$$

2−3,

$$\Delta E_2 = -\frac{5}{2}RT_1$$

$$W_2 = \frac{5}{2}RT_1$$

$$Q_2 = 0$$

3−1,

$$\Delta E_3 = 0$$

$$W_3 = -2.08 RT_1$$

$$Q_3 = -2.08RT_1$$

(2) 30.7%

10. (1) -5.065×10^3 J; (2) 3.039×10^4 J; (3) 5.47×10^3 J; (4) 13%

11. (1) $Q_{ab} = -6.23 \times 10^3$ J, $Q_{bc} = 3.74 \times 10^3$ J, $Q_{ca} = 3.46 \times 10^3$ J;

(2) 0.97×10^3 J; (3) 13.4%

12. (1) 320K; (2) 20%

13. $[(3/4) - \ln 4] p_1 V_1$, $[(3/4) - \ln 4] p_1 V_1$

14. (1) $T_C = 75$K, $T_B = 225$K;

(2) $C \to A$, $W_{CA} = 0$, $Q_{CA} = \Delta E_{CA} = 1500$J;

$B \to C$, $W_{BC} = -400$J, $\Delta E_{BC} = -1000$J, $Q_{BC} = -1400$J;

$A \to B$, $W_{AB} = 1000$J, $\Delta E_{AB} = -500$J,

$Q_{AB} = 500$J

11.5 节

1. D　2. C

11.6 节

1. A　2. C　3. C　4. A

5. $R\ln 2$　6. −5.76J/K

7. 1.22×10^3 J/K

8. (1) $R\ln 2$; (2) $R\ln 2$